环境优生学

第 2 版

主　编　王爱国

副主编　屈卫东　张舜

编　者（按姓氏笔画排序）

王小燕（湖北省妇幼保健院）　　宋婕萍（湖北省妇幼保健院）

王爱国（华中科技大学）　　　　张　舜（华中科技大学）

叶　昉（华中科技大学）　　　　金　鑫（湖北省肿瘤医院）

苏艳伟（华中科技大学）　　　　屈卫东（复旦大学）

李艳丽（湖北省妇幼保健院）　　赵　倩（山西医科大学）

杨艳芳（四川大学）　　　　　　黄文婷（湖北省妇幼保健院）

吴晓旻（武汉市疾控中心）　　　曾　强（华中科技大学）

学术秘书　叶昉（华中科技大学）

人民卫生出版社

·北京·

图书在版编目（CIP）数据

环境优生学 / 王爱国主编. — 2版. — 北京：人
民卫生出版社，2023.1
　ISBN 978-7-117-34391-6

　Ⅰ.①环…　Ⅱ.①王…　Ⅲ.①环境科学－优生学
Ⅳ.①X24

中国版本图书馆 CIP 数据核字（2022）第 258505 号

| 人卫智网 | www.ipmph.com | 医学教育、学术、考试、健康，购书智慧智能综合服务平台 |
| 人卫官网 | www.pmph.com | 人卫官方资讯发布平台 |

环境优生学
Huanjing Youshengxue
第 2 版

主　　　编：王爱国
出版发行：人民卫生出版社（中继线 010-59780011）
地　　　址：北京市朝阳区潘家园南里 19 号
邮　　　编：100021
E - mail：pmph @ pmph.com
购书热线：010-59787592　010-59787584　010-65264830
印　　　刷：北京汇林印务有限公司
经　　　销：新华书店
开　　　本：787 × 1092　1/16　印张：29
字　　　数：670 千字
版　　　次：2007 年 11 月第 1 版　　2023 年 1 月第 2 版
印　　　次：2023 年 3 月第 1 次印刷
标准书号：ISBN 978-7-117-34391-6
定　　　价：89.00 元
打击盗版举报电话：010-59787491　E-mail：WQ @ pmph.com
质量问题联系电话：010-59787234　E-mail：zhiliang @ pmph.com
数字融合服务电话：4001118166　E-mail：zengzhi @ pmph.com

序言

　　健康是人类生存发展的永恒主题。生育健康的孩子是所有家庭的美好期望，也是全社会努力的方向。特别是当前我国出生人口持续下降和老龄化程度不断加深，使得人们愈发重视出生人口的质量。随着科技发展和社会进步，环境因素在人类生殖和发育过程中的作用越来越引起人们的重视。大量的研究业已发现，除遗传因素外，诸多环境因素对妊娠结局的危害是可以预防的。因此，深入研究和理解各种环境因素，包括物理性、化学性和生物学因素对配体、胚胎、胎儿及其出生后生长发育的影响及机制，积极采取针对性的预防措施，对于提高国家人口素质和保障经济社会健康可持续发展具有重大意义。在这种背景下，我们编写了《环境优生学》这本高等医药院校教材，于2007年由人民卫生出版社出版发行，并在全国众多医药院校中为学生开设了本门课程，对于提高学生对优生优育的认知发挥了良好的作用。

　　时隔十多年，环境因素对生殖健康危害研究取得了极大进展，使得《环境优生学》教材的内容亟待更新，以满足在新时代从源头提高国民健康水平的迫切需要，为国家人口战略重大需求做出应有的贡献。《环境优生学》（第2版）由华中科技大学华中卓越学者、二级教授王爱国博士主编，同时邀请包括复旦大学、四川大学和湖北省妇幼保健院等的业界专家教授和知名学者参与编写工作。

　　《环境优生学》（第2版）为培养新时代掌握环境因素与优生优育关系人才的需要而编写，对于拓宽学生知识面，完善知识结构，促进学生整体素质提高大有裨益。本书可作为临床医学、预防医学、护理学及其他生命科学和环境科学相关专业的教材，以及有关教学科研人员的参考书。

华中科技大学　教授　杨克敌

2022年9月

前言

环境与人口是全球共同关注的重大问题。我国庞大的人口基数、大跨度的地理环境、复杂多样的环境背景和特定的经济社会发展水平，如何达到人与环境协调统一，关系到中华民族繁衍和永续发展。提高人口素质，保持适当人口规模是社会发展的必然需求和战略目标，也是当前和今后的一项艰巨任务。

不良妊娠结局已成为全球面临的重大生殖健康问题，不仅会影响孕产妇的身心健康，还将严重影响整体人口素质的提高。日益增多的证据表明，人类不良妊娠结局的发生，很少是单一遗传因素或环境因素引起的，多是两者相互作用的结果，可见，环境因素在不良妊娠结局中占有重要地位。而且，与遗传因素相比，各种环境因素引起的不良妊娠结局是可以预防的。因此，本教材旨在从预防不良妊娠结局的角度阐述环境有害因素对胚胎、胎儿乃至婴幼儿生长发育的影响，使人们对环境有害因素影响优生优育有一个更加全面的认识，采取积极的措施预防不良妊娠结局的发生，提高出生人口素质。

本书第一版坚持以学生为本的理念，以实用、简明、生动和富于人文内涵的特点而广受师生好评。为了更好地反映和推动国内环境优生学学科发展，各位编者根据自己的工作经验，结合本学科国内外最新研究进展，对原有章节内容进行了更新、修改和必要的调整、增删。本版教材有三个特点：一是体系完整。从理论到实践，循序渐进，介绍了环境优生学的概念、研究对象、研究内容、研究方法，以及环境因素致不良妊娠结局的临床表现和防治策略，构建完整的环境优生学体系；二是指导性强。本教材以拓宽学生知识面、增强环境保护意识、提高出生人口素质为目的，以阐明环境因素引起的生殖和发育危害为重点，突出环境有害因素在不良妊娠结局发生发展中的作用；三是学以致用。本教材介绍了流行病学研究方法、生殖和发育毒理学研究方法和技术在环境优生学中的应用，附带各种研究实例，还介绍了针对具体环境因素的预防措施。

本次修订邀请了复旦大学、四川大学、山西医科大学等单位的专家教授，以及具有丰富临床经验的湖北省妇幼保健院等单位的优生优育医师共同完成。本书主要作为全国医药院校本科教材，还可作为优生优育和妇幼保健等专业工作者、生命科学相关专业学生和教师的参考书。

囿于水平，疏漏甚至错误在所难免。欢迎广大师生和读者指正，并预致谢意。

王爱国

2022 年 9 月

目 录

第十一章

物理因素与优生

第十二章

**孕期感染与
优生**

第十三章

营养因素和食品污染与优生

第十四章

**不良行为生活
方式与优生**

|第一章|

绪论

一、环境优生学的定义、研究对象和研究内容

（一）环境优生学的定义

环境优生学（environmental aristogenics）是研究环境中各种有害因素对生殖过程、胚胎与胎儿发育及胎儿出生后生长发育的影响，揭示环境有害因素在不良妊娠结局发生中的作用及其发生条件、发生机制，研究和制订评价环境有害因素生殖发育毒性危险度的方法，提出保护母体健康及胎儿正常发育与出生后健康成长的卫生标准和相应预防对策的一门学科。环境优生学属于预防医学（preventive medicine）范畴，是环境科学的重要组成部分，作为优生学的分支学科，以改善人类环境、预防不良妊娠结局、提高人口素质为主要任务。环境优生学的发展是关系人口素质的重大问题，对贯彻落实我国控制人口数量、提高人口素质的基本国策具有重要意义。

环境对生育、胎儿和婴幼儿健康的影响已引起各国政府有关部门的高度关注。目前，我国环境质量状况相当严峻，以城市为中心的环境污染（environmental pollution）和生态环境（ecological environment）破坏，如大气污染、水污染、酸雨、土地退化等仍在加剧，并迅速蔓延到农村。环境污染不仅对人体产生生殖和发育毒性，使婴儿死亡率和出生缺陷发生率增高，而且还对婴幼儿身体发育、智力和行为发育产生远期有害效应。如汞污染地区儿童出现神经行为损害，铅污染造成儿童体格差、智力低下等。如果不控制环境污染，这些危害还将随着工业的发展而日益加重。此外，我国 95% 的婴儿会从母乳中摄入超过允许浓度的有机氯农药（organochlorine pesticide，OCP），对儿童的生长发育具有潜在危害。环境内分泌干扰物（environmental endocrine disruptor，EED）和持久性有机污染物（persistent organic pollutant，POP）的污染危害除可引发生殖系统肿瘤外，其所导致的不良妊娠结局业已引起人们的高度重视。不良妊娠结局（adverse pregnancy outcome，

APO）是指非正常的妊娠结局，可分为新生儿相关的不良结局和妊娠期相关并发症引起的不良结局，主要包括新生儿出生缺陷、自然流产、早产、死胎、低出生体重儿、巨大儿等，以及因妊娠期严重的合并症和并发症而不得不终止的妊娠，其中新生儿出生缺陷尤为受到人们关注。出生缺陷（birth defect）是指婴儿出生前发生的身体结构、功能或代谢异常，通常包括先天畸形、染色体异常、遗传代谢性疾病、功能异常如盲、聋和智力障碍等，是导致早期流产、死胎、围产儿死亡、婴幼儿死亡和先天残疾的主要原因，也是我国及某些发达国家婴幼儿死亡的首要因素。据估计全世界每年大约有 500 多万出生缺陷婴儿出生，其中 85% 以上发生在发展中国家。我国是人口大国，也是世界上出生缺陷的高发国家之一。每年有 20 万～30 万名新生儿在出生时患有临床明显可辨认的出生缺陷，加上出生后数月或数年才显现出来的缺陷，每年出生缺陷儿总数可高达 80 万～120 万，约占每年出生人口总数的 4%～6%。出生缺陷儿除 30% 在出生前后死亡，40% 造成终生残疾外，只有 30% 可治愈或纠正。根据全国残疾人抽样调查结果估算，全国约有 5 100 多万残疾人和 2 200 多万各种遗传病患者，其中大部分致残原因为出生缺陷。我国每年因出生缺陷和残疾儿的出生所造成的经济损失约 10 亿元，如果对所有存活的出生缺陷儿和先天残疾儿提供手术、康复、治疗和福利，国家每年要投入近 300 亿元。2021 年我国出台重大政策举措，进一步优化生育政策，实施一对夫妻可以生育三个子女政策及配套支持措施，有利于改善我国人口结构、落实积极应对人口老龄化国家战略、保持我国人力资源禀赋优势。然而，随着经济社会发展、人口流动加快、受教育水平稳步提高，年轻人传统婚育观念发生转变，尤其是婚育与职业发展冲突，加上婚恋成本上升、就业竞争压力增大等主客观原因使得青年群体婚育推迟，导致高龄产妇的比例在逐渐上升，在一定程度上更是增加了不良妊娠结局的潜在发生风险。更为重要的是，不良妊娠结局的发生不仅会对孕产妇和新生儿的身心健康产生严重损害，而且与成年人心血管疾病、糖尿病和肿瘤等慢性疾病的发生发展密切相关。因此，如不及时采取积极的干预策略，不良妊娠结局将成为影响优生优育、人口素质和群体健康的公共卫生问题，甚至成为制约社会经济发展的重大社会问题。据估计，我国每年因环境污染造成的经济损失达千亿元，其中人体健康损失占 32%。环境质量恶化对人口素质的影响是我们所面临的严重挑战，已引起了人们的高度重视。

（二）环境优生学的研究对象

大量的事实和研究证实，尽管影响优生优育的因素很多，但最重要的莫过于环境因素（environmental factor）。影响胎儿生长发育的环境因素包括母体生活居住环境和职业生产环境的外界环境因素，以及母体的生理和病理状态、胎盘生理功能和胎盘激素等内在环境因素。环境因素对生育过程的任何一个环节产生有害作用，都可造成生殖发育功能障碍和不良妊娠结局，此等作用可以是环境因素直接作用于母体和胎盘而影响胎儿的正常发育，也可以是诱发生殖细胞遗传物质的突变而影响妊娠过程和结局。因此，环境优生学是以育龄男女及其孕育的后代以及所处的环境为研究对象，从人类生态学和预防医学的角度，评价和预测人类赖以生存的环境中各种环境有害因素（environmental adverse factor）对生殖过程和生殖结局（reproductive outcome），以及子代体格、智力、行为发育和疾病发生的影响，并提出有效的管理和预防控制措施。人类赖以生存的环境包括自然环境、生活环境、生产环境等。在这些环境中存在着多种多样的因素，按其属性可分为物理性、化学性和生物性三类。

物理因素（physical factor）主要包括小气候、噪声、振动、非电离辐射、电离辐射等。小气候（microclimate）是指生活环境中空气的温度、湿度、风速和热辐射等因素，对机体热平衡产生明显影响。环境噪声（environmental noise）不仅妨碍人们正常的工作、学习及睡眠，而且对听觉等许多功能产生明显影响，已成为污染人类社会环境的一大公害。非电离辐射（non-ionizing radiation，NIR）按波长分为紫外线、可见光、红外线、射频电磁辐射、激光等。紫外线具有杀菌、抗佝偻病和增强机体免疫功能等作用，但过量接触紫外线则对机体健康有害。红外线的生物学效应主要是致热作用，但强烈的红外辐射可致灼伤。电离辐射（ionizing radiation）是指能引起物质电离的辐射的总称，环境中的电离辐射除某些地区的放射性本底较高外，主要是由于人为活动排放的放射性废弃物造成的。此外，某些建筑材料中含有较高浓度的放射性物质通常是室内电离辐射污染的主要来源。随着科学技术的不断发展，环境中物理因素对心血管系统、神经系统、内分泌系统，以及对生殖功能和后代的影响已受到人们越来越多的关注。

环境中的化学因素（chemical factor）成分复杂、种类繁多。空气、水、土壤等环境介质（environmental media）中含有各种无机和有机化学物质，其中许多含量适宜的化学物质是人类生存和维持身体健康及胎儿正常发育必不可少的。随着科技水平的发展和生活水平的提高，人类对化学物质的需求与日俱增。截至 2019 年，美国化学文摘社登记的化学物质高达 1.5 亿种之多。初步估计，全世界每年约有 1 000 种新化学物质投放市场，每年约有 3 亿吨有机化学物质排放进入环境。目前约有 7 000 种化学物质经过动物致癌试验，其中 1 700 多种为阳性反应。国际癌症研究机构（International Agency for Research on Cancer，IARC）对已有资料报告的 989 种化学物质进行分类，其中 118 种为人类明确致癌物，369 种为人类可能致癌物，501 种为人类可疑致癌物。已确认有 40 多种人类致畸物（human teratogen），1 000 多种神经毒物。近年来，陆续发现许多 EED，如有机氯化合物、二噁英、毒杀酚、五氯酚钠、拟除虫菊酯、烷基酚、邻苯二甲酸酯和重金属等，能对机体内分泌激素的合成、分泌、运输、结合、反应和代谢等多个环节造成严重的影响，其对人类生殖健康（reproductive health）的危害已成为环境优生学领域中的一个研究热点。2001 年 5 月在瑞典首都斯德哥尔摩签署的《关于持久性有机污染物的斯德哥尔摩公约》（*Stockholm Convention on Persistent Organic Pollutant*，POP），规定了 12 种优先减少和／或消除的 POP，其中 9 种是有机氯农药，1 种是工业化学品，2 种为工业生产或垃圾焚烧过程的副产物。根据《公约》规定的持久性、生物蓄积性、迁移性和高毒性等 4 个 POP 甄选标准，截至 2019 年，列入公约受控名单的化学物质已增至 30 种。综上所述，环境中存在的一些化学物质不仅破坏了生态环境质量，同时也对人体健康产生长期、潜在的健康危害。

生物因素（biological factor）主要包括细菌、真菌、病毒、寄生虫、动植物毒素和生物性变应原（如植物花粉、真菌孢子、尘螨和动物皮屑等）。在正常情况下，空气、水、土壤中均存在着大量微生物，对维持正常的生态系统（ecosystem）具有重要作用。但当环境中的生物种群发生异常改变或环境中存在生物性污染时，可对人体健康产生直接、间接

或潜在的有害影响。大量的研究资料表明，孕期感染风疹病毒、人巨细胞病毒、乙型肝炎病毒、梅毒螺旋体、弓形虫、某些真菌毒素等生物因素，均可引起胎儿的宫内感染，对发育中的胚胎和胎儿产生严重危害，会导致流产、死胎、先天畸形、宫内生长受限、智力低下、新生儿死亡等不良妊娠结局。

各种环境因素通常是经过环境介质在日常生活或工作状态下通过呼吸道、消化道和皮肤等主要途径进入母体到达胎儿体内。许多遗传性疾病和不良妊娠结局都与环境因素的改变并引起基因突变有关，环境因素对生殖健康的影响程度主要取决于环境因素的理化和生物学特点、强度（剂量）、母体遗传型及其生理病理特点，其中环境因素的强度或剂量对优生优育的影响尤其值得人们重视。如碘是人体中一种必需的微量元素，有着"智力元素"的美誉，对调节人体生理功能具有重要的作用。如果孕妇长期从环境介质中摄入碘不足或长期摄入含抗甲状腺激素因子的食物，可干扰甲状腺对碘的吸收利用，引起机体碘缺乏。孕妇严重缺碘可导致胚胎期和围产期胎儿死亡率上升及胎儿神经、肌肉的发育受损，婴幼儿期严重缺碘可导致生长发育迟缓、智力低下，严重者发生呆小症（克汀病）。随着碘缺乏病防治工作的深入开展，大量人群流行病学调查和动物实验结果证实，体内高碘不仅可引起高碘甲状腺肿、自身免疫性甲状腺疾病、碘致甲状腺功能亢进或减退、甲状腺癌等甲状腺疾病，还会导致以学习记忆损害为主的神经毒性，以及精液数量和质量降低、胎儿活产率下降、新生儿畸形发生风险增加等生殖发育毒性。因此，合适的碘摄入量对保障母婴健康至关重要。

（三）环境优生学的研究内容

在当今社会环境条件下，优生（healthy birth）主要是指健康的出生，其目的是降低出生缺陷等不良妊娠结局，是人类长期进化和发展过程中在生育上的理想要求。优生是提高人口素质的基础，人口素质的提高对于促进生产力的发展和生产关系的变革可产生巨大的影响并发挥积极的推动作用。当今世界各国的竞争是以经济和科技实力为基础的综合国力的较量，而科技进步、经济繁荣和社会发展，从根本上最终取决于劳动者素质的提高。因此，人口素质是当代社会的重大问题，它包括健康素质、科学文化素质、思想品德素质等多个方面，而健康素质是人口素质的基础，包括先天和出生后身体和智力的生长发育状态、疾病、寿命、死亡等因素。实行优生优育可为提高健康素质提供生物学基础。人们对环境因素影响生殖和胎儿发育的认识，是在经历了一系列由环境因素引起不良妊娠结局的悲剧，如风疹病毒与先天性风疹综合征、水体甲基汞污染与先天性水俣病、孕妇服用反应停与短肢畸形等之后，随着环境医学、生殖与发育毒理学的发展而逐渐成熟的。越来越多的人群调查和动物实验结果证实，环境有害因素以及遗传因素与环境有害因素相互作用所引起的不良妊娠结局，只要采取适当措施，其对胚胎、胎儿及出生后的婴幼儿生长发育造成的危害是完全可以预防的。因此，在控制人口数量的同时，应积极开展环境因素对生殖发育的毒性作用及其机制研究，从而促进优生优育，提高出生人口素质。

1. 环境有害因素所致出生缺陷的群体监测　出生缺陷监测（birth defect monitoring）最根本目的是系统而有计划地收集和掌握某一地区或国家出生缺陷的基线水平（baseline level）和有关背景情况，及时获得出生缺陷的动态变化信息。在此基础上，通过流行病学、发育毒理学及遗传学等方面的研究，探究有关环境因素对人群出生缺陷发生率的影响，阐明出生缺陷发生消长的原因，揭示某种环境有害因素与特异出生缺陷之间的关联，及时发现导致出生缺陷的可疑因素，为病因学研究提供线索，从而为政府决策者制订精准防治策略和评价干预效果提供科学依据，以便尽快控制和/或消除引起出生缺陷的环境有害因素。世界上最早的出生缺陷监测系统于 1964 年在英格兰 - 威尔士和瑞典建立，随后美国、丹麦、加拿大等许多国家也于 20 世纪中、后期相继建立了本国的监测系统，开展出生缺陷的监测和防治研究。我国的出生缺陷监测起步较晚，1983 年原北京医学院与美国疾病预防控制中心合作，在北京顺义区建立围产期保健检测系统试点，至 1986 年开始在全国 29 个省（自治区、直辖市）的 945 所分娩医院针对围产儿进行出生缺陷监测，基本上掌握了我国出生缺陷的种类、顺位和分布。出生缺陷的群体监测范围和病种主要取决于监测人员的素质、诊断条件、设备、尸检情况等。不同国家和地区在监测模式、监测病种和监测期限上各有不同。我国目前采用的两种主要监测模式是医院监测和人群监测。以医院为基础的监测，监测期为妊娠满 28 周至出生后 7 天；采用人群为基础的监测，其监测期延长至出生后 42 天。个别省市或出生队列项目将监测时间延长至出生后 1 年，接近发达国家或地区的出生缺陷监测期。检测的病种主要是重点监测围产儿中 23 类常见的结构畸形、染色体异常及少部分遗传代谢性疾病。2014 年国家卫生和计划生育委员会发布卫生行业标准《妇女保健基本数据集第 6 部分：出生缺陷监测》，进一步明确出生监测数据的分类和统计标准，与发达国家或地区相比，我国在出生缺陷重点监测种类的选取、范围等方面还存在不足。

2. **环境有害因素与生殖危害和胎儿、婴儿发育异常关系的识别研究** 由于环境有害因素种类繁多、性质各异，且在环境中的浓度通常较低，加之在不同环境介质之间可发生迁移转化，使得环境有害因素对生殖、胎儿和婴儿发育危害的表现极其复杂多变，有时甚至用常规的研究方法还难以发现其危害的因果关系。目前，大量环境有害因素的生殖发育毒性（reproductive and developmental toxicity，DART）尚不清楚，而只有在识别鉴定出环境有害因素的生殖发育毒性后才能采取有效措施加以控制。因此，开展环境有害因素与异常生殖过程和生殖结局关系的确认性研究具有十分重要的作用。

识别研究途径主要包括：①开展日常性的出生缺陷监测和自然流产监测，为寻找危害胎儿和婴儿发育的环境有害因素提供线索。②病例调查，是发现人类环境致畸物的有效方法，历史上多起环境有害因素如甲基汞、风疹病毒、反应停、己烯雌酚等对胎儿和婴儿发育的危害作用都是由临床医学家首次发现并报道的。③专题研究，对出生缺陷监测和自然流产监测中发现具有可疑生殖发育毒性的环境有害因素，通过分析性流行病学研究方法，阐明其与生殖发育毒性的因果关系，是识别确认影响胎儿和婴儿发育的环境有害因素的可靠方法。④生殖毒理学（reproductive toxicology）和发育毒理学（developmental toxicology）研究，在严格控制实验研究条件下，利用适宜的动物模型研究环境有害因素对生殖和胚胎发育的影响，易于发现其因果关系及剂量 - 反应关系（dose-response relationship），尤其是利用多种模式动物同时进行的动物实验研究，以及利用多种细胞系开展的体外研究，是筛查环境有害因素生殖发育毒性的重要手段。许多国家已明确规定，农药、药物和化学品在登记时必须提交其生殖发育毒性方面的研究资料，其目的是在使用前对这些物质的生殖发育毒性进行科学的风险评估，防止具有生殖发育毒性的化学物质进入人类的生存环境。

3. 环境优生学的基础研究　涉及环境有害因素对生殖和发育两个方面的影响。生殖毒性（reproductive toxicity）是对育龄男女而言的，包括环境有害因素对配子生成、受精到胎儿娩出全过程的影响；而发育毒性（developmental toxicity）是对子代而言的，包括环境有害因素对受精卵、着床、胎儿发育、出生直到性成熟整个过程的影响。生殖毒性不仅包括发育毒性，还包括对生殖系统和内分泌系统的影响。因此，环境优生学基础研究所涉及的范围包括环境有害因素对育龄男女的配子发生、成熟、释放及内分泌、性周期和性行为、受精至受精卵发育成为新生个体性成熟整个过程的影响。环境有害因素的生殖和发育毒性作用，以及机制研究，主要借助生殖毒理学和发育毒理学的理论和方法，结合多组学技术，深入研究环境有害因素对生殖过程和胚胎发育及出生后发育等各个方面多个环节上的作用及其机制，揭示环境有害因素与生殖功能异常、胎儿出生缺陷、不良妊娠结局及出生后发育异常等之间的关系，阐明其在生殖发育毒性反应中的分子关键事件、毒性通路和不良效应结局中的作用，寻找其特异、敏感的暴露标志（biomarker of exposure）、效应标志（biomarker of effect）和易感性标志（biomarker of susceptibility）等生物标志（biomarker），并在验证的基础上，为预防环境有害因素所致的生殖危害和诱发的不良妊娠结局提供科学依据。

4. 引进和创建适宜于环境优生学研究的新技术和新方法　除传统的流行病学、生殖毒理学、发育毒理学等研究方法外，随着医学遗传学、分子生物学、分子胚胎学等生命科学和环境科学的发展，环境有害因素与优生关系的研究也逐步深入，并提出了许多有效的优生措施。但目前环境优生学领域面临的许多难题急需引进或创建新的研究方法来解决。例如，研究环境有害因素对机体的基因、蛋白及细胞结构和功能的作用；建立环境污染对人类生殖健康危害、不良妊娠结局和发育异常的预警体系；机体内外环境中有害因素的快速、灵敏、准确识别筛查等，都需要应用新的研究技术和方法，或借助学科间的交叉与渗透。在环境优生学研究中，应用传统的流行病学方法在阐明环境因素与生殖健康和不良妊娠结局的相互关系上提供了重要的宏观指导，但由于其敏感性较低，很难在诸多复杂的因素中识别出微量有害因素和长期暴露的潜在远期健康效应。在此等情况下，若能借助以多组学技术的分子生物学为基础建立起来的分子流行病学（molecular epidemiology）研究方法，对于揭示环境有害因素暴露致生殖危害的内在本质具有重要价值，可极大提高人们对环境有害因素与生殖健康和不良妊娠结局关系认识的水平，从而更有效地保护人类的生殖健康，降低不良妊娠结局的发生率，提高整体人群的身体素质。

5. 保护环境，促进生殖健康　党和国家历来高度重视人民健康。新中国成立以来特别是改革开放以来，我国健康领域改革发展成就显著，城乡环境面貌明显改善，人民健康水平和身体素质持续提高。第七次全国人口普查结果显示，妇女健康水平持续提高，孕产妇死亡率从 2010 年的 30.0/10 万下降到 2020 年的 16.9/10 万。同时，儿童健康状况持续改善，婴儿和 5 岁以下儿童死亡率，分别从 2010 年的 13.1‰ 和 16.4‰ 下降到 2020 年的 5.4‰

和 7.5‰，总体上优于中高收入国家平均水平，为全面建成小康社会奠定了重要基础。此外，我国当今所面临的工业化、城镇化、人口老龄化，以及疾病谱、生态环境、生活方式不断变化等，也给维护和促进健康带来一系列新的挑战，健康领域发展与经济社会发展之间的矛盾依然突出。党的十八大首次将生态文明建设列入五位一体总体布局，强调把生态文明建设放在突出位置，融入经济建设、政治建设、文化建设、社会建设各方面和全过程。2020 年 9 月 22 日，习近平主席在第 75 届联合国大会一般性辩论上作出庄严承诺：中国力争 2030 年前实现碳达峰，2060 年前实现碳中和。通过能效约束推动节能减排和促进高投入、高消耗、高污染、低效益的"三高一低"企业的绿色转型，将成为降低环境有害因素水平的有效手段。防止环境有害因素干扰生殖的生理过程，影响胎儿、婴儿的生长发育，除了要采取积极有效的手段和措施严格控制环境污染物的排放，防止环境污染的发生外，同时也要制订各种环境有害因素暴露限量标准，以确保其对生殖功能和胚胎发育的安全性。因此，开展重点区域、流域、行业环境与健康调查，建立覆盖污染源监测、环境质量监测、人群暴露监测和健康效应监测的环境与健康综合监测网络及风险评估体系，有利于生殖健康的促进。

6. 开展优生咨询和保健，预防不良妊娠结局发生 实施国家残疾预防行动计划，构建覆盖城乡居民，涵盖孕前、孕期、新生儿各阶段的出生缺陷防治体系，做好围婚期和孕产期的咨询和保健，加强对致残疾病及其他致残因素的防控，使整个生殖过程的每个环节都尽可能避免接触对胚胎和 / 或胎儿发育产生有害作用的危险因素，是控制人类生殖危害，促进生殖健康，保护胎儿和婴儿健康的重要对策。优生咨询（healthy birth consulting service）是开展优生优育工作的重要组成部分，既可及时发现和解决一些暴露环境有害因素的生育问题，排除遗传及环境因素对胎儿的影响，降低不良妊娠结局的发生率，也可对广大健康咨询对象普及优生优育的科普知识，使其积极主动地参与优生优育工作，创造良好的优生优育环境条件，对于降低或避免严重遗传性疾病或出生缺陷患儿的出生，提倡和实现优生，全面提高人类的遗传素质都具有重要意义。同时，积极开展婚前医学检查、孕产期保健、产前诊断和遗传病诊断，以及婴幼儿保健等为主要技术服务内容的母婴保健措施，形成各个年龄段的育龄人群都能获得相应的生殖保健服务的工作机制，是促进和保障胎儿、婴儿和儿童的正常生长发育，预防不良妊娠结局发生，提高出生人口素质的重要手段。

二、优生学的发展简史和我国的环境优生工作

（一）优生学的建立及其发展历程

优生学正式诞生于 19 世纪 80 年代，是在生物进化论和遗传学发展的基础上建立起来的。1883 年英国生物学家弗朗西斯·高尔顿在其表哥查尔斯·达尔文的影响下，在其《人类才能及其发育》一书中首次提出用希腊文 eugenics 表达优生学这一术语，且指出优生学是研究在社会的控制下，为改善或削弱后代体格和智力上某些种族素质的科学。20 世纪 20—30 年代，此优生学的概念被美国和德国等西方国家的极端种族主义者所歪曲和利用，

致使优生被视为灭绝种族的同义词。1924年美国移民法案出台，一些移民被扣上"人种低劣"的帽子，限制年度移民人数，以保持国民中基本类别的种族优势，以此来稳定美国民族构成。随后美国多个州颁布了优生学绝育法，认为嗜酒者、乞丐、孤儿、被遗弃者、懒汉、妓女等是人种遗传低劣人群而对其实施绝育计划。到20世纪70年代，美国30多个州至少有6.5万人被实施了强制性绝育手术，而且许多人是在根本不知情的条件下被秘密绝育。尽管美国优生绝育政策在1977年就已经被全面废除，但其为消灭有色人种的尝试从未停止。在19世纪后期，德国有人提出"种族卫生"（racial hygiene）的观点，并日后成为纳粹种族理论的基础，也是执行对犹太人、吉普赛人、残疾人或身体有缺陷者进行屠杀，以及对先天智力缺陷、精神分裂症、狂躁-抑郁性精神病、遗传性癫痫、严重的酒徒、遗传性盲目和亨廷顿舞蹈病等患者执行纳粹绝育法的绝佳工具。

20世纪30年代，我国学者潘光旦把国外优生学引入中国，并出版了《优生学概论》《优生学原理》等专著。由于优生学被法西斯主义者歪曲利用，以致第二次世界大战后很长一个时期人们谈优生色变，成为学术研究的禁区而无人敢于问津。随着科学技术的不断进步，医学遗传学、细胞遗传学、分子生物学等基础学科和现代医学技术的发展，以改善人类遗传素质，防止或降低遗传病和出生缺陷儿的孕育和出生，提高人口素质为己任的优生学的理论得到了进一步充实，并提出了有效的优生措施。我国现阶段使用出生健康或健康的出生表示优生，并认为优生学（aristogenics）是一门以提高人口素质为目的的综合性学科。在社会、经济、环境、文化、伦理的支持下，以预防性优生学（preventive aristogenics）为重点，以生物学、医学、环境科学和遗传学为基础，采取增加或维持产生有利表型的等位基因频率的途径，减少或杜绝某些遗传性疾病或先天性缺陷儿的出生，从而减少人群中不良基因的频率。其采取的主要预防性措施包括婚前检查、避免近亲结婚、适龄婚育、优生咨询、孕期保健、产前诊断、选择性流产等，以达到提高出生人口素质的目的。相对于预防性优生学（或消极优生学）的积极优生学（positive aristogenics），是在遗传工程技术的基础上，对人类优良性状和基因给以巩固、延续和发展（人种改良），促进或增加体力和智力优秀的个体繁衍，使后代更加完善，从而提高人类群体中良好基因的频率，真正做到操纵和变革人类自身，如人工授精、试管婴儿、人类单性繁殖、基因重组技术等，以增加优质人口为目的。

（二）我国古代优生思想

我国早在2000多年前就对优生优育有较为深刻的认识。《礼记》指出"取（娶）妻不取（娶）同姓"；《左传》中记载"男女同姓，其生不蕃"；《国语》说"同姓不婚，恶不殖也"，均明确指出同姓亲属结婚，后代多夭折不继，此为近亲婚配会影响后代健康的优生思想的最早记载。《后汉书·冯勤传》中提及冯勤曾祖父有八子，"兄弟形皆伟壮，唯勤祖父偃，长不满七尺，常自耻短陋，恐子孙之似也，乃为子偃娶长妻。优生勤，长八尺三寸"，说明在汉代人们就已认识到遗传的重要性，而且择优婚配已成为优生的重要举措。孔子不仅认为"不孝有三，无后为大"，将生育提高至"孝道"的高度，而且也认为"男子三十而有室"，"女子十五而拼，二十而嫁"，主张要有合适的婚龄，认为未成年男女过早婚配，不但妨碍自身的生长发育，还会严重损害健康，不利于优生。宋代医家在总结前人经验的基础上，提倡婚前检查，认为"凡欲求子，当先察夫妇有无劳损痼疾而依法调治，使内外和平，则有子矣"。明代万全的《妇人秘科》提出养胎之法，"受胎之后，喜怒哀乐，莫敢不慎。盖过喜而伤心而气散，怒则伤肝而气上，思则伤脾而气郁，忧则伤肺而气结，恐则伤肾而气下，母气既伤，子气应之，未有不伤者也"；《大生要旨》中也指出，"凡妇人受妊之后，常令乐忌忘忧，运动气血，安养胎儿。早当绝其嗜欲，调节饮食，内远七情，外避六经，心宜静，而不宜躁，动而不宜逸，味宜平而不宜热，食宜暖而不宜寒，既无胎漏、胎动下血、子肿、子痛等证及横产、逆产、胎死腹中之患。"还有诸如《黄帝内经》、孙思邈《备急千金要方》、咎殷《经效产宝》、刘向《列女传》、张景岳《妇人规·子嗣类》等，均从不同角度阐明孕妇情绪、合理膳食、起居规律以及环境因素等与妊娠结局之间存在关联。此等优生思想时至今日对孕妇开展优生优育宣传教育仍具有重要价值。

（三）国外古代优生思想

古希腊哲学家柏拉图被认为是西方教育史上倡导优生优育的先驱，主张应对婚姻关系和男女婚龄进行控制，以生育杰出的后代，杜绝不健康个体出生。古印度《格里希亚经集》提出择妻标准是姑娘不仅要漂亮，而且要性格端淑，身体健康，没有疾病，要了解其家史。古罗马皇帝狄奥多西严令禁止表亲结婚，违者判刑，甚至处死。古代希腊历史上的斯巴达人，不仅军事强大，也是优生优育的提倡者和实行者，要求已婚男女必须为国家生育强壮、健康的儿童。婴儿出世后要送长老进行体检，父母将健康婴儿带回家后用酒沐浴，锻炼体质；稍长，教以知足、自乐、不拣食、不怕黑暗、不怕孤单、不任性、不喧叫。至七岁编入儿童营练习投掷、摔打、跑跳、游泳、角力，严格训练。女性要身体强壮，像"母鹿的蹦跳""冲刺的奔马""飘着头发像小马般把场地弄得尘土滚滚"，目的是使母亲健康美丽、坚韧、果敢。

（四）环境优生学的出现与发展

1941 年，澳大利亚眼科医生 Gregg 发现先天性白内障患儿数量急剧增加，形成流行性失明，且患儿多伴有先天性心脏病、先天性聋哑等，后经调查发现，此等发病患儿与母亲孕期感染风疹病毒有关。自此人们开始意识到环境因素（风疹病毒）与胚胎发育和出生缺陷可能存在关联。20 世纪 50 年代，日本熊本县水俣湾发生先天性水俣病（congenital Minamata disease），经调查发现是由于母亲在孕期摄食了受甲基汞污染水域的鱼类、虾类和贝类等水产品，致使过量甲基汞进入母体引起的。20 世纪 60 年代末，西德、英国、日本等国家在近两年时间内发生上万例海豹肢畸形，后经研究发现是由于母亲在怀孕期间服用镇静剂反应停（thalidomide）所致。20 世纪 60 年代开始的越战中，美军在越南 360 万公顷土地上使用了约 1 900 万加仑脱叶剂 2，4，5-T（"橙剂"），导致多达 3 181 个村庄的 480 万民众受到脱叶剂污染，致使污染地区居民生出许多患有腭裂、智力低下、手指和脚趾畸形等先天畸形儿，后经查证是由于该脱叶剂中所含剧毒杂质二噁英（dioxin）所致。上述大量事件证明并已充分肯定，环境有害因素与胚胎发育和不良妊娠结局的关系非常密切。随着基础医学、环境医学、职业医学、营养学、围产医学、生殖医学、流行病学、毒理学等学科知识和技术的发展，根据遗传学原理研究人类遗传素质，以及环境因素

对遗传素质的影响，预防或降低不良妊娠结局发生的综合性学科 - 环境优生学应运而生。

从 20 世纪 60 年代开始，生殖和发育毒理学及其相关学科的发展促进了环境优生学研究的深入开展，各国对药物、农药、食品添加剂、职业性化学物质、环境污染物以及其他用途化学品的生殖和发育毒性进行了广泛的研究。同时人们也对环境有害因素暴露人群与不良妊娠结局的关系进行了大量调查，例如，环境污染与不良妊娠结局关系的调查；工业毒物与作业工人子代不良妊娠结局发生情况的调查等。

基于现有的大量研究资料，目前已阐明不良妊娠结局发生的部分原因：①出生缺陷发生的原因：遗传因素约占 20% ~ 30%，环境因素（如电离辐射、感染、营养缺乏、药物和环境化学物等）约占 10%，而环境因素与遗传因素相互作用及原因不明者约占 60% ~ 70%。②环境有害因素的胚胎毒性（embryo toxicity）和致畸作用（teratogenicity）：某些环境有害因素可以不通过影响遗传过程而直接透过胎盘屏障（placenta barrier）进入胎儿，影响其正常发育。现已检出 600 多种化学物质可通过胎盘屏障，其中大多是药物和环境毒物（environmental toxicant），如铅、汞、镉、锰、氟、铊、砷、铝、一氧化碳、烟碱、农药、有机溶剂等。提示在做好遗传咨询，尽可能控制遗传因素对胎儿产生不良影响的同时，也要能及时发现那些在生殖发育毒性中起主导作用的环境有害因素，针对该环境有害因素采取干预措施即可取得预防不良妊娠结局的效果。这也从另一个角度说明，优生并不仅仅是为了提高胎儿的遗传素质免受环境有害因素的不良影响，也是保证胎儿正常生长发育，达到提高胎儿健康素质的目的。③环境有害因素可影响生殖发育过程任何环节：生殖发育毒性研究表明，环境有害因素对生殖发育功能的影响，表现为对生殖发育过程的任一或多个环节均可产生有害影响，造成生殖发育功能障碍或不良妊娠结局。如性功能障碍、月经失调、精子损伤、不孕或生育能力降低、早期胚胎丢失、自然流产、死胎、死产、性比例失调、低体重儿、先天缺陷、新生儿死亡和儿童期肿瘤等。④环境有害因素对生殖细胞产生有害作用：特别是发现男性单独接触某种或某些化学物质，可影响配偶的妊娠结局。如接触二硫化碳（carbon disulfide，CS_2）男性工人，其精子发生和形态均会受到损伤，致使妻子发生流产、早产或生出畸形儿。动物实验证实，给雄兔反应停后与未给药的雌兔交配，可生出短肢畸形胎仔。这一发现改变了生出畸形儿的原因仅在母亲的传统观念。由此可见，仅注意母婴保健还不足以实现优生优育的目的。⑤环境有害因素对遗传物质的影响：有些环境有害因素可影响机体遗传物质（染色体、基因）而导致基因型改变，潜在地增加人类群体的遗传负荷。基因型（genotype）是环境因素长期影响的终产物，并受环境的选择，这种作用需要经过几代才能表现出来。在近代科学条件下，可通过控制环境条件来预防某些遗传病的发生，例如苯丙酮尿症（phenylketonuria，PKU）是常染色体隐性遗传病，早期限量食用含丙氨酸食物则可不发病。⑥孕期接触环境有害因素对子代具有远期毒性效应：母亲妊娠期接触某些环境有害因素如汞、铅等，除对胚胎或胎儿产生损害外，还可对胎儿出生后数月乃至数年在身体发育、智力和行为发育等方面产生远期影响。如甲基汞引起的先天性水俣病、低浓度铅引起的儿童智力低下等。我国一些地区对智力低下的病因研究发现，20% 为遗传因素，包括染色体异常、基因突变、先天性代谢异常等；30% 是产前损伤，包括宫内感染、缺氧、环境有害因素如有害毒物、药物、放射线等所致；10% ~ 30% 是分娩时的产伤，包括窒息、颅内出血、早产儿、甲状腺功能减退、核黄疸、败血症等；约 10% 是出生后患病，包括脑炎、脑膜炎、颅脑外伤、脑血管意外、癫痫等。表明妊娠期受不良环境因素的影响不仅可引起远期效应，且远大于遗传因素对胎儿的影响。此外，有些化学物质透过胎盘屏障使子代致癌。如母亲孕期使用己烯雌酚可导致其所生女孩患阴道癌。近年来儿童白血病人数快速增加，推测可能与母亲孕期接触某种致癌物有关。提示在研究肿瘤病因、采取预防措施时应考虑妊娠期接触的环境条件。

（五）我国环境优生工作的进展

为了促进我国优生优育政策的实施，我国有识学者勇于冲破优生禁区，在 1979 年第一次全国人类和医学学术论文报告会上重新提出发展优生学。在各省市计划生育条例中，都把优生优育列为计划生育不可或缺的组成部分。1982 年 6 月，中华医学会、中国计划生育协会在北京举办了全国"优生和防治智力低下"培训班，第一次开设了环境优生学课程。随后各级环境优生学培训班在全国陆续展开，不仅提高了妇幼卫生工作人员业务技术水平，而且也传播了环境优生学知识。通过普及优生优育科学知识、开展优生优育咨询服务和优生优育流行病学调查等工作，对降低不良妊娠结局，促进孕妇身心健康和婴幼儿健康成长等方面均发挥了积极作用，也为优生学充实了许多新内容。随着 1995 年我国第一部《环境优生学》专著出版，环境优生学知识也得到了进一步传播，在环境相关专业著作中也都有环境与优生的阐述，在环境医学、职业医学、流行病学、计划生育、妇幼卫生等专业期刊杂志上也经常发表有关环境优生学方面的研究论文。随着人们对优生优育认识逐步深化，环境优生学在理论和实践上、深度和广度上都得到了充实和发展，为我国实行优生优育，进一步提高人口素质奠定了坚实的基础。

在有计划地控制生育水平的同时，需要大力提高出生人口素质，但我国的优生优育工作任重道远。据报道，我国出生缺陷总发病率约为 5.6%，但由于我国人口基数庞大，每年新增出生缺陷儿约 90 万。尽管其中相当数量出生缺陷儿在出生前后或出生后一年内死亡，但在存活的婴儿中仍有不少因出生缺陷造成各种疾病和残疾，还有大量在出生时非肉眼可观察到的各种生理功能和智力障碍，他们需要医疗和抚养，给家庭和社会带来沉重的精神压力和经济负担。中国有 9.86 亿妇女儿童，约占总人口的三分之二，做好妇幼工作对提高全民健康水平、推动社会可持续发展、构建和谐社会具有战略性意义。为从根本上解决我国出生缺陷和先天残疾等不良妊娠结局高发状况，进一步提高出生人口素质，根据《中华人民共和国母婴保健法》（2017 年修订版），以及国务院颁布和实施的《中国妇女发展纲要（2021—2030 年）》和《中国儿童发展纲要（2021—2030 年）》的要求，我国已把妇女和儿童健康纳入国民经济和社会发展规划，并将其作为优先发展的领域之一，且将保障妇女儿童健康权益上升为国家意志。婴幼儿健康从以治疗为中心向以健康为中心的医疗服务理念转变，将有效助力于妇女儿童健康事业的发展，从而实现"健康中国"发展战略。到目前为止，我国已经形成了一整套包括孕前保健、产前检查、高危孕妇筛查与管理、住院分娩、新生儿保健、产后访视和儿童保健在内的孕产期和儿童系统保健服务模式，极大程度上降低和避免了出生缺陷、儿童残疾和伤害导致的不良后果。在大力倡导优生优育和提高人口素质的今天，深入探讨环境与优生的关系，不仅可促进不良妊娠结局病

因、发生机制以及预防措施和技术的研究，而且有利于达到优生优育和提高人口素质的目的。

三、环境优生学的研究方法和工作任务

（一）环境优生学的研究方法

1. 流行病学研究方法 采用描述性流行病学（主要包括生态学研究和现况研究）、分析性流行病学（病例对照研究和队列研究）、实验流行病学和理论流行病学的研究方法，研究生殖危害、胎儿和婴儿发育异常在不同地区不同人群中的分布差异，探索和发现导致生殖发育毒性发生和流行的原因和影响因素，并提出预防和控制生殖发育危害的策略和措施。在开展环境有害因素对生殖功能、胎儿和婴儿发育影响的流行病学研究中，需要解决的问题有：①已知暴露因素，拟研究其对人群生殖功能、胎儿和婴儿发育的影响及其程度，为采取预防对策、制定卫生标准提供科学依据，可采用现况研究、队列研究和实验流行病学研究。②出现生殖功能损害或胎儿和婴儿异常发育的临床症状后探索环境有害因素，可先进行现况研究和病例对照研究，探寻暴露与生物学效应之间的联系，筛选出导致生殖功能损害、胎儿和婴儿异常发育的主要危险因素后，再选用队列研究或实验流行病学研究加以验证。在进行流行病学研究时，根据环境有害因素的健康效应谱，应尽可能选择能反映机体生殖功能、胚胎发育、婴幼儿生理功能和生化代谢等轻微改变的敏感而特异的观察指标。此外，研究对象的确定、暴露剂量包括外暴露剂量（external dose）、内暴露剂量（internal dose）和生物有效剂量（biologically effective dose）测量及测量方法的选择对研究结果的真实性都是至关重要的。

特别需要指出的是，出生队列研究模式在探讨环境、遗传因素与生长发育和健康的关联，以及在成年期疾病早期预防中的作用已得到全球公共卫生领域专家的认可。前瞻性出生队列着眼于生命早期，是研究孕前和孕期环境因素与胎儿、婴幼儿，以及青春期发育和生殖健康问题的有效方法和手段，也是环境优生学的重要研究方法之一。由于不良妊娠结局发生机制的复杂性，环境与遗传因素可能起重要作用，且两者之间存在复杂的交互作用，因此不良妊娠结局发生机制研究需要以孕前或孕早期各种环境暴露因素为基础数据，建立前瞻性早期胚胎发育队列，利用多学科交叉研究手段，整合多层次暴露数据，阐明环境因素 - 代谢物改变 - 表观遗传调控在不良妊娠结局中的作用机制及作用途径，发现与不良妊娠结局高度关联、明确的环境危险因素，预防和降低不良妊娠结局、提高出生人口素质。由于人类生存环境的复杂性，出生队列研究不仅可以探讨单一环境有害因素的生殖发育健康损害，还可以探讨多种环境因素联合作用的不良影响，可为生殖健康、胎儿和婴儿发育提供更全面的预防措施建议和参考。

2. 毒理学研究方法 由于环境有害因素可作用于生殖和发育全过程中的各个环节，这些环节中任何一个节点出现问题都可能引起不孕、不育、出生缺陷、出生后发育异常等不良妊娠结局。因此，在开展毒理学研究时应根据环境有害因素理化性质设计毒理学实验研究的具体内容和观察指标。研究环境有害因素对生殖发育毒性的毒理学实验研究主要包

括：①对睾丸、卵巢功能（配子发生）的影响，如精母细胞染色体畸变实验、显性致死致突变实验、精子畸形实验、间质细胞和支持细胞功能测定等；②对生殖内分泌激素的影响，如雌激素、雄激素、卵泡刺激素、黄体生成素、促性腺激素释放激素等的检测；③致畸实验；④两代繁殖实验；⑤体外全胚胎培养实验；⑥基因与蛋白功能实验，如应用原位杂交技术、反义寡核苷酸技术、基因表达代表性差异显示技术、基因编辑技术等研究环境有害因素对胚胎和胎儿发育的影响。此外，将经典的生殖发育毒理学实验技术与当代基因组学、蛋白质组学、代谢组学和表观遗传组学等新方法和新技术相结合，探究生殖发育过程中正常或异常的分子事件，基因表达时间顺序、空间分布与调控，以及细胞间的相互关系等，已成为环境有害因素生殖发育毒性识别、筛选、评价和作用机制研究的重要内容，将为生殖、优生和优育的预防和干预策略的制定提供丰富的理论依据和参考数据。

（二）环境优生学的工作任务

1. 开展不良妊娠结局监测，及时发现和控制危害胎儿和婴幼儿健康的环境有害因素
充分利用已建立的出生监测网络，统计和确定一个地区或国家人群中各种不良妊娠结局的发生水平及其动态变化趋势，及时发现导致不良妊娠结局的可疑因素，为探索降低不良妊娠结局策略和措施及其效果评价提供基础资料，从而为妇女儿童健康提供可靠的服务保障。探索我国主要不良妊娠结局病因，制定行之有效的干预措施仍然是今后环境优生工作的方向和重点。由于危害胎儿和婴幼儿健康的环境有害因素种类繁多，特别是空气、水、土壤和食品等不同环境介质中的有害物质和家用化学品等可复合暴露作用于亲代和 / 或子代，使其生殖毒性和 / 或发育毒性的效应更加复杂多变，致使其因果联系更难以确定。因此，应对环境中存在的各种有害因素制订严格的卫生标准，制定各类环境有害因素的接触限值，对可能通过食品途径进入机体的有害物质则应制订每日允许摄入量（acceptable daily intake，ADI），以防止有害物质过量进入机体造成危害。在制订卫生标准时，除考虑环境有害因素对健康的一般影响外，还应注意其对生殖功能和胚胎发育的安全性。

2. 开展环境有害因素的危险度评价 危险度评价（risk assessment）是指对环境有害因素可能引起的健康效应（包括生殖发育危害）及其危害程度进行定性和定量评价，并预测其对暴露人群可能产生有害效应的概率。开展环境有害因素危险度评价的内容和程序包括：①危害鉴定（hazard identification）：目的是确认环境有害因素是否对机体健康、生殖和发育产生危害，且这种危害是否为该有害因素所固有的毒性特征和类型。值得注意的是，部分有害因素暴露可导致基因突变和表观遗传学改变，继而影响子代甚至延续多代的健康；②暴露评价（exposure assessment）：目的是确定所接触环境有害因素的来源、类型、数量和持续时间，并根据不同暴露途径的实际情况计算机体的总暴露量。由于父亲暴露某些有害因素可引起精子突变和表观遗传学改变，甚至有害因素也可能通过精液携带造成胎儿的直接暴露，从而增加胎儿的健康风险。因此，评价有害因素在生命早期暴露对子代健康的影响时，要同时关注父母双方的暴露情况，这不仅能有效预测未知混杂因素的干扰作用，而且对流行病学的因果推断也具有重要作用；③剂量 - 反应关系（dose-response relationship）评定：目的是获得有害因素的剂量或浓度与其生物学效应之间的定量关系，提出剂量 - 反应模式，用于该因素的危险度特征分析。在剂量 - 反应关系评定过程中，要

尤其注意基因与有害因素之间的交互作用。因基因多态性可影响机体对有害因素的代谢解毒能力和改变胎盘对有害因素的转移，导致胎儿暴露水平出现差异。同时环境 - 基因的关系是双向的，在风险评估中纳入基因 - 环境的相互作用可能有助于识别并保护易感人群。剂量 - 反应关系评定资料可来源于人群流行病学调查，但多来自动物实验资料，可通过动物实验获得未观察到有害效应剂量（no observed adverse effect level，NOAEL）或最低观察到有害效应剂量（lowest observed adverse effect level，LOAEL），以最大无作用剂量作为外推人体暴露安全剂量的基础，除以一定的安全系数（safety factor，SF）即可推导出参考剂量（reference dose，RfD），相当于人类可接受的每日摄入量。由于要经过从动物向人的外推过程，涉及种属差异和个体差异等因素，需要用不确定系数（uncertainty factor，UF）加以修正；④危险度特征分析（risk characterization）：目的是在对前三个阶段的评价结果进行综合、分析、判断的基础上，确定有害因素暴露人群中有害效应发生率的估计值（即危险度）及其可信程度。

3. **积极开展优生咨询和保健，促进优生优育，降低出生缺陷发生**　随着孕产妇和儿童死亡率逐步降低，出生缺陷日益成为突出的公共卫生问题和社会问题。鉴于出生缺陷造成的后果大部分是不可逆的，且出生缺陷干预的主要措施是预防，加上降低出生缺陷发生率，促进儿童健康发展是《中国儿童发展纲要（2021—2030年）》的重要目标。因此，一方面要采用通俗易懂的语言、文字、图片、音像制品等互联网＋健康教育方式向适龄婚育人群宣传优生优育的重要性，普及环境优生学知识，使人们认识、了解影响胎儿和婴幼儿正常发育、导致出生缺陷和病残儿出生的并不完全是遗传因素，环境有害因素也可成为出生缺陷的重要原因。使人们了解环境因素对胎儿和婴儿发育和健康影响的基本知识，哪些因素有利于优生优育，哪些因素对生殖健康存在危害，并强调环境有害因素对胎儿和婴儿发育造成的危害是可以预防的。这些知识对于指导人们在自己的生活、工作和学习中避免或尽量减少接触有害因素大有裨益，使他们将优生优育的意愿变成自己的实际行动。另一方面，经常开展包括婚前、孕前和孕期的优生咨询和保健。婚前优生咨询和保健主要是对即将结婚的双方开展性知识、性心理、生育知识和环境优生学知识以及我国婚姻法和母婴保健法有关规定的宣传宣教，使男女双方了解更多有关生殖健康知识，对于防止近亲结婚、降低遗传性疾病和先天性缺陷发生及婚后生活幸福等方面具有重要意义。孕前优生咨询和保健包括最佳受孕年龄、最佳受孕时间、最佳孕前准备及应注意的相关问题（如营养供给、身心状态、避免或减少环境有害因素暴露等）。孕期优生咨询和保健包括孕产保健机构对孕妇提供卫生、营养、生活方式、心理，以及孕期疾病和妊娠并发症等方面的咨询和指导。多年来，党和政府在推进优生优育、预防出生缺陷方面出台了一系列政策和法规，为优生优育提供了有力保障。在出生缺陷防控中，广大妇幼工作者应积极采取三级防控措施层层把关，力争通过采取综合措施降低出生缺陷发生，达到优生优育目的。孩子是民族的希望和未来，让每一个家庭拥有健康的孩子是大众的殷切期望。促进优生优育在预防出生缺陷、提高出生人口素质和全民身体素质中发挥了重要作用，也是实现全民健康、全面小康的重要基石。

（王爱国）

参考文献

[1] 安笑兰, 符绍莲. 环境优生学 [M]. 北京：北京医科大学、中国协和医科大学联合出版社，1995.

[2] 杨克敌. 环境优生学 [M]. 北京：人民卫生出版社，2007.

[3] 严仁英. 实用优生学 [M]. 北京：人民卫生出版社，1986.

[4] 吴刚, 伦玉兰. 中国优生科学 [M]. 北京：科学技术文献出版社，2000.

[5] 张敬旭. 环境优生学的发展与展望 [J]. 中国优生与遗传杂志，2019，27（9）:1025-1027.

[6] NICOLOPOULOU-STAMATI P, HENS L, HOWARD C V. Reproductive Health and the Environment[M]. Dordrecht: Springer. 2007.

[7] GUPTA R C. Reproductive and Developmental Toxicology[M]. San Diego:Academic Press. 2011.

[8] 王艳辉, 刘艳平, 卢淑丽. 不良妊娠结局影响因素分析 [J]. 妇幼保健，2018，30（3）:303-305.

[9] 张璘, 刘雪霞, 宋桂宁, 等. 预防出生缺陷优生优育是全民健康的重要基石 [J]. 中国医药，2020，15（9）:1329-1333.

[10] 刘珍, 周阳文, 李小红, 等. 出生缺陷防控健康教育专家共识 [J]. 中国妇幼保健，2022，37（5）: 775-779.

| 第二章 |

人体胚胎发育及其影响因素

第一节　人体胚胎正常发育

一、生殖细胞与受精

（一）生殖细胞

生殖细胞（germ cell）又称配子（gamete），包括精子（sperm）和卵子（ovum）。

1. 精子　精子产生于雄性的生殖腺 - 睾丸。睾丸内含生精细胞和内分泌细胞。生精细胞（spermatogenic cell）包括精子细胞（spermatid）及其前体细胞，经过复杂的过程最终发育为精子；内分泌细胞包括间质细胞和支持细胞，分泌雄激素和细胞因子辅助生精过程。生精小管是睾丸产生精子的场所，管壁由生精细胞和支持细胞组成。生精细胞包括精原细胞（spermatogonia）、初级精母细胞（primary spermatocyte）、次级精母细胞（secondary spermatocyte）、精子细胞和精子。下丘脑通过脉冲式释放促性腺激素释放激素（gonadotropin-releasing hormone，GnRH）启动青春期发育。自青春期开始，在垂体促性腺激素（gonadotropin，Gn）作用下，生精细胞不断增殖分化，形成精子。由精原细胞经过一系列发育阶段发展成为精子的过程称为精子发生（spermatogenesis）（图 2-1）。从进入第一次减数分裂到精子释放称为精子发生的时程，精子分化成熟的时程很长，在人类大约需要（64±4.5）天。在精子发生过程中，许多分化过程常常受各种因素干扰而发生改变，导致精子的结构异常及遗传损伤。有害物质可以影响到精子发生，但不会改变精子发生的时程长短。精子发生过程可以分为三个阶段：第一阶段为精原干细胞的增殖分化阶段，精原细胞经过数次有丝分裂，其中部分细胞体积增大变成初级精母细胞；第二阶段即精母细胞的减数分裂阶段，1 个初级精母细胞经过 2 次减数分裂，经过短暂的次级精母细胞阶段，形成 4 个精子细胞。第一次减数分裂染色体减半，因此从次级精母细胞开始就有 22 + X 和 22 + Y 两种；第三阶段为精子形成阶段，精子细胞经过一系列独特的形态变化，由圆形细胞变成具有头、颈、体、尾，状似蝌蚪的精子。精子发生过程极其复杂，每一个精子均有自己独特的遗传学信息，没有两个完全相同的精子。精子头部主要成分是浓缩的细胞核，核前 2/3 有特殊的帽状结构即顶体（acrosome），内含多种水解酶。在受精时精子释放顶体酶，分解卵子外周的放射冠和透明带，对受精有着重要作用。精子的尾部又称鞭毛，是精子的运动装置。在各期生精细胞之间分布着支持细胞，对生精细胞具有支持和营养作用，成人的支持细胞不再分裂，数量恒定。

精子的产生主要受生殖内分泌激素的调控，各激素之间相互促进也相互制约。一般认为，间质细胞在黄体生成素（luteinizing hormone，LH）的作用下，主要生成睾酮（testosterone，T）；支持细胞在卵泡刺激素（follicle stimulating hormone，FSH）和雄激素（androgen）的作用下，合成和分泌雄激素结合蛋白（androgen binding protein，ABP），该蛋白与雄激素结合以保持生精小管内有较高的雄激素水平，从而促进精子发生。同时精子发生还涉及反馈性抑制调节，譬如支持细胞分泌物中含有一种抑制素（inhibin），可反馈性地抑制垂体分泌卵泡刺激素，以避免卵泡刺激素过量分泌。支持细胞的侧面和腔面存在许多不规则凹陷，其内镶嵌着各级生精细胞。支持细胞微丝和微管的收缩可使不断成熟的生精细胞向腔面移动，并促使精子释放入管腔。同时支持细胞能分泌少量液体进入生精小管管腔，成为睾丸液，有助于精子的运送。精子成熟之后脱落的部分胞质被支持细胞吞噬和消化。支持细胞也参与构成生精小管与血液之间的血睾屏障（blood testis barrier）。血睾屏障的组成包括毛细血管内皮及其基膜、结缔组织、生精上皮基膜和支持细胞紧密连接，其中紧密连接最重要。血睾屏障对精子发育十分重要，可阻止某些物质进出生精上皮，形成并维持有利于精子发生的微环境，还能防止精子抗原物质外逸到生精小管外而引发自身免疫反应。

一个精原细胞增殖分化所产生的各级生精细胞，其细胞质并未完全分开，细胞间始终有细胞质桥相连，从而形成一个可同步发育的细胞群。为保证同步发育，同源生精细胞会通过细胞质桥传递信息。在生精小管的不同部位，精子的发生是不同步的，所以生精小管可以一批接着一批持续不断地产生精子。精子在女性生殖管道内的受精能力一般可维持 1 天。精子的发生和形成须在低于体温 2~3℃的环境中进行，隐睾患者由于腹腔内温度比阴囊内温度高而使精子的发生出现障碍，导致不育。一些环境雌激素如双酚 A 等可干扰精子的发生，从而影响男性生精功能。精子在发生和形成过程中，经常会出现错误而形成一些畸形精子，若畸形精子率超过 50%，则可导致男性不育。畸形精子的产生原因尚未完全阐明，但截至目前的研究发现，机体感染、创伤、辐射、激素失调、部分外来化学物等均可增加畸形精子的数量。

2. **卵子**　卵子产生于雌性的生殖腺 - 卵巢。卵子的发生始于原始生殖细胞（primordial germ cell，PGC）的形成。卵泡的发育从胚胎时期已经开始，胚胎 6~8 周时原始生殖细胞不断进行有丝分裂，细胞增多增大，称为卵原细胞（oogonia），约 60 万个。胚胎从 11~12 周开始，卵原细胞进入第一次减数分裂，形成初级卵母细胞，并长时间处于静止状态。女性胎儿在第 5 个月末，卵巢中卵细胞数约有 700 万个，它们中的大多数逐渐闭锁，至出生时，两侧卵巢尚有 100 万 ~ 200 万个原始卵泡，至青春期时卵泡数只剩下约 4 万个，40 ~ 50 岁仅剩几百个原始卵泡。卵泡自胚胎期形成后即开始自主发育及闭锁，不依赖促性腺激素，具体机制不明，但到了青春期后，卵泡由自主发育到成为成熟卵子的过程则是依赖促性腺激素的作用。在垂体分泌的促卵泡生成素和黄体生成素的作用下，卵泡陆续开始发育，在 1 个月经周期，一般只有 1 个卵泡发育成熟并排卵，通常两侧卵巢交替排卵，也可以一侧卵巢连续排卵。以前认为，人原始卵泡发育至成熟卵泡是在 1 个月经周期增殖期内完成的，约需 10 ~ 15 天，但近年研究发现，一个卵泡从发育至成熟约需 85 天，跨越 3 个月经周期。女性一生约排卵 400 个，其余的卵泡均退化。绝经期后，排卵停止。

卵泡发育可分为原始卵泡、初级卵泡、次级卵泡和成熟卵泡四个阶段（图 2-1）。原始卵泡是处于静止期的，由中央一个初级卵母细胞和周围一些扁平的卵泡细胞组成，两者之间有许多缝隙相连，其中卵泡细胞对卵母细胞具有支持和营养的作用。胚胎早期，卵原细胞分裂分化为初级卵母细胞，接着初级卵母细胞开始第一次减数分裂，但此次分裂并未完成，长期（12 ~ 50 年不等）休止于分裂前期阶段，直至排卵前，第一次减数分裂才完成。初级卵泡由原始卵泡发育形成，此时初级卵母细胞增大，卵泡细胞增生，由扁平状变成立方形或柱状，并由单层变为多层。其中，最里面的一层卵泡细胞发育为柱状，呈放射状排列，称为放射冠。初级卵泡早期，初级卵母细胞和卵泡细胞共同合成和分泌黏多糖，在卵母细胞周围形成一嗜酸性环形区，称为透明带（zona pellucida，ZP）。人类透明带上至少含有 ZP1、ZP2 和 ZP3 等 3 种糖蛋白，其中 ZP3 为精子受体，在受精过程中，对精子和卵子的相互识别和特异性结合具有重要作用。初级卵母细胞继续发育为次级卵母细胞，卵泡细胞层次进一步增多，卵泡细胞间一些含液体的小腔逐步融合成一个大腔，称卵泡腔，腔内充满卵泡液，卵泡液与卵泡的发育有关。成熟卵泡是卵泡发育的最后阶段，卵泡体积显著增大，卵泡壁越来越薄，且卵泡向卵巢表面突出，在排卵前 36 ~ 48 小时，初级卵母细胞完成第一次减数分裂，产生一个次级卵母细胞和一个很小的第一极体。次级卵母细胞随即进行第二次减数分裂，并停止于分裂中期，此时开始排卵，从卵巢排出的卵子处于第二次减数分裂的中期，进入输卵管后停留在输卵管壶腹部等待受精。当卵子与精子相遇后受到激发，才迅速完成第二次减数分裂，形成单倍体（23，X）的卵细胞和一个第二极体。1 个初级卵母细胞经过 2 次减数分裂，结果是染色体减半，变成 1 个卵细胞和 3 个极体。极体是一种退化的细胞，已无卵细胞的作用，会被吸收消失。排卵后 12 ~ 24 小时卵子即失去受精能力，若未受精，次级卵母细胞会逐渐退化。次级卵泡和成熟卵泡具有内分泌功能，主要分泌雌激素，其中小部分进入卵泡腔，大部分释放入血，调节子宫内膜等靶器官的生理活动。

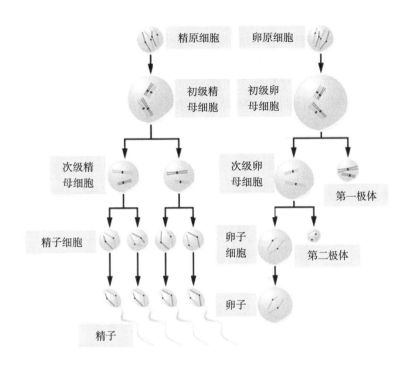

图 2-1　精子和卵子的发生

（二）受精

受精（fertilization）是精子和次级卵母细胞结合形成受精卵的过程。受精一般发生在输卵管的壶腹部，发生于排卵后的 12 小时之内。整个受精过程约需 24 小时。

受精是两性生殖细胞相互激活、双亲遗传物质相互融合的过程，能促进细胞的分裂分化。受精是新生命的开端，是生命得以延续的基础。受精开始即决定了新个体的性别，如果穿入卵细胞的精子含 X 染色体，新个体即为女性；如果穿入卵细胞的精子含 Y 染色体，新个体即为男性。精卵结合使细胞染色体由单倍体成为二倍体，受精卵的染色体是双亲遗传基因随机组合而成，加之生殖细胞在减数分裂时曾发生染色体联合和片段交换，这些变化均使新个体具有与亲体不完全相同的特征。

受精包括一系列严格有序的变化过程：①精卵识别；②顶体反应；③精卵质膜融合；④两性原核形成与融合，受精卵形成。受精的前提条件是发育正常的精子在女性生殖道获能，与发育正常的卵细胞在限定的时间内相遇。一般认为，精子在女性生殖道只能存活 1 天，卵子在排出后 12 ~ 24 小时内未与精子相遇受精，则变性死亡。正常男性每次射精约 2 ~ 6ml，约含 3 亿 ~ 5 亿个精子，其中 300 ~ 500 个最强壮的精子能通过鞭毛运动抵达输卵管壶腹部。虽然最终只有 1 个精子受精，但其他精子的作用必不可少。假如每次射精的精子数目太少，每毫升精液中所含精子少于 500 万个或者小头、双头、双尾等异常精子数超过 20%，或者精子活动能力明显减弱，或者卵子发育不正常均可引起不孕不育。如果女性生殖道不通畅，精子卵子不能相遇，受精也不能实现。另外，女性体内调节生殖细胞发生、发育的雌激素和孕激素水平异常，也会影响受精过程。计划生育中人工或药物避孕、

器械避孕，多在妊娠过程的不同阶段起作用，以达到避孕的目的。而在人工辅助生殖技术中，又有许多体外人工技术进行受精，这极大地改变了自然受精的诸多条件。

射出的精子虽有运动能力，却无穿过卵子的能力，需在女性生殖道运行过程中获能。精子头的外表有一种能阻止顶体酶释放的糖蛋白，当精子在子宫腔及输卵管管腔中运行时，女性生殖管道中的α、β淀粉酶能降解该糖蛋白，使其获得受精能力，此现象称获能。精子获能之后，在穿透卵子的放射冠和透明带之前或在穿透这些结构期间，精子顶体前膜与头部的外膜融合，继而破裂形成许多小孔，释放各种顶体酶如酸性水解酶、透明质酸酶、放射冠分散酶、卵冠穿入酶、顶体蛋白酶等，这些酶可溶蚀放射冠和透明带，形成一个精子穿过的通道，这一系列变化称为顶体反应（acrosome reaction）。只有发生了顶体反应的精子才能与卵子融合。精子头侧面的细胞膜与卵子细胞膜融合后，精子的细胞核及细胞质随即进入卵子内。精子进入卵子后，卵子浅层细胞质内的皮质颗粒立即释放酶类，引起透明带中精子受体ZP3糖蛋白分子变化，使透明带失去接受其他精子穿越的能力，从而阻止其他精子穿越透明带，这一过程称为透明带反应（zona reaction）。透明带反应保证了人类单精受精（monospermy）的生物学特性。偶尔也有2个精子参与受精，然而，三倍体的胚胎通常会中途流产，或者出生后夭亡。精子进入卵子后，卵子会迅速完成第二次减数分裂，此时精子和卵子的细胞核分别称为雄原核和雌原核，两个原核逐渐靠拢，核膜逐渐消失，染色体融合，形成二倍体的受精卵（fertilized ovum），也称合子（zygote），受精过程到此完成。

二、人体胚胎发育

人类胚胎发育从末次月经算起至分娩一般要经过40周，约280天。从受精算起约经历38周，共266天。人类胚胎发育通常分为两个时期：①人胚早期发育：从受精到第8周末，此期胚体外型及各器官系统发育初具雏形；②胎儿期：从第9周到出生，各器官系统继续生长、分化、发育成形，且生理功能逐渐建立。

（一）人胚胎早期发育

从一个细胞即受精卵发育成为初具人形的个体，此期胚胎发育对环境因素十分敏感，受某些有害因素的作用易发生畸形。

1. 第1周的发育　受精后30小时，受精卵随着输卵管蠕动和输卵管上皮纤毛运动而向宫腔方向移动，在移动的同时不断进行细胞分裂、增殖的过程称为卵裂（cleavage）。卵裂产生的细胞称为卵裂球（blastomere）。第一次卵裂的结果是产生大小不等的2个细胞，大细胞分裂增生将形成内细胞团，继续发育成胚体和部分胎膜，小细胞则演化形成绒毛膜（chorion）和胎盘（placenta）的一部分。卵裂时，卵裂球包在透明带内，细胞分裂的同时出现细胞分化，随着卵裂的不断进行，细胞数目逐渐增加而体积越来越小，卵裂球的总体积不变大。到受精后72小时形成一个由12～16个细胞组成的实心细胞团，称为桑葚胚（morula）。受精后第4日，桑葚胚增至100个细胞时进入子宫腔，同时桑葚胚的细胞间出现一些小的腔隙，最后融合为一个大腔，腔内充满液体，至此实心的桑葚胚变成囊泡状，称为早期囊胚（early blastocyst）。受精后 5 ~ 6 天，早期囊胚体积迅速增大，透明带变薄并逐渐溶解消失，囊胚遂开始接触子宫内膜，植入（implantation）过程也同步开始了。受精后 11 ~ 12 天，晚期囊胚（late blastocyst）形成，同时其经过定位、黏附、穿透三个阶段逐渐完全埋入子宫内膜，至此植入过程也同步完成（图 2-2）。

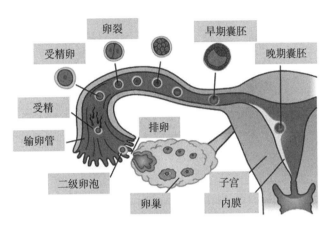

图 2-2　排卵、受精及卵裂

　　囊胚植入的过程非常复杂，具体机制尚未完全阐明。目前认为，植入要在母体雌激素与孕激素的精细调节下才能正常进行，且囊胚的发育与子宫内膜的发育必须同步。囊胚只有在特定的发育阶段才能着床（imbed），子宫内膜只有在特定的时期（植入窗）才允许着床，而且不同种属动物之间差别很大。若母体内分泌紊乱或受药物影响致使子宫内膜的周期性变化与胚胎发育不同步，植入便不能正常完成。囊胚的植入还需要有正常的子宫腔内环境，子宫内膜受到诸如炎症、避孕环等的影响，均可阻止胚胎植入。植入的部位常位于子宫体部和底部，子宫后壁多于前壁。由于多种原因导致囊胚着床于子宫腔以外的部位，称为宫外孕（ectopic pregnancy），以输卵管妊娠最常见。目前，利用体外受精技术（in vitro fertilization，IVF）可使受精卵发育成桑葚胚或早期囊胚，然后人工移植入子宫腔，这种技术称为胚胎移植（embryo transfer，ET）。应用体外受精和胚胎移植技术于 1978 年诞生了第一例试管婴儿，使由于输卵管堵塞而不能怀孕妇女的生育问题得到解决。

　　2. 第 2 周的发育　囊胚植入时，具有分化潜力的内细胞群增殖分化形成二胚层胚盘（bilaminar germ disc）。首先是在囊胚腔侧形成单层立方细胞，称为下胚层（hypoblast）。在下胚层上面，邻近滋养层形成单层柱状细胞，称为上胚层（epiblast）。两层细胞组成一个圆盘状的结构，即为二胚层胚盘（图 2-3）。在细胞滋养层与上胚层之间逐渐出现一个腔，称为羊膜腔（amniotic cavity），腔壁为羊膜（amnion），腔内液体为羊水（amniotic fluid），上胚层构成羊膜腔的底。下胚层的周缘向下延伸形成一个囊，称卵黄囊（yolk sac），卵黄囊的顶由下胚层构成。胚盘的羊膜腔面为胚盘的背侧，卵黄囊面为胚盘的腹侧。胚盘（embryonic disc）是个体发生的原基。滋养层、羊膜腔和卵黄囊是提供营养和起保护作用的附属结构。此时期，细胞滋养层向内增生，松散分布于囊胚腔内，形成胚外中胚层。胚外中胚层细胞间继而出现腔隙，并逐渐融合增大，形成一个大腔，称胚外体腔。覆盖在卵黄囊外面的部分称胚外中胚层的脏层，覆盖在滋养层内面和羊膜腔外周的部分称胚外中胚层的壁层。羊膜腔顶壁尾侧与滋养层之间的胚外中胚层连接构成体蒂（body stalk）。胚盘、羊膜囊以及卵黄囊借体蒂悬于胚外体腔内，体蒂是联系胚体与绒毛膜的系带，将发育为脐带的主要成分。

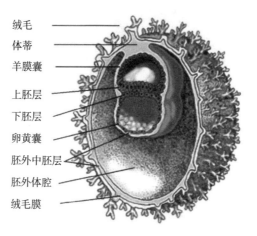

图 2-3　二胚层胚盘示意图

3. 第 3 周的发育　受精后第 3 周初，二胚层胚盘的上胚层细胞迅速增生，在胚盘一侧的中线形成一条细胞索，称原条（primitive streak）。原条的出现确定了胚盘的方位，使胚盘能区分出头尾两端和左右两侧，出现原条的一端即为胚体的尾端，相反的一端即为胚体的头端。原条的头端略膨大形成圆形的结节称为原结（primitive node），继而原条背侧中线出现浅的原沟（primitive groove），原结的中心出现浅的原凹（primitive pit）。原条的细胞继续增生，并逐渐向深部迁移，向左右两侧及头部增殖扩展，使原始上胚层和下胚层之间形成一层新的细胞，称胚内中胚层，即中胚层（mesoderm），它在胚盘边缘与胚外中胚层连续，一部分细胞进入下胚层，并逐渐全部置换下胚层的细胞而形成一层新的细胞，称内胚层（endoderm）。在内胚层和中胚层出现之后，原上胚层改名为外胚层（ectoderm）。在第 3 周末，内、中、外三个胚层组成的三胚层胚盘形成（图 2-4），三个胚层均起源于上胚层。从原凹向头端增生迁移的细胞，则形成一条单独的中胚层细胞索，称脊索（notochord）。脊索和原条都是胚胎发育过程中的临时性结构。脊索在早期胚胎起一定的支架作用，以后退化为椎间盘中心的髓核。随着胚体发育，脊索向头端生长，原条则相对缩短，最后消失。若原条细胞残留，在未来人体骶尾部可增殖分化，形成由多种组织构成的畸胎瘤。在脊索的头侧和原条的尾侧，各有一个没有中胚层的区域，这两处内外胚层呈薄膜状直接相贴，分别发育为口咽膜和泄殖腔膜。

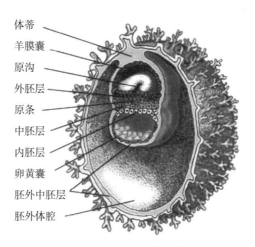

体蒂
羊膜囊
原沟
外胚层
原条
中胚层
内胚层
卵黄囊
胚外中胚层
胚外体腔

图 2-4　三胚层胚盘示意图

4. 第 4～8 周的发育　第 4～8 周是人胚发育最重要的时期，各胚层细胞一边增殖一边分化，许多器官系统的雏形都是在此时开始分化形成的。整个胚盘向羊膜腔内隆起，胚体开始形成，胚胎初具人形，胎盘和胎膜也发育形成。此时期，胚胎对环境因素的作用十分敏感，某些环境有害因素或药物、病毒等易通过母体影响胚胎的发育，导致某些不良妊娠结局的发生。胚盘中轴部的外胚层在脊索的诱导下增厚形成神经板（neural plate），是神经系统的原基；脊索两侧的中胚层将形成真皮和皮下组织、骨骼、肌肉、泌尿系统、生殖系统等的原基；内胚层则随着胚盘的卷折形成原始消化管，是消化系统和呼吸系统以及膀胱、甲状腺、胸腺等的原基。

（1）胚体的形成：胚盘形态演变为圆柱形胚体主要是由于胚盘各部位生长速度不一致所致。胚盘的中轴部分细胞增殖很快，外胚层的增长速度快于内胚层，从而使外胚层包于胚体表面，内胚层则卷到了胚体内，并向羊膜腔凸入。同时胚盘头尾方向的生长速度也快于左右两侧，头侧的生长速度又快于尾侧，因而胚盘卷折为头大尾小的圆柱形胎体，胚盘边缘卷折到胚体腹侧。此外，羊膜腔的扩大速度快于卵黄囊，致使包绕范围越来越大，以至卵黄囊被全部包裹入羊膜腔，只留下一蒂状结构，羊膜与胚胎的连接区逐渐缩小至相当窄的区域，即在胚胎腹侧面的脐区。圆柱形胚体形成后，胚体借脐带悬浮于羊膜腔的羊水中，卵黄囊与体蒂外包羊膜则连于胚体腹侧，形成原始脐带。口咽膜和泄殖腔膜也分别转到胚体头和尾的腹侧，外胚层包于胚体外表，内胚层卷折到胚体内部，形成头尾方向的原始消化管。消化管的腹侧借缩窄的卵黄蒂与卵黄囊相连，头端以口咽膜封闭，尾端由泄殖腔膜封闭，随后口咽膜和泄殖腔膜均破裂，使原始消化管与羊水相通。胚体发育至第 8 周末已初具人形，四肢、内脏及眼、耳、鼻、颜面初步形成。

（2）胚层的分化：胚体形成的同时，三个胚层也开始分化形成各器官的原基。

1）外胚层的分化：脊索出现后，诱导其背侧中线的外胚层增厚形成神经板。构成神经板的外胚层部分称神经外胚层，其他的外胚层部分称表面外胚层。神经板随脊索的生长而增长，且头侧渐宽于尾侧，继而神经板中央沿胚盘长轴下陷形成神经沟（neural groove），两侧缘则隆起形成神经褶（neural fold）。两侧神经褶首先在神经沟中段靠拢贴合，并逐渐向头尾两端延伸，使神经沟封闭，从而形成一条中空的神经管（neural tube）。神经管头尾两端暂时保留有开口，分别称前神经孔和后神经孔，两个神经孔相继于人胚发育第25天和第27天时封闭。神经管将分化为中枢神经系统及神经垂体、松果体和视网膜等。神经管头端形成的泡状膨大部分是脑的原基，脊髓由神经管其余部分形成，神经管管腔则发育成脑室和脊髓中央管，管壁增厚并形成脑与脊髓的实质。前神经孔未闭会形成无脑儿，若后神经孔未闭则会形成脊髓脊柱裂。在神经褶贴合的过程中，一些细胞迁移到神经管背侧成一条纵行细胞索，随后分裂为两条，分别位于神经管的背外侧，称为神经嵴（neural crest）。神经嵴是周围神经系统的原基。神经脊细胞还可以远距离迁移，在迁移过程中于不同部位留驻，分别形成肾上腺髓质嗜铬细胞、甲状腺滤泡旁细胞等。外胚层除分化为脑、脊髓、神经节外，位于胚体外表的表面外胚层还分化为皮肤的表皮及其附属器以及牙釉质、角膜上皮、内耳膜迷路、晶状体、腺垂体以及口腔、鼻咽和肛管下段的上皮等。

2）中胚层的分化：位于脊索两侧的中胚层细胞由内向外依次分别分化为轴旁中胚层、间介中胚层和侧中胚层。分散存在的一些中胚层细胞，称间充质，则分化为结缔组织及血管、肌肉等。

轴旁中胚层（paraxial mesoderm）：紧邻脊索两侧的中胚层细胞迅速增殖，形成一对纵形的细胞索，称轴旁中胚层。它随即呈节段性增生从而形成块状的细胞团，左右成对，称为体节（somite）。体节从颈部向尾部依次形成，并随胚龄的增长而增加，至第5周时，体节全部形成，共42～44对，故可根据体节的数目推算早期胎龄。体节将分化为真皮和皮下组织、椎骨、肋骨及骨骼肌。

间介中胚层（intermediate mesoderm）：位于轴旁中胚层和侧中胚层之间，将分化为泌尿生殖系统的主要器官。胚胎的遗传性别在受精时已由精子的核型决定，生殖腺的性别则直到第7周才能辨别，外生殖器的性别至第12周方能区分。

侧中胚层（lateral mesoderm）：是脊索最外侧的中胚层部分，胚盘头端的两侧中胚层在口咽膜的头侧汇合成生心区。随着胚体的形成，生心区逐渐移到胚体原始消化管的腹侧和口咽膜的尾侧，分化成为心脏。侧中胚层最初为一层，后裂为背腹两层，背层紧贴外胚层，称体壁中胚层，用来分化形成胸腹部和四肢的皮肤真皮、骨骼肌、骨骼和血管以及结缔组织等；腹侧紧贴内胚层，称脏壁中胚层，覆盖于原始消化管外面，将分化为消化系统和呼吸系统的肌组织、血管及结缔组织。侧中胚层分为两层之后，中间的腔隙称为原始体腔，是形成心包腔、胸膜腔和腹膜腔的基础。

3）内胚层的分化：在胚体形成的同时，内胚层卷折形成原始消化管，头端起自口咽膜，中部借卵黄蒂与卵黄囊相通，尾端止于泄殖腔膜。内胚层将分化为消化管、消化腺、呼吸道和肺的上皮组织以及中耳、甲状腺、甲状旁腺、胸腺、膀胱等器官的上皮组织。

人类胚胎发育是一个连续演变的复杂过程，从一个直径135～140μm、重量不超过1mg的受精卵发育成一个体长约50cm、体重超过3 000g的足月胎儿，有三个主要的发育过程，即细胞数量增加（细胞增殖）、细胞体积增大（细胞增大）和细胞间质增多（间质增殖）。胚胎的外形特征与长度见表 2-1。胚胎发育过程中细胞、组织、器官和时间之间的关系，以及基因和它们编码的分子之间的关系等，均尚未明确。胚胎学一直是一门实验室学科，现在也同时发展成为计算机科学的一个重要分支。随着计算机科学的不断发展，这些未知有望逐渐被揭示出来。

表 2-1　胚胎的外形特征与长度

胚龄 / 周	外形特征	长度 /mm
1	受精、卵裂、胚泡形成，开始植入	—
2	圆形二胚层胚盘，植入完成，绒毛膜形成	0.1 ~ 0.4（GL）
3	梨形三胚层胚盘，神经板和神经褶出现，体节初现	0.5 ~ 1.5（GL）
4	胚体渐形成，神经管形成，体节 3 ~ 29 对，鳃弓 1 ~ 2 对，眼、鼻、耳原基初现，脐带和胎盘形成	1.5 ~ 5.0（CRL）
5	胚体屈向腹侧，鳃弓 5 对，肢芽出现，手板明显，体节 30 ~ 40 对	4 ~ 8（CRL）
6	肢芽分为两节，足板明显，视网膜出现色素，耳廓突出现	7 ~ 12（CRL）
7	手足板相继出现，指趾雏形，体节不见，颜面形成，乳腺嵴出现	10 ~ 21（CRL）
8	手指、足趾明显，指趾出现分节，眼睑出现，尿生殖膜和肛膜先后破裂，外阴可见，性别不明，脐疝明显	19 ~ 35（CRL）

注：CRL（crown-rump length）：顶臀长；GL（greatest length）：最长值。

摘自：

邹仲之，李继承.组织学与胚胎学.8 版.北京：人民卫生出版社，2013.

成令忠，王一飞，钟翠平.组织胚胎学.上海：上海科学技术文献出版社，2003.

数据来自 Jirasek（1989 年）和 Moore（1988 年）。

（二）胎儿的发育及特点

胎儿期主要是指胚期已经开始发生的组织器官继续生长和分化。此期胎儿生长很快。

1. **第 9 ~ 12 周**　此期胎儿生长迅速，头相对较大，几乎占据胎儿全长的一半。脸相对较宽，两眼间距大，上、下眼睑融合，鼻梁出现，两耳位置较低。额及眼眉区开始出现胎毛。手指、脚趾分化良好，手指尖端开始形成指甲。外生殖器已分化，第 12 周末性别已可分辨，外生殖器与肛门已能区分。胎儿对刺激开始有反应，但由于胎儿小，运动轻，母亲尚不能察觉。神经系统已基本形成，对胎体内外刺激可发生反应，比如在第 12 周敲打胎儿嘴唇可引起胎儿吮吸反应，敲打眼睑也可有反射性反应。第 9 周在脐带胎儿端可见胎儿小肠，这是生理性脐疝。第 10 周时小肠退回至腹腔内，肠壁肌层出现，肛管形成。

2. **第 13 ~ 16 周**　此期胎儿生长极快，胎头比例缩小，腿则变长，至第 16 周末胎儿各部分大小已较相称。皮肤菲薄，暗红色，透明光滑，尚无皮下脂肪。足趾甲、指纹和趾纹出现，有轻微胎动。骨化过程较快，第 16 周开始母亲 X 线腹部平片可显示胎儿脊柱影

像。脑开始发育，呼吸肌开始运动。

3. 第17～20周　胎儿生长速度减缓，但体长仍增长迅速。第20周细小而柔软的毳毛遍布胎儿全身，有黏附皮肤上胎脂的作用。同时还可以观察到眉毛和头发。胎脂由皮脂腺的分泌物和死亡后的表皮细胞组合而成，覆盖在胎儿皮肤表面，能保护胎儿娇嫩的皮肤，使其免于皲裂、硬化及擦伤。棕色脂肪在此期开始形成，主要分布在两肩胛区、颈前三角、锁骨下动脉和颈总动脉周围、胸骨后方、肾及肾上腺周围、锁骨及腋窝等处。此期胎儿四肢活动加剧，胎动更有力，母亲常可察觉到胎儿活动。胎儿心脏搏动已很明显，临床上经过孕妇腹壁可以听到胎心音。第18周时，免疫系统业已发育完成，细胞免疫和体液免疫系统均已建立。如此时出生，可见胎儿心脏搏动，以及呼吸、排尿和吞咽等功能，但为无效呼吸运动，胎儿无存活能力。

4. 第21～24周　此期身长增长不多，但体重增加迅速。胎儿外形消瘦，但身体各部分比例相称。皮下脂肪开始出现，但量少，皮肤生长速度快于皮下组织，皮肤有皱纹，暗红色，半透明。眼眉及眼睫毛清楚。肺已相当发达，但呼吸系统尚未发育成熟。胎儿此期娩出有存活的可能，能进行呼吸，能扭动，但通常数日会死亡。

5. 第25～29周　此期皮下脂肪量增多，皮肤皱纹逐渐展开，但面部仍似老人面容。眼已张开，头发、毳毛发育良好。男胎睾丸已达腹股沟管。身体内白色脂肪量多达3.5%。此期各器官系统的发育已接近成熟，大脑主要的裂、回已出现，中枢神经系统已比较发达，重要的中枢，如呼吸中枢、吞咽中枢及体温调节中枢已发育完备。肺已能进行正常的气体交换，肺血管的发育已达到气体交换的需要。此期早产的小儿能啼哭、可吞咽，四肢活动良好，在优良的监护条件下可以存活，但死亡率高。

6. 第30～34周　此期胎儿皮肤粉红、光滑，手臂和腿显得圆胖，男胎睾丸下降，皮脂更多，白色脂肪量高达7%～8%。

7. 第35～38周　此期是胎儿发育完成期。胎儿体形变得丰满，皮肤颜色变为粉红色或白色，皮下脂肪积存增多。毳毛则明显减少，仅在肩背部有部分毳毛残留。胎脂则仅在关节皮肤皱褶处可见。指/趾甲已达到或超过指/趾尖。颅骨很硬，但骨缝尚可移动。胸部发育良好、两乳突起。足月时男婴睾丸位于阴囊中，女婴大阴唇已覆盖阴蒂及小阴唇。此时出生婴儿存活率高，哭声响亮，四肢活动频繁，肌肉张力发达，有强烈的吸吮、觅食等反射。2020年版中国新生儿体重身长表显示，平均体重，女婴3 210g，男婴3 320g；平均身长，女婴49.7cm，男婴50.4cm。当胎儿体重低于2 500g时，称为低体重儿（low birthweight infant）。

（三）双胎和多胎

1. 双胎　自然双胎发生率大约为10‰～12‰。随着人工助孕技术的广泛使用，双胎妊娠发生率明显上升。双胎妊娠分为两大类，一类是双卵双胎，另一类是单卵双胎。双卵双胎即一次排出的两个独立的卵子分别受精后发育而成，约占双胎的70%，两个胎儿拥有不同的遗传基因，可有不同的性别、血型和容貌，各自的胎盘及胎膜是独立的。单卵双胎是单个卵子受精后胚胎在早期发育时分割发育后形成，发生率约占双胎的30%，两个胎儿遗传基因完全相同，性别一样，相貌、大小及生理特征也极其相似，但如果发生双胎输血综合征，则胎儿大小及体重会出现很大差别。如果单个卵子受精后在 72 小时内的桑葚期前即分裂成两个胚胎，则形成双羊膜囊双绒毛膜单卵双胎，两胎儿有各自独立的胎盘，但相靠很近，甚至融合；如果卵子受精后在 72 小时至 6～8 天形成双胎，则因囊胚期内细胞块已形成，绒毛膜已分化，但羊膜囊尚未出现，即形成双羊膜囊单绒毛膜单卵双胎，约占单卵双胎的 70%，两胎儿共有一个胎盘，但有各自独立的羊膜囊；在受精后 8～12 天分裂为双胎者则形成单羊膜囊单绒毛膜双胎，为数甚少，两个胎儿无羊膜分隔，处于同一个羊膜囊内，共有同一个胎盘，容易发生脐带缠绕、打结，死亡率极高；若卵子受精后的分裂发生在 13 天以后，两胚胎之间可有局部连接，形成联体双胎，联结可发生于头、胸、腹、臀等部位。联体双胎有对称型和非对称型两类，对称型联体双胎指两个胚胎大小一样；非对称型联体双胎是指两个胚胎大小不一，一大一小，小者常发育不全，形成寄生胎。如果小胚胎包裹在大胚胎体内，则形成胎中胎。

2. 多胎 一次妊娠两个以上的胎儿称为多胎，自然发生率极低。自药物诱导排卵及体外受精技术开展以来，发生率增加。多胎可以是单卵性、双卵性或混合性，以混合性常见。

（四）胎膜与胎盘的发育

胎膜与胎盘是胎儿在母体内生长发育所必需的附属结构，具有保护、营养、呼吸和排泄及内分泌等作用。胎儿娩出后，胎膜、胎盘及子宫蜕膜一并排出。

1. 胎膜 包括绒毛膜、羊膜、卵黄囊、尿囊和脐带。

（1）绒毛膜：绒毛膜由滋养层和胚外中胚层组成。胚胎完成植入后，滋养层细胞即分化为细胞滋养层和合体滋养层，内层细胞间不融合称为细胞滋养层，表层细胞间相互融合称为合体滋养层。细胞滋养层局部增殖，形成许多隆起并伸入合体滋养层内，这些隆起使两层细胞在胚泡表面形成大量绒毛状突起，这样外表的合体滋养层和内部的细胞滋养层便构成了初级绒毛干。胚胎发育至第 3 周，胚外中胚层逐渐伸入绒毛干内，形成次级绒毛干。此后，绒毛内的间充质分化为结缔组织和血管，并与胚体内血管相通，自此三级绒毛干形成。绒毛干进而发出分支，形成许多小的游离绒毛。同时绒毛干末端的细胞滋养层细胞增殖，并穿出合体滋养层，伸抵子宫蜕膜组织，固定绒毛干于蜕膜上。这些穿出来的细胞滋养层细胞还沿蜕膜扩展增生，并彼此连接，形成一层细胞滋养层壳，从而使绒毛膜与子宫蜕膜连接牢固。绒毛干之间的间隙称为绒毛间隙（intervillous space），间隙内充满来自子宫动脉的母体血。绒毛的发育使其与子宫蜕膜之间的接触面积增大，利于胚胎与母体间的物质交换。胚胎依靠绒毛汲取母血中的营养物质并排出代谢产物。同时，绒毛膜还具有内分泌功能和屏障功能。

绒毛在胚胎早期均匀分布于绒毛膜表面，但随着胚胎的生长，与包蜕膜相连接的绒毛因受压而血供匮乏，致使营养不足而逐渐退化，直至消失，形成表面无绒毛的平滑绒毛膜。与基蜕膜相邻的绒毛因血供充足、营养丰富而生长茂密，分支繁多，称为丛密绒毛膜，与基蜕膜一起共同形成胎盘。丛密绒毛膜内血管通过脐带与胚体内的血管连通，为早期胚胎提供营养和氧气。若绒毛膜内血管发育不良或与胚体循环未能连通，胚胎可因营养缺乏而生长受限或死亡。若绒毛表面滋养层细胞增殖过度，绒毛间质水肿，血管消失，致

使胚胎发育受阻，形成许多大小不等的葡萄状水泡样结构，即为葡萄胎。如果滋养细胞发生癌变，则形成绒毛膜上皮癌。

（2）羊膜：羊膜（amnion）是一层半透明无血管薄膜，厚约0.02～0.5mm，由单层羊膜上皮及其外面的胚外中胚层构成。妊娠早期羊膜上皮细胞呈扁平状，妊娠后期则大部分为立方形。羊膜最初附着于胚盘边缘，与外胚层相连。随着胚体快速生长，羊膜腔迅速扩大，胚盘从盘状演变成圆柱状胚体，并突入羊膜腔内，羊膜则从附着胚盘的边缘处逐渐向胚体腹侧移动，最后包裹在体蒂的表面，形成原始的脐带。羊膜腔的扩大逐渐使羊膜与绒毛膜内面相连接，使胚外体腔消失。

羊膜腔内充满的液体称为羊水，呈弱碱性，来源于两个方面。其一是羊膜上皮细胞的分泌，妊娠早期羊膜上皮细胞分泌的羊水量占羊水总量的90%以上。其二是胎儿的代谢产物。妊娠中期以后，当胎儿肾脏开始工作，胎儿产生的尿液也成为羊水的一部分。妊娠早期羊水呈无色透明状，内容物主要是水、蛋白质和无机盐。妊娠中期以后，由于胎儿开始吞咽羊水，加上胎儿消化、泌尿系统排泄物及脱落的上皮细胞、少量激素、毳毛也进入羊水，使得羊水变得浑浊。临床上发现，当胎儿肾脏发育不全或尿道闭锁时，胎儿尿液不能排入羊水，可导致羊水过少。胎儿呼吸道能吸收液体，也可以渗出液体，参与羊水的循环。羊水始终处于动态平衡状态，不断产生又不断被吸收。羊水的吸收途径主要有：①羊膜上皮吸收。②胎儿的吞咽。3～4个月胎儿已有吞咽动作，每24小时可吞咽羊水500～700ml，经肠道吸收。若胎儿患消化道闭锁畸形，不能吞咽羊水，常常会导致羊水过多；同时若胎儿肺发育不全，也将影响羊水的吸入，以致羊水过多。胎儿患某些神经系统畸形，如无脑儿，由于缺乏抗利尿激素，也常导致羊水过多。③胎儿体表皮肤吸收。

羊膜和羊水在胚胎发育中具有重要的支持和保护作用。羊水为胎儿提供了适宜的温度和一定的活动空间，有利于骨骼和肌肉的发育，防止胚胎局部粘连及胚胎与羊膜粘连，避免因粘连而发生畸形。羊水能减轻外力的压迫和震荡，保护胎儿，防止外力对胎儿的机械性损伤。临产时，羊水有助于扩张子宫颈，冲洗并润滑产道，利于分娩。羊水在子宫收缩时使羊膜腔保持一定的张力，使子宫收缩的压力不直接作用于胎儿，尤其是胎儿头颅部，并支持胎盘附着于子宫壁，防止胎盘过早剥离。应用羊膜腔穿刺抽取羊水技术，可进行细胞染色体检测和酶化学分析，从而了解胎儿发育状况、预测胎儿性别、诊断一些先天性疾病。随着胎儿的长大，羊水量相应增加，妊娠36～38周达最高峰，约1 000～1 500ml，妊娠38周以后，羊水量减至平均800ml。羊水量多于2 000ml则为羊水过多，发生率一般为0.5%～1%。如果妊娠合并糖尿病，则发生率可高达20%。羊水过多可导致早产、脐带脱垂、胎盘早剥等并发症发生。妊娠晚期如果羊水量少于300ml称为羊水过少，发生率一般为0.4%～4%。妊娠早期若发生羊水过少，羊膜可粘连于胎儿肢体，造成严重畸形。羊水过少者，因分娩时子宫收缩的压力直接作用于胎儿及胎盘，使脐带受压影响血液循环，可导致胎儿缺氧，甚至死亡。

（3）卵黄囊：卵黄囊由内胚层和胚外中胚层组成。第4周时，卵黄囊顶部的内胚层随着胚盘向腹侧包卷，形成原始消化管；其余部分由中胚层包裹，留在胚外，并与原始消化管借卵黄蒂相连，约第5周后，卵黄囊缩小，至第6周卵黄蒂闭锁，卵黄囊与原始消化管脱离，并逐渐退化，残存于脐带与胎盘表面附着处。鸟类胚胎的卵黄囊较发达，内存大量卵黄为胚胎发育提供营养。人胚胎卵黄囊不发达，其内没有卵黄，不能为胚胎发育提供营养，其出现是种系发生和进化过程的重演，但在胚胎发育过程中仍然具有十分重要的意义。如卵黄囊囊壁的胚外中胚层多处形成的血岛，是人体造血干细胞的发源地；卵黄囊背侧的内胚层细胞是原始生殖细胞的发源地，这些细胞向正在发育的生殖脊迁移、分化，并诱导生殖腺的形成。大约有 2% 的人卵黄囊蒂退化不全，在与消化管连接处，距回盲部 40～50cm 处保留有一盲管憩室称为梅克尔憩室。患者平时无症状，感染时则可出现腹痛等症状，临床上易与阑尾炎相混淆。如卵黄囊蒂未完全消失，并开口于脐部，则形成脐粪瘘，不时有回肠内容物从脐漏出。偶尔可见卵黄囊蒂发育异常，造成先天性肠梗阻。

（4）尿囊：尿囊（allantois）是从卵黄囊尾侧向体蒂内伸出的一个盲管。随着胚体的形成，尿囊开口于原始消化管尾段的腹侧，根部参与膀胱顶部形成，余部成为膀胱顶部至脐内的一条细管，称脐尿管，脐尿管闭锁后成为脐正中韧带。如果尿囊没有闭锁，胎儿出生后尿液从脐部流出，形成脐尿瘘。鸟类的尿囊较发达，具有呼吸的作用，还有排泄、贮存代谢废物的功能。在人类，尿囊不发达，为遗迹器官，但也有重要作用，其壁上的胚外中胚层形成血细胞和两对重要血管，即一对尿囊动脉和一对尿囊静脉，以后分别演变成脐动脉和脐静脉，是胎儿与母体物质交换的生命通道。

（5）脐带：脐带（umbilical cord）是连接于胚胎脐部和胎盘间的索状结构，是胚胎与母体进行物质交换的唯一通道。脐带表面有羊膜包裹，内有卵黄囊、尿囊、两条脐动脉、一条脐静脉及由细胞和细胞间质组成的黏液组织。细胞间质丰富呈胶状，使脐带具有较大的抗机械压力作用。卵黄囊和尿囊闭锁消失后，脐带内部仅有脐动脉、脐静脉及黏液性结缔组织。脐血管一端与胚胎血管相连，另一端与胎盘绒毛血管相连。两条脐动脉将胚胎血液运送到胎盘绒毛内，绒毛毛细血管内的胚胎血与绒毛间隙内的母体血进行物质交换后，胎盘绒毛汇集的血液由一条脐静脉输送至胚胎。可见脐血管能将丰富的氧气和营养物质输送到胎儿体内，将代谢产物和二氧化碳送至胎盘，渗入母血排出体外。

正常情况下，脐带附着于胎盘中心或偏中心部位。足月胎儿脐带的长度约 30～70cm，平均 55cm，直径约 1～2cm。如果脐带长度短于或等于 30cm，称为脐带过短，可影响胎儿娩出，或造成分娩时胎盘早期剥离、脐带血管断裂引起出血过多。如果脐带长度超过或等于 70cm 则称为脐带过长，过长的脐带可绕颈、绕体，甚至打结，造成胎儿局部发育不良、胎儿宫内缺氧，甚至胎儿死亡。约 1/2 000 的新生儿仅有一条脐动脉，这种情况称为单脐动脉，常常合并有胎儿畸形，尤其是心血管畸形。

2. 胎盘 胎盘是保证胎儿正常发育不可或缺的器官，是联系胎儿与母体间的重要器官，为哺乳动物胚胎发育过程所特有。

（1）胎盘的结构：随着妊娠的进展，向子宫壁面的绒毛膜继续生长、分支、扩大，形成丛密绒毛膜，与母体的底蜕膜共同组成圆盘状的胎盘。胎盘中间厚，两边薄，分胎儿面和母体面。胎盘的胎儿面光滑，有羊膜覆盖，中央连有脐带，通过羊膜可见其下方的血管从脐带附着处向周围呈放射状蜿蜒走行。母体面则粗糙，可见 15～30 个浅沟分隔的胎盘小叶。羊膜下方是绒毛膜结缔组织，内有脐血管分支。绒毛膜发出绒毛干，绒毛干又发出

许多细小绒毛，末端固定于基蜕膜。绒毛干之间存有绒毛间隙。子宫螺旋动脉与子宫静脉开口于绒毛间隙，故其内充满母体血液，相邻绒毛间隙的血液可以互相沟通。由基蜕膜构成的短隔伸入绒毛间隙称胎盘隔，将绒毛干分隔到各个胎盘小叶内，每个胎盘小叶内含有1~4个绒毛干及其分支。正常情况下，绒毛只侵入到子宫内膜功能层深部，若滋养细胞植入过深，甚至进入子宫肌层，则形成植入性胎盘。足月胎儿的胎盘重约500g，直径15~20cm，平均厚度约2.5cm。

胎盘内有母体血液循环和胎儿血液循环，各自形成循环网络，两者之间隔以胎盘屏障。两者的血液在各自的封闭管道内循环，互不相混，但可进行物质交换。母体血由底蜕膜的螺旋动脉射入绒毛间隙，在绒毛间隙内与绒毛内毛细血管的胎儿血进行物质交换，然后经子宫静脉回流入母体。胎儿的静脉血由脐动脉及其分支进入绒毛干及绒毛内形成毛细血管网，与绒毛间隙的母体血进行物质交换后成为动脉性质的血，再汇入绒毛膜静脉，最后经脐静脉回流入胎体。绒毛间隙宽阔而不整齐，分支众多，故血流缓慢，有利于绒毛中胎儿血与母体血间充分的物质交换。子宫胎盘血循环的突然减少，可以引起胎儿缺氧甚至死亡；子宫胎盘血循环的缓慢减少可以引起胎儿生长发育障碍，导致胎儿生长受限。

（2）胎盘的生理功能：胎盘在胎儿发育过程中具有极其重要的生理功能，如物质代谢、气体交换及内分泌功能等，对保证胎儿的正常发育至关重要。

1）物质代谢与气体交换：物质代谢与气体交换是胎盘的主要功能。胎盘在孕期的功能相当于胎儿出生后小肠、肺和肾的功能。胎儿通过胎盘从母血中获得营养物质和氧气，排出代谢产物和二氧化碳。胎儿与母体间进行物质交换主要通过胎盘屏障完成，具体机制较为复杂。一般认为，气体（氧和二氧化碳）、游离脂肪酸、水及电解质主要通过简单扩散的方式进行交换。葡萄糖是胎儿的主要能源物质，以易化扩散的方式通过胎盘从母体进入胎儿体内。氨基酸及水溶性维生素多以主动运输方式通过胎盘屏障。脂类一般不能直接通过胎盘屏障进入胎儿体内，须先在胎盘屏障中分解，进入胎儿体内后再重新合成。蛋白质、抗体等较大物质通过入胞和出胞作用而被摄取。胎儿可从母体获得一些抗体，产生对某些疾病的免疫能力，因此，新生儿对若干疾病具有短期免疫力。但母体的抗A、抗B、抗Rh抗体也可通过胎盘进入胎儿血液循环，引起胎儿大量红细胞破裂，导致胎儿及新生儿溶血，严重者可死于宫内。胎盘屏障功能并不十分强大，各种病毒比较容易通过胎盘屏障，如巨细胞病毒及风疹、麻疹等病毒，可引起胎儿感染，甚至导致畸形或死亡；细菌、衣原体、螺旋体等虽不能通过胎盘屏障，但可在胎盘部位形成病灶破坏绒毛结构后进入胎儿体内；大多数药物可通过胎盘屏障进入胎儿体内，即使妊娠晚期也可能对胎儿产生不良影响，如反应停可引起四肢畸形、睾酮能引起女胎男性化、四环素能抑制骨骼生长使牙齿变色等。因此，孕期内不可轻易使用某些可引起胎儿发育不良的药物（图2-5）。

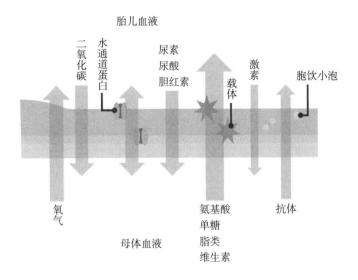

图 2-5 母体与胎儿之间的物质循环

2）内分泌功能：胎盘具有十分重要的内分泌功能，能分泌多种蛋白激素和甾体激素，对维持正常妊娠有重要的作用。主要包括：①人绒毛膜促性腺激素（human chorionic gonadotropin，hCG）：是胎盘中最早发现的一种糖蛋白激素，由合体滋养层细胞合成。受精后第 6 日受精卵滋养层形成时即开始微量分泌，其后逐渐增多并大量存在于孕妇血和尿中，尤其在早期妊娠阶段，故能用生物法或放免法测定诊断早期妊娠。母血及尿中 hGG 的浓度在妊娠第 9～11 周达高峰，为 50～100kU/L，以后逐渐减少，近 20 周时降至最低点，妊娠中晚期血清浓度约为峰值浓度的 10%，一般产后 2 周从孕妇血中消失。不同孕妇体内 hCG 浓度和变化曲线不尽相同。多胎妊娠、葡萄胎以及绒毛膜上皮癌患者体内 hCG 浓度较正常妊娠妇女明显升高。hCG 可维持母体卵巢黄体继续存在和发挥功能，从而维持正常妊娠，亦可作用于下丘脑而抑制排卵。hCG 在临床上还可用于治疗某些流产及不育。②人胎盘催乳素（human placental lactogen，HPL）：是合体滋养层细胞产生的不含糖分子的单链多肽激素。孕 5～6 周可从母血中测出，随妊娠进展其血清浓度逐渐增加，孕 34～36 周达高峰，并维持至分娩。HPL 产后下降迅速，产后 7 小时即不能再检测到。HPL 的作用是多方面的，如可促进乳腺腺泡发育，刺激乳腺上皮细胞合成相关蛋白，为产后泌乳做准备；也能促进蛋白质合成，促进胎儿生长发育；还有抑制母体对胎儿的排斥等作用。③甾体激素：主要是雌激素和孕酮。妊娠前，雌酮、雌二醇主要来源于卵巢，雌三醇则是其外周的代谢产物；妊娠期，则主要来源于胎儿 - 胎盘单位。胎儿 - 胎盘单位是指胎儿与胎盘共同组成的一个功能单位，共同完成某些物质的生物合成。妊娠期雌激素水平不断增加直至分娩。不仅如此，孕期雌三醇增加的程度远大于雌酮、雌二醇，至妊娠晚期，雌三醇值约是非孕妇的 1 000 倍，雌二醇和雌酮则仅为非孕妇的 100 倍。由于雌三醇的主要前体物质来自胎儿，因此通过测定雌三醇可以检测胎儿发育情况。母体或胎儿的疾病以及某些胎儿畸形常伴有雌三醇的下降。妊娠期，黄体酮来源于妊娠黄体和胎盘。孕早期主要来自妊娠黄体，随着孕周增加黄体功能逐渐下降；孕 8～10 周后孕酮主要来自胎盘，并随胎

盘的增长而增加。孕酮由合体滋养层细胞合成并释放，无需经过胎儿 - 胎盘单位。雌激素可以刺激子宫肌层增生，促进子宫内膜增厚，增加肌层及内膜血液供应。孕酮可降低子宫平滑肌的自发收缩，降低其张力。两种激素共同起着维持妊娠的作用，同时两者还能协同刺激乳腺生长。

（五）出生缺陷的发生

1. 出生缺陷的发生概况　出生缺陷（birth defect）是指由于各种不良因素的影响，致使胚胎在发育过程中出现紊乱而引起的先天性形态结构畸形或生理功能障碍。按照出生缺陷定义，既包括大体的、细微的形态结构畸形，也包括功能、代谢、行为及精神的异常。出生缺陷不仅包括出生婴儿（活产）的缺陷，也包括流产、死胎胎儿的缺陷；可发生在外表，用肉眼便可诊断，也可表现为内部结构的异常，需要依靠特殊技术如超声、磁共振、基因检测等才能诊断；可以单发，也可以多发；有些缺陷很轻微，对身体无明显影响，有些则很严重，可导致终身残疾甚至死亡；有的在出生前即已发生，在婴儿出生时就可发现，而有些则在出生后相当一段时间才可能被发现（如智力低下）。大部分出生缺陷在出生后一年内被发现。出生时损伤所导致的异常不属于出生缺陷的范畴。在临床工作中，先天畸形是出生缺陷监测的主要内容。

从临床角度，出生缺陷可分为四种类型：①变形缺陷：即由于机械力量引起胎儿身体某部分位置、外形和形态的异常。如宫内压迫引起的踝内收、胫骨扭曲等。②裂解缺陷：即胎儿身体某些部分在发育过程中由于某种原因引起的胎儿组织未能正常闭合。③发育不良：即胎儿身体某部位的组织发育不良，如成骨发育不全。发育不良是组织发生异常的结果和表现，多因有潜在的细胞增殖障碍（失调、紊乱）基础，常累及多个器官或数种组织。④畸形缺陷：即胚胎早期由于某种原因造成的身体结构发育异常，是最常见、最严重的出生缺陷。

世界卫生组织统计发现，全世界每年约有 24 万新生儿因为出生缺陷而在出生 28 天内死亡，1 个月至 5 岁内因出生缺陷死亡的孩子约有 17 万。出生缺陷在各个国家及不同时期统计的发生率差异较大，有些统计发现不足新生儿的 1%，有的达到 2% 以上甚至高达 7%。1978—2005 年美国的监测数据显示，新生儿出生缺陷发生率约 3%，而出生 1 年后出生缺陷发生率可增加至 4% ~ 6%，这是因为某些畸形，如心血管畸形、肾畸形等在出生时不易被发现。各器官系统的畸形发生率存在明显差异，一般在所有先天畸形中，四肢畸形约占 26%，中枢神经系统畸形占 17%，泌尿生殖系统畸形占 14%，颜面畸形占 9%，消化道畸形占 8%，心血管系统畸形占 4%，多发畸形等约为 22%。我国出生缺陷监测项目工作开始于 1986 年，原卫生部于 1986 年 10 月至 1987 年 9 月对我国 29 省（自治区、直辖市）945 所医院 1 243 284 例孕 27 周至产后 7 天的围生儿进行的出生缺陷监测结果显示，出生缺陷总发生率为 130.1/ 万，监测发现的出生缺陷有 101 种，其中前五位出生缺陷分别是无脑畸形、脑积水、开放性脊柱裂、唇裂合并腭裂、先天性心脏病。神经管畸形和唇裂合并腭裂畸形是发生率较高、危害严重的两类先天畸形。在监测的 1 243 284 例围生儿中，查出神经管畸形 3 404 例，发生率为 0.27%，明显高于其他国家和地区。最高的省份为 1.05%，最低的省份为 0.07%，存在明显的地域差异，北方省份高于南方省份。查出唇裂和腭裂 2 265 例，其发生率为 0.18%，最高的省份为 0.31%，最低的省份为 0.13%。自 1988 年开始，我国出生缺陷工作转为长期动态监测，对全国 480 ～ 580 所医院围生儿进行出生缺陷监测，年均监测数约 45 万～ 50 万。主要监测结果显示，神经管缺陷发生率呈现下降趋势，唇裂和唇裂合并腭裂发生率没有明显变化，先天性心脏病发生率却明显上升。

我国出生防治工作成效显著。与 2007 年相比，2017 年出生缺陷导致的 5 岁以下儿童死亡率由 3.5‰ 降至 1.6‰。全国围产期神经管缺陷发生率由 1987 年的 27.4/ 万下降至 2017 年的 1.5/ 万，降幅达 94.5%。地中海贫血防治成效明显，如广东胎儿水肿综合征发生率由 2006 年的 21.7/ 万下降到 2017 年的 1.93/ 万，降幅达 91%。国家卫生健康委员会 2018 年发布《全国出生缺陷综合防治方案》提出总体目标为：到 2022 年，出生缺陷防治知识知晓率达到 80%，婚前医学检查率达到 65%，孕前优生健康检查率达到 80%，产前筛查率达到 70%；新生儿遗传代谢性疾病筛查率达到 98%，新生儿听力筛查率达到 90%；确诊病例治疗率达到 80%。先天性心脏病、唐氏综合征、耳聋、神经管缺陷、地中海贫血等严重出生缺陷均得到有效控制。

自然流产是人类预防出生缺陷胎儿问世的自我保护机制。大多数具有先天缺陷的胚胎在发育中由于严重丧失某方面功能，不能达到正常分娩而自然流产。据估计，人类受孕第 8 ～ 28 周内自然流产率为 10% ～ 20%，25% ～ 50% 的女性一生中至少经历过一次自然流产。据估计，全球每年大约发生 2 300 万自然流产，大约 60% 的自然流产与胚胎染色体异常有关。Edge 在 1993 年即提出，随着孕妇年龄的增长，畸形的发生率逐渐升高，这可能是由于随着年龄的增长，胚胎受到内部和外来致畸因素影响的机会增多。2012 年的研究发现，20 ～ 30 岁女性自然流产发生率为 9% ～ 17%，而 45 岁以上女性自然流产率高达 80%。有研究者发现，我国部分医院自然流产率 2013 年比 2003 年明显增高，推测女性生育年龄推迟是一个重要原因。

2. 出生缺陷的发生　出生缺陷中先天畸形占相当大的比重。畸形的种类繁多，千差万别，尚无公认的分类方法，但从发生上可分为以下三大类。

（1）三胚层形成过程的紊乱：这类畸形发生在胚胎发育的第 15 ～ 18 天，包括神经管与肠管相通、内脏反位、连体畸胎等，主要是由于原条或轴旁中胚层发生过程的紊乱所致。

（2）神经管形成的紊乱：神经管闭合过程发生紊乱，引起神经组织、脑膜和脊髓膜的紊乱。脑、脊髓发育不全进而引起椎弓、颅骨及邻近皮肤的发生出现异常，常见的畸形有脊髓膨出、脊髓和脊膜膨出、脊柱裂、脑和脊髓膨出、脑膨出及无脑儿等。

（3）器官系统发生和体形建立过程的紊乱：这个时期出现的畸形种类很多，大致可分为 4 组：①胚体升高过程的紊乱：因头褶、尾褶和侧褶的出现和包裹，扁平的胚盘就形成圆柱状的胚体。假如褶在胚体腹面愈合不全或不愈合，就会出现腹壁缺损，常见的畸形有全腹壁裂、上腹壁裂、脐膨出、中腹壁裂及下腹壁裂等；②器官原基发生过程的紊乱：器官发生早期，不同细胞群或组织之间，存在着密切的相互依赖的关系。一方面可为组织者或诱导者，另一方面可接受诱导而成为相应的反应发生者。只有诱导因素和反应能力之间配合协调，才能使器官正常发育，否则就会出现异常。诱导因素或反应能力的缺乏可出现肾发育不全等；诱导作用不足可使胚胎产生小眼、小头、小下颌畸形等；诱导作用过剩则可使胚胎出现多指 / 趾、多尿道畸形等。诱导作用与反应能力之间发生时间错位，也会导致胚胎出现肾发育不全、双角子宫、隐睾等器官发育中途停止所引起的畸形；③器官发生过程后期的紊乱：在器官原基奠定后，器官就进一步发育，细胞群或组织发生融合、迁移、管道成腔、管腔分隔及胚性结构退化等过程，这些过程异常则导致畸形发生。例如，上皮融合过程异常会产生腭裂、眼裂和面裂、尿道下裂及耳的异常等；迁移过程的异常和不同生长过程的异常可使肾、睾丸等器官异位、产生马蹄肾等；管腔分隔的紊乱多导致心脏畸形及体腔分隔异常；管道成腔作用的缺乏，则出现食管闭锁、肛门闭锁、外耳道堵塞等；应该退化的胚胎结构若保留下来，就会出现麦克尔憩室、肛门不通、甲状舌管残存等；不同来源的上皮管道连接异常可形成多囊肾等；④性别决定和分化过程中的紊乱：由于遗传或环境因素的影响使性别决定和分化过程发生紊乱，可导致胚胎发育缺陷，主要是生殖系统缺陷。如先天性卵巢发育不全，即 Turner 综合征，核型为 45，XO。先天性睾丸发育不全，即 Klinefelter 综合征，核型为 47，XXY。这两种先天性生殖缺陷将导致原发性不育。胚胎性激素对性分化的影响可导致男性假两性畸形和女性假两性畸形，前者生殖腺为睾丸，核型为 46，XY，是由于某些原因引起雄激素分泌不足导致外生殖器向女性方向不完全分化；后者生殖腺为卵巢，核型为 46，XX，由于雄激素分泌过多，使外生殖器向男性方向分化不完全。

第二节　影响人体胚胎正常生长发育的主要因素

一、影响胎儿生长发育的因素

人类胚胎从受精卵开始发育至足月胎儿是一个连续而复杂的精密演变过程，在不同的发育阶段，细胞、组织、器官和整体胚胎的形成，遵循严格的发育规律，表现出精确的时间顺序和空间关系，从而形成特定的形态结构和生理功能，这一系列表达主要受遗传信息的调控，同时也受胚胎内外诸多环境因素的影响。出生缺陷的发生可以因为遗传因素、环境因素或两者的交互作用而发生，也可因母体因素、胎儿胎盘情况等而发育异常。然而，截至目前，仍有近一半出生缺陷的发生原因尚不清楚。

（一）遗传因素

遗传因素是决定胎儿生长过程和生长状况的基础。个体的基因在受孕时即已确定。胎儿的遗传构成控制着胎儿的生长和新生儿的体重，男性新生儿的体重比女性新生儿重约150～200g。同时，胎儿生长还受父亲、母亲遗传因素的影响，其中以母体的影响更加明显。研究表明，母亲的身高和体重与新生儿的体重呈明显正相关。

由遗传因素引起的出生缺陷主要包括染色体异常所导致的缺陷和基因突变所引起的缺陷。染色体异常包括染色体数目异常和染色体结构异常，常常会伴有胎儿生长受限。这类染色体改变可由亲代传递，或散在发生于精细胞或体细胞，从而引起子代的出生缺陷。据报道，出生时有严重畸形的胎儿中，染色体异常约占 10%，早期流产胚胎的染色体异常率则高达 50%。两条同源染色体若缺失其中一条称为单体型，常染色体的单体型几乎不能存活，性染色体的单体型仅有 3% 存活，但伴有畸形。例如由于缺失一条 X 染色体会引起先天性卵巢发育不全即 Turner 综合征（45，XO）。一对同源染色体外增多一条则成为 3 条，称三体型。21 号染色体最常发生三体，称为 21- 三体，即先天愚型或 Down 综合征；18 号染色体三体可引起 Edward 综合征；13 号染色体三体可引起 Patau 综合征。21- 三体、18- 三体和 13- 三体是妊娠至足月的出生缺陷患儿中最常见的出生缺陷类型。性染色体三体更多见，如 47，XXY（Klinefelter 综合征）引起先天性睾丸发育不全，性染色体还可增多至 4 条或 5 条而成为四体型或五体型。这类缺陷除表现为性器官发育异常外，还常伴有程度不同的智力发育障碍。如果染色体数目成倍增加则形成多倍体，如三倍体、四倍体，这种缺陷胚胎大多不能继续发育，是自然流产的主要原因之一。胚胎含有两个或更多的组型细胞则成为嵌合体，如 45，XO/46，XX，这类缺陷的表现比单纯的三体型或单体型要轻。染色体结构异常是指染色体的某一片段缺失、重复或易位，也可引起出生缺陷，比如 5 号染色体短臂末端断裂缺失可引起猫叫综合征。基因突变也是引起出生缺陷的一个重要原因，发生在一个基因上的突变称为单基因突变，而多个基因均有突变则为多基因突变。有的基因突变表现的症状一望便知，如多指 / 趾、软骨发育不全、脑积水等，有的则需要进一步检查方可确定，如苯丙酮尿症、血红蛋白病等。

（二）母体状况

只有母亲具有良好的营养状况，胎儿才能获得足够的营养物质。母亲营养不良，会使胎儿生长发育受到限制，如母亲蛋白质摄入不足，可导致胎儿脑细胞数量减少，胎盘中细胞数目也减少，从而影响胎儿氧和营养物质的供应。如果母亲患有糖尿病，较高的血糖可刺激胎儿胰岛素分泌增加，起到类似生长激素的作用，新生儿成为体重超过 4 000g 巨大儿的概率将增大，畸胎率的发生也增高。母亲患慢性消耗性疾病，如贫血、心血管疾病等可使母体缺氧，导致胎儿供氧不足，发育迟缓，严重者甚至流产、死亡。根据使用三维超声检测子宫异常的研究发现，与低风险孕产史的女性相比，反复流产女性先天性子宫异常的患病率高出 4 倍。另外，繁重的体力劳动、久站、搬举重物、工作时间长、劳累、产前护理缺乏等都与不良妊娠结局有关。每周工作超过 50 小时，以及每天站立超过 7 小时，都与小于胎龄儿（small for gestational age infant，SGA）的发生有关。母亲精神压力大也与不良妊娠结局有关，会增加出生缺陷、低出生体重、早产和早发型子痫前期风险。如怀孕前后两个月母亲精神压力大，可以增加唇裂、腭裂及大血管移位的概率。

（三）胎盘状况

许多妊娠并发症是各种胎盘病变引起的。胎盘功能的强弱对胎儿的生长发育有着重要的影响。胎盘与胎儿的重量比越大，胎儿的生长速度越快，所以胎盘的重量是衡量胎盘功能的重要指征。如果胎盘内母儿间物质交换面积减少，会引起胎儿生长受限。胎盘产生的多种激素调节胎盘内物质交换过程，如绒毛膜促性腺激素能使更多的葡萄糖进入生长中的胎儿体内，雌激素可促进子宫胎盘血循环促进胎儿生长等，因此胎盘的内分泌功能也至关

重要。某些病原微生物，如风疹病毒、梅毒螺旋体等，可引起胎盘屏障破坏及功能改变，从而影响胎儿生长发育。

（四）胎儿情况

胎儿产生的多种生长因子对胎儿自身的生长也有着重要的调节作用。研究证明，一些低分子量的多肽类生长因子可刺激多种细胞的分裂，对胎儿生长有重要作用，如神经生长因子和上皮生长因子能促进某些特定器官和组织成熟。胎儿所产生的一些激素，如胰岛素、生长激素、甲状腺素、肾上腺皮质激素等在胎儿的生长发育过程中都发挥着重要的作用。

（五）环境因素

环境因素多种多样，有些与职业有关，有些与生活习惯和生活环境有关。

1. 营养物质缺乏　若妇女在孕前和孕期营养不良，发生流产、早产和先天畸形的概率将增加。妊娠期营养不良可影响到脑细胞的数量和大小，从而造成智力发育障碍。孕妇叶酸缺乏可引起胎儿神经管畸形，孕妇缺锌可引发多种缺陷，严重缺碘可引起先天性克汀病（呆小症），维生素 A 过多可引起神经系统畸形，钙缺乏则导致骨骼发育不全等。

2. 化学药物　有些曾用于防止流产的孕激素如炔诺酮有雄激素样作用，过多使用可引起女胎生殖器男性化；合成雌激素己烯雌酚也曾用于先兆流产的治疗，后发现使用过己烯雌酚的孕妇，其女儿子宫、阴道发育异常和癌症概率增加。曾经用于妊娠剧吐的药物反应停（沙利度胺），已引起许多例严重畸形的"海豹儿"出生。甲氨蝶呤是一种叶酸拮抗剂，也是一种明确的致畸药物，可导致神经系统畸形如无脑儿、脑积水、脑脊膜膨出，还可导致唇裂腭裂等。奎宁、链霉素以及四环素等药物也可以引起胎儿部分器官畸形。部分抗惊厥药也有致畸作用，癫痫女性孕期使用此类药物治疗后，其胎儿发育异常概率较普通女性高 7 ~ 8 倍。

3. 病原感染　孕期受到不同病原体感染可导致不同类型的胎儿发育异常。如孕妇感染风疹病毒，分娩畸形胎儿的危险会增高，且孕周不同，感染后发生胎儿畸形的种类可不同。孕 6 周感染可导致眼畸形，孕 9 周感染可干扰内耳发生造成聋哑儿，孕 5 ~ 10 周感染可导致胎儿心脏发育异常和牙釉缺乏，孕 4 ~ 6 个月感染可导致胎儿智力发育障碍，不过孕 16 周后感染致畸概率较低。巨细胞病毒感染，可导致胎儿小头、脑积水、大脑钙化症、脾增大、失明等畸形，易发生流产、死产。单纯疱疹病毒感染可引起小头、小眼、肝脾肿大和智力障碍等畸形。梅毒可引起脑膜炎、脑积水、智力迟钝、耳聋和牙齿发育异常等。

4. 不良生活方式　孕期烟草烟雾暴露与众多不良妊娠结局有关，如低出生体重、宫内生长受限、早产和自然流产等。吸烟孕妇分娩低体重儿的风险是不吸烟孕妇的两倍，这些低体重儿比不吸烟孕妇分娩的新生儿平均轻 150 ~ 250g。接触二手烟的孕妇，其新生儿发生婴儿猝死综合征、耳部感染、哮喘等疾病的概率也会升高。烟草烟雾成分不仅影响胎盘功能，其中尼古丁还会透过胎盘屏障与胎儿大脑烟碱乙酰胆碱受体结合，改变细胞增殖和分化方式，导致细胞减少和神经损伤，进而影响认知和听力。许多临床和实验研究证明，妊娠期饮用酒精会使胎儿出生缺陷率明显增加，大量咖啡因可使新生儿体重降低，海洛因对胎儿生长有明显的抑制作用。

5. 环境化学及物理因素　金属如铅、汞、镍和锰也是导致不良妊娠结局的重要环境因素。铅容易透过胎盘，即使低水平的铅暴露，也会增加自然流产和死胎的概率。有铅接触史的女性，比如从事油漆业、艺术如画画行业的女性，孕前应进行血铅检测。金属汞能降低生育能力，增加自然流产的概率。20世纪50年代日本水俣湾及其附近水域受工业废水中汞污染，导致该地区孕妇后代神经系统发育异常，主要表现为肢端麻木、智力低下、精神失常等，也可陆续出现上肢震颤、共济失调、视力听力障碍等症状。锌、锰、铁等微量元素是精液的重要生化成分，其体内浓度异常可以破坏精子生存环境的稳定性，影响精子成熟和精子运动等一系列生理功能。

从事印染、服装行业和健康保健的女性常接触有机溶剂，她们的后代发生重大畸形的概率是普通女性的13倍，同时早期妊娠流产概率也会增加。农业和景观艺术从业人员面临农药暴露的风险。流行病学调查表明，温室工作的女性，其自然流产率、早产率、低体重儿出生率均增加。暴露于农药环境，生育能力降低甚至不孕的概率也增加。离子射线已被证实具有致畸作用，其致畸程度和性质与孕妇接触放射线的时期和剂量关系密切，孕期尤其孕早期接触放射线（如电离辐射）与出生缺陷和儿童癌症有关。放射线还能影响生殖细胞，导致其子代先天畸形发生。中枢神经系统对放射线敏感而易发生畸形。1998年Otake等通过观察排卵后8～15周和16～25周受到电离辐射而出生的广岛和长崎原子弹爆炸幸存者的严重智力低下发生率以及智商和学校表现发现，怀孕期间暴露于电离辐射显著影响人类大脑发育。孕妇因医学需要接触放射线时，建议选择低剂量的检查方法。手机、视频播放器、微波炉、电热毯等的辐射问题近些年广受关注，这些设备存在电磁辐射，没有电离辐射，其与不良妊娠结局的关联是目前的研究热点。

空气污染是环境因素中颇受关注的问题。波兰的一项研究表明，孕妇接触$PM_{2.5}$，其低体重儿和小头围儿的出生概率增加。空气污染也可能与先天性心脏疾病有关联。空气污染是否增加早产和宫内生长受限的发生率，需要进一步研究。不良环境因素可以导致多种不良妊娠结局，而环境绿化则可降低低体重儿、极低体重儿和小于胎龄儿的出生率。

二、胚胎的致畸敏感期

胚胎发育是一个连续的过程，但也存在着一定的阶段性。在整个胚胎发育过程中，胚胎都有可能因为遗传因素调控或者环境因素刺激而导致发育异常。Wilson将致畸机制总结为4点：①致畸因素引起胚胎发育异常通常表现为胚胎死亡、结构畸形、生长受限和功能行为缺陷等4种形式。②胚胎对致畸因素的易感性随接触时的发育阶段不同而不同。③胚胎异常发育的表现形式取决于致畸因素暴露的剂量和持续时间，致畸的种类和程度与孕期接触致畸因素的时期及剂量密切相关。④某些致畸因素的易感性与母体和胎儿的基因型有一定关联。使用一些抗癫痫药物的母亲如果存在相关基因变异，其胎儿则可能出现发育异常。

胚胎发育的不同时期对致畸因素的敏感性存在差异。胚胎期发育过程可以分为两个阶段：胚前期和胚期。受精后的前两周称为胚前期，主要是细胞进行增殖分裂的时期。据统计，有 50% 胚胎在这个时期死亡，因此又称为最大毒性期。由于此时的胚胎分化程度极低，致畸因素作用后会出现两种状况：如果致畸作用强，整个胚胎死亡而夭折；如果致畸作用弱，只是少量细胞受损死亡，其他细胞照常分裂增生，进行代偿调整，整个胚胎继续发育，较少发生畸形。胚期是指受精后第 3～8 周，是胚胎的大多数器官原基形成阶段，胚胎细胞增生分化活跃，主要器官雏形结构建立。组织和器官形成的基本结构模板建立在分子、细胞和组织结构三个不同层次，这一阶段对致畸因素最敏感，最易受到致畸因素的作用而发生器官形态结构的畸形，并常伴随胚胎死亡和自发性流产，故称为致畸敏感期（susceptible period to teratogenic agent），也是预防发育异常的重要时期。胎儿期起自第 9周，继器官形成期后到分娩，为胎儿增长迅速和器官功能建立的时期，是胚胎发育最长的一个时期。胎儿期随着大多数器官的形成，以及这些器官对致畸作用的敏感度降低，胎儿作为一个整体对致畸作用的敏感度亦降低。一般认为，此期的胎儿接触致畸因素后经常表现为胎儿生长受限、某些特异性生理功能缺陷、出生后行为发育异常，以及新生儿肿瘤等。不过少数尚未分化完成的器官，接触致畸因素仍可出现形态学畸形，这是因为胎儿的很多器官发育并不同步。所以在整个孕期，尤其是各器官发育期，接触相应的致畸因素，都有引起相应畸形的可能，即不同的畸形有不同的致畸敏感期。例如，眼部畸形先天性白内障，很多发生在孕中、孕晚期；心脏三尖瓣狭窄和闭锁、肺动脉瓣畸形通常发生在孕22 周后。

（李艳丽）

参考文献

[1] 熊承良，商学军. 人类精子学 [M]. 北京：人民卫生出版社, 2013.

[2] IBTISHAM F, HONARAMOOZ A. Spermatogonial stem cells for in vitro spermatogenesis and in vivo restoration of fertility[J]. Cells, 2020, 9(3):745.

[3] 孙莹璞，相文佩. 人类卵子学 [M]. 北京：人民卫生出版社, 2018.

[4] 谢幸，孔北华，段涛. 妇产科学 [M]. 9 版. 北京：人民卫生出版社, 2018.

[5] 邹仲之，李继承. 组织学与胚胎学 [M]. 8 版. 北京：人民卫生出版社, 2013.

[6] COLLINS P. Early Concepts and Terminology[M]. 3th ed. ScienceDirect. Fetal Medicine, 2020.

[7] TRICHE E W, HOSSAIN N. Environmental factors implicated in the causation of adverse pregnancy outcome[J]. Semin Perinatol, 2007, 31(4):240-242.

[8] 薛社普，俞慧珠，叶百宽. 协和人体胚胎学图谱 [M]. 北京：中国协和医科大学出版社, 2009.

[9] LEE K J, MOON H, YUN H R, et al. Greenness, civil environment, and pregnancy outcomes: perspectives with a systematic review and meta-analysis[J]. Environ Health, 2020, 19(1):1-15.

| 第三章 |

流行病学在环境优生学中的应用

流行病学（epidemiology）是人类与疾病斗争过程中逐渐发展起来的一门学科，是预防医学知识体系中不可或缺的重要组成部分。流行病学在预防控制疾病和促进健康方面发挥着巨大作用。环境优生学属于预防医学的范畴，是环境科学的前沿分支，它着重于从人类生态学和预防医学的角度出发探讨环境因素对人类生殖发育的影响，这离不开流行病学研究方法的应用。

第一节　流行病学概述

纵观流行病学发展史，不同时期所面临的主要公共卫生问题不同，流行病学的定义、基本原理和方法、特征和应用也在不断发展和完善。

一、流行病学的定义

20 世纪上半叶传染病肆虐时，流行病学被定义为"关于传染病的主要原因、传播蔓延以及预防的学科"。可见，当时流行病学是以防制传染病为主要任务。随着传染病发病率和死亡率的不断下降，慢性非传染性疾病成为 20 世纪中后叶的主要健康问题。随之流行病学的定义也在发展，从传染病扩大到非传染性疾病。如 1964 年苏德隆提出"流行病学是医学中的一门学科，它研究疾病的分布、生态学及防制对策"；1970 年 MacMahon 提出"流行病学是研究人类疾病的分布及疾病频率决定因子的科学"；1980 年 Lilienfeld 提出"流行病学是研究人群群体中疾病表现形式（表型）及影响这些表型的因素"。20 世纪80 年代，随着医学模式的转变，人们不仅仅关注如何防制疾病，也开始关注如何促进健

康。因此，1983 年 Last 将流行病学定义为"流行病学研究在人群中与健康有关状态和事件的分布及决定因素，以及应用这些研究以维持和促进健康的问题"。我国学者在既体现学科本质又结合我国卫生实践的基础上，提出了与 Last 的定义一致的流行病学定义，即"流行病学是研究人群中疾病与健康状况的分布及其影响因素，并研究防制疾病及促进健康的策略和措施的科学"。

从流行病学定义的演变可以看出，流行病学是以传染病为主要研究内容发展起来的，目前已扩大到疾病和健康状态，包括疾病、伤害和健康三个层次。疾病包括传染病、寄生虫病、地方病和非传染性疾病等所有疾病。伤害包括意外、残疾、智障和身心损害等。健康状态包括身体生理生化的各种功能状态、疾病前状态和长寿等，其内涵与世界卫生组织（World Health Organization，WHO）1948 年提出的关于健康的概念，即"身体、精神和社会适应各方面均处于完好状态，而不只是无病或虚弱"是一致的。环境优生学重点研究环境中的各种有害因素（物理性、化学性、生物性）对生殖过程、胚胎与胎儿发育及婴儿生长发育的影响，同时揭示不良妊娠结局的分布情况、发生和流行的原因，提出保护母体健康、胎儿正常发育及出生后健康成长的防控策略和措施，这与流行病学的研究内容是完全一致的。

二、流行病学的基本原理和研究方法

（一）基本原理

疾病或健康问题在人群中呈现出一定的时间、地区和人口学特征的分布，而这些分布上的差异既与个体危险因素的暴露有关，又与个体的易感性有关。对这些暴露因素进行测量并有针对性地采取相应的控制措施即可达到预防疾病的目的。流行病学的基本原理主要包括：疾病与健康在人群中的分布，其中包括疾病的流行现象；疾病的发病过程，以传染病为例，包括机体的感染过程和传染病的流行过程；人与环境的关系，即疾病的生态学；病因论，尤其是多因论；病因推断的原则；疾病防制的策略和措施，其中包括疾病的三级预防；疾病发展的数学模型等。

（二）研究方法

流行病学既是一门应用学科，也是一门方法学科。从方法学的角度看，科学的方法主要包括历史法、观察法、实验法和数理法。但流行病学以观察法、实验法和数理法为主，其中，尤以观察法最为重要。观察法按研究开始时是否设立对照组而分为描述性研究和分析性研究。因此，流行病学研究按设计类型可分为描述流行病学、分析流行病学（病例对照研究和队列研究）、实验流行病学和理论流行病学 4 类。描述流行病学主要是描述疾病或健康状态的分布，起到揭示现象、为病因研究提供线索的作用，即提出假设。分析流行病学主要是检验或验证假设。实验流行病学则用于证实或确证假设。当然，在对疾病的发生发展规律了解清楚之后，还可以采用理论流行病学的数学模型预测疾病的发生。

三、流行病学的特征

流行病学是医学科学中的一门基础学科和方法学科，主要特征如下。

（一）群体特征

流行病学是研究人群中的疾病现象与健康状态，即从人群的各种分布现象入手，而不仅仅是考虑个人的健康相关问题，更不是考虑它们如何在器官和分子水平上反映。人群的疾病与健康现象不可避免地与社会因素有关，如研究疾病或健康状态的分布，就要研究职业、宗教信仰、居住地点等社会特征的分布。对数据资料进行分析时也要关注生活习惯、社会经历、经济条件等社会因素的影响。流行病学的研究方法也用到诸多社会学的研究方法，如调查中的非概率性抽样、问卷的设计及其技巧的使用、定性分析方法等。因此，流行病学也是医学中渗透或结合了诸多社会因素的一门学科。

（二）对比特征

对比是流行病学研究方法的核心。只有通过对比调查和对比分析，才能从中发现疾病发生的原因或线索。如在优生优育领域，对比孕妇孕早期服用叶酸和未服用叶酸的胎儿神经管畸形发生率，对比有妊娠期糖尿病母亲和无妊娠期糖尿病母亲子代 2 型糖尿病的发生风险等。因此流行病学研究常常是对比患病人群与正常人群或亚临床人群的某种事件发生的概率，从而发现异同点。

（三）概率论和数理统计学的特征

流行病学研究中极少用绝对数表示各种疾病或健康状态的分布情况，而多使用频率指标，因为绝对数不能反映人群中事件发生的强度或危险度。频率本质上就是一种概率，流行病学中强调的是概率。概率必须有正确的分母数据才能求得，所以有人称流行病学是分母的学科。此外，流行病学研究要求满足一定条件，即有一定数量，且数量足够，分布本身就要求群体和数量。当然，数量并非越大越好，而是要合理的足够的大数量，如果数量过多则会增加经济负担和工作量，过少又难以正确地说明问题。合理的数量依靠统计学方法来决定，同时结合具体情况而确定。

（四）社会心理特征

人群健康与环境有着密切的关系。疾病的发生不仅仅与人体本身的内环境有关，还会受到自然环境和社会环境的影响，尤其是社会环境因素，如社会心理和社会生活状况等在疾病的发生发展中起着重要作用。

（五）预防为主特征

流行病学作为公共卫生与预防医学的一门分支学科，始终坚持预防为主的方针，并以此作为该学科的重要研究内容之一。它与临床医学不同之处就在于它是面向整个人群，着眼于疾病的预防，尤其是一级预防，从而保护人群健康。

（六）发展的特征

为了满足日益扩大的研究领域的需求，以及不同时期面临的主要卫生问题，流行病学的定义、任务在不断发展，研究方法也在不断地发展和完善。如研究向微观发展，研究方法更加精细；向宏观发展，研究方法社会学化；对暴露和结局的测量向定量发展；更多识

别和控制偏倚方法的发展；病因判断标准的发展和完善等。以上这些都表明了该学科发展的特征。

四、流行病学的应用

随着流行病学原理和方法的不断发展，流行病学的用途也日益广泛。可以说，流行病学已深入到公共卫生及保健工作的各个方面。它既涉及疾病又涉及健康，既解决现实问题又探讨病因问题，既考查局部的措施效果又评价决定全局的卫生策略。当然，流行病学应用归根结底还是在人群中的应用，值得注意的是，只要是涉及人的研究都会涉及伦理学问题。此类研究必须在符合伦理学原则的前提下方可进行。伦理学的主要原则包括保护研究对象不受损害，使研究对象从研究中受益，研究对象对研究过程和可能存在的风险知情、自愿选择参加或不参加研究，尊重、公平等原则。

有关流行病学的应用将从以下五个方面予以阐述。

（一）疾病预防和健康促进

预防疾病是流行病学的根本任务之一。预防是广义的，包括无病时预防疾病的发生，发病后使其得到控制或减少甚至消除，即疾病的三级预防。一级预防，也称病因学预防，目的是采用有效措施消除和控制危害健康的因素，增进人群健康，防止健康人群发病。如使孕妇减少或避免一些不良生活方式（如吸烟、饮酒、不健康的饮食习惯等）以预防出生缺陷儿的发生；二级预防，也称临床前期预防，即在疾病的临床前期做好早期发现、早期诊断、早期治疗的"三早"预防措施，防治疾病复发和转变为慢性病。如通过产前筛查发现孕育某些先天性畸形或遗传性疾病胎儿的孕妇，以便及早采取措施；三级预防又称临床预防，旨在采取一系列措施对已患病者进行及时治疗，防止恶化，预防并发症和伤残，促进康复等恢复劳动和生活能力的预防措施。如通过新生儿筛查、内外科治疗、康复治疗等避免新生儿疾病致残，降低疾病负担。

流行病学的另一重要作用就是健康促进（health promotion）。健康促进是指运用行政或组织的手段，广泛协调社会各相关部门以及社区、家庭和个人，使其履行各自对健康的责任，共同维护和促进健康的一种社会行为和社会战略。简单地讲，就是增强人们控制健康影响因素的能力，改善自身健康的过程。健康流行病学的出现就很好地体现了这一点，但相关研究还处于兴起阶段，相信今后现代流行病学会向健康状态研究领域深入拓展。

（二）疾病监测

疾病监测是贯彻预防为主方针的有效措施之一。实际上，疾病监测也不仅仅局限于监测疾病，还包括出生缺陷、伤残以及健康状态。传染病监测和慢性非传染性疾病监测是疾病监测的主要内容，此外还包括对已采取预防措施的监测。出生缺陷监测（birth defect monitoring）正是流行病学在优生优育领域极好的应用，主要是通过对围生儿中的出生缺陷进行长期、持续的动态观察，及时获得出生缺陷突然增加或新的出生缺陷发生信息，分析其出现的原因，以利于尽快发现和消除致畸因素，提高出生人口素质。

（三）疾病病因和危险因素的研究

为达到疾病预防的目的，必须先了解疾病发生、高发或流行的原因，即流行病学在寻找疾病病因及危险因素方面有着重要作用。

传染性疾病与非传染性疾病的病因种类有一定差别。一部分传染病的病因较为单一，如麻疹；而非传染性疾病是多种因素综合作用的结果。如冠心病的危险因素就包括高血压、高血脂、吸烟、肥胖等。因此，流行病学的主要用途之一就是找出这些危险因素。虽然有些疾病的病因并未完全被阐明，但根据发现的危险因素对疾病进行预防，仍可获得良好的效果。如孕妇饮酒可致胎儿畸形，但孕期饮酒也只是胎儿畸形的危险因素之一，病因可能以某遗传因素为主。尽管如此，孕期控制饮酒仍能有效地预防胎儿畸形的发生。因此，流行病学工作不一定非要摸清病因不可，若能发现疾病的一些关键危险因素，也能在很大程度上起到预防疾病或不良妊娠结局的作用。

（四）疾病自然史研究

通过应用流行病学方法研究人类疾病和健康状态的发展规律，以进一步应用于疾病预防和健康促进。疾病在个体身上有一个发生、发展和结局的过程，如亚临床期、症状早期、症状明显期、症状缓解期和恢复期，在传染病中有潜伏期、前驱期、发病期和恢复期，这是个体的疾病自然史。疾病在人群中也有其自然发生发展的规律，称为人群的疾病自然史。如对乙型肝炎自然史的观察，发现乙型肝炎有极大可能通过孕妇垂直传播给新生儿，故可采用接种乙肝疫苗来实现乙型肝炎的早期预防。了解疾病的自然史，对疾病早期诊断和预防、判断治疗效果等都有重要意义。

（五）疾病防治效果评价

疾病防治效果评价是流行病学工作的最后阶段。如采用实验流行病学的方法观察儿童接种某种疫苗后，是否可以避免或降低相应疾病的发生。又如对一种新药安全性和有效性的评价，除了完成三期临床试验并上市后，仍需在大规模社区人群中长期观察才能得出结论，尤其是药物不良反应的观察，更需要上市后的监测，即药物流行病学的应用。在社区人群中实行大规模干预，如控烟以降低肺癌等疾病的发生，也需使用流行病学实验研究方法去评价。在评价人群有关疾病、健康状态等问题时，最终要看人群中的防治效果，观察防治策略和措施是否降低了人群发病率，是否提高了治愈率和健康率。

以上列举了流行病学五个方面的应用。第一、二点可看作是流行病学的经常性实践，直接参与防制疾病与促进健康；第三、四点可看作是流行病学的深入研究，以期从根本上防制疾病与促进健康；第五点则是流行病学的特殊应用，用于评估防制疾病与促进健康以及卫生工作的最终效果。

第二节　流行病学研究方法在环境优生学中的应用

描述流行病学、分析流行病学和实验流行病学等是环境优生学研究和实践常用的流行病学研究方法。以下就其基本原理、设计及其研究实例分别作简要阐述。

一、描述流行病学

（一）概述

1. **概念**　描述流行病学也称描述性研究，是指利用常规监测记录或通过专门调查获得的数据资料（包括实验室检查结果），按照不同地区、不同时间及不同人群特征进行分组，描述人群中有关疾病或健康状态以及有关特征和暴露因素的分布状况，在此基础上进行比较分析，获得疾病人群、地区和时间的三间分布特征，进一步获得病因线索，提出病因假设。

2. **种类**

（1）现况研究：是指在一个特定时点或时期内，在特定范围内的人群中，对某种（些）疾病或健康状况以及相关因素进行调查的一种方法。它通过描述所研究的疾病或健康状况以及相关因素在该调查人群中的分布，按不同暴露因素的特征或疾病状态进行比较分析，从而为建立病因假设提供证据。

（2）病例报告：是对临床上某种罕见病的单个病例或少数病例的详细介绍，属于定性研究的范畴。研究涉及少数个案，通过对个案特征的把握得出结论，无须描述事物的集中趋势或离散程度，重点探索其产生的原因，为研究者提供分析和决策的线索。病例报告通常针对临床实践中某一个或几个特殊病例或个别现象进行探讨，判断一个病例是否为罕见病例需要进行全面的文献检索后确定。

（3）病例系列分析：是临床医生最熟悉的一类研究方法。它是对一组（几例、几十例、几百例或几千例等）相同疾病的患者临床资料进行整理、统计、分析、总结并得出结论。病例系列分析一般用来分析某种疾病的临床表现特征，评价预防和治疗措施的效果。病例系列分析可以发现以往工作中存在的问题，为进一步研究提供线索，并能发现某些病变自然进程的规律性，提示研究的重点内容和方向。

（4）个案研究：又称个案调查，是指到发病现场对新发病例的接触史、家属及周围人群的发病或健康状况以及可能与发病有关的环境因素进行调查，以达到查明所研究病例的发病原因和条件，控制疫情扩散及消灭疫源地，防止再发生类似疾病的目的。个案研究的对象一般是传染病患者，但也可以是非传染病患者（如食物中毒者）或病因未明的患者等。个案研究是医疗卫生及疾病防控部门日常处理疾病报告登记工作的组成部分，调查内容由当地卫生部门具体规定。通过报告、登记和个案调查，可以得到有关疾病发病的第一手资料，既为地区疾病控制提供了分析基础，也为探索病因提供了线索。

（5）历史资料分析：是指利用历史资料（既有资料）研究疾病的三间分布特征、疾病危险因素和评价疾病防制措施效果的一种方法。即研究者通过回顾性调查，提取和利用相关机构日常工作的记录、登记、各类日常报告、统计表格、疾病记录档案等，进一步开展统计分析，最终获得研究结果。历史资料在研究者开展研究前便已存在，属于流行病学研究中的基础资料范畴。

（6）随访研究：也称纵向研究，是通过定期随访，观察疾病、健康状况或卫生事件在一个固定人群中随着时间推移的动态变化情况。与现况研究只研究一个特定时点或特定时期内人群中暴露与疾病的分布不同，随访研究可以对研究对象进行连续观察。随访研究的随访间隔和方式根据具体研究内容的不同而有所不同，可以是预定的时间段内（季度、半年或一年内）进行的纵向调查，也可以是规律性实施的现况研究（如以年为单位实施均匀的纵向研究）。随访研究也可用于疾病自然史的研究，为该疾病的病因研究提供线索，或用于提出或检验某些病因学假设。

（7）生态学研究：又称相关性研究。它是在群体的水平上研究暴露与疾病之间的关系，以群体为观察和分析单位，通过描述不同人群中某因素的暴露状况与疾病的频率，分析该暴露因素与疾病之间的关系。疾病测量的指标可以是发病率、死亡率等；暴露水平也可用一定测量指标来确定。该类研究不同于其他几种描述性研究，它无法得知个体的暴露与效应（疾病）间的因果关系，如城市机动车数量增长与孕妇流产之间的相关性分析。生态学研究是从许多因素中探索病因线索的一种常用方法，提供的信息是不完全的，只是一种粗线条的描述性研究。但生态学研究可为后续研究提供线索，提出病因假设。

（二）现况研究

1. **概念**　现况研究是通过对特定时点（或期间）和特定范围内人群中的疾病或健康状况和有关因素的分布状况资料进行收集和描述，从而为进一步的研究提供病因线索。从时间上来讲，现况研究收集的是某特定时间断面的资料，故又称为横断面研究（cross-sectional study）。从分析指标来讲，由于这种研究所得到的频率指标一般为特定时间内调查群体的患病率，故也被称为患病率研究（prevalence study）。

2. **设计与实施**　良好的设计方案是保证研究成功实施的前提。在现况研究设计中要特别重视抽样调查中所选择的研究对象的代表性，这是将研究结果向总体推论时的必要前提。随机抽取足够的研究对象和避免选择偏倚，是保证研究对象（样本）具有代表性的重要条件。同时，在调查或研究开始时要征得研究对象的同意，即知情同意（informed consent）。

（1）确定研究目的：这是研究设计的重要步骤，应根据研究所期望解决的问题，明确本次调查所要达到的目的。一般要求目的明确、具体，一次调查的疾病或健康问题不宜太多。

（2）确定调查方法：根据具体的研究目的来确定采用普查还是抽样调查。此时需要充分考虑两种调查方法的优缺点，以便在有限的资源下达到预期目的。

（3）确定研究对象：确定合适的研究对象是顺利开展现况研究的关键。应根据研究目的明确规定调查对象的人群分布特征、地域范围以及时间点，并结合实际情况明确在目标人群中开展调查的可行性。如在进行优生优育方面的研究时，研究对象多数为育龄期妇女或其配偶、儿童等，需结合实际研究目的来确定。

（4）确定样本含量和抽样方法

1）样本量：一般来说，由于抽样调查较普查有更多优势，所以常采用抽样调查。当然，也可以将抽样调查与普查相结合。影响现况研究样本量大小的因素有多个方面，主要包括：①预期现患率（p）；②对调查结果精确性的要求：即容许误差（d）越大，所需样本量就越小；③要求显著性水平（α）：α值越小，即显著性水平要求越高，样本量要求越

大。一般情况下，在进行某病的现患率调查时，其样本量可用式 3-1 估计。

$$S_p = \sqrt{\frac{pq}{n}}$$ 式（3-1）

经转换，可改写成式 3-2：

$$n = \frac{pq}{S_p^2}$$ 式（3-2）

令：$S_p = \dfrac{d}{Z_{1-\alpha/2}}$，$p$ 为预期现患率，$q = 1 - p$，d 为容许误差（p 的一个分数，如 $d = 0.1p$、$d = 0.15p$、$d = 0.2p$ 等），n 为样本量。

以上样本量估计公式仅适用于 $n \times p > 5$ 的情况，如果 $n \times p \leqslant 5$，则宜用 Poisson 分布的方法来估计样本量。

若抽样调查的分析指标为计量资料，则应按计量资料的样本估计公式来计算，公式如式 3-3：

$$n = \frac{4s^2}{d^2}$$ 式（3-3）

式中 n 为样本量，d 为容许误差，s 为总体标准差估计值。

在实际应用中，若同时有几个数据可供选择时，s 宜取大一点的值，这样估计的样本量（n）不至于偏小。

2）抽样方法：抽样分为随机抽样和非随机抽样。随机抽样须遵循随机化原则选择研究对象，即保证总体中每一个对象都有已知的、非零的概率被选为研究对象，以保证样本的代表性。而非随机抽样并非遵循随机原则，往往是研究者据其主观经验或其他条件来确定样本，该类样本信息不适合进行外推，如典型调查。

常见的随机抽样方法有单纯随机抽样、系统抽样、分层抽样、整群抽样和多阶段抽样。每一种抽样方法都有其各自的优缺点，需结合实际情况选择合适的抽样方法。需注意的是，多阶段抽样是指将抽样过程分阶段进行，每个阶段使用的抽样方法往往不同，即将以上抽样方法综合使用，这在大型流行病学调查中较为常见。其实施过程为：先从总体中抽取范围较大的单元，称为一级抽样单位（如省、自治区、直辖市），再从每个抽得的一级单元中抽取范围较小的二级单元（如县、乡、镇、街道），以此类推，最后抽取其中范围更小的单元（如村、居委会）作为调查单位。每个阶段的抽样可以采用单纯随机抽样、系统抽样或其他抽样方法。多阶段抽样可以充分利用各抽样方法的优势，克服各自的缺点，并能节省人力、物力。我国进行的慢性病大规模调查就是采用此方法。

（5）资料收集：在资料收集过程中要注意暴露（特征）的定义和疾病（健康状态）的标准均要明确和统一。

1）确定拟收集资料的内容：①个人的基本情况：年龄、性别、出生日期、民族、文化程度、婚姻状况、家庭人口数及结构、家庭经济状况等。②职业情况：工作性质、种类、职务、从事该工作年限、与职业有关的特殊情况等。③生活习惯及保健情况：饮食情况、吸烟史及吸烟量、饮酒史及饮酒量、个人对自我保健的重视程度及开展情况、医疗保健条件、体育锻炼情况等。④妇女生育情况：月经史、生育史、避孕药物及激素的使用情况等。⑤环境资料：生活环境和工作环境某些因素的数据，最好用客观的、数量化的指标表示。⑥人口学资料：抽样总体的人口数、按不同人口学特征分组的人口数等。

2）调查员培训：在正式开展调查之前应对参加调查和检测的人员按照标准的方法进行统一培训，保证收集资料方法和标准的一致性，避免测量偏倚的产生。

3）资料收集方法：在现况研究中，常用的资料收集方法有：①实验室测定或检查的方法，如叶酸检测、血糖检测等。②编制调查表后对研究对象进行问卷调查，进而获得暴露或疾病的资料。③利用常规资料，如采用常规登记和报告、专题询问调查与信函调查、临床检查及其他特殊检查的有关资料等。

（6）数据整理与分析：在进行数据分析前，应先仔细检查原始资料的完整性和准确性，填补缺、漏项，删除重复数据，纠正错误数据；对疾病或某种健康状态按已明确规定的标准进行归类和核实，然后按不同时间、空间以及人群特征的分布进行描述。在资料分析时，可进一步将人群分为暴露和非暴露人群或不同暴露水平的人群，比较分析各组间患病率、阳性率、检出率或健康状况等差异；也可将调查对象分为患病组和非患病组，评价各暴露因素与疾病的联系。

（三）研究实例

重大出生缺陷的出生率是体现政府健康生育服务均等性与科学性的关键指标，对于评价出生人口素质十分重要。董柏青等利用 2017 年 1 月 1 日至 2019 年 5 月 31 日期间广西壮族自治区《桂妇儿系统》收集并建立的全孕育人群胎儿孕检产检个案数据库，对广西169 万例胎儿总出生缺陷与重大出生缺陷的分布特征进行了描述性分析。

1. 研究目的　收集广西壮族自治区 169 万例胎儿个案信息，对总出生缺陷与重大出生缺陷的三间分布特征进行分析，从而对广西出生缺陷的预防控制能力进行评价。

2. 资料与方法

（1）资料来源与研究对象：资料来源于 2017 年 1 月 1 日至 2019 年 5 月 31 日期间，广西《桂妇儿系统》收集并建立的169 万例胎儿出生缺陷诊断个案数据库。研究对象包括所有助产医院建卡的孕妇孕期胎儿、孕产结局、出生后 7 天的新生儿。

（2）研究方法：资料包括孕妇基本信息、孕妇孕期胎儿（含围产儿、活产儿）、出生缺陷高风险胎儿产筛产诊、医学干预、死胎死产等。本研究未纳入新生儿疾病筛查的出生缺陷。分析不同地区、不同特征下胎儿总出生缺陷与重大出生缺陷的发现率、发生率和出生率。以下以出生缺陷为例，介绍发现率、发生率和出生率的计算公式（式 3-4、式 3-5、式 3-6），重大出生缺陷相关指标的计算与此相同。

①全孕周胎儿中，出生缺陷发现率 $= \dfrac{（< 28 \text{周} + \geq 28 \text{周出生缺陷数}）}{\text{胎儿数}} \times K$，

$K = 10\,000/\text{万}$　　　　　　　　　　　　　　　　　　　　式（3-4）

②孕周 ≥ 28 周的围产儿中，出生缺陷发生率 $= \dfrac{\geq 28 \text{周出生缺陷数}}{\text{围产儿数}} \times K$，

$K = 10\,000/\text{万}$　　　　　　　　　　　　　　　　　　　　式（3-5）

③活产儿中，出生缺陷出生率 = $\dfrac{出生缺陷活产数}{活产数} \times K$，$K$ = 10 000/万   式（3-6）

3. 主要研究结果

（1）总出生缺陷情况：本研究共纳入孕产妇 1 667 240 例，孕期胎儿总数 1 695 617 例，进入围产儿期 1 693 000 例（占 99.85%）；活产数 1 682 853 例，活产率为 99.25%；死胎 7 394 例，死胎率为 0.44%；死产 416 例，死产率为 0.02%；出生后 0 ~ 6 天死亡 2 337 例，死亡率为 0.14%。总出生缺陷发现 33 510 例，总出生缺陷出生 17 258 例，通过医学干预减少 14 319 例患儿出生，总出生缺陷发现率为 197.63/ 万、总出生缺陷发生率为 103.04/ 万、总出生缺陷出生率为 102.55/ 万。2017 年 1 月 1 日至 2019 年 5 月 31 日总出生缺陷发现率、发生率及出生率均呈逐年上升趋势（表 3-1）。

表 3-1　2017—2019 年总出生缺陷发现率、发生率、出生率分析结果

年份/年	发现例数/例		出生缺陷出生例数/例	干预例数/例	发现率/万⁻¹	发生率/万⁻¹	出生率/万⁻¹
	< 28 周	≥ 28 周					
2017	6 556	7 280	7 183	5 842	177.06	93.30	92.62
2018	6 774	7 180	7 132	6 020	207.77	107.07	106.99
2019	2 736	2 984	2 943	2 457	235.80	123.24	122.26
合计	16 066	17 444	17 258	14 319	197.63	103.04	102.55

（2）重大出生缺陷情况：发现重大出生缺陷 8 195 例，重大出生缺陷出生仅 97 例，通过医学干预减少了 8 098 例重大出生缺陷儿出生，重大出生缺陷发现率为 48.33/ 万、发生率为 7.29/ 万、出生率为 0.58/ 万。2017 年 1 月 1 日至 2019 年 5 月 31 日重大出生缺陷发现率呈上升趋势，发生率及出生率呈下降趋势（表 3-2）。

表 3-2　2017—2019 年重大出生缺陷发现率、发生率和出生率分析结果

年份/年	发现例数/例		出生例数/例	发现率/万⁻¹	发生率/万⁻¹	出生率/万⁻¹
	< 28 周	≥ 28 周				
2017	2 898	626	48	45.10	8.02	0.62
2018	2 897	467	41	50.09	6.96	0.62
2019	1 165	142	8	53.88	5.86	0.33
合计	6 960	1 235	97	48.33	7.29	0.58

（3）总出生缺陷及重大出生缺陷发生顺位：如表 3-3 所示，总出生缺陷发生率居前 5 位的依次为先天性心脏病（36.44/ 万）、多指（22.10/ 万）、唐氏综合征（8.99/ 万）、唇裂合并腭裂（8.39/ 万）、马蹄内翻足（8.33/ 万）；重大出生缺陷发生率居前 5 位的依次为复杂性先天性心脏病（9.10/ 万）、α 重型地中海贫血（8.39/ 万）、21- 三体综合征（7.89/ 万）、β 重型地中海贫血（5.32/ 万）、胎儿水肿综合征（4.93/ 万）。

表 3-3　2017—2019 年广西总出生缺陷及重大出生缺陷发生率排位前 10 情况

顺位	出生缺陷			重大出生缺陷		
	诊断	例数 / 例	发生率 / 万$^{-1}$	诊断	例数 / 例	发生率 / 万$^{-1}$
1	先天性心脏病	6 179	36.44	复杂性先天性心脏病	1 543	9.10
2	多指	3 747	22.10	α 重型地中海贫血	1 422	8.39
3	唐氏综合征	1 524	8.99	21- 三体综合征	1 337	7.89
4	唇裂合并腭裂	1 422	8.39	β 重型地中海贫血	902	5.32
5	马蹄内翻足	1 412	8.33	胎儿水肿综合征	836	4.93
6	胎儿水肿综合征	1 120	6.61	无脑畸形	308	1.82
7	外耳其他畸形	1 096	6.46	18- 三体综合征	239	1.41
8	尿道下裂	896	5.28	重度先天性脑积水	190	1.12
9	唇裂	841	4.96	严重的脑膜脑膨出	120	0.17
10	并指	568	3.35	开放性脊柱裂	85	0.05

（4）不同地区总出生缺陷情况：广西 14 个市总出生缺陷和重大出生缺陷发现率、发生率和出生率均存在较大差异。三级医疗机构较集中的南宁市、柳州市和桂林市有较强的出生缺陷发现能力（表 3-4）。

表 3-4　14 个市总出生缺陷及重大出生缺陷发现率、发生率和出生率

单位：1/ 万

城市	出生缺陷			重大出生缺陷		
	发现率	发生率	出生率	发现率	发生率	出生率
南宁	286.79	171.44	171.29	59.83	7.71	1.34
柳州	244.04	129.14	127.87	45.99	5.01	0.29

城市	出生缺陷			重大出生缺陷		
	发现率	发生率	出生率	发现率	发生率	出生率
桂林	203.41	103.81	103.71	49.41	5.91	0.21
梧州	149.35	73.17	72.15	53.68	6.89	0.27
北海	159.86	69.48	69.51	43.10	5.68	0.71
防城港	185.86	81.80	80.31	56.12	10.71	0.98
钦州	161.38	77.74	77.09	44.50	8.48	0.78
贵港	170.01	90.51	90.24	37.04	6.92	0.31
玉林	164.35	85.20	84.61	48.75	8.44	0.58
百色	168.81	76.44	75.94	49.49	7.25	0.41
贺州	161.92	73.23	72.82	40.86	6.52	0.25
河池	184.26	107.11	105.88	33.89	7.82	0.63
来宾	222.61	107.78	107.80	47.67	4.88	0.38
崇左	256.53	127.81	127.28	68.43	10.02	0.43

4. **结论** 2017年1月1日至2019年5月31日，广西地区总出生缺陷发现率、发生率和出生率均呈上升趋势，重大出生缺陷发现率呈上升趋势，重大出生缺陷发生率和出生率均呈下降趋势。广西地区出生缺陷情况存在地区差异，总体情况呈好转趋势，提示出生缺陷干预措施有效。

二、分析流行病学

分析流行病学（也称分析性研究）主要是用于检验或验证描述性研究提出的假设，包括病例对照研究和队列研究两种类型。

（一）病例对照研究

1. **概念** 病例对照研究是以当前已确诊的患有某特定疾病的一组患者作为病例组，以不患该病但具有可比性的一组个体作为对照组，通过询问、实验室检查或复查病史，搜集研究对象既往对各种可能危险因素的暴露史，测量并比较病例组与对照组各因素暴露比例的差异是否具有统计学意义，从而推断暴露因素与疾病之间有无关联及关联强度大小的一种研究方法。它主要用于探索疾病的病因或危险因素和检验病因假设，特别适用于罕见病的病因或危险因素研究，在实际工作中应用非常广泛。

2. 设计与实施

（1）确定研究目的：在开展研究前，必须查阅相关文献资料，了解本课题的研究现状，结合既往的研究结果以及临床或卫生工作中需要解决的问题，确定本次研究要解决哪些具体问题。

（2）确定研究类型：实际工作中，根据研究目的确定适宜的研究类型。如果目的是广泛地探索疾病的危险因素，可以采用非匹配或频数匹配的病例对照研究方法；如果研究目的是检验病因假设，可采用个体匹配的病例对照研究，以保证对照与病例在某些重要因素方面均衡可比。

（3）确定研究对象：病例与对照的选择，特别是对照的选择关乎整个研究成功与否。

1）病例的选择：首先，病例应符合统一、明确的疾病诊断标准。尽量使用国际通用或国内统一的诊断标准，并尽可能使用金标准。对于尚无明确诊断标准的疾病，可根据研究的需要自定标准，此时要注意均衡诊断标准的误诊率及漏诊率。其次，可根据某特殊的研究目的，对研究对象的某些特征作出规定或限制，如女性病例、重症病例、某地区病例等。

有关病例的类型通常有三种，即新发病例、现患病例和死亡病例，每一类型的病例各有优缺点。在病例对照研究中，首选新发病例，原因是新发病例包括不同病情和预后的患者，代表性好，患者确诊不久即被调查，对有关暴露因素的回忆较为准确可靠，病历资料容易获得。其次，根据研究需要选择现患病例和死亡病例作为研究对象。无论是哪一类型的病例，一般来源于医院和社区人群。从一所或几所医院甚至某个地理区域内全部医院的住院或门诊确诊的病例中选择一个时期内符合要求的连续病例是最多见的方法。医院来源的病例可节省费用，合作性好，资料容易得到，而且信息较完整、准确，同时为减少选择偏倚，使病例更具代表性，应尽量从不同水平、不同种类的医院选择病例。从社区人群中选择病例，其优点是病例的代表性好，结果推及到该人群的可信程度较高，但调查工作比较困难，且耗费人力物力较多。

2）对照的选择：在病例对照研究中，对照选择往往比病例选择更为关键、更为复杂。选择对照时必须是以与病例相同的诊断标准确认为未患所研究疾病的人。另外，对照应能够代表产生病例的源人群。

对照多来源于：同一个或多个医疗机构中诊断其他疾病的患者；社区人群或团体人群中非该病病例或健康人；病例的邻居或同一住宅区内的健康人或非该病病例；病例的配偶、同胞、亲戚、同学或同事等。不同类型的对照有其各自的优缺点，在实际工作中，可以选择多个对照，以弥补各自的不足。选择对照的方法主要采取匹配与非匹配两种方法。匹配也称配比，是要求对照在某些特征或因素上与病例保持一致，保证对照与病例具有可比性，以便对两组进行比较时排除匹配因素的干扰。匹配的目的主要是提高研究效率和控制混杂因素的干扰。采取非匹配的方法时，对对照的选择没有任何限制和要求。

（4）确定样本量

1）影响样本量的因素：①研究因素在对照组或一般人群中的暴露率（P_0）；②研究因素与疾病关联强度的估计值，即比值比（odds ratio，OR）；③希望达到的统计学检验假设

的显著性水平，即第Ⅰ类错误（假阳性）概率（α），一般取 $\alpha = 0.05$；④希望达到的统计学检验假设的效能，或称把握度（$1-\beta$），β 为第Ⅱ类错误（即假阴性）概率，一般取 $\beta = 0.1$。

在进行样本量估计时，非匹配和不同匹配方式的样本量计算方法不同。样本量计算可采用公式法，也可运用相关软件计算，如 PASS 软件。以下以非匹配的病例对照研究设计类型为例介绍样本量的计算方法。

2）非匹配病例对照研究样本量估计

病例数与对照数相等时样本含量的估计公式（式 3-7）：

$$n = \frac{[Z_{1-\alpha/2}\sqrt{2\bar{P}(1-\bar{P})} + Z_\beta\sqrt{P_1(1-P_1) + P_0(1-P_0)}]^2}{(P_1 - P_0)^2} \qquad \text{式（3-7）}$$

式中 P_1 和 P_0 分别为病例组和对照组的暴露率，$\bar{P} = (P_1 + P_0)/2$。z_α 与 z_β 分别为 α 与 $1-\beta$ 对应的标准正态分布临界值，可查表得到。若无病例组暴露率信息，但知道 OR 值，可用式 3-8 推断 P_1。

$$P_1 = (OR \times P_0)/(1 - P_0 + OR \times P_0) \qquad \text{式（3-8）}$$

实际研究中往往同时探索几个因素与所研究疾病的关系，且每个因素都有其各自的 OR 值，因此，需要根据每个因素的参数估算所需样本量，最后选择最大的样本量进行研究，以便使所有的因素都能获得较高的检验效率。

（5）确定研究因素：应根据研究目的，确定研究因素（或暴露因素）。暴露因素可以多种多样，可以是宏观的，如饮食生活行为方式、社会经济地位等，也可以是微观的，如易感基因。可通过描述性研究、不同地区和人群中进行的病例对照研究、或其他学科领域提出的研究线索帮助确定研究因素，并尽可能采取国际或国内统一的标准对每项研究因素的暴露与否或暴露水平作出明确而具体的规定。研究因素并非越多越好，应以满足研究目的为原则，即与研究目的有关的因素不可缺少，与研究目的无关的变量无须考虑。

（6）资料收集方法：病例对照研究中，信息收集主要靠询问调查对象并填写问卷，包括面访、信访、电话访问、网络调查、自填问卷等方式；有时需要查阅档案，如疾病、死亡登记资料和医疗档案（门诊病历、住院病历）等；或需要现场观察和实际测量某些指标，如体格检查或环境因素测量、血液或其他生物标本实验室检验等。应根据具体研究情况，恰当选择资料收集方法。

（7）资料整理与分析

1）资料整理：对所收集资料进行核查、修正、验收和归档等，以保证资料尽可能完整和准确。将原始资料分组、归纳，或编码并录入数据库。

2）资料分析：主要为描述性分析与统计学推断两部分。

描述性分析通常是对研究对象一般特征进行描述和均衡性检验，包括病例与对照的来源，选择方法，病例诊断标准或依据；病例与对照年龄、性别、职业、地区分布等的描述。比较病例组与对照组某些基本特征是否相似或齐同，目的是检验病例组与对照组的可比性。

统计学推断：以非匹配的病例对照研究为例，资料可整理为表 3-5 的形式。

表 3-5　非匹配病例对照研究资料整理表

暴露史	病例	对照	合计
有	a	b	m_1
无	c	d	m_0
合计	n_1	n_0	N

两组暴露率统计学检验：一般采用 χ^2 检验。

计算比值比（ OR ）：某因素与疾病的联系常用相对危险度（relative risk，RR ）来表示，其意义为暴露于某因素者发生某疾病的概率（危险）为非暴露者的多少倍。病例对照研究的研究类型决定了不能直接获取发病（死亡）率来计算 RR，故一般采用 OR（又称优势比，比数比或交叉乘积比）来估计 RR。

比值（odds）是指某事件发生概率与不发生概率之比。在病例对照研究中，病例组的比值为（ a/n_1 ）/（ c/n_1 ）= a/c，其意义为病例组的有无暴露史的概率之比。对照组的比值为（ b/n_0 ）/（ d/n_0 ）= b/d。因此，OR 即为病例组与对照组的比值之比（式 3-9）：

$$OR = ad/bc \hspace{3cm} 式（3-9）$$

此时计算的 OR 值为一点估计值，需计算其 95% 置信区间。

3. 研究实例　子代先天性心脏病（congenital heart disease，CHD）指胚胎发育时期心脏及大血管形成障碍或发育异常而引起的解剖结构异常，是常见的出生缺陷类型。流行病学研究发现，围孕期母亲暴露于香烟烟雾可能导致早产、低出生体重和出生缺陷等不良妊娠结局。李晶等采用病例对照研究方法，探讨了母亲围孕期被动吸烟与子代CHD的关系。

（1）研究目的：基于陕西省 CHD 的研究数据，探讨母亲围孕期被动吸烟情况对子代患 CHD 的影响。

（2）资料与方法

1）研究对象：2014 年 1 月至 2016 年 12 月，在陕西省西安市 6 家三级甲等医院开展 CHD 相关危险因素的病例对照研究。

纳入和排除标准：病例组为妊娠满 28 周至出生后 7 天，按《国际疾病分类第十次修订本》（ICD-10）标准确诊为先心病的围产儿（包括活产儿和死胎），以及医院内妊娠 < 28 周但经超声等检查确诊为先心病的胎儿。排除被诊断或合并其他类型出生缺陷的围产儿或胎儿、孕妇终止妊娠日期不明者、双胞胎或多胞胎者、诊断未明者、研究相关数据缺失者，以及孕妇主动吸烟者。对照组为同时期未发生出生缺陷的新生儿。

2）调查内容：采用自行设计的结构化问卷，面对面调查母亲相关信息，并根据各医院病历系统填写相应新生儿或胎儿信息。问卷内容包括社会人口学特征、母亲围孕期行为生活方式及环境暴露、既往生育史及家族疾病史、围孕期健康状况、围孕期患病及用药情况、围孕期营养素补充剂服用情况等。

3）研究指标

暴露：本研究中将围孕期被动吸烟定义为怀孕前 3 个月至怀孕期间，不吸烟的孕妇每

周至少有 1 天吸入吸烟者呼出的烟雾超过 15 分钟。

结局：本研究中 CHD 的诊断严格按照 ICD-10 分类标准，参考《出生缺陷诊断图谱》，由相关医生根据症状、体征及辅助检查综合分析完成。CHD 的类型包括室间隔缺损、房间隔缺损、房室间隔缺损、法洛四联症、肺动脉狭窄、主动脉缩窄、动脉导管未闭等。

混杂变量：本研究共纳入母亲年龄、母亲户籍、母亲文化程度、父亲文化程度、生育史、流产史、CHD 家族史、产前检查异常、围孕期感染、围孕期叶酸服用、围孕期有害物质接触和围孕期不良环境暴露等 12 个混杂变量。

4）统计学分析：分别采用 EpiData3.1 软件、SPSS22.0 软件、R3.5.3 软件建立数据库、分析数据和作图。计数资料采用频数（n）和百分比（%）进行描述，其组间比较采用 χ^2 检验。采用 logistic 回归模型分析母亲围孕期被动吸烟情况与子代发生 CHD 风险的关系，并估计效应值。检验水准为 $\alpha = 0.05$。

（3）主要研究结果

1）基本情况：本研究共纳入 2 259 例调查对象，其中，病例组为 695 例，对照组为 1 564 例。病例组和对照组在母亲年龄、母亲户籍、母亲文化程度、父亲文化程度、生育史、CHD 家族史、产前检查异常、围孕期感染、围孕期叶酸服用、围孕期有害物质接触和围孕期不良环境暴露上的差异均具有统计学意义。

2）围孕期被动吸烟情况与子代 CHD 的关系：在控制了潜在的混杂因素后，围孕期被动吸烟者子代发生 CHD 的风险是无被动吸烟者的 3.32 倍（$OR = 3.32$，95%CI：2.41 ~ 4.56）。该风险随着孕妇被动吸烟暴露频率的增加而增大：每周被动吸烟 1 ~ 3 天的孕妇生育 CHD 子代的风险是无被动吸烟者的 2.75 倍（$OR = 2.75$，95%CI：1.62 ~ 4.66）；每周被动吸烟大于 3 天的孕妇生育 CHD 子代的风险是无被动吸烟者的 3.62 倍（$OR = 3.62$，95%CI：2.48 ~ 5.29）。结果见表 3-6。

表 3-6　孕妇围孕期被动吸烟情况与子代发生 CHD 关系的 logistic 回归分析结果

变量	病例组 （$n = 695$）	对照组 （$n = 1564$）	OR 值（95%CI）	
			调整前	调整后 [a]
围孕期被动吸烟				
无	509（73.24）	1 470（93.99）	1.00	1.00
有	186（26.76）	94（6.01）	5.71（4.37 ~ 7.47）[b]	3.32（2.41 ~ 4.56）[b]
围孕期被动吸烟 频率（d/ 周）				
0	509（73.24）	1 470（93.99）	1.00	1.00
1 ~	53（7.62）	33（2.11）	4.64（2.97 ~ 7.25）[b]	2.75（1.62 ~ 4.66）[b]

变量	病例组 ($n = 695$)	对照组 ($n = 1\ 564$)	OR 值(95%CI)	
			调整前	调整后 [a]
> 3	133 (19.14)	61 (3.90)	6.30 (4.58 ~ 8.67) [b]	3.62 (2.48 ~ 5.29) [b]

注：[a] 调整母亲年龄、母亲户籍、母亲文化程度、父亲文化程度、母亲生育史、流产史、CHD 家族史、产前检查异常、围孕期感染、围孕期叶酸服用、围孕期有害物质接触和围孕期不良环境暴露；
[b] $P < 0.001$。

（4）结论：母亲围孕期被动吸烟可能是子代发生 CHD 的危险因素。孕妇应尽可能避免二手烟的暴露，防止被动吸烟对子代带来的危害。

（二）队列研究

1. **概念**　队列研究是将人群按是否暴露于某可疑因素及其暴露程度分为不同的亚组，追踪各组的结局，比较不同组之间结局发生率的差异，从而判定暴露因素与结局之间有无因果关联及关联程度大小的一种分析性研究方法。这里观察的结局主要是与暴露因素可能有关的结局。队列研究也称为发生率研究，主要用于研究暴露因素与所观察结局的关系，以验证病因假设。

2. **研究类型**

（1）前瞻性队列研究：是队列研究中最常见的形式。研究对象的分组是根据研究开始时研究对象的暴露状况来确定的，此时研究的结局还没有出现，需随访观察一段时间才能得到。该类研究最大的优点就是可以直接获得暴露与结局的第一手资料，资料的偏倚较小，论证因果关联的力度较强。但所需观察的人群样本很大，观察时间长，研究耗费的人力、物力和财力较多，有时会影响其可行性。

（2）回顾性队列研究：又称历史性队列研究。研究对象的分组是根据研究开始时研究者已掌握的研究对象过去某时刻暴露状况的历史资料来确定的，此时研究的结局已经出现，不需要随访观察。该方法的优点是节省时间、人力、物力和财力，出结果快，但往往由于资料积累时未受到研究者的控制，所以会影响研究的可行性和结果的真实性。

（3）双向性队列研究：在历史性队列研究的基础上进行前瞻性队列研究即为双向性队列研究，也称混合型队列研究。此类研究兼具上述两类研究的特点，比较适合用于评价对人体健康同时具有短期效应和长期效应的暴露因素。

此外，有学者将队列研究与病例对照研究的设计要素相结合，形成了病例队列研究和巢式病例对照研究，大大利用了队列研究与病例对照研究的优点，提高了研究效率和统计检验效率。

3. **设计与实施**

（1）确定研究因素：队列研究中的研究因素（暴露因素）通常是在描述性研究和病例对照研究的基础上确定的。在研究中要考虑如何选择、定义和测量暴露因素。一般应对暴露因素进行定量，除了暴露水平以外，还应考虑暴露的时间，以估计累积暴露剂量。同时

还需考虑暴露的方式，如间歇暴露或连续暴露、直接暴露或间接暴露、一次性暴露或长期暴露等。暴露的测量应采用敏感、精确、简单和可靠的方法。除了要确定主要的暴露因素外，还应同时确定其他相关因素，包括各种可疑的混杂因素及研究对象的人口学特征，以利于后续对研究结果作深入分析。

（2）确定结局变量：结局变量也称结果变量，简称为结局，是指随访观察中将出现的预期结果事件，也是队列研究观察的自然终点。研究结局的确定应全面、具体、客观。结局不仅限于发病、死亡，也有健康状况和生命质量的变化；既可以是终极的结果（如发病或死亡），也可以是中间结局（如分子水平上的变化）；结局变量既可是定性的，也可是定量的；结局变量既可是负面的（如疾病发生），也可是正面的（如疾病康复）。结局变量的测定也应遵循明确而统一的标准，并在研究的全过程中严格遵守。

（3）确定研究现场与研究人群

1）研究现场：由于队列研究的随访时间长，因此，研究现场的选择除要求有足够数量、符合条件的研究对象外，还要求当地的领导重视，群众理解和支持，最好当地的人群文化教育水平较高，医疗卫生条件较好，交通较便利等。当然，也要考虑现场的代表性。

2）研究人群：研究人群包括暴露组和对照组，暴露组中有时还包含不同暴露水平的亚组。

暴露人群（exposure population）是指暴露于待研究因素的人群。通常有以下 4 种选择：①职业人群，当研究某种可疑职业暴露因素与疾病或健康的关系，必须选择相关职业人群作为暴露人群。②特殊暴露人群，这是研究某些罕见的特殊暴露的唯一选择，如服用反应停的孕妇，接受过放射线治疗的人等。③一般人群，即某一区域范围内的全体人群，选择其中暴露于研究因素的人做暴露组。④有组织的人群团体，如医学会会员、工会会员等。

对照人群选择的基本要求是尽可能保证其与暴露人群的可比性，即对照人群除未暴露于所研究的因素外，其他各种影响因素或人群特征（年龄、性别、职业、文化程度等）都应尽可能地与暴露组相同或相近。对照人群常有下列 4 种：①内对照，即先选择一组研究人群，将其中暴露于所研究因素的对象作为暴露组，其余非暴露者即为对照组。②外对照，当选择职业人群或特殊暴露人群作为暴露人群时，往往不能从这些人群中选出对照人群，而常需在该人群之外去寻找对照组，故称之为外对照。③总人口对照，即利用整个地区现成的发病或死亡统计资料，即以全人群为对照，而不是与暴露人群平行地建立一个对照人群进行调查。④多重对照，或称多种对照，即同时用上述两种或两种以上的形式选择多组人群作对照，以减少只用一种对照所带来的偏倚。

（4）确定样本量

1）影响样本量的因素：①一般人群（对照人群）中所研究疾病的发病率（p_0）。②暴露组与对照组人群发病率之差（d），d 值越大，所需样本量越小。③要求的显著性水平，即检验假说时的第Ⅰ类错误（假阳性错误）α 值，要求假阳性错误出现的概率越小，所需样本量越大。④效力，又称把握度（$1-\beta$），β 为检验假设时出现第Ⅱ类错误（假阴性错误）的概率，而 $1-\beta$ 为检验假设时能够避免假阴性的能力，即效力。若要求效力（$1-\beta$）大，

即 β 值越小，则所需样本量越大。

2）样本量计算：在暴露组与对照组样本量相等的情况下，可用式 3-10 计算出各组所需的样本量。

$$n = \frac{(Z_{1-\alpha/2}\sqrt{2\overline{pq}} + Z_{\beta}\sqrt{p_0q_0 + p_1q_1})^2}{(p_1 - p_0)^2}$$

式（3-10）

式中 p_1 与 p_0 分别代表暴露组与对照组的预期发病率，$\overline{p}$ 为两个发病率的平均值，$q = 1 - p$，$Z_{1-\alpha/2}$ 和 Z_{β} 为标准正态分布下的面积，可查表求得。

（5）资料收集与随访

1）基线资料收集：在研究开始时必须详细收集每个研究对象的基本情况，包括暴露资料及个体其他信息，这些资料称为基线资料或基线信息。基线资料一般包括待研究暴露因素的暴露状况，疾病与健康状况，年龄、性别、职业、文化、婚姻等个人状况，家庭环境、个人生活习惯及家族疾病史等。获取基线资料方式一般有以下 4 种：①查阅医院、工厂、单位及个人健康保险的记录或档案。②访问研究对象或其他能够提供信息的人。③对研究对象进行体格检查和实验室检查。④环境调查与检测。

2）随访：随访是队列研究中非常重要的工作，随访的对象与方法、随访内容、随访时间及间隔、随访者等都应事先制定好，按统一标准严格实施。

（6）质量控制：队列研究历时较长，耗费人力物力较多，在实施过程中，尤其是资料收集过程中的质量控制尤其重要。应注意以下几点：①选择有严谨工作作风和科学态度的调查员，调查员一般应具有高中或大学文化程度，并具备调查所需的专业知识。②在收集资料前，应严格培训所有调查员，使其掌握统一的方法和技巧。③编制调查员手册，内容包括研究整个操作程序、注意事项及调查问卷的完整说明。④制定常规监督措施，并落到实处。

（7）资料整理与分析：在完成资料收集进行分析之前，应首先对资料进行核查，确保资料的正确性和完整性；然后对资料作描述性分析，分析暴露组和非暴露组的人口学特征、随访时间、失访情况等，即分析两组的可比性；然后作推断性分析，分析比较暴露组与非暴露组率或不同剂量暴露组率的差异，验证病因假设及推断暴露的效应及其大小。

由于队列研究一般要对暴露组和非暴露组的累积发病率或发病密度进行比较，故其资料可整理为表 3-7 和表 3-8 的样式。

表 3-7 队列研究资料整理表（一）

	病例	非病例	合计	累积发病率
暴露组	a	b	n_1	a/n_1
非暴露组	c	d	n_0	c/n_0
合计	m_1	m_0	N	

表 3-8　队列研究资料整理表（二）

	病例数	人时数	发病密度
暴露组	a	N_1	a/N_1
非暴露组	b	N_0	b/N_0
合计	M	T	M/T

有关队列研究效应评估常用指标及计算，此处重点介绍关联强度指标相对危险度（RR）。

RR 是暴露组的发病率或死亡率与非暴露组发病率或死亡率之比。计算公式为：

$$RR = I_e/I_o \qquad\qquad 式（3-11）$$

式中 I_e 为暴露组发病率或死亡率，I_o 为非暴露组发病率或死亡率。

RR 表示暴露组的发病或死亡危险为非暴露组的多少倍，反映暴露因素与疾病的关联强度及其病因学意义大小。式（3-11）计算所得 RR 值为一个点估计值，应计算其 95% 的置信区间。

4. 研究实例　叶酸是一种水溶性 B 族维生素，有研究显示，育龄妇女在备孕前 3 个月至整个孕早期增补叶酸对预防不良妊娠结局有一定益处。严双琴等采用队列研究方法，分析了孕妇围孕期增补叶酸行为对不良妊娠结局的影响。

（1）研究目的：探讨围孕期增补叶酸与子代不良出生结局的关联。

（2）对象与方法

1）研究对象：选择 2008 年 10 月 1 日至 2010 年 10 月 30 日在马鞍山市 4 家市级医疗卫生机构进行孕期保健的孕妇建立队列。

纳入标准：①知情同意愿意参加本次研究。②在本地居住时间长达半年以上的非迁移性人口。③无神经精神性疾患，表达和理解能力正常。共募集 5 084 名孕妇，失访 202 人（失访率为 3.97%），获得有妊娠结局的孕妇 4 882 人。其中，自然流产 92 人，死胎、死产、治疗性引产 55 人，问卷信息、出生信息资料不完善和孕妇信息与儿童信息无法对应的有 287 人，最终获得有效问卷为 4 448 份。

2）研究方法：采用《孕产期母婴健康记录表》分别在孕早期和分娩时对孕妇进行问卷调查，收集其相关社会人口学信息（年龄、孕周、文化程度、户籍、家庭人均月收入等）、既往妊娠史（孕次、产次）、既往不良孕育史（自然流产、药物流产、人工流产、早产、死胎、死产等）、妊娠合并症（妊娠期高血压、妊娠肝内胆汁淤积综合征、妊娠期糖尿病、妊娠缺铁性贫血等）、妊娠间隔（初次怀孕及 < 3、4 ~ 6、7 ~ 12 个月和 ≥ 1 年）。

3）研究指标

暴露（围孕期增补叶酸）：根据孕前和孕早期增补叶酸情况分为 5 种类型。未增补叶酸定义为孕前和孕早期均未增补叶酸；单纯孕前增补叶酸定义为仅孕前增补叶酸坚持 1 个月以上，而孕早期未增补叶酸；单纯孕早期增补叶酸定义为仅孕早期增补叶酸坚持 1 个月以上，而孕前未增补叶酸；规范增补叶酸定义为孕前增补叶酸坚持 1 个月以上，且孕早期继续坚持增补叶酸 1 个月以上；除以上 4 种情况外的为其他叶酸增补情况。

结局（不良出生结局）：以我国 15 城市不同胎龄新生儿出生体重为参照标准，低于同孕龄第 10 百分位数（P_{10}）为小于胎龄儿（small for gestational age，SGA）；位于同孕龄 $P_{10} \sim P_{90}$ 之间的为适于胎龄儿（appropriate for gestational age，AGA）；高于同孕龄 P_{90} 以上的为大于胎龄儿（large for gestational age，LGA）。根据我国产科学的定义，出生体重 < 2 500g 的新生儿即低出生体重儿，出生体重 ≥ 4 000g 的新生儿为巨大儿。根据 WHO 的定义，在怀孕 29 ~ 37 周之间发生的分娩为早产。

4）统计学分析：数据双录入采用 EpiData 3.0 软件，统计学分析采用 SPSS 13.0 软件。均数的两两比较选择 Dunnett-t 检验法，率的比较采用 χ^2 检验。以不同的不良出生结局为因变量，采用多因素 logistic 回归模型分析围孕期增补叶酸情况与不良出生结局的关联。检验水准 $\alpha = 0.05$。

（3）主要研究结果

1）孕妇及其叶酸增补情况：在纳入分析的 4 448 例研究对象中，平均建卡孕龄为（12.61 ± 3.79）周，孕妇年龄主要在 25 ~ 29 岁（56.6%），以城市户口者居多，家庭人均月收入多在 1 000 ~ 3 999 元之间，文化程度为大专及以上者占 47.2%，72.9% 的孕妇孕前体重在正常范围。初次、2 次和 3 次以上怀孕的孕妇分别为 2 213 人（49.8%）、1 322 人（29.7%）和 913 人（20.5%）；初产妇和经产妇分别为 4 341 人（97.6%）和 107 人（2.4%）。有既往不良孕育史和妊娠合并症的孕妇分别为 2 140 人（48.1%）和 4 189 人（94.2%）。未增补叶酸者 1 164 人（26.2%）、单纯孕前增补者 25 人（0.6%）、单纯孕早期增补者 1 249 人（28.1%）、规范增补者 798 人（17.9%）、其他 1 212 人（27.2%）。

2）不同叶酸增补情况下不良出生结局比较分析：4 448 名孕妇中其子代为小于胎龄儿 147 人、大于胎龄儿 1 183 人、早产 190 人、低出生体重儿 104 人、巨大儿 495 人。围孕期规范增补叶酸的孕妇，其子代的小于胎龄儿、早产和低出生体重儿的发生率均明显低于未增补叶酸者，而单纯孕前或单纯孕早期增补叶酸者分别与未增补叶酸者相比，其子代小于胎龄儿、早产和低出生体重儿的发生差异无统计学意义，结果见表 3-9。

3）围孕期增补叶酸对不良出生结局的影响：调整了初次建卡孕周、年龄、文化程度、户籍、家庭人均月收入、孕前 BMI、孕次、产次、妊娠间隔、既往不良孕育史、妊娠合并症等因素后，规范增补叶酸是不良出生结局的保护因素，可降低小于胎龄儿、早产、低出生体重儿发生的风险，其 RR 值（95%CI）分别为 0.45（0.24 ~ 0.86）、0.52（0.32 ~ 0.87）、0.39（0.19 ~ 0.80）；而单纯孕前增补、单纯孕早期增补和其他增补叶酸情况对早产、小于胎龄儿和低出生体重儿的发生率并无明显影响，结果见表 3-10。

（4）结论：围孕期是否规范增补叶酸，直接影响子代不良出生结局的发生。

环境优生学
第❷版

表 3-9　不同叶酸增补情况下不良出生结局比较分析

单位：例(%)

叶酸增补情况	AGA	SGA	AGA	LGA	足月	早产	正常体重	低体重	正常体重	巨大儿
未增补	831 (94.5)	48(5.5)	831 (74.5)	285 (25.5)	1 080 (94.6)	62(5.4)	1 004 (96.2)	40(3.8)	1 004 (89.3)	120 (10.7)
单纯孕前增补	15 (88.2)	2(11.8)	15 (65.2)	8 (34.5)	23 (92.0)	2(8.0)	20 (90.9)	2(9.1)	20 (87.0)	3 (13.0)
单纯孕早期增补	856 (95.7)	38(4.3)	856 (70.7)	355[a] (29.3)	1 178 (95.6)	54(4.4)	1 068 (97.6)	26(2.4)	1 068 (87.3)	155 (12.7)
规范增补	560 (97.6)	14[a](2.4)	560 (71.4)	224 (28.6)	766 (96.7)	26[a](3.3)	703 (98.5)	11[a](1.5)	703 (89.3)	84 (10.7)
其他	856 (95.0)	45(5.0)	856 (73.4)	311 (26.6)	1 137 (96.1)	46(3.9)	1 054 (97.7)	25[a](2.3)	1 054 (88.8)	133 (1.2)
P 值	0.036		0.228		0.148		0.009		0.547	

注：分别将单纯孕前增补与未增补、单纯孕早期与未增补、规范增补与未增补、其他与未增补进行两两比较，[a]P < 0.05。

表 3-10　围孕期增补叶酸与不良出生结局多因素 logistic 回归分析结果

叶酸增补情况	小于胎龄儿		早产		低出生体重	
	RR 值(95%CI)	P 值	RR 值(95%CI)	P 值	RR 值(95%CI)	P 值
未增补	1.00		1.00		1.00	
单纯孕前增补	2.34(0.52 ~ 10.94)	0.262	1.18(0.26 ~ 5.42)	0.835	2.37(0.50 ~ 11.25)	0.277
单纯孕早期增补	0.79(0.50 ~ 1.25)	0.308	0.77(0.52 ~ 1.14)	0.187	0.62(0.36 ~ 1.05)	0.072
规范增补	0.45(0.24 ~ 0.86)	0.015	0.52(0.32 ~ 0.87)	0.012	0.39(0.19 ~ 0.80)	0.011
其他	0.94(0.60 ~ 1.46)	0.777	0.65(0.43 ~ 0.99)	0.042	0.59(0.34 ~ 1.00)	0.052

注：调整的因素包括初次建卡孕周、年龄、文化程度、户籍、家庭人均月收入、孕前 BMI、孕次、产次、妊娠间隔、既往不良孕育史、妊娠合并症。

三、实验流行病学

流行病学实验研究是流行病学的重要研究方法之一，也称为实验流行病学，原来多指传染病在动物群中流行规律的实验研究，后发展为以人群为研究对象，研究某项干预措施的效应。

（一）概念

实验流行病学是指研究者根据研究目的，按照事先确定的研究方案将研究对象随机分配到试验组和对照组，人为地施加或减少某种处理因素，然后追踪观察处理因素的作用结果，比较和分析两组人群的结局，从而判断处理因素的效果。

（二）基本特征

1. 属于前瞻性研究，即必须直接跟踪研究对象，这些研究对象虽不一定从同一天开始，但必须从一个确定的起点开始跟踪。

2. 必须施加一种或多种干预处理，作为干预处理的因素可以是预防某种疾病的疫苗、治疗某病的药物或干预的方法措施等。

3. 研究对象通过随机分配形成试验组和对照组，从而保证试验开始时，两组对象在有关各方面均衡可比。

由此可见，实验流行病学不同于描述性研究和分析性研究，前者有人为给予的干预措施，并强调随机分配，属于实验法，后者在研究实施中只是描述或分析人群中的某些现象，从中找出规律性的结论，属于观察法。

（三）用途

1. **评价疾病防治效果**　如疫苗预防传染病的效果；如膳食调节、适当运动、戒烟限酒等措施预防慢性非传染性疾病的效果。

2. **评价保健策略和政策实施效果**　如在妇幼保健医院实施医务人员主动提供艾滋病检测咨询策略的效果评价。

3. **评价单独一种药物、联合用药、手术或治疗方案在疾病治疗中的效果**　如对药物治疗孕妇贫血的效果评价。

（四）主要类型

根据研究目的和研究对象的不同，通常把实验流行病学研究分为临床试验、现场试验和社区试验三类。

1. **临床试验**（clinical trial）　是随机对照试验或随机临床试验的简称，强调以患者个体为单位进行试验分组和施加干预措施，患者可以是住院和未住院的患者。临床试验通常用来对某种药物或治疗方法的效果进行检验和评价。

2. **现场试验**（field trial）　也称为人群预防试验，是以尚未患病的人作为研究对象。与临床试验相同，现场试验中接受处理或某种预防措施的基本单位是个体，而不是亚人群。现场试验多用于极常见和极严重的疾病预防研究，如孕妇孕早期服用叶酸预防神经管畸形的效果评价，以及常见传染病预防的疫苗试验等。

3. **社区试验**（community trial）　也叫社区干预项目，是以人群作为整体进行试验。整体可以是一个社区，或某一人群的各个亚人群，如某学校的班级、某城市的街道等。社区试验常用于对某种预防措施或方法进行考核或评价，如食盐加碘在社区人群中预防地方性甲状腺肿。

（五）设计与实施

实验流行病学通常对研究对象施与某种干预措施，因此在设计和实施时要考虑以下

要点。

1. 明确研究问题 实验流行病学研究主要用于评估干预措施的效果，在进行研究设计时首先要提出明确具体的研究问题。研究问题应根据 PICO 框架进行构建，即从患者或人群、干预、对照和结局 4 个方面分别给予明确的定义。

2. 确定试验现场 根据不同试验目的选择具备一定条件的试验现场。现场试验和社区试验在选择试验现场时通常应考虑以下几个方面的事项。

（1）试验现场人口相对稳定，流动性小，并要有足够的数量。

（2）试验研究的疾病在该地区有较高且稳定的发病率，以期在试验结束时能有足够的发病人数，达到足够的统计检验效能。

（3）评价疫苗的免疫学效果时，应选择近期内未发生该疾病流行的地区。

（4）试验地区有较好的医疗卫生条件，卫生防疫保健机构比较健全，登记报告制度较完善，医疗机构及诊断水平较高等。

（5）试验地区（单位）领导重视，群众愿意接受，有较好的协作配合的条件等。

3. 选择研究对象 根据研究目的不同，受试人群（即研究对象）选择的标准也不同，应制订出严格的入选和排除标准，避免某些混杂因素的影响。选择研究对象的主要原则如下。

（1）选择对干预措施有效的人群：如对某疫苗预防效果进行评价的现场试验中，应选择某病的易感人群为研究对象，要防止将患者或非易感者选入。

（2）选择预期发病率较高的人群：如药物疗效试验宜选择高危人群。

（3）选择干预措施对其无害的人群：在新药临床试验时，往往将老年人、儿童、孕妇排除在外，因为这些人对药物易产生不良反应。

（4）选择能将试验坚持到底的人群：实际研究中，那些预计在试验过程中有可能被剔除者不应作为研究对象。

（5）选择依从性好的人群：研究对象能够服从试验研究的设计安排，并能密切配合到底。

4. 估计样本量

（1）影响样本量大小的主要因素

1）试验组和对照组结局事件指标的数值差异大小：差异越小，所需的样本量越大。

2）显著性水平：即检验假设时的第 I 类错误 α 值。

3）把握度：即 $1-\beta$，为拒绝无效假设的能力或避免假阴性的能力。

4）单侧检验或双侧检验：单侧检验比双侧检验所需样本量小。一般情况下，如果肯定试验组的效果好于对照组或研究中只检验试验组效果优于对照组时，采用单侧检验；如果无法肯定试验组和对照组哪一组效果好时，就用双侧检验。

5）研究对象分组数量：分组数量越多，则所需样本量越大。

（2）样本量计算

1）计数资料：如发病率（发生率）、感染率、死亡率、病死率、治愈率等，试验组和对照组之间比较时可按公式 3-12 计算样本大小：

$$n = \frac{[Z_{1-\alpha/2}\sqrt{2\overline{p}(1-\overline{p})} + Z_{\beta}\sqrt{p_1(1-p_1) + p_2(1-p_2)}]^2}{(p_1 - p_2)^2} \qquad 式（3-12）$$

式中 p_1 为对照组发生率，p_2 为试验组发生率，$\overline{p} = (p_1 + p_2)/2$，$Z_{1-\alpha/2}$ 为 α 水平相应的标准正态差，Z_{β} 为 $1 - \beta$ 水平相应的标准正态差，n 为计算所得一个组的样本大小。

2）计量资料：如血压、血脂和胆固醇等，若按样本均数比较，当两组样本量相等时，可按公式 3-13 计算样本大小：

$$n = \frac{2(Z_{1-\frac{\alpha}{2}} + Z_{\beta})^2\sigma^2}{d^2} \qquad 式（3-13）$$

式中 σ 为估计的标准差，d 为两组均值之差，$Z_{1-\alpha/2}$、Z_{β} 和 n 意义同上述计数资料的计算公式。以上公式适用于 $n \geqslant 30$ 的计量资料。

5. **随机化分组**　在实验流行病学研究中，随机化是一项极为重要的原则，即将研究对象随机分配到试验组和对照组，使每个研究对象都有同等的机会被分配到各组去，以平衡试验组和对照组中已知和未知的混杂因素，从而提高两组的可比性，避免偏倚。

常用的随机化分组方法有简单随机分组、区组随机分组、分层随机分组和整群随机分组。研究者需结合实际研究情况选择合适的随机化分组方法，同时还需注意分组隐匿。分组隐匿是指为了防止征募患者的研究者和患者在分组前知道随机分组的方案，是一种防止随机分组方案提前解密的方法。

6. **设立对照**　在研究干预措施或药物的效果时，直接观察到的往往是多种因素交织在一起的综合作用，只有设置合理的对照才能将干预措施的真实效应客观地、充分地暴露或识别出来，从而使研究者作出正确评价。

常见的对照类型有标准疗法对照（有效对照）、安慰剂对照、平行对照、交叉对照，还有较少采用的自身前后对照、历史对照、空白对照等。

7. **盲法的应用**　实验流行病学研究中很容易出现各类偏倚，尤其是选择偏倚和信息偏倚。为避免偏倚的产生，可采用盲法（blinding），根据盲法的程度可分为单盲（single blind）、双盲（double blind）和三盲（triple blind）。

单盲指研究对象不知道自己是试验组还是对照组。双盲指研究对象和研究实施人员都不了解试验分组情况，而是由研究设计者来安排和控制整个试验。三盲指不但研究实施者和研究对象不了解分组情况，负责资料收集和分析的人员也不了解分组情况，从而较大程度地减少了偏倚。有些试验研究不采用盲法，称为开放性试验，即研究对象和研究实施者均知道试验组和对照组的分组情况，试验公开进行，多用于有客观观察指标或难以实施盲法的临床试验。

8. **确定结局变量及其测量方法**　实验流行病学研究的效应是以结局变量来衡量的，在研究设计时就要明确主要结局和次要结局的具体测量指标。主要结局指标最好选择能够预测临床结局的主要终点，如致残率、病死率、治愈率等。但考虑到主要终点通常需要较长的观察时间，较大的样本量和更多的人力、物力和财力，研究中也会考虑一些替代或次要终点，如中间状态的一些生化指标测量等。一般主要结局指标选 1～2 个，次要结局指

标可以适当多一些，尤其要包括一些安全性评价的指标。同时，注意选择合适的测量方法和判断标准判断结局，否则可能产生测量偏倚。

9. 确定试验观察期限　根据试验目的、干预时间和效应（结局事件）出现的周期等，规定研究对象开始观察、终止观察的日期。原则上观察期限不宜过长，以能出现结果的最短时间为限。

10. 收集资料　实验流行病学研究作为一种前瞻性研究，通常采用专门设计的病例报告表（case report form）收集研究对象的基线资料、随访资料和结局资料。基线资料一般包括研究对象的基本人口学特征、结局指标的基线水平、其他可能影响研究结果的因素等。

在实验流行病学研究中，对所有研究对象，无论是试验组还是对照组，都要采用同等标准进行随访。如果试验观察期限较短，在随访终止时一次性收集资料即可，否则，需要在整个观察期内分几次随访，随访间隔的长短和次数主要根据干预时间、结局出现的时间和变异情况而定。

11. 资料整理与分析　实验流行病学研究资料的整理和分析与前述的其他流行病学研究类型一样，首先对数据资料进行核对、整理，然后对资料的基本情况进行统计学描述和分析，进而计算各组结局指标并进行统计学推断。资料整理时主要注意研究对象的排除和退出（包括研究对象不合格、研究对象不依从和失访）。在实验流行病学研究中应尽量减少失访，一般要求失访率不超过10%，发生失访时要调查失访的原因，详细记录失访发生的时间。资料分析时须对失访者的特征进行分析，还可采用生存分析的方法，充分利用资料信息。

另外，资料分析要根据不同的研究目的选择意向治疗分析和统计分析数据集（全分析集、符合方案集和安全性分析集）。评价指标的选择也应视试验目的而定，其基本原则是：①不仅用定性指标并尽可能用客观的定量指标。②测定方法有较高的效度和信度。③易于观察和测量，且易为受试者所接受。常用的指标包括有效率、治愈率、N 年生存率、保护率、效果指数、需治疗人数等。

（六）实验流行病学研究应注意的主要问题

第一，一项完全的实验流行病学研究必须具备随机、对照、干预、前瞻4个基本特征，如果一项实验研究缺少其中一个或几个特征，这种实验就叫类实验（quasi-experiment），或自然实验（natural experiment）。如不设平行对照组的试验研究，或虽然设立了平行对照组，但研究对象的分组未按随机化的原则进行分组的研究。

第二，实验流行病学研究是以人作为研究对象而开展的研究，为了确保研究对象的人身安全，防止在试验中自觉或不自觉地发生不道德行为，必须在试验中遵循伦理道德。在开始人群试验前，必要时应先做动物实验，初步验证此种实验方法合理、效果良好、无危害性。

第三，在正式试验前，应先在小范围内进行一次少量人群的预试验，以免由于设计不周，盲目开展试验而造成人力、物力和财力的浪费。

第四，研究注册问题，即临床试验注册制度。这不仅可以增加试验信息的透明度、减少发表偏倚，而且有利于保障试验质量、增加试验的规范性和结果的可信度。

第五，结果报告的完整透明问题，可参考试验报告统一标准（consolidated standards of reporting trials，CONSORT）指南，以提高试验报告质量，使报告能反映研究真实实施过程。在 CONSORT 的基础上，近年来针对各种试验设计类型，又有多种扩展版的 CONSORT 报告规范被制定发布。

（七）研究实例

口腔运动干预（oral motor intervention，OMI）是一种对婴儿脸颊、口唇、牙龈、舌，以及与吸吮 - 吞咽 - 呼吸相关的组织或肌肉群进行感官刺激的感觉运动干预方法。有研究表明，早期感觉运动干预可以改善脑性瘫痪高危儿的神经行为，但如何进行干预目前尚无定论。章容等对 30 ~ 33^{+6} 周早产儿进行 OMI，探讨其对早产儿神经发育的作用。

1. 研究目的　探讨 OMI 对早产儿神经发育的作用。

2. 对象与方法

（1）研究对象：研究对象来源于 2018 年 3—12 月期间某院新生儿科收治的早产儿。采用分层随机分组方法，将 112 例早产儿按胎龄大小分为小胎龄（30 ~ 31^{+6} 周）及大胎龄（32 ~ 33^{+6} 周）两组，再在两组内随机分为对照组（分别为 23 例和 22 例）和试验组（分别为 24 例和 23 例）。研究过程中，小胎龄对照组发生 1 例严重感染、2 例新生儿坏死性小肠结肠炎、2 例治愈出院，小胎龄干预组发生 1 例严重感染、3 例治愈出院；大胎龄对照组和干预组分别有 6 例、5 例因治愈出院而退出研究，无一例因不耐受 OMI 而脱落，最终纳入 92 例。

纳入标准：胎龄 30 ~ 33^{+6} 周；出生后 24 小时内入院并完成头颅超声检查；生命体征平稳。

排除标准：患有神经系统疾病，如颅内出血（Ⅰ ~ Ⅳ级）、颅脑结构畸形；患有各种先天性疾病；患有代谢性疾病；患有围生期窒息；各种原因放弃治疗、自动出院或不耐受干预；振幅整合脑电图监测前使用过镇静镇痛药。

各疾病诊断标准参照第 4 版《实用新生儿学》。本研究经某医科大学生物医学伦理委员会批准（20180108-12），并取得监护人知情同意。

（2）研究方法：对照组按《早产儿管理指南》进行监护和治疗。干预组在此基础上于入组第 1 天开始干预，分别于 9 时、15 时喂奶 1 小时后及下次喂奶前 10 分钟时间段内进行 OMI。按照 Fucile 口腔运动干预步骤依次对左右脸颊、上下嘴唇、上下牙龈、左右脸颊内侧、舌头边缘、舌头中央部位进行按压，用手指刺激上腭行诱导吸吮、无孔安慰奶嘴进行非营养性吸吮，2 次 /d，15min/ 次，持续 14 天。干预过程中，持续监测心率、经皮血氧饱和度等，若出现不耐受情况立即停止干预。

（3）脑功能发育水平评估指标：分别于入组第 1、7、14 天对研究对象进行振幅整合脑电图（amplitude integrated electroencephalogram，aEEG）监测和新生儿行为神经测定（neonatal behavioral neurological assessment，NBNA）。

aEEG 图形采用半对数公式进行电压测量，包括连续性电压：带宽规则，最小振幅 > 5μV，最高振幅 > 10μV；成熟的睡眠觉醒周期（sleep-wake cycle，SWC），图形有明显的

正弦样变化，时程 ≥ 20 分钟；窄带、宽带上下边界值；带宽：指电压跨度，即上下边界电压差值；aEEG 评分：按 Burdjalov 综合评分系统对 aEEG 等进行成熟度评估，得分范围为 0 ~ 14 分，得分越高，脑发育越成熟。

NBNA 量表，包括行为能力、被动肌张力、主动肌张力、原始反射和一般评价 5 部分，共 20 项，总分 40 分，得分越高，脑发育越成熟。

（4）统计学分析：数据分析采用 SPSS20.0 软件完成。计量资料若符合正态分布，以均数 ± 标准差（$\bar{x} \pm s$）表示，采用两样本 t 检验进行组间比较；若数据资料为非正态分布，则以中位数（四分位数）[$M (P_{25}, P_{75})$] 表示，采用 Mann-Whitney U 秩和检验进行组间比较；计数资料采用百分率（%）表示，比较采用 χ^2 检验。检验水准 $\alpha = 0.05$。

3. 主要研究结果

（1）不同胎龄组早产儿 aEEG 评分比较：小胎龄组和大胎龄组内，干预组第 7、14 天 aEEG 评分均高于对照组，差异有统计学意义；干预组第 1 天 aEEG 评分与对照组的差异均无统计学意义。结果见表 3-11。

表 3-11　各组早产儿 OMI 后 aEEG 评分比较（$\bar{x} \pm s$）

组别	例数 / 例	干预第 1 天	干预第 7 天	干预第 14 天
小胎龄对照组	23	5.8 ± 1.8	8.1 ± 1.1	9.9 ± 1.3
小胎龄干预组	24	5.7 ± 1.8	9.0 ± 0.8	11.2 ± 0.6
P 值		0.958	0.005	0.005
大胎龄对照组	22	8.4 ± 0.9	10.1 ± 0.6	11.6 ± 0.9
大胎龄干预组	23	8.9 ± 0.9	11.8 ± 1.1	12.9 ± 0.4
P 值		0.074	< 0.001	< 0.001

注：采用 t 检验。

（2）不同胎龄组早产儿 NBNA 评分比较：小胎龄组内，在第 1 和 7 天干预组与对照组 NBNA 评分差异无统计学意义，但在干预第 14 天，干预组 NBNA 评分高于对照组，差异有统计学意义；大胎龄组内，在第 1 和 14 天干预组与对照组 NBNA 评分差异无统计学意义，但在干预第 7 天，干预组 NBNA 评分高于对照组，差异有统计学意义。结果见表 3-12。

表 3-12　各组早产儿 OMI 后 NBNA 评分比较（$\bar{x} \pm s$）

组别	例数 / 例	干预第 1 天	干预第 7 天	干预第 14 天
小胎龄对照组	23	30.1 ± 0.9	31.5 ± 0.9	32.9 ± 0.7
小胎龄干预组	24	29.8 ± 0.8	32.3 ± 0.9	34.1 ± 0.9

组别	例数 / 例	干预第 1 天	干预第 7 天	干预第 14 天
P 值		0.377	0.057	0.003
大胎龄对照组	22	31.6 ± 0.8	33.0 ± 0.6	34.1 ± 0.8
大胎龄干预组	23	31.8 ± 0.8	33.8 ± 0.4	34.6 ± 0.7
P 值		0.575	< 0.001	0.071

注：采用 t 检验。

（3）结论：OMI 能促进早产儿 aEEG 背景活动成熟，改善神经行为表现，加快脑功能发育。

综上所述，流行病学是研究人群中疾病或健康状况的分布及其影响因素，并为保护人群健康提出防控策略和措施的学科。环境优生学则是通过对环境有害因素对母体、胎儿和儿童健康危害的评价和预测而提出有效的管理和预防控制措施。两者研究内容和任务基本一致，相辅相成，可为保护后代健康发挥重要作用。

（杨艳芳）

参考文献

[1] 詹思延 . 流行病学 [M]. 8 版 . 北京：人民卫生出版社，2017.

[2] 栾荣生 . 流行病学研究原理与方法 [M]. 3 版 . 成都：四川科学技术出版社，2018.

[3] 董柏青，陈碧艳，梁秋瑜，等 . 广西壮族自治区 169 万例胎儿总出生缺陷与重大出生缺陷分布特征研究 [J]. 中华流行病学杂志，2019，40(12)：1554-1559.

[4] 李晶，杜玉娇，王红丽，等 . 母亲围孕期被动吸烟与子代先天性心脏病关系的病例对照研究 . 中华流行病学杂志，2020，41(6):884-889.

[5] 严双琴，徐叶清，苏普玉，等 . 围孕期增补叶酸与不良出生结局的队列研究 [J]. 中华流行病学杂志，2013，34(1)：1-4.

[6] 章容，陈羽，张莲玉，等 . 口腔运动干预改善早产儿脑功能发育的随机对照研究 [J]. 中国当代儿科杂志，2021，23(5)：475-481.

| 第四章 |

生殖和发育毒理学在环境优生学中的应用

生殖毒理学和发育毒理学是以毒理学为基础，在长期研究发展和实践过程中，与生殖生物学、发育生物学、组织学与胚胎学和致畸学等多个学科交叉融汇，逐渐发展演化形成的毒理学的重要分支学科。生殖毒理学和发育毒理学遵循学科发展的规律和特征，两个学科之间也涉及学科研究内容的交叉融合，既有独立，也有交叉。生殖毒理学（reproductive toxicology）主要研究环境中各种有害因素对人和动物生殖系统和系统中各器官、组织和细胞功能的不良影响及其机制。发育毒理学（developmental toxicology）则着重研究发育生物体从受精卵、着床、妊娠期以及出生后直到性成熟期间，由于暴露环境有害因素而产生的各种发育异常及其机制。

优生学（eugenics）是应用遗传学的原理和方法，研究改善人类的遗传素质，防止出生缺陷的发生或降低出生缺陷的发生率，提高人口素质的学科。其主要任务是增进对人类不同特征遗传本质的认识，判定这些特征的优劣并决定取舍，提出改进后代遗传素质的措施，以促进正常个体优生。完成上述工作的主要手段是：遗传咨询、产前诊断和选择性流产。

生殖毒理学和发育毒理学的研究方法、研究技术和分析手段可以为优生学的研究所借鉴，推动学科间的交叉融合和发展。传统的生殖毒理学和发育毒理学研究主要强调各种不良因素的有害作用和潜在健康影响，而优生学除考虑不良因素的有害作用外，还考虑通过积极的干预手段和措施达到优生优育的目的。

环境优生学与基础优生学、临床优生学和社会优生学共同构成了现代优生学。基础优生学着重分析导致出生缺陷发生的不良因素、揭示产生不良效应的机制和防止不良效应发生；临床优生学则从临床医疗技术措施等方面进行优生研究；环境优生学则着重关注环境因素在优生中的作用。环境优生学的核心是研究环境中的各种有害因素对优生的影响，以及如何防止或避免各种环境有害因素对母体、胎儿和人类健康产生有害影响。

第一节　生殖毒理学和发育毒理学简介

一、生殖毒理学和发育毒理学的概念

生殖毒理学是在毒理学的基础上发展起来的一门分支学科，主要研究外源性化学物质或其他环境因素对人和动物生殖系统的不良影响及其机制。发育毒理学是研究各种因素影响生物体个体发育过程，由发育生物学、胚胎学、畸胎学、致畸学和毒理学的不断融合发展和分化而逐渐发展形成的独立学科。发育毒理学与发育生物学密切关联，注重观察分析机体发育过程中的有害因素对个体生长发育和功能发育的影响，故发育毒理学的研究具有明显的时间性。发育生物体从受精卵、着床、妊娠期以及出生后直到性成熟期间因受到外源性因素干扰而产生的各种发育异常及其形成机制均属于发育毒理学研究范畴。然而，从发育毒理学的形成和发展历程看，发育毒理学的重要研究内容——发育毒性，也曾是生殖毒性研究长期关注的重要内容。直至 20 世纪 80 年代末，发育毒理学才从生殖毒理学中分化独立出来。因此，发育毒理学是年轻的综合性交叉学科，它涉及的基础学科有发育生物学、发育遗传学、胚胎学、细胞生物学和行为学等，而其涉及的应用学科包括实验畸胎学、临床畸胎学、生殖毒理学、遗传毒理学、发育药理学和毒物代谢动力学等。

作为一门综合性交叉学科，发育毒理学与一些学科在研究内容及方法上存在不同程度的交叉与重叠。对于生物体的子代而言，从受精卵发育至青春期、甚至机体衰老时的老年期分属于完整发育过程的不同阶段。由于生物体的配子发生和成熟也属于正常的细胞发育过程，因此，也有学者认为发育毒理学可涵盖生殖毒理学。目前，比较一致的观点是，生殖毒理学主要研究环境中有害因素对生殖细胞、生殖系统和受精能力或生殖过程的毒性作用，包括对配子发生、成熟、释放及生殖内分泌、性周期、性行为、排卵和受精等生理过程的影响；发育毒理学则主要研究从受精卵到性成熟这一发育期间环境中有害因素对发育生物体的毒性作用，也可包括对生殖细胞的毒性，如有害因素介导的针对雄性或雌性生物体的特定发育毒性。

（一）生殖毒性和发育毒性

生殖毒性是指某些因素，主要是外源性化学物损害人体生殖系统结构和／或功能的能力。生殖毒性涉及外源性有害因素对生殖器官、相关的内分泌系统和妊娠结局的影响等方面。生殖功能损害是指外源性化学物或有害因素影响干扰生殖过程的任何环节，引起生殖功能障碍或诱发不良生殖结局。如性功能障碍、精子生成异常、不育或生育力下降；因精子的异常造成配偶早孕丢失、自然流产、死胎、死产、早产、性比例失调、出生缺陷、低出生体重、新生儿死亡、儿童期恶性肿瘤以及与生殖功能有关的内分泌功能紊乱等。

环境有害因素对发育过程和发育结局产生的影响和有害作用统称发育毒性，能诱发造成发育毒性的环境因素称为发育毒性源或发育毒性因子。致畸性是指各种有害因素导致胚胎出现结构异常的有害效应，而将能够引起致畸性的有害因素或有害物质，称之为致畸原。致畸发生在特定的阶段，即妊娠早期，是生物体器官形成期产生的以器官畸形为特征

的损害效应，属于胚胎毒作用的一种特殊类型。因此，致畸性不能反映发育毒性的全部表现。与致畸性相比，发育毒性的效应谱和所涵盖的时间范围更广，包括从受精开始至出生后性成熟期止的全部发育毒性效应。

（二）生殖毒性和发育毒性的主要表现

生殖毒性的表现主要包括有害因素对性成熟、配子生成和转移、性周期、性行为和受精等生理过程的有害作用。从概念和研究内容上讲，有害因素引起的生殖毒性和发育毒性有所重叠，广义生殖毒性还包括影响妊娠、分娩和哺乳等生理过程和生殖结局。

发育毒性的表现主要包括机体组织和器官的形态/结构异常、生长发育进程的改变、功能缺陷或行为异常，以及发育中的生物体死亡。因而，发育毒性主要体现在以下4个方面：①发育中的生物体死亡，即受精卵或胎体死亡。②结构异常，即胎儿出现形态结构异常，即畸形。③影响生长发育进程，即出现生长发育迟滞。④功能缺陷，即智力、免疫、生化、内分泌和生育功能等生理和/或生化功能出现异常。

（三）生殖毒性和发育毒性的评价

生殖毒性研究主要是对有害因素引起实验动物的生理、病理生理、组织病理、生殖内分泌激素水平变化和生殖结局进行分析，以评估有害因素对生殖系统的影响和对生殖功能的损害作用。生殖毒性的评价包括雄性生殖毒性评价和雌性生殖毒性评价。雄性生殖毒性评价主要包括以下两方面内容：一是睾丸的形态学评价，如解剖学和组织病理学变化的分析描述等；二是精子发生过程的功能学评价，如精子发生异常改变，不同发育阶段精细胞的分化、退化和正常精子释放的受损情况等。从整体角度而言，雄性生殖毒性评价还包括环境中有害因素对机体的靶器官、靶组织、靶细胞、靶物质，以及与生殖能力和过程相关功能的影响进行测试，如睾丸、附睾、附属腺、精液、性内分泌激素、生育能力、精子运动能力以及其他相关内容，如精子发生周期和定性定量组织学及组成成分测量等。由于卵子细胞发育的复杂性和雌性生殖过程的特殊性，大大增加了雌性生殖毒性评价的复杂性。雌性生殖毒性评价主要是利用实验动物或模式生物来评价环境有害因素对生殖过程和生殖结局的影响。雌性生殖毒性评价常通过生化指标、激素水平（如卵巢、下丘脑和垂体所产生的内分泌激素）、形态学指标、生育能力、输卵管、子宫、宫颈口、阴道、乳腺和乳汁等方面综合评定。形态学检查包括通过光学显微镜进行组织病理学分析，以及通过电子显微镜观测探究环境有害因素对卵巢和垂体超微结构的影响。

发育毒性评价主要涉及两方面内容：其一为Ⅰ型变化，即致畸性变化，如胚胎畸形的发生率等；其二为Ⅱ型变化，即非致畸性变化，如胚胎生长受限比例和新生儿存活率等。

二、生殖毒理学和发育毒理学研究方法和实验技术的发展概况

生殖发育毒理学研究方法和实验技术是伴随着畸胎学和毒理学的发展而发展起来的，已形成了特有的研究方法体系。从整个发展历程、演化过程和研究发展来看，可大致分以下三个阶段。

（一）建立和完善整体动物试验阶段

截至目前，文献记载最早开展试验诱发哺乳动物生殖发育毒性的研究工作是在 1905 年，当时的研究工作是聚焦暴露物理因素 X 射线对实验动物生长发育的影响。尽管试验设计存在缺陷，但研究结果还是明确了母体暴露于 X 射线可致胎儿死亡等不良妊娠结局。1921 年首次报告给予脂肪缺乏饮食可诱发哺乳动物先天畸形。但是，明确提出生殖发育毒性评价的概念则经历了很长时间。20 世纪 80 年代后期，在生殖和发育毒理学学科发展进入相对成熟阶段时，美国环境保护局（Environmental Protection Agency，EPA）首次提出并明确了生殖发育毒性的评价方法和研究技术，编制了生殖发育毒物危险度评价指南。尽管科学界很早就提出生殖发育毒性的四类表现，但早期的研究实践中仍将注意力放在致畸作用上，而忽略对其他生殖发育毒性及其结局的评价。目前，美国出生后评价委员会提出的评价方案仍作为重要的评价方法在使用。同时 1984 年世界卫生组织和 1986 年美国环境保护局提出的发育功能毒理学或行为致畸学的评价原则和设计方案也仍在使用。尽管行为功能异常测试经过众多科学家长期努力，取得了一定的进展，但相对于分子机制和细胞生物学机制方面的发展进步而言，仍有待进一步提升。目前，已经建立并使用多年的经胎盘致癌试验、经胎盘遗传毒性试验、雄性或雌性介导的生殖发育毒性试验和发育毒性筛选试验仍是发育毒性评价的重要方法。与传统方法相比，基于生理学的毒代动力学分析研究技术已在外源性化学物的生殖发育毒性及其效应机制中广为使用，这些成体系的方法和技术为检测环境中有害因素的生殖发育毒性奠定了重要理论和实践基础。

值得注意的是，人与实验动物对环境有害因素和外源性化学物的暴露反应存在差异，且整体动物实验耗时长、成本高，难以满足众多环境因素的生殖和发育毒性亟待评价的现实需求。并且，随着《21 世纪毒性测试——愿景与战略》和毒理学研究中关于实验动物 3R 原则，即减少（reduction）、替代（replacement）和优化（refinement）战略的实施，未来生殖毒性和发育毒性的评价将会由传统的实验动物整体实验向基于体外、人源性细胞系、毒性机制和高通量筛选等方向发展，以减少整体动物实验结果由高剂量向低剂量、由实验动物向人外推时的不确定性。

（二）体外实验方法兴起和发展阶段

20 世纪 70 年代以来，随着细胞生物学和分子生物学技术的快速发展，细胞、组织，乃至整体器官培养技术日趋成熟，原代培养细胞系、干细胞和经基因工程改造的细胞系已被广泛用于环境有害因素毒效应甄别评价。20 世纪就已经具备了初步的发育毒性体外测试系统，如 New 等建立大鼠着床后全胚胎培养方法和相应的检测技术体系，带动了一系列发育毒性和致畸原试验筛选方法的发展，已有超过 30 种针对不同靶点和效应的测试实验作为生殖发育毒性测试和评价的方法被建立和使用。目前，基于研究的细胞系类型和载体，体外实验方法体系大致可被划分为哺乳动物原代培养细胞系、经基因改造稳定商业化的细胞系、胚胎干细胞、非哺乳动物胚胎培养和哺乳动物全胚胎或原基（器官）培养体系。值得注意的是，假阳性率较高是体外实验方法存在的主要问题。

1. **细胞系和胚胎干细胞**　细胞系指经过特定处理、改造，保持性状表型稳定，已存储于细胞库，易于获取的商业化细胞系。已建立的用于生殖发育毒性测试试验的细胞系主

要有人胚腭间质细胞、小鼠卵巢肿瘤细胞和神经瘤细胞。1994 年建立的用于胚胎毒性测试的小鼠胚胎干细胞系为体外筛选胚胎毒性物质提供了新的途径。该方法以细胞毒性和对细胞分化的影响为测试终点，判定外源性化学物是否具有潜在有害影响。

2. 原代细胞微团培养 该体系根据环境有害因素能否抑制培养细胞的集落形成（与细胞分化、迁移、黏附和粘结通讯等有关），判断其有无致畸作用。目前，已建立针对不同实验动物的测试体系，其中鸡、小鼠或大鼠胚胎肢芽细胞和中脑细胞微团培养方法被广泛应用于生殖发育毒物的筛选。多年验证和比较分析已证实，大鼠胚胎肢芽和中脑细胞微团培养可以有效识别环境中有害因素的影响、筛选判别具有生殖发育毒性的外源性有害因素，也可用于研究环境中有害因素的致畸性，已成为生殖发育毒性测试研究中的常规测试和筛选试验方法。

3. 非哺乳动物胚胎体外培养 水螅、鱼、蛙、蚌、蟋蟀、果蝇、蓝水褐虾均可作为研究生殖发育毒性的实验动物模型，以检测环境中有害因素的潜在致畸作用。其中，爪蛙胚胎致畸试验因操作简单、对外源性化学物的反应敏感、成本低、快速，便于推广，易于实践应用。经验证，该试验的测试结果准确性高，因而被推荐为生殖发育毒性测试研究可选择的试验方法。此外，鸟类胚胎已被广泛用于生殖发育生物学研究，可以检测现实环境中有害因素对胚胎发育的影响。

4. 哺乳动物全胚胎培养 哺乳动物全胚胎培养是在体外观察环境中有害因素对胚胎不同器官和系统发育状态影响的重要测试系统，从 20 世纪 80 年代起被广泛应用于生殖发育毒性和致畸性及其作用机制的研究。根据受精是在体内还是体外分为植入前全胚胎培养和植入后全胚胎培养，其中，小鼠的植入前/着床前阶段培养效果较好，但在大鼠还未获得理想的培养效果。着床后全胚胎培养在小鼠、大鼠和兔中均已获得成功，并已用于致畸原的筛选和发育毒性评价及其效应机制研究。全胚胎培养方法在研究环境有害因素的毒作用机制方面具有独特的优势，已成为生殖发育毒性测试中重要的测试方法。

（三）分子生物学技术应用发展阶段

20 世纪 80 年代以来，分子生物学领域取得了一系列重大突破，为生殖发育毒理学的研究和发展注入了新的活力，也为从分子水平认识生殖发育毒性机制以及为选择有效的评价方法和干预策略奠定了坚实的理论和实践基础，同时推动了生殖发育毒理学研究的系统化发展，促进了分子生殖发育毒理学研究方向的形成和繁荣。有学者提出，生殖发育毒理学在阐明外源性有害因素诱发的出生缺陷本质方面正经历一场革命。这场革命的核心是方法学上的可利用性，使得从细胞和分子水平上研究认识环境有害因素的生殖发育毒性效应成为可能，而细胞和分子水平的改变是导致生殖发育毒性发生的关键事件。《21 世纪毒性测试——愿景和战略》提出的毒性测试构想，也将助推生殖发育毒性评价技术和方法的发展。基于环境有害因素实际暴露水平，以及环境有害因素引起细胞反应中的起始事件、关键分子事件、毒性通路以及有害效应结局，将为创新生殖发育毒性评价方法和技术提供重要的技术工具和科学依据。

1. 原位杂交技术 这项经典的实验技术可以对胚胎进行整体原位杂交分析、胚胎组织团片原位杂交分析和染色体原位杂交分析，从不同层面检测环境有害因素特别是外源性化学物引起的胚胎细胞凋亡、发育相关基因或蛋白产物表达水平变化，同时也能对基因的定位信息提供重要基础数据。通过基因表达模式分析，可全面认识有害因素对发育时程的影响，从而阐明发育毒性发生时基因时空表达状态和调控作用等重要分子特征。

2. **基因表达代表性差异显示技术**　此技术为揭示正常胚胎基因时空表达，分析发育毒物作用后基因表达的改变提供了方法学工具。差异显示技术作为成熟的基因功能研究方法，可用于观察处于不同发育阶段机体中特定靶组织和器官中特定基因的表达水平，发现一些与发育相关的敏感指标和生物标志基因。

3. **转基因技术**　利用转基因技术建立的动物模型为研究生殖发育相关基因的调控和功能，以及建立新的生殖发育毒性检测系统提供了良好的基因功能和遗传学分析工具。如 LacZ 转基因动物和围绕特定基因的基因敲除技术，可以在准确认识基因功能的同时，也能分析基因和蛋白表达引起的表型变化，从而揭示生殖发育毒性机制。

4. **反义寡核苷酸技术**　与大鼠、小鼠全胚胎培养结合的反义寡核苷酸技术，为揭示器官形成期发育相关基因的功能和从整体上认识特定基因变化对发育状态和生殖结局的影响提供了新的方法学手段，也为基因功能的认识提供了有力的工具。

5. **表观遗传学分析**　表观遗传学分析是指 DNA 序列和一级结构不发生变化时，通过对 DNA 甲基化修饰、蛋白质的共价修饰、染色质重塑、非编码 RNA 调控等修饰作用，引发生物学的性状和表型变化，并产生可遗传的变异。表观遗传学分析对认识基因和环境之间的交互作用，阐明表观遗传学特性变化在环境因素作用下所做出的适应性反应具有重要意义。

6. **基因编辑技术**　近些年发展起来的 CRISPR/Cas 基因编辑系统因其简易性与普适性被广泛地应用到遗传与发育学的研究当中。相比于第一代的锌指核酸酶（ZFN）与第二代的 TALEN 技术，CRISPR/Cas9 技术可以直接定位不同的 DNA 序列，并同时对选定的靶序列进行精确的编辑，提高了精准度与编辑效率。尤其是基于 CRISPR 系统开发的筛选文库，为生殖发育毒性标志物的筛选提供了新的方法学手段，使得研究人员可以更精准地探究环境有害因素的生殖发育毒性。

当前，将传统的生殖发育毒理学实验技术与当代分子和细胞生物学实验技术相结合，整合多种细胞标记技术、蛋白质鉴定技术，以及免疫组织化学、免疫细胞化学、基因组学、蛋白质组学、代谢组学和表观遗传组学等研究分析方法，运用于生殖发育毒理学研究和环境中有害因素的生殖发育毒性识别、筛选、鉴定、评价和作用机制研究，推动了发育毒理学学科的全面发展。

三、我国生殖毒理学和发育毒理学的研究进展和未来展望

20 世纪 50 年代以来，我国毒理学经历了几代科学家的共同努力，欣欣向荣、蓬勃发展，也促进推动了我国生殖毒理学和发育毒理学研究的发展与进步。从 20 世纪 60 年代以评价化学物致畸效应为主，到 20 世纪 70 年代后期出版了《工业毒理学实验方法》和《卫生毒理学实验方法》等毒理学工具参考书，对致畸和繁殖试验方法和原理进行了详尽的论

述，均为建立发展生殖毒理学和发育毒理学的研究和评价方法奠定了重要基础。自 20 世纪 80 年代起，我国逐步制定了一系列法规，如《新药毒理学研究指导原则》《农药毒性试验方法暂行规定（试行）》和《食品安全性毒理学评价程序（试行）》等研究指导性资料均详细制定了繁殖试验、致畸试验和传统致畸试验等生殖发育毒理学评价研究所必需的基础试验方法。此外，在致突变试验项目中还列出睾丸生殖细胞染色体畸变分析和精子畸形试验。这些评价方法和法规的制定，对促进我国生殖毒理学和发育毒理学的研究工作发展发挥了积极的推动作用。20 世纪 90 年代是我国生殖发育毒理学研究和学科蓬勃发展的重要时期。1993 年 10 月由中华预防医学会卫生毒理专业委员会率先成立了生殖毒理学组。同年，中国毒理学会生殖毒理专业委员会成立。同期，《生殖医学》《环境与生殖》《雄（男）性生殖毒理学》和《男性生殖毒理学》等学术专著相继出版。学术团体的建立和相关教学与工具参考书的出版发行标志着我国生殖发育毒理学研究步入历史的新纪元。生殖毒理学组在福州举办了第一次全国性生殖毒理学学术研讨会。生殖毒理学的研究内容由单纯致畸性研究，扩展至女（雌）性及男（雄）性生殖和发育毒性研究；研究深度从描述性研究转向毒理学机制研究；研究手段从传统的整体动物实验扩展至全胚胎培养、组织培养和细胞培养；同时，分子生物学和细胞生物学等基础理论、研究方法和实验技术也被广泛应用于生殖发育毒理学研究。

生殖发育毒理学在过去数十年来尽管已获得较大的发展，但仍然面临着诸多严峻的挑战。首先，导致人和其他生物出生缺陷的大多数病因仍不清楚；其次，新的合成或人造化学物总量递增极快，每年进入人类生产、生活环境中的化学物持续增加，由于开展毒性测试的化学物极少，因而绝大多数化学物质基本毒理学资料的缺乏，且对它们是否具有生殖发育毒性的了解极为有限；再者，在已经过测试评价的化学物中，约有 1/3 的化学物（约 1 000 种）至少在一种动物种属中产生了致畸效应和发育毒性效应，而被证明对人类具有致畸作用的化学物不到 30 种。因此，建立从动物到人的外推方法，建立鉴定人体致畸物的简便快速方法，建立快速简便评价化学物发育毒性的试验方法，建立筛选、鉴定出生缺陷病因学的有效方法等现实需求，是生殖发育毒理学试验技术和方法所面临的重要挑战和现实研究课题。同时，挑战也为生殖发育毒理学的发展提供了难得的机遇与契机。现代科技的跨越式发展，众多相关学科的交叉融合将促进生殖发育毒理学研究方法和实验技术的发展与提高。着眼当代生殖发育毒理学学科发展的需求，展望未来，以下 4 点是生殖发育毒理学研究和发展的重点和关键方向。

1. 建立可用于生殖发育毒性快速筛检的转基因或基因敲除动物和细胞系。

2. 基于不同组织器官来源的人源性细胞系用于环境有害因素的生殖发育毒性识别筛检研究。

3. 利用已有的体外生殖发育毒性的筛检测试方法，结合多组学分析技术，寻找有效的分子候选生物标志，并在验证的基础上，研发建立生殖发育毒性评价的敏感生物标志和重要指示性指标。

4. 整合利用多组学研究手段，深入分析环境有害因素在细胞毒性反应中的分子起始事件、关键事件、毒性通路和不良效应结局，为深入认识生殖发育毒性及其机制奠定基础。

第二节 生殖毒理学和发育毒理学在环境优生学中的应用

发育毒理学的核心工作和研究任务，在于阐明环境中有害因素的发育毒性，对生物体所暴露的外源性发育毒性因子进行科学的风险评估。在此基础上，根据发育毒物对人群潜在发育毒性的强弱和自身的理化特征、暴露水平和暴露特征，制定科学的预防控制对策，最大限度减少环境有害因素的暴露和其有害作用，从而确保发育中的生物体有良好的生长发育环境和外部条件。因此，生殖发育毒理学与环境优生学关系极为密切，其工作内容可互相补充，且总体目标是一致的，即降低不良妊娠结局、提高人口素质，保障人群和生物体健康繁衍生存。

发育毒理学的研究目标旨在阐明环境中有害因素的潜在发育毒性作用。除职业性暴露有害因素外，很少能规模化地观察环境有害因素对人体的毒理学效应。因此，发育毒理学一方面是利用动物模型，通过一系列实验研究来阐明暴露于有害因素对发育生物体的危害；另一方面是利用细胞系，经体外研究分析判别环境中有害因素的作用。由于人类和实验动物在毒物吸收、分布、代谢和排泄等体内代谢过程存在种属差异，因此，在将动物模型的发育毒理学研究和测试结果外推至人时，应该尽可能完整充分地收集信息和资料，全面考量后，审慎下结论。

发育毒理学在环境优生学中有着广泛的应用，主要体现在以下五个方面。

一、研究环境因素在先天性出生缺陷发生中的病因学作用

先天性出生缺陷的病因，多数尚不清楚。先天性出生缺陷发生常与多种因素有关，病因可归结于单一因素的情况并不多见，遗传因素起决定性作用者约占 25%，环境因素起决定性作用者约占 10%，而由遗传和环境两种因素交互作用而发生者约占 65%。因此，应关注环境因素在先天性出生缺陷发病过程中的作用及其机制。如苯丙酮尿症是常染色体隐性遗传病，也是先天性代谢性疾病，它是因染色体上正常基因（H）突变为隐性基因（h）引起肝脏中苯丙氨酸羟化酶缺乏，导致苯丙氨酸代谢障碍，致使机体中枢神经系统出现损伤，但其是否发病，却与是否摄入含苯丙氨酸的饮食有关。食用低苯丙氨酸饮食，可使不良基因型的表型得到改善，减轻甚至避免患儿发病，这是经典的通过改变饮食等环境条件，减轻疾病的良好范例。又如己烯雌酚（diethylstilbestrol，DES）是在人类中首个已被证实的经胎盘致癌原（transplacental carcinogen）。自 1938 年合成后，作为安胎剂在孕妇中得到广泛应用。20 世纪 60 年代末开始有人注意到，患有阴道细胞腺癌的青年妇女，其母亲多有孕期 DES 的使用史。在动物实验中以放射性核素标记 DES，证明 DES 可通过胎盘，并能在胎仔生殖道中蓄积。DES 发育毒性测试结果显示，小鼠于孕 9～16 天经皮下注射 DES 后，其雌性仔鼠出现生殖道病变，雄性仔鼠出现附睾囊肿、睾丸硬结、小阴茎畸形及不育等症状。上述实验结果提示，DES 在经胎盘致癌的病因学中起着重要作用。

二、环境有害因素中发育毒性物质的发现

工农业的迅猛发展和资源环境不合理的使用，加剧环境污染，致使生态环境日益恶化。生产和生活活动中暴露的不良环境因素如电离辐射、宫内感染、甲基汞、铅和某些药物等已被证明具有发育毒性作用。与有限的已知发育毒性物质相比，众多环境有害因素的发育毒性尚属未知。只有能够准确识别和甄别影响生长发育的环境有害因素，才能采取有效的措施，加以控制或干预。一些新合成的化合物，由于在环境中暴露水平较低，很难获取其对人群健康危害的流行病学资料，因而，动物实验仍是获得其胚胎和胎仔生长发育毒性资料的重要途径。如多氯联苯（polychlorinated biphenyl，PCB）对胎儿发育影响的发现，源于食用了被 PCB 污染的大米所引发的对胎儿生长发育产生有害影响的公共卫生事件。PCB 中毒孕妇所分娩的新生儿，皮肤黏膜发暗、色素沉着和严重痤疮，出生时体重明显低于正常婴儿。后经动物实验发现并证实了恒河猴孕期经饲料暴露 5.0mg/kg 的 PCB 可导致新生仔猴出现低体重、生长发育迟缓等 PCB 中毒症状，从而证明了 PCB 是发育毒性物质。

动物实验研究发现，孕早期高热可引起胎仔畸形率显著增加。孕 10 日大鼠体温达 42℃ 持续 5 分钟，即能导致 87% 的仔鼠出现脊柱和肋骨畸形；当体温在 41℃ 时，仅 9.2% 仔鼠有上述畸形。也有研究发现，人类孕早期持续高热或接触外界高温过久可引起流产或胎儿出现畸形。

三、发育毒性作用机制研究

发育毒理学实验研究可全面认识和客观理解环境中有害因素对胎儿的有害效应及其损伤的机制。如反应停作为温和镇静催眠剂，毒性低，对孕早期妊娠反应疗效良好。在大鼠和小鼠的药物安全性评价测试实验中，并未发现其具有致畸作用。然而，人类孕期使用反应停后，则可导致新生儿出现明显的海豹肢畸形，是确认的人类致畸物质。后续的研究发现，反应停本身并无致畸作用，但当其在人体内转化为环氧化代谢产物后就可产生致畸作用，而此转化过程，仅在对反应停致畸作用敏感的种群才能发生。反应停事件，不仅改变了药物毒理学安全评价程序，也推动了完整有效的药物安全评价体系建立，以保障使用者健康。因此，发育毒性作用机制研究将提高人们对环境中有害因素发育毒性的认识。

四、优生保健对策的研究

优生保健对策制定的重要基础是利用发育毒性研究成果，明确环境有害因素中的发育毒物，为制定有关优生的母婴保健对策提供科学依据。如基于有害效应的识别，在风险评估的基础上，研究制定相应的卫生限量标准，防止致畸物质的过度使用及市场投放，从而确保提高人口素质。

五、发育毒性物质危险度评价

为判别和控制环境中有害因素对子代生长发育的影响及其发育毒性作用，对环境中的某些化学物质进行发育毒性测试和评价，并开展风险评估极为必要。依据风险评估结果，对环境中污染物暴露水平予以控制，同时对具有潜在发育毒性的化学物质予以监管，以保证优生优育和提高人类健康素质战略目标的实施与实现。

发育毒性的主要终点包括：①发育生物体死亡；②结构异常；③生长改变；④个体功能缺陷。前三种是传统的致畸学实验研究的基本内容，所以发育毒性包括致畸性和相关功能缺陷。

在对人类发育毒物进行风险评估时，应首选人群研究获取的数据信息资料，其次是采用动物实验研究资料。由于基于人群的研究资料很少，常用动物实验研究资料进行毒理学外推。鉴于动物实验研究资料外推至人时存在诸多未知因素，因此，美国环境保护局根据已知发育毒物人类资料与动物资料相比较的结果，提出了若干假设：①能引起实验动物产生发育毒性效应的物质，对人类也具有潜在的有害效应和发育毒性。②死亡、结构异常、生长改变和功能缺陷中任何一种结局的发生率，具有生物学意义的增加，均可认为该物质有影响发育过程或产生发育毒性的可能。③实验动物研究所观察到的发育毒性效应类型，不必与人可能产生的效应类型完全一致。

人类发育毒物的风险评估包括：危害鉴定、剂量 - 反应关系评价、暴露评价和危险度特征分析等 4 部分内容。经审查人群和实验动物的全部资料，以确定某物质是否具有发育毒性和 / 或母体或父体毒性，并明确针对某种毒效应特征，研究针对特异靶标和毒效应类型的未观察到有害效应剂量（no observed adverse effect level，NOAEL）和最低观察到有害效应剂量（lowest observed adverse effect level，LOAEL），然后进行定量风险评价。由于致发育毒物质基本上属于有阈值的化学物，故通常在评价环境中有害因素和外源性化学物的发育毒性时，按有阈值化学物的定量风险评估方法进行。计算发育毒物的参考值，并以此为基础，将人群的暴露量（或估计值）与之比较，进行客观评价，从而求得暴露人群的终身危险度，以明确其暴露所带来的潜在危害和危害程度。

1. **危害鉴定**　发育毒物的定性评价包括：描述资料的质量，研究设计和实施情况，研究的分辨效力，检测的效应终点数量和类型，染毒途径和时间是否恰当，剂量选择和设计是否合适，效应终点的重现性，受试物的种类和数量，以及是否有可以利用或获取的人类研究资料。此外，还应注意收集分析药物代谢动力学构 - 效关系资料，以及能影响评价质量的因素。在评价某个化学物质能否导致人类发育毒性时，应审查所有与发育毒性有关的研究资料和技术报告，判别分析相关资料在认识和说明对人类具有发育毒性风险时，所采用的科学依据是否充分可靠。

环境中有害因素的发育毒性终点是相互关联的，其效应强度和反应程度随染毒剂量的改变而变化，呈连续性反应。不同化学物质、不同暴露剂量，其发育毒性终点异常发生率也不同，并非所有化学物都能产生上述 4 种发育毒性的效应终点类型。如母亲吸烟可导致胎儿宫内死亡或生长受限，但不出现畸形。此外，发育期暴露的时间窗和实验动物的种属

差异也都可能影响发育毒性的剂量 - 效应关系。由于发育毒性可通过多个效应终点表示，每个效应终点都是反映发育毒性特征的重要指标，故应对所有效应终点分别计算其异常的反应率。

母体受孕前暴露于环境中有害因素特别是外源性化学物也可引起子代的发育毒性，故评价母体毒性和发育毒性之间的关系极为重要。通常情况下，化学物达到母体最低中毒剂量时即可产生发育毒性。但是，实践中需要关注低于母体中毒剂量时就能产生发育毒性的物质，因为发育中的机体对毒物有选择易感性，对毒物的反应比成人更敏感。因此，发育毒性可能来自有害因素引起的母体毒性，故有学者提出制定法规时需要考虑限制母体毒性，就可能避免子代发育毒性的发生。

2. **剂量 - 反应关系评价**　剂量 - 反应关系是风险评估的重要内容，包括确定引起某种效应和反应的有效剂量水平，以及不引起有害效应发生率增加的剂量水平。确定剂量 - 反应关系的关键参数是确定发育毒性的 LOAEL 和 NOAEL。为获得这些数据，需利用充分证据，能提供充分的人或动物实验研究信息，即明确掌握外源性化学物的暴露剂量、暴露时间、暴露途径，以及能引起人和动物出现发育毒性的剂量 - 反应关系信息，至少必须获得能判定化学物可能具有发育毒性所需的最少证据资料。此外，也期望获得能判断不发生发育毒性所需最少证据资料，这样才能获得可靠的 LOAEL 和 NOAEL 值（或估计值）。为减少由实验动物外推至人的不确定性，应建立良好的实验设计，即按照规范的标准评价程序开展动物实验研究，以便获得充分研究信息。通过增加实验动物品种、模拟多种暴露途径，分析外源性化学物的药物代谢动力学和机制，分析确定研究结果的重现性，从而增加研究结果和数据提取的可靠性。

毒理学研究认为大多数的发育毒性效应存在阈值，主要根据是：①胚胎对损伤具有一定修复能力。②多种因素均可引起发育异常。因此，发育毒性按有阈值化学物质的剂量 - 反应关系进行分析。目前，采取不确定系数法计算发育毒性的参考剂量。发育毒物的参考剂量是假定不引起人类可观察到的有害发育毒性效应的日暴露估计值。采用式 4-1 计算：

$$RfD_{DT} 或 RfC_{DT} = NOAEL（或 LOAEL）或 Benchmark 剂量 /UF \cdot MF \qquad 式（4-1）$$

式中的 DT 为发育毒性，RfD_{DT} 为发育毒性的参考剂量（RfC_{DT} 为浓度），UF 为不确定性系数，MF 为修正系数。

NOAEL（LOAEL）或 Benchmark 剂量是从最敏感哺乳动物的最敏感的发育毒性效应（关键效应）资料获得的。因发育毒物有多种发育毒性效应，故存在多种发育效应的 NOAEL（LOAEL），为避免发育毒性，就要选择发育毒性最敏感效应的 NOAEL（LOAEL）作为计算依据。由于实验动物获得的 NOAEL（LOAEL）与人群暴露特征存在差异，为此，需用不确定性系数校正可能产生的偏差。

不确定系数（uncertainty factor，UF）= $UF_1 \times UF_2 \times UF_3 \times UF_4$

UF_1 是由动物外推至人，因种属差异产生的不确定性，系数介于 1 ~ 10 倍；

UF_2 是由人群中的个体差异产生的不确定性，系数可考虑 1 ~ 10 倍；

UF_3 是由毒性性质、严重程度不同，以及研究方法存在的局限所带来的不确定性，如从短期暴露效应外推至长期暴露效应时，可再乘以 1 ~ 10 倍；

UF₄ 是任何其他可能导致结果不确定的因素，系数介于 1 ~ 10 倍。

修正系数（modified coefficient，MF）是针对所采用的资料质量不高、不完整时，加 10 倍予以修正，但是 UF 如大于 10 000，则说明其精确度差，无意义和不可信。

美国环境保护局发布了有阈值化学物的参考值，并贮存在综合危险度信息系统数据库中（Integrated Risk Information System，IRIS），其中包括了某化学物质的 NOAEL 和 LOAEL 及 UF，并计算出 RfD 值，可供使用时查阅，作为卫生限量标准等公共卫生政策制定的参考资料和科学依据。

关于不确定性系数的选择，通常对母体或发育毒性效应 NOAEL 的不确定性系数设定为 100 倍，其中种间和种内差异各为 10 倍。如没有 NOAEL 而用 LOAEL，则需在 100 倍的基础上再乘以 10 倍。

3. **暴露评价**　定量地估计人群的风险必须进行暴露评价。暴露特征评定主要是对环境中有害因素的监测资料进行分析和对各种环境暴露水平进行估算。

（1）环境监测数据：通过定量估计有害因素在环境中的浓度、排放速率和分布等，明确人群可能的外暴露水平。

（2）暴露水平估计：根据暴露来源、途径、浓度、强度、频度和持续时间计算人群暴露于环境中有害因素的暴露量，也可以利用个体采样器测定计算个体的实际暴露水平。

（3）内暴露水平：根据采集血样、尿样等人体生物样本，通过检测分析生物样本中环境有害因素的含量，明确人体内暴露水平和特征。

4. **危险度特征分析**　对发育毒性全面的风险评价应包括能掌握发育毒性效应谱所涵盖的重点信息。而对特定毒物，综合人群与动物资料，以发育效应各个终点和母体毒性的 NOAEL（LOAEL）为基础，用危险度特征和程度来描述发育毒性的风险。

风险评估有一套较完整和严密的方法和程序，它能客观、定量地评价有毒化学物质对健康的影响，并便于不同化学物危险度之间的横向比较，有一定的预测性，因而能较早地制订防治对策，防止不同来源的污染，以保护人群健康。基于毒性机制的风险评估方法仍处于发展中，尚未被全面纳入环境中有害因素的识别监管中。因此，我国亟须积极开展基于毒效应机制的毒性评价方法，特别是在发育毒物和生殖毒物识别和鉴定等方面的研究，使健康风险评估服务于优生优育、妇女保健和不同生长发育阶段的政策制定和干预策略选择，以及效果评估研究。

（屈卫东）

参考文献

[1]　李芝兰. 生殖与发育毒理学 [M]. 北京：北京大学医学出版社，2012.

[2]　杨克敌. 环境卫生学 [M]. 8 版. 北京：人民卫生出版社，2017.

[3]　GUPTA R C. Reproductive and Developmental Toxicology[M]. San Diego: Academic Press, 2011.

[4]　国家科学院国家研究咨询委员会. 21 世纪毒性测试：愿景与策略 [M]. 上海：复旦大学出版社，2014.

[5]　ZAMORA-LEÓN P. Are the effects of DES over? A tragic lesson from the past[J]. Int J Environ Res Public

Health. 2021, 18(19):10309.

[6] ZHU M, YUAN Y, YIN H, et al. Environmental contamination and human exposure of polychlorinated biphenyls (PCBs) in China: A review[J]. Sci Total Environ. 2022, 805:150270.

[7] BALDACCI S, GORINI F, SANTORO M, et al. Environmental and individual exposure and the risk of congenital anomalies: a review of recent epidemiological evidence[J]. Epidemiol Prev. 2018, 42(3-4 Suppl 1):1-34.

[8] 李勇、张天宝 . 发育毒理学研究方法和实验技术 [M]. 北京：北京大学医学出版社，2000.

[9] United states environmental protection agency. Integrated risk information system. [2014/04][OL]. https://www.epa.gov/iris.

[10] GAYLOR D W, BOLGER P M, SCHWETZ B A. U.S. food and drug administration perspective of the inclusion of effects of low-level exposures in safety and risk assessment[J]. Environ Health Perspect. 1998, 106 Suppl 1(Suppl 1):391-394.

|第五章|

环境因素对胚胎和胎儿发育的影响

环境是人类生存的条件，也是人类发展的根基。人生活于环境之中，一切人类活动无时无刻不受到环境的影响，也在不断影响着环境。随着自然环境和人类社会的发展演变，环境对人的影响越来越深刻与复杂。近年来，随着环境污染的加剧，人们越来越关注环境对人群健康的影响，并越来越重视环境与人类健康相互关系的研究。

第一节　人类和环境

一、人类环境

环境（environment）是指以人为主体的外部世界，是地球表面的物质和现象与人类发生相互作用的各种自然及社会要素构成的统一体，是人类生存发展的物质基础，也是与人类健康密切相关的重要条件。人类环境是指环绕于地球上的人类空间及其中可直接、间接影响人类生存和发展的各种物质因素及社会因素的总体。环境是一个复杂的体系，一般可按照环境的主体、环境要素的属性及特征、环境空间范围等进行分类。按环境要素的属性及特征，可将人类环境分为：

1. **自然环境**　自然环境（natural environment）包括自然界存在的各种事物和现象，它们是天然形成的，在人类出现之前已经存在，如阳光、大气、陆地、海洋、河流、各种动植物等。在自然环境中，存在大量健康有益因素和有害因素，有些是自然存在的，有些是人的活动造成的。

2. **人为环境**　人为环境（artificial environment）是经过人类加工改造，改变了其原有

面貌、结构特征的物质环境。如城市、村镇、园林、农田、矿山、机场、车站、铁路、公路等。噪声、电磁辐射、职业环境高温、废气废水排放、空调冷却塔军团菌污染等一系列物理、化学和生物性的因素均影响人体身心健康。

3. 社会环境 社会环境（social environment）是人类通过长期有意识的社会劳动，所创造的物质生产体系、积累的文化等所形成的环境。社会环境由社会的政治、经济、文化、教育、人口、风俗习惯等社会因素构成。社会地位、经济收入、居住条件、营养状况、文化程度等均可对健康产生影响。

环境还可以依其构成要素的属性或特征作进一步分类，如自然环境按构成要素可分为大气环境、水环境、土壤环境等；按生态特征可分为陆生环境、水生环境等。此外，还可按人类对环境的影响程度，分为原生环境和次生环境。

人类的生存环境是一个综合系统，由小到大，由近及远可将人类的环境分为各级大小不同的结构单元，包括特定空间的小环境（如航空、航天或水下航行的密封舱）、生活环境（如居室、院落、公共场所）、车间环境、区域环境、全球环境。人类的生活环境大多属于次生环境，生活环境是人群聚集、人际交往频繁的地方。生活环境与人的关系最密切，对人类健康的影响也最为直接。开放的生活环境又处在大的自然环境的拥抱之中。

二、生态系统和生态平衡

生态系统（ecosystem）是指一定空间范围内的生物群落与其生存环境所构成的整体系统。生态系统由生物界与非生物界两部分组成。生物界包括生产者（绿色植物、光合细菌等）、消费者（动物，包括草食动物、肉食动物、杂食动物等）和分解者（指具有分解有机物能力的微生物和低等原生动物）。非生物界主要指无机界如空气、阳光、水、矿物质等。非生物界为生物界提供了生存所必需的物质基础，是构成生物体各种元素的根本来源，又是生物界排出废弃物和生物遗体的容纳场所。生物群落与生存环境因素之间，以及生物群落内部不同种群生物之间不断地进行能量流动（能量输入、传递和丧失）、物质交换（生物群落和无机环境间进行的各种物质循环）和信息传递（物理信息、化学信息和行为信息）。在自然状态下，生态系统的组成和功能包括生物种类的组成、各种群的数量比例，以及能量和物质的输入输出都处于相对稳定状态时称生态平衡。生态系统有大有小，森林、河流、农田、城市构成性质不同的生态环境，在一定意义上，自然环境与生态环境有其共性。

在生态系统中，一种生物被另一种生物所吞食，后者再被第三种生物所吞食，这种从低级到高级的生物以食物为纽带形成的链状关系称为食物链（food chain）。食物关系错综复杂，许多食物链相互交错，彼此形成的网状结构称为食物网（food web），各种生物之间的能量流动、物质循环都是通过食物链或食物网进行的。人类处于食物链的顶端，某些生物蓄积性强、不易降解的有毒物质可通过食物链进入人体，经食物链上各级生物体的逐级放大作用，使人体摄入相当高浓度的有毒物质，这种高位营养级生物体内毒物浓度大大高于低位营养级生物的现象称为生物放大作用（biomagnification）。当生物体对某种物质的摄入量大于排出量，并随着生命过程的发展，体内该物质含量逐渐增加的现象称为生物蓄积作用（bioaccumulation）。生物体从周围环境中摄入并积累某种元素或难以分解的化学物后，该物质在体内浓缩导致其体内浓度大于环境浓度的现象称为生物富集作用（bioconcentration）。进入环境的微量毒物通过生物富集作用、生物蓄积作用和生物放大作用，使高位营养级的生物受到危害，甚至危及人类健康。

三、原生环境和次生环境

人类的环境按其受人类活动影响的程度可分为原生环境和次生环境。原生环境（primary environment）是指天然形成的未受或少受人类活动影响的环境。原生环境中存在着大量对人体健康有益的因素，如清洁和化学组成正常的空气、饮水，秀丽的风光、优美的植被、充足的阳光等。原生环境中也存在着一些对人体健康不利的因素，如地壳表面化学元素分布异常、天然动植物毒素等均可对人体产生危害。由于地壳表面化学元素分布的不均一性，使得当地水和/或土壤中某种（些）元素过多或过少，当地居民通过饮水、食物等途径造成体内某种（些）元素过多或过少而引起的疾病，称为生物地球化学性疾病（biogeochemical disease）。有些生物地球化学性疾病可严重损害胚胎发育而影响子代健康。例如，全世界有 118 个国家存在碘缺乏这一公共卫生问题，大约 30%（15.72 亿）的人口生活在较严重缺碘地区并面临碘缺乏病的威胁，保守估计因缺碘所致的智力损害人口至少有 4 300 万人，每年因严重缺碘而造成的死产或流产的胎儿有 3 万。某些磷灰石地区及一些内陆干旱盆地、盐渍地带，土壤和水及作物中含氟量高，可引起先天性氟中毒，影响胎儿和儿童生长发育。某些平原地区水中由于钙盐、镁盐含量过高或过低形成水质硬度过高或过低。近年来国内外有研究指出，心血管疾病、先天畸形和婴儿死亡率与当地饮水硬度有密切关系。原生环境形成的地质上的特异性，波及人口众多，且当地居民世世代代受到影响。

次生环境（secondary environment）是指受人为活动影响所形成的环境。人类改造自然环境和开发利用自然资源为自身的生存和发展提供了良好的物质生活条件。人类为抵御环境有害因素的侵袭而建造安全舒适的房屋，利用自然条件修建园林疗养地，发展科学技术提高自身的物质生活水平，这样形成的次生环境有利于保护和促进健康。但人类在改造自然环境的同时也对原生环境施加了一定的影响。随着社会的进步和科学技术的迅速提高，全世界生产力也高度发展，致使大量的工农业生产废弃物及居民生活废弃物进入人类的生活环境，人为地造成了全球性的环境污染和环境破坏，导致环境质量下降，严重威胁着人类的健康。大量的污染物通过多种途径进入环境，急剧改变了千万年来保持恒定的地壳表面化学组成，导致人体内元素组成的变动。由于环境把许多外源性化学物输送给机体，机体不能耐受和适应这些物质，从而破坏了长期形成的人体对环境的适应能力，在疾病谱上产生过去不曾有过的种种疾病，如水俣病、痛痛病等。在天然环境和人体内从来不存在有机氯，但由于含氯农药的广泛使用，在世界各国人体脂肪中都能检出有机氯类杀虫剂如滴滴涕等。蓄积滴滴涕的妇女，发生妊娠中毒、肾病、病理性分娩、胎儿窒息和早产

的风险增高，反映了环境污染对人类健康带来的新问题。近百年来，发达国家先后发生数十起因环境污染造成的公害事件，严重的可在短时间内夺去千万人的生命，并可对后代造成严重危害。环境因素与人体健康密切相关，也与后代健康密切相关。深入研究环境因素与人类生殖和子代健康的关系，对于充分利用环境有利因素，消除环境有害因素，实现优生、优育和优教，提高人口素质具有重要的意义。

四、环境污染对人群健康的危害

环境污染（environmental pollution）是指由于自然或人为原因使环境中某种物质的数量超过了环境的自净能力，造成环境质量下降，最终对人类和其他生物的正常生存和发展产生不良影响的现象。环境污染对人群健康的影响十分复杂，主要体现在：①污染物在环境中可通过物理、化学、生物学作用而发生迁移、转化或富集，以污染物原形或转化后形成的新污染物通过多种环境介质和多种暴露途径进入人体。②环境中存在多种有害因素，其对健康的影响往往呈现出联合作用。③人群通常处于低水平长期暴露状态，探索特异而敏感的效应指标比较困难。④人群反应的个体差异大，包括老、弱、病、幼及具有遗传易感性的敏感个体。因此，应充分利用现代医学、分子生物学的理论和技术，研究和评价环境污染对人群健康的危害。

（一）环境污染物的来源

环境污染物按其来源分为天然污染物和人为污染物。天然污染物主要源自火山喷发、森林火灾、生物腐烂、海啸、土壤生物作用等。人为污染物主要是由人类生产和生活活动所产生的，包括废气、废水和固体废弃物等。

1. 大气中有害物质的来源　与天然污染物相比，人为污染物的来源更多，范围更广，下面主要叙述人为活动引起的大气污染来源。

（1）工农业生产：各种工业企业是大气污染的主要来源，农业生产中化肥的施用、农药的喷洒及秸秆的焚烧也会造成大气的污染。工业企业排放的污染物主要来源于两个方面：①燃料的燃烧：这是大气污染的最主要来源。目前我国的主要工业燃料是煤，其次是石油。煤的主要杂质是硫化物，此外还有氟、砷、钙、铁、镉等元素的化合物。石油的主要杂质是硫化物、氮化物和少量的有机金属化合物。燃料燃烧完全时的主要污染物为 CO_2、SO_2、NO_2、水汽和灰分等。燃烧不完全时，还会产生 CO、硫氧化物、氮氧化物（nitrogen oxide，NO_x）、醛类、炭粒、多环芳烃（polycyclic aromatic hydrocarbon，PAH）等。②工业生产过程的排放：从原材料到产品，工业生产的各个环节都可能有污染物排放。污染物的种类与原料种类及其生产工艺有关。

（2）生活炉灶和采暖锅炉：生活炉灶使用的燃料有煤、液化石油气、煤气和天然气等。如果燃烧设备效率低，燃烧不完全，烟囱低矮或无烟囱，可造成大量污染物低空排放。采暖锅炉以煤或石油产品为燃料。在采暖季节，采暖锅炉和各种燃煤小炉灶是居民区大气污染的重要来源。

（3）交通运输：主要是指飞机、火车、轮船、汽车和摩托车等交通运输工具排放的污染物。以汽油和柴油为燃料时，燃烧后能产生大量的颗粒物、NO_x、CO、PAH 和醛类。汽车尾气已成为大气污染的主要污染源之一。

（4）其他：地面尘土飞扬、土壤和固体废弃物被大风刮起，可将化学性污染物（如铅和农药）和生物性污染物（如结核分枝杆菌和粪链球菌）转入大气。车辆轮胎与沥青路面摩擦可扬起 PAH 和石棉。水体和土壤中的挥发性化合物也易进入大气。意外事件如工厂爆炸、毒气泄漏、火灾等，以及火葬场和垃圾焚烧炉产生的废气也可影响大气环境。

2. 水中有害物质的来源　工业废水和生活污水是造成水体污染的主要来源，已严重威胁水资源的质量，加剧了水资源紧缺的矛盾。

（1）工业废水：工业废水（industrial wastewater）是水污染的主要来源。许多工业企业如矿山开采、金属冶炼、食品加工、纺织印染、造纸、化学工业等都可产生工业废水。工业生产中的多个环节都可产生废水，如水力选矿废水、水力除渣废水、冷却水、洗涤废水、生产浸出液等。工业废水的特点是水质和水量因产品种类、生产工艺和生产规模等的不同而有显著差别。

（2）生活污水：来自家庭、生活小区、机关、事业单位、商业和城市公用设施及城市地表径流的污水统称生活污水（domestic sewage）。生活污水具有特殊臭味，水中含有大量有机物如纤维素、淀粉、糖类、脂肪和蛋白质等，以及微生物如肠道致病菌、病毒和寄生虫卵等，也含有大量无机物质如氯化物、硫酸盐、磷酸盐、铵盐、亚硝酸盐和硝酸盐等。近年来由于大量使用合成洗涤剂，含磷、氮等污水污染造成水体中藻类大量繁殖，使水中有机物增加、溶解氧下降，发生水质恶化的现象，称为水体富营养化（eutrophication）。

（3）农业污水：指农牧业生产排出的污水及降水或灌溉水流过农田或经农田渗漏排出的水。农业污水中主要含有化肥、农药、粪尿等有机物及人畜肠道病原体等。随着大规模农业生产和农药使用，土壤中存在的高残留、高毒性农药引起的水质污染，逐渐形成了农业污水对全球水质的污染。目前，高残留的有机氯农药已被低残留、低毒性农药取代。近年来，养殖业的规模化经营导致抗生素的大量滥用，农业污水乃至城市河流中出现了抗生素污染的新格局。

（4）其他：工业生产过程中产生的固体废弃物，城市垃圾等受雨水淋洗后进入地表径流而造成水体污染。海上石油开采、大型运油船只泄漏事故及航海船只产生的废弃物等是海洋污染的重要来源。

3. 土壤中有害物质的来源　土壤处于大气圈、水圈、岩石圈和生物圈之间的过渡地带，是联系无机界和有机界的重要环节，是结合各种环境介质的枢纽，是陆地生态系统的核心及其食物链的首端。同时，土壤又是许多有害废弃物处理和容纳的场所。土壤在发育和成熟的过程中来自成土母岩的化学元素可存留下来，通过多种途径进入人体，是造成有明显地区性特点的生物地球化学性疾病的主要原因。但是，土壤污染主要受人为活动的影响，包括废弃物排放（如工业"三废"、交通尾气等）、大气污染物沉降（如火山爆发、意外事故、战争等灾害）、生活垃圾和排泄物、污水灌溉和施用农药，以及工业生产和日常生活中的电子垃圾而造成的污染。某些有害物质可较长时间存留于土壤中，并不断迁移

到相邻的环境介质中，通过空气、水和植物对人体健康产生危害。

（二）环境污染对人体健康的危害

1. **急性危害** 环境污染物在短时间内大量进入环境，使暴露人群在较短时间内出现不良反应、急性中毒甚至死亡，称为急性危害（acute hazard）。例如英国伦敦从 1873—1965 年共发生了 12 次煤烟型烟雾事件；1955 年 9 月美国洛杉矶光化学烟雾事件造成 400 多名老人在短短 2 天内死亡，更多人因受到烟雾刺激而出现眼睛刺痛、呼吸困难等症状。1984 年 12 月印度博帕尔市的美国联合碳化公司农药厂发生毒气泄漏，大量异氰酸甲酯毒气祸及数十万人口，数月内 5 万人失明，数千人死亡。1986 年 4 月 26 日苏联的切尔诺贝利（现位于乌克兰）核电站爆炸事故，不仅对当代的人体健康带来极大威胁，对后代和生态环境也造成了严重影响，到目前为止，总共有 30 多万人受放射伤害死去。2010 年海地地震后因饮用水污染导致 28 万余人感染霍乱，其中有近 5 000 人死亡。

2. **慢性危害** 环境中有害因素低浓度、长时间反复作用于机体所产生的危害，称为慢性危害（chronic hazard）。环境化学污染物或有害的物理因素长期暴露均可造成慢性危害。低浓度的环境污染物在机体内的物质或功能蓄积是产生慢性危害的根本原因。环境污染物所致的慢性危害主要有如下类型：①非特异性影响：不以某种典型的临床表现方式出现。在环境污染物长时间作用下，机体生理功能、免疫功能、对环境有害因素作用的抵抗力可明显减弱，对感染的敏感性增加，健康状况逐步下降，表现为人群患病率、死亡率增加，儿童生长发育受到影响。②引起慢性疾患：在低剂量环境污染物长期作用下，可直接造成机体某种慢性疾患，如慢性阻塞性肺疾患。③持续性蓄积危害：环境中有些污染物进入人体后能较长时间贮存在组织和器官中，在人体内持续性蓄积，使受污染的人群体内浓度明显增加。同时，机体内有毒物质还可通过胎盘屏障或授乳传递给胚胎或婴儿，对下一代的健康产生危害。产生此种危害的污染物主要是生物半减期较长的铅、镉、汞等重金属及其化合物，以及脂溶性强、不易降解的持久性有机污染物。

环境污染所致的慢性危害往往是非特异性的弱效应，发展呈渐进性。因此，出现的有害效应不易被察觉或得不到应有的重视，一旦出现了较为明显的症状，往往已发展为不可逆损伤，造成严重的健康后果。

3. **远期效应** 环境污染物作用于机体后，经过较长潜伏期，发生不同于急、慢性危害的病理改变，称为远期效应（long-term effect）。远期效应包括致癌、致畸和致突变，简称"三致"作用。

大量研究表明，肿瘤的发生除与遗传因素有关外，也与环境因素有密切关系。污染大气中存在多种致癌物，主要是 PAH 类化合物，以苯并 [a] 芘（benzo [a] pyrene，B[a]P）含量最多，具有强致癌性。空气中的 PAH 主要来源于煤和石油的不完全燃烧。我国云南宣威室内燃煤空气污染与肺癌发生关系的病例对照研究中发现，烧烟煤人群患肺癌危险性是非烧烟煤人群的 6.05 倍。回顾性队列研究结果显示，烧烟煤人群肺癌死亡率是非烧烟煤人群肺癌死亡率的 25.6 倍。烟煤燃烧产物中的 PAH 化合物污染室内空气是宣威肺癌发病的主要原因。此外，人群队列研究表明，长期暴露 SO_2、NOx 与肺癌有关，NOx 每增加 $10\mu g/m^3$，肺癌的相对危险度为 1.11。美国癌症学会针对 50 万人的队列研究发现，细颗粒物（fine particle；fine particulate matter，$PM_{2.5}$）年均浓度每升高 $10\mu g/m^3$，人群肺癌死亡率上升 8%，肺癌的相对危险度为 1.08。研究表明，可吸入颗粒物（inhalable particle，IP，PM_{10}）、SO_2 和 NO_2 等大气污染物浓度的升高可增加肺癌等呼吸系统疾病发病及死亡的风险，特别是 NO_x 与肺癌之间存在显著的相关性。

目前认为，饮水中三卤代甲烷类物质可能与膀胱癌、结肠癌和直肠癌的发生增加有关。对广东韶关地区死亡病例的回顾性研究发现，消化道肿瘤（食管癌、胃癌、肝癌、肠癌）与饮用水体中铜、锌等重金属严重超标密切相关。流行病学调查显示，饮用以黄浦江上游、中游、下游河段为水源的自来水的男性居民胃癌、肝癌标化死亡率呈梯度变化，与水质致突变性测试结果一致。此外，广西南宁地区 14 个县市的调查发现，饮用水体污染越严重的人群肝癌死亡率越高。肿瘤发生可能与饮用水中 N- 亚硝基化合物和氯化消毒副产物超标，以及 B[a]P 等有机物污染有关。河南林州是食管癌高发区，针对该地人群的队列研究发现，改饮清洁水的人群发病率降低 28.00%，死亡率降低 38.20%，食管癌高发可能与浊漳河水受到亚硝胺等致癌物质污染有关。也有报道指出，食管癌高发区饮水中硝酸盐和亚硝酸盐含量均明显高于低发区，上消化道恶性肿瘤高发可能与饮用"三氮"含量较高的河塘水有关。

早在 20 世纪上半叶，已发现某些理化因子如氮芥、台盼蓝、抗代谢剂和 X 射线等均能诱发哺乳动物胎仔畸形。1941 年 Gregg 首次报道了受风疹病毒感染的孕妇所产胎儿失明、耳聋、智力不全等出生缺陷的发生率明显增加。1945 年日本广岛和长崎市遭受原子弹爆炸后，放射性污染诱发出生胎儿小头畸形和智力低下率增加。但是，真正引起人们关注外来化合物致畸作用是 20 世纪 60 年代发生的"反应停"事件。反应停（thalidomide）作为镇静药在欧洲广为销售，孕妇服用该药导致新生儿短肢畸形数量明显增加，形同海豹，被称为海豹肢畸形（phocomelia）。受该药影响的儿童近万人，除短肢畸形外，还有心血管、肠和泌尿系统畸形。震惊世界的反应停事件揭开了人类研究外来化合物致畸作用的序幕，并推动了实验畸胎学的发展。

先天畸形（congenital malformation）一般指先天性的形态结构异常，仅是出生缺陷中的一部分疾病。尽管遗传因素对人类出生缺陷的发生有重要影响，但是环境因素对生殖细胞遗传物质的损伤、对胚胎发育过程的干扰、对胚胎的直接损害都对出生缺陷的发生具有重要作用。能引发先天畸形的物质包括化学性、物理性或生物性等致畸因素。随着工业的发展，大量化学物排入环境，环境污染日益加重。在许多环境污染事件（如日本的水俣病、米糠油污染事件等）中，都观察到孕期摄入污染物引起胎儿畸形发生率增加。美国登记的 37 860 种工业化学物中，585 种注释有致畸性。Shepard 编纂的致畸物（teratogen）分类目录中，动物致畸化学物在 900 种以上，而确证能对人类有致畸作用的致畸因素，见表 5-1。

表 5-1　已知人类致畸因素

类型	致畸因素
辐射	原子武器、放射性碘、放射线治疗
感染	巨细胞病毒、疱疹病毒 1 和 2 型、微细病毒 B-19、风疹病毒、梅毒螺旋体、弓形虫、水痘病毒、委内瑞拉马脑炎病毒
母体损伤和代谢失衡	酒精中毒、绒毛采样(前 60 天)、地方性呆小症、糖尿病、叶酸缺乏、高温、苯酮尿症、斯耶格伦综合征、风湿病和心传导阻滞
药物和环境化学物	氨蝶呤和甲氨蝶呤、促雄性激素、白消安、卡托普利、氯联苯、可卡因、香豆素抗凝剂、环磷酰胺、己烯雌酚、苯妥英、埃那普利、苯壬四烯酯、碘化物、锂、汞和有机汞、羊膜内注射亚甲蓝、甲巯基咪唑、青霉胺、13- 顺维生素 A 酸、四环素、反应停、甲苯、三甲双酮、丙戊酸、落叶剂 2,4,5- 涕、二噁英、部分农药、氯乙烯

摘自：杨克敌. 环境卫生学 [M]. 8 版. 北京：人民卫生出版社，2017.

（三）环境污染对人群健康危害的特点

1. **广泛性**　环境污染影响人类的生活环境，作用于整个人群，包括老、弱、病、幼甚至胎儿等敏感人群。

2. **低剂量长期性**　污染物排入环境后，随环境介质而扩散稀释，往往以低浓度存在于环境中，生活居住区的接触人群多数是昼夜暴露在污染环境中，甚至是终身接触。因此，环境污染物是以低浓度、长时期作用于人体发生慢性和潜在性危害为主，短时期内不易觉察。

3. **环境因素的复杂性**　进入环境的污染物种类繁多，性质各异，有物理性、化学性或生物性的污染物。其来源广泛，可来自空气、水、食品、土壤和生物体。对同一个体而言，可以是单一因素产生影响，也可是多因素的联合作用。

4. **生物学效应的多样性**　不同污染物具有不同的生物效应，其危害也多种多样，可表现为急性毒性，也可表现为慢性影响，甚至产生远期危害。由于存在个体易感性差异，即使是同一种污染物对不同的个体所产生的效应也会不同。

五、环境对胚胎和胎儿产生健康危害的影响因素

环境因素对胚胎和胎儿发育的影响已引起人们的高度关注。自 1941 年 Gregg 第一次发现妊娠期感染风疹病毒的妇女分娩先天性心脏畸形、先天性白内障、先天性耳聋婴儿以来，人们开始认识到环境因素对人类胚胎发育和出生缺陷发生的影响。环境污染物胚胎毒作用的妊娠结局有以下 4 种：①自然流产，即胚胎死亡往往同时伴有畸形，是同一类损伤的不同程度反应；②畸形发生；③胎儿生长受限，如低体重儿、小头畸形等；④功能发育不全，如神经系统功能或免疫力低下。各类致畸因素在同一发育阶段随剂量或强度增加而导致畸形率增高呈剂量 - 反应关系，剂量增大可造成胚胎死亡，由于有缺陷的胚胎死亡使畸形率反而降低；剂量进一步增大可造成母体死亡。

环境对胚胎和胎儿发育的影响及其严重程度受诸多因素的影响。

（一）环境因素的特性

环境化学污染物进入母体是否能透过胎盘影响胎儿发育取决于该物质的理化特性，如物质的分子量大小、电荷、脂溶性、与蛋白结合力，以及组织贮存等。分子量小、极性小、高脂溶性、电荷中性的化学物质易于通过胎盘。如甲基汞能迅速通过胎盘，分布在胎膜、子宫壁、胎儿脑和脊髓等部位，对中枢神经系统发育产生一系列损害。

（二）暴露剂量或强度

环境因素产生的生殖和发育毒性与其剂量或强度密切相关。如致畸因素在阈剂量以下无致畸作用，同一发育阶段随致畸因素的剂量或强度增加，致畸频率升高或致畸范围增大，呈剂量 - 反应关系，剂量再增大可使胚胎死亡。

（三）胚胎发育阶段的敏感性

胚胎的发育虽然是个连续过程，但也有其阶段性。处于不同发育阶段的胚胎对致畸因素作用的敏感程度不同，其中最易发生畸形的发育时期称为致畸敏感期（susceptible period）。受精后前两周为胚前期，致畸因素对胚胎的影响是"全或无"效应，要么胚胎发育不受影响，一旦受影响胚胎就会死亡，取决于致畸因素的强弱。受精后第 3 ~ 8 周为胚期，也是致畸敏感期，该期胚胎细胞增生、分化活跃，器官原基正在发生，因而最易受到致畸因素的干扰而发生畸形。由于胚胎各器官的发生与分化时间不同，各器官的致畸敏感期也不同。第 9 周以后至分娩为胎儿期，此期各器官进行组织和功能分化，受到致畸因素作用后会发生组织结构异常和功能缺陷等畸形，一般不出现器官形态畸形。人体胚胎各发育期对致畸因素的敏感性见图 5-1。环境有害因素对胚胎发育的作用结果和出生缺陷形成时期分别见表 5-2 和表 5-3。

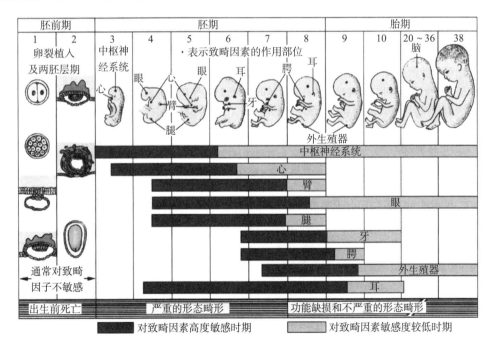

图 5-1　人体胚胎各发育期对致畸因素的敏感性

摘自：李继承，曾园山 . 组织学与胚胎学 [M]. 9 版 . 北京：人民卫生出版社，2018.

表 5-2　环境有害因素对胚胎发育的作用结果

影响部位	妊娠前期	妊娠阶段		
		前 3 个月	后 3 个月	围产期
发育阶段	生殖细胞	胚胎期	胎儿期	新生儿期
易受损伤的部位	精子发生、卵子发生、受精卵	器官发生分化、形成	中枢神经系统	乳汁
对胚胎发生的主要影响	致突变	致畸	经胎盘致癌	
后果	基因突变、染色体畸变、不孕或受胎能力障碍	着床障碍、自然流产	早产、死产	形态行为或功能异常、发育迟缓
有害物接受者	父体或母体	母体	母体	父或母体携带污染物

摘自：杨克敌. 环境优生学 [M]. 北京：人民卫生出版社，2007.

表 5-3　出生缺陷发生部位和敏感时期

部位或系统	畸形种类	形成过程	孕期敏感时间	备注
中枢神经	无脑	前神经孔闭锁异常	3～4 周	继发前脑变性
	脑膜脊髓瘤	后神经孔闭锁异常	3 周	80% 在腰骶部
颜面	唇裂	上腭与内侧鼻隆起融合异常	5～6 周	42% 伴有腭裂
	腭裂		10 周	
	鳃瘘与囊肿		8 周	沿耳部及胸锁乳突肌前缘
消化系统	食管闭锁及气管食管瘘	气管与食管膈壁形成异常	4～5 周	
	直肠闭锁或瘘	直肠与尿生殖腔膈壁形成异常	6 周	
	十二指肠闭锁	十二指肠再开通异常	7～8 周	
	肠回转不全	盲肠及肠系膜向右回转异常	10 周	不完全或伴有异常肠系膜附着
	脐疝		10 周	
	美克氏憩室	卵黄管闭锁异常	10 周	附着胃或脐组织
	膈疝	胸膜腹膜闭锁异常	6 周	

部位或系统	畸形种类	形成过程	孕期敏感时间	备注
泌尿生殖系统	膀胱外翻	脐下中胚层移动异常	4～5周	伴米勒氏管及伍非氏管的异常
	双角子宫	米勒氏管下部融合异常	10周	
	尿道下裂	尿道褶闭合异常	12周	
	隐睾	睾丸下降异常	8～15周，25～35周	
心脏	大血管转位	心球中隔发生方向异常	5～6周	
	室中隔缺损	室中隔闭合异常	6周	
	动脉导管未闭	动脉导管闭合异常	2～3周	
四肢	桡骨缺损	桡骨发育异常	5周	常为桡骨远端缺损
	并指（重度）	指切迹分离异常	6周	
复合畸形	单眼、前脑	脊索前中胚层发育异常	3～5周	前脑及面部中央继发异常
	并足	尾方中轴形成异常	3～5周	伴排泄腔异常

摘自：杨克敌. 环境优生学 [M]. 北京：人民卫生出版社，2007.

不同致畸因素对胚胎作用的致畸敏感期不同。如风疹病毒的致畸敏感期为受精后第一个月，畸形发生率为 50%，第二个月降为 22%，第三个月仅为 6%～8%。药物反应停的致畸敏感期为受精后第 21～40 天。同种致畸因素在不同时期作用，可以产生不同部位畸形。如妊娠 6～8 周时摄入微量的反应停，在敏感早期产生耳部异常，中期产生手臂畸形，末期阶段则出现足部畸形。

（四）母体和胎儿的基因型

畸胎的发生与母体和胎儿的基因型（genotype）存在关联，表现为胎体对致畸因素的敏感性不同。多数畸胎形成是环境与遗传因素相互作用的结果，即外因通过内因起作用。

（五）母体的生理和病理状态

受生物、心理和社会因素影响，正常妊娠有时会发生并发症或合并症而改变宫内环境，致使胎儿发育不良或出现出生缺陷。妊娠并发症是早产、宫内胎儿死亡、死产、新生儿窒息和死亡的重要原因。母体和胎儿 Rh 血型不合者胎儿肝脾肿大、严重时造成死胎或新生儿发生严重核黄疸，造成运动和智力障碍。妊娠合并症如心脏病孕妇，因供氧不足导致胎儿生长受限、早产、死胎发生率增高。合并糖尿病时神经系统和心血管系统畸形发生率增高，重症糖尿病伴有血管或肾脏病变时子宫胎盘血流量减少致胎儿生长受限，易致死胎或新生儿呼吸窘迫综合征。

（六）环境因素的联合作用

联合作用（joint effect）是指两种或两种以上的环境因素共同作用于机体所产生的综合生物学效应。环境污染物对人体的联合作用分为相加作用、协同作用、拮抗作用、增强作用和独立作用。如重金属铅和增塑剂邻苯二甲酸二丁酯联合暴露比单一暴露对斑马鱼胚胎的毒性（孵化率降低和死亡率增加）更大，表现为协同作用。

第二节　原生环境中的优生问题

一、碘缺乏与优生

碘（iodine）广泛分布于自然界中，空气、水、土壤、岩石，以及动植物体内都含有碘，并以碘化物形式存在。受土壤水溶性碘含量的影响，不同地区所产蔬菜和粮食的碘含量不同，其中海产品中碘含量较高。碘化物溶于水，可随水迁移。因此，山区水碘低于平原，平原低于沿海。碘是人体维持正常生理活动的必需元素，碘的生理作用主要是通过其在甲状腺合成甲状腺激素即甲状腺素（thyroxine，T_4）和三碘甲腺原氨酸（triiodothyronine，T_3）来实现。甲状腺激素是高等动物生长发育所必需的激素，具有促进组织分化、生长与发育成熟的作用。人类胚胎期缺乏时，神经系统发育、分化受影响，出生后往往智力低下。儿童期缺乏时，体格和性器官发育受严重影响。甲状腺激素还能维持正常新陈代谢。

（一）碘缺乏病的流行病学特征

碘缺乏病（iodine deficiency disorders，IDD）是指从胚胎发育至成人期由于碘摄入量不足而引起的一系列病症，包括地方性甲状腺肿、地方性克汀病、地方性亚临床克汀病、流产、早产、死产等。这些疾病实际上是不同程度碘缺乏在人类不同发育期所造成的损伤，其中甲状腺肿和克汀病是 IDD 最明显的表现形式。

据调查，岩石、土壤、水质和气象条件对 IDD 的流行有重要影响。病区地理分布特点是山区高于平原，内陆高于沿海，农村高于城市。

1. **地区分布**　明显的地区性是本病的主要流行特征。IDD 是一种世界性的地方病。全世界有 118 个国家流行此病，有 15.72 亿人口生活在缺碘地区，约占世界总人口的 30%。IDD 主要流行在山区、丘陵及远离海洋的内陆，但平原甚至沿海也有散在的病区。过去全世界除冰岛外，各国都有程度不同的流行。亚洲的喜马拉雅山区、拉丁美洲的安第斯山区、非洲的刚果河流域等都是著名的重病区。我国的病区主要分布在东北的大小兴安岭、长白山山脉；华北的燕山山脉、太行山、吕梁山、五台山、大青山一带；西北的秦岭、六盘山、祁连山和天山南北；西南的云贵高原、大小凉山、喜马拉雅山山脉；中南的伏牛山、大别山、武当山、大巴山、桐柏山等；华南的十万大山等地带。我国曾是世界上 IDD 流行最严重国家之一，在全面实施食盐加碘为主的综合防治措施以前，全国除上海市外，各省、自治区、直辖市均不同程度地存在 IDD。从 1995 年实施全民食盐加碘后，到

2010 年底，中国除西藏、新疆和青海 3 个省份达到基本消除 IDD 阶段目标外，其他省份均达到消除 IDD 阶段目标。到 2018 年底，全国 94.2% 的县保持消除 IDD 状态。截至 2021 年底，全国 2 799 个 IDD 县已达到控制或消除标准。

2. 人群分布　在流行区任何年龄的人都可发病。发病年龄一般在青春期，女性早于男性。IDD 流行越严重的地区发病年龄越早。成年人的患病率，女性高于男性，但在严重流行地区，男女患病率差别不明显。

（二）碘缺乏病与优生问题

缺碘对胎儿、新生儿脑发育及脑垂体 - 甲状腺轴的代谢与功能状态具有明显危害，可引起早产、死产、先天畸形、地方性克汀病、地方性聋哑、新生儿甲状腺功能低下、智力低下、脑皮质发育不全、不孕症、地方性甲状腺肿等一系列亲代和子代在发育的不同阶段所造成的各种危害。碘缺乏可严重影响人口素质，制约社会和经济的发展，因此碘缺乏引起的优生问题备受人们的高度关注。

1. 地方性克汀病　是妊娠前 3 个月至出生后两年内脑发育窗口期严重缺碘所致。一经发现即使补足碘，脑损伤也不可逆转，是 IDD 中最严重的病症。临床特征是眼距宽、鼻翼宽、口唇厚、聋哑、矮小，呆傻和运动系统功能障碍，行走蹒跚或呈痉挛性瘫痪。地方性克汀病分三种类型：①神经型：以呆、小、聋、哑和痉挛性瘫痪为主要特征，我国大部分缺碘地区发生的地方性克汀病多属此类型。②黏液水肿型：以全身黏液性水肿为主，体格矮小或甲状腺肿，但智力低下或听觉障碍较少，没有痉挛性瘫痪。③混合型：兼有前二者特征。

地方性克汀病的病因是由于母体怀孕期间严重缺碘造成胎儿体内碘缺乏，导致胎儿合成 T_4 不足，使大脑发育受阻。动物实验也可复制出此病的模型，可见早产、死产、先天畸形的胎仔增多。从人工引产克汀病儿大脑皮质发育的形态学研究中看到大脑发育落后，6 月龄胎儿脑重低于同龄正常胎儿，病理可见大脑皮层神经细胞的增殖、分化、迁移和定位异常；8 月龄胎儿发育障碍更明显。动物实验表明，缺碘组动物子代脑 DNA 和蛋白质含量下降，脑细胞数量减少，血浆 T_4 水平下降，条件反射建立迟缓，学习能力降低，脑电图呈缓波等明显的中枢神经系统发育落后现象。胎儿期还可发生甲状腺功能低下、胎仔生长受限、神经运动功能发育落后等，是胚胎期轻度缺碘的表现。

2. 新生儿甲状腺功能低下　是胚胎和胎儿期甲状腺功能低下的延续，是发展成克汀病的一个重要原因，在缺碘地区新生儿中多见。我国贵州省重病区补碘前，新生儿甲状腺功能低下者占受检儿的 69.2%，补碘两年后降至 20%，3 年后达到正常。2000 年陕西省在全省开展新生儿疾病筛查工作，采用滤纸片（全血）促甲状腺激素（thyroid stimulating hormone，TSH）酶联免疫测定方法，测定新生儿脐带血 TSH 水平，以诊断先天性甲状腺功能低下症，评价人群碘营养状况。结果显示，5 个地区 4 000 份新生儿脐带血 TSH > 5mU/L 者占 29.9%，> 10mU/L 者占 10.8%，> 20mU/L 占 1.7%，> 30mU/L 的有 7 例，经复查确诊 1 例为先天性甲状腺功能低下症，甲状腺功能低下检出率为 0.25‰。天津市新生儿甲状腺功能低下儿中 T_4 低者为 0.033%，TSH 高者为 0.012%。新生儿甲状腺功能低下主要表现为血清 T_4 降低，TSH 升高，早期用 T_4 作替代治疗，能够明显减轻脑发育落后

程度。发达国家和我国大部分省市开展新生儿疾病筛查，做到早发现早治疗，缺碘地区开展新生儿甲状腺功能低下筛查已列为全国出生缺陷监测项目内容。新生儿甲状腺肿则是由于胚胎期甲状腺功能低下导致甲状腺发生代偿造成的。

3. 亚临床型克汀病　我国对缺碘地区缺乏明显症状和体征的病人诊断为地方性亚临床型克汀病，提出了相应的诊断标准，包括必备条件和辅助条件。必备条件：①出生、居住在碘缺乏地区。②精神发育迟缓，表现为轻度智力落后（4 岁以下用丹佛发育筛选，结果异常；5 岁以上智商为 50 ~ 69）。辅助条件：①神经系统障碍，包括轻度听力障碍（电测听高频或低频有异常）、轻度语言障碍、精神运动发育障碍或运动功能障碍。②甲状腺功能障碍，包括轻度身体发育障碍、极轻度骨龄发育落后、激素性甲状腺功能低下。上述必备条件加上辅助条件中神经系统或甲状腺功能障碍的任何一项或一项以上者，排除其他原因如营养不良、中耳炎，以及影响骨龄和身体发育的因素等，即可诊断为亚临床型克汀病。

4. 青少年期甲状腺肿大　青少年时期缺碘最明显的表现是甲状腺肿大，5 岁以后发病随年龄增长而增多，最高患病率男性为 9 ~ 15 岁，女性为 12 ~ 18 岁。我国近年来关于缺碘区儿童智商调查证实，碘缺乏对儿童智商有明显影响。

（三）碘缺乏病的预防措施

补碘是防治 IDD 的根本措施。考虑到我国地域广阔、人口众多，自然环境可被人体吸收的碘和不同地区的经济水平与饮食种类、习惯差异较大，从 2012 年 3 月开始执行"因地制宜、分类指导、科学补碘"的防治策略。

食盐加碘是预防 IDD 的首选方法，简便易行，安全经济，群众易接受，有利于大面积推广。有些病区地处偏远，食用不到供应的碘盐，可选用碘油。对患者可口服碘化钾，但用药时间长，不易坚持。此外，还有碘化面包、碘化饮水，加工的富碘海带、海鱼等。

二、氟中毒与优生

氟（fluorine，F）在自然界中分布广泛，化学性质活泼，常温下能同所有的元素化合，尤其是金属元素，所以环境和机体中的氟一般不以游离状态存在，而是以化合物形式存在。氟的成矿能力很强，各种岩石都含有一定量的氟。地下水较地表水氟含量高。各种食物都含有不同浓度氟，植物中氟含量与品种、产地土壤和灌溉用水的氟含量有关。瓜果类含氟较低，叶类蔬菜氟含量较果实类高，粮食含氟量一般高于瓜果类。除奶类含量较低外，动物性食物氟含量往往高于植物性食物，且与动物生长环境有关。多数情况下海产动物食品量高于陆生动物食品。燃烧高氟煤取暖、做饭和烘烤粮食可引起室内空气和粮食氟的污染。此外，砖茶中氟含量较高。氟对人体健康具有双重作用，适量的氟是人体必需的微量元素，是构成骨骼和牙齿的重要成分，能促进生长发育和生殖功能，提高神经传导和肌肉供能效果，并能刺激造血功能；然而，长期大量摄入氟可引起氟中毒。

（一）地方性氟中毒的流行病学特征

地方性氟中毒（endemic fluorosis）是由于一定地区的环境中氟元素过多，致使生活在该环境中的居民经饮水、食物和空气等途径长期摄入过量氟所引起的以氟骨症（skeletal fluorosis）和氟斑牙（dental fluorosis）为主要特征的一种慢性全身性疾病，又称地方性氟病。

地方性氟中毒是一种自远古时代以来一直危害人类健康的古老地方病，在世界各地区均有发生，流行于世界 50 多个国家和地区。亚洲是氟中毒最严重的地区，我国是地方性氟中毒发病最广、波及人口最多、病情最重的国家之一。除上海市和海南省以外，其他省（自治区、直辖市）和新疆生产建设兵团均有不同程度的流行，是我国重点防控的地方病之一。

1. 病区类型和分布

（1）饮水型病区：由于饮用高氟水而引起氟中毒的病区为饮水型病区，是最主要的病区类型。我国主要分布在淮河 - 秦岭 - 昆仑山一线以北广大北方地区。饮水型病区分布最广，其特点是饮水中氟含量高于国家饮用水标准 1.0mg/L，最高甚至可达 17mg/L。氟中毒患病率与饮水氟含量呈明显正相关。

（2）燃煤污染型病区：由于居民燃用当地含高氟煤做饭、取暖，敞灶燃煤，炉灶无烟囱，并用煤火烘烤粮食、辣椒等严重污染室内空气和食品，居民吸入污染的空气和摄入污染的食品引起的地方性氟中毒病区，是我国 20 世纪 70 年代后确认的一类病区，也是中国特有的氟中毒类型。主要分布在云、贵、川和长江三峡流域，见于陕西、四川、湖北、贵州、云南、湖南和江西等省。以西南地区病情最重，北方也有少数面积不大的病区。

（3）饮砖茶型病区：是长期饮用含氟过高的砖茶而引起氟中毒的病区类型。饮砖茶型氟中毒是近年来在我国发现的，当地饮水及食物中氟含量不高。饮砖茶型病区主要分布在内蒙古、西藏、四川、青海、甘肃和新疆等地习惯饮砖茶的少数民族地区，如藏族、哈萨克族、蒙古族聚居区。

2. 人群分布

地方性氟中毒的发生与摄入氟的剂量、时间长短、个体排氟能力及对氟敏感性、蓄积量、生长发育状况等多种因素有关。地方性氟中毒与年龄有密切关系。氟斑牙主要发生在正在生长发育中的恒牙，乳牙一般不发生氟斑牙。氟骨症发病主要在成年人，发生率随着年龄增长而升高，且病情严重。地方性氟中毒的发生一般无明显性别差异，但由于生育和授乳等因素的影响，女性的病情往往较重，特别是易发生骨质疏松软化，而男性则以骨质硬化为主。地方性氟中毒的发生也受其他因素影响，主要为饮食营养因素。蛋白质、维生素、钙、硒和抗氧化物能够拮抗氟毒性作用。在暴露相同氟浓度条件下，经济发达、营养状况好的地区，氟中毒患病率低，病情较轻。其次，饮水中钙离子浓度低、硬度小、pH 高等可促进氟的吸收；含钙、镁离子较高的饮水型病区发病较轻。气候因素影响水消耗量，从而影响发病。氟中毒发病存在个体差异。同一病区，甚至同一家人存在发病与不发病或病情程度上的差异。

（二）地方性氟中毒与优生

1. 先天性氟中毒

早在 1960 年就有研究证实，氟能通过胎盘进入胎儿体内，且其含量与母体氟水平有关。近年来氟对生殖功能的影响已引起人们的高度关注。大量的研究表明，长期接触氟对人和实验动物睾丸、附睾、前列腺的损伤会导致生育能力降低，严重时可造成不育。氟可直接作用于细胞膜导致睾丸间质细胞和支持细胞结构受损，使睾酮分泌减少，生精细胞发育分化障碍，造成精子数量减少、精子畸形率增加，精子活动能力降低。部分地区开展的孕妇体内氟水平与胎儿骨骼改变之间关系的研究发现，随着孕妇血氟、尿氟水平的升高，羊水含氟量亦升高；孕妇血氟、尿氟和胎儿羊水氟水平高，胎儿表现为骨生成活跃、紊乱，股骨出现明显的病理改变，且呈现出剂量-反应关系。胎儿组织含氟量随母体摄氟量和胎龄的增加而增加。先天性氟中毒可致出生缺陷，防治高氟对人群的危害应从妊娠期开始进行。

牙胚的正常发育要经过生长期、钙化期和萌出期三个过程。乳牙从胚胎第2个月开始发生，5～6个月开始钙化，此期间母体摄入过量氟可直接影响造釉细胞，使釉质形成和钙化发生障碍引起斑釉症，表现为出生后婴幼儿期的乳牙氟斑牙。由于乳牙釉质薄、矿化时间短、受氟影响较小、乳牙氟斑牙表现轻微、临床诊断相对困难，因此乳牙氟斑牙常被忽略。乳牙氟斑牙的发病率为5.3%～15.3%，2岁组儿童即可出现。乳牙氟斑牙与饮水氟浓度和总摄氟量有关。宁夏回族自治区流行病学调查发现，饮水含氟量在0.2～18.4mg/L的地区，乳牙氟斑牙患病率达20%～30%，乳牙有褐色缺损。四川彭水县小厂乡为燃煤污染型地区，氟斑牙患病率为96.8%，最小氟斑牙患者为9个月，该县另一地区人群氟斑牙检出率为100%，乳牙氟斑牙检出率为88.82%。乳牙氟斑牙的准确诊断，尤其是1～2岁幼儿乳牙氟斑牙的诊断，能促进医生准确了解其氟接触史，有助于后期口腔预防及保健措施的正确制定和实施。

2. 高氟对儿童体格和智力发育的影响　王国荃等对高氟区（井水含氟量1.85～8.86mg/L）居住5年以上的中小学生2 695人和生活条件相似但井水含氟量较低（0.37～0.45mg/L）地区中小学生2 314人的调查发现，高氟区青少年生长发育明显落后，尤以青春发育高峰年龄组落后明显（男生身高低1.8～5.3cm），男生青春发育期体重也明显降低。高氟区男生各年龄组肩宽比对照组窄2.6～4.5cm，以13～15岁组相差最大。高氟区女生各年龄组骨盆比对照组窄2.0～3.2cm，以12～13岁年龄组相差最大。高氟区学生骨龄发育明显落后，男生骨龄发育延迟者占42.86%，女生占34.12%，而对照区男生仅占8.7%，女生为9.2%。

于星辰等采用多阶段随机抽样方法选取某氟病区出生的7～13岁3 020名儿童作为研究对象，采用适用于中国农村儿童的第2次修订版联合瑞文测验来评估研究对象的智力水平，发现氟暴露与智力呈非线性剂量-反应关系。分段线性回归结果显示，水氟高于3.4mg/L时，每增加0.5mg/L，智商（intelligent quotient，IQ）下降4.07；尿氟在1.60～2.5mg/L之间时，每增加0.5mg/L，IQ值下降2.49，增至2.5mg/L时，IQ水平趋于稳定；发氟和指甲氟每增加1.0μg/g，IQ值分别降低2.24和1.30，分别在10.50μg/g和14.5μg/g趋于稳定。将智力分级后进行logistic回归分析，结果显示在0.20～1.40mg/L的范围内，水氟每增加0.5mg/L，极优智力（IQ≥130）减少53%；尿氟每增加0.5mg/L，极优智力减少13%；发氟每增加1.0μg/g，极优智力和优秀智力（120～129）分别减少36%和43%，且在10.5μg/g时减少趋势放缓；指甲氟每增加1.0μg/g，极优智力和优秀智力分别减少24%和28%，当指甲氟分别超过18.5μg/g和14.5μg/g后，极优智力和优秀智力减少

《第五章
环境因素对胚胎和胎儿发育的影响》

趋势放缓。该研究揭示了低中度氟暴露与儿童智力发育损害的关系。

（三）地方性氟中毒的预防措施

针对高氟来源采取各种方法降低环境中氟浓度，控制人体对氟的摄入量，减少机体对氟的吸收是预防地方性氟中毒的重要措施。

饮水型氟中毒病区需要改换水源；在没有低氟水源可利用时，可采用饮水除氟法。燃煤污染型病区采用改良炉灶、安装烟囱将煤烟排出室外减少室内空气污染，建立无氟污染玉米炕房，以及改变病区燃料和主食结构等措施。饮砖茶型氟中毒病区要研制低氟砖茶和降低砖茶中氟含量，并在饮砖茶习惯病区增加其他低氟茶种代替砖茶。

第三节　环境污染引起的优生问题

一、大气污染与优生

大气污染（ambient air pollution）是指由于自然或人为因素，使一种或多种污染物混入大气中，并达到一定浓度，超过大气的自净能力，致使大气质量恶化，对居民健康和生活条件造成了危害，对动植物产生不良影响的空气状况。大气污染主要源于工业、交通排放及生活燃料燃烧，主要成分有 $PM_{2.5}$、PM_{10}、SO_2、NO_2、O_3、CO、NO、碳氢化物和重金属等。因原料和生产工艺不同产生特定的工业排放物有氟、氯、硫化氢、硫醇和氨等；汽车、飞机排放物有 CO、烃类、NO_x、硫氧化合物、有机酸、颗粒物等。此外，大气中还存在放射性和生物性污染。大量研究表明，大气污染与诸多不良妊娠结局存在关联，如早产、流产、死产、婴儿期死亡、低出生体重、小于胎龄儿、大于胎龄儿、出生缺陷等。值得注意的是，大气污染不仅对母体孕期产生潜在危害，也会对胎儿及其在婴儿期、成年期罹患其他疾病产生难以预估的影响。

1. **早产**　早产（preterm birth）是指妊娠满 28 周但不足 37 周的分娩者，此时娩出的新生儿称为早产儿，全球每年约有 1 500 万例。基于 184 个国家的数据显示，各国的早产率在 5%～18% 不等，且部分国家这一比例仍有上升趋势。美国每年因早产的社会成本和负担至少为 262 亿美元。国内多项研究表明，女性在妊娠期的不同阶段暴露于大气污染物均对早产发生存在影响。如在湖南长沙 2011—2012 年间开展的队列研究发现，整个妊娠期 NO_2 暴露与早产显著相关，特别是在受孕月和孕早期 NO_2 暴露，早产发生的风险分别增加了 1.17 倍和 65%。Liu 等对广东自 2016 年开展的出生队列研究分析显示，PM_{10} 暴露和早产之间没有显著的相关性，但在妊娠 12～18 周 $PM_{2.5}$ 暴露可使早产风险增加 6%。2013—2017 年在浙江开展的前瞻性出生队列研究结果显示，随着 $PM_{2.5}$、PM_{10}、SO_2、NO_2、CO 和 O_3 暴露水平的增加，早产风险也逐渐增加，其中 CO 贡献最小（占 4.7%）、SO_2 贡献最大（占 29.4%）。梁志江等对珠三角 7 个主要城市 2015—2017 年间的 62.8 万名孕妇进行调查，发现整个妊娠期 $PM_{2.5}$、SO_2 和 O_3 暴露均与早产呈正相关。

097

在国外，有学者对澳大利亚 2009—2013 年间大气污染的健康效应进行研究，发现分娩前大气污染物的急剧增加与早产之间呈 U 型关系，当 NO_2、SO_2 和 CO 浓度高于阈值时会引起早产发生风险增加。在对该国维多利亚州 2012—2015 年间 28.6 万样本的分析发现，$PM_{2.5}$ 暴露也是该地区早产发生的危险因素。对韩国首尔 2010—2016 年间出生的 58.1 万婴儿进行调查，发现孕早期 $PM_{2.5}$ 和低温（−14.5～3.4℃）共同暴露与早产风险增加相关。采用时间序列分析模型对伊朗德黑兰 2015—2018 年间出生的 54.2 万名新生儿进行研究，发现在未调整平均温度（17.9℃）时，$PM_{2.5}$ 和 NO_2 浓度每增加 $10\mu g/m^3$，该地区早产的风险分别增加 0.8% 和 0.6%；在调整温度后，仅 $PM_{2.5}$ 对早产有影响，其他污染物如 CO、SO_2、NO_2 和 O_3 均对早产影响不显著。以上研究提示，有必要在不同国家地区开展大样本的队列研究，同时也应考虑其他环境危险因素与大气污染之间的交互作用对早产的综合影响。

2. **流产和死产** 流产（abortion）是指妊娠小于 28 周、胎儿体重低于 1 000g 而终止者。流产被认为是妊娠早期最常见和最严重的并发症。不同地区环境污染物的组分与浓度存在一定差异，导致其对流产的风险及滞后时间也不同。对伊朗 2008—2015 年间的调查表明，孕妇产前 10 天 SO_2 急性暴露与滞后 0 天和 9 天的流产存在显著关联。2015—2016年间，我国 35 448 个乡镇约 119.1 万家庭参加了国家免费孕前优生健康检查项目，对收集的数据进行分析发现，在孕前 6 个月和孕早期，$PM_{2.5}$ 每增加 $10\mu g/m^3$，以及 $PM_{2.5} >$ $75\mu g/m^3$ 的天数每增加 1 天，女性发生自然流产的风险会增加 7%～11%。针对重庆市 2017—2019 年间的调查也显示，短期暴露大气污染物可增加自然流产风险，$PM_{2.5}$、PM_{10} 和 SO_2 浓度每升高 $10\mu g/m^3$，发生流产风险将分别增加 6.9%、4.6% 和 51.1%。

死产（stillbirth）是指妊娠在 28 周及以上的胎儿在分娩过程中死亡。据 *Lancet* 报道，2015 年全球约有 260 万胎儿在孕晚期死产。Yang 等在武汉开展的队列研究发现，暴露于高水平的 $PM_{2.5}$、PM_{10}、SO_2、NO_2 和 CO 会增加死产的风险，尤其以在孕晚期暴露的风险最高。也有报道称，美国每年约有 8 000 例死产可能与孕期接触 O_3 有关。2015—2017 年间在江苏开展的一项前瞻性队列研究显示，$PM_{2.5}$ 浓度每增加 $10\mu g/m^3$，孕早、孕中、孕晚期和整个妊娠期死产的风险分别增高 14%、11%、15% 和 14%；此外，孕早期 PM_{10}，以及孕早期和孕晚期 O_3 浓度升高均与死产增加有关。Ranjbaran 等评估 2015—2018 年间伊朗德黑兰大气污染对死产的影响，发现平均每日 SO_2 每增加 5ppm，死产风险增加 6%。上述研究提示，地域差异、时间差异，以及污染物暴露差异均是影响死产的因素。

3. **出生体重降低** 低出生体重（low birth weight，LBW）是指出生时体重小于 2 500g 的婴儿。婴儿、儿童乃至其成年期的一系列疾病并发症均与 LBW 有关。2013—2017 年间对大气污染排名全国第二的石家庄市调查发现，孕早期 $PM_{2.5}$、PM_{10}、CO、SO_2、NO_2 和 O_3 暴露均是新生儿体重降低的危险因素，孕中期和整个妊娠期 $PM_{2.5}$ 和 PM_{10} 暴露也与新生儿体重降低有关，并且 SO_2 在各孕期暴露均与 LBW 有关，此研究反映出不同污染物对不同孕期影响的差异性。Li 等对浙江宁波市 2015—2017 年间出生的 17 万名活产婴儿进行调查，发现在整个妊娠期，除 PM_{10} 外，$PM_{2.5}$、CO、SO_2、NO_2 和 O_3 暴露均与婴儿出生体重呈显著负相关，并且孕早期可能是 $PM_{2.5}$ 的敏感暴露窗口期。同样，Shang 等在此期间对陕西西安市的 32.1 万例新生儿进行研究，发现整个妊娠期 $PM_{2.5}$、PM_{10}、CO 和 SO_2 暴露与足月儿出生体重降低和 LBW 发生风险增加有关。

国外的研究结论也不尽相同。对秘鲁 2012—2016 年间出生的 12.3 万婴儿的研究发现，整个妊娠期和孕早期 $PM_{2.5}$ 暴露与出生体重呈负相关。William 等对泰国 2015—2018 年间的 8.3 万人群进行研究，发现整个妊娠期 PM_{10} 每增加 $10\mu g/m^3$，出生体重降低 6.81g；然而，LBW 发生的风险仅与孕早期和孕中期 PM_{10} 暴露有关，与孕晚期和整个妊娠期暴露不存在统计学关联。

4. **小于胎龄儿**　小于胎龄儿（small for gestational age，SGA）指出生体重低于同胎龄平均体重的第 10 百分位的婴儿，可增加新生儿和婴儿死亡的风险，而且对个体健康有长期的影响。Wang 等分析了 2014—2019 年间广东省大气污染对 SGA 的影响，发现整个妊娠期 $PM_{2.5}$、SO_2、NO_2 和 O_3 暴露会使 SGA 的风险增加 2%～14% 不等。相比于上述的单胎人群研究，Bijnens 等对比利时东弗兰德 2002—2013 年间出生的双胞胎进行调查，也得出类似的结论，即孕晚期 PM_{10} 和 NO_2 暴露与 LBW 和较高的 SGA 风险相关。2012—2016 年间对秘鲁人群的研究发现，整个妊娠期 $PM_{2.5}$ 暴露与该区 SGA 风险增加有关。澳大利亚维多利亚州在此期间基于 28.6 万样本的人群调查亦发现，整个妊娠期 NO_2 和 $PM_{2.5}$ 浓度每增加一个四分位间距，婴儿出生体重分别减少 23g 和 15g。上述有关大气污染与 SGA 的负相关结果，也进一步提示大气污染物暴露与新生儿出生体重下降有关。

5. **出生缺陷**　出生缺陷（birth defect）是指婴儿出生时就存在身体结构、功能或代谢方面的异常。一项在荷兰开展的病例对照研究显示，整个妊娠期 NO_2 和 $PM_{2.5}$ 暴露与生殖器异常（主要是尿道下裂）呈正相关。Wang 等通过调查陕西省 2010—2015 年间大气污染物与 15 种出生缺陷的关系时发现，PM_{10} 和 NO_2 浓度在孕早期每增加 $10\mu g/m^3$，出生缺陷风险分别增加 3.4% 和 10.3%；其中，PM_{10} 暴露与先天性心脏病和唇裂伴或不伴腭裂相关，NO_2 暴露与神经管缺陷、先天性心脏病、先天性多指畸形、腭裂、消化系统异常和胃裂相关，而 SO_2 与任何类型的出生缺陷之间没有关联。2015—2017 年间在安徽开展的人群研究显示，除了 CO 和 O_3 外，妊娠 20～26 周 $PM_{2.5}$ 暴露、妊娠 0～2 周和 25～29 周 PM_{10} 暴露、妊娠 8～16 周和 29～38 周 SO_2 暴露、妊娠 40 周 NO_2 暴露均增加先天性心脏病的发生风险，并且分别在妊娠 22 周、37 周和 40 周时对先天性心脏病发生的影响最大。

根据近年的研究结果，妊娠期尤其是孕早期是大气污染物的敏感窗口期，不仅单一大气污染物暴露会增加不良妊娠结局的发生风险，混合污染物的协同或相加作用亦可增加不良妊娠结局的发生风险。尽管目前部分研究结果之间存在差异，但不难发现，国家地域差异、污染物水平差异、纳入样本量差异、研究设计差异和暴露评估方法差异等都是潜在的影响因素。就孕妇而言，应重视一级预防，在怀孕期间应尽量避免接触大气污染以减少对自身及其子代的健康影响。

二、水体污染与优生

水体污染（water pollution）是指人类活动排放的污染物进入水体，其数量超过了水体

的自净能力，使水和水体底质的理化特性和水环境中的生物特性、组成等发生改变，从而影响水的使用价值，造成水质恶化，乃至危害人体健康或破坏生态环境的现象。工业废水和生活污水是造成水体污染的主要来源，已严重威胁水资源的质量，加剧了水资源紧缺的矛盾。全世界年排放污水约 4 260 亿吨，由此造成的水质污染对水生态环境的影响及对人类健康的潜在危害已引起人们的高度重视。通过多种途径进入水体的污染物种类繁多，性质各异。在此以备受人们广泛关注的甲基汞和微囊藻毒素为例，简要介绍其生殖和发育毒性作用。

（一）甲基汞

在自然界中汞主要以元素汞、有机汞和无机汞三种形式存在，其中有机甲基汞（methylmercury，MeHg）是所有形式中毒性最大的。随着工农业生产的发展，汞的用途越来越广。氯碱工业、塑料工业、电子电池工业排放的废水是水体汞污染的主要来源，汞矿开采、冶炼排放含汞废气，含汞农药和污泥施肥可污染大气和土壤，最终也将转移到水体中沉降于底泥。水体和底泥中的无机汞在微生物的作用下转变成甲基汞；有些工业（如氯乙烯、乙醛生产过程中用汞作为催化剂）可直接排放含甲基汞的废水；有机汞农药的使用，也是污染大气、水体、土壤和粮食的重要来源。水生生物摄取甲基汞并蓄积在体内，然后通过食物链生物放大作用，可使高位营养级生物鱼体内甲基汞浓度比水中高出上万倍，人们长期食用此等受甲基汞污染的鱼贝类，可发生慢性甲基汞中毒。20 世纪 50 年代，日本水俣地区发生汞中毒事件，首次发现甲基汞对胎儿大脑发育的有害影响。虽然母亲只有轻微或没有中毒症状，但婴儿表现出中枢神经紊乱，如瘫痪和智力障碍。在水俣地区居民的头发中，检测到汞含量为 280 ~ 760ppm，而正常人头发汞含量仅为 2ppm。由于慢性甲基汞中毒最早发现于日本熊本县水俣湾附近的渔村，故称之为水俣病（Minamata disease）。先天性水俣病是世界上第一个由于水体污染而引起的对后代产生严重危害的公害病。

1. 先天性水俣病的临床表现　先天性水俣病（congenital Minamata disease）又称胎儿性水俣病，是妊娠母体摄入甲基汞，通过胎盘转运进入胎体脑组织，引起胎儿中枢神经系统发育障碍为主要特征的先天性甲基汞中毒。大都在出生 3 个月后发病，患儿症状较成人甲基汞中毒者更为严重。主要出现咀嚼、运动、言语和智力发育障碍等一系列症状，如咀嚼吞咽困难、动作协调障碍、共济失调、步行困难、肌肉萎缩、癫痫发作、语言困难、严重精神迟钝、斜视、阵发性抽搐和呆笑等。由于母亲乳汁甲基汞含量也高，先天性水俣病儿在接受母乳喂养时，可加重甲基汞的危害。

2. 先天性甲基汞中毒的发病机制

（1）甲基汞易于通过胎盘：给妊娠大鼠注射用放射性同位素标记的乙基汞（甲基汞与乙基汞作用机制基本相同），24 小时后检测发现，胎盘、胎膜、子宫壁、胎儿体内包括脑和脊髓全部都有很高的放射性。同样条件下，无机汞只能到达胎盘却不能通过胎盘，胎儿体内没有汞侵入。以上结果表明，甲基汞、乙基汞具有易通过胎盘侵入胎儿的特性。

（2）胎儿对毒物的高度敏感性：胎儿对毒物的高度敏感性是由胎儿的生理特点决定的。一方面，由于胎儿解毒功能不全，排泄不充分，易使毒物在体内蓄积；另一方面，胎儿处于代谢旺盛阶段，毒物在体内所产生的代谢产物相对较多且不易排出，逐渐蓄积增多。患儿发汞水平比母体高 20%～30%，脐带血汞含量高于正常儿。实验研究已证实，甲基汞可引起胎儿生长发育障碍，小眼、脑积水、小脑及脑部畸形、腭裂、颜面及舌畸形、骨骼畸形、全身浮肿和皮下出血等。

（3）甲基汞的毒性作用：甲基汞具有脂溶性、原形蓄积与高神经毒性三种特性。母体摄入甲基汞后，在胃酸作用下形成氯化甲基汞，经肠道几乎全部被吸收进入血液。氯化甲基汞与血红蛋白中的巯基结合，随血流输送至各器官，通过胎盘进入胎儿体内，并通过血脑屏障进入脑细胞。脑细胞富含类脂质，而脂溶性的甲基汞对类脂质具有很高的亲和力，所以很容易蓄积在脑细胞内。甲基汞对胎儿脑的侵害几乎遍及全脑。甲基汞分子不易破坏，在细胞中呈原形蓄积，且随时间延长，损害日益加重。对胎儿的脑损伤发生在胎儿早期，病理检查可见小脑颗粒细胞萎缩、弥漫性髓质发育不良、胼胝体和锥体发育不良等典型病变。目前，关于甲基汞神经毒性的分子机制尚未完全阐明，现有的研究主要集中在以下几个方面：①破坏线粒体的结构和功能，干扰神经递质的释放；②诱导氧化应激，导致氧化损伤；③抑制体内金属硫蛋白表达以促进汞进入脑组织；④特异性抑制星形胶质细胞的结构和功能；⑤诱导神经细胞凋亡；⑥引起神经细胞钙稳态失调，导致神经细胞损伤，甚至死亡。

甲基汞作为一种强效细胞毒素，还可通过损害胎盘完整性和功能，导致孕妇流产和胎儿宫内生长受限。高浓度甲基汞短期暴露实验动物的生殖毒理学表现包括精子数量减少、睾丸萎缩、婴儿体型偏小、胎儿存活率降低、胎儿畸形等。

（4）甲基汞的远期效应：日本学者提出水俣病临床表现与甲基汞摄入量有关，基底人数远多于急慢性中毒及先天性水俣病的人数，应把这些未确诊的多数人看作是甲基汞受害者。如果摄入甲基汞量很大引起急性水俣病，则无法妊娠；如摄入量少，虽可能妊娠，但胎儿易流产或形成死胎；摄入量再少容易出生重症神经症状的先天水俣病儿；母体症状较轻或无，摄入量更少，出生婴儿将是没有明显体征的精神迟钝儿。

20世纪70年代我国松花江及邻近江河发现汞污染，经多年治理后至90年代基本得以控制。20世纪80年代曾对沿江渔民健康状况进行连续10年的调查，结果发现部分渔民体内已有相当量的甲基汞蓄积，达到了水俣病患者的低限水平，出现了周围型感觉障碍，向心性视野缩小，听力下降，神经性耳聋等慢性甲基汞中毒的典型体征，并发现了慢性甲基汞中毒的病人。神经系统功能检查结果显示，儿童握力显著低下，表明过量汞摄入可能对神经肌肉的随意运动产生影响。视觉运动反应测定显示，儿童眼手协调功能不如对照组，记忆力较差。回顾性调查发现，患儿母亲在孕育前后有大量摄食汞污染鱼的历史，每年食鱼 50kg 以上者占 60%～70%，鱼体甲基汞含量平均为 0.283mg/kg。以上结果表明，儿童在宫内经胎盘接受母体摄入的大量甲基汞，使大脑产生了广泛的不可逆损伤，出生后又经母乳和自身摄入甲基汞而进一步加重损伤，这是水体污染危及第二代产生远期效应的典型表现。因此，应重视人群长期低剂量摄入甲基汞对子代健康的影响。

世界卫生组织和粮农组织提出人体总汞每周耐受摄入量为 5μg/kg 体重，其中甲基汞不超过 3.3μg/kg 体重，并规定鱼体内汞含量应低于 0.4mg/kg。美国环境保护署制定的汞口

服参考剂量为 0.1μg/（kg·d），相当于发汞的总浓度为 1 000μg/kg，据估计，该浓度在一生中不会对人体（包括胎儿等敏感亚群）健康产生任何有害影响。我国分别制定了食品中总汞和水产品中甲基汞的容许量标准（mg/kg，以 Hg 计）：粮食（成品粮）≤ 0.02，薯类、蔬菜、水果、牛乳 ≤ 0.01，肉、蛋（去壳）、油 ≤ 0.05，鱼 ≤ 0.3（其中甲基汞 ≤ 0.2）。

（二）微囊藻毒素

蓝藻水华是水体富营养化危害中最有破坏性的表现，被称之为"生态癌"，此过程通常伴随着其次级代谢产物蓝藻毒素的产生。微囊藻毒素（microcystin，MC）是众多蓝藻毒素中分布最广、研究最多的一类天然毒素，被认为是最危险的氰基毒素之一，对动物和人类的健康构成严重威胁。

1. 理化性质　MC 是淡水蓝藻（如微囊藻、鱼腥藻等）产生的一类单环七肽化合物，属于细胞内毒素，当微囊藻细胞破裂或藻类腐烂分解后从细胞内释放进入水体。在目前已知的 200 多种 MC 异构体中，分布最广、毒性作用最强的是微囊藻毒素 -LR（MC-LR），其分子式为 $C_{49}H_{74}N_{10}O_{12}$，相对分子质量为 994Da，其次是微囊藻毒素 -RR（MC-RR）和微囊藻毒素 -YR（MC-YR）。MC 为环状结构且拥有 C-C 双键，稳定性高，难以降解，易溶于水及甲醇、丙酮等有机溶剂，不溶于乙醚、乙酸乙酯、氯仿等非极性溶剂。普通的物理化学手段，如加热煮沸、加氯、氧化、pH 变化都不能将其破坏。MC 在太阳光照射下比较稳定，但在其最大吸收波长（238nm、242nm、254nm）附近的紫外光照射下易降解。此外，O_3 和自然界中某些微生物对 MC 也有很好的降解作用。

2. 环境分布　我国湖泊众多，20 世纪 90 年代以来，蓝藻水华暴发的面积、强度和藻毒素含量均在大幅度增长。其中，以江苏太湖、安徽巢湖、云南滇池的蓝藻水华污染最为严重。此外，长江、黄河、松花江中下游等主要河流，以及鄱阳湖、武汉东湖和莲花湖、上海淀山湖、三峡库区等淡水湖泊、水库中也都相继发生了不同程度的蓝藻水华污染并检测到了 MC 的存在。Song 等报道太湖五里湖和梅梁湾表层水最大胞外 MC 含量分别为 2.71μg/L 和 6.66μg/L。徐海滨等对江西鄱阳湖的调查显示，水体 MC 最大为 1.04μg/L。蔡金傍等对华北地区某水库进行为期一年的监测发现，胞内胞外 MC 的峰值出现在夏秋季，最高可达 5.63μg/L。2005 年对北京市重要饮用水水源地官厅水库、密云水库和怀柔水库的水样进行调查发现，在藻类的高发季节，3 个水库水体中均检出 MC，其中官厅水库 7 月份 MC 最高值达到 20μg/L。广东省典型供水水库和淡水湖泊 MC 分布广泛，以 MC-RR 为主，水库 MC 含量在 0 ~ 0.92μg/L。杨希存等对秦皇岛洋河水库的调查显示，MC 总含量为 0.13 ~ 0.93μg/L。除天然水体和水库源水外，饮用水也存在 MC 污染。国内相关研究表明，包括上海、厦门、无锡、海门、昆山和郑州等在内的部分城市自来水厂出水样品中能检测出 MC，部分样品最大浓度接近甚至超过安全限值（1.0μg/L）。

水生生物中也发现了 MC 的踪迹。在巢湖 9 种鱼体内均检测到 MC 的存在，伊朗的安扎利湿地银鲤和白斑狗鱼肝脏中检测到 MC 的最高含量分别为 44.34ng/g 和 51.91ng/g。MC 不仅可以在鱼体内蓄积，还会在虾、贝、蛤等软体动物体内蓄积，通过水产品的形式进入人体，从而对人类健康造成潜在的威胁。Chen 等对在安徽巢湖湖面生活 5 年以上的渔民开展流行病学调查，在其血液中普遍检测出 MC，平均值为 0.228ng MC-LReq/mL，并且发现血清 MC 浓度与肝功能指标呈正相关关系,从而首次发现慢性 MC 暴露危害人类健康的直接证据。基于 1 322 名三峡库区儿童的横断面调查显示,低暴露水平儿童和高暴露水平儿童血清 MC 含量分别为 0.4ng MC-LReq/mL 和 1.3ng MC-LReq/mL。综上可知,因 MC 污染而导致的水环境和人类健康问题不容忽视。

3. 体内代谢和蓄积

（1）吸收:MC 可在水生生物中蓄积,通过食物链转移到较高位营养级生物。人类可通过消化道、呼吸道、皮肤和静脉等途径暴露于 MC,如饮用受污染的水,食用受污染的食物和藻类膳食补充剂,呼吸道吸入,身体接触（如游泳,洗澡等活动）,以及使用被污染的水进行血液透析等,其中饮用被 MC 污染的水和身体接触是人体暴露 MC 最常见的途径。

（2）分布:同位素示踪显示,静脉注射、腹腔注射和口服 3 种不同途径进入昆明小鼠体内的 MC-LR,70% 分布在肝脏和肾脏,其余则分布在肺、肠、脾、肌肉、心脏等部位。将标记的 MC-LR 注射到大西洋鲑鱼的腹腔,2 小时后毒素集中分布在肝脏、幽门垂和肠道;5 小时和 22 小时后集中分布在肝脏;46 小时后集中分布在肝脏和肾脏;最大的浓度分布在注射后 5 小时的肝脏中,整个鱼体的吸收率在 2 小时、5 小时、22 小时和 46 小时分别为 67.9%、78.4%、54.5% 和 12.2%。太湖蓝藻水华暴发期间,鲢鱼体内 MC 的平均浓度分布为肠 > 肝脏 > 肾脏 > 血 > 肌肉 > 脾脏 > 鳃。

（3）代谢:还原性谷胱甘肽（glutathione,GSH）在 MC 的解毒过程中发挥重要作用。MC 进入机体后,在谷胱甘肽 S 转移酶的催化作用下生成 MC-GSH 结合物,此反应是 MC 解毒过程的第一步。随后在谷氨酰胺转移酶和甘氨酸半胱氨酸转移酶的作用下,MC-GSH 逐步降解为半胱氨酸结合物 MC-Cys。

（4）排泄:在哺乳动物体内,MC 主要通过尿液以 MC-Cys 形式清除。与尿液相比,粪便虽然不是主要排泄途径,但是对 MC 原形的清除非常重要。

4. 生殖和发育毒性

MC 具有多物种毒性和多器官毒性,不仅会对水中的浮游生物、贝类、虾蟹、鱼类、两栖类造成毒害作用,还能通过饮水或食物链传递,对鸟类和哺乳类的健康产生威胁。研究表明,MC 具有肝毒性、生殖毒性、神经毒性、心脏毒性、胃肠毒性、肾毒性、免疫毒性和致癌性等,其中 MC-LR 还被国际癌症研究机构列为可能的人类致癌物（2B 类）。

（1）生殖毒性:大量研究证实,性腺是 MC 除肝脏外的第二靶器官,MC 可在睾丸或卵巢中大量蓄积并产生强烈的生殖毒性。MC 可通过降解小鼠睾丸细胞中紧密连接相关蛋白水平引起血睾屏障破坏,这可能是 MC 引起睾丸结构和功能损伤、发挥雄性生殖毒性的关键步骤。雄性小鼠和大鼠经 MC 暴露后,睾丸和附睾重量下降,睾丸发生萎缩,生精小管间距增大、堵塞,精原细胞变形,间质细胞、支持细胞及成熟精子数量减少,并且附睾中精子活性和运动能力降低,精子畸形率升高。MC 还能引起生殖内分泌系统紊乱,导致下丘脑 - 垂体 - 睾丸轴失调。例如,无论采用腹腔注射或者饮水暴露,MC 均可引起大鼠和小鼠血清、睾丸中睾酮水平降低。然而,雄性体内黄体生成素（luteinizing hormone,LH）和卵泡刺激素（follicle-stimulating hormone,FSH）的水平却因暴露途径、时间、剂量不同而发生不同的改变。当以 5μg/kg，10μg/kg，15μg/kg 的 MC 剂量采用腹腔注射的方式对大鼠染毒 20 天，血清中 FSH 与 LH 含量在 5μg/kg 组升高，在 15μg/kg 组下降；当以 1μg/kg 和 10μg/kg 的剂量采用腹腔注射的方式对大鼠染毒 50 天，或以 3.2μg/L 和 10μg/L 的剂量采用饮水的方式对小鼠染毒 6 个月，FSH 与 LH 的含量升高。特异性抑制蛋白磷酸酶 1 和 2A 的活性被认为是 MC 最重要的致毒机制。此外，氧化应激、内质网应激、凋亡和自噬等过程也在其雄性生殖毒性中发挥重要作用。对雌性小鼠进行亚慢性或慢性 MC 暴露后，发现卵巢指数下降，原始卵泡减少，闭锁卵泡增多，动情前期、动情期时长降低，孕酮水平紊乱，雌二醇水平降低，产仔率下降，产仔死亡率升高。体外实验表明，MC 也可以进入卵巢颗粒细胞，诱导氧化应激，导致细胞活力下降。

在自然条件下，陆生哺乳动物直接接触到大量 MC 的情况较为罕见，而鱼类生活在水中，MC 对其暴露更为直接。无论是体表接触，还是通过呼吸或摄食，MC 均能进入鱼体产生毒性。鱼类性腺中 MC 的蓄积不仅影响自身种群的延续，也通过食物链对其他动物甚至人类健康造成严重威胁。研究发现，将斑马鱼暴露于 MC-LR 后，雌雄斑马鱼的交配和产卵行为减少，繁殖成功率下降。雄性斑马鱼睾丸生精小管部分组织溶解，细胞界限不清、间隙扩大，减数分裂异常，精子数量密度下降；睾丸中细胞线粒体肿胀、溶解，内质网扩张，脂滴累积增多；睾丸发生氧化应激，并伴随着细胞骨架、氧化应激、糖酵解、钙离子结合等相关蛋白的表达改变。雌性斑马鱼卵巢结构也明显受损，卵母细胞和卵泡细胞间连接丢失，卵细胞出现畸形，卵母细胞中卵黄储存减少。除了氧化应激，MC 也通过影响下丘脑 - 垂体 - 性腺轴，调控类固醇合成基因表达，改变睾酮和雌二醇等性激素水平，对斑马鱼产生生殖毒性。

（2）发育毒性：MC 可通过胎盘与母乳传递到子代，影响子代的生长发育。对孕 6～15 天的昆明小鼠腹腔注射 MC 粗提物（3μg/kg，6μg/kg，12μg/kg），在孕 18 天时发现活胎数减少，吸收胎、早死胎增多，胎鼠体重降低，体长和尾长变短，并出现胎尾卷曲，胎鼠肝脏呈现轻度水样变性和点状出血。对雌性 BALB/c 小鼠从孕 12 天至仔鼠出生 21 天期间通过饮水进行 MC 染毒（1μg/L，10μg/L，50μg/L，相当于 0.1μg/kg，1μg/kg，5μg/kg），雄性仔鼠出生 30 天和 90 天时体重、前列腺指数降低，90 天时肛殖距减小，血清睾酮、雌二醇、睾酮 / 雌二醇降低，前列腺发生坏死、增生、炎症和纤维化，雄激素受体和雌激素受体表达上调。对 28 日龄大鼠每 2 天灌胃染毒 MC-LR（1μg/kg，5μg/kg，20μg/kg）8 周，仔鼠出生 7 天时在悬崖回避实验中反应时间延长，出生 60 天时空间学习记忆能力降低，且海马组织发生氧化应激。对雌性 SD 大鼠从孕 8 天至仔鼠出生 16 天期间进行 MC-LR 连续染毒（10μg/kg），在仔鼠肝脏与脑中检测到 MC，并观察到病理损伤，大量涉及细胞骨架、氧化磷酸化、氧化应激、蛋白质折叠与代谢等的蛋白表达发生改变。以上研究反映了妊娠期和哺乳期 MC 暴露对子代生长发育的有害影响。近年来，国内有学者也评估了父代 MC-LR 暴露对胎仔发育的影响。他们将 MC-LR（10μg/kg）以腹腔注射的方式连续处理雄性小鼠 35 天，然后与未暴露的正常雌鼠进行合笼，发现父代 MC-LR 暴露通过抑制胎盘迷路层细胞增殖和损害血管发育引起胎鼠宫内生长受限。

和哺乳动物一样，MC 也可对鱼类产生发育毒性。MC 可导致斑马鱼胚胎成活率降低，孵化时间提前，开口摄食时间推迟，幼鱼生长滞后。MC 也降低泥鳅、鲤、青鳉和南方大口鲇等多种鱼类胚胎的孵化率，引起生长缓慢。在大鳞副泥鳅胚胎的实验中发现，卵裂期 MC 染毒后幼鱼孵出延迟、出膜困难、孵化率明显降低，并伴随着一系列畸形症状，如卵黄吸收不足或卵黄膨大崩解、心包水肿及管状心脏、心跳过缓或局部停止、脊柱弯曲或弯尾等。MC 急性暴露可致大口鲇胚胎孵化率降低，畸形率增加，幼鱼肝脏坏死。研究显示，能量代谢紊乱、细胞骨架坍塌、氧化应激，以及氧化应激与内质网应激介导的细胞凋亡参与了 MC 引起的胚胎发育毒性。此外，MC 也能通过下丘脑 - 垂体 - 甲状腺轴影响胚胎、仔鱼及幼鱼的生长发育。

MC 已成为世界范围内的水污染问题之一，不仅会带来一系列的环境、水质和处理问题，也会对动物和人类健康产生许多不良影响。人类的健康风险与 MC 暴露途径和浓度有关。为减少人类对 MC 的接触并最大限度地降低其威胁，世界卫生组织推荐的人类饮用水中 MC 标准为 1.0μg/L，同样，我国《生活饮用水卫生标准》（GB 5749—2022）中 MC-LR 的限值为 0.001mg/L。

三、土壤污染与优生

土壤污染（soil pollution）是指在人类生产和生活活动中排出的有害物质进入土壤中，超过一定限量，直接或间接地危害人畜健康的现象。土壤污染主要受人为活动的影响，土壤中的有害物质通过"土壤 - 植物 - 人体"，或通过"土壤 - 水 - 人体"间接被人体吸收，对人体健康造成危害。同时某些有害物质可较长时间存留于土壤中，并不断迁移到相邻的环境介质中，通过空气、水和植物对人体健康产生危害。现有研究证据表明，妊娠期妇女暴露于土壤有毒重金属、农药、持久性有机污染物及病原微生物等与不良妊娠结局存在一定的相关性。

（一）重金属

土壤无机物污染中以重金属较为突出，土壤重金属污染可通过食物链对人体健康造成严重危害。土壤中常见的有毒重金属如铅（lead，Pb）、镉（cadmium，Cd）、汞（mercury，Hg）等具有生殖和发育毒性，还具有内分泌干扰作用，对孕期妇女的健康状况、胎儿出生结局及生长发育等具有较大的影响。

孕期接触一定量的 Pb 可对胚胎发育产生不良影响。母体吸收的 Pb，90% 可通过胎盘屏障，并在胎儿体内蓄积，导致流产、早产、低出生体重等不良妊娠结局。此外，Pb 对后代神经系统和神经行为发育的影响也较为显著。孕中期 Pb 暴露水平每增加 0.001mg/L，出生体重减少约 43g，早产风险增加 0.66 倍。李倩等研究发现 Pb 会影响斑马鱼胚胎的发育，导致胚胎发育畸形和死亡，并且斑马鱼胚胎死亡率和畸形率随着暴露浓度的增大而升高。

美国一项队列研究表明，孕期血中 Cd 暴露水平与根据孕周划分的出生体重百分位数呈负相关，且与小于胎龄儿风险增加呈正相关。新生儿脐带血中 Cd 水平与顶踵长、阿普加 5 分钟评分、出生体重和小于胎龄儿密切相关，脐血中 Cd 浓度越高，顶踵长和胎盘厚

度越少；胎盘中 Cd 水平增加，脐带长度增加，胎盘厚度减少；此外 Cd 能够改变胎盘的血流和内分泌功能，造成胎儿宫内发育不良、新生儿出生体重偏低，甚至死胎。

马鞍山优生优育出生队列研究结果显示，孕早期和孕中期 Hg 暴露均会增加胎儿早产的风险，孕中期 Hg 暴露还会增加胎儿低出生体重的风险，并与分娩孕周减少有关；孕早期 Hg 暴露水平增加与出生体重和出生时身长减少有关。朱泓等选取在上海交通大学医学院附属新华医院的 200 例单胎妊娠孕妇及其分娩新生儿为研究对象，利用原子吸收法测定血 Hg 含量，结果显示，新生儿脐血 Hg 水平与其母亲外周血 Hg 水平呈显著正相关；血 Hg 升高组的胎儿畸形、小于胎龄儿等不良妊娠结局发生率显著高于血 Hg 正常组，且胎儿窘迫、胎儿宫内生长受限、妊娠高血压疾病等妊娠合并症的发生率也更高。

在土壤重金属污染中，铊（thallium，Tl）对胚胎发育的影响也引发了广泛关注。一项在湖北武汉开展的覆盖 7 173 对母婴大样本出生队列研究显示，在调整各种混杂因素后，分娩前三天经肌酐校正后的尿 Tl 水平高于 0.8μg/g 组的孕妇，其胎儿发生早产的概率是尿 Tl 水平小于 0.36μg/g 组的 1.55 倍，且这一效应，在具有胎膜早破的孕妇人群中更为明显；孕妇尿 Tl 经自然对数转换后，其每上升一个单位，孕周减少 0.99d。研究表明，Tl 可顺利透过胎盘屏障，直接作用于发育中的胎儿，进而增加不良妊娠结局的风险，2016 年 Xia 等采用巢氏病例对照研究发现，较高的母体孕期尿 Tl 水平与低出生体重风险增加有关。大样本出生队列研究也发现，孕早期母亲血清中 Tl 水平与新生儿出生头围呈负相关，脐血血清中 Tl 水平与新生儿出生身长呈负相关。

（二）农药

农药种类繁多，全世界已开发出的农药原药有 1 200 多种，其中常用的有 200 余种，主要包括有机氯、有机磷、有机砷、有机汞、氨基甲酸酯、菊酯类化合物等几大类。由于不少农药具有高毒性、高生物活性及在土壤环境中残留的持久性，加上农药滥用问题，土壤中的农药污染问题已经引起人们的高度关注。农药污染土壤后即使土壤中农药的残留浓度很低，但通过食物链和生物富集作用均可使生物体内浓度提高数千倍甚至上万倍，从而对人体健康造成危害。因此，孕期农药的暴露与生育质量的关系也受到了人们的广泛关注。

在中国农村地区开展的一项前瞻性队列研究中，通过收集 248 501 对夫妻怀孕前后的农药暴露情况和不良妊娠结局资料并进行分析，结果显示，母亲孕前农药暴露是死胎、死产、异位妊娠、低出生体重的危险因素。父亲单独农药暴露与自然流产显著相关。父母亲农药暴露与低出生体重呈正相关，与巨大儿呈负相关。由此可见，农药暴露是死胎、死产、异位妊娠、低出生体重、自然流产等不良妊娠结局的危险因素。

有机氯农药主要用作除草剂、杀虫剂和杀螨剂，包括敌草隆、百菌清、三氯杀螨醇，以及已经在生产上禁用的滴滴涕、六六六、氯丹和艾氏剂等。由于有机氯农药具有广谱、高效、急性毒性低和价格低廉等优点，在我国过去使用的农药中，有机氯农药使用比例超过 60%。研究表明，有机氯农药进入人体后可以干扰甲状腺激素、雌激素、雄激素、胰岛素及神经内分泌系统的正常作用，从而影响人体生殖系统、心血管系统和代谢系统的正常运转，进而导致出生缺陷。Andersen 等采用人乳腺癌细胞系 MCF-7 和仓鼠卵巢细胞系

CHO-k1 对丹麦用量最高的 24 种农药的雌激素和雄激素活性进行筛查，发现硫丹、敌敌畏、狄氏剂均可与雄激素受体结合，同时也具有雌激素活性。Lemaire 等采用前列腺癌细胞系 PALM 对常用有机氯农药的雄激素活性进行研究，发现艾氏剂、狄氏剂、氯丹、硫丹、滴滴涕、甲氧 - 滴滴涕、异狄氏剂均能和雄激素受体结合，表现出雄激素活性。Verreault 等发现六氯苯能够显著抑制北极鸥体内甲状腺激素的合成。现有研究结果显示，有机氯农药污染与睾丸发育不全、性功能障碍、隐睾、睾丸癌、阴茎发育不全、尿道下裂、生殖器官癌症、不孕不育症、性别比例失调、胎儿及哺乳期婴儿疾患、免疫功能低下、智商降低等有显著的相关性。此外，有机氯农药污染还与女性青春期提前、流产、异位妊娠、月经失调、子宫内膜增生、子宫内膜异位等生殖系统疾患有关。

有机磷农药是我国使用量最大的一类农药，多为有机磷酸酯类或硫代磷酸酯类，主要用作杀虫剂。有机磷农药能抑制乙酰胆碱酯酶，表现出中枢神经毒性。但已有的研究表明有机磷农药也是一类内分泌干扰物，具有类雌激素效应，可以扰乱性激素平衡，导致雄性生殖能力降低，对于雌性会造成着床前胚胎丢失率、自然流产率上升，对生殖产生不良的影响。目前研究发现，有机磷农药的内分泌干扰效应各不相同，如 Manabe 等通过 MtT/Se 细胞增殖实验发现，毒虫畏、二嗪农、甲基立枯磷和丙硫磷具有雌激素效应；Mahjoubi-Samet 等发现敌百虫和乐果能够干扰乳鼠体内甲状腺激素分泌并影响甲状腺功能；Cocco 等发现马拉硫磷和对硫磷会抑制儿茶酚胺的分泌。

拟除虫菊酯类农药广泛用于农业生产和家庭除虫，曾被认为是低毒无害的新型农药，但研究显示它们可能会干扰生物体内分泌系统的正常功能。通过运用 MCF-7/BUS 亚型细胞对几种拟除虫菊酯类农药开展雌激素筛查实验发现，醚菊酯能够促进 MCF-7 细胞增殖，表现出雌激素效应；而丙烯菊酯、氰戊菊酯和苄氯菊酯则显著抑制 17β- 雌二醇诱导的 MCF-7 细胞增殖，是雌激素受体拮抗剂，具有抗雌激素效应。通过雌激素竞争性结合实验，检测 $ER\alpha$、$ER\beta$ 和 $pS2$ 等基因表达水平的变化，发现这些拟除虫菊酯类农药均是雌激素类似物。Tu 等通过斑马鱼胚胎实验研究联苯菊酯和高效氯氟氰菊酯对斑马鱼下丘脑 - 垂体 - 甲状腺轴的影响，发现环境相关浓度的联苯菊酯和高效氯氟氰菊酯能够影响斑马鱼体内的甲状腺激素 T_3 和 T_4 的水平。

氨基甲酸酯类农药的毒性较有机磷酸酯类低，主要用作杀虫剂、除草剂和杀菌剂。目前国内外研究发现，克百威、苯氧威、灭虫威、灭多威、抗蚜威、西维因、恶虫威、残杀威、涕灭威、杀线威和霜霉威等氨基甲酸酯类农药具有内分泌干扰效应。Goad 等用 1.5mg/kg 克百威对大鼠开展急性毒性试验，发现暴露后 3 小时大鼠体内的雌激素、皮质醇、孕激素水平显著升高，雄激素水平显著降低，甲状腺激素水平却没有明显变化。Verslycke 等用苯氧威暴露糠虾发现苯氧威能够干扰糠虾体内的睾酮代谢。Andersen 等采用 MCF-7 和中国仓鼠卵巢细胞 CHO 模型进行内分泌干扰效应筛查试验，发现灭虫威、灭多威和霜霉威具有弱雌激素效应，能够诱导芳香酶活性，使雌激素含量增加。Klotz 等利用人乳腺癌细胞和子宫内膜癌细胞筛查氨基甲酸酯类农药的雌激素效应，发现涕灭威、残杀威、恶虫威、西维因、灭多威和杀线威都具有弱雌激素效应。

中国作为一个农业大国，农药使用量大。妇女妊娠期接触农药等化学品容易发生流

产、早产、死胎和先天畸形。农药摄入母体后，通过胎盘进入胎儿体内，使基因正常控制过程转向胎儿生长受限，即在妊娠某一阶段未能达到正常发育水平，从而造成先天畸形，出现结构或功能异常，严重的可使胎儿发育完全停止，引起流产、早产或死胎。由此可见，农药污染对胎儿发育的危害很大，应加强孕早期保健，避免农药暴露。

（三）持久性有机污染物

持久性有机污染物（persistent organic pollutant，POP）是指能持久存在于环境中，并可借助大气、水、生物体等环境介质进行远距离迁移，通过食物链富集，对环境和人类健康造成严重危害的天然或人工合成的有机化学物质。土壤环境中的 POP 主要来源于以下几个方面：①生产过程产生 POP 或从事 POP 相关的化工、农药生产企业的厂区或周边区域；②一些长期施用有机氯农药的农田仍有较高浓度残留；③堆放、填埋区域的 POP 物质泄漏；④工农业生产不断发展导致的新 POP 问题（如石化、交通导致的 PAH 问题，垃圾焚烧导致的二噁英问题等）。不少 POP 物质具有内分泌干扰作用，能够从多个环节上影响体内天然激素正常功能的发挥，影响和改变免疫系统和内分泌系统的正常调节功能。常见的 POP 如二噁英、PAH、多氯联苯（polychlorinated biphenyl，PCB）、邻苯二甲酸酯类、双酚化合物等，均能对胎儿的生长发育、出生结局、代谢水平等产生明显的干扰效应。

垃圾焚烧所产生的二噁英是土壤中二噁英的主要来源之一，农药及含氯有机物的高温分解或不完全燃烧、火山活动、森林火灾等亦可以形成二噁英。二噁英能干扰正常的精子发生过程，引起精子数量减少，严重影响生殖系统发育。研究表明，孕期暴露于二噁英会导致胎儿宫内生长受限、低体重儿、早产、死胎、低阿普加评分等不良妊娠结局风险增加，同时新生儿神经行为发育得分、肛殖距长短、激素水平、DNA 甲基化、蛋白表达等都会受到一定的影响。

PAH 是广泛存在的持久性环境毒物，是煤炭、石油和烟草等高分子化合物不完全燃烧产生的碳氢化合物，其典型代表 B[a]P 是人类致癌物质，可通过胎盘屏障，最终代谢形成 7，8- 二氢二羟基 -9，10- 环氧化苯并 [a] 芘（BPDE）及其 DNA 加合物，直接影响女性生殖健康。人群流行病学资料显示，孕妇暴露于 PAH 会导致流产、早产、胚胎停止发育等不良妊娠结局，并影响胎儿的正常生长发育。动物研究表明，B[a]P 不仅会影响雌鼠的生殖健康，也会导致幼鼠生长发育不良。此外，B[a]P 能抑制滋养层细胞的侵袭、迁移和增殖能力，促进滋养层细胞凋亡和死亡。研究表明，孕期 PAH 暴露会对母婴 DNA 造成不同程度的氧化损伤，而且这种氧化损伤与修复酶 XPC、XPD、ERCC1 基因多态性有关，提示 PAH 对母婴 DNA 氧化损伤存在环境 - 基因交互作用。

美国和德国等地区的 9 个前瞻性研究都发现，宫内 PCB 暴露与认知功能、语言文字学习能力、记忆识别能力损伤有关。2015 年一项法国的队列研究显示，PCB 会影响性激素的分泌。另外一项纳入欧洲 7 个出生队列的研究发现，PCB153 暴露与婴儿的发育抑制明显相关。Casas 等对欧洲 11 个出生队列的 9 377 对母婴进行研究后发现，PCB53 每增加 1μg/L，新生儿出生体重相应减少 194g。

（四）病原微生物

土壤生物性污染是指由于病原体和带病的有害生物种群从外界侵入土壤，导致土壤中致病菌、病毒、寄生虫（卵）等病原微生物增多，对人体健康或生态系统产生不良影响的现象。土壤中的细菌、病毒、寄生虫等微生物感染妊娠期母体，通过胎盘屏障或血液、羊水、产道等渠道，直接或间接作用于胎儿，从而严重影响胎儿正常的结构功能，导致畸形等不良妊娠结局的产生，影响围产儿的健康。研究表明，这些微生物除包括孕期常见的弓形虫、风疹病毒、巨细胞病毒、单纯疱疹病毒外，还包括肝炎病毒、柯萨奇病毒、HIV 病毒、寨卡病毒、带状疱疹病毒和梅毒螺旋体等。如孕妇风疹病毒感染与胎儿心脏畸形密切相关；寨卡病毒侵犯并严重损害中枢神经系统，导致小头畸形和其他先天畸形等。

第四节　其他因素引起的优生问题

除环境污染外，其他因素如营养、食品污染、不良行为生活方式、妊娠并发症和合并症、孕期用药和心理应激，以及高龄等，也会对胚胎和胎儿的发育产生重要影响。

1. 营养因素和食品污染与优生　怀孕是妇女生命中一个特殊的生理过程，孕期妇女的生理变化要求其摄入全面的营养物质和充足的能量。胎儿在宫内的生长发育依赖于母体，合理的膳食结构及全面的营养素不仅关系到母体自身的健康，同时也与宫内胎儿的生长发育密切相关。妇女孕期的营养和食品卫生状况对其自身、胎儿及妊娠结局会产生多种影响。

为了保证胎儿宫内正常的生长发育和孕妇自身的健康，孕期妇女应适量补充营养。虽然孕期营养备受重视，但往往因得不到正确、科学的膳食指导，不良妊娠结局时有发生。随着人们生活水平的提高，孕期膳食状况得到了极大的改善，但问题依然存在。一方面，部分孕妇孕期营养不足的问题尚未解决；另一方面，营养"过剩"又逐渐成为影响妊娠结局的新问题。母体营养不良和胎儿宫内生长环境不能满足其需求，不仅易引发妊娠并发症和不良妊娠结局，而且会对子代成年期疾病的发生发展产生长远影响。孕期营养不良会直接导致胎儿生长发育受损，如在母体内的胚胎发育停滞、宫内生长受限等，其不良妊娠结局包括早产、低出生体重、小于胎龄儿的发生率增加，胎儿畸形发生率增加，围生期胎儿、婴儿死亡率升高等。孕妇妊娠期能量及营养素摄入过多对妊娠结局同样会产生不良影响。例如，孕期营养过剩导致的孕期增重过多会增加巨大儿、剖宫产的发生率，增加妊娠并发症和/或合并症的发生率，增加妊娠高血压疾病、妊娠期糖尿病的患病风险，还会导致孕妇产后肥胖的发生等。巨大儿可导致难产和新生儿窒息、臂丛神经损伤、锁骨骨折等并发症，随之而来的是剖宫产率升高。高出生体重对于新生儿有着诸多不良的远期影响，如肥胖、糖尿病、心血管疾病等。

食品在生产、收获、加工、运输、储存、销售等各个环节可能被有害物质（包括物理、化学、微生物等方面）污染，从而损害人体健康。食品污染不仅可以影响食品的感官性状和营养价值，而且影响食品质量。妊娠导致的细胞免疫功能低下会使孕妇对某些食源

性病原体的易感性增加。食品添加剂和防腐剂中，有的存在一些具有致畸作用的化学物质。孕妇若食入被霉菌毒素污染的食品（霉变食物），毒素可通过胎盘损伤胎儿，引起胎儿体内细胞染色体断裂。而且，受化学性和放射性污染的食品，对人体可产生慢性、长期和潜在性危害，包括致癌、致突变和导致下一代发生先天畸形。因此，重视孕妇的营养和食品卫生状况，才能达到改善孕妇妊娠结局及新生儿状况的目标。

2. 不良行为生活方式与优生　越来越多的证据显示，不良行为生活方式对生殖健康具有重要影响，如吸烟、饮酒、吸毒、久坐、长时间使用手机、睡眠不足或过量、由工作安排或社会生活方式引起的昼夜节律紊乱等行为均可能对生殖功能造成损害。

动物研究和流行病学研究证实，烟草燃烧所产生的烟雾中一些成分如尼古丁、Cd、Pb、氰化氢、亚硝胺类，以及烟草不完全燃烧产生的 CO，能导致孕妇流产、新生儿发育障碍、低出生体重、智力较低，还能引起多种出生缺陷的发生，尤其是导致多系统、器官的畸形。一些神经心理学试验也证实了孕期吸烟与儿童认知发育之间的关联性。孕期暴露于烟草的儿童在神经心理学测试平均反应时比未暴露于烟草的儿童慢 40 毫秒。孕期可替宁（尼古丁在体内的初级代谢产物）水平与 2 岁儿童认知、语言、精细运动等呈负相关。此外，妊娠前后被动吸烟也会增加生育神经管缺陷患儿的风险，且随着被动吸烟频次的增加，生育神经管缺陷患儿的风险增加。

酒精及其代谢产物乙醛可损伤生殖细胞，使受精卵发育不全，常造成流产，尤其妊娠中期是酒精造成流产的敏感期。孕期酒精暴露对儿童心理、行为及神经均能造成不良影响，包括注意缺陷与多动障碍、学习和记忆障碍及社会和情绪发育障碍等，最常见的不良影响是会导致胎儿酒精综合征。研究显示，与孕期未饮酒孕妇相比，孕早期少量饮酒（单次饮酒的纯酒精克数不超过 20g 且每周纯酒精摄入量不超过 70g）导致新生儿额头形态异常，孕期高度饮酒（每周纯酒精摄入量大于 70g）导致新生儿眼睛、面部、下颌和额区异常，孕期酗酒（单次饮酒的纯酒精克数不少于 50g）导致新生儿下颌异常。此外，妊娠期饮酒也常发生妊娠并发症如胎盘早剥、胎儿窘迫症、羊水感染等。

妇女在妊娠期吸毒，由母血经胎盘进入胎儿体内的毒品，能在胎儿组织细胞分化的早期发挥作用，导致胎儿畸形。妻子受孕前丈夫吸毒，也可因毒品对男性生殖功能造成的危害，影响精子的质量和数量而导致胎儿生长发育异常。研究显示，妊娠期妇女吸毒会导致新生儿早产增加，窒息及新生儿呼吸窘迫综合征的比例升高。孕晚期吸毒会导致新生儿戒断综合征。

3. 妊娠并发症和合并症与优生　妊娠期是女性特殊的生理时期，会出现一系列生理改变。妊娠并发症是指妊娠本身所引起的疾病，母体出现各种妊娠特有的脏器损害，常见的有流产、早产、妊娠期糖尿病、子痫、妊娠期高血压等。妊娠合并症是指在未孕之前或妊娠期间发生的非妊娠直接引起的各种（内外科）疾病，如心脏病、糖尿病、阑尾炎等。妊娠期糖尿病孕妇，若血糖控制不良，持续的高血糖诱导血管内皮受损、血管管腔增厚变窄，进而增加妊娠期高血压的发生率。孕妇体内血糖含量较高还可增加孕妇胎膜早破、产后出血、产褥感染等妊娠并发症发生的风险。此外，高血糖物质通过脐带传送给胎儿，胚胎或胎儿长期处于高血糖环境，引起胎儿窘迫、巨大儿、早产儿、新生儿窒息、新生儿低血糖发生率升高。妊娠期子痫可诱发孕妇昏迷，严重者导致母婴死亡。妊娠并发症和合并症可以影响妊娠的一系列生理过程，严重者甚至危及孕妇及胎儿的生命。因此，孕妇妊娠期间疾病需要积极治疗，但有些孕妇担心用药可能危害胚胎或胎儿生长发育，拒绝医治或拖延病情，导致疾病加重，危及母婴健康。孕妇患病应及时明确诊断，尽早治疗，不治或拖延治疗不仅对母体有害，也可对胎体造成危害。

4. 孕期用药与优生　以往，产科学认为胎盘是保护胎儿的"天然屏障"，有毒或无毒药物不会通过胎盘屏障危及胎儿发育及健康。但20世纪60年代初期，德国一些孕妇因服用反应停导致海豹肢畸形儿出生率明显增高，推翻了以前关于胎盘是药物不可逾越的天然屏障的概念，认为药物能够通过胎盘转运，影响胎儿的生长发育。越来越多的证据表明，大多数药物都可以通过胎盘屏障，妊娠期用药相当于母婴同治，药物对母体与胎儿都会有不同程度的影响。因此，正确指导围产期妇女合理用药对促进母婴健康、促进保健与优生至关重要。孕期女性因疾病需要用药物治疗时，应充分考虑母体的治疗需要，也要考虑药物可能对胎儿产生的不良影响。胎儿处于生长发育的关键期，其生理特点不同于成年人，母亲用药不当可能引起流产、胎儿畸形、致死、胎儿生理生化功能障碍和早产等不良后果，也可能引起脏器功能损害障碍。因此，妊娠期女性用药，应遵循妊娠期用药的原则，根据孕妇病情的严重程度及用药时胚胎发育的时相，药物本身的理化性质、剂量、疗程、给药途径，胎儿遗传素质，孕期孕妇和胎儿特殊的药物代谢动力特点，合理选择对胎儿无影响或影响比较小的药物，使孕妇安全渡过妊娠和分娩期。

5. 孕期心理应激与优生　妇女妊娠虽是一种自然现象，但也是应激性生活事件，可引起孕妇心理应激反应。在中国的文化背景下，生儿育女作为家庭生活中的重要事件，会受到各种文化习俗、家庭观念等影响，孕妇会担心胎儿健康、分娩疼痛、家庭社会关注度、个人形体变化等，以及一些负性生活事件的冲击，从而产生产前焦虑症状。孕期心理应激会引起神经内分泌系统的改变，在应激状态下，下丘脑-垂体-肾上腺轴参与反应，使母体神经内分泌发生变化，对胎儿的身心健康产生影响。抑郁和焦虑是妊娠及分娩时较常见的心理反应。焦虑和抑郁情绪可导致体内去甲肾上腺素分泌减少，使宫缩减弱、产程延长，难产率、产后出血率、新生儿发病率随之增加。孕期不良心理问题将影响孕妇的分娩方式，增加剖宫产率、妊娠并发症发生率及影响孕妇产后的心理状态。同时，也会对胎儿、新生儿产生不良影响，并会对后代产生持续影响。如孕期心理压力会导致流产、早产及低出生体重、新生儿身长偏短。孕初期抑郁、焦虑、压力等症状将会增加后代在青春期的内在化行为问题。孕期或生命早期应激诱发的大脑发育可塑性可能会持续到成年期，对慢性疾病的发生发展和行为与认知-情绪系统具有终身影响。研究表明，母亲孕期有抑郁症状的儿童在童年中期更有可能发生情感障碍。母亲孕期患有严重焦虑的学龄儿童注意力比一般儿童弱，会出现更多的情绪和行为问题，其在9～11岁患注意缺陷和多动障碍的风险明显增加。研究发现，孕期抑郁会诱导新生儿表观遗传改变，导致断奶期和成年期小鼠杏仁核和海马中脑源性神经营养因子表达减少及其外显子IV甲基化水平升高。此外，妊娠期暴露于强烈应激条件下的成年子代鼠表现出5-羟色胺能神经元生长发育异常。同时，孕期应激也能够诱导海马和额叶皮质基因表达改变。

在容易受到外界环境影响的发育时期，应激诱导的可塑性能够改变情绪、焦虑相关行为和认知功能。考虑到胎儿暴露于孕期应激的敏感性和孕期应激对表观遗传改变的影响，未来研究更多致力于如何来缓解孕期应激所带来的负面效应，甚至消除孕期应激。对孕妇进行出生缺陷的筛查与诊断，以及心理上的指导干预，将作为产前保健的重要内容。运用心理健康筛查工具，识别有抑郁、焦虑和创伤后应激症状的高危父母。同时，孕妇的心理健康问题需要医护人员和家属对其进行规范、科学、有针对性的心理干预，消除其焦虑和紧张的心理，并对出生缺陷胎儿的妊娠结局和围产期护理做好指导和干预措施。

6. 高龄与优生　现代社会的进步给妇女们提供了更多的参与社会和工作的机会，伴随而来的是结婚和生育年龄的推迟，以及因各种原因需要再次生育等情况。年龄可以作为一个独立因素影响最终妊娠结局，研究表明，与 30 ~ 31 岁的女性相比，34 ~ 35 岁的女性生育能力下降了 14%，36 ~ 37 岁下降了 19%，38 ~ 39 岁下降了 30%，40 ~ 41 岁下降了 53%，42 ~ 44 岁下降了 59%。按照医学上的界定，35 岁以上的妇女妊娠为高龄孕妇，女性 35 岁以后的生育能力及影响生育的机体状况处于下降状态。高龄对女性生育力的影响主要表现在卵子质和量的下降及子宫内膜容受性下降。随着年龄的增长，子宫肌瘤、子宫内膜息肉、内异症及慢性盆腔炎发生率明显增加，这些疾病通过影响生殖道解剖结构及宫腔内环境，最终降低子宫内膜容受性，影响胚胎着床，增加流产率及孕产期并发症的发生风险。慢性病如肥胖、糖尿病、高血压、心脑血管疾病、慢性肾脏病等发生率也随着年龄的增长呈现增高趋势，而妊娠期的血容量增加、心输出量增加、胰岛素抵抗等一系列生理改变又进一步加重了慢性病对器官的损害，形成恶性循环，导致流产、早产、胎膜早破、胎盘早剥风险增高，剖宫产、产后出血等比例增加。同时，高龄妇女由于受到生物、社会、心理和行为等多种环境有害因素长期联合作用，发生出生缺陷等不良妊娠结局及孕期并发症的风险增加。

男性高龄也会影响优生。男性年龄增加会影响睾丸功能，引起生殖激素、精子参数和精子 DNA 完整性改变。男性 35 岁以后精子总数开始下降，正常形态的精子百分率下降，精子运动能力下降，不利于生殖。

第五节　环境因素联合作用引起的优生问题

环境有害因素是多样的，包括物理性、化学性和生物性因素。每一大类又包含许多亚类和具体的因素。这些物质存在于人类暴露的各种环境介质中。同时，人类生产和生活活动排放的污染物，多是复杂的混合物，如饮用水氯化消毒可产生 200 多种氯化消毒副产物；烹调油烟有 200 多种成分；烟草燃烧可产生 7 000 多种化学物质（包含有害物质 250 余种，致癌物质 69 种）。因此，人体暴露的污染物都不是单一的，而是多种物质同时存在，在体内呈现十分复杂的交互作用，彼此影响生物转运、转化、蛋白结合或排泄过程，使机体的毒性效应发生改变。凡两种或两种以上的化学物同时或短期内先后作用于机体所产生的综合毒性作用，称为化学物的联合毒性作用（joint toxic effect 或 combined toxic effect）。随着环境污染物的日益增多，污染物联合作用的危害已引起高度关注。

一、联合作用的类型

根据多种化学物同时作用于机体时所产生的毒性反应性质，可将化学物的联合作用分为下列几类。

1. **相加作用**　相加作用（additive effect）是指各化学物在化学结构上相似，或为同系衍生物，或其毒作用靶相同，对机体产生的总效应等于各个化学物单独效应的总和。

2. **增强作用**　增强作用（potentiation）是指一种化学物对某器官或系统无毒性作用，但与另一种化学物同时或先后暴露时，使后者毒性效应增强。

3. **协同作用**　协同作用（synergistic effect）是指各化学物联合作用对机体产生的总效应大于各个化学物单独效应的总和。

4. **拮抗作用**　拮抗作用（antagonism）是指各化学物彼此相互干扰或一种化学物干扰其他化学物的作用，对机体产生的总效应低于各个化学物单独效应的总和。

5. **独立作用**　独立作用（independent effect）是指两种或两种以上的化学物作用于机体，由于其各自作用的靶点、机制或其效应终点等不同，所致的生物效应无相互干扰，表现为各个化学物自身的效应。

环境中大量共存因素之间的交互作用，其类型和机制的复杂性可能远远超过人类的认识。截至目前，部分环境因素联合作用所致健康效应或疾病的病因学及联合作用的特征仍未阐明，将严重制约多种环境因素联合作用的危险度评价、制定环境混合污染物的卫生标准及采取预防对策等诸多方面，亟待在环境因素联合作用的研究方面获得突破性进展。

二、环境因素联合作用与优生

环境因素对机体的作用往往不是单独的，而是多种因素联合作用的结果。环境因素之间相互作用共同影响胚胎或胎儿的生长发育，开展环境因素联合作用的研究，可为预防不良妊娠结局、促进优生优育提供可靠的科学依据。

化学因素之间的联合作用在日常生活中最为常见。苯（benzene）和甲醛（formaldehyde）均是工业生产中重要的生产原料。苯溶剂被广泛用于汽油、黏合剂、涂料、油漆等制造行业。甲醛是生产树脂如脲醛树脂、酚醛树脂等的重要原料，这些树脂通常作为黏合剂用于各种人造板的黏合制造。新式家具的制作，墙面、地板的装饰铺设都要使用黏合剂，因此凡大量使用黏合剂的环节都会有甲醛释放。此外，化纤地毯、塑料地板砖、油漆涂料、塑料、食品、化妆品等也可含有一定量的甲醛。因此，人们日常生活中接触的毛毯、化妆品、装修涂料、地板、家具等均含有大量的苯和甲醛。近年来，随着人民生活水平的提高，居室装饰成为时尚，室内苯和甲醛污染状况引起了广泛关注。郝连正分别在小鼠卵泡发育期和胚胎植入期，探讨苯与甲醛联合暴露对胚胎的毒性作用。采用两因素四水平的析因设计方法对暴露剂量进行组合，苯和甲醛各设 4 个剂量水平，分别为

0mg/kg、0.875mg/kg、8.75mg/kg、87.5mg/kg 和 0mg/kg、7.875mg/kg、15.75mg/kg、31.5mg/kg。结果发现，在卵泡发育期，低剂量的苯和低剂量的甲醛，及中剂量的甲醛和高剂量的苯联合暴露时胚胎植入数目高于同剂量的单一苯或甲醛暴露情况，呈现明显的拮抗作用；在胚胎植入期，低、高剂量的甲醛和高剂量的苯联合暴露时，胚胎植入数目高于同剂量的单一苯或甲醛暴露，联合作用表现为拮抗作用。

重金属污染已成为备受关注的全球性环境污染问题，我国重金属污染十分严重。随着城市化进程及工业的迅速发展，矿山开采、工业生产、交通运输、污水灌溉、化肥和农药施用等人类活动，均能直接或间接造成重金属的环境污染，特别是 Pb、Cd、Hg、Cu、Mn 的复合污染最为突出，在大气、水体、土壤和食物中均有一定程度的检出。重金属是一类毒性很强的无机污染物。大量资料显示，孕妇长期暴露某一种或几种重金属可能会引起死胎、婴儿严重的出生缺陷、低出生体重、生长发育迟缓、智力发育障碍等。蓝晖翔等在 Cd 与 Hg 联合染毒对人胚肝细胞（L02 细胞）毒性效应的研究中发现，0.01μmol/L 的氯化镉和氯化汞联合染毒可刺激细胞生长，但 ≥ 1μmol/L 的氯化镉和氯化汞联合染毒可显著抑制细胞生长，细胞 DNA 损伤率和细胞凋亡率均显著高于对照组，联合作用表现为相加作用。

重金属和有机化合物之间联合暴露对人类健康产生的严重危害也受到越来越多的关注。Pb 主要存在于电子产品、建筑材料、含 Pb 涂料及化妆品中。邻苯二甲酸二丁酯（dibutyl phthalate，DBP）常被作为增塑剂和添加剂应用于塑料、农药和化妆品等产品的生产中。刘红阳等以 Pb（50mg/L）和 DBP（10mg/kg 和 250mg/kg）联合处理初断乳 3 周龄小鼠 8 周（DBP 采用灌胃暴露，Pb 通过饮水暴露），结果发现，与单独 Pb 和 DBP 暴露相比，Pb 和 DBP 联合暴露小鼠脑组织中诱导型一氧化氮合酶、超氧化物歧化酶和乙酰胆碱酯酶活性，以及丙二醛水平均显著增加，联合作用表现为协同作用。然而，仅观察到 Pb 和 250mg/kg DBP 联合暴露小鼠体重增长率、脑和肝的脏器指数显著增加，联合作用表现为协同作用。此外，他们还将 Pb（0.01mg/L 和 1mg/L）和 DBP（0.005mg/L 和 0.5mg/L）联合作用于斑马鱼胚胎，发现与单独 Pb 或 DBP 暴露相比，Pb 和 DBP 联合暴露使胚胎孵化进一步降低，死亡率进一步增加，联合作用表现为协同作用。

生物因素和化学物质联合作用也会对胚胎或胎儿发育产生诸多不利影响。Lu 等对长沙市 3 509 名学龄前儿童进行回顾性队列研究，评估其母亲孕期暴露于交通相关空气污染物及家庭环境因素如装修（新家具 / 重新装修），霉菌 / 潮湿等对早产的影响，发现室外交通空气污染物 NO_2 和室内霉菌 / 潮湿暴露均与早产密切相关，它们在孕早期的联合暴露进一步增加了早产的风险。

物理因素的联合作用也越来越受到重视，常见的物理因素如高温、辐射、微波和超声波、噪声等也呈现联合作用。赵玫等分别对孕第 8 天和第 9 天的 SD 大鼠给予 ^{60}Co-γ（钴 -60）射线全身照射一次（照射剂量为 1.0Gy），在孕第 10 天将大鼠置于不同温度的温箱中，使其肛温保持在 37℃ ± 0.5℃、41℃ ± 0.5℃、42℃ ± 0.5℃，并分别持续 2 分钟、3 分钟、4 分钟、5 分钟。结果发现，与单独高温处理相比，高温联合辐射对胚胎神经毒性增加，且温度越高，持续时间越长，胚胎神经毒性越明显；接受高温和辐射联合处理后的孕鼠，其仔鼠的早期反射、感觉功能滞后于对照组，表现出明显的神经发育迟缓行为。孕鼠暴露于持续 4 分钟以上的高温联合辐射，引起仔鼠的活动和学习能力下降，提示高温与辐射联合可增强仔鼠初级学习记忆功能的损伤。此项研究结果也提示孕期女性应避免高温与辐射的联合暴露，防止对子代神经行为发育产生影响。

环境因素联合作用与人类优生密切相关，未来需要更多的流行病学研究和实验研究来揭示孕前和孕期多环境因素暴露与胎儿生长发育、出生缺陷、心理行为问题等方面的病因关联，并阐明多种环境因素暴露产生不良妊娠结局的发生机制，消除环境不良因素对胎儿的危害，为预防不良妊娠结局、促进儿童健康成长提出适宜措施，这也是环境优生学工作急需解决的重大问题。

第六节　环境因素与遗传因素交互作用引起的优生问题

不良妊娠结局的发生原因大致分为三种情况：一是遗传因素起决定作用。如基因突变或染色体畸变，受精时容易形成生殖细胞的遗传缺陷；二是环境因素起决定作用。由于妊娠期接触高剂量放射线、感染风疹病毒、接触有致畸作用的化学物质、药物、母体疾病而引起胚胎发育异常；三是遗传与环境因素相互作用。在不良妊娠结局的发生中，单纯由环境因素或单纯由遗传因素引起的是少数，多数是二者相互作用的结果。

一、环境与机体相互作用的分子生物学基础

近年来，人们已认识到许多疾病的发生都与机体的基因多态性（gene polymorphism）有关。由于个体携带的基因型不同而呈现出多态性，将影响有害因素的作用方式和作用环节，对化学物而言将影响其吸收、转运、分布、代谢、转化和排泄等过程的功能状态，致使所出现反应的表型不同。例如，Pb 危害的流行病学研究发现，处于相似环境 Pb 暴露水平的儿童，其血 Pb 水平，有的很高，有的并未明显增高；而同样血 Pb 水平的儿童有的表现为明显的智力发育障碍，有的对智力的影响不明显，说明除环境暴露因素外，机体的易感性可能也是 Pb 毒性作用的重要决定因素。研究表明，有 3 个多态性基因影响 Pb 在人体内的生物蓄积和毒性作用：① δ- 氨基酮戊酸脱水酶（δ-aminolevulinic acid dehydratase，ALAD）基因，它有两种多态形式，其同工酶可影响人群血 Pb 含量及肾功能；②维生素 D 受体基因，其多态性影响 Pb 在骨骼中的蓄积；③血色素沉着症基因，突变后可导致其纯合子发生血色素沉着症，该基因的多态性还可能影响 Pb 的吸收。但机体对 Pb 毒性的敏感性主要取决于 *ALAD* 的一些遗传学特征。*ALAD* 基因在人群中有两个等位基因，即 *ALAD1* 和 *ALAD2*，它们又有 3 种不同的遗传表型：*ALAD1-1*、*ALAD1-2* 和 *ALAD2-2*。儿童和职业性 Pb 暴露人群表现为 *ALAD1-2* 杂合子和 *ALAD2-2* 纯合子者对 Pb 中毒更敏感，此等个体在受到 Pb 暴露时更容易发生高血 Pb 和 Pb 中毒。因此，在高水平 Pb 暴露环境下，*ALAD1-2* 和 *ALAD2-2* 基因型是相对危险的基因型，而携带 *ALAD2* 等位基因的个体是

Pb 中毒的高危人群（high risk group）。这就可以很好地解释为什么在同等 Pb 暴露条件下有人易发生中毒而另一些人则可以幸免。有鉴于此，人们更加关注环境因素与机体的交互作用在毒性反应和人类环境暴露相关疾病中的重要性。

著名毒理学家 Judith Stern 将机体 - 环境暴露与健康的关系形象地比喻为"环境扣扳机（environment pulls the trigger）"效应。现在人们已经认识到，在动物实验和人群调查中经常见到的敏感个体，其生物学本质就是由机体内在的遗传特征基因决定的。大量研究表明，人类健康、疾病、寿命都是环境因素与机体内因（遗传因素）相互作用的结果。因此，全面认识环境因素和机体的遗传易感性，就可准确地对引起疾病的环境因素进行识别、评价并采取积极措施避免有害因素的危害，也可以帮助敏感个体较准确地认识他们所处的环境暴露可导致的健康风险，更好地保护易感人群。

二、环境 - 遗传交互作用与优生

不良妊娠结局的发生，如出生缺陷、早产、流产、低出生体重、儿童智力和行为发育异常等，大多是环境因素与遗传因素交互作用的结果。环境因素与遗传因素相互作用共同影响着人类优生优育的发展。

（一）出生缺陷

由环境因素与遗传因素交互作用引起的出生缺陷，约占出生缺陷总发生率的 65% 左右。我国发病率较高的出生缺陷为先天性心脏病、非综合征性唇腭裂、畸形足、神经管缺陷、尿道下裂、唐氏综合征等。

1. 先天性心脏病　先天性心脏病（congenital heart disease，CHD）是一种常见的出生缺陷，也是导致流产和新生儿死亡的重要原因之一，其活产儿发病率为 6‰ ~ 10‰。每年我国约新增 11.4 万患 CHD 的新生儿，其中 35% 左右在婴儿期死亡。部分 CHD 的病因已查明，包括遗传因素和一些致畸化学物暴露等，但大多数 CHD 的致病因子还不明确。研究表明，遗传因素在 CHD 发病机制中起着重要作用，而环境因素如孕妇高热、流感、空气污染等也可增加 CHD 的发病风险。研究结果显示，子代携带谷胱甘肽巯基转移酶 M1（glutathione S transferase M1，GSTM1）基因和谷胱甘肽 S 转移酶 theta 1（glutathione S transferase theta 1，GSTT1）基因的联合缺失基因型与母亲孕早期服用解热镇痛药、居住点周围有工厂对 CHD 的发生均有正相加交互作用，即两因素同时存在时 CHD 发生风险更高。转录因子 T- 同源盒基因 5（T-box transcription factor 5，TBX5）属于 T-box 转录因子基因家族一员，是心脏早期发育过程中极为重要的转录因子之一；亚甲基四氢叶酸还原酶（methylenetetrahydrofolate reductase，MTHFR）基因是叶酸代谢通路关键基因之一，该基因的单核苷酸多态性（single nucleotide polymorphism，SNP）与 CHD 遗传易感性得到了广泛的研究。杨伟丽等的研究结果显示，孕母情绪状态不佳与 *MTHFR rs1801133* 位点的 SNP、*TBX5 rs883079* 位点的 SNP 在 CHD 发生中具有显著交互作用，可增加 CHD 的发病风险。

2. 非综合征性唇腭裂　非综合征性唇腭裂（non-syndromic cleft lip and/or palate,

NSCL/P）是指不伴发其他系统器官畸形，不属于任何综合征范围内的单纯性唇裂、腭裂、唇裂合并腭裂的总称，其发病率仅次于 CHD，严重影响人群健康和生活质量。NSCL/P 发病机制尚不明确，目前研究认为是一种遗传与环境因素综合作用的多因素多基因遗传病。无翅整合家族基因 3（Wnt family member 3，Wnt3）是 NSCL/P 的可能易感基因。研究发现，子代携带 *Wnt3 rs142167 GG* 基因型和 *rs7216231 GG* 基因型与父亲吸烟、母亲被动吸烟、母亲孕前 3 个月服用药物对 NSCL/P 的发生均具有正相加交互作用，即二者同时存在的情况下，NSCL/P 发生的概率较单一因素更高。子代转化生长因子 α（transforming growth factor alpha，TGFα）基因的 TaqI、BamHI、RsaI 三个酶切位点突变，以及子代携带 *Wnt3 rs142167 AG* 或者 *GG* 基因型，携带 *Wnt3 rs3809857 GT* 或者 *TT* 基因型与母亲孕前 6 个月至孕早期被动吸烟、孕前 6 个月至孕早期经常饮酒、孕前或孕早期经常接触宠物、母亲出生缺陷家族史及父亲职业有害物理因素接触史等对 NSCL/P 的发生均存在交互作用，使 NSCL/P 的发生风险增高。

3. **畸形足**　肢体畸形包括指（趾）、掌骨和跖骨、腕骨和跗骨、肢的长骨发育异常而造成的畸形，畸形足是肢体畸形中较为高发的一类。研究显示，母亲在怀孕前 3 个月吸烟、婴儿畸形足家族史（婴儿的一级亲属如母亲、父亲、兄弟姐妹有先天缺陷或与可能的畸形足相一致的健康问题）都是子代发生畸形足的危险因素，而且在婴儿有畸形足家族史的前提下，母亲孕期吸烟会进一步增加子代畸形足的发病风险，这表明母亲孕期吸烟和婴儿畸形足家族史在子代畸形足的发生中扮演重要角色，并且二者存在交互作用。

4. **神经管缺陷**　神经管缺陷（neural tube defect，NTD）是一种中枢神经系统发育异常的出生缺陷性疾病。有研究报道，大鼠孕期叶酸摄入不足，可能会通过阻滞胚胎发育而增加携带转录调控因子成对盒 3 基因突变胎鼠患 NTD 的风险。研究发现，叶酸代谢相关基因 *MTHFR 677* 位点有 3 种基因型，即野生型 *CC*、杂合突变型 *CT* 和纯合突变型 *TT*，在基因型中随着 *T* 等位基因的增加，婴儿 NTD 发生风险也逐渐增加。此外，母亲经常摄入新鲜蔬菜与携带 *T* 等位基因在后代发生 NTD 中存在负交互作用，提示孕妇尽量多地食用新鲜蔬菜会降低 NTD 的发生。Eeheredge 等评估了母体或后代与叶酸相关的基因变异，以及基因变异和母体叶酸摄入之间的交互作用对后代发生 NTD 的风险：在叶酸摄入量最低的组中，携带 *MTHFR rs1476413 GG* 基因型、*rs1801131 AA* 基因型和 *rs1801133 CC* 基因型，或者携带胸苷酸合成酶（thymidylate synthetase，TYMS）*rs502396 TT* 基因型、*rs699517 CC* 基因型的母亲，其子代发生 NTD 的风险显著降低；当母亲叶酸摄入量较低时，携带亚甲基四氢叶酸脱氢酶（methylenetetrahydrofolate dehydrogenase，MTHFD）*rs2236224 CC* 基因型、*rs2236225 CC* 基因型和 *rs11627387 GG* 基因型的婴儿发生 NTD 的风险显著增加，但携带 *TYMS rs2847153 GG* 基因型的婴儿发生 NTD 的风险却明显降低。研究发现，母亲携带溶质载体家族蛋白 19 成员 A1（solute carrier family 19member 1，SLC19A1）*rs1051266 GG* 或者 *GA* 基因型与妊娠早期发热之间的交互作用可影响子代 NTD 的发生，母亲 *GG/GA* 基因型可增加母亲发热引起的子代 NTD 风险。

5. **尿道下裂**　尿道下裂是常见的男性外生殖器先天畸形，以尿道皱襞不完全融合致尿道沿腹侧异常开口为特征。尿道下裂大部分是散发的、无遗传和家族史的单纯性尿道下裂。研究显示，子代携带转录激活因子 3（activating transcription factor 3，ATF3）基因 *rs11119982 CT* 或者 *TT* 基因型与孕期细胞因子（怀孕后的前 14 周内存在感冒，或者发生细菌、病毒、真菌感染，或者存在慢性炎症性疾病）暴露之间存在交互作用，均可增加子代尿道下裂的发病风险。孕母携带 *MTHFR 677 TT* 基因型合并叶酸补充不足也会增加子代单纯性尿道下裂发病风险。

6. 唐氏综合征　唐氏综合征（Down's syndrome）又称 21- 三体综合征，是 21 号染色体异常导致的疾病，60% 患儿在胎内早期即夭折流产，即使存活者也有明显的智力落后，特殊面容，生长发育障碍和多发畸形等特征。研究表明，母亲携带 *MTHFR 677* 位点 *T* 等位基因（特别是 *TT* 纯合子）、同型半胱氨酸血症、维生素 B_{12} 和叶酸缺乏是生育唐氏综合征患儿的危险因素，且携带 *MTHFR 677* 位点 *T* 等位基因的母亲，更容易受到高同型半胱氨酸血症和维生素 B_{12}、叶酸缺乏的影响而生下患有唐氏综合征的孩子。

（二）早产和流产

引起早产的因素不是单一的，而是多种因素共同作用的结果，如孕妇疾病史、营养状况，生活行为习惯、精神心理状态和遗传因素等。Elias 等研究母体和胎儿基因 SNP 与母体感染交互作用的关系，发现胎儿卵泡刺激素受体（follicle stimulating hormone receptor，FSHR）基因 SNP（*rs11686474*，*C* 等位基因）、钙激活钾离子通道亚家族 N 成员 3（potassium calcium-activated channel subfamily N member 3，KCNN3）基因 SNP（*rs883319*，*T* 等位基因）、胰岛素生长因子（Insulin-like growth factor，IGF1）基因 SNP（*rs5742612*，*C* 等位基因）和母亲Ⅳ型胶原前体（Type Ⅳ collagen precursor，COL4A3）基因 SNP（*rs1882435*，*T* 等位基因）均与母体孕期尿路感染存在交互作用，导致胎儿早产风险增加。

流产的病因复杂，机制尚不明确，目前已知的病因有遗传因素、免疫因素、内分泌失调、解剖结构畸形、感染因素、孕母自身健康状况等，且各因素之间相互影响。调节性 T 细胞通过抑制过度的免疫应答来维持免疫稳态，在母婴免疫耐受的调节中起到重要作用，不明原因流产患者中调节性 T 细胞数量明显少于正常妊娠女性。叉头样转录因子 3（forkhead box P3，Foxp3）基因对调节性 T 细胞的发育、成熟、功能维持具有重要的调节作用。徐广立等对郑州市三家省市级医院 640 例妊娠早期流产患者和 1 280 例中晚期正常围产保健妊娠妇女开展流行病学调查，发现携带 *Foxp3 rs3761548 CC* 基因型的女性在经历过自然流产、夜班、熬夜后发生流产的风险增加。

（三）低出生体重

LBW 新生儿各器官系统发育不成熟，严重危害新生儿生命健康安全，增加新生儿疾病负担。足月产孕妇和非足月产孕妇都可能会引起新生儿 LBW 的发生。不良环境因素暴露，携带某些易感基因均可引起新生儿 LBW，但两者之间往往不是单独存在，而是相互影响的。何艳辉等以深圳市和佛山市妇幼保健院 633 名产妇为研究对象，探讨 GSTT1 基因和孕期环境香烟烟雾（environmental tobacco smoke，ETS）暴露与足月产新生儿 LBW 发生的关系，发现 GSTT1 基因缺失与孕期 ETS 暴露两者之间存在交互作用，能增加 LBW 发生风险。PAH 在环境中普遍存在，可与体内 DNA 形成加合物，引起 DNA 损伤。孕期暴露于 PAH 可导致新生儿 LBW。着色性干皮病基因 D（xeroderma pigmentosum group D，

XPD）是机体核苷酸切除修复途径所必需的酶之一，对遗传物质的损伤修复起着重要重用。当孕期暴露于高水平 PAH 时，胎儿携带 *XPD751* 突变基因型影响 DNA 损伤的修复，两者交互作用，导致新生儿 LBW 风险增高。

（四）注意缺陷多动障碍

注意缺陷多动障碍（attention deficit hyperactivity disorder，ADHD）是儿童时期最常见的精神发育障碍性疾病。该病的主要临床特征为：与实际年龄不相称的，不适当和有损害的注意障碍，不分场合的过度活动及行为冲动控制力差，并多伴有认知障碍和学习困难，注意缺陷往往持续至成年，其智力正常或接近正常。家庭、环境、遗传因素等对儿童 ADHD 的发生发展都具有重要作用。研究发现，5- 羟色胺转运体（serotonin transporter，5-HTT）基因多态性与生活压力在 ADHD 症状中存在交互作用，*5-HTT S* 等位基因携带者在压力下发生 ADHD 的风险更高。母亲乙醇脱氢酶 -1B（alcohol dehydrogenase 1B，ADH1B）基因的 *ADH1B*3* 等位基因缺失和孕期饮酒暴露对儿童 ADHD 的发生具有交互作用，导致儿童产生相关行为问题的风险增高。

综上所述，不良妊娠结局根据其发病原因可大致分为遗传因素、环境因素及遗传 - 环境因素交互作用三种类型。因此，应从单一的环境危险因素研究或遗传因素研究转移到遗传 - 环境因素交互作用方向上，同时应做好优生优育的三级预防：一级预防（孕前干预）、二级预防（产前干预）、三级预防（出生后干预），尽可能降低新生儿不良妊娠结局的发生率，减轻疾病负担，提高人口质量。

（张　舜）

参考文献

[1] 杨克敌 . 环境卫生学 [M]. 8 版 . 北京：人民卫生出版社，2017.

[2] 朱鹏飞，张翼，班婕，等 . 中国空气污染与不良出生结局的研究进展 [J]. 中华流行病学杂志 . 2017, 38(3): 393-399.

[3] SUN Z, YANG L Y, BAI X X, et al. Maternal ambient air pollution exposure with spatial-temporal variations and preterm birth risk assessment during 2013-2017 in Zhejiang Province, China[J]. Environ Int, 2019, 133:105242.

[4] LAWN J E, BLENCOWE H, WAISWA P, et al. Stillbirths: rates, risk factors, and acceleration towards 2030[J]. Lancet, 2016, 387(10018):587-603.

[5] WANG Q, BENMARHNIA T, LI C C, et al. Seasonal analyses of the association between prenatal ambient air pollution exposure and birth weight for gestational age in Guangzhou, China[J]. Sci Total Environ, 2019, 649:526-534.

[6] ZHANG Q, SUN S, SUI X M, et al. Associations between weekly air pollution exposure and congenital heart disease[J]. Sci Total Environ, 2021, 757:143821.

[7] CHEN L, CHEN J, ZHANG X Z, et al. A review of reproductive toxicity of microcystins[J]. J Hazard Mater, 2016, 301: 381-399.

[8] MASSEY I Y, YANG F, DING Z, et al. Exposure routes and health effects of microcystins on animals and humans: A mini-review[J]. Toxicon, 2018, 151: 156-162.

[9] PAN J J, LI X Y, WEI Y F, et al. Advances on the Influence of Methylmercury Exposure during Neurodevelopment[J]. Chem Res Toxicol, 2022, 35(1): 43-58.

[10] CHRISTENSEN K, CARLSON L M, LEHMANN G M. The role of epidemiology studies in human health risk assessment of polychlorinated biphenyls[J]. Environ Res. 2021, 194: 110662.

[11] 陶舒曼 , 陶芳标 . 孕期环境暴露与儿童发育和健康 [J]. 中华预防医学杂志 , 2016, 50(02): 192-197.

[12] 曲翌敏 , 陈适 , 李娟娟 , 等 . 农药接触与不良妊娠结局 : 中国农村地区的一项前瞻性队列研究 [J]. 中华流行病学杂志 , 2017, 38(06): 732-736.

[13] ISZATT N, STIGUM H, VERNER M A, et al. Prenatal and postnatal exposure to persistent organic pollutants and infant growth: A Pooled Analysis of Seven European Birth Cohorts[J]. Environ Health Perspect, 2015, 123(7): 730-736.

[14] LEEPER C, LUTZKANIN A 3rd . Infections During Pregnancy[J]. Prim Care, 2018, 45(3): 567-586.

[15] 曹佳 , 陈卿 . 生殖损害和不良妊娠结局的环境、生活方式和心理危险因素研究进展及展望 [J]. 第三军医大学学报 , 2021, 43(1): 1-9.

[16] LU C, CAO L Q, NORBÄCK D, et al. Combined effects of traffic air pollution and home environmental factors on preterm birth in China[J]. Ecotoxicol Environ Saf, 2019, 184: 109639.

[17] 张康 , 马明月 . 环境因素与遗传因素及两者交互作用与出生缺陷发生的关系 [J]. 沈阳医学院学报 . 2017, 19(6): 514-518.

|第六章|
持久性有机污染物与优生

第一节　持久性有机污染物概述

随着社会的进步、科技的发展以及人类生存的需要，全世界人工化学品合成和使用的速度增速显著。美国化学文摘社登记的化学品（包括有机物、金属、配位化合物、聚合物、盐类等）在短短 4 年时间内从 2015 年的 1 亿种激增到 2019 年的 1.5 亿种。在众多化学品中，有毒化学品种类和数量也在不断增加，这些化学品在为人类创造经济效益的同时，也对生态环境质量和人体健康产生了长期潜在的危害。其中，持久性有机污染物（persistent organic pollutant，POP）是一类天然或人工合成的、借助各种环境介质进行远距离迁移并长期存在于环境中，可经食物链富集进而对人类健康和生态环境产生严重危害的半挥发性有机物。通过监测发现，POP 在全球各种环境介质（如大气、水体和沉积物、土壤）及动植物和人体组织与器官中广泛存在，并在陆地生态系统和水域生态系统中蓄积。现有的人群流行病学调查和动物实验研究均证实，POP 对于人类健康存在很大的威胁，不仅具有致癌、致畸、致突变作用，而且大部分 POP 还具有内分泌干扰作用，尤其是 POP 潜在的生殖发育毒性，已成为当前研究热点之一。POP 的生殖发育毒性对于人类及其下一代，甚至于几代人的健康都构成威胁，不仅关乎人类繁殖，更对人口素质乃至社会发展产生深远影响，目前已经引起国际环保组织、各国政府、各个行业以及公众的广泛关注。

为了保护人类健康和环境，当前国内外都已加强了对 POP 生产和使用的管理，国际社会已达成一系列涉及 POP 的国际性协议，明确需控制的 POP 种类和名单。2001 年 5 月 23 日，全球包括中国在内的 90 多个国家在瑞典首都斯德哥尔摩共同签署并加入旨在减少和 / 或消除 POP 排放的《关于持久性有机污染物的斯德哥尔摩公约》（以下简称《公约》）。该《公约》是继 1987 年《保护臭氧层的维也纳公约》和 1992 年《气候变化框架公约》之

后，第三个具有强制性减排要求的国际公约，是国际社会对有毒化学品采取优先控制行动的重要步骤。作为一个开放性的公约，任何一个缔约方都可向公约秘书处提交将某一化学污染物纳入《公约》受控的草案。截至目前，已有包括滴滴涕（dichlorodiphenyltrichloroethane，DDT）、多氯联苯（polychlorinated biphenyl，PCB）等在内的 30 种化学物质被列入《公约》受控名单。从缔约国的数量上不仅能看出该公约的国际影响力，更体现了世界各国对 POP 污染问题的重视程度。同时，这也标志着人类在世界范围内对 POP 污染控制行动从被动应对转向主动防御。

一、持久性有机污染物的特点

一般认为，POP 具有 4 个方面的特征。

1. 持久性（也称长期残留性） POP 对于正常的生物降解、光解和化学分解作用有较强的抵抗能力，一旦排放到环境中，将很难被分解，可在水体、土壤和底泥等环境介质中存留数年甚至数十年或更长时间。POP 半减期较长，容易在生物体内蓄积而难于排出体外。如 PCB 在气相、水相中的半减期分别为 3 天至 1.4 年和 60 天至 27.3 年，在人体内的生物半减期约为 7 年。

2. 生物蓄积性 POP 具有高脂溶性和低水溶性的特性，容易在生物体内脂肪组织中发生生物蓄积，并通过食物链不断富集，对于高位营养级生物有着非常深远的影响，最终影响到人类健康。

3. 迁移性 POP 具有半挥发性，易从土壤和水体中挥发到大气中并以蒸气形式存在或吸附于大气颗粒物上。POP 的持久性使其能在大气环境中远距离迁移而不会全部被降解，同时半挥发性又使其不会永久停留在大气中，会在一定条件下又沉降下来，然后又在某些条件下挥发。正是由于 POP 的半挥发性和持久性，使得全球范围内，包括大陆、沙漠、海洋甚至远离污染圈的南北极地区都可监测到 POP 存在，这种现象称"全球蒸馏效应"（global distillation）。在中纬度地区，温度较高的夏季中 POP 易于挥发和迁移，而在温度较低的冬季则易于沉降，所以 POP 从中纬度地区向高纬度地区迁移的过程中会出现一系列距离相对较短的跳跃过程，即"蚱蜢跳效应"（grasshopper effect）。

4. 高毒性 POP 一般都具有高毒性，即使在低浓度时也会对生物体造成有害效应，包括致癌性、生殖毒性、神经毒性、内分泌干扰等毒性作用。

二、持久性有机污染物的分类

为了减少环境中 POP，保护人类和环境免受 POP 危害，联合国环境规划署于 2001 年 5 月通过的具有法律约束力的国际性文书《公约》中规定了首批受控 POP 的清单，共 12 种，分为三类：①有机氯杀虫剂，共纳入 9 种；②工业化学品；③工业生产过程或燃烧生产的副产物。2009 年《公约》第四次缔约方大会通过了第二批受控 POP 名单，共 9 种。2011 年《公约》第五次缔约方大会上将"硫丹及其异构体"列入受控 POP 名单。2013 年

《公约》第六次缔约方大会将"六溴环十二烷"列入受控名单。随后 2015 年、2017 年和
2019 年均有新的化学物质列入受控 POP 名单。目前，被《公约》禁止或限制的 POP 数量
已扩增至 30 种。如著作 *Silent Spring* 提及的农药 DDT、日本"米糠油"事件中的工业生
产副产物 PCB 和曾作为 PCB 替代物被大量生产、使用的多溴联苯醚（polybrominated
diphenyl ether，PBDE），以及美国杜邦"特氟龙"事件涉及的全氟化合物（perfluorinated
compound，PFC）等。具体纳入 POP 的化学物种类和时间见表 6-1。

表 6-1　《斯德哥尔摩公约》中的 POP 种类和纳入时间

纳入时间	杀虫剂	工业化学品	工业生产副产物
2001 年	艾氏剂、氯丹 滴滴涕、狄氏剂 异狄氏剂 六氯苯、七氯 灭蚁灵、毒杀芬	多氯联苯	多氯代二苯并对二噁英 多氯代二苯并呋喃
2009 年	α- 六六六 β- 六六六 开蓬（十氯酮）	商用五溴联苯醚 商用八溴联苯醚 六溴联苯 全氟辛烷磺酸及其盐类 全氟辛基磺酰氟	五氯苯
2011 年	硫丹及其异构体		
2013 年		六溴环十二烷	
2015 年		六氯丁二烯 五氯酚及其盐和酯类 多氯萘	
2017 年		十溴联苯醚 短链氯化石蜡	
2019 年	三氯杀螨醇	全氟辛酸及其盐类和全氟辛 烷磺酸相关化合物	

此外，国际性环境保护公约《关于在国际贸易中对某些危险化学品和农药采用事先知
情同意程序的鹿特丹公约》（简称《鹿特丹公约》）和《控制危险废物越境转移及其处置
巴塞尔公约》（简称《巴塞尔公约》）中也涉及 POP 内容，是 POP 环境无害化管理的指导
性文件。

需要指出的是，POP 清单是开放的，随着科学技术的发展和人们对化学物质认识的不
断加深，根据《公约》规定的持久性、生物蓄积性、迁移性、高毒性等 POP 的 4 个甄选
标准，将会有更多的化学物质被确定为 POP 而加以控制和消除。因此，认识环境和人体
中 POP 变化趋势将成为长期而艰巨的任务。

第二节　农药类持久性有机污染物与优生

农药（pesticides）是指用来防治农林牧业生产中的杂草及害虫的一类化学药品。20世纪30年代，人工首次合成杀虫剂DDT。至此，有机合成农药进入高速发展时期。农药在提高农产品产量、控制虫媒传染病等方面发挥了重要作用，曾被认为是可靠和安全的，因此被广泛地应用于农业生产的各个方面。但是，1962年出版的 *Silent Spring* 一书中提到DDT可导致野生生物发育异常，唤醒起了公众对农药使用引发环境健康风险的意识。随着检测技术的进步，人们对农药有了更加深入的了解，过量使用农药对环境造成的负面影响也越来越被社会公众所重视。

在所有农药种类中，有机氯农药（organochlorine pesticide，OCP）是一类毒性强、价格低廉的广谱杀菌杀虫剂，曾在世界范围内大量使用。特别是DDT和六氯环己烷（又称六六六，hexachlorocyclohexane，HCH），曾被广泛应用于农作物除虫。然而，由于其化学性质稳定，在环境中大量残留并通过食物链富集，最终对环境和人类造成严重威胁。因此，美国及多个欧洲发达国家从20世纪70年代开始，逐渐停止OCP生产和使用。2001年《公约》将包括DDT、氯丹等9种OCP列为首批POP。虽然我国早在30多年前已禁止OCP使用，但由于历史上曾大量使用OCP和OCP具有不易降解的特性，致使其在环境介质和人体组织中检出率至今居高不下。

随着高毒OCP的禁用，有机磷农药（organophosphorus pesticide，OPP）和拟除虫菊酯类农药（pyrethroids pesticide）已成为我国应用范围广泛、使用量大的两类农药。OPP是我国目前使用最广泛的杀虫剂之一，占杀虫剂使用总量的64.7%。然而，随着OPP的大规模使用，我国生态环境也受到了极大影响，因此从2007年起全面禁止在国内销售及使用久效磷、甲胺磷和甲基对硫磷等5种高毒性OPP。但是，中低毒性OPP使用量仍在逐年上升，其中敌敌畏和毒死蜱使用量位居OPP类杀虫剂中使用量排行榜前列。拟除虫菊酯类农药是在天然除虫菊酯基础上合成的一类酯类杀虫剂，也是继OPP之后在20世纪70年代开始兴起的一类新型杀虫剂。因其具有广谱、高效、低毒和易于降解等特点，现已成为我国主流的杀虫剂品种，也是室内杀虫剂（如蚊香、驱蚊剂和花露水）的主要成分。

在农药施用过程中，仅有不到1%的农药会有效沉积在害虫危害部位，大部分农药会进入各类环境介质。环境中残留的农药可通过多种途径进入人体，进而对人体健康产生影响甚至会影响到后代健康。

一、理化性质

根据使用用途，农药大致可分为：杀虫剂、除草剂、灭鼠剂、杀菌剂、抗微生物剂等。根据化学结构，农药主要分为有机氯类、有机磷类、拟除虫菊酯类、烟碱类及酰胺类、三嗪类、氨基甲酸酯类、苯胺衍生物等。各类农药的主要种类如表6-2所示。

表 6-2　农药种类及常见农药名称

类别	类型	常见农药名称
有机氯类	杀虫剂（杀菌剂）	滴滴涕、五氯苯酚、百菌清、异狄氏剂、六氯环戊二烯、硫丹、茅草枯、林丹、甲氧氯、氯丹、毒杀芬
有机磷类	杀虫剂（杀菌剂）	马拉硫磷、毒死蜱、敌敌畏、氧化乐果、克瘟散、毒虫畏、古硫磷、甲基对硫磷、对硫磷、杀螟硫磷、乙酰甲胺磷、甲拌磷、乙拌磷、二嗪磷
拟除虫菊酯类	杀虫剂	高效氯氰菊酯、氯氟氰菊酯、联苯菊酯、甲氰菊酯、氰戊菊酯、溴氰菊酯
烟碱类	杀虫剂	呋虫胺、吡虫啉、烯啶虫胺、噻虫胺、噻虫嗪（阿克泰）
三嗪类	除草剂、杀微生物剂	莠去津、莠灭净、草净津、西玛津、赛克嗪
氨基甲酸酯类	杀虫剂、除草剂	灭多威、仲丁威、丁硫克百威、异丙威、茚虫威
苯胺衍生物	除草剂	甲草胺、乙草胺、异丙甲草胺、毒草胺、吡草胺、氟乐灵

OCP 多为白色或淡黄色至棕黄色结晶或蜡状固体，其中氯丹为淡黄色液体，在正常环境条件下不易分解，有较高的化学稳定性，但遇碱易分解失效。OCP 在水中溶解度极低，可溶于有机溶剂、植物油和脂肪组织中。OPP 多数为淡黄色或棕黄色油状液体，有大蒜样臭味，一般难溶于水，易溶于有机溶剂和植物油。大部分 OPP 沸点较高，但常温下即可挥发，产生蒸气逸散入空气，对光、热、氧均较稳定，遇碱易分解破坏。值得注意的是，敌百虫为白色结晶，能溶于水，遇碱可转变为毒性较大的敌敌畏。拟除虫菊酯类农药绝大多数为黏稠油状液体，呈黄色或黄褐色，也有少数为白色结晶，易溶解于多种有机溶剂，难溶于水，大多不易挥发，在酸性溶液中稳定，遇碱则分解失效。

二、环境分布

（一）大气

OCP 化学性质相对稳定，对生态环境和人体健康具有不可忽视的影响。因此长期以来，空气中农药的分布研究主要是针对 OCP 展开。巴基斯坦印度河流域空气中 15 种 OCP 总残留水平为 375.1 ~ 1 975pg/m³，DDT 总残留水平最高（147.4 ~ 1 641pg/m³），其次为 β-硫丹（未检出 ~ 87pg/m³）、六氯苯（未检出 ~ 35.39pg/m³）、氯丹（未检出 ~ 19.99pg/m³）和七氯（未检出 ~ 19.64pg/m³）。我国呼和浩特空气颗粒物中可检出 HCH，且其残留水平与季节相关，冬季空气颗粒物中的平均残留水平（0.502ng/m³）低于夏季平均残留水平（1.070ng/m³）。

灰尘农药污染与人体健康息息相关，尤其是对农村居民。河南省新乡市随机抽取的 7 条道路灰尘样品中 16 种 OCP 含量范围为 2.37 ~ 724.74ng/g，其中六氯苯、DDT 及 HCH 检出率均为 100%，含量分别为 1.09 ~ 165.31ng/g、0.58 ~ 693.28ng/g 和 0.36 ~ 14.10ng/g。

新乡市道路灰尘中 DDT 含量显著高于 HCH 含量，这与 DDT 和 HCH 在气相与颗粒相中的分配比例有关。HCH 具有较高的蒸气压，易存在于气相而非颗粒相中，因此沉降到地表的灰尘中也会较少。DDT 蒸气压较高，易于富集在颗粒相而非气相，因此沉降到地表灰尘中的含量较高。此外，室内常用的杀虫剂丙烯菊酯、四氯菊酯和氯菊酯在室内灰尘中检出率也较高，表明杀虫剂产品的室内使用可能是室内尘土农药污染的重要来源。

（二）水体及沉积物

农田用水流入水体是河流农药残留的主要途径。空气中留存农药经雨水汇入河流，以及一些农药生产企业污水排放不达标，也会造成河流的农药污染。我国学者对国内流域水系农药残留情况调查结果显示，将近 70.6% 河流均受到不同程度的农药残留物污染。长江九段沙水域间农药残留调查结果表明，水体中检测到 DDT 含量为 4.99 ~ 46.6ng/L。由于湖泊和水库流动性相对河流较小，所以其受到农药污染的程度高于河流。北京官厅水库中的农药残留检测结果显示，水库水 OCP 含量平均值为 220ng/L，底泥中也发现有乙草胺、除草醚、溴氰菊酯、异丙甲草胺和氟乐灵等残留。烟台市范围内 55 个主要水库中 105 种农药水平的检测结果发现，每个水库水样中均可检出 18 ~ 34 种目标农药，总含量范围为 103 ~ 345.7ng/L，所有检出农药种类中以 OCP 含量最高，而且丰水期水样中农药总含量高于枯水期。虽然海水水体大且稀释能力强，受农药污染较轻，但海口和海岸带等近海域污染情况也不容忽视。加拿大北极地区海水中农药残留水平监测结果显示，硫丹硫酸盐残留水平最高（未检出 ~ 46.6pg/L），其次为敌草索（0.76 ~ 15pg/L），而 α- 硫丹污染水平最低（0.20 ~ 2.3pg/L）。人类活动会影响边缘海域沉积过程，进而影响物质的迁移和沉积，最终影响海洋生物地球化学循环，如河流输入的减少可导致河流沉积物中农药浓度和沉积通量变化。我国学者比较了 2006 年和 2008 年东海表层沉积物中 OCP 残留特质，发现三峡大坝蓄水后东海表层沉积物中 OCP 浓度明显下降。

（三）土壤

农业生产中施用的农药仅约 30% 附着于农作物，剩余 70% 会扩散到土壤和大气中，导致土壤中农药及其衍生物含量增加，使得更多种类、更高残留水平的农药在种植土壤中被检出。2014 年上海市农田土壤中 OCP 污染监测结果显示，OCP 总残留浓度范围为 < 0.1 ~ 662ng/g（平均浓度为 134ng/g）。我国学者还研究了 12 种 OCP 在吉林省玉米种植区的分布规律，发现种植土壤中 OCP（包括氧乐果、二嗪磷、甲胺磷和甲拌磷）检出率为 100%，OCP 在土壤中的总含量为 162.98 ~ 305.85μg/kg（平均浓度为 244.61μg/kg）；在 0 ~ 10cm 土壤中，OCP 主要分布在 0.25 ~ 1mm 和 < 0.25mm 表层土壤中，在深达 120cm 深层土层中也能够检出 OCP。武汉市黄陂区土壤中 8 种 OCP 浓度检测结果同样显示，表层土壤和次表层土壤中 OCP 总浓度范围分别为未检出 ~ 32.7ng/g 和 0.01 ~ 100.45ng/g，β-HCH 是主要的 OCP，在表层土壤及次表层土壤中的残留浓度分别为 2.20ng/g 和 7.71ng/g。此外，OCP 污染水平与土地利用类型密切相关，蔬菜田土壤中 OCP 浓度较低，可能是因为 OCP 在好氧土壤中容易降解和水解。同时调查还发现，土壤也存在明显农药复合污染现象。如欧洲 317 份农田土壤样本中 76 种农药污染状况监测结果显示，58% 土壤样品可检测出多种农药（组合高达 116 种），土壤样品中最常见和浓度最高的农药类型有 DDT

及其代谢物、草甘膦及其代谢物、广谱杀菌剂啶酰菌胺、氟环唑和戊唑醇等。

（四）生物体

人工喷洒、长期的水体和土壤残留、运输等途径均可造成农产品中不同种类农药残留。我国柿子和枣中农药残留检测结果显示，36.4% 柿子和 70.8% 枣中检出 3 种 OCP（艾氏剂、DDT 和氯硝基苯）、1 种 OPP（乐果）、5 种拟除虫菊酯类农药（甲氰菊酯、联苯菊酯、氯氰菊酯、溴氰菊酯和氰戊菊酯）和 2 种杀菌剂（噻嗪酮和三唑酮），浓度范围为 1.0 ~ 2 945μg/kg。柿子中检出率最高的农药是甲氰菊酯，枣中高检出率农药为氯氰菊酯。另外，初级农产品经过不同程序加工成为各种次级加工品，虽历经多种加工程序，但次级加工品中仍会有少量农药残留。如对广东超市果汁样品中 7 种新烟碱类农药（如呋虫胺、吡虫啉、噻虫啉、啶虫脒、噻虫嗪、噻虫胺和烯啶虫胺）及其 4 种代谢物残留检测结果显示，新烟碱类农药及其代谢物在 400 份果汁样品中的检出率为 65% ~ 86%，残留浓度中位数分别为 0.06ng/mL 和 0.94ng/mL；同时，农药在果汁中残留水平具有季节差异性，湿季高于旱季。

牛、羊等陆生动物和鱼、虾等水生动物通过直接接触或食物链等途径摄入农药，进而造成体内农药残留，且大多数农药在动物体内残留浓度均高于最大残留限量值。选取南美洲乌拉圭和尼格罗河 149 条野生鱼类并检测鱼类肌肉中农药残留情况，发现 143 条鱼类肌肉组织中均存在农药残留（检出率为 96%），30 种农药残留浓度范围为 < 1 ~ 194μg/kg。坦桑尼亚达累斯萨拉姆和普瓦尼地区 4 个家禽养殖场采集的鸡肾、肝脏和肌肉样品中，DDT、HCH 和硫丹总含量分别为 0.71 ~ 26mg/kg、0.02 ~ 10.4mg/kg 和 0.3 ~ 7.9mg/kg，表明肾脏和肝脏是农药残留最高的组织部位。

三、体内代谢和蓄积

（一）吸收

人体可通过多种方式受到农药危害，如经空气吸入、果蔬摄入以及皮肤接触等。传统喷雾设施只能喷出粒径较大的液滴，因此农药很难通过呼吸进入体内。然而，随着农业施药技术的发展，当今的喷雾设备可喷出粒径极小的液滴，从而增加农药通过呼吸系统进入机体的可能性。在密闭环境（如密闭储存间或温室大棚）中施用农药会增加农药经呼吸系统进入人体的风险，且会随着温度升高而加重。

皮肤直接接触是农药施药者农药暴露的主要途径。农药通过皮肤进入机体主要受农药制剂理化性质的影响，同时也受农药暴露剂量及时间、温度和湿度的影响。一般而言，液体农药比非液体农药更容易通过皮肤进入体内；人体内部分皮肤（如耳道和生殖器）比其他位置皮肤更容易吸收农药。对非职业暴露人群而言，食物尤其是蔬菜和水果中的农药残留是经口摄入农药最主要、最直接的途径。消费者购买含有农药残留食物并进食可能会导致农药进入体内。急性中毒案例也多为经口暴露。此外，母乳与胎盘是婴幼儿摄入农药的重要途径。

（二）分布

农药进入体内随血液循环分布于肝脏、脑、脂肪和隔膜等器官，易蓄积于脂肪含量高的组织。如肝脏是 DDT 蓄积的重要器官；HCH 进入机体后主要蓄积于中枢神经和脂肪组织中。

（三）代谢及排泄

农药在代谢过程中能够产生生物活性更强、在生物体内滞留时间更持久、对非靶标生物毒性更大的有毒代谢物。这些有毒代谢物的理化性质也与农药本身有很大差异，其极性更强，更易溶于水，迁移性更强。有些农药代谢物毒性甚至是其农药母体的 20～50 倍。进入机体的毒死蜱在肝脏中经细胞色素 P450（cytochrome P450，CYP450）酶转化成不稳定的磷酸氧硫环中间体，该中间体发生氧化脱硫反应生成的氧化毒死蜱比毒死蜱具有更强的生物毒性，也可发生脱烷基反应进行代谢解毒，生成低毒代谢物如二乙基磷酸盐、二乙基硫代磷酸盐和 3，5，6- 三氯 -2 吡啶酚（3，5，6-trichloro-2-pyridinol，3，5，6-TCP）等。氧化毒死蜱随后在肝脏和血液中可被 A 酯酶水解生成 3，5，6-TCP；也可与 B 酯酶结合抑制其活性，进而促进毒死蜱水解。拟除虫菊酯类农药大多为手性农药，手性农药的空间构型会影响拟除虫菊酯类农药的降解速率。一般反式异构体被酯酶水解的速度快，而顺式异构体被氧化酶水解的速度慢。

农药进入机体后主要经尿液排出，也可经胆汁 - 消化道排出。另外，农药也可经肺、乳汁等排出体外。

四、生殖和发育毒性

短时间少量农药在人体内残留会因人体自身的代谢降解功能而被消除，所以并不会引起人体中毒。但是，如果长时间食用含农药残留的蔬菜或水果等食物，当体内农药含量超过人体自身代谢降解能力后，则会引起身体病变，对人体造成慢性危害。

（一）对雄性生殖功能的影响

长期低剂量接触农药会影响生精细胞的增殖分裂，降低精子数量和精子活力，同时会引起生殖系统组织和细胞病理学改变。

1. 对精液质量的影响　研究证实 OPP 可降低精液质量，增加精子畸形率。在委内瑞拉进行的相关流行病学调查结果显示，OPP 职业暴露可损害男性工人生殖功能，破坏精子染色质，增加 DNA 碎片指数，导致精子质量明显降低。此外，男性工人体内精子质量表现为季节依赖性，在农药喷洒较多的季节里，工人精子质量则明显下降。动物实验也证实农药对雄性精液质量存在不利影响。如将 3 月龄大鼠暴露于 10mg/kg 敌敌畏并持续经口染毒 48 天，发现大鼠精子运动能力受损，精子滞留在伴有细胞质脂滴的附睾尾部内腔内，使其从附睾尾部释放被抑制。草甘膦可损伤鱼精子 DNA 结构，且损伤程度与草甘膦暴露时间和暴露浓度成正比。将成年雄性大鼠经口暴露于 100mg/kg DDT 并持续染毒 7 天，发现 DDT 引起大鼠睾丸重量减轻和附睾活动精子比例降低，睾丸组织学观察也发现输精管管腔内精子数量显著减少。

2. 对睾丸生殖细胞和雄性激素水平的影响 DDT 可降低雄性大鼠睾丸中睾酮含量，导致精囊重量下降，同时大鼠血清中黄体生成素（luteinizing hormone，LH）和促卵泡激素（follicle stimulating hormone，FSH）水平均升高。此外，DDT 体内代谢产物 p, p'-DDE 也具有生殖毒性。p, p'-DDE 可诱导芳香酶表达，催化 C19 类固醇转化为雌激素，使 p, p'-DDE 发挥雄激素受体拮抗剂样作用进而影响雄性生殖功能。处于围生期的 SD 大鼠暴露 p, p'-DDE 会产生肛门生殖器距离缩短等抗雄激素样效应。OPP 可降低雄性睾丸及附属器官重量，如使用 9mg/kg 毒死蜱对雄性大鼠连续染毒 90 天，发现毒死蜱可减轻大鼠睾丸及附睾重量。大鼠经 30mg/kg 二嗪磷连续染毒 30 天后，组织病理学检查发现生精小管发生退行性改变，生精上皮空泡形成及坏死。氯氰菊酯对雄性大鼠生育力和生殖系统也有明显毒性作用。给成年雄性大鼠饮用含氯氰菊酯自来水 12 周，结果显示雄鼠睾丸和精囊重量增加，血清中睾酮、LH 和 FSH 含量均明显降低，输精管直径和细胞层数量显著下降，且输精管周围有大量结缔组织聚集，输精管内充满不成熟的精子细胞。

农药对雄性生殖系统的毒理学机制，目前尚不清楚。一方面，农药导致睾丸损伤后可引起继发性的性激素紊乱，从而导致雄性激素减少和垂体对生长激素释放激素反应降低，抑制 FSH、LH 和睾酮分泌，通过负反馈抑制间质细胞和支持细胞的分裂和成熟，使生殖细胞凋亡率增加，精子数量减少，活力降低。另一方面，农药也可作为配体与雌激素受体/雄激素受体结合，形成配体受体复合物，诱导或抑制有关调节生殖细胞生长和发育的靶基因转录，启动一系列激素依赖性生理过程，导致一系列生殖系统异常。此外，农药还可直接损伤生精细胞，抑制细胞内酶活力，诱导氧化应激等，通过影响与受体相关细胞信号传递通路而产生生殖毒性等。

（二）对雌性生殖功能的影响

早在 1960 年 DDT 就被发现具有弱雌激素作用。突尼斯妇女的调查结果表明，女性乳腺癌发病风险与血浆中 OCP 含量密切相关。随后，北美和欧洲多项流行病学研究结果也显示，女性血清中狄氏剂和 DDT 水平与乳腺癌发病率呈正相关。一些 OPP 也可通过类雌激素效应对乳腺细胞产生刺激进而引发乳腺癌发生。美国艾奥瓦州和北卡罗来纳州进行的针对 30 003 名 OPP 暴露女性人群的研究结果显示，OPP 暴露与乳腺癌和子宫癌发病存在相关性。

已有的人群数据表明，OPP 或拟除虫菊酯类农药可干扰性激素内分泌功能，造成生殖毒性。动物实验结果也证实，OPP 或除虫菊酯类农药暴露可损伤雌性动物生殖功能，如抑制类固醇激素合成、抑制卵泡细胞发育及引起动情周期紊乱，进而导致雌性生育力下降。OPP 和拟除虫菊酯类农药导致的动情周期异常主要表现为动情周期次数减少，动情前期、动情期和动情后期的时间缩短，动情间期时间延长。美国 3 103 名妇女农药暴露和月经情况关系调查结果发现，暴露农药的女性存在月经周期延长现象。我国相关研究也表明，女性接触农药与月经周期异常、痛经等症状存在相关性。

（三）对生长发育的影响

研究发现，生命早期农药暴露不仅会影响胎儿宫内发育，增加自然流产、死胎和出生缺陷等不良妊娠结局的发生风险，而且还影响子代出生后神经和体格发育，增加肥胖和恶

性肿瘤的发病风险。

1. 对不良妊娠结局的影响　孕期妇女急性 OCP 中毒会引起自然流产或者早产，胎儿不能成活。在匈牙利进行的一项病例对照研究发现，母亲孕期食用敌百虫污染的鱼可增加胎儿唐氏综合征等先天缺陷的发病风险。一项在斯里兰卡农业社区进行的调查发现，与农药喷洒间期相比，农药喷洒季节胎儿脐带血中的胆碱酯酶活性显著抑制，DNA 碎片增加。动物实验也发现，孕后期小鼠经乐果暴露后，可导致胚胎丢失。OPP 暴露和婴儿不良妊娠结局的研究结果并不一致。有研究结果显示，孕妇尿中毒死蜱浓度与出生体重、出生身长和出生胎龄不存在相关性。但也有研究发现，孕妇血中毒死蜱浓度与出生体重和出生身长呈正相关，因此仍需进一步深入研究。

2. 对神经发育的影响　研究表明，胎儿期农药暴露可引起婴儿神经发育异常，表现为学习记忆障碍、注意缺陷多动障碍和孤独症等。孕期暴露 OPP 会导致后代智商、记忆力及感知力均下降。检测加利福尼亚拉丁美洲农民家庭孕妇及其孩子出生后 6 个月、1 岁、2 岁和 5 岁时尿液中毒死蜱代谢产物浓度，并在儿童 10 岁测定他们的智力，发现儿童尿液中毒死蜱代谢产物浓度每增加 10 倍，儿童智力得分减少 5.6 分。纽约一项出生队列研究也发现，毒死蜱产前暴露对儿童认知存在不良影响，特别是感知觉方面，且毒死蜱代谢产物浓度每增加 10 倍，儿童智力得分减少 1.4 分。高水平毒死蜱暴露还与注意缺陷多动障碍患病密切相关。研究人员采用磁共振技术检测 5 ~ 12 岁儿童脑部结构，发现高水平毒死蜱可使儿童脑部白质区扩大，与认知、行为、社交、语言等密切相关的脑区发生不同程度改变。

3. 对其他系统的影响　农药暴露与哮喘发生直接相关。针对美国 359 对母亲与孩子的研究结果显示，幼年期暴露于 OCP 可导致儿童发生哮喘。幼年期 OPP 暴露也可引发肥胖发生。新生小鼠暴露于毒死蜱后会出现瘦素分泌紊乱及体重增加的现象。此外，农药暴露是急性白血病发病的主要原因之一。职业性农药暴露人员及其子女患急性白血病的概率显著高于其他职业人员。通过研究农药暴露与儿童白血病患病的关联性，发现孕前、孕中及出生后农药暴露均会增加急性淋巴细胞白血病的患病风险。荟萃分析表明产前接触农药会导致儿童淋巴癌及白血病的发病率显著上升。值得注意的是，目前已有的关于农药暴露与白血病的数据均为相关性分析，并不是因果分析，有待进一步深入的研究。

五、预防要点

在我国调整农药产业结构，科学使用农药刻不容缓；严格农药制造、使用和管理已成为亟待解决的问题。

（一）控制农药对环境的污染

1. 禁止施用剧毒类农药　农业执法及市场管理机构应加强农药使用制度管理，严禁使用剧毒类农药，从源头上杜绝剧毒类农药流入市场。

2. 开发农药替代品，改进病虫害防治方式　正确使用现有农药，包括用药的剂量、时间、种类和方法等，同时尽快开发出高效低毒的农药替代品。改进防治方式，将原来的化学防治为主，改为生物防治为主，物理防治和化学防治并举的综合防治。

（二）加强环境农药的监测，加强农药合理使用的管理

1. 做好农药污染状况调查 制定系统化、规范化的农药检测程序，对地表水、地下水、空气和土壤中的农药浓度进行监测。相关监督检测机构要切实负责，对各级农贸市场农产品农药残留情况进行监测。

2. 加强农药的管理以及对农药使用的宣传 农药的管理在我国不是很严格，相关法律法规也不尽完善，导致农药不合理使用情况严重。相关部门应该做合理的规划，将农药使用细则规范化。凡是农药残留超标的农产品绝对不允许在市场上流通。对广大农业技术人员进行专业系统培训，将综合防治病虫害、正确使用农药等作为重点培训内容，使农业技术人员在农作物生产中能指导农民科学使用农药。

（三）做好安全防护，提高环保意识

1. 保护作业人员，做好安全防护 农药生产企业要改进生产工艺与设备布局，采取局部通风措施，建立系统的危害防护及控制措施，对农药生产过程进行职业危害防护及控制。施用农药时要做好必要的防护措施，如防护服、防护手套、防护口罩、风镜、防护帽和防护靴等。喷洒农药结束后及时更换衣物，先清洗暴露皮肤和防护用品上的农药，再立即用肥皂将手、脸清洗干净，并及时洗澡。盛药用的空药瓶要立即销毁，不能继续当作用具使用。配用过农药的器具，要用碱水浸泡一天以上，然后再用清水冲洗干净。安排好倾倒剩余农药及洗刷喷药器械的污水场所，使其远离生活区和水源区。液体和固体农药的溅出，不能用水冲刷，建议分别使用不同的吸附材料（如石灰、沙子或土等）吸附和清扫干净，并装进有标志的金属桶中集中处理。

2. 加强宣传教育，提高人群对农药的正确认识 利用多元化宣传方式让农民认识到学习科学防治病虫害的益处和过量使用农药的危害，推动绿色农业发展。

第三节　主要工业化学品类持久性有机污染物与优生

一、多氯联苯

PCB 是环境中广泛存在的一类 POP。1881 年德国科学家 Schmidt 和 Schults 成功合成 PCB，并于半个世纪后开始批量工业生产。不同国家生产的 PCB 具有不同的产品名称。美国生产的 PCB 称为 Aroclor，用 4 位数字命名，前两位数字代表 PCB 分子类型，后两位数字代表氯百分含量。如常用商品名 Aroclor1254 代表是一种含氯 54% 的 PCB 混合物。中国生产的 PCB 称为三氯代联苯和五氯代联苯。PCB 在工业上有着广泛的用途，不仅能用作热载体、绝缘油以及润滑油等，而且还可作为很多工业产品（如树脂、橡胶、塑料、涂料等）的添加剂。然而，因 PCB 具有半挥发性、难降解性、高生物蓄积性以及较强的毒性作用，已经对人类健康造成极大威胁。1968 年日本北九州市爱知县一带暴发的"米

糠油"事件和 1979 年在我国台湾发生的"油症"事件，都是由于生产过程中失误导致
PCB 混入米糠油中所致，受害者出现全身皮肤色素过度沉着、氯痤疮、外周神经疾病等症
状。因此，1977 年世界各国开始相继限制并停止 PCB 的生产和使用，我国在 20 世纪 80
年代早期也已经基本终止了 PCB 商业化产品的生产。由于 PCB 对生态系统和人类健康的
危害作用，国内外环境保护部门已将 PCB 列入优先监测和控制的有机污染物名单，并于
2001 年联合国环境规划署通过《公约》将 PCB 列为 12 类 POP 之一加以控制。

尽管世界大多数国家已经禁止使用 PCB 几十年，但由于 PCB 理化性质稳定，很难在
环境介质中降解，且目前并无可靠的控制 PCB 污染的方法，因此 PCB 在环境中的残留及
污染问题仍相当严重。

（一）理化性质

PCB 是在高温条件下，联苯苯环上的氢通过金属催化剂催化被氯取代生成的氯化芳烃
类化合物，其分子式为 $C_{12}H_{(0-9)}Cl_{(1-10)}$，化学结构如图 6-1 所示。根据苯环上氯原子数目
和取代位置的不同，PCB 理论上可分为 10 类共 209 种同系物（表 6-3）。环境中实际存在
的 PCB 同系物有 100 多种。当 PCB 中氯取代个数大于 4 时，PCB 表现出较强毒性。在中
心轴附近邻位（2，2'，6，6'）位点无取代或仅有 1~2 个取代基的 PCB 称为二噁英 PCB
（dioxin-like polychlorinated biphenyls，DL-PCB），其物理性质类似二噁英，在所有同系物
中毒性最强。

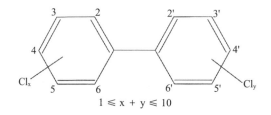

$$1 \leq x + y \leq 10$$

图 6-1　PCB 的化学结构式

PCB 在自然环境条件下非常稳定，对金属无腐蚀性，有良好电绝缘性，不与酸、碱、
氧化剂等化学物质反应，极难溶于水，对脂肪具有很强亲和性，极易在生物体脂肪内蓄
积。常温下，PCB 纯化合物为结晶状态，混合物则多为油状液体。四氯代联苯以下的
PCB 同系物呈流动性好的液体状态，随着氯原子数增加，其黏稠度也相应增高，呈糖浆状
乃至树脂状。PCB 耐热性极强，除一氯联苯和二氯联苯外，其余 PCB 均为不燃物质，
1 000~1 400℃高温下才能使它们完全分解。PCB 在环境中的降解性和持久性因氯化程度
而不同，低氯代联苯（氯原子取代数 ≤ 3）的微生物降解相对较快，高氯代联苯则降解比
较慢，且一些高氯代联苯水溶性极低，易于吸附在悬浮颗粒和沉积物上，不能够进行生物
降解。

表 6-3　PCB 同系物命名及理化性质

PCB 同系物	分子式	同分异构体数量 / 个	MW/ ($g \cdot mol^{-1}$)	Tm/℃	logKow
一氯联苯	$C_{12}H_9Cl$	3	188.65	25 ~ 78	4.3 ~ 4.6
二氯联苯	$C_{12}H_8Cl_2$	12	233.10	24 ~ 149	4.9 ~ 5.3
三氯联苯	$C_{12}H_7Cl_3$	24	257.54	18 ~ 87	5.5 ~ 5.9
四氯联苯	$C_{12}H_6Cl_4$	42	291.99	47 ~ 180	5.6 ~ 6.5
五氯联苯	$C_{12}H_5Cl_5$	46	326.43	76 ~ 124	6.2 ~ 6.5
六氯联苯	$C_{12}H_4Cl_6$	42	360.88	77 ~ 150	6.7 ~ 7.3
七氯联苯	$C_{12}H_3Cl_7$	24	395.32	122 ~ 140	6.7 ~ 7.0
八氯联苯	$C_{12}H_2Cl_8$	12	429.77	159 ~ 162	7.1
九氯联苯	$C_{12}H_1Cl_9$	3	464.21	183 ~ 206	7.2 ~ 8.2
十氯联苯	$C_{12}Cl_{10}$	1	498.66	306	8.26

注：MW：分子量；Tm：熔点；logKow：辛醇 - 水分配系数。

（二）污染来源及环境分布

1. **污染来源**　PCB 主要污染源是工业生产过程中含有 PCB 废弃物如废液、废渣、废气的排放，以及蓄电器和变压器的泄漏和拆卸，垃圾焚烧废气等。在非点源污染区，大气沉降是土壤和水体中 PCB 的主要来源。原 PCB 污染场地的 PCB 经二次挥发进入大气，随大气干、湿沉降污染土壤和水体。此外，环境中微量 PCB 来源还有化学生产过程中生成的副产物释放、饮用水氯气消毒及氯代有机化合物的热降解。

2. **环境分布**　大量研究表明，PCB 已成为全球性环境污染物，从土壤到大气，从陆地到海洋，从赤道到南北极，从繁华城市到荒凉雪域高原，从苔藓、谷物等植物到鱼类、飞鸟等动物，甚至人乳、血液中，无处不在。

（1）大气：大气中的 PCB 主要以气态和吸附态两种形式存在。在距离污染源较近的地区，PCB 含量较高。如 2008 年浙江台州电子垃圾拆解区大气中 PCB 含量为 4.23 ~ 11.35ng/m³（平均含量为 7.22ng/m³），高于一般城市地区大气中 PCB 含量。我国大气中的 PCB 以低氯代联苯为主，占大气中 PCB 含量的 80% 以上，与国外以五氯和六氯等高氯代联苯为主不同，其原因可能是由于我国主要生产和使用低氯代联苯产品，而国外主要是高氯代联苯产品。北京市大气中 PCB 以低氯代联苯（二 ~ 五氯代）为主，时间分布上呈现冬、春季含量低于夏、秋季的规律，空间分布上具有偏远地区低于人口数量多的区域、城区内部低于工厂所在区的趋势。

（2）水体和沉积物：PCB 在天然水体中的溶解度很低，其浓度一般不超过 2ng/L。我国部分水体受到 PCB 污染相当严重，水体中 PCB 含量大部分高于国外水体。一般河口、海湾和港口 PCB 污染较严重，而河流与湖泊 PCB 污染相对较轻。如九龙江水体中，间隙水中PCB含量（209～3 869ng/L）比表层水中PCB含量（0.36～150ng/L）高；闽江口水体中，间隙水中PCB含量为3 190～10 860ng/L，而表层、中层和底层水中PCB含量分别为483～2 470ng/L、204～2 520ng/L和635～1 280ng/L。

由于PCB水溶性较差，大部分PCB最终被沉积物吸附。调查显示，不同类型水体中，港口、海湾、河口地区沉积物中PCB含量较高，而河流、湖泊、海洋沉积物中相对较低，支流沉积物PCB污染一般比干流严重。沉积物中PCB污染水平没有表现出明显南北地域差异，局部地区多呈点源污染。上海滴水湖表层沉积物中PCB含量监测结果发现，在人类活动频繁和活动量大的区域，沉积物中PCB含量较高，空间分布上呈现闸外引水河表层PCB含量高于闸内引水河的趋势。我国学者较全面地研究了我国东部自北向南11条主要河流城市段沉积物样品中PCB含量，发现河流沉积物中PCB含量一般为10.5～25.5ng/g，部分河流沉积物中PCB含量较高，如第二松花江严重污染的沉积物中PCB含量高达337ng/g，推测可能是大量含PCB污染物的排放和泄漏所致。

（3）土壤：PCB广泛分布于世界各地不同类型土壤中。研究表明，PCB在土壤中含量和同系物分布与污染源类型、距离污染源远近、土壤本身物理化学性质和微生物含量及种类有关。

我国学者发现西藏农田土壤中PCB含量为1.9～13.2pg/g，低于世界其他区域，其中昌都农田土壤中有机碳含量较高，有利于PCB吸附，且该地区降水量较高，可引发高PCB沉降，致使该地土壤样品中PCB含量较高（平均含量为6pg/g）。北京市周边乡村地区土壤中PCB含量为2.6～19.56ng/g，且PCB同系物以低氯代为主，城区土壤PCB含量高于郊区。贵州红枫湖地区水稻土壤中PCB以三氯和五氯为主，占PCB总量的89%。国外研究显示，法国曼西城市固体焚烧炉附近土壤中PCB含量为1.9～26.3ng/g，其同系物主要以PCB10为主，其次为PCB138、PCB153和PCB180，与德国某工业区附近收集到的土壤以及英国农业用地土壤中PCB分布规律一致。波兰北部某铁路联轨站，0～20cm表层土壤中PCB含量为24～409.2ng/g，高于20～40cm土层土壤中PCB的含量。在装载坡台、铁路专用线以及平台区0～20cm表层土壤中PCB主要是五氯代联苯，20～40cm土层土壤中PCB主要是七氯代联苯；在车辆清洗间采集0～20cm表层土壤中PCB以五、七氯代联苯为主，20～40cm土层土壤中PCB主要以一、二氯代联苯为主。部分采样点的低氯代联苯比例下降，高氯代联苯比例升高，可能与低氯代联苯易于挥发随大气进行迁移，高氯代联苯更易在土壤中沉积有关。

（4）生物体：生物体内PCB含量高低可反映其所处环境中PCB污染水平，是环境中PCB污染的直接证据，也是生态风险的直接表征。

环境中PCB可通过植物地上部分从空气或根系进入植物体。在一些距污染源较远、经济不发达的地区，植物体内PCB含量处于较低水平。上海某工业区香樟叶片中PCB含量为0.30～32.46ng/g，与大气可吸入颗粒物中PCB含量呈正相关，而与土壤中PCB含量呈负相关，说明大气沉降是香樟叶片中PCB的主要来源。另外，春季和冬季叶片中PCB以高氯代联苯为主，夏季和秋季叶片中PCB则以低氯代联苯为主，冬季和春季叶片中PCB含量略高于夏季和秋季。

长江口湿地自然保护区九段沙水体中 PCB 含量仅为 25 ~ 95ng/kg，而该水域水生生物体内 PCB 含量可高达 0.12 ~ 9.40μg/kg，且水生生物对高氯代联苯的富集高于低氯代联苯。类似地，我国某典型污染地区鱼类体内 PCB 含量检测结果显示，鱼体肌肉中 PCB 含量为 22.6ng/g，且高氯代联苯含量相对较高，其原因可能是高氯代联苯具有较高的脂溶性和稳定性，不容易被水生生物代谢和排泄出体外。钱塘江杭州流域各生物体内 PCB 含量结果也显示，底栖生物螺蛳体内 PCB 含量为 14.83 ~ 20.43ng/kg（平均含量为 15.95ng/kg），鲫鱼体内 PCB 含量为 19.66 ~ 25.93ng/kg（平均含量为 21.62ng/kg），鲢鱼体内 PCB 含量为 19.25 ~ 21.34ng/kg（平均含量为 20.27ng/kg）。生活在严重污染水库中的植食性鱼类体内 PCB 总含量显著低于肉食性鱼类。以上结果表明，PCB 通过食物链具有生物放大作用，具有潜在环境风险。

（三）体内代谢和蓄积

1. **吸收** PCB 进入体内的途径主要有三种：经呼吸道吸入、经皮肤吸收和从食物中摄入。高浓度 PCB 主要蓄积在鱼类、奶制品和脂肪含量高的肉类中，通过饮食摄取被 PCB 污染的食物是人类暴露 PCB 的主要途径。另外，大气中存在的 PCB，一方面通过肺部呼吸作用进入体内附着在肺泡中，或先沉积于肺泡然后慢慢渗透入体内；另一方面气态 PCB 可通过皮肤接触被吸收。PCB 工业用途极为广泛，在 PCB 生产和使用过程中，作业工人可通过呼吸道或皮肤暴露于 PCB。值得注意的是，蓄积在母体脂肪组织中的 PCB 可通过胎盘和乳汁进入胎儿或婴儿体内。

2. **分布** 不同动物体内 PCB 分布特点大致相同，都更多地分布于脂肪含量高的器官或脂质代谢相关器官中。一般而言，肉食性鱼类体内 PCB 含量最高的部位为肝脏，其后依次为肌肉、脂肪组织、鱼卵、肾脏、骨骼和脑；植食性鱼类各组织中 PCB 含量排名为鱼卵、脂肪组织、肝脏、肌肉、骨骼、肾脏和脑。由于解剖结构和生理过程不同，PCB 可呈现性别差异蓄积。PCB 暴露雌性白斑狗鱼鱼卵中 PCB 含量是肌肉中 PCB 含量的 10 倍，雄性狗鱼体内 PCB 含量绝对值大于雌性狗鱼，可能是由于雄性无法从产卵行为中排出 PCB。此外，动物对含不同氯原子数量 PCB 的蓄积也有倾向性，成年大鼠暴露于 Aroclor1254 后，蓄积的高氯代联苯含量比低氯代联苯含量高，且高氯代联苯对脑组织的偏向性高于肝脏和脂肪组织，蓄积在脑组织中的 PCB 同系物以邻位取代的为主。

流行病学调查发现，人体血液和尿液中均可检测到 PCB 存在，甚至母体乳汁、羊水和胎儿脐带血中也可检测到 PCB。作为婴幼儿膳食主要来源，婴幼儿可经母乳暴露于 PCB 进而引发不利健康效应，因此对母婴敏感人群 PCB 水平的监测研究具有重要意义。全球范围内有多个国家级或国际范围的生物个体监测项目对母婴人群进行了 PCB 暴露浓度监测。在挪威和美国加州进行的生物个体检测研究中发现，母乳中的 PCB 浓度分别为 24 ~ 2 400ng/g 和 22.2 ~ 433ng/g。韩国母婴人群血清中 PCB 水平较低，通过母乳喂养的新生儿每日 PCB 摄入量仅为 45.2 ~ 127ng/kg。日本生物个体监测数据显示，1973 — 2000 年间，母乳中 PCB 含量有逐年降低趋势。我国通过监测 12 个省母婴人群中 PCB 暴露水平以评估全国范围内母婴 PCB 暴露水平分布情况，发现东部地区人群 PCB 浓度最高，其次是中部和西南部地区，浓度最低的地区为西北地区，这与我国工业发展水平和污染有密

切关联。

3. 代谢 PCB 虽具有蓄积性，但其进入生物体后仍可缓慢转化成其他代谢产物。PCB 代谢产物主要有两类，一类是甲磺基多氯联苯（methyl sulfone PCB，MeSO$_2$-PCB），一类为羟基多氯联苯（hydroxylated PCB，OH-PCB）。OH-PCB 为主要代谢物，PCB 经 CYP450 酶作用后代谢产物多为 OH-PCB。CYP450 酶系中的 CYP2A6 酶和 CYP286 酶在氧化代谢 PCB 生成 OH-PCB 过程中起到了重要作用，且 CYP450 酶代谢降解 PCB 会生成不同取代位点的羟基化产物。在 CYP450 2B 酶和 CYP450 3A 酶诱导下，PCB136 在大鼠体内代谢产物 5-OH-PCB136 的含量要显著高于 4-OH-PCB136，然而含量较少的 4-OH-PCB136 展现出更强的神经毒性作用。值得注意的是，PCB 的邻位取代位点是 2，3，6 位时，代谢更易生成 MeSO$_2$-PCB 代谢产物而非 OH-PCB。

4. 排泄 PCB 的所有羟基化代谢产物基本上通过胆汁和粪便排出体外，仅有很少一部分（≤ 5%）低氯代的同系物通过尿液排出体外。PCB 进入体内后，部分可直接经粪便排出体外，部分则需要经过一系列代谢作用，使其水溶性增强后主要通过尿液排出。

（四）生殖和发育毒性

1. 对雄性生殖功能的影响

（1）对精液质量的影响：荷兰某不育中心的男性精液检测结果显示，精液质量好者和精液质量差者的精液中 PCB 总含量分别为 0.071ng/mL 和 0.022ng/mL，无显著性差异，但精子计数与血浆中 PCB 代谢物浓度呈负相关。对 170 名随机纳入的健康男性、特发性少精子症男性和输精管切除术男性的精液进行 74 种 PCB 同系物含量检测，发现特发性少精子症男性的精子活动度下降与 PCB118、PCB137 和 PCB153 含量的增加存在相关性。用 PCB118、PCB126 和 PCB153 对取自健康捐赠者新鲜精液中的精子进行单独和联合的体外染毒实验，结果显示，染毒剂量虽远高于人类精液中检测到的浓度，但未发现 PCB 对精子的自发顶体反应、活力及运动性产生影响，可能是由于体外实验和在体实验 PCB 代谢转化机制不同所致，具体原因有待深入研究。对一些食用鱼或海产品较多的瑞典渔民、格陵兰岛居民、波兰华沙居民以及乌克兰哈尔科夫居民的精液质量与血清 PCB153 浓度相关性进行的横断面研究发现，虽然各地居民体内不同的血清 PCB153 浓度与精子浓度和精子形态无明显关联，但精子染色体完整性和运动性随血清 PCB153 浓度升高而降低。动物研究显示，对雄性大鼠进行腹腔注射 Aroclor1254 连续染毒 30 天后收集大鼠附睾尾部精子，发现精子数量减少，运动能力减弱。此外，PCB 还可能影响 X/Y 精子的比率，如对欧洲不同地区 547 例男性的精液和血清进行检测，发现精液中 Y 型精子比率和血清 PCB153 浓度存在正相关关系。在对密歇根渔民子女的调查中发现，当父亲体内 PCB 含量超过 8.1μg/L 时，男孩的出生率会增加。但也有研究发现，20 岁之前暴露于 PCB 父亲所拥有的后代中，男孩出生率显著降低，而母亲暴露于 PCB 对子女性别比的改变无明显影响。

研究发现，胚胎期母体高水平 PCB 暴露可引起雄性后代出现生殖系统毒性损伤。对孕 13 ~ 19 天 SD 大鼠灌胃给予 250ng/kg PCB126，在雄性仔鼠出生后第 7、10、13 和 17 周分别处死后进行附睾尾精子计数，发现孕期母鼠 PCB126 暴露可降低仔鼠附睾尾精子数。另一项针对 PCB126 或 PCB153 口饲给予怀孕山羊，观察出生 40 天雄性子代山羊生殖系统损伤情况的研究结果显示，PCB126 和 PCB153 均未影响雄性子代山羊的精子质量，但 PCB153 处理组雄性子代山羊的双侧睾丸直径显著缩小，血浆 LH 和睾酮浓度波动也降低，且出现 DNA 损伤的精子比率明显升高。

（2）对雄性生殖激素水平的影响：对美国五大湖 29 名垂钓鱼食用者和 27 名垂钓鱼非食用者进行血清中 PCB 同系物和性激素水平测定，发现垂钓鱼食用者和非食用者 PCB 总浓度范围分别为 168～3 104ng/g 和 62～704ng/g；垂钓鱼食用者 PCB 暴露水平明显增加，卵泡刺激素水平显著下降，睾酮水平明显升高。另一项针对居住在圣劳伦斯河流域 257 名莫霍克族男性居民血清睾酮与 PCB 同系物关系的研究结果显示，居民通过工业污染和食用当地产鱼所暴露 PCB 的总含量范围为 216.58～7 907.94ng/g，且总睾酮水平与总 PCB 及其 PCB 同系物（如 PCB77、PCB99、PCB153 和 PCB206）含量呈显著负相关关系。此外，PCB 也可通过干扰雄激素与雄激素受体的结合发挥抗雄激素活性，表现为类雌激素作用。如间质细胞上 LH 受体主要功能为合成并分泌雄性激素（主要是睾酮），而将体外培养的间质细胞进行 Aroclor1254 染毒处理发现，Aroclor1254 可降低 LH 受体密度，抑制细胞内多种类固醇合成酶，进而抑制睾酮的生物合成。

2. **对雌性生殖功能的影响**　1979 年我国台湾 PCB 污染的"油症"事件中，高 PCB 暴露妇女与非暴露组妇女相比，存在明显经期血量异常，过度摄入 PCB 甚至会造成自发性流产。动物研究显示，PCB 对鱼类具有抑制卵巢发育、降低性腺体重系数和卵黄蛋白原含量的作用，其中 PCB77 影响雌性成鱼的性成熟和后代成活率。PCB 可导致斑马鱼卵巢发育延缓，生殖力下降。皮吉特海峡地区的英国蝶鱼因受到 PCB 污染，鱼体内卵黄磷蛋白水平下降、卵母细胞畸形率增加、产卵率下降。此外，一项研究 PCB 暴露与乳腺癌发生相关性的调查研究显示，患乳腺癌妇女脂肪组织中 PCB 含量比正常人高 50%～60%，PCB 含量与乳腺癌发生存在显著正相关。

PCB 主要代谢产物 OH-PCB 的化学结构与雌激素十分相似，进而可干扰雌激素正常生理功能。一方面，雌激素磺基转移酶（estrogen sulfotransferase，EST）是一种存在于胞浆中可催化雌激素硫酸结合导致雌激素失活的代谢酶，OH-PCB 可抑制 EST 活性使雌激素浓度升高，进而表现出类雌激素活性。另一方面，雌激素受体（estrogen receptor，ER）可不同程度地和雌激素及类似化合物结合，如 ER 与 OH-PCB 结合，形成的复合物与雌激素反应元件结合进而发挥雌激素功能，表现为类雌激素活性。对异育银鲫采用活体注射和卵巢体外培养两种方式分别暴露于 Aroclor1254，发现其血清中睾酮含量随 Aroclor1254 暴露时间延长而下降，而雌二醇呈增加趋势，表明 Aroclor1254 在促进雌二醇分泌同时也抑制睾酮分泌，对雌二醇和睾酮的平衡产生影响，由此可见，PCB 对鱼类的雌性化作用是对雌二醇和睾酮同时产生作用的结果。

3. **对生长发育能力的影响**

（1）对不良妊娠结局的影响：母体摄入 PCB 可通过胎盘或母乳途径传递给胎儿，从而造成不良妊娠结局。女性孕期 PCB 暴露可降低受精率及胚胎着床率，影响胚胎发育、降低存活率，致使死产、流产、妊娠并发症的比例明显增多。PCB126 具有明显发育毒性，不仅可导致比目鱼胚胎死亡、胚胎发育延迟、部分严重畸形，还可引起斑马鱼胚胎发

育畸形甚至死亡。Aroclor1254 对小鼠体外发育的胚胎细胞具有毒性作用。随着 Aroclor1254 剂量增加，小鼠胚胎的体外孵化率越低，而且胚龄越小的小鼠胚胎对 Aroclor1254 剂量增加的敏感性越强，呈明显剂量 - 效应关系。以上结果表明，Aroclor1254 能够影响体外胚胎发育和孵化，干扰胚胎细胞及桑椹胚的进一步分化和致密化程度。关于 PCB 致孕鼠胚胎着床障碍及胚胎损伤的机制尚不明确，有待进一步的研究。

通过对母乳和早产儿生长发育状况的研究发现，PCB 与早产儿生长发育迟缓有关。职业接触 Aroclor1254、Aroclor1242 和 Aroclor1016 的孕妇，早产风险增高，所生的婴儿出生体重降低。密执安湖周围的妇女由于吃鱼而慢性暴露于 PCB，导致初生儿个体小、头围小和惊吓反射增强。接触 Aroclor1254 的母体，其哺乳的婴儿在产后 22 周出现指甲损害和牙龈萎缩。相关动物实验也表明，雌龟暴露于 PCB126 可影响幼龟骨骼发育，表现为骨密度降低、龟壳变小和质量减轻。

（2）对甲状腺和神经发育的影响：PCB 对甲状腺的影响主要表现为甲状腺组织形态学改变、甲状腺激素水平紊乱和功能异常。动物实验研究发现，PCB 染毒可引起大鼠甲状腺滤泡细胞肥大和增生，滤泡上皮细胞变性，淋巴细胞浸润。超微结构可见滤泡细胞质内聚集大量的胶体小滴及形态不规则的溶酶体。对出生 3 ~ 7 天新生 SD 大鼠灌胃给予 PCB153，大鼠血清中甲状腺激素 T4 和 FT4 水平明显下降，但促甲状腺激素水平未发生改变。此外，PCB 暴露与胎儿期和儿童期神经发育异常有关，且邻位取代的 PCB 对神经细胞的影响最大。荷兰学者在研究母乳喂养和配方奶喂养时发现，母乳中 PCB 浓度与婴儿发生轻微神经紊乱的危险性呈正相关。斯洛伐克 2002 — 2004 年出生队列研究结果显示，与低水平 PCB 暴露相比，高水平 PCB 暴露可使儿童精神运动能力以及智力发育指数得分均明显降低。通过灌胃给予孕期和哺乳期大鼠 PCB47 和 PCB77，PCB47 可使 F1 代大鼠大脑中多巴胺含量显著降低，而 PCB77 则引起 F1 代大鼠大脑中多巴胺含量显著增加，这种现象一直持续到成年。

（五）预防要点

1. 控制 PCB 对环境的污染　严禁任何单位和个人生产和使用 PCB。在工业生产中，加强执法，对含有 PCB 的工业"三废"，必须按照国家有关危险废弃物管理规定及标准，采取符合清洁生产要求的生产工艺和技术对 PCB 废弃物进行无害化处理、处置，减少或防治 PCB 废弃物产生，降低或消除 PCB 对环境的危害。如《浙江省多氯联苯污染环境防治与控制规定（试行）》中规定，一定含量（50 ~ 500mg/kg）的 PCB 废弃物可采用安全土地填埋技术或高温焚烧技术处置；PCB 废液以及以 PCB 为介质的电力电容器、变压器及其他有关装置必须采用高温焚烧技术处置；受 PCB 污染土壤推荐采用热脱附技术处置；含 PCB 废物暂时无条件处理、处置时，应按规定集中暂贮或封存。

2. 加强环境 PCB 监测　建立和发展系统化、规范化的 PCB 监测分析方法，加强对环境 PCB 的监测，严格控制污染源。各级环保和卫生主管部门对含 PCB 设备、废弃物的使用、抛弃、保管、封存乃至填埋场所的空气、土壤和水质必须定期进行监测分析，采取切实措施防止 PCB 超标。另外，公共卫生部门要严格对食品进行检验监测，防止因 PCB 污染食品造成中毒事件。

3. **加强劳动保护措施，预防职业危害** 改善劳动条件，加强劳动保护，加强接触 PCB 作业人员的个体防护，如操作时佩戴防毒面具及手套，禁止在工作岗位上吸烟或进食，下班后及时更衣洗澡。此外，对接触 PCB 作业人员应该定期进行体格检查，若发现肝脏或皮肤有异常者，应及时调离或治疗。有严重皮肤病或慢性肝病人员不宜从事接触 PCB 的工作。

4. **提高国民环保意识** 广泛宣传 PCB 污染的长期危害性，增强国民的环境保护意识和自我防护意识。

二、多溴联苯醚

PBDE 作为最常见的溴化阻燃剂，在电子电器、交通、建材、化工、石油、采矿和纺织等领域中得到了广泛的应用。尤其自 20 世纪 70 年代以来，PBDE 更是作为 PCB 替代物而被大量应用于电器和电子产品中，成为主要的商用阻燃剂，如电子产品的塑料高聚物中，PBDE 含量可达到 5%~30%。到目前为止，PBDE 的商业品主要有五溴联苯醚（包含 70% 的 PBDE-47 和 PBDE-99）、八溴联苯醚（包含 40% 的 PBDE-183）和十溴联苯醚（包含 98% 的 PBDE-209）。由于 PBDE 与聚合物以非共价键结合，很容易从产品迁移到环境中，加之其在环境中具有难降解、污染持久和易生物蓄积等特点，因此其对环境和健康的危害风险不容忽视。

近年来世界各国对 PBDE 生产和使用都采取了相应的控制措施，甚至部分 PBDE 被禁止使用。欧盟最早于 2003 年提出产品中五溴联苯醚和八溴联苯醚含量不能高于 0.1% 的标准，并于 2008 年开始禁止电器和电子设备中使用十溴联苯醚。加拿大环境保护部门也于 2008 年开始禁止五溴联苯醚和八溴联苯醚的使用，并将十溴联苯醚列为有毒物质。我国工业和信息化部在 2006 年提出产品中 PBDE 浓度应低于 0.1% 的规定；2010 年环境保护部提出将含 PBDE 较高的电子垃圾列为危险废物，并要求分开独立处理处置。在各国的努力下，2009 年商业五溴联苯醚、八溴联苯醚被优先列入《公约》POP 名单。2013 年经挪威提议，2017 年十溴联苯醚也正式列入《公约》POP 名单。虽然 PBDE 使用已受到限制，但据估计，即使到 2020 年，2014 年生产的含 PBDE 产品中仍有 60% 在被使用，而其中 95% 为十溴联苯醚，且之前产品中含有的 PBDE 也会不断释放进入环境中。因此，PBDE 带来的环境风险仍需关注。

（一）理化性质

PBDE 是一类联苯醚中的氢原子被溴原子取代的芳香族有机卤素化合物，化学通式为 $C_{12}H_{(0-9)}Br_{(1-10)}O$，其化学结构如图 6-2 所示。根据苯环上溴原子数量和取代位置的不同，PBDE 可分为 10 个同系组，共 209 种同系物（表 6-4）。

图 6-2　PBDE 的化学结构式

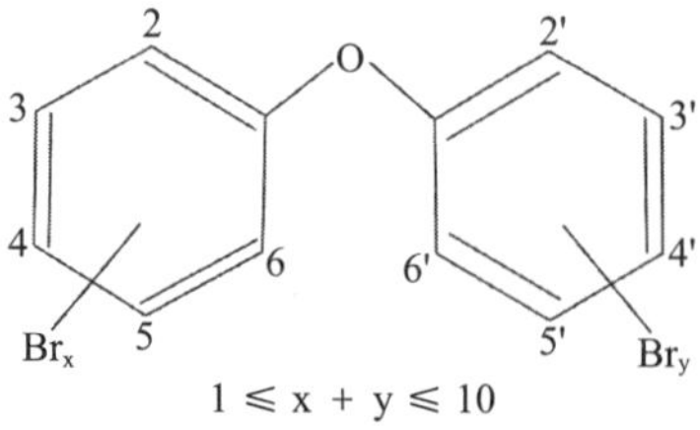

$$1 \leqslant x + y \leqslant 10$$

表 6-4　PBDE 命名及主要单体

PBDE 同系物名称	分子式	分子量	PBDE 编号
一溴联苯醚(mono-PBDE)	$C_{12}H_9BrO$	249	1 ～ 3
二溴联苯醚(di-PBDE)	$C_{12}H_8Br_2O$	327.9	4 ～ 15
三溴联苯醚(tri- PBDE)	$C_{12}H_7Br_3O$	406.8	16 ～ 39
四溴联苯醚(tetra-PBDE)	$C_{12}H_6Br_4O$	485.7	40 ～ 81
五溴联苯醚(penta-PBDE)	$C_{12}H_5Br_5O$	564.6	82 ～ 127
六溴联苯醚(hexa-PBDE)	$C_{12}H_4Br_6O$	643.5	128 ～ 169
七溴联苯醚(hepta-PBDE)	$C_{12}H_3Br_7O$	724.4	170 ～ 193
八溴联苯醚(octa-PBDE)	$C_{12}H_2Br_8O$	801.3	194 ～ 205
九溴联苯醚(nona-PBDE)	$C_{12}H_1Br_9O$	880.3	206 ～ 208
十溴联苯醚(deca-PBDE)	$C_{12}Br_{10}O$	959.2	209

PBDE 化学性质稳定，沸点为 310 ～ 425℃，具有蒸气压低、热稳定性高和亲脂性强的特点，很难通过物理、化学方法降解。随着溴原子个数的增加，PBDE 蒸气压和水溶性逐渐降低，亲脂性逐渐增强，更易吸附于颗粒物并发生生物蓄积。

（二）污染来源及环境分布

1. **污染来源**　含有 PBDE 的产品在生产、使用以及废弃物处置阶段都会不同程度地释放出 PBDE。PBDE 主要通过点源和非点源两种方式释放到不同的环境介质中。PBDE 的点源来源主要包括 PBDE 生产工厂、废水处理厂以及垃圾填埋场的渗滤液。城市危险废弃物和电子废弃物焚烧与填埋、电子设备循环利用及意外火灾等过程也会向环境释放 PBDE。农业污水污泥、灰尘和颗粒物、土壤侵蚀和生物种群重新分布导致 PBDE 以非点源方式进入不同环境介质中。广泛使用的各种消费产品如家具、塑料和电子产品等也是 PBDE 污染的主要非点源来源。

2. **环境分布**　PBDE 在不同环境介质中的浓度分布都呈现相同的趋势，即浓度随着与城市和工业区距离的增加而降低。随着溴原子取代数量的增多，PBDE 越难挥发，水溶性不断降低，脂溶性不断增强，所以在大气、水体和生物体内主要存在的是 PBDE-47、PBDE-99 等低溴代联苯醚，但在大多数地区土壤和沉积物中，PBDE-209 是主要同系物。

（1）大气：PBDE 蒸气压随着溴原子数量增多而降低，在室温下，低溴代联苯醚非常容易挥发到空气中造成污染，大部分以气态形式存在于空气中，易在大气中进行长距离传输，而高溴代联苯醚大多数吸附在气溶胶颗粒物上。世界不同地区大气中 PBDE 同系物图谱是不同的，但是几乎都存在 PBDE-47、PBDE-99、PBDE-100 等低溴代联苯醚；而高溴代联苯醚（主要是 PBDE-209）在空气中主要通过吸附在气溶胶颗粒物上而存在，以气态形式存在的量非常少。相关学者利用被动采样技术先后监测欧洲、亚洲等地区大气中 PBDE 浓度，发现高浓度 PBDE 主要出现在欧洲英国和亚洲中国西安、广州等地。美国加利福尼亚 11 个站点两个季度空气中 9 种 PBDE 同系物平均浓度为 154pg/m³，其他地区如大湖地区、墨西哥湾、东北地区等地的室外空气 PBDE 浓度范围介于 20～150pg/m³ 之间。中国 15 个地区空气样本中总 PBDE 含量为 11～838pg/m³。土耳其城市、郊区和农村地区室外大气 PBDE 监测结果显示，大气中 Σ_{12}PBDE 浓度范围为 110～620pg/m³，其水平依次为城市（620pg/m³）＞郊区（280pg/m³）＞农村（110pg/m³）。此外，夏天空气中 PBDE 浓度普遍高于冬天空气中 PBDE 浓度，说明温度是影响空气中 PBDE 浓度的因素之一。一方面，高温使更多的 PBDE 挥发到空气中；另一方面，高温改变了土壤的条件，影响土壤吸附／解吸作用，使原来吸附在土壤中的 PBDE 又解吸回空气中。

由于室内空气与人体暴露联系更为紧密，因此室内空气中 PBDE 浓度是近年来大气 PBDE 研究的一个热点。一般情况下，室内空气中 PBDE 浓度普遍高于室外。通过利用窗户玻璃内外壁形成有机薄层研究室内外空气中的 PBDE 浓度，发现室内 PBDE 浓度比室外空气 PBDE 浓度高 20 倍。中国广州各种室内空气中，PBDE-209 和其他 10 种同系物平均浓度范围分别为 341～669pg/m³ 和 695～887pg/m³。在加拿大渥太华随机抽取 68 个室内粉尘样品，发现所有室内粉尘样品中均可检测到 PBDE，其中 PBDE-209 平均浓度占 PBDE 总浓度的 42%。研究表明，通风、季节、相对湿度及场所类型对室内 PBDE 浓度都有一定影响。通常情况下，室内 PBDE 浓度随通风频率增加而减少，且对于通风频率相同、PBDE 浓度相差较大的室内环境，PBDE 浓度较高的室内环境中 PBDE 浓度的减少程度更为明显。此外，不同室内灰尘中的 PBDE 浓度与室内空气中的 PBDE 浓度呈现一致规律，均为工业区室内 PBDE 浓度＞办公室＞家庭住宅。

（2）水体及沉积物：水环境是 PBDE 全球循环的重要组成部分，在全球范围内水体及沉积物中均可检出 PBDE。随着溴原子取代数量的增加，PBDE 水溶性不断降低，脂溶性不断增强，因此水体中 PBDE 浓度一般低于 1μg/L，以 PBDE-47 和 PBDE-99 等低溴代联苯醚为主，而沉积物是亲脂性有机污染物的蓄积库，高溴代联苯醚极易在沉积物中累积并长期存在。

旧金山河口区水体、悬浮颗粒物和沉积物中 PBDE 浓度范围为 3～513pg/L，主要含有 PBDE-47、PBDE-99 和 PBDE-209，其中 PBDE 浓度最大值和最小值分别出现在高度城市化的南部海域（103～513pg/L）和城市化程度很低的北部海域（3～43pg/L），PBDE-209 则主要吸附在悬浮颗粒物上。黄河干湿季全境水体、悬浮颗粒物和沉积物中的 PBDE

浓度测定结果显示，中下游地区 PBDE 浓度高于上游地区，旱季 PBDE 浓度低于雨季浓度。

沉积物中的低溴代联苯醚和高溴代联苯醚（主要是 PBDE-209）都表现出随时间延长而浓度逐渐增加趋势。由于 PBDE 在沉积物中较难降解，且降解速度比较缓慢，所以沉积物中 PBDE 同系物组成相对稳定，能较好记录该地区过去各个时期污染情况，可为科学研究提供重要线索。综合相关研究数据，发现北美某些区域沉积物中 PBDE 含量（不包含 PBDE-209）高于欧洲和亚洲，亚洲国家如中国、日本、韩国等十溴联苯醚消耗量明显高于欧洲和北美地区，这些地区沉积物中 PBDE-209 含量也处于较高水平（占沉积物中 PBDE 总含量的 70% 以上，最高可达 90% 以上）。此外，PBDE-209 等高溴代联苯醚在沉积物中可降解成低溴代联苯醚，因此沉积物中也可检测到 PBDE-28、PBDE-47、PBDE-66、PBDE-99、PBDE-100 等低溴代联苯醚。

（3）土壤：大气和水体中的 PBDE 可迁移到土壤中，土壤中 PBDE（特别是高溴代联苯醚）通常被认为来自大气干湿沉降，同时 PBDE 生产、运输及其产品的使用、电子垃圾拆解、污水灌溉以及污泥土地利用也都是土壤中 PBDE 的重要来源。总体上，土壤中的 PBDE 主要来自工业源，浓度呈现城市 > 农村 > 背景值。土耳其市区和工业区土壤中 PBDE 总浓度（8.7 ~ 18.6ng/g 和 0.5 ~ 2 840ng/g）高于郊区土壤中 PBDE 总浓度（0.8 ~ 6.8ng/g）。电子垃圾拆解区空气中 PBDE 浓度较高，成为土壤中 PBDE 的重要二次污染源。如广东清远电子垃圾拆解区土壤中 PBDE 浓度（包含 PBDE-209，296ng/g）比农田土壤中 PBDE 浓度（15.6 ~ 34.1ng/g）高 1 个数量级以上。此外，土壤有机质、黏土矿物含量以及海拔高度和土壤深度对土壤中 PBDE 的组分和分布有一定影响。如青藏高原土壤中的 PBDE 总浓度（0.004 ~ 0.3ng/g）远低于其他背景地区土壤，随着海拔升高，PBDE 含量逐渐降低。

（4）生物体：环境介质中的 PBDE 进入生物体，并沿着食物链在生物体内迁移富集，进而在不同生物间出现浓度差异分布。

植物中 PBDE 含量与人类活动密切相关。PBDE 生产厂、电子垃圾拆解区和人口稠密混杂工业区植物中 PBDE 含量较高，且大多以高溴代联苯醚（尤其是 PBDE-209）为主，农村和偏远地区植物则以低溴代联苯醚为主。目前世界各地包括喜马拉雅山和南极等地区的植物中都可检出 PBDE。喜马拉雅山地区沿珠穆朗玛峰北坡海拔 5 000 米以上的棘豆中 PBDE 含量为 2.1 ~ 3.6ng/g，主要来源于大气长距离传输。与大气交换关系紧密的植物表面面积不同，可导致不同树种内 PBDE 含量有着不同的浓度分布特征。北京地区树木中，表面积较大的垂柳树皮中 PBDE 含量显著高于白杨、银杏和松树等。草本植物还可通过根系直接吸收 PBDE，以低溴代联苯醚尤其是 PBDE-47 和 PBDE-99 为主。另外，植物内 PBDE 含量也随季节变化发生改变。如加拿大渥太华某垃圾填埋场附近云杉针叶中 PBDE 含量在春天呈现下降趋势，而在夏天却持续上升，可能是由于冬春交替之际针叶蜡质层退化和磨损所致。

有关陆生和水生动物体内 PBDE 含量的大量研究发现，生物体内 PBDE 含量随着采样点和样品不同而变化，但含量一般都处于 ng/g ~ μg/g 范围内。欧洲、北美洲和东亚地区不同生物体内 PBDE 含量变化很大，但同系物组成却基本相同，表现为水生生物体内主要含有 PBDE-47、PBDE-99、PBDE-100 等四至五溴代联苯醚，而陆生生物体内除含有 PBDE-99 和 PBDE-153 外，PBDE-183 等高溴代联苯醚的含量也较高。生物体内 PBDE 含量和同系物组成随时间变化趋势可反映当地所消耗 PBDE 量变化。北美萨利什海海豹体内 PBDE 含量在 1984—2003 年间呈指数增长，2004 年开始禁用五溴联苯醚和八溴联苯醚后，海豹体内 PBDE 含量在 2009 年呈现下降趋势。更为重要的是，生物体内 PBDE 含量会随营养级水平升高而增大。挪威食肉性动物猞猁体内 PBDE 含量比驯鹿等食草性动物体内 PBDE 含量高出一个数量级，且食草性动物体内主要是 PBDE-47 和 PBDE-99，而食肉性动物猞猁体内 PBDE-153 浓度明显高于 PBDE-47 和 PBDE-99。

（三）体内代谢和蓄积

1. **吸收**　人体接触 PBDE 主要途径有饮食摄入、呼吸吸入、皮肤吸收和土壤或粉尘摄入等。食物摄入是 PBDE 进入人体的最主要途径之一。不同国家不同民族的饮食习惯不一样，导致不同食物对人体 PBDE 摄入的贡献也会随之发生变化。越来越多的研究发现，粉尘是低溴代联苯醚进入人体的重要途径，幼儿可通过手口途径摄入粉尘中的 PBDE。此外，PBDE 可通过胎盘和乳汁进入胎儿和婴儿体内。

2. **分布**　人体中的 PBDE 主要蓄积于肝脏和乳房等脂肪含量丰富的组织中，甚至在胎盘组织和头发中也可检测到 PBDE。此外，在血浆、血清、脐带血等体液中也可检测到高水平 PBDE。

研究表明，母乳中 PBDE 同系物以 PBDE-47、PBDE-99 和 PBDE-153 为主。一些亚洲和欧洲国家由于十溴联苯醚的大量使用，母乳中 PBDE-209 含量较高。广州市母乳、母血和婴儿脐带血中 PBDE 总含量分别为 1.7 ~ 7.2ng/g、1.6 ~ 17ng/g 和 1.5 ~ 2ng/g。此外，有研究表明，婴儿脐带血中低溴代联苯醚含量中位数高于母血水平，而高溴代联苯醚含量中位数低于母血样本，说明高溴代联苯醚更难通过胎盘进入婴儿体内，胎盘对 PBDE 同系物具有生物透过性作用。

血液中 PBDE 分布与人群饮食习惯、生活习惯、所处区域环境状况及从事职业有关。吸烟者血液中 PBDE-153 含量高于不吸烟者。对办公室清洁工、大学生和警察 3 类人群血清 PBDE 含量进行检测，发现办公室清洁工血清中 PBDE 总含量（1.7 ~ 1 980ng/g）远高于大学生血清中 PBDE 总含量（2.1 ~ 210ng/g）和警察血清中 PBDE 总含量（0.5 ~ 150ng/g），且办公室清洁工血清中 PBDE 以高溴代联苯醚为主，说明清洁工可能通过摄入可吸入性颗粒物吸收更多高溴代联苯醚。除母乳和血液外，头发也被用来指示人体内 PBDE 分布状况。在电子垃圾拆解区周围，居民头发 PBDE 平均含量（43.2ng/g）是普通城市和乡村居民头发 PBDE 平均含量（分别为 16.6ng/g 和 10ng/g）的 3 ~ 4 倍。

3. **代谢**　一般低溴代联苯醚在生物体内易通过脱溴、羟基化等方式生成脱溴产物、羟基化产物、高分子复合物和溴酚类等；而高溴代 PBDE-209 在生物体内的代谢转化主要是通过脱溴生成低溴代联苯醚，使其代谢速度加快。研究表明，进入机体的 PBDE 大多以羟基化多溴联苯醚（hydroxylated PBDE，OH-PBDE）和甲氧基多溴联苯醚（methoxylated PBDE，MeO-PBDE）代谢物为主。

4. **排泄** PBDE 主要通过粪便排出体外。高溴代 PBDE-209 在哺乳动物体内具有吸收差、排泄快、蓄积性低的特点，进入机体消化道后约有 90% 经肠道粪便排泄。

（四）生殖和发育毒性

1. **对雄性生殖功能的影响** 研究表明，PBDE 可通过降低精液质量、损伤睾丸生殖细胞和干扰生殖激素水平等途径对雄性产生生殖毒性。

（1）对精液质量的影响：某妇幼保健院对 52 名成年男性精液质量研究结果显示，精子活力与成年男性血浆中 PBDE-47 和 PBDE-100 含量呈负相关。后续研究人员进一步对接触 PBDE 的健康男性进行研究，证实接触 PBDE-47 与精子活力下降及浓度降低显著相关。在动物水平上，PBDE-209 暴露成年 Parkers 小鼠附睾尾精子的数量和活力明显下降。C57BL/6J 小鼠经口暴露不同浓度 PBDE-3 并持续染毒 6 周后，精子数量呈剂量依赖性下降，异常精子比例增加，且附睾间质有炎性细胞浸润。孕期大鼠暴露于低剂量 PBDE-99 会导致子代大鼠肛门 - 生殖器距离缩短，青春期开始推迟，子代雄性大鼠成年后精子、精细胞数目均减少。此外，长期生活在南方电子垃圾拆解区附近男性居民精液质量明显下降，深入研究发现精子 DNA 损伤程度高于未居住于电子垃圾拆解区附近的男性。PBDE 长期暴露不仅会损伤精子 DNA，还可能对精子形成关键基因产生影响。如将怀孕 Wistar 大鼠从孕期第 8 天至分娩后第 21 天持续暴露于 0.2mg/kg PBDE-47，对出生 120 天子代雄鼠进行相关检测发现，PBDE-47 可抑制睾丸中精子形成关键基因鱼精蛋白和转化蛋白基因的表达，引起组蛋白 - 鱼精蛋白交换在精子形成过程中失调，进而导致精子表观基因组表达异常。

（2）对睾丸生殖细胞的影响：PBDE 可作用于睾丸生殖细胞，导致生殖细胞数目减少，从而减低精子形成，影响雄性生殖功能。流行病学调查结果显示，隐睾症患儿母乳中 PBDE（如 PBDE-28、PBDE-47、PBDE-66、PBDE-99、PBDE-100 和 PBDE-154）浓度明显高于健康新生儿母乳中 PBDE 浓度。PBDE-209 可导致雄性小鼠睾丸生精小管生精上皮变薄、生殖细胞减少、脱落等异常改变。PBDE 还可使大鼠附睾、精囊和前列腺重量均降低，精子头部畸形率明显增高。如 PBDE-47 暴露的雄性大鼠睾丸明显变小，且每克睾丸重量的精子产量下降，形态学异常精子的百分率显著增加。

（3）对雄性生殖激素水平的影响：将哺乳期 Parkers 小鼠暴露于 700mg/kg PBDE-209，对子代雄鼠睾丸组织、生殖细胞和激素生成均有显著影响，表现为支持细胞成熟标记物表达下调，血清中睾酮水平显著下降，多种激素合成标记物表达降低。流行病研究显示，粉尘中 PBDE 浓度与暴露粉尘的 24 名男性血清中 LH 和卵泡刺激素水平呈负相关，与抑制素 B 和性激素结合球蛋白水平呈正相关，表明 PBDE 可能具有拮抗某些生殖激素的作用。

2. **对雌性生殖功能的影响** 美国加州某一低收入社区女性血清中 PBDE（如 PBDE-47、PBDE-99、PBDE-100 和 PBDE-153）含量越高，孕周越长。PBDE 可干扰类固醇激素、性激素的生成，降低生殖细胞的数量和活力，进而引起生殖细胞凋亡。研究发现，孕期大鼠暴露于低剂量 PBDE-99 可导致子代雌性大鼠初级、次级卵泡细胞数量均减少。对雌性鲦鱼喂食 PBDE-47 并持续 2 周，发现雌性鲦鱼出现停止产卵现象。以轮虫为研究对象，发现 PBDE-47 可导致轮虫体内活性氧簇显著增加，引发氧化应激，对轮虫卵巢结构造成严重损害，显著抑制轮虫的卵子产量和繁殖频率。

3. 对生长发育的影响

（1）对不良妊娠结局的影响：孕期 PBDE 暴露会导致包括早产、低出生体重、出生缺陷、宫内生长受限等不良妊娠结局。一项利用 PBDE-71（PBDE-47、PBDE-99、PBDE-100、PBDE-153 和 PBDE-154 的混合物）对斑马鱼进行连续染毒的实验结果显示，PBDE-71 导致斑马鱼的孵化率和幼鱼成活率均明显降低，且胚胎畸形率显著升高。子代大鼠经灌胃暴露于 25mg/kg PBDE-71，雄激素依赖的组织器官生长发育受到限制，青春期出现延迟。研究表明，孕期 PBDE-153 暴露与胎儿早产风险的增加相关。此外，PBDE-85、PBDE-153 和 PBDE-183 与先兆流产的风险增加也存在相关关系。如在我国广东贵屿地区发现，死产、早产等不良出生结局新生儿脐带血中 PBDE 浓度明显高于正常出生结局新生儿，说明孕期 PBDE 暴露可能与死产、早产存在关联。同时也有很多研究结果支持 PBDE 宫内暴露对出生体重存在不利影响。我国山东省进行的出生队列研究结果显示，母亲分娩时血液中的 PBDE-28 浓度与男性新生儿出生体重之间呈显著负相关关系。瑞典一项横断面研究和加州进行的一项队列研究也均显示，孕中期母亲血液中的 PBDE 同系物（如 PBDE-17、PBDE-47、PBDE-99 和 PBDE-100）浓度与新生儿出生体重呈负相关，且对男婴的影响大于对女婴的影响。关于孕期 PBDE 暴露与新生儿身长的关系，国外一项针对 234 对夫妇进行的研究表明，母亲血液中 PBDE-28 浓度与新生儿身长呈负相关关系。除影响新生儿出生体重和出生身长外，孕期 PBDE 暴露还与新生儿出生头围、出生腰围和身体质量指数（body mass index，BMI）等指标存在关联。西班牙一项队列研究结果显示，孕 12 周母亲血液中 PBDE 浓度中位数为 10.74ng/g，脐血中 PBDE 浓度中位数为 7.51ng/g，PBDE 总浓度与 20～34 周腹围、预测胎儿体重、双顶径及新生儿出生后头围呈显著负相关。我国某电子垃圾拆解区孕妇胎盘中 PBDE 总浓度与新生儿出生头围及 BMI 呈负相关。

（2）对甲状腺和神经发育的影响：PBDE 对甲状腺的毒性作用，主要包括甲状腺组织形态和甲状腺激素水平改变。将雌性大鼠从妊娠第 6 天开始暴露于 700μg/kg PBDE-47，直至子代出生后第 100 天结束，发现子代大鼠甲状腺形状变得不规则，滤泡上皮细胞从基底膜分离并发生肥大。目前关于 PBDE 对甲状腺激素的影响，研究结论还存在不一致性。加拿大 380 名妊娠早期孕妇血中 PBDE 浓度与其血中甲状腺激素 T_3、T_4 水平呈负相关关系。而另一项对来自瑞典和拉脱维亚 110 名成年男性进行的研究结果显示，成年男性血浆中 PBDE-47 浓度与促甲状腺激素水平呈负相关，但与 T_3 和 T_4 水平无关联。与此同时，PBDE 发育神经毒性也受到人们的广泛关注。动物实验结果表明，对妊娠期或哺乳期动物暴露于近似人体负荷量的 PBDE 同系物，PBDE 均可传递给后代，影响后代神经行为发育，特别是脑运动和认知行为区域的发育，导致后代持久性行为改变和早期行为缺陷。用 12mg/kg PBDE-99 对出生第 10 天小鼠进行灌胃染毒，发现小鼠成年后行为出现异常，PBDE-99 暴露剂量越高，小鼠在穿越迷宫中表现越差，神经系统受到的损害越严重。流行病学研究也证实，产前 PBDE 暴露会对儿童神经发育产生不同程度危害效应。美国中西部针对儿童进行的一项前瞻性队列研究结果显示，母亲体内 PBDE-47 含量与儿童智力水平呈负相关；在重复认知测试中，母亲体内 PBDE-47 含量每增加 10 倍，儿童智力相应降低 4.5 个得分。相关研究进一步发现，产前 PBDE 暴露与儿童 5 岁时的连续动作受损、儿童 5 岁和 7 岁时较差的精细动作协调能力，以及儿童 7 岁时的口头表达、速度处理、知觉推理和智力水平下降均存在明显的相关关系。

（3）对其他系统发育的影响：PBDE 可影响生物体脾和胸腺正常结构，导致免疫功能受损。对亲代母鼠进行连续灌胃给予 PBDE-209 直至子代断乳，发现 PBDE-209 可降低子代大鼠胸腺重量与胸腺脏器指数、脾脏重量与脾脏脏器指数，进而影响子代大鼠淋巴细胞分化能力。用 18mg/kg PBDE-47 染毒小鼠，小鼠脾细胞数量明显降低。从自闭症儿童及正常儿童血液中分离外周血单核细胞进行 PBDE-47 染毒，结果显示，PBDE-47 可降低正常儿童外周血单核细胞产生炎性因子水平，却可增强自闭症儿童外周血单核细胞的免疫反应。

（五）预防要点

鉴于 PBDE 对人和生物可产生毒性效应，为了降低 PBDE 产生的危害，本着预防为主的方针，制定预防措施和管理办法，开展相应的研究工作，变得尤为重要。

1. 控制 PBDE 对环境的污染　自 2014 年 3 月 26 日起，我国禁止生产、流通、使用和进出口四溴联苯醚、五溴联苯醚、六溴联苯醚和七溴联苯醚。此外，十溴联苯醚等越来越多的 PBDE 也开始被许多国家和地区限制生产及使用。积极寻找和开发新型安全的阻燃剂，研制阻燃性能良好、成本低廉的 PBDE 替代品具有重要意义。另外，大量废弃电子产品如果处置不当，其中的 PBDE 释放也会造成环境污染。因此，要加强对电子固体废弃物处置技术的研究，合理处理电子固体废弃物。

2. 加强环境 PBDE 监测　建立和发展系统化、规范化的 PBDE 监测分析方法。环保部门应制定 PBDE 的使用标准和电子产品中 PBDE 的最低限量标准等有效的政策和法律，监管 PBDE 的生产和使用。

3. 提高公众环保意识　通过多种媒体加强有关知识的宣传，使全社会都来参与控制 PBDE 的污染工作，提高全民的环境保护意识和自我预防意识。

第四节　其他持久性有机污染物

一、全氟化合物

PFC 于 1951 年由 3M 公司研制成功，是一类具有重要应用价值的有机化合物。因其具有极其稳定的 C-F 键和优良的稳定性、表面活性、疏油疏水等特性，PFC 曾被广泛应用于地毯、皮革、化妆品、水成膜泡沫灭火剂、采矿采油用表面活性剂、不粘锅、食品包装等多种工业与民用产品的生产领域。目前在全世界范围内生产和使用最广、同时也最受科研人员关注和研究的 PFC 是含 8 个碳原子的全氟辛烷磺酸（perfluorooctane sulfonate，

PFOS）和全氟辛酸（perfluorooctanoic acid，PFOA）。

PFC 在全球范围内广泛分布。尽管与传统 POP 易于在脂肪中蓄积有所不同，但 PFC 具有生物蓄积性和高毒性，已成为公认的 POP。2004 年美国杜邦公司的特氟龙不粘锅事件让大众开始意识到 PFC 对人体健康造成的潜在危害。随后越来越多的流行病学研究和动物实验均表明 PFC 具有生物蓄积性和人体毒性。随着人们对 PFC 环境危害性的关注度增加，PFC 的生产和使用也受到越来越多的限制。2006 年欧盟颁布禁令要求在 2008 年 6 月之后禁止使用 PFOS。2009 年 PFOS 及其盐类和全氟辛基磺酰氟（perfluorooctanesulfonyl fluoride，PFOSF）被列入《公约》，在全球缔约国内限制生产与使用。2019 年 4 月，《公约》第九次缔约大会通过将 PFOA 及其盐类和 PFOS 相关化合物列入并设置相关特定豁免。我国于 2017 年宣布采取限制生产和逐步淘汰的方式降低环境中 PFC 水平。

（一）理化性质

PFC 是化合物分子中与碳原子连接的氢原子完全被氟原子所取代的一类有机化合物，分子通式为 C_nF_{2n+1}-R。PFC 主要由离子型全氟烷基类化合物（perfluoroalkyla acids，PFAA）和非离子型全氟化合物（non-ionic PFC）等全氟有机化合物组成。PFAA 又可分为全氟羧酸类化合物（perfluocarboxylate，PFCA）和全氟磺酸类化合物（perfluorosulfonate，PFSA）（表 6-5）。一般在环境和生物体中最常见的 PFC 为 PFCA 中的 PFOA 和 PFSA 中的 PFOS。

PFC 属于新型 POP，对其理化性质的研究有限。PFC 具有高热稳定性和化学稳定性。与传统 POP 易于在脂肪中蓄积不同，PFC 易蓄积在血液、肝脏和肾脏，这是因为 PFC 整体有机结构中 C-F 键具有疏水作用，而其所带的官能团（如 -COOH 和 -SO$_3$H）具有一定的亲水性，因此 PFC 兼具有疏水性和疏油性两个特性。在 PFC 中对 PFOS 和 PFOA 的理化性质研究较多。从挥发性看，PFOS 和 PFOA 均属于低挥发性化合物。从水溶性看，PFOS 属于中等水溶性化合物，而 PFOA 属于易溶解化合物。一般情况下，PFOA 和 PFOS 以及其同系物不会发生水解、光降解和生活降解的反应。PFOS 和 PFOA 具体理化性质见表 6-6。

表 6-5　PFC 主要类别名称及分子式

化合物	英文全称及缩写	分子式
全氟羧酸类（PFCA）		
全氟丁酸	perfluorobutanoic acid，PFBA	$CF_3(CF_2)_2COOH$
全氟戊酸	perfluorovaleric acid，PFPeA	$CF_3(CF_2)_3COOH$
全氟己酸	perfluorohexanoic acid，PFHxA	$CF_3(CF_2)_4COOH$
全氟庚酸	perfluoroheptanoic acid，PFHpA	$CF_3(CF_2)_5COOH$
全氟辛酸	perfluorooctanoic acid，PFOA	$CF_3(CF_2)_6COOH$
全氟壬酸	perfluorononanoic acid，PFNA	$CF_3(CF_2)_7COOH$

化合物	英文全称及缩写	分子式
全氟癸酸	perfluorodecanoic acid，PFDA	$CF_3(CF_2)_8COOH$
全氟十一烷酸	perfluoroundecanoic acid，PFUdA	$CF_3(CF_2)_9COOH$
全氟十二烷酸	perfluorododecanoic acid，PFDoA	$CF_3(CF_2)_{10}COOH$
全氟十三烷酸	perfluorotridecanoic acid PFTrDA	$CF_3(CF_2)_{11}COOH$
全氟十四烷酸	Perfluorotetradecanoic acid PFTeDA	$CF_3(CF_2)_{12}COOH$
全氟十六烷酸	Perfluorohexadecanoic acid PFHxDA	$CF_3(CF_2)_{14}COOH$
全氟十八烷酸	perfluoronoctadecanoic acid PFODA	$CF_3(CF_2)_{16}COOH$
6：2 饱和调聚氟酸	6:2 fluorotelomer carboxylic acid 6:2 FTCA	$CF_3(CF_2)_5CH_2COOH$
8：2 饱和调聚氟酸	8:2 fluorotelomer carboxylic acid 8:2 FTCA	$CF_3(CF_2)_7CH_2COOH$
10：2 饱和调聚氟酸	10:2 fluorotelomer carboxylic acid 10:2 FTCA	$CF_3(CF_2)_9CH_2COOH$
6：2 不饱和调聚氟酸	6:2 fluorotelomer unsaturated carboxylic acid，6:2 FTUCA	$CF_3(CF_2)_4CFCHCOOH$
8：2 不饱和调聚氟酸	8:2 fluorotelomer unsaturated carboxylic acid，8:2 FTUCA	$CF_3(CF_2)_6CFCHCOOH$
10：2 不饱和调聚氟酸	10:2 fluorotelomer unsaturated carboxylic acid，10:2 FTUCA	$CF_3(CF_2)_8CFCHCOOH$
全氟磺酸类（PFSA）		
全氟丁烷磺酸	perfluorobutane sulfonate，PFBS	$CF_3(CF_2)_3SO_3H$
全氟己烷磺酸	perfluorohexane sulfonate，PFHxS	$CF_3(CF_2)_5SO_3H$
全氟辛烷磺酸	perfluorooctane sulfonate，PFOS	$CF_3(CF_2)_7SO_3H$
全氟喹烷磺酸	perfluorodecane sulfonate，PFDS	$CF_3(CF_2)_9SO_3H$
非离子型全氟化合物（non-ionic PFC）		
4：2 调聚氟醇	4:2 fluorotelomer alcohol 4:2 FTOH	$CF_3(CF_2)_3CH_2CH_2OH$
6：2 调聚氟醇	6:2 FTOH	$CF_3(CF_2)_5CH_2CH_2OH$
8：2 调聚氟醇	8:2 FTOH	$CF_3(CF_2)_7CH_2CH_2OH$

化合物	英文全称及缩写	分子式
10：2 调聚氟醇	10:2 FTOH	$CF_3(CF_2)_9CH_2CH_2OH$
6：2 调聚氟乙醛	6:2 fluorotelomer acetaldehyde 6:2 FTAL	$CF_3(CF_2)_7CH_2COH$
全氟辛烷磺酰胺	perfluorooctanesulfonamide, PFOSA	$CF_3(CF_2)_7SO_2NH_2$

表 6-6　PFOS 和 PFOA 的理化性质

性质	PFOS	PFOA
常温常压下状态	白色粉末	白色粉末 / 蜡白色固体
溶解度 /$(mg·L^{-1})25℃$	0.68	9.5
熔点 /℃	400	40 ~ 45
蒸气压 /Pa 20℃	$3.31 × 10^{-4}$	0.7
沸点 /℃ 763mmHg	—	189 ~ 192

（二）污染来源及环境分布

1. 污染来源　PFC 在工业生产和商品制造过程中广泛的应用，导致 PFC 在产品生命周期的各个阶段（如生产、销售、使用与废弃）都可进入环境。PFC 的直接来源主要是生产 PFC 相关产品的工业企业生产过程中的"三废"排放以及农药的使用。在我国中部和东部地区，大约 80% ~ 90% 的 PFOS 或 PFOA 直接来自制造业和工业场所的废水排放。泡沫灭火装置以及包括磺酰胺在内的相关农药产品也是 PFOS 的主要污染源。PFOA 污染则以工业废气、生活污水和垃圾渗滤液为主要污染源头。此外，污水处理厂也是 PFC 进入环境的重要来源。污水中含有的 PFC 会影响周边水体，同时污泥中吸附的 PFC 若用于生物肥料，会导致土壤 PFC 污染。PFC 的间接污染方式为排放到大气中的 PFOS 或 PFOA 通过大气沉降进入地表水和陆地表面。非离子型挥发性的 PFC（如 FTOH 和 PFOSA）主要在气相中迁移并降解成低挥发性的 PFCA 或 PFSA。

2. 环境分布　PFOA 与 PFOS 的生产和使用虽受到全球政策限制，但由于历史长期排放及其在环境中的稳定性，PFOA 与 PFOS 仍然是环境水体中 PFC 主要形态。此外，替代 PFOA 与 PFOS 的短链 PFC（如 PFBA、PFBS 和 PFHxA）浓度在一些地区逐渐上升，甚至成为 PFC 的主要形态，应引起足够重视。

（1）大气：从全球范围来看，大气中 PFC 主要分布在人口稠密和工业发达区域，且城市区域浓度显著高于乡村，陆地高于海洋。阿尔卑斯山地区积雪中可检测到 12 种 PFAA，主要是 PFBA 和 PFOA，浓度范围分别为 0.3 ~ 1.8ng/L 和 0.2 ~ 0.6ng/L。日本金泽市大气中发现的 PFC 主要以 PFCA（如 PFOA、PFNA 和 PFDA）为主。中国北方降雪中存在较高的 PFC 污染，浓度为 33.5 ~ 229ng/L。对北京市空气颗粒物中 PFC 浓度研究发现，总悬浮颗粒物 PFC 含量为 118.69 ~ 141.87ng/g，PFBA、PFPeA 和 PFOA 为主要成分。中国深圳市冬夏两季室外及室内大气中均以挥发性 PFC 为主，离子型 PFC 为辅，PFBS 是深圳市大气中最主要的 PFC 物质。

（2）水体及沉积物：世界范围内各水域水样品中能检测到的 PFC 种类多达 40 余种。近年检测结果表明，PFOA 和 PFOS 是各地表和地面水中的主要 PFC。北美地区是最早关注 PFC 的区域，在有污水处理设施排污口的贝克溪流上下游采样，测得上游 PFOS 浓度为 32ng/L，下游 PFOS 浓度为 114ng/L。欧洲地区大部分河流中 PFOS 平均浓度为 6ng/L。英吉利海峡 PFC 污染主要由海流运动及部分大气沉降所致，PFOA 浓度约为 130pg/L。在亚洲地区，韩国六大河流和湖泊 PFC 检测结果显示，PFOA 浓度为未检出 ~ 8.34ng/L（均值为 2.49ng/L），PFOS 浓度为未检出 ~ 15.07ng/L（均值为 3.89ng/L）。日本东京湾流域 PFOS 浓度范围为未检出 ~60ng/L。我国白洋淀水体中 PFOA 是最主要的 PFC，浓度范围为 1.7 ~ 73.5ng/L；PFOS 污染主要来自白洋淀以北的福河流出废水和周边工业废水排放，浓度范围为 0.11 ~ 1.48ng/L。中国渤海和韩国西海在内的河口地区和河流中，PFOA 和 PFOS 浓度与工业化水平成正比。如呼和浩特地表水 PFOA 浓度为 0.8 ~ 1.8ng/L，PFOS 浓度为未检出 ~ 1.1ng/L；山西地表水 PFOA 浓度为 0.43 ~ 15ng/L，PFOS 浓度为未检出 ~ 5.7ng/L；天津地表水 PFOA 浓度为 3 ~ 12ng/L，PFOS 浓度为 0.09 ~ 11ng/L。

底泥对 PFC 具有吸附性，是 PFC 沉积的主要环境介质之一。西班牙阿尔布费拉自然公园底泥中 PFOS 浓度为 0.10 ~ 4.80ng/g。韩国六大河流和湖泊中的沉积物样品中均检测到 PFOS，平均浓度为 0.12ng/g。孟加拉国沉积物检测结果显示，PFC 在冬季总浓度为 2.48 ~ 8.15ng/g，夏季浓度为 1.07 ~ 3.81ng/g，检出最多的 PFC 为 PFPeA、PFHxA、PFOA、PFNA 和 PFOS。中国东海沿海地区底泥中普遍存在 PFOS、PFHpA 及 PFOA 的污染，其中 PFOS 浓度高达 32.4ng/g。上海黄浦江底泥中 PFOS 浓度为 1.57 ~ 8.7ng/g，长江口底泥中 PFOS 浓度为 72.9 ~ 536.7ng/g，水体盐度变化可导致长江口处 PFOS 大量沉积到底泥中，致使长江口处底泥中 PFOS 浓度最高。一般而言，低盐度地区水体中的 PFOS 浓度较高，底泥中 PFOS 浓度较低；而在高盐度地区，PFOS 浓度在底泥中较高而在水体中浓度较低，并且当海水水体中 PFOS 浓度为 10μg/L 时，吸附于底泥中的 PFOS 浓度随水体盐度增加而增加。

（3）土壤：空气中的 PFC 可通过降水降雪重新迁移到土壤中。我国部分地区 PFC 土壤污染问题较为严重，如中国北京市某垃圾填埋场周围土壤 PFC 总含量为 0.107 ~ 169.05ng/g。分析某氟化工业园区周边农田中 PFC 动态变化时发现，农田土壤中 PFC 的最高平均浓度（224.73ng/g）出现在冬小麦越冬期，最低浓度出现在小麦成熟期（35.38ng/g）。

（4）生物体：植物体内 PFC 主要来源于大气和土壤，因其能在植物体内进行长时间蓄积，致使相对于土壤、水体等环境介质来讲，植物体内具有较高的 PFC 浓度。植物不同部位对 PFC 的富集能力有所差异，大多数植物根部 PFC 浓度高于茎、叶以及果实等部位。如小麦根部 PFOS 浓度为 31.98ng/g，而茎部 PFOS 浓度为 6.34ng/g。通过室内培养实验对马铃薯、胡萝卜和黄瓜从土壤与污泥混合物中吸收富集 PFOA 和 PFOS 的研究发现，植物茎叶对 PFOA 的传输因子高于 PFOS，这主要是因为不同的 PFC 在植物中的传输和富集作用不同，同时也受土壤中有机碳的影响。

PFC 已在食物链的各营养级生物中被检出。作为食物链底端，绿藻和无脊椎动物中可检出不同程度的 PFC 污染。在加拿大北极地区东部和亚洲浮游动物、软体动物和小虾体，以及在北美大湖区域中的无脊椎动物体内都可检出低浓度 PFOS 和 PFOA。丹江口流域和汉江鱼体内 PFC 总浓度为 2.01～43.8ng/g，其中 PFOS 是鱼肝中主要的 PFC 污染物。对波兰东北部野生海狸的肝、脑、脂肪和腹膜组织中 PFC 浓度检测发现，海狸组织中 PFOA 浓度范围为 0.55～0.98ng/g。雌性海狸肝、脑、脂肪和腹膜组织中均可检出 PFOS，而 PFOS 只在雄性海狸肝脏、皮下脂肪和腹膜组织中检出。肝脏中 PFOA 和 PFOS 检出浓度最高，并首次发现 PFOA 可在海狸脑组织中蓄积，说明 PFOA 可通过血脑屏障。另外，在宽吻海豚乳汁中可检测到 PFC，说明 PFC 也可通过乳汁由母亲传递给胎儿。

（三）体内代谢和蓄积

1. **吸收**　PFC 暴露途径主要包含经呼吸道吸入、经口摄入及经皮肤接触吸收。呼吸道吸入主要是对空气及细颗粒物中 PFC 及挥发性前体的直接吸入，其中室内空气和灰尘是人体暴露 PFC 的主要来源。值得注意的是，室内灰尘接触也是皮肤接触 PFC 的主要途径。经口摄入主要包括饮用水、食物、食物包装纸及母乳等途径。相对于青年和成年人，婴幼儿通过母乳或经接触地毯和食物包装纸摄入 PFC 也是不可忽视的暴露途径。

2. **分布**　PFC 独特的疏水疏油特性，使其主要蓄积在肝脏、血液、肾脏等器官。对大鼠一次性腹腔注射经 14C 标记的 PFOA 并连续观察 28 天，发现雄性大鼠肝脏中的 PFOA 含量最高，血浆和肾脏中依次减少，在睾丸、心脏和胃部也可检测到少量 PFOA 存在。和雄性大鼠不同的是，雌性大鼠血浆中 PFOA 含量最高，肾脏、肝脏和卵巢中依次递减。

人体中关于 PFC 负荷的研究主要集中在血液和母乳两方面。进入机体的 PFC 通过血液循环系统分布到全身各个脏器，因此血液中 PFC 浓度可很好地反映 PFC 内暴露剂量。总体上看，各个国家人群血液中都可检出 PFC，但由于 PFOA 和 PFOS 在各个国家禁止或限制使用，使得近些年部分国家人体血液中 PFC 浓度出现下降趋势。如 2002—2013 年澳大利亚的人群血清样品显示，大多数的 PFCA 和 PFSA 呈下降趋势，并检出低浓度聚氟磷酸酯和调聚氟磺酸两种 PFCA 前体化合物。综合我国各城市普通人群血液中 PFC 的研究，发现我国人群血液中最主要的 PFC 为 PFOS，其次为 PFOA。从时间上看，同一城市人体血液中 PFC 水平近几年也呈现下降趋势。对广东、广西、海南三省人体血液中 8 种 PFC 的研究表明，PFC 总浓度为 0.85～24.3ng/mL，不同区域间的研究结果无明显差异。湖北应城市氟化工厂工人血液中检出较高水平的 PFHxS、PFOA 和 PFOS，中位数浓度分别为 764ng/mL、427ng/mL 和 1 725ng/mL。对比尿液和血液中 PFC 百分比组成，发现人体中 PFOA 消除速度要高于 PFOS 和 PFHxS。对南昌地区人群血液中 PFC 浓度水平进行检测，发现未成年人血液中 PFOS 浓度（2.52～5.55ng/L）低于成年人血液中 PFOS 浓度（8.07ng/L），而未成年人血液中 PFOA 浓度（1.23～2.42ng/L）高于成年人血液中 PFOA 浓度（1.01ng/L），血液中 PFOS 和 PFHxA 的浓度随年龄增长而增加，且各年龄组人群血

液中 PFC 构成比不同。

PFOS 和 PFOA 是母乳中主要的 PFC。通过采集我国 12 省区母乳样品并进行 PFC 浓度检测发现，母乳中 PFC 浓度存在较大的地区差异。上海地区母乳样品中 PFOA 浓度最高，市区母乳样品中 PFOA 浓度为 616ng/L，农村地区母乳样品中 PFOA 浓度为 814ng/L。北京新生儿脐带血中检测出的 PFC 主要有 PFOA（1.285ng/mL）、PFOS（1.228ng/mL）、PFHxS、PFNA、PFDA 和 PFUdA，且头胎新生儿 PFOA、PFHxA 内暴露水平略高于二胎或三胎。

3. 代谢　目前无报道显示 PFOA 和 PFOS 可在生物体内发生降解反应。对大鼠腹腔注射 C14 标记的 PFOA，于染毒后 4 天、14 天和 28 天检测大鼠血浆和尿液中的 PFOA 水平，结果显示大鼠组织中只有 PFOA 母体物质的存在，PFOA 处理前后的血浆和尿液中氟化物浓度没有任何改变，说明 PFOA 在体内没有经过脱氟反应。

4. 排泄　尿液是 PFC 的主要排泄方式。对 20 名在日本京都生活 10 年以上成年男性 24 小时尿液中 PFOA 和 PFOS 含量检测的研究结果显示，经尿液每天排出的 PFOA 和 PFOS 含量分别为 19.8ng 和 21.4ng。西班牙 30 名城市居民尿液 PFC 检测研究结果显示，每个人尿液中 PFC 浓度差异很大，有很多样本低于检出限，还有一些样品中的 PFC 浓度非常高，如 PFHpA、PFOA、PFDA、PFUdA 和 PFHxS 的检出浓度中位数分别高达 2 182ng/L、664ng/L、696ng/L、3 558ng/L 和 2 484ng/L，而 PFOS 全部低于检出限。关于人体尿液中 PFC 浓度差异较大，可能是由于采样方法（随机尿或 24 小时尿样）、暴露浓度等差异所致。

（四）生殖和发育毒性

1. 对雄性生殖功能的影响

（1）对精液质量的影响：PFOS 可引起精子头部面积及周长降低、双头精子和未成熟精子比例增加，而且 PFNA、PFOA 及 PFOS 与精子尾部卷曲比例降低有关。在格陵兰岛、波兰和乌克兰收集 588 名孕妇伴侣的血液和精液标本并进行 PFOS、PFOA、PFHxS 和 PFNA 检测，发现 PFOS 暴露水平与正常形态精子数呈负相关，其机制可能与 PFOS 干扰机体内分泌功能或精子膜功能有关。观察丹麦 105 名年轻男性体内 PFC 水平对精液质量的影响发现，PFOS 和 PFOA 暴露水平高的男性精子形态异常的比例较高，这可能与 PFC 暴露引起精子染色体非整倍体及 DNA 受损有关。中国珠三角地区男性精液中 PFC 暴露水平与精液质量的相关性研究表明，精液中 PFC 暴露水平与精子活力呈负相关，而与精子浓度无明显相关性。

（2）对雄性生殖激素水平和睾丸生殖细胞的影响：丹麦一项出生队列研究表明，产前 PFOA 和 PFOS 暴露可能会影响子代成年男性精液质量、睾丸体积和生殖激素水平。PFOA 可致成年雄性大鼠血清及睾丸中睾酮含量降低，同时使其血液中的雌二醇含量升高，后者可能是由肝内芳香化酶诱导雌激素合成量增加所致。利用人类干细胞精子发生模型评估 PFC 对生精功能的影响，发现 PFOS、PFOA 和 PFNA 对生殖细胞活力不会产生直接影响，但会降低精原细胞和初级精母细胞谱系标记物的表达，并通过耗尽人类精原干细胞池及引起异常初级精母细胞的数量增加，从而对男性生育力产生影响。此外，PFOS 可使支持细胞空泡化及周围连接蛋白受损，从而引起血液 - 睾丸屏障通透性增加，导致雄性动物生殖功能障碍。通过体外培养将小鼠间质细胞暴露于 PFOS，结果显示 PFOS 可诱导细胞内活性氧簇含量增加和线粒体膜电位降低，进而诱导细胞凋亡。

2. 对雌性生殖功能的影响 PFOS 与 PFOA 对雌性激素水平的影响主要表现为升高雌二醇水平和降低睾酮水平。一项针对 18 ~ 65 周岁女性血清中 PFC 浓度和雌二醇水平及更年期相关性的研究结果显示，血清 PFOS 和 PFOA 浓度高的女性，其体内雌二醇含量升高，且女性进入更年期的年龄与其血清 PFOS 和 PFOA 浓度呈负相关。美国 C8 健康项目（C8 Health Project）中纳入的暴露于 PFOA 污染水域女性中，未发现 PFOA 暴露与激素水平有关，但在围绝经期和绝经女性中血浆 PFOA 含量和血浆雌二醇水平呈负相关，在其他年龄层女性（18 ~ 42 岁）中血浆 PFOA 和血浆雌二醇的负相关关系未表现出明显差异。此外，研究者还发现随着 PFOS 和 PFOSA 浓度升高，无生育史女性排卵期间平均雌二醇水平及排卵后黄体期平均孕激素水平均降低。PFC 对性激素水平影响的体外实验发现，PFOA 可表现出雌激素的作用（PFOS 类雌激素作用较弱），刺激雌激素依赖细胞的增殖以及对雌激素敏感的生物标志的表达。进一步研究表明，PFC 可通过多种途径及多种分子机制对生殖细胞产生损害，如 PFOA 可引起卵丘 - 卵母细胞复合体中细胞间缝隙连接受阻和活性氧簇产生增加，从而导致哺乳动物卵母细胞的凋亡和坏死增加，但到目前为止，关于 PFC 暴露对生殖细胞损害毒理学机制的认识仍较为有限。

不孕女性与其血液和卵泡液中 PFC 水平呈显著正相关，卵泡液中 PFC 水平高的女性，其受精率和移植胚胎数均明显降低。一项丹麦开展的出生队列研究也发现，孕妇血浆中 PFOS 及 PFOA 水平与生育力降低有相关性。月经周期异常是不孕的主要原因之一。流行病学和动物实验研究均发现，月经周期延长与 PFC 暴露有关，随着 PFOS 暴露浓度升高，月经周期明显延长。成年雌性大鼠经皮下注射单一剂量 PFOS（10mg/kg），持续两周染毒后发现，雌鼠动情周期会明显延长。长期环境剂量 PFOS 暴露（0.1mg/kg），也会导致成年雌鼠动情周期延长，动情间期明显延长，动情周期频率明显下降。

3. 对生长发育的影响

（1）对不良妊娠结局的影响：母体妊娠后体内蓄积的 PFC 可通过胎盘传递给胎儿或通过母乳喂养方式传递给婴幼儿。动物实验和流行病学研究均表明，PFC 暴露可对子代健康及生长发育产生负面影响，如胎儿出生后发育缺陷、出生 BMI 降低、产后存活率降低等。研究显示，孕鼠长期暴露于 PFOS 可导致新生大鼠出现全身水肿、腭裂、骨骼骨化延迟和心脏畸形等异常表现。研究 PFC 对斑马鱼胚胎发育的影响，发现长链（C8）PFC 比短链（C4）PFC 毒性更强；相同的碳链长度中，具有磺酸基团的 PFC 比含有羧酸基团的 PFC 毒性更大，磺酸类 PFC 能导致胚胎头部畸形发育。PFC 对脊椎动物非洲爪蛙胚胎的毒性研究表明，所有被测试的 PFC 均具有发育毒性和致畸性，且各 PFC 毒性随着碳链增加而增强；与其他 PFC 相比，PFDA 与 PFUdA 在体内动物模型中表现出的毒性最强，可导致严重的肝脏和心脏发育缺陷。小鼠妊娠第 1 ~ 17 天分别经口给予 1mg/kg、3mg/kg、5mg/kg、10mg/kg、20mg/kg 和 40mg/kg PFOA，在妊娠第 18 天处死一部分孕鼠进行母体及胎仔相关指标检测，发现 40mg/kg 剂量组全部表现为吸收胎，20mg/kg 剂量组胎仔存活

率下降，胎仔体重减轻，但各剂量组均未见明显致畸效应。其余受试对象继续暴露PFOA直至生育，结果显示，除1mg/kg剂量组外，其余各组仔鼠均呈现剂量依赖性生长障碍。10mg/kg和20mg/kg组仔鼠表现出程度不同的出生呼吸窘迫症状。在5mg/kg和高剂量组仔鼠表现出睁眼时间延迟，雄性后代出现性早熟现象，而雌性仔鼠则无此表现。

PFC对胎儿生长发育的影响，目前研究结论并不一致，可能和PFC暴露浓度不同有关。中国北方队列研究表明，脐带血中PFOA水平与雌酮呈正相关，但与出生时头围呈负相关，脐带血雌二醇与出生时头围、体重和身长呈负相关，而雌三醇与体重呈正相关，由此可见，PFC暴露可能会影响孕期雌激素稳态和胎儿生长发育。中国台湾招募429对母婴进行研究，发现脐带血中PFOS水平与孕龄、出生体重和头围呈负相关，同时还发现随着PFOS水平增加，发生早产、低出生体重和小于胎龄儿的风险将增加。

（2）对甲状腺发育的影响：母体在妊娠早期出现甲状腺功能障碍，将导致胎儿生长受限、神经系统发育缺陷、早产和流产等不良妊娠结局。研究表明，PFOS可通过与甲状腺激素竞争甲状腺激素转运蛋白体，从而导致幼仔生长发育迟缓及出生后存活率降低，且母体PFOS暴露可改变子代甲状腺发育基因和类固醇激素生成酶基因的表达。母鼠经PFOS染毒后，子鼠会出现甲状腺功能减退，同时母鼠和子鼠均出现低甲状腺素血症。对10 725名1~17岁儿童的调查研究中发现，PFOA与PFNA与儿童血液中的总甲状腺素水平呈负相关，PFOA与儿童甲减患病率呈正相关。

（3）对神经发育的影响：PFOS和PFOA可影响大脑发育过程中一些关键蛋白（如神经生长相关蛋白CaMKII和GAP-43及突触小泡蛋白）的表达，进而影响神经元生长与突触的形成，从而对神经发育造成损伤，主要表现为认知及学习记忆能力下降、自主活动增强和习服能力降低。一项针对10 456名5~18岁儿童的调查研究发现，PFHxS暴露与小儿多动症存在相关性。出生前、后不同时期PFOS暴露均可导致出生后大鼠空间学习和记忆能力损伤，尤其出生前PFOS暴露对子代空间学习和记忆能力的损害效应更明显。低剂量PFOS和PFOA（1.4μmol/kg和21μmol/kg）以经口单次染毒方式暴露刚出生10天雄性小鼠，2个月和4个月后发现，PFOS和PFOA暴露均导致小鼠持久自发行为错乱、习惯化能力降低。

（4）对其他系统发育的影响：在美国科罗拉多州开展的前瞻性队列研究表明，孕妇妊娠中期血PFC水平与空腹血糖呈负相关，且与子代日后发生肥胖及代谢疾病的风险增加有关。荟萃分析研究发现，儿童出生早期PFOA暴露可引起日后发生肥胖的风险增加，然而PFOA引起肥胖的分子机制仍需进一步阐明。

（五）预防要点

1. **控制PFC对环境的污染**　完善PFC管理法规体系，结合国民经济和社会发展规划，制定国家有关法律法规，建立PFC管理的标准体系。对PFC污染的生态环境，积极寻找有效的PFC降解方案进行有效修复。

2. **加强环境和生物体中PFC监测**　针对当地使用PFC的企业，监管部门应构建PFC使用全过程追踪机制，更好实现对PFC的日常监管。建立和发展系统化、规范化的PFC检测分析方法，全面、系统开展环境及生物体内PFC浓度的监测。

3. 提高公众环保意识，引导社会绿色消费 加强 PFC 危害作用的知识普及，提升公众对 PFC 潜在危害的意识，倡导绿色消费有效减少含 PFC 产品的市场需求。

二、多环芳烃类

多环芳烃（polycyclic aromatic hydrocarbon，PAH）是一类广泛存在于环境介质中的典型环境污染物。PAH 来源广泛，目前发现的 PAH 及其衍生物已超 200 种。许多 PAH 及其衍生物可造成机体多方面的健康危害，具有遗传毒性、致畸和致癌作用。美国环境保护局早在 1979 年将分布较广、对生态环境和人体健康危害较大的 16 种 PAH 列为环境优先监测控制的污染物，我国也于 1990 年将其中 7 种列入中国环境监测的优先污染物名单。PAH 具有半挥发性、生物蓄积性和高毒性等典型的 POP 特性，1998 年 6 月，美国、加拿大和欧洲 32 个国家签署《关于长距离越境空气污染物公约》框架下的《关于持久性有机污染物协定书》已将 PAH 列为受控 POP。此外，在全球环境基金和联合国环境规划署组织的持久性有毒有机污染物区域评价计划中，PAH 是重点关注的污染物之一。PAH 污染对生态环境和人类健康的潜在危害巨大，成为当代世界各国所面临的公共健康和重大环境问题之一。

（一）理化性质

PAH 是两个或两个以上苯环以稠环形式相连的碳氢化合物。PAH 按照环数多少分为二环、三环、四环、五环和六环 PAH；根据分子结构分为直链 PAH 和角状 PAH；根据分子量大小分为低分子量 PAH（含 2～3 个苯环）和高分子量 PAH（含 4 个及以上苯环）。美国环境保护局确定的 16 种优先控制的 PAH 物理性质具体描述见表 6-7。

表 6-7　16 种 PAH 物理性质（25℃）

PAH 名称及缩写	分子式	结构式	环数 / 个	MW/g·mol⁻¹	Tm/℃	logKow
萘 NAP	$C_{10}H_8$		2	128.2	81	3.33
苊烯 ANY	$C_{12}H_8$		3	152.2	92	4.07
苊 ANA	$C_{12}H_{12}$		3	154.2	96	3.98
芴 FLU	$C_{13}H_{10}$		3	166	116	4.18
菲 PHE	$C_{14}H_{10}$		3	178.2	101	4.45
蒽 ANT	$C_{14}H_{10}$		3	178.22	218	4.45
荧蒽 FLT	$C_{16}H_{10}$		4	202.25	111	4.9
芘 PYR	$C_{16}H_{10}$		4	202.25	156	4.88

PAH 名称及缩写	分子式	结构式	环数 / 个	MW/g·mol⁻¹	Tm/℃	logKow
蒀 CHR	$C_{18}H_{12}$		4	228.29	256	5.16
苯并 [a] 蒽 B[a]A	$C_{18}H_{12}$		4	228.3	159	5.61
苯并 [b] 荧蒽 B[b]F	$C_{20}H_{12}$		5	252.3	168	6.04
苯并 [k] 荧蒽 B[k]F	$C_{20}H_{12}$		5	252.3	216	6.04
苯并 [a] 芘 B[a]P	$C_{20}H_{12}$		5	252.3	179	6.06
二苯并 [a,h] 蒽 DBA	$C_{22}H_{14}$		5	278.38	262	6.50
茚苯 [1,2,3-c,d] 芘 IPY	$C_{22}H_{12}$		6	276.3	164	6.84
苯并 [g,h,i] 芘 BPE	$C_{22}H_{12}$		6	276.33	273	6.58

注：MW：分子量；Tm：熔点；logKow：辛醇 - 水分配系数。

PAH 多为无色或淡黄色结晶。一般情况下，随着 PAH 相对分子量的增加，PAH 在水中的溶解性及蒸气压随之降低，抗氧化性能变强，降解性能变弱，而熔点和沸点都有所增加。PAH 为非极性化合物，辛醇 - 水分配系数较高，在水中溶解度低，易溶于芳香性溶剂中，微溶于其他有机溶剂中。PAH 分子结构上具有大的共轭体系，因此具有一定的化学稳定性。一般来说，直链 PAH 的化学性质比角状 PAH 活泼，且反应活性随环数增多而增强。PAH 分子吸收可见光或紫外光后会释放荧光，其颜色、荧光性和溶解性主要与 PAH 的分子结构有关。

（二）污染来源及环境分布

1. **污染来源**　PAH 来源于自然来源和人为活动释放。相对于自然来源（如火山喷发，森林火灾等），人为活动释放是环境中 PAH 的主要来源，包括化学燃料（主要煤炭、石油）和木柴秸秆垃圾等不完全燃烧、汽车等机动车辆及飞机排放的废气以及炼焦、石油精炼等工业生产过程所排放的废弃物。

不同地理位置和不同季节 PAH 的来源也不同。在地理位置上，城市地区 PAH 的主要来源为汽车尾气排放和燃煤炼焦产生的废气排放；农村地区的 PAH 主要来源为煤炭和生活物资的燃烧。此外，一些特殊地区如石油开采区，PAH 的主要来源则为石油开采过程中的释放。在不同季节 PAH 的来源也有很大差异，如冬季供暖燃煤是北方地区 PAH 的主要来源。

2. **环境分布**　由于不同环数 PAH 之间的物理化学性质存在一定差异，因此不同环数 PAH 在环境中的存在形式也存在差异。

（1）大气：比较不同地区报道的大气 PAH 分布模式，发现蒸气压较高的低分子量 PAH 主要以气相形式分布于大气中，蒸气压较低的高分子量 PAH 主要分布于颗粒相中，而中等分子量的 4 苯环 PAH 则同时分于气相和颗粒相中。室内 PAH 污染也是学者们关注的环境问题。研究显示，过去 30 年间，北美室内空气和灰尘中的 PAH 水平持续下降，而亚洲室内空气 PAH 水平几乎保持不变且显著高于北美地区。

（2）水体及沉积物：水体中的 PAH 主要来源于雨水对陆地的冲刷。水体中 PAH 主要以 2~3 苯环为主，其浓度随深度增加而升高，且大部分吸附于悬浮颗粒物上，粗颗粒物中 PAH 浓度比细颗粒物中的高。黄河三角洲地区地表水相互作用影响地下水 PAH 分布，地表水中 PAH 浓度高于地下水中 PAH 浓度，两者之间存在显著相关性，而且黄河沿岸的渗流和地表水与地下水的相互作用对本地区 PAH 空间分布也产生影响。我国学者分析某平原地下水中 PAH 分布特征和规律，发现该地区丰水期和枯水期地下水中 PAH 浓度范围分别为 55.86~115.15ng/L 和 62.74~224.62ng/L，且主要分布在滨湖区域和近岸带地下水中，这可能与地下水中 PAH 浓度受人类活动影响更大有关。

国内外学者对于湖泊沉积物中 PAH 的研究主要集中于确定湖泊沉积物中 PAH 的分布特征、沉积物中 PAH 的来源等方面。由于 PAH 具有较低水溶性和挥发性，以及与有机质的亲和性等，水体中的 PAH（尤其是 4 苯环以上）普遍沉积于底泥中，河流底泥中 PAH 浓度是水体中 PAH 浓度的 1.20~1 897 倍。国内学者对我国湖泊沉积物中 PAH 的研究结果显示，我国湖泊沉积物中 PAH 以中、低环 PAH 组分为主，含量呈现为东南高、西北低的空间分布特征，且 PAH 含量自沉积底部到表层逐渐增加。

（3）土壤：大气中超过 90% 的 PAH 最终会通过干湿沉降进入土壤，但由于其自身较低的生物可利用性和土壤中有机质的强吸附性，进入土壤的 PAH 不易通过降解、淋洗和挥发等方式流失，从而不断积累在表层土壤中。通常情况下，土壤中 PAH 浓度随深度的增加而显著下降。我国长江三角洲区域土壤表层和土壤深层中 16 种 PAH 平均浓度分别达到 471.30μg/kg 和 341.40μg/kg，且表层土壤中总的 PAH 检出率达到 88%。此外，土壤中 PAH 浓度与地域土地属性和功能用途有关。如比利时一炼油厂附近土壤中 7 种 PAH 浓度高达 300μg/g。森林燃烧后土壤中 16 种 PAH 浓度为 63~188μg/g，主要同系物为 NAP、FLU 和 B[a]P。而上海城市土壤中 16 种 PAH 平均浓度为 0.08~7.22μg/g，比炼油厂附近和森林燃烧后土壤中 PAH 浓度低 2 个数量级以上。

（4）生物体：近年来，国内外农产品受 PAH 污染的报道陆续出现，且大多数研究是建立在土壤受 PAH 污染进而农产品被污染的相关研究基础之上。蔬菜中 PAH 浓度取决于与污染源的距离和气象条件。有研究表明，不同种类蔬菜中 PAH 含量依次为叶菜类蔬菜 > 根菜类蔬菜 > 果菜类蔬菜。叶菜类蔬菜比根菜类蔬菜之所以更容易受到 PAH 污染，是因为叶菜表面积大且含有蜡质，容易对 PAH 进行蓄积。北京地区蔬菜中 PAH 含量检测结果就证实，叶菜类蔬菜中 PAH 含量高于根菜类蔬菜中 PAH 含量。溶解度较高的低环 PAH 可通过植物的蒸腾作用转移到茎中。如天津某污灌区玉米 PAH 含量检测结果显示，玉米片叶中的 PAH 含量要略高于玉米根中 PAH 含量，并且玉米片叶中 PAH 以 5 苯环和 6 苯环为主，而根中 PAH 以 2~4 苯环为主。我国学者对临汾市 9 种蔬菜 PAH 污染情况

进行分析，发现 9 种蔬菜中均可检出 PAH，浓度范围为 24.86 ~ 82.85ng/g（平均含量为 44.13ng/g），其中 PAH 含量最高的蔬菜是圆白菜，PAH 含量最低的蔬菜是山药。

PAH 易在水生生物中富集，使 PAH 通过食物链逐级传递和放大，最终对人体健康造成潜在危害。一般而言，鱼体内 PAH 含量随着鱼类所处营养级增加而增加，与低位营养级鱼类相比，高位营养级鱼体内 PAH 浓度更高。中国湖泊生物体内 PAH 的分布研究主要集中在东部地区，不同湖泊生物体内 PAH 总浓度未见明显差异。中国湖泊生物中 16 种优先控制的 PAH 总浓度范围为 289 ~ 17 877.26ng/g。太湖 24 种鱼类体内 16 种优先控制的 PAH 总浓度范围为 289 ~ 9 500ng/g，其中乔丁鱼体内 PAH 含量最低，鲶鱼体内 PAH 含量最高。鱼体内 PAH 主要由低分子量的三苯环 PAH 组成，占总 PAH 的 63%。此外，以小白洋淀的草鱼、鲫鱼和白鲢为研究对象，发现脑组织中的 PAH 含量显著高于其他部位中的 PAH 含量，说明脑组织更易于蓄积 PAH。

（三）体内代谢和蓄积

1. 吸收 经呼吸、皮肤接触和食用被 PAH 污染的食物是人类接触 PAH 的主要途径。污染的空气、煤炭及木材燃烧，以及环境烟草烟雾是人群吸入 PAH 的主要来源。研究表明，吸烟者通过抽烟吸入的 PAH 占香烟中 PAH 总释放量的 37% ~ 98%，且各 PAH 同系物所占百分比与其分子量成反比关系。食物中 PAH 的生物利用度随食物脂肪含量增加而升高（20% ~ 50%），且食品加工、烹饪过程中均会产生大量 PAH。如未经处理的鲜肉中 PAH 含量低于经水煮、烧烤或烟熏处理后的肉制品中 PAH 含量。皮肤接触也是一个不可忽视的暴露途径，烧烤烟气中低分子量 PAH 通过皮肤吸收进入人体内的量大于通过呼吸吸入的量。值得注意的是，对于胎儿和婴儿来说，胎盘和脐带以及母乳运输是暴露 PAH 的主要途径。研究表明，婴儿每天通过母乳摄入的 PAH 量为 19.4 ~ 77.8ng/g，高于婴儿每天通过呼吸摄入的 PAH 量（2.83 ~ 16.5ng/g）。同时，健康孕妇胎盘中 PAH 浓度显著高于母体血液和脐带血中 PAH 浓度，说明胎盘对 PAH 具有屏障功能，可阻隔 PAH 尤其是高分子量 PAH 向胎儿传输。

2. 分布 进入血液中的 PAH 随血流运输并蓄积在富含脂肪的组织器官，大部分储存于肝脏、脂肪组织和肾脏，少量储存于肾上腺、脾脏和卵巢等。香港妇女乳汁中 16 种 PAH 浓度为 1 981ng/g，显著高于其血清（1 461ng/g）和脐带血清（1 158ng/g）中 PAH 浓度，这可能与母乳中较高的脂肪含量有关。人体内 PAH 含量与居住环境和职业工种有关，如居住在高速公路或交通道路附近儿童血液中 PAH 含量较高；消防员唾液中可检测到 NAP、ANY、FLU、PHE、ANT、FLT 和 PYR 共 7 种 PAH，而普通非暴露人群唾液中只检出 FLU 和 PHE。吸烟者血液中 B[a]P 含量显著高于非吸烟者。

3. 代谢 除了以原型化合物形式储存在各组织器官外，PAH 进入人体后可经一系列生物转化形成新的代谢产物。首先，在 I 相代谢中，PAH 经 CYP450 酶氧化生成极性更强、毒性更高的单羟基或多羟基 PAH 代谢产物（OH-PAH）。在 II 相代谢中，OH-PAH 可与谷胱甘肽、葡萄糖苷酸或磺酸结合，进一步生成水溶性极强的代谢物，通过尿液排出，进而达到解毒目的。环境中 PAH 生物监测可通过检测尿中的 OH-PAH 来评估，其中尿中 1 羟基芘（1-hydroxypyrene，1-OHP）已被广泛作为人群 PAH 环境暴露的监测指标。但是，由于不同 OH-PAH 具有不同的理化性质，导致尿中 1-OHP 已不能全面、准确评价个体 PAH 暴露水平，因此越来越多的研究通过监测尿中多种 OH-PAH 浓度以反映个体暴露 PAH 的综合水平。目前尿液中已鉴定出的 PAH 代谢物共有 12 种，分别为 1- 羟基萘、2- 羟基萘、2- 羟基芴、3- 羟基芴、1- 羟基菲、2- 羟基菲、1- 羟基芘、6- 羟基菌、3- 羟基菌、1- 羟基苯并 [a] 蒽、3- 羟基苯并 [a] 芘和 6- 羟基苯并 [a] 芘。

4. **排泄**　PAH 进入机体后的最终代谢物经由尿液和粪便排出。肠腔内胆汁酸盐利于吸收 PAH，同时胆汁分泌可促进 PAH 代谢，因此胃肠道中含有较高水平的 PAH 代谢产物。

（四）生殖和发育毒性

研究表明，PAH 在人体内代谢的活性中间体可以与 DNA 和蛋白质共价结合形成加合物，降低或增加 DNA 胞嘧啶碱基的甲基化，破坏 DNA 的结构或功能完整性，影响生殖细胞活性。同时，PAH 进入人体后诱导产生的氧化应激也可氧化损伤生殖细胞，降低精子和卵子的活性，降低受精 - 胚胎形成的成功率。

1. **对雄性生殖功能的影响**　PAH 暴露可引起雄性生殖功能损害，包括精液质量参数下降、精子 DNA 损伤以及生殖激素水平改变等。

（1）对精液质量和睾丸生殖细胞的影响：环境中 PAH 暴露可能会破坏精子 DNA，进而影响雄性生育能力。一项探讨尿中 PAH 代谢产物与精液质量的关联性研究表明，尿中 1-OHP 水平越高，精子密度和射精精子数低于正常参考值的可能性越大，提示人类精液质量改变可能与 PAH 暴露有关。职业环境 PAH 暴露的研究发现，焦炉工人精子 DNA 完整性下降与职业接触 PAH 存在相关性。煤焦炉顶端作业工人所处环境中 PAH 浓度和尿液中 1-OHP 浓度均显著高于在煤焦炉旁工作的工人，且尿液中 1-OHP 浓度与精子形态异常频率和精子 DNA 畸变率呈显著正相关，表明男性煤焦炉工人职业暴露于高剂量 PAH 可增加其精子功能障碍风险。此外，非特殊暴露人群暴露于环境中 PAH 也与其精子 DNA 损伤相关，提示低剂量 PAH 暴露也可能会破坏精子 DNA，进而影响男性生育。动物实验也表明，B[a]P 可引起成年大鼠精子和精子细胞缺失、输精管萎缩等损伤。提取空气中的 PAH，用含 $15\mu g/L$、$30\mu g/L$ 和 $60\mu g/L$ PAH 玉米油灌胃成年雄性大鼠并持续 10 周，发现 PAH 可使大鼠精子前向运动活力呈现剂量依赖性降低。成年大鼠急性吸入 B[a]P（$100mg/m^3$）后，睾丸重量明显降低且附睾功能受损。大鼠经口灌胃暴露 B[a]P（$100mg/kg$）8 小时、持续 6 周或经呼吸道吸入暴露 B[a]P（$75mg/m^3$）4 小时、持续 60 天，发现大鼠性腺中存在大量 B[a]P 和其代谢物，进入睾丸组织中的 B[a]P 可改变类固醇生成和精子发生功能。此外，大鼠经口灌胃暴露 B[a]P（$100mg/kg$）还可引起睾丸畸形和生精细胞数量减少。PAH 能够损伤精子细胞并促进精子细胞凋亡，如原代培养的支持细胞暴露于 $10\mu g/mL$ B[a]P，24 小时后发现支持细胞出现细胞核缩小并发生凋亡。用 $0.5mg/kg$ 和 $5mg/kg$ B[a]P 玉米油对雄性小鼠进行皮下注射，5 周后发现小鼠精子细胞凋亡增加，且高剂量 B[a]P 可致小鼠精子出现坏死。

（2）对雄性生殖激素水平的影响：PAH 作为潜在内分泌干扰物，可与芳香烃受体或 ER 结合，进而干扰雄性激素分泌。提取空气中的 PAH，用 $60\mu g/L$ PAH 玉米油灌胃成年雄性大鼠 10 周，发现大鼠血清中 LH 和睾酮水平均显著降低。体内体外研究已证实，PAH 和其代谢产物能与 ER 亚型结合产生雌激素效应，或者与 17β- 雌二醇竞争而产生抗雌激素效应。此外，PAH 可作为芳香烃受体的配体与其结合，激活代谢酶，诱导下游靶基因表达，调控一系列生物过程。如 PAH 可激活人前列腺细胞中的芳香烃受体发挥抗雄激素的作用。提取柴油尾气中的 PAH 对雄性小鼠进行染毒，发现 PAH 与芳香烃受体结合，进而导致小鼠体内睾酮水平降低。

2. 对雌性生殖功能的影响 研究发现，产前 PAH 暴露可使脐带血中的雌二醇和抗苗勒氏管激素水平减少，FSH 水平增加，进而影响人类生殖健康。病例研究结果显示，女性血清中包括 B[a]P 在内的 11 种 PAH 浓度水平与卵巢早衰风险呈正相关。体内高浓度 PAH 诱导产生的氧化应激还与多囊卵巢综合征、子宫内膜异位症和不明原因不孕以及自然流产、复发流产等相关。相关动物实验也发现，产前暴露于 B[a]P 的孕鼠，其体内孕酮、雌激素和催乳素浓度均明显降低，进而导致母鼠流产。一方面，B[a]P 可损害子宫内膜虹膜化和虹膜血管生成，这是早期妊娠胚胎着床和妊娠维持的关键；另一方面，B[a]P 导致雌激素和孕激素水平紊乱，激素受体及下游相关基因表达受到抑制，降低子宫内膜容受性，进而增加着床失败的风险。

3. 对生长发育的影响

（1）对不良妊娠结局的影响：流行病学研究发现 PAH 具有胚胎毒性，发育中的胚胎比母体对 PAH 诱导的损伤更为敏感。孕期暴露于高浓度 PAH 可诱发胎儿出生缺陷或畸形，增加胎儿心脏、肾脏、消化道、神经管和肢体等畸形及新生儿后天患癌风险。欧洲和北美等地人群研究也发现，妊娠期暴露于 PAH 可能会引起胎儿生长受限，引发胎儿早产、流产、畸胎和死胎等不良妊娠结局。一项病例对照研究结果显示，孕妇职业暴露于 PAH 与其后代患唇裂伴腭裂或单独唇裂或单独腭裂的风险增加有关。另外，针对神经管畸形胎儿的研究发现，神经管畸形胎儿脐血和脐带组织中 PAH-DNA 加合物含量升高，且脐带组织中 PAH-DNA 加合物浓度与胎儿发生神经管畸形的风险呈显著剂量 - 反应关系。此外，PAH 与低出生体重的发生密切相关。母亲孕期 PAH 暴露可增加胎儿宫内生长阻滞和早产的发生率。重庆铜梁地区 PAH 暴露对胎儿及其出生结局影响的研究结果显示，脐带血中 PAH-DNA 加合物水平与胎儿出生头围降低呈相关性，并可导致 18 个月、24 个月及 30 个月的月龄儿童体重和身高均降低。美国队列研究结果也显示，非裔美国人接触 PAH 的程度越高，其婴儿出生体重越低。一项对 344 名健康孕妇的队列研究发现，妊娠前 3 个月产前 PAH 暴露与胎儿生长比和出生体重的最大降幅相关，表明妊娠早期 PAH 暴露可能是影响婴儿出生体重的最关键窗口期。

动物实验也表明 PAH 对胎儿生长发育具有毒性作用。将处在器官发育期的胎鼠暴露于 B[a]P，胎鼠会出现血管破裂、出血及出生体重降低和顶臀长度减小等不良妊娠结局。PAH 对鱼类发育过程，尤其是鱼类早期发育阶段的影响最大。如将斑马鱼胚胎急性暴露于 50nmol/LB[a]P72 小时，胚胎心脏出现心包囊肿、心率过缓和心律不齐等心脏发育异常现象。PAH 还可引起鱼类胚胎孵化率下降，卵黄囊水肿，导致仔鱼形态异常，如脊柱弯曲和颅面结构发育不完全等畸形。

（2）对神经发育的影响：对美国纽约市内 183 名已满 3 岁儿童出生前暴露 PAH 情况及其儿童出生后神经行为的研究发现，儿童出生前高水平 PAH 暴露与 3 岁时较低的心理发展指数密切相关，且出生前高水平 PAH 暴露儿童出现认知发展延迟更明显。另外，产前 PAH 暴露（PAH 水平超过 2.26ng/m³）新生儿 5 岁时语言智商和全面智商得分比非PAH 暴露新生儿分别低 4.31 分和 4.67 分，而且产前 PAH 暴露新生儿 6 ~ 7 岁时呈现出焦虑 / 抑郁和注意力集中程度等行为表现与母体怀孕期间 PAH 暴露量及母体血液、脐带血中的 PAH-DNA 加合物浓度呈显著正相关。

（3）对其他系统发育的影响：高水平 PAH 宫内暴露可增加新生儿成年后患癌、肥胖、心脑血管疾病的风险。如针对纽约地区非洲裔和西班牙裔美国人的研究显示，孕妇产前高水平 PAH 暴露可增加其新生儿儿童时期患肥胖风险。

（五）预防要点

1. 控制 PAH 对环境的污染，加强环境监测 防止并控制大气和室内空气中 PAH 污染。为减少环境中 PAH 的排放，应调整以煤为主的能源结构，减少煤的不完全燃烧，使各种燃料尽可能充分燃烧。公共场所禁止吸烟，城市中改善交通环节，严格控制汽车尾气排放量。对已经造成的 PAH 污染，可以采用生物或化学技术处理，如吸附法、微生物降解法、光解法等，降低 PAH 的污染危害。此外，应制定并完善 PAH 环境质量标准。我国环境空气质量标准中，B[a]P 二级浓度的限值是 24 小时平均浓度为 $0.002\,5\mu g/m^3$，年平均浓度是 $0.001\mu g/m^3$。

2. 调整生产生活方式，控制 PAH 的摄入 合理布局农作物蔬菜水果的种植生产。对离 PAH 工业污染源较近的地方，应选择吸收 PAH 能力低的根茎类作物种植，叶菜类和吸收 PAH 能力强的作物应安排在远离 PAH 工业污染源的地方种植。改变饮食结构和烹饪方法，减少使用烘、烧烤、烟熏等增加食物中 PAH 含量的方法进行食物加工。

3. 提高整体人群的环保意识 加强宣传教育，让公众认识到 PAH 污染的严重后果，使环保理念深入人心。

（赵　倩）

参考文献

[1] 杜世勇，崔兆杰 . 多环境介质中持久性有机污染物的特征及环境行为 [M]. 北京：科学出版社，2013.

[2] KHALID F, HASHMI M Z, JAMIL N, et al. Microbial and enzymatic degradation of PCBs from e-waste-contaminated sites: a review[J]. Environ Sci Pollut Res Int, 2021, 28: 10474-10487.

[3] LIU J, TAN Y, SONG E, et al. A critical review of polychlorinated biphenyls metabolism, metabolites, and their correlation with oxidative stress[J]. Chem Res Toxicol, 2020, 33: 2022-2042.

[4] BERGHUIS S A, ROZE E. Prenatal exposure to PCBs and neurological and sexual/pubertal development from birth to adolescence[J]. Curr Probl Pediatr Adolesc Health Care, 2019, 49: 133-159.

[5] XU J, QIAN W Y, LI J, et al. Polybrominated diphenyl ethers (PBDEs) in soil and dust from plastic production and surrounding areas in eastern of China[J]. Environ Geochem Health, 2019, 41: 2315-2327.

[6] VUONG A M, YOLTON K, DIETRICH K N, et al. Exposure to polybrominated diphenyl ethers (PBDEs) and child behavior: Current findings and future directions[J]. Horm Behav, 2018, 101: 94-104.

[7] FREDERIKSEN M, VORKAMP K, THOMSEN M, et al. Human internal and external exposure to PBDEs--a review of levels and sources[J]. Int J Hyg Environ Health, 2009, 212: 109-134.

[8] RICHARDSON J R, FITSANAKIS V, WESTERINK R H S, et al. Neurotoxicity of pesticides[J]. Acta Neuropathol, 2019, 138: 343-362.

[9] TEYSSEIRE R, MANANGAMA G, BALDI I, et al. Assessment of residential exposures to agricultural pesticides: a scoping review[J]. PloS One, 2020, 15: e0232258.

[10] ROSAS L G, ESKENAZI B. Pesticides and child neurodevelopment[J]. Curr Opin Pediatr, 2008, 20: 191-197.

[11] SUNDERLAND E M, HU X C, DASSUNCAO C, et al. A review of the pathways of human exposure to poly- and perfluoroalkyl substances (PFASs) and present understanding of health effects[J]. J Expo Sci Environ Epidemiol, 2019, 29: 131-147.

[12] ZHANG D Q, ZHANG W L, LIANG Y N. Adsorption of perfluoroalkyl and polyfluoroalkyl substances (PFASs) from aqueous solution: a review[J]. Sci Total Environ, 2019, 694: 133606.

[13] BACH C C, VESTED A, JORGENSEN K T, et al. Perfluoroalkyl and polyfluoroalkyl substances and measures of human fertility: a systematic review[J]. Crit Rev Toxicol, 2016, 46: 735-755.

[14] KIM K H, JAHAN S A, KABIR E, et al. A review of airborne polycyclic aromatic hydrocarbons (PAHs) and their human health effects[J]. Environ Int, 2013, 60: 71-80.

[15] HAN J, LIANG Y S, ZHAO B, et al. Polycyclic aromatic hydrocarbon (PAHs) geographical distribution in China and their source, risk assessment analysis[J]. Environ Pollut, 2019, 251: 312-327.

| 第七章 |
环境内分泌干扰物与优生

工农业生产的迅猛发展和生活水平的迅速提高，促使人类对化学品的需求与日俱增。目前，人工合成的化学品已超过数千万种，且仍以每天新增数百种的速度激增。人工合成化学品的使用极大地推动了社会经济综合发展，方便了人类生活，增进了民生福祉，造福了人民群众。与此同时，因生产和使用过程中未能对含化学品的废水、废气、废渣进行充分有效处理，排放进入各类环境介质中的化学品不仅严重破坏了生态环境质量，而且也对人群健康带来潜在危害。进入环境中的各类化学品即为环境污染物，其中，某些化学污染物进入机体后可通过影响体内天然激素的合成、释放、代谢、转运、清除，以及与激素受体结合和转录调控等多个环节，进而干扰机体内分泌功能。美国国立环境健康科学研究院（National Institute of Environmental Health Sciences，NIEHS）将这类化学物定义为内分泌干扰物（endocrine disrupting chemical，EDC）。经历近 30 年的探索和研究，目前 EDC 对生态环境、野生动物种群和人类的潜在有害影响已经受到充分的认识。国际组织和各国政府环境和健康相关部门不仅建立了成体系的筛选测试技术，以分析环境中有害因素和外源性化学物的内分泌干扰效应，同时也对内分泌干扰效应明确的 EDC 进行监管，并发展新的替代化学品以减少 EDC 对人类和生态环境产生的有害影响。

自 20 世纪 50 年代以来，人们在不同野生动物种群中相继发现了多种动物出现器官发育异常，由此引起了学术界的高度关注。例如，在使用烷基锡涂料喷涂船体外部以阻止海螺在船底大量附着的沿海地区，海螺等海洋生物数量急剧下降，并出现性别变异与失衡。与此同时，农药使用区田野林间鸟类出现蛋壳变软、胚胎死亡、筑巢行为异常和骨骼畸形等生长发育问题，导致种群退化，濒临灭绝。在两栖类野生动物中也观察到性别比例失调、畸形率升高、种群数量急剧减少。江河水域中白鳍豚出现雌雄同体现象。如此类的野生动物发育异常为人类敲响了警钟，激起了全社会对 EDC 潜在危害的关注。

在国际上，EDC 对生态环境和人群健康的影响最先被美国和加拿大等发达国家所重视，其中，美国环境保护局（Environment Protection Agency，EPA）和美国国立环境健康科学研究院相继从不同层面对 EDC 予以关注，并提出应对人群广泛暴露的外源性化学物在测试评估的基础上进行监管。在关注 EDC 问题的早期，多国政府职能部门和学术团体均对 EDC 给出了各自的定义。例如，美国内分泌干扰物筛检与测试咨询委员会（Endocrine Disruptor Screening And Testing Advisory Committee，EDSTAC）将 EDC 定义为：改变机体内分泌系统功能，从而导致生物体本身及其子代不良健康效应的外源性物质。随着对 EDC 及其效应研究的深入，其概念逐渐统一，目前主要以美国国立环境健康科学研究院的定义为大家普遍接受。总体上讲，EDC 是指进入机体后，能够干扰内分泌功能的环境化学污染物。正常情况下，机体可根据自身需要合成各种内分泌激素，以调节机体生长发育、生殖、代谢和行为，从而维持内环境的稳定。而 EDC 因结构和理化特性使其在暴露于机体后，能够引起机体内分泌系统功能紊乱，导致机体固有的内稳态失衡，从而产生健康问题。在临床上以生殖障碍、出生缺陷、发育异常、代谢紊乱及对某些癌症的发生发展产生影响为特征。

EDC 种类繁多，广泛存在于土壤、大气和水等环境介质中，也可存在于食品、日用品和医疗制品中。例如，某些 EDC 不易降解，可在动物和人体脂肪组织中长期滞留，发生生物蓄积，并通过食物链的生物放大作用在生物体内进一步浓缩。值得注意的是，在食品生产加工过程和包装材料中都可能带入 EDC 类污染物，故食物中常存在一定水平的EDC。此外，医用塑料制品中的增塑剂也具有潜在的内分泌干扰活性，缓释的增塑剂可在静脉滴注、透析治疗时，随着注射液进入患者血液，从而产生各种不良效应。EDC 可在人类日常生产和生活活动中经呼吸道、消化道和皮肤等多种暴露途径进入人体。由于存在生物富集和生物放大作用，经消化道摄入是 EDC 进入机体的最主要途径。EDC 可在生物体内不断蓄积，且在低剂量时即可产生多种生物学效应，因而发育中的个体受 EDC 的影响最大，对 EDC 最为敏感。

不良妊娠结局是各种因素引起的机体发育异常，遗传、环境、营养、社会经济地位和心理均可影响其发生。随着人们对 EDC 研究的不断深入，日益积累的数据表明，EDC 暴露与不良妊娠结局存在关联。EDC 可影响胚胎正常的发育状态，增加自发性流产率，影响男 / 女性别比例，增加隐睾、尿道下裂等生殖道畸形发生率。因此，有效控制 EDC 的人群暴露水平是降低不良妊娠结局的重要基础。

第一节 环境内分泌干扰物概述

一、问题的由来

人类对 EDC 的认识可追溯至 20 世纪 30 年代。1933 年首次合成雌激素 1- 酮 -1，2，3，4- 四氢菲（1-keto-1，2，3，4-tetrahydrophenanthrene，THPNT），随后研究证实双酚 A 具

有雌激素效应。20 世纪 70 年代，欧美国家发现类雌激素药物已烯雌酚（diethylstilbestrol，DES）可引起生殖系统肿瘤和多种发育异常。DES 对人类健康的危害也提示，含有此类化学物的废水进入环境介质时会对野生动物种群和生态环境产生不良影响。1992 年英国医生卡尔森系统分析了 1938 — 1991 年间发表的 61 篇流行病学研究结果，提出过去 50 年间人类精液质量下降、精子数量减少的论断，激发了学术争鸣，并唤起政府高度重视。国际社会由此提出应深入调查研究环境化学物的内分泌干扰效应，明确其对人群健康和环境生态的影响。

联合国环境规划署（United Nations Environment Programme，UNEP）、世界卫生组织（World Health Organization，WHO）、世界自然基金会（World Wide Fund，WWF）、欧洲联盟（European Union，EU）、美国环境保护局（Environmental Protection Agency，EPA）、日本环境厅（Japanese Environmental Protection Agency，JEA），以及英国、法国、德国等发达国家和包括中国在内的发展中国家相继投入大量人力物力开展 EDC 的健康影响研究。美国环境保护局曾将 EDC 对人群健康和环境的影响列为优先考虑的研究方向之一。中国学者分析了 1981—1996 年 16 年间发表的研究数据也发现男性精子数下降了30%。人群流行病调查表明，人类生殖障碍、发育异常和某些生殖系统肿瘤发病率增加可能与环境因素有关，而生殖发育异常在野生动物种群中形势更为严峻。如有机锡污染的海域，雌性腹足类软体动物表现出雄性化特征。农药开乐散大量泄漏导致美国佛罗里达州阿波普卡湖中美洲短吻鳄雄性动物雌性化，睾丸和阴茎发育异常，种群数量也大为减少。1996 年出版的 *Our Stolen Future* 系统总结了野生动物学、人群流行病学和生态毒理学研究成果，推断两栖类动物数量减少、畸形率增加、出生缺陷和多种疾病（如乳腺癌、睾丸癌、前列腺癌、隐睾和子宫内膜异位症等）发病率急剧增加可能与环境因素有关，这些环境因素可经多种途径干扰机体内分泌系统。EDC 成为继煤炭、石油燃料和汽车尾气污染后的第三代环境污染物。

二、环境内分泌干扰物的种类及其特点

（一）种类

根据 EDC 来源，可将其分为天然和人工合成两大类。天然 EDC 包括植物激素和真菌激素等。人工合成 EDC 则包括生产中的化学原料、副产物、生产过程形成的废弃物、广泛使用的类固醇类和已烯雌酚类药物、洗涤剂、农药、汽车尾气、城市固体垃圾焚烧产物等。据 2017 年报道资料显示，目前已被确定或怀疑为 EDC 的环境化学物已超过 1 000 种，主要包括邻苯二甲酸酯（phthalate，PAE）、多氯联苯（polychlorinated biphenyl，PCB）、有机氯杀虫剂、除草剂、某些金属和真菌类，以及烷基酚类和双酚类化合物等。以往学者常按其对激素的干扰命名干扰物和干扰效应，如雌激素干扰物、雄激素干扰物、甲状腺素干扰物、胰岛素干扰物和糖皮质激素干扰物等。美国环境保护局根据生态学、人群流行病学和体内外实验研究结果获得的证据是否充分，将 EDC 划分为已确认的 EDC、可能的EDC 和可疑的 EDC 等三大类。日本的调查分析发现，水中含有的 EDC 主要包括邻苯二

甲酸酯类、烷基酚类、双酚 A 类和氯酚类，除草剂和杀虫剂等有机农药类，以及环氧氯丙烷类污染物。

（二）特点

尽管 EDC 种类繁多，分类复杂，但还是具有一些共同的特点。

1. 物理特点 多数 EDC 具有亲脂性、不易降解、易挥发、生物半减期长等特点，可通过生物富集和生物放大作用引起体内蓄积。

2. 结构特点 EDC 虽具有激素功能，但与生物体内天然激素如性激素或其他类固醇激素在化学结构上存在天壤之别。如雄激素中的睾酮是四环结构，而有机氯农药双对氯苯基三氯乙烷（dichlorodiphenyltrichloroethane，DDT，俗称滴滴涕）、己烯雌酚是两环结构，烷基酚是单环结构。

3. 作用特点 EDC 对健康危害受到广泛关注的是其生殖内分泌效应和生殖发育毒性。其作用特点包括：①具有特异敏感性：尽管 EDC 与天然激素相比效应强度较低，但由于正在发育的机体内分泌系统尚缺乏反馈保护机制，或因幼体的激素受体分辨能力不如成年人，因此，胎儿和幼儿对激素水平远较成人敏感，激素水平的微量改变即可影响动物终生；②可影响子代的效应：通过不同途径进入亲代体内的 EDC，可对胚胎、胎儿、新生儿造成不可逆的损害效应；③有害效应的滞后性：即便暴露发生在胚胎前期、胎儿或新生儿期，但直到后代成熟，甚至到中年期才表现出明显的损害，由于其影响的滞后性和隐匿性而不易引起人们的注意。

三、环境内分泌干扰物对生态环境、野生动物种群和人类的影响

（一）对生态环境的影响

EDC 来源广、高残留、难降解，既可长久地滞留于空气并吸附在颗粒物上，也可进入水体、土壤和食物中。目前，无论是内陆、海洋还是极地，均可检测到 EDC 的存在。进入环境介质中 EDC 可借助大气环流和洋流在全球扩散，从人迹罕至的青藏高原至高纬度的极地生态系统，均发现了多种人工合成的有机化学物和 EDC 的沉积。如六氯环己烷在靠近极地地区的浓度要高于中低纬度地区，且在北半球海洋空气和表层海水中的浓度要高于南半球。显然，EDC 对生态环境的影响是全局性的。

（二）对野生动物种群的影响

EDC 对野生动物种群的影响，一方面表现在损害生殖器官的结构、功能以及性别特征，另一方面表现为影响野生动物种群的结构、行为和习性。性器官的分化属于永久性改变，而生理学和性行为的改变既可以是轻微的，也可以是严重的。由于存在生物放大作用，位于食物链顶端生物暴露污染物的水平更高，更易受到影响。目前，EDC 引起的性别比例失调和畸形可在多种野生动物种群中发现，不论是鱼类、鸟类、两栖类、爬行类和哺乳动物等脊椎动物，还是无脊椎动物。

1. 两栖类动物 两栖类动物受精卵直接暴露于水体中的污染物，因而产生的畸形和有害效应更为明显。例如，除草剂阿特拉津虽毒性较低，但即使在较低浓度也能阻碍两栖

类动物如青蛙的正常性发育，使得雄性变为雌性或变成不雌不雄的"阴阳蛙"。此外，两栖类物种四肢长期受到 EDC 的影响，还可出现多肢、少肢 / 趾畸形，以及眼和中枢神经系统等发育异常。

2. 鱼类　水体中存在多种 EDC 可影响鱼类正常的生长发育和性别分化。生长在受污染水域中的大部分雄性鱼，会变成雌性鱼或两性鱼，如 20 世纪 80 年代，在英国的沙布塔河就发现 5% 的雄性鲤鱼发生了雌雄同体现象。近年伦敦泰晤士河污水流入处随机捕获的野生鱼类中发现具有雄雌两性生殖器的变性鱼高达 40%，凸显了河流的污染程度以及鱼类对 EDC 的敏感性。

3. 爬行类　美国佛罗里达州阿波普卡湖曾发生有机氯农药泄漏事件，大量农药引起湖中美洲短吻鳄出现严重的生殖器官发育异常，大部分雄性鳄阴茎长度仅为正常长度的 1/4。除生殖器官异常外，短吻鳄种群数量也急剧减少，繁殖率明显下降。有机氯农药对短吻鳄内分泌稳态的干扰被认为是导致其发育异常的重要原因。

4. 鸟类　食鱼鸟类因食物链产生的生物放大作用，易导致较高的污染物暴露水平，因而高位营养级生物种群受到 EDC 的影响远高于低位营养级生物。研究显示，鸟类可因污染物高暴露引起急性中毒而死亡，使鸟类种群数量明显减少。北美五大湖地区因曾受到有机氯化合物污染，导致食鱼野生鸟类出现蛋壳变软、性腺发育异常、胚胎死亡等生长发育异常，致使种群退化，种群数量明显下降，甚至濒临灭绝。

5. 哺乳动物　长期暴露多氯联苯和有机氯农药 DDT 主要代谢产物二氯二苯基二氯乙烷（p，p'-dichlorodiphenyldichloroethylene，p，p'-DDE）等有机氯化合物可使海豹的生殖系统和免疫系统遭受严重损害，引起种群数量显著下降。美国和加拿大某些河流中的雄性白鳍豚出现精巢和卵巢同体，也出现了雄性和雌性同体动物，表明有机氯类污染物可引起性发育和性分化异常。哺乳动物高水平污染物暴露是产生机体生殖器官发育异常的重要风险因素。

6. 无脊椎动物　采用烷基锡涂料喷涂在船体外部，可以有效阻止水生软体动物附着于船体外部，但喷涂材料也使附近海域海螺和贝类等软体动物出现大量雌性雄化，使海洋中软体动物种群数量急剧降低。其原因可能与海水中化学物降解速率低，海洋中的软体动物直接暴露于 EDC 有关。

（三）对人类的影响

迄今为止，EDC 对人类健康影响的直接证据较为有限，多数来自野生动物种群研究和生态环境中物种多样性变化。由于暴露因素复杂，暴露污染物种类繁多，而人类疾病病种多样，因而，建立污染物暴露与疾病关联并探讨相关机制仍是研究的重点，其结果将为 EDC 暴露与有害健康结局间因果关联提供有力的证据。目前，期望准确回答 EDC 暴露是某种疾病的诱因和病因，尚缺乏充分的研究证据。

人类精子数量减少和质量下降，生育力降低，不孕不育、子宫内膜异位症、早产、出生缺陷发生率的增加，以及前列腺癌、睾丸癌、乳腺癌和子宫癌等内分泌肿瘤增加，提示 EDC 广泛存在和广泛暴露可能是影响人类多种疾病的重要原因之一。研究表明，多种疾病患病率增加可能与化学物的内分泌干扰活性有关。人群流行病学研究显示，EDC 内分

泌干扰活性可能对人类产生多种危害。EDC 还可能与甲状腺癌、青春期早熟、肥胖和神经功能异常等多种人类疾病有关。

需要引起特别关注的是，个体发育关键期对 EDC 的干扰作用尤其敏感。例如，脑发育期暴露于 EDC 可产生永久性的不良效应，而发育完全的脑即使暴露类似水平的 EDC 也可能不产生任何可检出效应。服用己烯雌酚妇女中，妊娠足月的人数比未使用人群少，而早产、自发流产和胎位不正者较非暴露人群多。某些 EDC 还可增加新生儿出生缺陷的风险，如美国调查发现，同一地区相同时间使用杀虫剂的人群总出生缺陷率明显高于未使用人群。西班牙和德国相继报道，暴露于有机氯农药妇女，其后代患隐睾症和小产的风险明显增加。在过去的 20～50 年，欧美国家男性出生比例呈不断下降的趋势。此外，还有研究显示，EDC 与早产、流产、出生缺陷和发育障碍有关。

目前有关 EDC 有害作用主要来自动物毒理学研究。有研究表明，EDC 几乎可引起各种形式的雄性生殖系统发育障碍，除精子生成数量减少外，还可引起生殖细胞、支持细胞和间质细胞数目减少，导致隐睾、睾丸萎缩、睾丸和附睾重量减轻、性欲低下、雌性化，以及实验动物生殖系统肿瘤等。

对环境中 EDC 暴露、EDC 对人和野生动物危害、EDC 作用机制，以及 EDC 风险评价和风险管理等方面的工作进行总结，对于认识 EDC 健康损害极为重要。早在 1996 年美国国会即通过联邦建议案，提出筛选食物和饮水中潜在的 EDC，支持美国环境保护局专门成立内分泌干扰物筛检与测试咨询委员会，并于 1998 年启动了内分泌干扰物筛选计划（endocrine disruptor screening program，EDSP），列出需要进行危害性评价的化合物达 87 000 种。两年后，美国环境保护局向国会提交的报告列出了需要评价物质的分类并确定了两阶段评价程序。日本厚生省也于 1998 年开始进行有关食品和自来水中 EDC 暴露和危害性研究。鉴于 EDC 对人群健康和生态环境的潜在有害影响，只有经过长期不懈努力，才能明确其暴露特征与有害作用的真实关系和可能的机制，从而为保护人类采取有效措施，保障人类健康繁衍作出应有的贡献。

第二节　主要环境内分泌干扰物对胚胎和胎儿发育的影响

胚胎和胎儿正常发育是孕育健康个体的基础。胚胎和胎儿生长发育是一个高度有序的过程，具有精确的时空顺序。在发育的各个时期，内分泌激素具有极其重要的作用，宫内发育的个体对母体激素水平的微小变化高度敏感。发育过程中出现的任何内分泌系统紊乱，都可直接影响正常的发育过程，引起不可逆变化。例如，正常水平雌激素会促进发育，是发育过程中不可缺少的，但当其过量时，就会引起内稳态的破坏。研究表明，许多 EDC 对出生前个体发育的影响远远大于对出生后个体的影响。动物实验研究发现，人工合成雌激素己烯雌酚的宫内暴露可导致雌鼠子宫、阴道和卵巢的结构异常，雄性仔鼠出现睾丸下降不全、阴茎发育异常、附睾发育不全和附睾囊肿等多种生殖器官的形态与结构异常。流行病学调查表明，孕期有服用己烯雌酚史，将增加流产、早产和新生儿死亡的风险。同时，下一代出现生殖系统多器官发育异常和功能障碍，如生殖器官畸形、阴道癌、睾丸和阴茎发育不良、睾丸下降不全、假两性畸形和精子发生异常、精子畸形率增高等。研究显示，出生前暴露有机氯农药 DDT 与娩出小于胎龄儿的发生率升高有关，但出生后暴露相同浓度 DDT 对儿童生长并未造成可检测出的影响。人群和实验室研究结果均显示，出生前暴露于某些 EDC 对神经发育、神经内分泌功能和行为将产生有害作用。本节以常见的影响胚胎和胎儿发育的 EDC 作简单介绍。

一、二噁英

　　二噁英（dioxin）是氯代芳香族化合物的总称，是有机氯化合物的代表，也是一种典型的具有发育毒性的 EDC。二噁英包括 75 种多氯二苯并 - 对 - 二噁英（polychlorinated dibenzo-p-dioxin，PCDD）和 135 种多氯二苯并呋喃（polychlorinated dibenzo furan，PCDF），共 210 种同系物和同分异构体，其毒性与所含氯原子数量及取代位置有关。2，3，7，8- 四氯二苯对二噁英（2，3，7，8-tetrachlomdlbenzo-p-dioxin，2，3，7，8-TCDD）是代表性的二噁英类物质，豚鼠经口 LD_{50} 低至 500ng/kg，大鼠经口 LD_{50} 为 20μg/kg，小鼠经口 LD_{50} 为 114μg/kg，TCDD 是二噁英家族中毒性最强的化学物，也是一种确定的人类致癌物。评价不同二噁英的毒性时，常将所评价化学物的毒性折算为相当于 TCDD 的水平表示，即以毒性当量（toxic equivalent quantity，TEQ）表征毒性强弱。

　　二噁英在自然界中原本并不存在，也不是商品化生产的产物，无任何工业用途，主要来自垃圾、化石燃料和木材的燃烧、氯酚合成和卤代苯氧酸除草剂生产中的副产物。由于来源广泛，二噁英污染事件时有发生。意大利、日本和我国台湾相继发生过二噁英污染事件。影响最大的二噁英污染事件是 20 世纪末比利时鸡饲料污染事件，曾引起巨大恐慌，也激起了全球对二噁英类污染物的监控。然而，迄今危害最严重的二噁英公害事件来自战争，影响更为深远。越南战争期间（1961—1971 年），美军向越南丛林喷洒了大量落叶剂（即"橙剂"），从而造成了严重的二噁英环境污染。越南广治省调查表明，喷洒地区农作物、鱼类、畜禽和人类血液中均发现高含量的二噁英，出生缺陷发生率远高于未喷洒落叶剂的地区，主要异常包括新生儿低出生体重、头围减小和其他缺陷。另有调查发现，越战结束 30 年后，落叶剂喷洒地区居民血样中二噁英含量仍比未喷药的河内地区高出 135 倍。这些数据充分说明，二噁英对健康的影响严重且深远。

　　二噁英类化学物亲脂性强，理化性质稳定，加热至 700℃以上才开始分解，在土壤中的半减期长达 12 年。二噁英在生物体内不易降解且极易通过食物链发生生物富集，在人体内生物半减期平均为 7 年。二噁英在全球环境中的广泛存在将对野生动物和人类造成难以预计的长远影响。二噁英对机体多器官和多系统具有有害影响，属于多靶器官毒物。研究发现，肝脏、胸腺、脾脏等器官，以及免疫、神经和生殖等系统是其作用的敏感靶部位，其对人类具有致癌性、免疫毒性、生殖毒性和致畸作用等。出生前胚胎和胎儿对二噁

英作用的敏感性远远大于出生后个体，因此，二噁英对子代宫内发育的影响长期受到关注。

（一）发育致死效应与致畸作用

研究表明，二噁英可在不引起明显母体毒性的剂量水平即可增加子代的致畸风险。二噁英可引起某些实验动物品系中子代腭裂和类似肾盂积水的肾脏畸形等特异性表现。人群流行病学研究表明，母体接触 TCDD 等二噁英类污染物可增加早产、宫内生长受限和死胎的发生风险。Chen 等在围着床期给予孕猕猴 1mg/kg TCDD，在 10～20 天之内即引起胚胎丢失。进一步研究发现，血浆中绒毛膜促性腺激素水平显著低于对照组，TCDD 可直接作用于胎盘引起绒毛膜促性腺激素合成减少，从而造成流产及其他异常。有研究显示，TCDD 暴露能影响鸡胚的孵化能力并可抑制孵化后子代体重增长，且对雄性子代的抑制作用大于雌性，呈现性别差异。鸡胚血浆中存在雌激素，能减弱宫内 TCDD 暴露对体重增长的抑制作用。这种体重增长的抑制作用伴随着 T_3/T_4 比值的改变，在某些年龄阶段明显高于对照组。

（二）对生殖系统发育的影响

出生前暴露 TCDD 能影响子代生殖系统正常发育。大鼠孕期一次性低剂量 TCDD 染毒，能观察到子鼠生殖器和卵泡发育异常。雌性后代阴道口与尿道口距离明显缩短，阴道开放延迟。妊娠第 15 天以 1μg/kg TCDD 喂饲孕鼠，于出生后第 70 天处死雄性后代，其腹侧前列腺和泌尿生殖器复合体重量显著低于对照组。而出生后 2 天以相同剂量染毒则未出现下降，提示宫内接触 TCDD 所产生的生殖毒性较出生后强。另有研究表明，妊娠第 15 天 TCDD 低剂量暴露可导致雄性子鼠成年后睾丸生精细胞数量减少、附睾尾部精子数减少、附睾重量降低。对食用油二噁英污染事故中受害妊娠妇女所生男性在成年后的精液质量分析发现，与未受宫内二噁英污染的同龄男性对照相比，二噁英暴露使后代的精子活动力及快速前向运动速度明显降低。动物实验和人群研究均表明，二噁英对生殖系统发育和生殖功能的潜在影响是客观存在的。

（三）对神经系统发育的影响

神经系统发育受多种激素、细胞因子和生长因子协同精细化调控。发育中的神经系统对环境有害因素和外源性化学物的影响最为敏感，影响也更为复杂。目前二噁英对脑和神经系统发育影响的证据主要来自动物实验研究。研究显示，出生前控制脑发育的甲状腺素主要是 T_4，表明甲状腺素在大脑发育中具有重要作用。动物毒理学实验显示，SD 大鼠在孕 10～18 天连续染毒 0.1μg/kg 的 TCDD，其子代血清中的 T_4 水平显著降低。而围产期暴露于二噁英类化学物可引起子代动物神经系统功能紊乱，听力获得延迟和学习记忆能力下降。综合分析上述研究结果表明，不同生长发育阶段即使暴露于同类化学物，其有害效应也不同，特定生长发育阶段暴露于二噁英将产生特有的损害效应。

（四）对心血管系统发育的影响

心脏和血管是 TCDD 对胚胎/胎儿发育毒性影响的敏感靶器官。心血管系统的发育毒性敏感期一般为受精后不久和器官形成期以后，但在不同物种之间存在差异。TCDD 及其类似物能影响鱼类、鸟类和啮齿类等多种动物发育中的心血管系统结构与功能。鱼类和鸟类心脏结构和功能性缺陷的发生通常早于水肿发生。TCDD 能提高鱼类和鸟类胚胎血管渗透性，导致心包和皮下水肿，并能抑制血管形成。TCDD 可抑制心肌细胞增生，使鱼类胚胎心脏变小。TCDD 也可使鸡胚心室腔膨胀，室壁变薄，心肌细胞增殖抑制。此外，TCDD 也可影响心脏功能，导致心律不齐，对 β- 肾上腺素刺激的反应性下降。TCDD 暴露能够使啮齿类哺乳类动物宫内发育个体发生心肌细胞增生减少和心脏变小等器质性改变，以及出生后心率减慢和心输出量下降等功能性改变，并可诱发轻微的心脏结构性和功能性缺陷。对 C57BL/6N 小鼠染毒 1.5 ~ 24μg/kg 的 TCDD，染毒 3.0μg/kg 即可出现剂量依赖性的心脏 / 体重比降低和多种心脏基因异常表达。孕 14 天染毒 TCDD，在孕 17 天即可观察到代谢、心脏内稳态、细胞外基质产生 / 重建和细胞周期调节的基因表达明显改变。孕期 TCDD 暴露可使细胞色素 P450 基因 *CYP1A1*，*CYP1B1* 和芳香烃受体基因 *Ahrr* 的表达增加。

（五）对免疫系统发育的影响

免疫系统对于维护机体正常的防御机制和功能至关重要。日益增多的研究证据表明，TCDD 可以对免疫系统产生影响，且新生子鼠比成年动物更为敏感，诱导免疫反应的剂量远低于成年动物。研究显示，TCDD 对免疫系统的影响主要体现在对免疫细胞因子和免疫器官的影响。出生前 TCDD 暴露能使胎鼠胸腺重量和细胞数量显著下降。同时，也可以影响免疫细胞因子 CD38$^+$、CD4$^+$ 和 CD8$^+$ 正常比例。TCDD 也可诱导 *Fas* 基因介导的 T 细胞凋亡。

二、双酚 A

双酚 A（bisphenol A，BPA），即 4- 二羟基二苯基丙烷，是生产环氧树脂、聚碳酸酯、不饱和树脂、酚醛树脂、聚芳酯和阻燃剂等多种化学品的重要前体物。BPA 作为工业原材料，广泛应用于杀真菌剂、染料，以及机械仪表、医疗器械、电讯器材、罐头内包装、食品包装材料与饮料容器、餐具和婴幼儿常用器皿的生产。医疗实践中，BPA 可用作牙齿密封剂和牙科填充材料。BPA 可经皮肤、呼吸和消化道等暴露途径进入机体，具有剂量低、被动性、不可避免性和长期性等暴露特点，其对大鼠和小鼠的 LD$_{50}$ 分别为 3 250mg/kg 和 2 400mg/kg，属于低毒性化学品。BPA 摄入体内后，大部分会在肝脏和肠道中被尿苷 5'- 二磷酸 - 葡糖醛酸基转移酶进行葡糖醛酸化生成葡糖醛酸 BPA，最终经尿液排出体外。

由于生产量大、使用广，BPA 广泛存在于各种环境介质中。许多研究已在人体体液（尿液、血液、羊水、乳汁等）和组织中检测到 BPA 的存在，且母体血清中 BPA 与胎儿体内 BPA 浓度呈正相关。因 BPA 与雌激素的化学结构类似，且被证明其具有雌激素活性和发育毒性，因而 BPA 对野生动物和人类均可造成危害。对于胎儿来说，在母亲子宫内以及出生后母乳喂养都会受到 BPA 暴露。

（一）致死效应和致畸作用

现有的 BPA 致畸性实验主要来自高剂量染毒的动物实验。出生前 BPA 暴露可引起胎鼠的吸收胎和胎鼠子代的死亡率显著增加，活胎率下降。已有较充分的证据表明，高剂量

BPA 暴露可产生胚胎毒性，但是否具有致畸性，尚存争议。致畸物筛选实验表明，BPA 对体外培养 Wistar 大鼠胚胎肢芽细胞的增殖和分化均有抑制作用，表现为染毒组肢芽细胞集落形成数量减少，细胞毒性试验吸光度值下降，并呈现出明显剂量 - 反应关系，故认为 BPA 致畸物检测呈阳性，BPA 对肢芽细胞的分化和增殖有特异性抑制作用。利用植入后全胚胎培养模型，发现 BPA 可诱发小鼠及大鼠胚胎卵黄囊生长和血管分化不良、生长迟缓及形态分化异常，严重者出现体位异常、神经系统、鳃弓发育异常及小眼、小肢芽等畸形。整体动物实验研究发现，SD 大鼠孕 1 ～ 15 天腹腔注射 85mg/kg 的 BPA 能引起胎仔骨化不全，剂量增至 125mg/kg 时可引起胎仔的肛门闭锁、脑室扩大等畸形。CD-1 小鼠染毒 1 250mg/kg 的 BPA 能引起明显的母体毒性，且引起胎鼠平均体重减少，但未能引起胎鼠畸形。SD 大鼠孕期连续每日灌胃染毒 200mg/kg 剂量水平的 BPA，胎鼠体重逐渐下降，胎鼠体长和尾长逐渐缩短，也未发现胎仔有明显的畸形，故 BPA 对大、小鼠的致畸作用尚有待进一步研究确认。但需要注意的是，在发育毒性和致畸性测试中，染毒的时间、剂量和方式对研究结果的影响较大。

（二）对生殖系统发育的影响

CD-1 小鼠出生前长期暴露于低剂量 BPA，可对雌性小鼠生殖道发育产生影响，导致子代出现生殖系统多种形态和功能的异常。雌性子代成年后，发生生殖道改变，阴道湿重和子宫内膜黏膜固有层体积降低，以及子宫内膜腺体上皮细胞、子宫内膜和上皮基质雌激素受体 α 和孕酮受体表达增加等，均会改变子宫的正常功能，干扰胚胎着床。BPA 也可改变乳腺组织形态，影响成年动物的动情周期。

BPA 暴露可引起雄性胎鼠背外侧前列腺管数量、大小和体积的增加。由于初级管基底上皮细胞的显著增生，使尿道球部畸形，与膀胱相接处明显狭窄，引起排尿障碍。一项涉及 431 名前列腺癌患者的病例对照研究结果显示，累积 BPA 暴露指数与前列腺癌存在剂量 - 反应关系。体外实验结果表明，BPA 可诱导前列腺癌细胞 PC3 的 *p16* 基因表达水平下降，染色质修饰酶 KDM5B、NSD1 显著下调，抑癌基因 *BCR*、*GSTP1*、*LOX*、*MGMT*、*NEUROG1*、*PDLIM4*、*PTGS2*、*PYCARD*、*TIMP3*、*TSC2*、*ZMYDN10* 启动子甲基化显著改变。

（三）对神经系统发育的影响

神经系统是雌激素作用的重要靶器官之一。越来越多的研究表明，环境中双酚类化合物污染与神经发育障碍性疾病密切相关。研究发现，胚胎发育早期暴露于 BPA 可诱发非洲爪蟾中枢神经系统畸形。出生前暴露 BPA 还可引起神经行为改变，如小鼠孕 14 ～ 18 天染毒 100µg/kg BPA 可导致雌性子代成年后孕育幼仔的时间减少，运动活性受到抑制，而雄性后代出现焦虑样行为，显示 BPA 对神经行为的影响可能存在性别差异。流行病学研究也表明，母亲孕期 BPA 暴露与子代神经发育，包括情绪行为异常与认知能力下降有关。孕早期 BPA 暴露与 3 岁男童的工作记忆降低及躯体行为问题有关。丹麦一项研究队列发现，孕晚期 BPA 暴露与 21 月龄儿童语言发育降低有关，且该效应在男童中表现更为明显。产后 BPA 暴露对于子代神经发育同样有不良的影响，如产妇产后 3 个月 BPA 暴露浓度与 2 ～ 4 岁儿童认知发育有关，尤其是降低女童自我控制能力。尽管目前 BPA 效应在不同性别及不同暴露时期存在差别，但整体来说，生命早期 BPA 暴露对子代神经发育存在不良影响。

（四）对甲状腺系统的影响

尽管有多项研究显示，环境污染物可影响甲状腺的结构和功能，也可增加甲状腺疾病的发生率，但有关 BPA 是否影响发育中胎儿甲状腺的结构和功能尚无定论。然而，一些动物毒理学实验研究已经提供了部分实验证据支持 BPA 可以影响甲状腺的功能。研究发现，高剂量 BPA 可引起子代血清 TT_4 明显增加，但血清 TSH 与对照组之间无显著性差异。现有研究认为，高剂量 BPA 染毒时具有雌激素干扰效应，对甲状腺的影响多见于其引起的甲状腺素分泌异常。人群研究虽然提出 BPA 可能影响甲状腺功能，但主要来自一些生态学分析，未来研究需要以多中心、大样本量、观察周期长、多效应终点的前瞻性研究才可能获得较为可靠的结论。

（五）对儿童心理行为的影响

母亲产前 BPA 暴露对儿童心理行为可产生不利影响。研究发现，产前 BPA 暴露与 7 岁儿童焦虑、抑郁和注意缺陷多动障碍等行为问题相关。尿 BPA 浓度与男童焦虑和抑郁的发生呈正相关，与儿童注意力集中困难和多动症的发生呈正相关。产前 BPA 暴露影响 3 岁儿童的行为和情绪调节，尿 BPA 浓度每增加 10 倍，出现更多的焦虑和抑郁症状，情绪控制和抑制能力更差，且与女童的关联更显著。通过父母完成 Achenbach 儿童行为量表（Child Behavioral Checklist，CBLC）评估产前 BPA 暴露与 6～10 岁儿童行为关系的结果显示，母亲尿 BPA 浓度与部分 CBCL 得分相关，有统计学意义，主要表现为儿童攻击性行为、焦虑症、对立违抗性障碍和品行障碍，且与男童关联更强。因此，妇女妊娠期间应尽量减少 BPA 暴露，不吃塑料制品包装（盛装）的食物，尤其是热的食物，减少化妆品的使用以及塑料制品的接触。

三、邻苯二甲酸酯

邻苯二甲酸酯（phthalate，PAE）是无色透明、黏稠的液体，不溶于水，易溶于有机溶剂，脂溶性极强。PAE 结构中有 2 个碳原子数相同或不同的烷基。根据烷基侧链碳原子数和化学特性不同，PAE 通常分为三大类：一类是长链 PAE（碳原子 ≥ C7），包括邻苯二甲酸二异癸酯、邻苯二甲酸二异壬酯、邻苯二甲酸二（2-乙基己基）酯、邻苯二甲酸二正辛酯等。长链 PAE 在工业中被作为 PVC 增塑剂材料，常见于食品包装、瓶装水、儿童玩具、医疗用品、地板和建筑材料中，其中产量最大的是邻苯二甲酸二（2-乙基己基）酯。其余 2 类是中链（C4～C6）和短链（碳 ≤ C3）PAE，中链包括邻苯二甲酸丁基苄基酯、邻苯二甲酸单丁酯和邻苯二甲酸二丁酯等，短链包括邻苯二甲酸二乙酯、邻苯二甲酸二甲酯和邻苯二甲酸二环己酯等。中链和短链 PAE 主要用于油漆、油墨、黏合剂、溶剂、杀虫剂、化妆品、香水和药物中。

PAE 是美国环境保护局认定的 EDC。饮食和饮水是 PAE 暴露的主要来源和途径，进入机体后主要随尿液排出体外。机体可将 PAE 代谢成生物活性更强、毒性更大的初级或

次级代谢产物。短链 PAE 进入生物体后，其中一个酯键迅速水解，转变为邻苯二甲酸单酯，即初级代谢物；中链和长链 PAE 水解为单酯后，还可经酶促氧化将邻苯二甲酸单酯的烷基侧链转化为更具亲水性的氧化产物，即次级代谢物。由于 PAE 广泛存在于各类环境介质中，人体内主要 PAE 代谢物检出率常超过 80%，女性往往高于男性，作为特殊易感人群的孕妇常可暴露于该类化合物。

（一）对生殖系统发育的影响

PAE 对雌性生殖毒性作用的靶器官主要为卵巢。动物实验发现，邻苯二甲酸二辛酯可影响大鼠雌二醇水平，使排卵周期、动情周期发生异常，甚至出现不排卵现象，从而影响雌性动物生殖功能。同时研究也发现，邻苯二甲酸二辛酯能引起睾丸萎缩及内部结构改变，睾丸中支持细胞、生殖细胞等发育异常，影响雄性激素正常分泌，降低精子质量，附睾、前列腺等组织结构也会受到影响，严重时可导致雄性不孕不育。PAE 代谢物可透过胎盘，通过干扰激素受体影响胎盘功能。胎盘功能障碍将导致胎儿生长受限，甚至引起胎儿死亡。孕期 PAE 暴露导致胎盘功能异常的可能机制包括浸润 / 融合、氧化应激、细胞分化 / 凋亡、激素分泌和脂质积累等。

（二）对生长发育的影响

PAE 对于发育中胎儿、新生儿和儿童的影响远较成人敏感。孕妇暴露 PAE 可导致新生儿低出生体重和早产，还可引起儿童青春发动时相提前，使儿童过早进入青春期。动物实验研究也显示，PAE 暴露影响青春期发育进程，其潜在机制为刺激下丘脑促性腺激素释放激素和表观遗传调控等。因此，揭示生命历程中的 PAE 暴露与青春发动时相的机制，对于有效预防 PAE 的危害具有重要意义。

（三）对神经系统发育的影响

PAE 可影响儿童智力和精细运动。墨西哥一项队列研究发现，母亲孕期邻苯二甲酸二辛酯暴露可导致女婴智力发展指数水平下降，而对男婴则没有影响；男婴运动发展指数水平则与孕期邻苯二甲酸单苄基酯暴露呈正相关，而女婴中则没有发现这种关联。一项来自哥伦比亚儿童环境健康中心母亲和后代的前瞻性队列研究中发现，母亲孕期非邻苯二甲酸二辛酯类 PAE 暴露与 11 岁女童精细运动能力呈负相关。

（四）对甲状腺系统的影响

对波多黎各北部地区 106 名孕妇在孕 26 周随访数据的横断面分析中发现，PAE 代谢物与游离三碘甲状腺氨酸 FT_3 以及邻苯二甲酸二辛酯代谢物与游离甲状腺素 FT_4 呈负相关，PAE 代谢产物与促甲状腺激素 TSH 呈负相关，与 TT_3、TT_4 呈正相关，提示 PAE 可影响甲状腺激素水平。Morgenstern 等研究了孕晚期孕妇尿液中 PAE 代谢物浓度对学龄前儿童甲状腺功能的影响，并对其中的性别差异进行了分析，发现多种 PAE 暴露可导致女孩 FT_4 水平下降，而对男孩则没影响。儿童 PAE 暴露也会直接对其甲状腺功能造成影响。

四、壬基酚

壬基酚（nonylphenol，NP）是非离子表面活性剂壬基酚聚氧乙烯醚的主要降解产物，

其分子式为 $C_{15}H_{24}O$，分子量 220.35，常温下为无色或淡黄色液体，熔点 -10℃，沸点 293~297℃，相对密度 0.95，蒸气压 0.003 2Pa。NP 难溶于水，可溶于丙酮、乙烷、苯酚、乙醇等。NP 是 EDC 的典型代表，烷基链的长短可以影响其雌激素活性。当烷基链上 C 原子数为 1~8 时，雌激素活性随 C 原子数增加而增强；当 C 原子数大于 8 时，雌激素活性随 C 原子数增加而下降。其次，烷基链的分支程度也影响雌激素活性，分支程度高，雌激素活性就高。

NP 作为一种表面活性剂，主要用于制造洗涤剂、柔顺剂和纺织印染助剂等化工产品，因其用途广、用量大，难于降解，且具有持久性和生物蓄积性，故广泛地存在于各类环境介质中。水体环境中的 NP 主要来源于工业和生活污水排放，土壤中的 NP 则主要来源于污泥的资源化处置。水体与水生动物常可暴露于不同水平 NP，水中不同营养级的生物体可经食物链产生的生物放大作用，导致高位营养级生物体内不断蓄积 NP。人群可经饮水与食用含高含量 NP 的鱼虾类食品，使自身暴露于高水平的 NP。另一方面，食用被聚苯乙烯塑料包装袋污染的食品也会导致 NP 经口腔进入人体。此外，NP 还可以通过胎盘、乳汁、皮肤以及呼吸系统进入人体。由于 NP 具有高度脂溶性，摄入后蓄积在肝、肾、脂肪以及乳汁中，因此，即使 NP 排放浓度很低，但由于接触途径多，蓄积性强，对人体极具危害性。日益增多的证据表明，NP 除了内分泌干扰作用外，在环境相关浓度下对机体多种器官以及系统具有较强的毒性作用，因而是联合国环境保护署认定的需优先控制的持久毒性污染物之一。美国环境保护局也确认 NP 是典型环境雌激素干扰物，具有生殖发育毒性。欧盟自 1980 年起禁止该物质用于家庭清洁剂配方。

（一）对生殖系统发育的影响

NP 作为一种环境雌激素干扰物，可通过影响内源性雌激素正常水平而导致生殖系统发育障碍，且对雄性生殖系统的作用更为突出。动物实验表明，一定剂量 NP 能抑制大鼠睾酮分泌，引起生精小管畸形和睾丸萎缩，致使精子生成减少，精子畸形率增加，子代雄鼠肛阴距离（即肛门与阴茎间的距离）随染毒剂量增加而缩短。体外实验也发现，NP 等雌激素样物质能促进前列腺癌 PC3 细胞增殖，提示 NP 可能与睾丸癌、前列腺癌，以及男性生殖系统发育异常、生殖障碍有关。一项对广西壮族孕妇孕早期血清中 NP 含量的调查研究显示，孕早期孕妇暴露于高剂量 NP 会增加流产风险，随着暴露剂量的提高，其围产儿的出生体重也随之减低，尤其是对男性围产儿的影响更为显著。同时也有研究发现，孕期高 NP 暴露会降低新生儿身长。此外，有学者指出，女性青春期提前以及子宫内膜异位等生殖系统异常可能与母亲孕期接触此类环境雌激素有关。

（二）对神经系统发育的影响

孕期和哺乳期是神经发育的关键期。越来越多的研究显示，NP 可通过胎盘屏障和血脑屏障以及乳汁传递给子代，影响子代神经系统的发育，导致注意力缺陷、自闭或抑郁、多动障碍等行为学改变。孕哺期 NP 暴露模型发现，NP 暴露可引起子代小脑内髓鞘密度降低而导致小脑损伤，以及出现拒绝哺乳甚至是撕咬皮肉的极端行为。此外，有研究显示，NP 暴露会引起多种神经行为异常，例如认知障碍、异常的发声行为、焦虑样行为，以及抑郁样行为等。目前，有研究表明，NP 暴露会使具有神经内分泌调节作用的激素水

平产生变化从而影响机体情绪。同时，也有研究表明，NP 暴露会影响大鼠脑组织正常能量代谢，改变神经递质浓度，抑制神经受体活性，导致大鼠神经元生长发育异常，出现兴奋、焦躁现象后转为精神萎靡。

（三）对免疫系统的影响

NP 可影响生物体的非特异性免疫与特异性免疫。对非特异性免疫的影响主要体现在干扰吞噬细胞的溶酶体；对特异性免疫的影响大多为抑制干扰素和白细胞介素 4 等细胞因子的产生。动物实验表明，孕鼠 NP 染毒后，其子代胸腺和脾脏等免疫器官的绝对重量减轻。孕期暴露于 NP 可使雄性子鼠血中干扰素、白细胞介素 6 水平显著降低。夏海玲等通过对大鼠染毒发现，NP 能抑制大鼠免疫系统的发育进而影响其功能的正常发挥，同时对脾淋巴细胞具有一定的毒性作用。此外，有学者通过体外实验发现，NP 能够促进人 THP-1 巨噬细胞向 M2 型巨噬细胞极化，说明 NP 能够影响巨噬细胞的功能干扰机体免疫系统。以上提示，NP 暴露能够通过多种途径调节免疫细胞的功能，从而扰乱机体免疫系统，导致疾病风险增加。

（四）对内分泌系统发育的影响

NP 可影响内分泌腺发育及其相关激素分泌。研究发现，NP 可导致睾酮含量降低、刺激醛固酮分泌，影响子代内分泌系统发育，从而引起子代大鼠脂肪细胞分化异常并导致子代大鼠肥胖。Wada 等发现围产期暴露 NP，雄性子代脂肪组织内 11β- 羟化类固醇脱氢酶 1 的活性和肾上腺醛固酮合成酶的活性增加。张宏宇等人在大部分脂肪组织基因编码的敏感时期对孕鼠进行染毒，发现围产期 NP 暴露可增加子代大鼠白色脂肪组织的重量和面积，进而导致子代发生肥胖等慢性疾病。

第三节　环境内分泌干扰物的作用机制

激素对于机体生长发育和维持正常的生理功能至关重要，是由高度分化的内分泌细胞合成，并分泌入血液发挥生理功能。激素是机体生长发育最重要的化学信息物质，按化学结构分为类固醇类、氨基酸衍生物类、肽与蛋白质类和脂肪酸衍生物类激素。激素在人体血液中的含量虽然极微，但生理作用极强。人体内各种激素水平需与生理需要保持平衡，激素分泌过多或过少均会扰乱激素平衡，引发各种内分泌疾病。当环境中外源性化学物的结构特征与激素类似，或者污染物可与激素竞争结合受体时，机体正常的生理功能和状态就会受到影响，从而影响机体健康状态。

近年来环境污染物内分泌干扰效应日益引起国际社会的重视。依据作用靶点和效应，将 EDC 划分为雌激素、雄激素和甲状腺素干扰物。EDC 对机体稳态和健康状况的影响来自多方面，但与体内激素受体竞争结合或激活、抑制、拮抗正常激素是 EDC 的主要特征。研究显示，环境中 EDC 可通过多种途径与多种靶点影响天然激素发挥正常的生理和生化功能。因此，认识 EDC 的作用机制对于有效地识别健康危害，寻找有效的预防和干预策略极为必要。

（一）环境内分泌干扰物的作用靶点与作用方式

1. **与激素受体作用** 体内激素产生于内分泌腺体，需与靶细胞受体结合才能参与机体正常的调节功能。甲苯氯、多氯联苯、己烯雌酚等化学品或药品与某些天然激素的化学结构类似，因而可通过与激素受体结合或竞争抑制，激活或抑制受体，影响机体发挥正常的生理功能。目前将能够激活激素受体的 EDC 称为靶细胞受体激动剂，而将阻断以及减少体内激素与受体结合的化学物称为拮抗剂。EDC 对激素受体的影响通常包括以下几种方式：①抑制受体与内源性激素相互作用；②激活或抑制受体的靶基因；③占领受体，但不发挥任何作用；④改变激素受体表达水平。

研究显示，DDT 或甲氧 DDT 能与雌激素受体（estrogen receptor，ER）结合，表现为雌激素样作用，与孕激素受体结合发挥抗孕激素效应。DDT 及其代谢产物 DDE 均可与雄激素受体（androgen receptor，AR）竞争性结合，阻止体内雄激素与 AR 结合，从而抑制雄激素活性，发挥抗雄激素作用。如 TCDD 染毒仅 48 小时即可显著提高大鼠卵巢颗粒细胞内芳香烃受体（aryl hydrocarbon receptor，AhR）和 ER_β 的 mRNA 水平。有机溶剂乙二醇甲醚能使 ER_β 表达上调。金雀异黄素可以减少雄性大鼠前列腺 ER_α 和 ER_β 的 mRNA 表达。

2. **与天然激素竞争血浆激素结合蛋白** 某些 EDC 对血清白蛋白或性激素结合蛋白亲和力很强，一旦发生，将减少血液激素结合蛋白对机体内在激素的吸附，增大机体内在激素对靶细胞的可及性，从而增强正常激素的作用。如有机氯化合物能与血清甲状腺素载体蛋白结合，这种竞争结合将增加甲状腺素到达靶细胞的量。机体内在的天然雌激素雌二醇与性激素结合蛋白的结合能力为 nmol 级，而人工合成的雌激素药物己烯雌酚为 mmol 级，两者相差 10^6 倍。

3. **调节核受体共激活因子** 共激活因子（coactivator）是指一类可明显提高核受体转录激活作用的辅助因子。EDC 可影响核受体共激活因子的表达，如 BPA 能使小鼠子宫核受体共激活因子 TRAR220 表达上调。EDC 可通过模拟内源性激素激活多种共激活因子产生相应的激素效应。受体结合蛋白 140（receptor-interacting protein 140，RIP140）是一种与 ER 相关的共激活因子，辛基苯氧、BPA 和 DDT 可模拟雌二醇与 RIP140 发挥交互作用，使 ER 依赖的转录活性扩大 100 倍。

4. **影响细胞信号通路** EDC 可通过直接作用于机体细胞信号系统产生多种效应。如高浓度 DDT 可增加细胞内游离钙离子浓度，硫丹可阻断 γ- 氨基丁酸介导的氯离子通道，多氯联苯可影响钙稳态的维持和蛋白激酶 C 活化，有机氯农药可激活丝裂原活化蛋白激酶（mitogen-activated protein kinases，MAPK），β- 六六六的雌激素样作用可能与 MAPK 活化有关。因此，EDC 可不通过受体而直接通过细胞信号通路发挥作用。

5. **对下丘脑 - 垂体 - 腺体轴的影响** EDC 可直接或间接作用于下丘脑 - 垂体 - 腺体轴，影响机体内分泌系统的正常调控。研究表明，多氯联苯可直接作用于下丘脑视前区合成促性腺激素释放激素（gonadotropin releasing hormone，GnRH）的神经元或间接通过神经递质来影响 GnRH 的合成。此外，多氯联苯能够对下丘脑 - 垂体 - 甲状腺轴的反馈调节产生干扰。例如，动物实验研究显示，暴露多氯联苯可升高促甲状腺素（thyroid stimulating

hormone，TSH）水平，降低 T_4 水平。

（二）环境内分泌干扰物作用的主要毒性通路

1. Nrf2 通路 氧化应激和抗氧化及解毒能力的平衡调节是机体维持内环境稳定和正常生理功能的基础。核因子 E2 相关因子 2（nuclear factor erythroid 2-related factor 2，Nrf2）作为调控细胞对抗外来化学物和氧化损伤的关键转录因子，是参与调控细胞内抗氧化酶和 II 相解毒酶最重要的高敏感性核转录因子，其缺失或激活障碍会引起细胞对应激原的敏感性增高，与化学促癌的发生、炎症修复进程延长、细胞凋亡等病变过程密切相关。Nrf2 广泛存在于全身多器官。正常情况下，细胞质中的 Nrf2 与 Keap1 为二聚体结合，细胞处于稳态。当氧化应激原存在时，Nrf2 与 Keap1 解偶联，游离的 Nrf2 由胞浆入核，通过与抗氧化响应元件（antioxidant response element，ARE）相互作用，调节其下游数十种抗氧化酶及 II 相解毒酶的表达，中和过多活性氧，维持细胞氧化还原平衡，发挥重要的细胞保护功能。环境中很多污染物都是氧化应激原，如镉、砷和消毒副产物碘乙酸，其暴露促进了 Nrf2 激活，从而发挥防御作用。

2. ER 及其受体通路 EDC 可通过干扰激素正常分泌而产生多种不良效应。研究显示，ER 信号转导紊乱时，可降低哺乳动物的生育力，也可导致胎儿的生长发育出现异常。EDC 可与内源性雌激素竞争结合 ERα 和 ERβ 的配体结合域，影响 ER 促转录活性，产生雌激素效应。日益增多的证据表明，很多 EDC 都是 ER 的配体，它们可和雌二醇竞争配体结合位点，使原来结合在受体上的伴侣蛋白从受体上解离，从而发生构象改变，并最终介导基因的转录。EDC 既可与 ER 直接作用，也可与 AhR 等转录因子作用，间接改变基因组或非基因组中 ER 的促转录活性。BPA 和己烯雌酚等已知的 EDC 均可诱导快速雌激素信号，对基因组或非基因组途径中 ER 信号转导产生影响。目前研究认为，多数 EDC 干扰机制是作为配体和 ER 直接结合，从而对 ER 信号转导产生影响。

3. AhR 通路 AhR 是一种配体依赖性转录因子，一方面参与调节芳香烃生物反应，调节 CYP450；另一方面参与外源性化学物引起的机体信号系统交互作用，产生机体各类不良反应和有害结局。AhR 可被多环芳烃等多种环境化学物激活进入细胞核，并与 AhR 核异位蛋白形成异二聚体，与下游调控基因的二噁英反应元件相结合，诱导 I 相和 II 相外源化学物代谢酶的表达，参与多种毒性反应。AhR 可与来自环境、膳食、微生物代谢的多种信号分子结合，参与靶向调控基因表达，AhR 也可介导免疫细胞的多种功能。研究表明，三氯乙烯可激活 AhR，诱导氧化应激和细胞凋亡，进而导致斑马鱼的发育毒性。EDC 类化合物如 BPA 可激活 AhR 和雌激素受体，诱导 Nrf2 系统相关抗氧化酶表达的异常。小鼠围产期暴露 BPA 可激活 TLR4/NF-κB 和 AhR 通路引起炎症反应，降低雄性后代的精子生成能力，增加精子畸形率。

4. CAR 通路 嵌合抗原受体（chimeric antigen receptor，CAR）是组成型甾体激素核受体，其功能之一是激活 CYP450 为主的肝脏代谢酶。CAR 被激活时，CAR 从细胞质转移到细胞核中，并以异二聚体形式与维甲酸 X 受体（retinoid X receptor，RXR）结合到 PBREM 远端增强子序列，激活肝细胞 CYP450 家族中的 CYP2B10 基因表达。有研究表明，BPA 和全氟烷基化物质可激活 CAR 信号通路，并导致相关的代谢紊乱。

（三）环境内分泌干扰物影响糖类、脂质代谢和脂肪生成

BPA 和己烯雌酚可影响糖代谢和脂肪代谢。低剂量 BPA 和己烯雌酚既能诱导胰腺 β 细胞释放胰岛素，又可抑制胰腺 α 细胞释放胰高血糖素，从而影响糖代谢，而糖代谢障碍是引发肥胖的重要因素。多种 EDC 可与 ER、过氧化物酶体增殖物激活受体 γ（peroxisome proliferator-activated receptor γ，PPARγ）和 RXR 等核受体结合，引起机体脂肪细胞分化，从而引起肥胖发生。如船舶防污剂三丁基锡可激活 PPARγ 和 RXR 受体，促进脂肪细胞的分化。EDC 影响孕产妇和儿童糖类和脂类代谢，诱导肥胖等代谢综合征是近年来研究的热点。

（四）多种环境内分泌干扰物的协同作用

环境中化学物多种多样，它们伴随着人类的呼吸、消化和与人体接触，通过多种方式共同进入机体。因而人群实际暴露的不是单一化学物，而是多种复杂化学物聚合体。单一 EDC 在环境介质中的暴露浓度通常较低，常常低于动物实验的染毒剂量。然而，当多种 EDC 同时存在，则会出现毒性倍增的现象。实验研究证实，两种或多种 EDC 同时存在产生的有害效应远高于其各自单独作用产生的效应综合，展示出惊人的协同作用。例如，雌激素酵母报道基因系统常用来评价外源性化学物的雌激素干扰效应。有学者以现实世界环境暴露浓度的狄氏剂、硫丹、毒杀芬和氯丹等杀虫剂观察农药暴露的雌激素干扰效应，发现单一农药的现实暴露浓度染毒，并未对酵母细胞产生明显影响，但多种农药同时作用于酵母菌时，其引起的雌激素反应强度可增加 150 ~ 1 600 倍，表明 EDC 混合暴露的效应极强。值得注意的是，狄氏剂、硫丹、毒杀芬和氯丹等杀虫剂，已作为持久性有机污染物纳入《斯德哥尔摩公约》，由于其以往使用量大，使用范围广，残留量高，降解时间长，因而在土壤、水体和某些植物中的含量仍然处于较高水平。因此，低剂量农药共同暴露对胚胎、婴幼儿和儿童生长发育的有害影响需要长期关注，需引起高度重视。

（屈卫东　刘琴心）

参考文献

[1] 杨克敌，鲁文清. 现代环境卫生学 [M]. 3 版. 北京：人民卫生出版社，2019.

[2] 高宇，田英. 关注环境内分泌干扰物，保护妇女儿童健康 [J]. 环境与职业医学，2020, 37(11): 1037-1041.

[3] 段志文. 环境内分泌干扰物的暴露特征及健康风险评价模式 [J]. 沈阳医学院学报，2020, 22(3):193-197.

[4] 拜思琼，何俊霞，肖文媛. 环境内分泌干扰物与致病研究进展 [J]. 临床研究，2022, 51(2):75-78.

[5] 梁静佳，顾爱华. 环境内分泌干扰物对雄性生殖系统多代及跨代效应 [J]. 中国公共卫生，2021, 37(2): 375-380.

[6] 闻鑫，张跃辉，姚美玉. 环境内分泌干扰物对早发性卵巢功能不全的作用机制研究进展 [J]. 国际生殖健康 / 计划生育杂志，2020, 39(3): 219-224.

[7] 徐卫红，李文梅，许洁. 环境内分泌干扰物的神经毒性研究进展 [J]. 山东医药. 2018, 58(27): 112-114.

[8] BERG M V D, KYPKE K, KOTZ A, et al. WHO/UNEP global surveys of PCDDs, PCDFs, PCBs and DDTs in human milk and benefit-risk evaluation of breastfeeding[J]. Arch Toxicol, 2017, 91(1): 83-96.

[9] 邵一鸣，张玉彬，周志俊. 孕期双酚 A 暴露对子代影响的流行病学研究进展 [J]. 环境与职业医学 . 2018, 35(10): 959-965.

[10] 赵岩，薛丽君，黄婧，等 . 邻苯二甲酸酯健康影响流行病学研究进展 [J]. 首都公共卫生 , 2020, 14(1): 9-12.

[11] 吴天伟，孙艺，崔蓉，等 . 内分泌干扰物壬基酚与辛基酚的污染现状与毒性的研究进展 [J]. 环境化学 . 2017, 36(5): 951-959.

|第八章|
饮用水消毒副产物与优生

第一节 饮用水消毒副产物概述

饮用水消毒是集中式供水安全的重要保障，在有效降低介水传染病发生方面发挥了不可替代的重要作用，被誉为 20 世纪公共卫生领域最伟大的成就之一。然而，饮用水在消毒过程中也不可避免地产生一系列新的化学物质，即消毒副产物（disinfection byproduct，DBP）。自 20 世纪 70 年代研究人员首次在氯化消毒的饮用水中检测出 DBP 以来，至今已报道超过 700 种 DBP，其中许多已被发现具有遗传毒性、致癌性，以及生殖和发育毒性。作为一类具有高健康风险的饮用水污染物，DBP 已成为世界各国饮用水安全领域广泛关注的问题之一。

一、消毒副产物的产生

DBP 是饮用水在消毒过程中，消毒剂（如液氯、二氧化氯、氯胺、臭氧等）与水体中天然存在的有机物或人为排放进入水体中的化学物质发生氧化、加成或取代等化学反应而形成的一类化合物。1974 年荷兰学者 Rook 第一次在氯化消毒饮用水中检测到三氯甲烷后，其他研究人员相继检测出二氯一溴甲烷、一氯二溴甲烷和三溴甲烷等三卤甲烷（trihalomethane，THM）类 DBP。1983 年美国学者 Christman 等第一次在氯化消毒的饮用水中检测出二氯乙酸和三氯乙酸等卤代乙酸（haloacetic acid，HAA）类 DBP。此后，其他种类的 DBP 如卤代乙腈（haloacetonitrile，HAN）类、卤代醛类、卤代羟基呋喃类、亚硝胺类、亚氯酸盐等也陆续在饮用水中被检出。随着饮用水消毒工艺的不断发展以及检测分析技术的不断进步，一些含氮 DBP、碘代 DBP、芳香族 DBP 等也不断在饮用水中被检测出。迄今，饮用水中已报道的 DBP 主要包括三卤甲烷类、卤代乙酸类、卤代乙腈类、

卤代酚类、卤代酮类、卤代醛类、卤代硝基甲烷类、卤代羟基呋喃类、卤代乙酰胺类、卤代苯醌类、亚硝胺类等有机 DBP，以及亚氯酸盐、氯酸盐、溴酸盐等无机 DBP。然而，研究人员认为已发现的 DBP 种类仅是冰山一角，大量未知的 DBP 仍未被鉴定出来。

饮用水中 DBP 产生受诸多因素影响，主要包括水中有机前体物（organic precursor）含量和性质、消毒剂种类和投加方式、消毒剂剂量与接触时间、温度、pH 值，以及金属离子等。其中，水中能与消毒剂发生反应而形成 DBP 的有机前体物对 DBP 的产生起重要作用。水中有机前体物主要包括腐殖酸、富里酸、蛋白质、氨基酸、嘌呤和嘧啶碱基、核苷酸、藻类及其代谢产物等天然有机物。此外，一些人为产生的化学物质如双酚 A、烷基苯磺酸盐表面活性剂等排放入水体中也构成了 DBP 产生的前体物质。水中有机前体物含量与 DBP 生成量成正比，但有机前体物的组成、结构等也会影响 DBP 生成量。通常含腐殖质的水生成的 DBP 含量比含富里酸的水要高，以地表水为水源生成的 DBP 含量比以地下水为水源的要高。当水中有机前体物含量一定时，DBP 生成量与消毒剂种类、投加方式、剂量，以及接触时间等密切相关。以液氯为消毒剂生成的 THM、HAA 等卤代 DBP 含量较二氧化氯、氯胺，以及臭氧等消毒剂要高，但不同的消毒剂也会产生具有特异性的 DBP，如氯胺消毒较易形成亚硝胺类等。在使用同一消毒剂情况下，DBP 生成量随着消毒剂的剂量和接触时间的增加而增加，但达到某一特定值后，DBP 生成含量就不再增加。随着水温升高，反应动力学加快，DBP 生成量通常也会增加，但也有研究显示水温对某些 DBP 如 HAA 类和卤代酮类的生成量影响不大。pH 值对 DBP 生成量影响较为复杂，通常在碱性条件下随着水体 pH 值增加，HAA 和 HAN 因水解而减少，而 THM 生成量却增加。水中常见的金属离子如钙离子、铜离子对 THM 和 HAA 的生成有催化作用，会使其浓度在短时间内快速增加，如水中存在铜离子可催化腐殖酸等形成三氯甲烷。此外，余氯、管网材质、管网中水停留时间等因素也会影响 DBP 在管网水中的分布。

鉴于饮用水中 DBP 普遍存在，以及长期暴露可能带来的健康风险，世界卫生组织（World Health Organization，WHO）、美国环境保护局（Environment Protection Agency，EPA）、欧盟，以及我国等均对饮用水中的部分 DBP 含量作了限值规定。国际上通常将有限值标准的 DBP 称为受控 DBP（regulated DBP），而将未有限值标准的 DBP 称为非受控 DBP（unregulated DBP）。在我国《生活饮用水卫生标准》（GB 5749—2022）中，受控 DBP 有 10 种，包括 4 种 THM（三氯甲烷、一氯二溴甲烷、二氯一溴甲烷和三溴甲烷）、2 种 HAA（二氯乙酸和三氯乙酸）、亚氯酸盐、氯酸盐、溴酸盐，以及 2，4，6- 三氯酚，其中前 9 种 DBP 属于水质常规指标，2，4，6- 三氯酚属于水质扩展指标。WHO 在 2017 年发布的第四版《饮用水水质准则》中，受控 DBP 达 17 种，包括 4 种 THM（三氯甲烷、一氯二溴甲烷、二氯一溴甲烷和三溴甲烷）、3 种 HAA（一氯乙酸、二氯乙酸和三氯乙酸）、2 种 HAN（二氯乙腈和二溴乙腈）、三氯乙醛、亚氯酸盐、氯酸盐、溴酸盐、甲醛、2，4，6- 三氯酚、氯化氰，以及 N- 亚硝基二甲胺（N-nitrosodimethylamine，NDMA）。

二、消毒副产物的暴露

DBP 普遍存在于世界各国饮用水中，其中 THM 和 HAA 是检出频率和含量最高的两类，两者含量之和通常可占已检出 DBP 的 80% 以上。THM 包括三氯甲烷、二氯一溴甲烷、一氯二溴甲烷和三溴甲烷，其中三氯甲烷的检出频率和含量通常最高，其次为二氯一溴甲烷。在一些原水中溴离子浓度较高的地区，饮用水中可检出含量较高的溴代 THM，如二氯一溴甲烷、一氯二溴甲烷和三溴甲烷。HAA 主要包括一氯乙酸、二氯乙酸、三氯乙酸、一溴乙酸、二溴乙酸、三溴乙酸、一溴一氯乙酸、一溴二氯乙酸、二溴一氯乙酸，其中二氯乙酸和三氯乙酸的检出频率和含量通常最高。在一些原水中碘或溴离子浓度较高的地区，饮用水中可检测出碘代 HAA 如碘乙酸或溴代 HAA 如溴乙酸。根据已有的调查资料显示，我国饮用水中 THM 和 HAA 的检出浓度大都低于《生活饮用水卫生标准》（GB 5749—2022）规定的限值标准。HAN 是饮用水中检出含量仅次于 THM 和 HAA 的第三类 DBP，主要包括一氯乙腈、二氯乙腈、三氯乙腈、一溴乙腈、二溴乙腈、三溴乙腈、溴氯乙腈等，其中二氯乙腈和三氯乙腈的检出较为常见。我国饮用水中 HAN 检出浓度大都较低，仅在某些地区饮用水中三氯乙腈检出含量超过 WHO 规定的限值标准。

饮用水中其他种类的 DBP，如卤代硝基甲烷类、亚硝胺类、卤代羟基呋喃类等检出含量通常较低。卤代硝基甲烷类主要包括一氯硝基甲烷、二氯硝基甲烷、三氯硝基甲烷、一溴硝基甲烷、二溴硝基甲烷、三溴硝基甲烷、一溴一氯硝基甲烷，其中以一氯硝基甲烷检出较为常见，检出中位数浓度大多低于 1μg/L，但不同消毒方式和水源质量会影响饮用水中卤代硝基甲烷类的种类和含量。亚硝胺类主要包括 NDMA、N- 亚硝基二乙胺、N- 亚硝基二丙胺、N- 亚硝基二丁胺、N- 亚硝基吡咯烷、N- 亚硝基吗啉、N- 亚硝基哌啶、N- 亚硝基二苯胺，其中以 NDMA 检出较为常见，平均检出浓度大多在几 ng/L 至几十 ng/L 之间，但在某些污染严重的地区，NDMA 检出浓度可超过 100ng/L。卤代羟基呋喃类中以 3- 氯 -4-（二氯甲基）-5- 羟基 -2（5H）- 呋喃酮（3-chloro-4-（dichloromethyl）-5-hydroxy-2（5H）-furanone，MX）为代表，美国、芬兰、加拿大等国的饮用水中已报道可检测出 MX。我国部分城市饮用水中也可检测出 MX，检出浓度大多在几 ng/L 至几十 ng/L 之间，但也有研究报道在我国某些地区饮用水中 MX 的检出含量可超过百 ng/L。此外，一些碘代 DBP 如碘乙酸和碘仿也可在我国沿海地区饮用水中检出。

个体在日常生活中可通过饮水、洗澡、游泳、拖地、洗碗、洗衣服等多种用水活动，经消化道、呼吸道，以及皮肤接触等途径长期暴露 DBP。个体暴露饮用水 DBP 受多种因素影响，包括 DBP 的理化性质、饮用水中 DBP 浓度和种类、日常用水活动习惯、机体代谢能力，以及人口学特征等。不同理化性质 DBP 暴露途径存在差异，同一暴露途径下不同种类 DBP 暴露水平亦不相同。对于挥发性 DBP 如 THM，呼吸道摄入是最主要暴露途径；对于非挥发性 DBP 如 HAA，经口摄入是最主要暴露途径；对于脂溶性 DBP 如 THM，皮肤接触也是常见的暴露途径之一。日常用水活动习惯如饮水量、采用过滤措施

或净水设备、煮沸、游泳、淋浴时间等均可影响个体 DBP 暴露水平。研究表明，饮水量（来源于自来水）与经口摄入 DBP 含量成正比，游泳和淋浴会显著增加个体 THM 暴露水平，而煮沸可显著降低 THM 含量。此外，年龄、身体质量指数等因素也会影响 DBP 暴露水平。进入人体的大部分 DBP 在肝脏一系列代谢酶作用下快速分解而排出体外，部分以原型随呼吸道和尿液排出体外，或分布于血液之中。个体代谢酶如细胞色素 P450 和谷胱甘肽硫转移酶的基因遗传变异也会影响体内 DBP 浓度分布。

调查资料显示，人群呼出气、尿液和血液等生物样本中均可检测到 DBP，主要以 THM 和 HAA 为主。呼出气中 THM 浓度通常在个体日常用水活动之前无法检出，但游泳和淋浴等日常用水活动可显著增加呼出气中 THM 浓度，并且淋浴后呼出气中 THM 浓度与饮用水中 THM 浓度存在正相关关系。与呼出气相比，尿液和血液中 THM 浓度在个体日常用水活动之前大都可以检出，因而是反映个体 THM 暴露水平更为敏感的暴露标志。有研究表明，尿液中 THM 浓度也与经用水活动（如洗碗、拖地和冲洗厕所等）估算的 THM 暴露剂量之间存在正相关关系，但与经口摄入估算的 THM 暴露剂量之间并不具有相关性。血液中 THM 可以综合反映个体经多途径暴露 THM 水平。淋浴、盆浴和洗手等日常用水活动可显著增加血液中 THM 浓度，并且用水活动之前血液中 THM 浓度与饮用水中 THM 浓度存在正相关关系。目前，普通人群血液中可广泛检测到 THM，其中三氯甲烷检出频率和含量通常最高。

血液和尿液中通常可检测出二氯乙酸和三氯乙酸。血液中三氯乙酸浓度较为稳定，且与经口摄入的饮用水中三氯乙酸含量存在正相关关系。由于血液样本的采集对研究对象具有侵害性，因此采用血液三氯乙酸作为暴露评价的研究资料很少。尿液中二氯乙酸和三氯乙酸可在大部分普通人群中检出，并且尿液中三氯乙酸浓度与经口摄入的饮用水中 THM 和三氯乙酸含量存在正相关关系。同时，由于尿样的收集简单易行，对研究对象也不具有侵害性，因而尿液中三氯乙酸浓度已成为评估个体经口暴露饮用水 DBP 的首选内暴露生物标志。还有研究表明，尿液中的二氯乙酸和三氯乙酸含量存在正相关关系。目前，普通人群尿样中可普遍检测出二氯乙酸和三氯乙酸，其中三氯乙酸的最高检出浓度甚至可超过 $100\mu g/L$。

三、消毒副产物的危害

自 20 世纪 70 年代美国国立癌症研究所发现三氯甲烷具有致癌性以来，有关 DBP 的健康危害就引起了世界各国的广泛关注。目前，许多 DBP 已被发现具有遗传毒性、致癌性，以及生殖和发育毒性。此外，一些研究还发现 DBP 具有血液毒性、肝肾毒性、神经毒性，以及内分泌干扰效应。DBP 的健康危害已成为饮用水安全领域面临的公共健康问题之一。

1. **遗传毒性**　体内和体外试验表明，大多数 DBP 具有遗传毒性，可诱导基因突变、染色体畸变、姐妹染色单体交换、DNA 损伤或微核频率增加，其中碘代 DBP 遗传毒性通常大于溴代 DBP，溴代 DBP 遗传毒性通常大于氯代 DBP。此外，一些非受控 DBP 如亚硝胺类、卤代羟基呋喃类、卤代硝基甲烷类等的遗传毒性通常远大于受控 DBP 如 THM 和 HAA。卤代羟基呋喃类中的 MX 虽然在饮用水中检出浓度很低，但具有极强的遗传毒性，被认为是迄今为止最强的诱变剂之一。有研究报道，MX 对 TA100 菌株的致突变性可达 13 000 个 /nmol 回复突变体，并且回复突变率与 MX 浓度呈明显的剂量 - 反应关系。也有研究显示，卤代硝基甲烷类对动物细胞遗传毒性超过了 MX，其中溴代硝基甲烷类和碘代硝基甲烷类对人体健康危害更大，因而被美国 EPA 列入优先控制 DBP 的最高等级。许多体外试验也表明，氯化消毒饮用水有机提取物（包含大量已鉴定和未鉴定的 DBP）具有遗传毒性，并且显著高于原水。流行病学研究显示，饮用水 THM 暴露与尿道上皮细胞微核频率和尿样提取物致突变性增加有关，但也有人群研究并未发现上述关联。

2. **致癌性**　动物实验发现多种 DBP 具有致癌性。THM 中的三氯甲烷、二氯一溴甲烷、一氯二溴甲烷和三溴甲烷均已被发现可引起实验动物肝脏、肾脏或肠道肿瘤的发生，但也有研究显示，二溴一氯甲烷和三溴甲烷不具有致癌性。HAA 中的二氯乙酸、三氯乙酸、二溴乙酸等可诱发小鼠肝脏肿瘤的发生，但尚无证据表明一氯乙酸和一溴乙酸具有致癌性。其他的 DBP 如溴酸盐、亚硝胺类、MX 等也可诱发实验动物多种器官肿瘤的发生。其中，几乎所有的亚硝胺类经口暴露均可诱导实验动物多种肿瘤的发生，主要为肝脏和食管肿瘤，其次为膀胱、肾脏，以及肺肿瘤等。MX 可诱导大鼠肝脏、甲状腺滤泡、肾上腺皮质等多种器官肿瘤发生。此外，MX 还被发现可在多种肿瘤发生过程中起到促癌作用。流行病学研究也已经证实，饮用水 DBP 暴露与膀胱癌和结肠癌风险增加有关。基于饮用水 THM 暴露与膀胱癌关系的 Meta 分析也表明，暴露饮用水中总 THM（三氯甲烷、二氯一溴甲烷、二溴一氯甲烷和三溴甲烷之和）浓度超过 50μg/L 与膀胱癌风险增加之间存在相关性。此外，也有流行病学研究发现饮用水 DBP 暴露与乳腺癌、食管癌和肺癌等癌症存在关联，但研究资料有限，并且研究结果并不一致。国际癌症研究机构（International Agency for Research on Cancer，IARC）已将一些 DBP 列为致癌物，如 NDMA 为对人类很可能致癌物（2A 类），三氯甲烷、二氯一溴甲烷、二氯乙酸、二溴乙酸、三氯乙酸、MX、N- 亚硝基二丙胺、N- 亚硝基二丁胺、N- 亚硝基吡咯烷、N- 亚硝基吗啉、N- 亚硝基哌啶，以及溴酸盐等为对人类可能致癌物（2B 类）。

3. **生殖和发育毒性**　毒理学研究显示，THM、HAA 等 DBP 具有生殖和发育毒性，可引起生殖细胞或器官损伤、生殖激素改变、精液质量下降、生育能力降低、胎儿生长受限、出生缺陷、流产，以及死亡等。但现有的生殖和发育毒性研究资料主要集中在受控 DBP 如 THM 和 HAA，而针对非受控 DBP 的研究资料则较少。此外，氯化消毒饮用水有机提取物（包含大量已鉴定和未鉴定的 DBP）也被发现可对实验动物产生生殖和发育毒性，包括抑制精子发生和卵母细胞减数分裂、诱导生殖器官病理学改变、降低受精能力等。大多数流行病学研究采用饮用水中监测的 DBP 资料或结合个体日常用水活动信息作为外暴露标志，发现饮用水 THM 和 HAA 暴露与男性精液质量下降，以及不良妊娠结局如自然流产、出生缺陷、死产、早产、低出生体重和小于胎龄儿等有关，但也有流行病学

研究并未发现上述关联。由于饮用水中 DBP 浓度存在时间和空间变异，同时个体日常用水活动也存在差异，因此采用 DBP 作为外暴露标志容易造成暴露偏倚，进而影响流行病学观察结果。近年来，为了提高个体饮用水 DBP 暴露评估的准确性，一些流行病学研究采用血液中 THM 和尿液中二氯乙酸和三氯乙酸作为内暴露标志，发现饮用水 DBP 暴露与低出生体重、小于胎龄儿和胎儿宫内生长受限的风险增加，以及男性精液质量下降有关。但目前此方面的研究资料还较少，尚需要更多的研究采用内暴露标志评估饮用水 DBP 暴露与生殖发育健康危害之间的关系。

4. **其他毒性效应**　动物实验表明，短期或长期暴露 DBP 可造成肝细胞和肾脏细胞的病变和坏死，引起血清中谷丙转氨酶、谷草转氨酶、谷氨酰转肽酶、尿素氮、肌酐等临床生化指标含量升高。流行病学研究也发现，血液中二溴一氯甲烷与血清中谷丙转氨酶升高存在关联。体内和体外试验显示，DBP 也可诱导血红蛋白、血细胞容积、淋巴细胞和中性粒细胞等血液学参数降低。DBP 还具有神经毒性，可诱导小鼠和大鼠行为异常改变。近年来的流行病学研究也发现，饮用水 THM 暴露与胎儿中枢神经系统缺陷、新生儿行为神经评估总得分和儿童认知得分降低有关。此外，体内和体外试验还发现，DBP 具有干扰雌激素等内分泌干扰效应。

需要指出的是，尽管已有大量研究发现 DBP 具有一系列健康危害，但目前仅 DBP 暴露与膀胱癌和结肠癌风险增加的研究结果较为一致，而其他大多数观察到的健康危害研究结果并不一致，有些甚至仅是基于毒理学研究资料，尚缺乏相应的人群研究支持。由于 DBP 种类繁多，不同种类 DBP 具有不同的理化性质、毒性大小，以及作用机制，且毒理学研究采用的 DBP 染毒剂量通常远高于人群实际暴露水平，准确评估个体 DBP 暴露水平也面临很大困难，大量非受控 DBP 健康危害尚未阐明，因此有关饮用水 DBP 的健康危害鉴定、风险管理和政策制定仍面临诸多挑战。

第二节　三卤甲烷类消毒副产物与优生

THM 是饮用水中发现的第一类 DBP。研究表明，THM 类 DBP 具有遗传毒性、致癌性、肝肾毒性、血液毒性、神经毒性，以及生殖和发育毒性等。WHO、美国 EPA 以及我国均对饮用水中四种常见 THM 含量作了限值规定，其中我国《生活饮用水卫生标准》（GB 5749—2022）对三氯甲烷、二氯一溴甲烷、二溴一氯甲烷和三溴甲烷的限值标准分别为 0.06mg/L、0.06mg/L、0.1mg/L 和 0.1mg/L。此外，WHO 和我国还规定了饮用水中 4 种常见 THM 实测浓度与其各自标准限值的比值之和小于 1。

一、理化性质

THM 类 DBP 为无色透明液体，难溶于水，能与醇、苯、醚等有机溶剂混溶。三氯甲烷、二氯一溴甲烷、一氯二溴甲烷和三溴甲烷分子式分别为 $CHCl_3$、$CHBrCl_2$、$CHBr_2Cl$

和 CHBr$_3$，分子量分别为 119.39、168.83、208.28 和 252.73，熔点分别为 −63.5℃、−57.1℃、−22℃和 8℃，沸点分别为 61.3℃、90.1℃、119℃和 150℃，密度分别为 1.50g/cm^3、1.98g/cm^3、2.45g/cm^3 和 2.89g/cm^3（25℃）。通常将二氯一溴甲烷、一氯二溴甲烷和三溴甲烷之和称为溴代 THM，4 种 THM 之和称为总 THM。THM 是一类具有挥发性和脂溶性的 DBP，其挥发性大小顺序为三氯甲烷 > 二氯一溴甲烷 > 一氯二溴甲烷 > 三溴甲烷，脂溶性大小顺序为三溴甲烷 > 一氯二溴甲烷 > 二氯一溴甲烷 > 三氯甲烷。

二、暴露分布

1. **环境分布** THM 类 DBP 在环境中分布主要是饮用水，其次是氯化消毒的游泳池水和室内空气，以及用含氯消毒自来水处理过的食物。饮用水中的 THM 类 DBP 主要来源于自来水厂消毒处理。不同消毒剂在消毒处理过程中产生的 THM 类 DBP 含量存在差异。通常采用液氯消毒产生的 THM 类 DBP 浓度较氯胺、二氧化氯和臭氧等要高。当采用臭氧消毒含有较高浓度溴化物的原水时，饮用水可检出较高浓度的溴代 THM 如三溴甲烷。

已有的调查资料表明，THM 通常是世界各国饮用水中检出频率和含量最高的一类 DBP。1976 年，美国 EPA 针对全国饮用水中有机物污染状况的调查结果显示，三氯甲烷和其他 THM 类 DBP 在氯化消毒饮用水中广泛存在。随后，美国 EPA 对全国 500 个大型水厂供水管网系统的调查结果发现，总 THM 平均浓度为 38μg/L。在 2000—2002 年间，美国 12 家水厂饮用水中检测到总 THM 浓度为 4 ~ 164μg/L，中位数浓度为 31μg/L。THM 类 DBP 同样在加拿大、澳大利亚、日本、欧洲等国家的饮用水中广泛检出，但不同国家饮用水中 THM 类 DBP 检出浓度与 4 种物质构成比例存在一定差别。

我国饮用水中也可普遍检出 THM 类 DBP，但检出浓度大都低于《生活饮用水卫生标准》（GB 5749—2022）规定的限值标准。2007 年，对长江、珠江、松花江、淮河、海河等五大水系为代表的全国 6 个大中城市 40 个自来水厂进行调查，发现三氯甲烷、二氯一溴甲烷、一氯二溴甲烷和三溴甲烷等 THM 类 DBP 在各城市饮用水中均可不同程度地检出，其中三氯甲烷检出频率最高，总 THM 浓度为未检出 ~92.8μg/L。此外，该调查结果还显示，饮用水中 THM 类 DBP 浓度在我国呈现明显的地域差异，北方城市饮用水中 THM 类 DBP 浓度要高于南方城市。2010—2011 年，在全国 31 个城市 70 个自来水厂饮用水中也发现 THM 是检出含量最高的一类 DBP，其中三氯甲烷和二氯一溴甲烷检出频率为 100%，一氯二溴甲烷检出频率为 94%，而三溴甲烷检出频率为 54%，总 THM 检出浓度为 0.79 ~ 107.03μg/L，中位数浓度为 10.53μg/L。

2. **人群分布** 由于 THM 类 DBP 具有挥发性和脂溶性，因此人群在日常生活中主要是通过呼吸道和皮肤接触暴露 THM 类 DBP，而经口暴露 THM 类 DBP 较少。利用 ^{13}C 同位素追踪的研究显示，经口摄入的二氯一溴甲烷进入人体血液循环十分迅速，11 分钟后浓度达到最大值，随后浓度急剧降低，平均半衰期为 47 分钟；而经皮肤接触二氯一溴甲烷 1 小时后，血液中最高浓度是经口摄入的 36 倍多。进入体内的 THM 类 DBP 可在肝脏 CYP2E1、GSTT1 等代谢酶的作用下快速代谢而排出体外。

THM 类 DBP 已在人群呼出气、尿液，以及血液等生物样本中广泛检出。在对 49 名西班牙非吸烟成人开展的游泳前后呼出气中 THM 含量的调查发现，游泳前呼出气中三氯甲烷、二氯一溴甲烷、一氯二溴甲烷和三溴甲烷的浓度分别为 $0.7\mu g/m^3$、$0.26\mu g/m^3$、$0.13\mu g/m^3$ 和 $0.1\mu g/m^3$，而游泳 40 分钟后呼出气中 4 种 THM 对应的浓度分别为 $4.5\mu g/m^3$、$1.78\mu g/m^3$、$1.2\mu g/m^3$ 和 $0.5\mu g/m^3$，均较游泳前显著增高。在对 25 名塞浦路斯普通人群开展的尿样中 THM 含量的调查发现，三氯甲烷、二氯一溴甲烷、一氯二溴甲烷和三溴甲烷的浓度分别为未检出～918ng/L、未检出～107ng/L、未检出～150ng/L 和 49～194ng/L，中位数浓度分别为 447ng/L、92ng/L、89ng/L 和 85ng/L。

基于血液中 THM 类 DBP 含量的人群调查资料较多。美国疾病预防控制中心在国家健康与营养调查（National Health and Nutrition Examination Survey，NHANES）中检测了 1999—2006 年普通人群血液中 THM 类 DBP 含量，其中三氯甲烷、二氯一溴甲烷、一氯二溴甲烷和三溴甲烷的检出频率分别为 94.9%、79.1%、56.3% 和 48.8%，中位数浓度分别为 12.9ng/L、1.6ng/L、0.6ng/L 和 0.8ng/L，总 THM 中位数浓度为 18.1ng/L。我国研究人员也相继在孕妇、育龄期男性等人群中检测了血液中 THM 类 DBP 含量，其中三氯甲烷检出频率最高，超过 90%，其次为二氯一溴甲烷，检出频率大于 50%，而一氯二溴甲烷和三溴甲烷检出频率较低，通常在 20% 左右。孕晚期孕妇血液 THM 的调查显示，三氯甲烷、二氯一溴甲烷、一氯二溴甲烷和三溴甲烷的中位数浓度分别为 50.7ng/L、2.5ng/L、0.5ng/L 和 1.4ng/L，溴代 THM 和总 THM 的中位数浓度分别为 5.6ng/L 和 57.7ng/L。

影响人群 THM 类 DBP 暴露水平的因素主要包括 THM 类 DBP 的理化性质、饮用水或室内空气中 THM 类 DBP 浓度、个体日常用水活动情况和生理学特征等。三氯甲烷通常在饮用水中含量最高，并且挥发性最强而脂溶性最弱，所以很容易导致其在人群中的暴露浓度最高。相反，溴代 THM 类 DBP 在人群中的暴露浓度通常较低。研究也显示，身体质量指数较高的人群血液中 THM 类 DBP 浓度较身体质量指数较小者高。年龄较大者由于代谢能力降低，也会造成血液中 THM 类 DBP 浓度升高。个体代谢酶基因遗传变异也会影响 THM 类 DBP 在体内的实际暴露水平。有人群调查发现，携带 CYP2E1 rs 915906 TT 基因型的男性血液中三氯甲烷和总 THM 浓度显著高于携带 CT/CC 基因型的男性。

三、生殖和发育毒性

1. **生殖毒性** 20 世纪 80 年代，研究人员就已开始关注 THM 类 DBP 生殖毒性，但迄今为止，有关 THM 类 DBP 生殖毒性的毒理学研究资料仍然较少，且研究结论也不一致。部分毒理学研究发现，三氯甲烷、二氯一溴甲烷等 THM 类 DBP 可造成实验动物生殖器官形态学异常，生殖激素（如孕酮、黄体生成素、人绒毛膜促性腺激素等）和精子运动参数（如平均直线运动速率、平均路径速度和曲线运动速率）降低。三氯甲烷、二氯一溴甲烷、一氯二溴甲烷和三溴甲烷也均被发现可导致大鼠血清睾酮浓度降低。然而，美国国家毒理学规划处（National Toxicology Program，NTP）毒性试验结果显示，三氯甲烷和三溴甲烷对 F1 代雄性小鼠的生育能力、附睾精子活力、精子数量和精子形态均不产生影响。在一项两代繁殖毒性试验中，二氯一溴甲烷对 F1 代和 F2 代大鼠的交配能力、生育能力、生殖器官体重、原始卵泡数，以及精液质量参数如精子密度、精子总数和精子活力等也均不产生影响。不同毒理学研究采用的动物种类、染毒方式、染毒剂量、染毒时间，以及观察的生殖效应指标等方面的不同，可能是造成 THM 类 DBP 生殖毒性研究结果不一致的原因。

有关 THM 类 DBP 暴露与人群生殖毒性的流行病学研究，大多是采用监测饮用水中 THM 类 DBP 浓度或结合个体日常用水活动信息作为外暴露标志，但所获得的研究结果也存在不一致。如美国前瞻性队列研究发现，暴露饮用水中总 THM 与女性月经周期时长和卵泡期时长降低之间存在关联。另一项美国前瞻性队列研究还发现，饮用水中二氯一溴甲烷与精子直线性降低有关，同时还发现经口暴露高浓度总 THM（等同于每天饮用含 80μg 总 THM 的自来水 2 杯以上）与正常精子形态百分率降低和精子头部畸形百分率增加有关，但并没有发现饮用水中总 THM 与精子总数、精子浓度、精子活力、精子形态和精子运动参数等有关。在中国武汉开展的以医院为基础的前瞻性调查发现，经口摄入三氯甲烷、溴代 THM 和总 THM 与精子密度和精子总数降低有关，但在英国开展的以医院为基础的多中心大样本调查显示，暴露饮用水中三氯甲烷、溴代 THM 和总 THM 与精子密度和精子活力之间并无统计学显著关联。此外，有流行病学研究也发现，暴露饮用水中二氯一溴甲烷、溴代 THM 和总 THM 与备孕时间之间并无统计学显著关联。

由于饮用水中 THM 类 DBP 浓度存在显著时间和空间变异，并且个体日常用水活动也会存在变化，因此采用外暴露标志可能会影响个体饮用水 THM 类 DBP 暴露水平评估的准确性，进而引起观察结果偏倚。相对于外暴露标志，内暴露标志可以提高个体暴露评估的准确性。在已建立的饮用水 THM 类 DBP 内暴露标志中，已有少数流行病学研究采用血液 THM 类 DBP 作为内暴露标志，评估饮用水 THM 类 DBP 暴露与人群生殖健康之间的关联。如在中国武汉开展的以医院为基础的横断面研究发现，血液中 THM 类 DBP 与精子活力之间并无统计学显著关联，但血液中三氯甲烷和总 THM 与精子总数降低有关，血液中一氯二溴甲烷与血清睾酮水平降低有关。在中国武汉开展的基于精子库捐精者的横断面研究也发现，血液中三氯甲烷与精子总数和精子活力降低有关，血液中一氯二溴甲烷、溴代 THM 和总 THM 与精子密度和精子总数降低有关，并且血液中三氯甲烷、一氯二溴甲烷、溴代 THM 和总 THM 与精子总数降低的关系还在前瞻性重复测量分析中得到了进一步确认。

2. 发育毒性　1974 年，美国学者 Schwetz 等首次报道了三氯甲烷可导致大鼠吸收胎发生率增加、胎儿生长受限、胎儿体重降低等发育毒性，由此引发了人们对 THM 类 DBP 发育毒性的广泛关注。毒理学研究表明，暴露高剂量三氯甲烷具有较强的胚胎毒性和致畸性，如吸收胎发生率增加、胎儿生长受限、胎儿体重降低、胸骨骨化迟缓、肋骨缺失、腭裂发生率增加等。但有关二氯一溴甲烷的发育毒性研究结果并不一致，多项基于 SD 大鼠的经口染毒试验发现，二氯一溴甲烷并不具有胚胎毒性和致畸性；但基于 Fischer 344 大鼠的染毒试验却发现，二氯一溴甲烷可导致吸收胎发生率增加。暴露高剂量一氯二溴甲烷

可导致大鼠窝产仔数减少、幼仔存活率和体重降低等发育毒性，但低剂量经口染毒一氯二溴甲烷，并未观察到胎儿体重降低和致畸效应。暴露高剂量三溴甲烷可导致实验动物胎儿骨骼异常发生率和死亡率上升。以上研究表明，不同动物实验结果受染毒剂量、染毒方式、染毒时长，以及动物种类等因素的影响。

已有大量流行病学研究调查了饮用水 THM 类 DBP 暴露与胎儿生长发育之间的关联，但研究结论并不一致。与其生殖毒性的流行病学研究一样，大多数发育毒性的流行病学研究同样采用监测饮用水中 THM 类 DBP 浓度或结合个体日常用水活动信息作为外暴露标志。如加拿大的回顾性队列研究发现，母亲孕期暴露饮用水中总 THM 浓度高于 100μg/L 与胎儿死产风险增加有关。美国的前瞻性队列研究发现，孕早期暴露饮用水中总 THM 浓度高于 75μg/L 与自然流产风险增加有关，同时还发现在四种 THM 中，二氯一溴甲烷造成自然流产的风险最大。2005—2015 年，在瑞典基于全国登记制的大规模前瞻性队列研究发现，采用氯氨消毒地区，母亲孕早期暴露饮用水中总 THM 与胎儿神经系统、泌尿系统、生殖器和四肢等畸形风险增加均存在关联。但也有流行病学研究发现，母亲孕期暴露饮用水 THM 类 DBP 与胎儿出生缺陷、早产、小于胎龄儿、低出生体重等不良出生结局之间并没有统计学关联。如在欧洲的法国、希腊、立陶宛、西班牙和英国联合开展的大规模队列研究发现，孕期暴露饮用水 THM 类 DBP 与胎儿出生体重，以及早产、低出生体重和小于胎龄儿风险之间并没有统计学关联。一些 Meta 分析结果也显示，母亲孕期暴露饮用水 THM 类 DBP 与胎儿出生缺陷、低出生体重和早产之间并没有统计学关联。

少数流行学研究也采用血液中 THM 类 DBP 作为内暴露标志，调查了母亲孕期饮用水 THM 类 DBP 暴露与胎儿生长发育之间的关联。如在中国武汉和孝感开展的队列研究发现，母亲产前血液中总 THM 与胎儿出生体重降低和小于胎龄儿风险增加有关，母亲产前血液中二氯一溴甲烷和一氯二溴甲烷与胎儿出生身长降低有关。在中国孝感开展的前瞻性队列研究也发现，母亲孕中期和孕晚期血液中三氯甲烷均与小于胎龄儿风险增加有关，进一步分析发现，母亲怀孕第 23 周至第 35 周是暴露敏感窗口期。母亲或新生儿代谢酶基因如 *CYP2E1*、*GSTT1* 遗传变异会影响孕期饮用水 THM类 DBP 暴露与胎儿出生结局之间的关系。如加拿大的病例对照研究发现，母亲孕期暴露饮用水中总 THM 浓度高于 29.4μg/L 时，新生儿携带 *CYP2E1* rs3813867 *CT/CC* 基因型发生生长受限的风险是携带 *CYP2E1* rs3813867 *TT* 基因型的 13.2 倍。欧洲 5 国（法国、希腊、立陶宛、西班牙和英国）的队列研究发现，母亲孕期暴露饮用水中总 THM 每增加 10μg/L，携带 *GSTT1* 缺失基因型的母亲，其胎儿发生小于胎龄儿的风险是携带 *GSTT1* 非缺失基因型母亲的 1.1 倍，但该结果经多重比较校正以后并不具有显著性。在中国武汉采用血液 THM 类 DBP 作为内暴露标志的队列研究发现，仅在携带 *CYP2E1* rs2031920 *CT/TT* 基因型的新生儿中，母亲产前血液中溴代 THM 浓度与胎儿出生体重降低有关。

四、预防要点

饮用水消毒可有效杀灭水中微生物，保障居民饮用水安全，但同时也不可避免地会产生大量DBP。为降低饮用水中DBP含量，减少其暴露所带来的可能健康危害，可采用去除原水中有机前体物、改变饮用水处理工艺，以及末端控制等方法。此处的末端控制是指在用户家中，通过使用加热煮沸和净水器具等方式进一步降低DBP水平。

原水中有机前体物是DBP生成的重要条件，因此去除原水中有机前体物是降低THM类DBP生成的最佳手段。对原水采用预臭氧化、粉末活性炭等预处理方法可去除部分有机前体物，进而降低THM类DBP的生成。此外，相较于地表水，地下水中有机前体物含量通常较低，因此在条件允许时，可采用地下水作为自来水厂水源水，进而降低THM类DBP的生成。

饮用水处理工艺也与DBP的生成密切相关。液氯是目前自来水厂常用的消毒剂，但采用液氯消毒剂生成的THM类DBP含量较氯胺、臭氧以及二氧化氯等高。因此，采用替代液氯消毒工艺，以及液氯与氯胺、二氧化氯与液氯等联合消毒方式可降低THM类DBP的生成量。自来水厂采用深度处理工艺如臭氧-活性炭、膜处理等也可去除已生成的部分THM类DBP。

THM是一类挥发性DBP，因此可以采用煮沸、曝气吹脱等方法将其从饮用水中去除。饮用水煮沸时，短时间内THM类DBP挥发量可高达57%。空气吹脱法是一种费用低、操作简单且高效地去除THM类DBP的措施，其中三氯甲烷相对最容易吹脱，当气水比为22时，即可去除90%。家庭安装净水器也可去除部分THM类DBP，但不同滤膜材质去除THM类DBP的效果存在一定差异。此外，增加浴室空间、减少淋浴时间、增加通风也可以减少洗澡过程中经呼吸道和皮肤接触暴露THM类DBP。

第三节　卤代乙酸类消毒副产物与优生

HAA是饮用水中检出含量仅次于THM的一类DBP。HAA类DBP具有遗传毒性、致癌性、肝肾毒性，以及生殖和发育毒性。WHO、美国EPA，以及我国均对饮用水中二氯乙酸和三氯乙酸含量作了限值要求，其中我国《生活饮用水卫生标准》（GB 5749—2022）对二氯乙酸和三氯乙酸的限值标准分别为0.05mg/L和0.1mg/L。此外，WHO还规定一氯乙酸的限值标准为0.02mg/L，美国EPA规定一氯乙酸、二氯乙酸、三氯乙酸、一溴乙酸和二溴乙酸浓度之和的限值标准为0.06mg/L。

一、理化性质

HAA类DBP是一类非挥发性和非脂溶性的DBP，种类较多。不同种类HAA的理化性质存在一定差异，如氯代HAA中的二氯乙酸是具有刺鼻气味的无色液体，而三氯乙酸

则是具有刺激性气味的无色结晶，易潮解，但两者均溶于水、乙醇、乙醚。二氯乙酸和三氯乙酸的分子式分别为 $Cl_2CHCOOH$ 和 Cl_3CCOOH，分子量分别为 128.94 和 163.38，熔点分别为 9 ~ 11℃和 54 ~ 58℃，沸点分别为 194℃和 196℃，密度分别为 1.56g/mL 和 1.63g/mL（25℃）。二氯乙酸和三氯乙酸均具有酸性，其中二氯乙酸的酸性比一氯乙酸强，而三氯乙酸为强酸，其酸性可与盐酸相比。溴代 HAA 中的二溴乙酸为棕灰色结晶，易潮解，具有腐蚀性，能溶于乙醇和乙醚，分子式为 $Br_2CHCOOH$，分子量为 217.84，熔点和沸点分别为 32 ~ 38℃和 128 ~ 130℃，密度为 2.38g/mL（25℃）。

二、暴露分布

1. **环境分布**　HAA 类 DBP 在环境中的分布主要是饮用水。此外，在氯化消毒的游泳池水中也可检测出 HAA。饮用水中的 HAA 主要来源于自来水厂消毒处理。不同消毒剂在消毒处理过程中产生的 HAA 含量同样存在差异。一般而言，采用液氯消毒的饮用水中 HAA 的生成量最高，其次为氯胺消毒，而二氧化氯和臭氧消毒基本不产生 HAA。但也有研究发现，二氧化氯消毒也能生成少量 HAA，主要为二氯乙酸、二溴乙酸和一溴一氯乙酸。当原水中含有较高浓度碘或溴化物时，采用臭氧消毒的饮用水中也可检出较高浓度的碘代或溴代 HAA，如碘乙酸或溴乙酸等。

HAA 已在美国、加拿大、澳大利亚、欧洲，以及我国等饮用水中被普遍检出，其检出含量通常仅次于 THM，其中二氯乙酸和三氯乙酸最常检出，两者分别占检出 HAA 的 40% 和 33%。美国 2000—2002 年组织的对全国 12 家水厂饮用水中 DBP 污染状况的调查结果显示，9 种 HAA（一氯乙酸、二氯乙酸、三氯乙酸、一溴乙酸、二溴乙酸、三溴乙酸、一溴一氯乙酸、一溴二氯乙酸和二溴一氯乙酸）的总检出浓度为 5 ~ 130μg/L，中位数浓度为 34μg/L。我国 2009—2011 年对全国 34 个城市 117 个自来水厂饮用水中 HAA 类 DBP 污染状况的调查发现，二氯乙酸和三氯乙酸的检出频率和检出含量最高，检出频率分别为 78.6% 和 81.2%，浓度分别为未检出 ~ 27μg/L 和未检出 ~ 31μg/L，而其他 HAA 如一氯乙酸、一溴二氯乙酸、二溴乙酸和二溴一氯乙酸大都未检出，而一溴乙酸和三溴乙酸均未检出，9 种 HAA 的总浓度为未检出 ~ 39μg/L。我国 2010—2011 年组织的对全国 31 个城市 70 个自来水厂饮用水中 DBP 污染状况调查也获得了类似的结果。

2. **人群分布**　由于 HAA 不具有挥发性和脂溶性，因此人群在日常生活中主要通过经口途径暴露 HAA。经口进入体内的 HAA 在肝脏 GSTT1、GSTZ1 等代谢酶的作用下很快代谢，其中二氯乙酸的生物半减期为 2 ~ 60 分钟，三氯乙酸的生物半减期为 1.2 ~ 6 天。由于三氯乙酸的生物半减期相对较长，并且经口摄入饮用水中的三氯乙酸含量与尿液中的三氯乙酸浓度存在相关性，因此通常通过测定尿液中三氯乙酸浓度反映个体经口途径暴露 DBP 的水平。美国疾病预防控制中心随机检测了 1988—1994 年在国家健康与营养调查中收集普通人群 402 份尿液，结果显示，76% 尿液样本中可检出三氯乙酸，最高浓度可超过 100μg/L，中位数浓度为 3.3μg/L。

我国的调查资料也显示，三氯乙酸可在大部分人群尿样中检出。如在中国武汉和孝感的 1 306 名孕晚期孕妇人群中，超过 97% 尿液样本中可检出三氯乙酸，中位数浓度为 6.8μg/L。对中国武汉 2 009 名来某医院生殖医学中心寻求精液分析的男性调查也显示了相似的三氯乙酸检出频率，中位数浓度为 7.97μg/L。二氯乙酸也可在人群的尿液中普遍检出，如在中国孝感 1 760 名不同孕期的孕妇人群中，超过 96% 尿液样本中可检出二氯乙酸，中位数浓度为 7.2μg/L。此外，调查还发现，成年健康男性人群尿液中二氯乙酸和三氯乙酸浓度之间存在高度相关性。

饮用水中 HAA 浓度、个体用水活动情况，以及生理学特征等因素均可影响人群 HAA 暴露水平。一般而言，以地表水为水源的人群尿液中三氯乙酸含量要高于以地下水为水源的人群。每天饮水量（来源于自来水）与尿液中三氯乙酸浓度之间存在显著相关性。个体代谢酶基因遗传变异也会影响 HAA 在体内的实际暴露水平。实验研究发现，*GSTZ1* 基因敲除大鼠，其体内 HAA 清除率降低。人群研究也表明，携带 *GSTZ1* rs1046428 *CT/TT* 基因型人群尿液中三氯乙酸浓度显著高于携带 *CC* 基因型人群，*GSTT1* 基因缺失型人群尿液中三氯乙酸浓度显著高于携带此基因型人群。但需要注意的是，饮用水中 DBP 并不是人群尿液中三氯乙酸的唯一来源，三氯乙烯、四氯乙烯和 1，1，1- 三氯乙烷等化学物质暴露在人体内也会代谢为二氯乙酸和三氯乙酸经尿液排出。

三、生殖和发育毒性

1. 生殖毒性 有关 HAA 生殖毒性的毒理学研究资料较多，并且研究结果也较为一致。如在急性和亚慢性毒性试验中，大鼠经口染毒二氯乙酸可造成睾丸萎缩，降低附睾重量，并出现大量异常残余体，抑制睾丸精子排出，降低附睾精子数量、精子活力、精子直线运动速率、精子曲线运动速率、精子直线性，以及损伤精子形态等。急性和亚慢性毒性试验也显示，二溴乙酸可造成大鼠睾丸和附睾重量降低，损伤睾丸支持细胞结构和功能，降低交配能力，抑制睾丸精子排出，降低附睾精子数量、精子活力和精子浓度等。在一项两代繁殖毒性试验中，二溴乙酸可对 F1 代雄性大鼠的精子生成造成不利影响。二溴乙酸还可导致试验动物卵泡数降低，动情周期紊乱和类固醇激素分泌改变等雌性生殖毒性。一溴一氯乙酸也可抑制雄性动物精子发生并降低精液质量。低剂量二溴乙酸和一溴一氯乙酸暴露均可显著降低一种与雄性生育力高度相关的精子蛋白 22（sperm protein 22，SP22）水平，并且混合暴露两种 HAA 对降低 SP22 具有相加或者协同效应。体外试验发现，一氯乙酸、一溴乙酸，以及碘乙酸可抑制窦卵泡生长与雌二醇合成。

虽然已有大量毒理学研究显示 HAA 具有明确的生殖毒性，但饮用水 HAA 暴露与人群生殖毒性的流行病学研究资料较少，并且研究结果不一致。美国一项采用监测饮用水中 9 种 HAA（一氯乙酸、二氯乙酸、三氯乙酸、一溴一氯乙酸、一溴乙酸、二溴乙酸、三溴乙酸、一溴二氯乙酸和二溴一氯乙酸）浓度或结合个体日常用水活动信息作为外暴露标志的队列研究中，并没有发现饮用水 HAA 暴露与男性精子总数、精子浓度、精子形态和精子 DNA 断裂指数等精液质量参数之间存在统计学关联。美国另一项队列研究也未发现

饮用水中监测的 9 种 HAA 浓度与备孕时间之间有统计学关联。但在中国武汉开展的一项以医院为基础的大样本横断面研究显示，尿液中三氯乙酸浓度增加与精子密度、精子总数、精子活力等精液质量参数降低有关。研究还显示，尿液中三氯乙酸与血液中溴代 THM 可能对男性精液质量降低具有协同效应。在中国武汉基于助孕女性的横断面研究还发现，尿液中二氯乙酸浓度增加与女性窦卵泡数降低有关，尿液中三氯乙酸度增加与女性窦卵泡数和抗苗勒管激素水平降低有关。

2. 发育毒性 毒理学研究显示，二氯乙酸、三氯乙酸、二溴乙酸、一溴一氯乙酸和一溴二氯乙酸等 HAA 均具有发育毒性，主要表现为胚胎畸形率和胎吸收增加、软组织和多种器官（如前脑、颅面、咽弓、心脏）发育异常、胎仔体重和身长降低等。暴露高剂量二氯乙酸可诱导大鼠胎仔出生体重和身长降低，软组织畸形发生率增加，并且具有剂量 - 反应关系，同时也可诱导小鼠胚胎畸形率增加。基于斑马鱼和蛙卵的胚胎毒性试验也证明，暴露高剂量二氯乙酸可诱导发育毒性。暴露高剂量三氯乙酸也可观察到大鼠胎吸收增加，活胎体重和身长降低，软组织畸形发生率增加，骨骼畸形和胎儿中枢神经系统受损等发育毒性。大鼠暴露高剂量二溴乙酸可导致幼仔体重降低，但并未观察到死胎、流产、早产等不良妊娠结局。一溴一氯乙酸和一溴二氯乙酸可导致试验动物胚胎神经管畸形。此外，体外大鼠胚胎毒性试验还显示，二氯乙酸、二溴乙酸和一溴一氯乙酸可表现出相加的发育毒性效应。

饮用水 HAA 暴露与胎儿生长发育关系的流行病学研究结果并不一致，且大多数研究也是采用监测饮用水中 HAA 浓度或结合个体日常用水活动信息作为外暴露标志。如美国大规模回顾性队列研究发现，母亲孕晚期暴露饮用水中二氯乙酸（浓度 ≥ 8μg/L）和三氯乙酸（浓度 ≥ 6μg/L）与胎儿生长受限有关，暴露饮用水中二溴乙酸（浓度 ≥ 5μg/L）与低出生体重风险增加有关。母亲孕早期暴露饮用水二氯乙酸、三氯乙酸以及 5 种 HAA（一氯乙酸、一溴乙酸、二溴乙酸、二氯乙酸与三氯乙酸之和）还与胎儿法洛四联症风险增加有关。但一些流行病学研究也发现母亲孕期暴露饮用水中 9 种 HAA（一氯乙酸、二氯乙酸、三氯乙酸、一溴一氯乙酸、一溴乙酸、二溴乙酸、三溴乙酸、一溴二氯乙酸和二溴一氯乙酸）与小于胎龄儿、低出生体重和死产风险之间并无统计学相关。不同流行病学研究采用的研究设计和饮用水 HAA 暴露浓度的不同可能是造成结果不一致的部分原因。

为了提高个体暴露评估的准确性，有些流行病学研究也采用尿液三氯乙酸作为内暴露标志，探讨其与胎儿生长发育的关系。如法国的巢式病例对照研究发现，孕早期尿液中高浓度三氯乙酸（> 10μg/L）与胎儿生长受限风险增加有关，但与胎儿早产风险增加并无统计学关联。在中国武汉开展的一项 180 人的队列研究发现，母亲产前尿液中三氯乙酸浓度增加与胎儿出生体重降低有关。随后开展的 1 306 人的队列研究观察到了同样的结果，同时还发现母亲产前尿液中三氯乙酸浓度增加与胎儿出生重量指数降低有关。该研究还进一步分析发现，母亲代谢酶基因如 *CYP2E1*、*GSTZ1* 等遗传变异会影响母亲孕期尿液中三氯乙酸暴露与胎儿生长发育之间的关系，如产前尿液中三氯乙酸浓度与胎儿出生体重降低的关系仅存在于携带 *CYP2E1* rs3813867 *GC/CC* 基因型的母亲中，而与胎儿出生重量指数降低的关系仅存在于携带 *GSTZ1* rs7975 *GA/AA* 基因型的母亲中。但在中国孝感开展的前瞻性队列调查发现，母亲孕早期、孕中期和孕晚期尿液中二氯乙酸和三氯乙酸浓度与小于胎龄儿、低出生体重和早产风险之间并无统计学关联。

四、预防要点

地下水相较于地表水通常含有较低的有机前体物，采用地下水为水源的出厂水中HAA 浓度通常要低于采用地表水为水源的出厂水。同时也有研究表明，以地表水为饮用水源的人群尿液中三氯乙酸含量显著高于以地下水为饮用水源的人群。因此，在条件允许时，采用地下水为水源可有效降低人群 HAA 暴露。此外，对原水采用预臭氧化、生物活性炭等预处理也可去除部分有机前体物含量，降低饮用水中 HAA 含量。

采用液氯作为消毒剂生成的 HAA 含量较氯胺、二氧化氯和臭氧消毒等高，因此自来水厂选择采用氯胺、二氧化氯和臭氧等替代液氯消毒工艺可降低 HAA 的生成。此外，自来水厂采用生物活性炭等深度处理工艺也可进一步有效降低已生成的 HAA，其中一卤代乙酸最容易生物降解，其次为二卤代乙酸和三卤代乙酸。

末端控制如家庭净水器采用的反渗透、正渗透等技术均可有效去除饮用水中部分HAA 含量。有研究显示，自来水煮沸 1～5 分钟后可使三氯乙酸含量平均降低 30%，但二氯乙酸含量平均增加 2 倍，因而家庭采用自来水煮沸方式并不能有效去除 HAA。此外，采用微波加热方式也不能降低饮用水中 HAA 含量。

第四节　卤代乙腈类消毒副产物与优生

HAN 类 DBP 在饮用水中检出量低于 THM 类和 HAA 类，但 HAN 的遗传毒性要远高于 THM 和 HAA。HAN 类 DBP 主要包括一氯乙腈、二氯乙腈、三氯乙腈、一溴乙腈、二溴乙腈、三溴乙腈、一溴一氯乙腈、一溴二氯乙腈和二溴一氯乙腈等。WHO 对饮用水中二氯乙腈和二溴乙腈含量作出了限值规定，分别为 0.02mg/L 和 0.07mg/L，而美国 EPA 和我国《生活饮用水卫生标准》（GB 5749—2022）均未对 HAN 含量作出限值标准。

一、理化性质

HAN 类 DBP 种类较多，不同种类 HAN 的理化性质存在一定差异。以饮用水中较常检出的二氯乙腈和三氯乙腈为例，二氯乙腈为无色透明液体，三氯乙腈为无色至淡黄色液体，遇明火能燃烧，受热分解后可释放出剧毒的氰化物气体，不溶于水，可混溶于乙醇、乙醚、甲醇，分子式分别为 C_2HCl_2N 和 C_2Cl_3N，分子量分别为 109.94 和 144.39，沸点分别为 112.5℃ 和 85.7℃，密度分别为 1.37g/mL 和 1.44g/mL（25℃）。

二、暴露分布

饮用水中 HAN 类 DBP 主要来源于自来水厂消毒处理。4 种常用的消毒剂如液氯、氯胺、二氧化氯和臭氧均可产生一定量的 HAN，其中氯胺消毒形成的 HAN 量最高。当原水中溴离子浓度较高时，饮用水中生成的溴代 HAN 含量将显著增加。调查资料显示，HAN 在不同国家和地区的饮用水中均可被不同程度地检出，检出浓度大多低于 10μg/L，但在个别地区也有报道其最高检出浓度可超过 30μg/L。

美国 2000—2002 年对全国 12 家水厂饮用水中 5 种 HAN（一氯乙腈、二溴乙腈、三溴乙腈、一溴二氯乙腈和二溴一氯乙腈）污染状况的调查结果显示，二氯乙腈的检出频率和含量最高，浓度为未检出 ~12μg/L，中位数浓度为 2μg/L，5 种 HAN 的总检出浓度为未检出 ~14μg/L，中位数浓度为 3μg/L。我国 2010—2011 年对全国 31 个城市 70 个自来水厂饮用水中 7 种 HAN（一氯乙腈、二氯乙腈、三氯乙腈、一溴乙腈、二溴乙腈、一溴一氯乙腈和碘乙腈）污染状况的调查结果也显示，二氯乙腈的检出频率最高（86%），其次为三氯乙腈（77%）、一氯乙腈（57%）、一溴乙腈（56%）和一溴一氯乙腈（40%），而二溴乙腈和碘乙腈检出频率很低（< 10%），7 种卤代乙腈的总浓度为未检出 ~39.2μg/L，中位数浓度为 1.11μg/L。

三、生殖和发育毒性

1. **生殖毒性** 从 20 世纪 80 年代开始，研究人员开始关注 HAN 的生殖毒性，但其研究资料还很缺乏。一项以小鼠为试验动物的毒理学研究显示，HAN 对精子头部异常率没有影响。也有毒理学试验发现，二氯乙腈和三氯乙腈可降低大鼠生育力。截至目前，尚无饮用水 HAN 暴露与生殖毒性的流行病学调查报告。

2. **发育毒性** HAN 发育毒性的研究资料主要集中在一氯乙腈、二氯乙腈和三氯乙腈。一氯乙腈可导致胎儿死亡率升高，体重明显降低和肌肉骨骼系统畸形。二氯乙腈可引起大鼠吸收胎发生率增加，胎仔出生体重降低，围产期幼仔存活率降低，心血管、泌尿生殖系统和骨骼畸形等发育毒性。三氯乙腈可导致实验动物死胎，胎吸收增加，胎鼠体重减少，心血管和泌尿生殖系统畸形，但未发现骨骼畸形。人群饮用水 HAN 暴露与发育毒性的流行病学调查资料非常缺乏。一项在加拿大开展的病例对照研究发现，母亲孕晚期暴露饮用水中二氯乙腈、溴代 HAN（一溴一氯乙腈与二溴乙腈之和）和总 HAN（二氯乙腈、三氯乙腈、一溴一氯乙腈与二溴乙腈之和）与小于胎龄儿风险之间并无统计学显著关联。

四、预防要点

除采取控制原水中有机前体物含量、改进饮用水处理工艺，以及末端控制等方法降低饮用水中 HAN 浓度外，还可采用臭氧或过氧化氢预氧化 - 液氯消毒降低 HAN 的生成，但需要注意的是，该工艺也会同时提高三氯硝基甲烷和卤代酮类等 DBP 的生成。采用臭氧 - 活性炭滤池工艺可将二氯乙腈的去除率从常规饮用水处理工艺的 60% 提高到 80% 左右。家庭净水器采用的吸附技术对 HAN 也有一定去除作用，但不同吸附材质的去除效果存在一定差异，其中反渗透法对除去 HAN 的效果较好，平均去除率可达 80% 左右。此外，煮沸和微波加热也能高效快捷地去除饮用水中的 HAN。

（曾　强）

参考文献

[1] 杨克敌. 环境卫生学 [M]. 8 版. 北京：人民卫生出版社，2017.

[2] 鲁文清. 饮用水消毒副产物与健康 [M]. 武汉：湖北科学技术出版社，2020.

[3] COSTET N, GARLANTEZEC R, MONFORT C, et al. Environmental and urinary markers of prenatal exposure to drinking water disinfection by-products, fetal growth, and duration of gestation in the PELAGIE birth cohort (Brittany, France, 2002-2006)[J]. Am J Epidemiol, 2012, 175(4): 263-275.

[4] DING H H, MENG L P, ZHANG H F, et al. Occurrence, profiling and prioritization of halogenated disinfection by-products in drinking water of China[J]. Environ Sci Process Impacts, 2013, 15:1424-1429.

[5] ZENG Q, LI M, XIE S H, et al. Baseline blood trihalomethanes, semen parameters and serum total testosterone: a cross-sectional study in China[J]. Environ Int, 2013, 54:134-140.

[6] ZENG Q, WANG Y X, XIE S H, et al. Drinking-water disinfection by-products and semen quality: a cross-sectional study in China[J]. Environ Health Perspect, 2014, 122(7): 741-746.

[7] ZENG Q, CAO W C, ZHOU B, et al. Predictors of third trimester blood trihalomethanes and urinary trichloroacetic acid concentrations among pregnant women[J]. Environ Sci Technol, 2016, 50(10): 5278-5285.

[8] CAO W C, ZENG Q, LUO Y, et al. Blood biomarkers of late pregnancy exposure to trihalomethanes in drinking water and fetal growth measures and gestational age in a Chinese cohort[J]. Environ Health Perspect, 2016, 124(4): 536-541.

[9] KOGEVINAS M, BUSTAMANTE M, GRACIA-LAVEDAN E, et al. Drinking water disinfection by-products, genetic polymorphisms, and birth outcomes in a European mother-child cohort study[J]. Epidemiology, 2016, 27(6): 903-911.

[10] ZHOU B, YANG P, GONG Y J, et al. Effect modification of CPY2E1 and GSTZ1 genetic polymorphisms on associations between prenatal disinfection by-products exposure and birth outcomes[J]. Environ Pollut, 2018, 243:1126-1133.

[11] EVLAMPIDOU I, FONT-RIBERA L, ROJAS-RUEDA D, et al. Trihalomethanes in drinking water and bladder cancer burden in the European Union[J]. Environ Health Perspect, 2020, 128(1): 17001.

[12] SAVE-SODERBERGH M, TOLJANDER J, DONAT-VARGAS C, et al. Drinking water disinfection by-products and congenital malformations: A nationwide register-based prospective study[J]. Environ Health Perspect, 2021, 129(9): 97012.

[13] RACHEL V L G, KAREN E W, ANDRESSA V G, et al. Iodoacetic acid, a water disinfection byproduct, disrupts hypothalamic and pituitary reproductive regulatory factors and induces toxicity in the female pituitary[J]. Toxicol Sci, 2021, 184(1): 46-56.

[14] DENG Y L, LUO Q, LIU C, et al. Urinary biomarkers of exposure to drinking water disinfection byproducts and ovarian reserve: A cross-sectional study in China[J]. J Hazard Mater, 2022, 421:126683.

第九章

有机溶剂与优生

有机溶剂（organic solvent）是一类由有机物为介质的溶剂，是一大类在生活和生产中广泛应用的有机化合物，能溶解一些不溶于水的物质。其特点是在常温常压下呈液态，具有较强的挥发性，在溶解过程中，溶质与溶剂的性质均无改变。有机溶剂种类繁多，用途广泛，存在于涂料、黏合剂、油漆和清洁剂中，主要用作清洗、去油污、稀释和萃取。目前临床上常见的急性和慢性中毒，60% 以上为有机溶剂所致。本章以苯及苯系物，二硫化碳，卤代烃和正己烷这几类在人类生活和生产中使用最广泛的有机溶剂为例，介绍其与优生的关系。

第一节　概述

一、有机溶剂的理化性质

目前有机溶剂约有 3 万余种，按其化学结构可分为若干类（族），如脂肪族、脂环族和芳香族等；功能团包括卤素、醇类、酮类、乙二醇类、酯类、羧酸类、胺类和酰胺类。按其化学组成也可分为若干类，如烃类：包括脂肪烃（正己烷）、环烷烃（环己烷）、芳香烃（如苯、甲苯、二甲苯等）、混合烃（汽油）等；卤代烃类：三氯乙烯、四氯化碳等；醇类如甲醇、乙醇等；以及醚类、酮类、酯类、酰胺类和二硫化碳等。同类有机溶剂毒性相似，如氯代烃类具有肝脏毒性，烃类具有神经毒性作用，醛类具有刺激性等。

有机溶剂沸点通常较低，常温下易挥发。多数有机溶剂还具有可燃性，如汽油、乙醇等，可用作燃料；有些则属非可燃物，如卤代烃类化合物，可用作灭火剂。有机溶剂脂溶

性是决定其与神经系统的亲和性和具有麻醉作用的重要因素。

二、有机溶剂的体内代谢和蓄积

1. **吸收与分布** 有机溶剂主要通过呼吸道吸入进入机体。同时，因有机溶剂兼具水溶性，也可经皮肤接触进入体内。大多数有机溶剂被吸入后，经肺泡-毛细血管膜吸收，40%～80% 在肺内滞留，体力劳动可使经肺摄入量增加 2～3 倍。有机溶剂一般都具有脂溶性，故摄入后多分布于富含脂肪的组织，包括神经系统、造血系统和肝脏等，亦分布于血流丰富的骨骼和肌肉组织。肥胖者接触有机溶剂后，体内蓄积量较多、排出缓慢。此外，大多数有机溶剂可通过胎盘屏障，亦可进入母乳。

2. **生物转化与排泄** 由于不同个体生物转化能力存在差异，以及机体对不同有机溶剂的代谢速率各异，故有些可充分代谢，有些则几乎不被代谢。生物转化与有机溶剂的毒性作用密切相关，例如，正己烷的毒性与其主要代谢物 2，5-己二酮有关；三氯乙烯代谢与乙醇相似，由于醇和醛脱氢酶在代谢过程中的竞争可产生毒性协同作用。有机溶剂主要以原形物经呼气排出，少量以代谢产物形式经尿液排出。多数有机溶剂的生物半减期较短，一般为数分钟至数天，故生物蓄积对大多数有机溶剂而言，不是影响其毒性作用的主要因素。

三、有机溶剂对健康的影响

（一）对皮肤和黏膜的影响

有机溶剂对上呼吸道黏膜和眼结膜具有刺激作用，几乎全部有机溶剂都能使皮肤脱脂或使脂质溶解而成为原发性皮肤刺激物。长期接触有机溶剂可引起皮肤干燥、皲裂、角化和感染，导致职业性皮炎，约占皮炎总例数的 20%。典型有机溶剂引起的皮炎具有急性刺激性皮炎的特征，如红斑和水肿，亦可见慢性裂纹性湿疹。有些有机溶剂可引起过敏性接触性皮炎，甚至个别有机溶剂如三氯乙烯等可引起严重的剥脱性皮炎。有机溶剂所致皮炎的轻重程度，与有机溶剂的种类、剂量，以及与皮肤和黏膜接触的时间长短密切相关。

（二）对呼吸系统的影响

有机溶剂对呼吸道均有一定刺激作用，严重者可引发肺气肿等呼吸系统疾病。高浓度的醇、酮和醛类还可导致蛋白质变性。有机溶剂引起呼吸道刺激的部位与其水溶性大小有关。水溶性较大的溶剂如甲醛，其刺激作用多发生在上呼吸道；而水溶性较小的有机溶剂，易进入呼吸道深部而对气管和支气管造成危害。过量接触水溶性低、刺激性较弱的有机溶剂，常在呼吸道深部溶解，引起急性肺水肿。长期接触刺激性较强的有机溶剂还可引起慢性支气管炎。

（三）对心脏、肝脏和肾脏的影响

有机溶剂对心脏产生的影响主要是增强心肌对内源性肾上腺素的敏感性。调查发现，健康工人过量接触有机溶剂后可发生心律不齐，甚至因心室颤动而猝死。在大剂量、长时间接触的情况下，任何有机溶剂均可导致肝脏损害，其中一些具有卤素或硝基功能团的有机溶剂，可对肝脏造成严重毒性。芳香烃（如苯及其同系物）肝毒性较弱，主要损害中枢神经系统和造血系统。丙酮本身无直接肝脏毒性，但能加重乙醇对肝脏的毒性作用。作业工人短期过量接触四氯化碳可产生急性肝损害，而长期低浓度接触则出现慢性肝病（包括肝硬化）。四氯化碳急性中毒时，会对肾脏产生损害，如急性肾小管坏死性肾衰竭等。多种有机溶剂或混合有机溶剂长期暴露可导致肾小管性功能不全，出现蛋白尿和尿酶（如溶菌酶、β- 葡萄糖苷酸酶、氨基葡萄糖苷酶等）活性增高。接触有机溶剂也可引起原发性肾小球性肾炎。

（四）对神经系统的影响

1. **对中枢神经系统的影响**　几乎全部易挥发的脂溶性有机溶剂都能对中枢神经系统产生抑制作用，但多属非特异性的抑制或全身麻醉作用，其作用强度与有机溶剂的脂溶性和化学结构紧密相关，如碳链长短，有无卤基或乙醇基取代，是否具有不饱和（双）碳键等。

接触高浓度有机溶剂所引起的急性中毒患者，其中枢神经系统抑制症状与酒精中毒相似，主要表现为头痛、恶心、呕吐、眩晕、倦怠、嗜睡、神经衰弱、言语不清、步态不稳、易激惹、神经过敏、抑郁、定向力障碍、意识错乱或丧失，甚至因呼吸抑制而死亡。严重超量接触有机溶剂可对中枢神经系统产生持续性损害，出现脑功能不全，常伴发脑水肿和昏迷等。这些影响与中枢神经系统内毒物浓度有关，大多数有机溶剂的生物半减期较短，24 小时内症状大都可逐渐缓解。此外，部分有机溶剂可引起三叉神经和视神经等脑神经功能障碍。如三氯乙烯能引起三叉神经麻痹，导致三叉神经支配区域的感觉功能丧失。1，2- 二氯乙烷被喻为摧毁大脑的胶水，能导致大脑和小脑损伤，大脑损伤后发生意识障碍、昏迷、脑水肿、脑疝和死亡；小脑损伤后发生共济失调，病情恢复后步态不稳，手颤抖无法持物，生活无法自理，因此，1，2- 二氯乙烷又被称为第一职业杀手。

长期接触低浓度有机溶剂可导致慢性神经行为障碍，如性格或情感改变（抑郁和焦虑）、智能障碍（短期记忆丧失和 / 或注意力不集中）等；还可能因小脑受累导致前庭动眼神经功能失调。有些接触低浓度有机溶剂蒸气后，虽前庭试验正常，但仍发生以眩晕、恶心和神经衰弱为主要症状的获得性有机溶剂超耐量综合征。

2. **对周围神经系统的影响**　有机溶剂可引起周围神经损害，但仅少数有机溶剂对周围神经系统毒性呈现特异性。如二硫化碳、正己烷和甲基正丁酮能使远端轴突受累，引起感觉运动神经的对称性混合损害，主要表现为早期出现手套型、袜套型肢端感觉神经炎症状，感觉异常及衰弱感。随病情发展，逐渐出现运动神经受损的表现，如肌肉疼痛和肌肉抽搐等。

（五）对造血系统的影响

大多数有机溶剂对血液系统无明显影响，但苯对造血系统的毒性，是慢性苯中毒的主要特征，可导致白细胞和全血细胞减少症，以致发生再生障碍性贫血和白血病。某些乙二醇醚类有机溶剂能引起渗透脆性增加的溶血性贫血或骨髓抑制的再生障碍性贫血。

（六）对生殖发育的影响

大多数有机溶剂能通过胎盘屏障，还可进入生殖器官，其对生殖发育的影响可概括为以下几个方面：

1. 毒性的性别差异　有机溶剂大多具有脂溶性，而女性脂肪比大于男性，所以在通常情况下，有机溶剂对女性的毒性大于男性。佐藤对 21～24 岁志愿者在安静状态下采用呼吸器吸入苯（浓度为 75mg/m³）两小时，发现在暴露期间，女性血液中苯浓度始终高于男性；停止染毒后，男性血液和呼出气中的苯浓度降低速率明显快于女性，提示苯在女性体内的存留时间较长。动物实验也证实了这一现象。越来越多的研究结果显示，并非只有苯存在毒物代谢动力学上的性别差异，所有脂溶性化合物都可能出现此等情况。

2. 对月经的影响　国内一项关于有机溶剂对女性健康影响的调查结果显示，接触有机溶剂的女工，月经持续时间延长、月经量减少、痛经等症状的发生率均较未接触女工高。Helmer 调查瑞典橡胶行业 169 名慢性苯中毒女工，其中 58 名（34.3%）有月经出血增多的倾向。日本的调查发现，接触甲苯的制鞋业女工，痛经者的比例高达 50%，而非接触者仅 19%。波兰 Michon 发现，接触混苯（苯、甲苯和二甲苯）的制鞋业女工，其月经紊乱发生率占比较高，主要表现为经血过多、经期延长等。Izme-row 调查同时接触苯、二甲基二噁烷和甲醛的橡胶轮胎制造女工，发现工龄大于 4 年者，月经紊乱为 31.7%，而对照女工仅 6.6%；月经血过多两者分别为 17.4% 和 1.1%；月经周期不规则和大量出血两者分别为 11.1% 和 2.2%。国内研究也发现，使用甲苯、酮类、酯类混合有机溶剂作为新型鞋用胶黏剂的女工，月经异常发生率为 37.80%，且其发生率随工龄的增长而增加。

3. 对子代先天畸形的影响　Dowty 通过测定正常分娩母血与脐带血，发现苯、四氯化碳、氯仿等组分在脐带血中浓度与母血相当或更高，提示这些有机溶剂可通过胎盘进入胎儿体内从而对胎儿的生长发育产生有害作用。Holmberg 采用病例对照研究方法，对 120 例中枢神经系统畸形儿母亲和正常婴儿母亲的职业史、妊娠史进行比较，结果发现，母亲孕期接触有机溶剂者（包括苯乙烯、丙酮、酒精、苯、甲苯、二甲苯等），所生婴儿发生中枢神经系统畸形的风险是非接触者的 6 倍。该研究者又用同样的方法对 378 例患唇腭裂婴儿母亲的妊娠史进行研究，发现病例组母亲在妊娠前 3 个月接触有机溶剂（主要为脂肪烃及芳香烃类等）的比例明显高于对照组。同时，Tikkanen 也报道，妊娠前 3 个月接触有机溶剂与心血管系统先天缺陷的发生存在关联。Gilboa 通过分析受孕前 15 个月至孕早期母体职业接触氯化溶剂、芳香族溶剂与子代先天性心脏缺陷的关系时发现，暴露于有机溶剂与室间隔缺损、主动脉瓣狭窄、大动脉转位、右心室流出道梗阻缺损和肺动脉瓣狭窄均有关联。此外，有研究结果显示，父母一方或双方职业存在有机溶剂暴露，都将增加子代无脑儿的发病风险。母亲长期接触有机溶剂（特别是苯）将导致胎儿神经管畸形发生风险增高。以上研究资料提示，亲代有机溶剂暴露能增加子代先天出生缺陷发生的风险。

4. 授乳对子代的影响　接触氯苯及三种甲酚混合物的女工，其正在哺乳的婴儿食欲下降，甚至拒绝吮乳，可能与母乳中有机溶剂的异味有关。加拿大 Bagnell 和 Ellenberger 报道了一个患阻塞性黄疸婴儿的案例。该患儿于孕 36 周出生，重 2 480g，出生时健康，第 6 周出现黄疸，表现为高胆红素血症及血清酶活性升高。其父在干洗店工作，出现有机溶剂中毒症状，其母亲经常去店铺与其父共进午餐，偶有轻度头晕症状。通过对母亲乳汁分析发现，在干洗店午餐后 1 小时、2 小时和 24 小时，乳汁中四氯乙烯含量分别为 10mg/L、3mg/L 和 3mg/L，但尿中未检出氯代烃。停止哺乳后，婴儿于第 11 天血清总胆红素从 84mg/L 降至 17mg/L，血清酶活性恢复正常，追踪 2 年仍正常。

（七）三致作用

有些有机溶剂已被证实具有致畸作用和致癌作用。Hartwich 等报道，苯接触人群染色体畸变率高于对照人群，且苯已被证明是人类致癌物，可引起急性或慢性白血病。氯乙烯可引起肝血管肉瘤。

第二节　苯及苯系物

一、理化性质

苯（benzene）属于芳香烃类有机溶剂，在常温下为具有特殊芳香气味的无色液体，化学式为 C_6H_6，分子量 78，沸点 80.1℃，极易挥发，蒸气比重为 2.8。燃点为 562.2℃，爆炸极限为 1.4% ~ 8%，易燃烧。微溶于水，易溶入乙醇、氯仿、乙醚、汽油、丙酮和二硫化碳等有机溶剂。甲苯（toluene）和二甲苯（xylene）是苯最常见的同系物，苯环上氢被甲基取代后，沸点比苯高，蒸气比重较苯大，但挥发性较苯小。二甲苯有邻位、间位和对位三种异构体，其理化特性相近，沸点为 138.4 ~ 144.4℃，蒸气比重为 3.66，均不溶于水，可溶于乙醇、丙酮和氯仿等有机溶剂。

二、污染来源

苯及其同系物被广泛用于工业生产，人体主要接触机会包括：①作为化工原料，如生产酚、硝基苯、香料、药物、农药、合成纤维、橡胶、塑料、染料和炸药等；②作为溶剂、萃取剂和稀释剂，在制药、橡胶加工、有机合成及印刷等工业中用作溶剂，在喷漆制鞋行业中用作稀释剂；③煤焦油分馏或石油裂解产生苯及其同系物甲苯和二甲苯；④用作燃料，如工业汽油中苯含量可高达 10% 以上；⑤甲苯和二甲苯是化工生产的中间体，作为溶剂或稀释剂用于油漆、喷漆、橡胶和皮革等工业，也可作为汽车和航空汽油中的掺加成分。在现代生活中，住宅装潢、工艺品制作等方面使用苯，增加了普通人群接触苯的机会。需要注意的是，我国苯作业工作绝大多数是同时接触苯及其同系物甲苯和二甲苯，属混苯作业。

三、体内代谢和蓄积

苯在生产环境中多以蒸气状态存在，主要通过呼吸道进入人体，经皮肤吸收量很少。苯被吸收入血液后，主要分布在骨髓、脑及神经系统等富含脂肪的组织内，尤以骨髓中含量最多，约为血液中的 20 倍。一次大量吸入高浓度苯，大脑、肾上腺和血液中的苯含量最高；中等量或少量长期吸入时，骨髓、脂肪和脑组织中含量较多。进入体内的苯，约有 50% 以原形由呼吸道重新排出，约 10% 以原形贮存于体内各组织，40% 左右经肝脏代谢，形成酚（23.5%）、对苯二酚（4.8%）和邻苯二酚（2.2%）等。肝脏细胞色素 P450（cytochrome P450，CYP450）至少有 6 种同工酶，其中 2B2 和 2El 与苯代谢有关。在 CYP450 的作用下，苯被氧化成环氧化苯，进一步羟化形成氢醌或邻苯二酚，或在谷胱甘肽硫转移酶的催化下与谷胱甘肽结合，形成巯基尿酸前体物，或与鸟嘌呤的第 7 位氮原子结合，失去一个水分子而发生苯环的芳构化，随后 DNA 分子发生脱嘌呤反应，生成 N^7-苯基鸟嘌呤。苯形成酚的另一条途径是 CYP450 作为还原型辅酶Ⅱ的氧化酶，产生 H_2O_2，由此形成羟基自由基（·OH），将苯羟基化为酚。苯的中间代谢产物邻苯二酚和二氢二醇苯等可进一步转化成黏糠酸。上述任何一种酚类代谢产物均可与硫酸盐或葡糖醛酸结合随尿排出。尿中还含有两种开环的苯代谢产物，即反 - 反式黏糠酸和 6- 羟基 -t，t-2，4- 己二烯酸，以及巯基尿酸如苯巯基尿酸、2，5- 二羟基苯巯基尿酸和 DNA 加合物如 N^7- 苯基鸟嘌呤等。

甲苯和二甲苯可经呼吸道、皮肤和消化道吸收。吸收后主要分布在含脂质较丰富的组织，以脂肪组织、肾上腺最多，其次为骨髓、脑和肝脏。进入体内的甲苯和二甲苯大部分分别被氧化成苯甲酸、甲基苯甲酸，二者均可与甘氨酸结合，分别生成马尿酸和甲基马尿酸随尿排出，仅有少量的甲苯和二甲苯以原形从呼吸道排出。

四、生殖和发育毒性

苯及苯系物不仅在体内代谢过程中消耗母体大量蛋白质，而且还可导致孕妇发生贫血，从而影响胎儿的营养供给。此外，苯及苯系物分子量较小，可透过胎盘直接作用于胚胎组织，其代谢产物能抑制 DNA 合成，因此对胚胎的生长发育可产生明显的有害效应。

（一）对雄性生殖功能的影响

1. **对精液质量的影响**　动物实验发现，苯及苯系物对多种动物睾丸组织具有毒性作用，表现为睾丸萎缩，精子数量减少，精子活动力下降，精子畸形率升高，初级精母细胞畸变和精原细胞姐妹染色单体交换升高，从而降低受孕能力。人群调查资料也显示，接触苯、甲苯和二甲苯可引起男性工人精原细胞和支持细胞退化，破坏精子染色质，增加 DNA 碎片指数，导致精子质量明显降低，致使女性发生流产、死胎和妊娠合并症的概率增大。

2. **对雄性生殖激素水平的影响**　国内外研究资料均表明，苯及苯系物能干扰下丘脑 - 垂体 - 性腺轴的神经内分泌调节功能，致使动物和人体血清中睾酮、黄体生成素和促卵泡激素水平降低，从而导致生殖功能障碍。

（二）对雌性生殖功能的影响

研究显示，苯及苯系物作业女工的月经异常（经期紊乱、经量异常和痛经等）发生率显著增高。郑宇飞等对包头市苯及苯系物接触行业 316 名女性职工进行健康调查，结果显示，女工生殖系统异常主要以月经期延长、月经量增多、痛经和月经紊乱等为主。还有研究发现，苯浓度 > 40mg/m³ 接触者月经异常发生率显著高于苯浓度 < 40mg/m³ 接触者。苯及苯系物引起月经异常的发病机制可能是该类化合物能直接干扰下丘脑，作用于垂体 - 卵巢系统和内分泌调节系统所致。月经周期紊乱和经量异常可能也与苯及苯系物对血液系统的影响有关。此外，苯及苯系物可通过抑制卵巢功能导致卵巢萎缩，引起绝经期异常。

（三）对生长发育的影响

研究发现，苯及苯系物暴露不仅会影响胎儿宫内发育，增加自然流产、早产、死胎和出生缺陷等不良妊娠结局的发生风险，而且还影响子代神经系统和血液系统发育，以及增加唐氏综合征者的发病风险。

1. 不良妊娠结局 有学者对接触苯的 85 名孕妇的血液、胚胎组织和脐带血中苯含量进行了测定，发现胚胎组织和脐带血中苯含量分别是孕妇血苯含量的 2.6 倍和 1.4 倍。徐效清等调查了苯作业工龄一年以上的 268 名已婚育龄女工，发现各工作车间苯的浓度均高于国家标准，苯作业组自然流产率为 23.06%，高于对照组的 7.21%。针对 503 名接触低浓度苯及苯系物女工妊娠结局的调查分析发现，接触组的异常妊娠率（死胎、自然流产和早期葡萄胎等）明显升高。接触苯、甲苯和二甲苯的制鞋业女工，不仅月经周期明显延长，而且自然流产次数明显增多。进一步分析还发现，夫妻双方均接触苯及苯系物时，妻子的自然流产率明显高于仅女方接触者。Partha 等利用流行病学方法构建的全球长期接触苯及苯系物导致早产的模型中发现，2015 年全球由苯及苯系物引起的早产总数为 201 万例，占全球早产总数（1 024 万例）的 19.6%。有研究发现，在母亲分娩前几个月，父亲职业接触苯可增加非足月产和低出生体重的风险。大量研究动物实验结果表明，苯及苯系物亦可引起动物不良妊娠结局的发生。例如，邹丽君等人研究发现，苯暴露小鼠体重增长速度减缓，镜下卵巢组织发生病理改变，胎鼠体重、身长和尾长均明显减小；SD 大鼠在妊娠第 6 ~ 15 天每天吸入 32 ~ 128mg/m³ 苯 6 小时，胚胎死亡率为 8.1% ~ 9.5%，对照组仅6.2%。Kuna 等人将 SD 大鼠在妊娠第 6 ~ 15 天通过呼吸道暴露于 32mg/m³、160mg/m³ 和1 600mg/m³ 的苯，每天 6 小时，发现母鼠和仔鼠体重减轻；1 600mg/m³ 组仔鼠额臀长度变短，发育迟缓，显示出胚胎毒性。综上所述，接触苯及苯系物可作用于胚胎，引起自然流产、早产、死胎、死产和低出生体重等不良妊娠结局。目前认为，苯及苯系物对妊娠结局的影响主要来自两个方面：一是通过胎盘直接作用于胎儿；二是通过影响造血功能而致母体贫血，引起胎盘功能紊乱而继发胎儿发育障碍。

体内体外实验均发现，苯及苯系物均能引起染色体断裂、姐妹染色单体交换和微核形成，也能损伤纺锤体而形成非整倍体，提示接触苯能引起实验动物和细胞的染色体畸变。流行病学调查显示，苯及苯系物具有强烈的细胞遗传毒性，能引起多种类型的染色体畸变，从而对子代产生致畸作用，且随着苯浓度的增高，胎儿的致畸风险也明显增加。例

如，孔聪等报道接触苯及苯系物的女工所生子女先天畸形发生率为27.38‰，而对照组仅为10.96‰，两者具有显著性差异；Tongh 等对车间空气中不同苯浓度（分别为79.75mg/m³ 和478.53mg/m³）的两个工厂进行调查，发现苯可直接干扰精子和卵子的遗传信息，造成后代出生缺陷。苯及苯系物引起的出生缺陷主要包括腭裂、无脑儿、脊柱裂、动脉导管未闭、室间隔缺损、中枢神经系统缺陷等。据 Sasiadek 报道，苯暴露引起的染色体畸变多发生在第2、4、6和9条染色体上。

2. **对造血系统的影响** Swiss Webster 小鼠在妊娠第6~15天吸入16mg/m³、32mg/m³ 和64mg/m³ 苯，每天6小时，仔鼠造血系统的克隆形成细胞减少；32mg/m³ 和64mg/m³ 组红细胞及粒细胞的克隆形成细胞都减少，这种损害可能持续影响到成年鼠的造血功能。有研究者对小鼠通过皮下注射苯，剂量为0.2~2.2mL/kg，连续2天，发现骨髓多染红细胞微核增多，呈剂量-反应关系。Zhou 等的荟萃分析发现，怀孕期间避免母亲在职业和环境中接触苯有助于减少儿童急性淋巴细胞白血病的发生风险。Heck 等基于丹麦人群的研究显示，父母职业接触苯与儿童和青少年急性未分化白血病的发生风险增加有关。

3. **对神经发育的影响** Shigeta 等发现，大鼠在妊娠期和哺乳期（妊娠第13天至出生后48天）暴露于甲苯，可降低其子代的学习能力，并在脱离接触甲苯一段时间后仍然存在。许多学者对孕期接触苯及苯系物影响子代智力发育进行过广泛的研究。如路锦绣等对母亲孕期曾接触苯及苯系物的3~5岁儿童进行智力测验时发现，其言语、认知、社会认知等三项测验总分之和均较母亲未接触苯及苯系物的儿童明显降低。李书景等对578名孕妇的妊娠结局和胎儿发育情况进行回顾性研究发现，产妇职业暴露苯及苯系物与其子代智力低下存在关联。

此外，有研究发现，苯及苯系物与妊娠中毒症、妊娠高血压综合征、妊娠期糖尿病，以及子代唐氏综合征均存在一定关联。

五、预防要点

1. **改革生产工艺，以无毒或低毒的物质代替苯** 如喷漆作业中改用无苯稀料，制药工业以酒精代替苯作萃取剂，印刷工业中以汽油代替苯作溶剂，以达到工作人员不接触或少接触苯的目的。

2. **卫生保健措施** 对企业管理人员和工人加强防护宣传教育，同时对苯作业现场进行定期劳动卫生调查和空气中苯浓度的测定。除注意通风排毒外，对劳动防护设备加强管理，注意维修及更新。在特殊作业环境下无法降低空气中苯浓度的工作带，需戴防苯口罩或使用送风式面罩。

3. **工人定期体检** 制定就业前及工作后定期体检制度，重点在血液系统指标的检查，对具有从事苯作业的职业禁忌证者，如患有中枢神经系统性疾病、精神病、血液系统疾病及肝、肾器质性病变者，都不宜从事接触苯的工作。

第三节　二硫化碳

一、理化性质

二硫化碳（carbon disulfide，CS_2），分子量为 76.14，结构式为 S＝C＝S。纯品为无色透明、稍有芳香味的液体。工业品是具有刺激性（烂萝卜气味）的淡黄色透明液体。熔点 −110.8℃，沸点 46.3℃，容易在室温下挥发，其蒸气比空气重 2.6 倍，与空气形成易燃混合物，爆炸下限和上限分别为 1.0% 和 50.0%。不溶于水，溶于乙醇、乙醚等多数有机溶剂。

二、污染来源

CS_2 的生产和使用过程均可导致职业性暴露和环境污染。作为轻纺工业中常用的一种溶剂，CS_2 是生产制造黏胶纤维和玻璃纸的原材料，也是生产人造丝、赛璐玢、四氯化碳、农药杀菌剂、橡胶助剂的原料或中间体。在黏胶纤维生产过程中，CS_2 与碱性纤维素反应生成纤维素磺原酸酯和三硫碳酸钠，经纺丝槽生成黏胶丝，通过硫酸凝固为人造纤维，释放出多余的 CS_2。同时，三硫碳酸钠与硫酸作用时，除生成 CS_2 外还可产生硫化氢。另外，在玻璃纸和四氯化碳制造，橡胶硫化、谷物熏蒸、石油精制、涂漆、石蜡溶解以及用有机溶剂提取油脂时也可接触到 CS_2。我国是世界上最大的服装生产基地，该行业属劳动密集型行业，从业人数众多，特别是在人造丝、人造毛等纺织企业中，女工占有相当大的比重，因此，CS_2 作业人群中以女工暴露为主。

三、体内代谢和蓄积

CS_2 主要通过呼吸道进入机体，皮肤摄取量很少，常可忽略不计。经呼吸道吸入的 CS_2 有 40% 在肺泡内迅速吸收，富含脂肪的组织器官如周围神经、脑和肝中含量最高。进入体内的 CS_2 有 10%～30% 以原形由呼气排出，1% 以原形随尿液排泄，也有少量从母乳、唾液和汗液中排出；70%～90% 在体内被代谢转化，以其代谢产物形式从尿液中排出。其中，尿液中主要代谢产物 2-硫代噻唑烷-4-羧酸（2-thiothiazolidine-4-carboxylic acid，TTCA），是 CS_2 经 CYP450 活化与还原型谷胱甘肽结合所形成的特异性代谢产物。大约有 6% 的 CS_2 代谢为 TTCA，与 CS_2 暴露浓度有良好的相关关系，可作为 CS_2 暴露的生物学监测指标。

四、生殖和发育毒性

（一）对性功能的影响

早在 1860 年，Delpech 就发现人造丝厂接触 CS_2 的男工，在接触初期出现性欲亢进，尔后出现性欲减退、阳痿的现象。美国、罗马尼亚、意大利、芬兰、日本和中国等大量职业人群流行病学调查表明，CS_2 可影响男性性功能。赵艳芳等人的研究显示，长期暴露 $9.4 \sim 10.9mg/m^3$ 的 CS_2，接触工人性功能障碍发生率增高，性生活频度和持续时间缩短。Lancranjan 等对一家人造纤维厂 33 名 CS_2 慢性中毒工人（平均年龄 22 岁，平均接触 21 个月 $40 \sim 80mg/m^3$ 的 CS_2）的性功能调查发现，25 人发生性功能障碍（占 78%），其中性欲降低者 22 名（占 66%）；勃起功能障碍者 17 名（占 51%）；射精困难者 8 名（占 24%）；性欲高潮减退者 5 名（占 15%）。同时，Lancranjan 等还对 140 名 CS_2 中毒患者、150 名 CS_2 接触者和 30 名对照者的性功能进行调查，发现性欲减退者分别为 50.6%、27.3% 和 10%，勃起障碍者为 49.2%、26.6% 和 16.6%，射精困难者为 41.4%、24% 和 6.6%，性欲高潮减退者为 21.4%、11.3% 和 3.3%。丁情等对 276 名 CS_2 暴露男工进行回顾性队列研究，并按年龄及工龄进行分层分析，结果显示，年龄 < 40 岁或工龄 ≥ 10 年的男工，其性生活和谐及性生活频度降低，性生活厌恶感增加。陈国元等报道，单纯女工接触 CS_2 和女工及其配偶均接触 CS_2，其性生活次数明显降低，对性生活厌恶的人数升高。以上调查结果均提示，接触 CS_2 对男性和女性的性功能均可产生损害作用。

（二）对性激素的影响

人群流行病学调查发现，接触 CS_2 的生产工人，血清睾酮和黄体生成素水平明显降低，而血清卵泡刺激素水平则明显升高，并与血清睾酮和黄体生成素水平降低显著相关。例如，虞敏等在 2010 年对某黏胶化纤厂接触低浓度 CS_2 的生产女工进行调查，女工平均年龄 34 岁，平均工龄 11 年，在排除各型糖尿病、神经系统疾病以及高血压患者后发现，低浓度 CS_2 可使女工血清中促性腺激素释放激素、黄体生成素、催乳素水平降低，卵泡刺激素水平升高。汪春红等的研究显示，慢性接触 CS_2 工人，其血清卵泡刺激素水平明显升高，催乳素水平则显著降低，血清黄体生成素含量随暴露工龄延长明显降低。CS_2 引起性激素紊乱的原因，一方面可能是 CS_2 直接损害垂体和睾丸间质细胞进而影响其分泌功能，从而干扰下丘脑 - 垂体 - 性腺轴的正常生理调节；另一方面可能是 CS_2 代谢产物，如二硫代氨基甲酸酯、硫脲及噻唑啉酮等，与机体内锌离子、铜离子等金属离子络合，影响以锌、铜为辅酶因子的羟化酶的活力，从而干扰激素的合成。

（三）对睾丸的影响

当机体长时间接触 CS_2 时，会对睾丸组织产生慢性毒性，造成睾丸组织氧化损伤，降低精子质量，增加男性不育发生率。早在 1860 年 Delpech 就报道人造丝厂男工接触 CS_2 可致睾丸萎缩。一项关于长期低浓度 CS_2 职业暴露对男性生殖功能影响的荟萃分析显示，长期低浓度 CS_2 暴露可减少精液量和降低精液密度。

动物实验发现，CS_2 对多种动物睾丸组织和生殖功能都有损害作用。陈国元等对雄性大鼠通过静式吸入染毒给予不同浓度（$50mg/m^3$、$250mg/m^3$ 和 $1\,250mg/m^3$）的 CS_2，结果显示，睾丸和附睾脏器系数降低，睾丸出现变性和萎缩，睾丸间质水肿加重；高浓度组生精细胞数目及层次明显减少。在低、中浓度组可见间质细胞内质网扩张，精原细胞、初级精母细胞的线粒体发生肿胀；高浓度组支持细胞、间质细胞、精原细胞、初级精母细胞及精子细胞均出现胞质空洞，精原细胞、初级精母细胞线粒体肿胀加重，精子细胞线粒体也出现肿胀，精子纵切面"$9 \times 2 + 2$"轴丝结构紊乱，微管溶解缺失。随着 CS_2 染毒浓度的增加，睾丸组织中细胞凋亡指数增加，异常增多的凋亡细胞以精母细胞为主。越智宗对雄兔进行 CS_2 染毒，发现睾丸和附睾间质充血和肿胀明显，生精小管的生精能力受损，表现出生精功能障碍。薮本对雄狗采用静脉注入和皮下注射两种方式给予 CS_2，结果观察到睾丸萎缩，生精小管萎缩，间质增生，几乎无精子生成。

（四）对精子生成的影响

Lancranjan 等对某人造纤维厂纺丝车间 33 名慢性 CS_2 中毒患者（平均年龄 22 岁，平均接触 21 个月 40 ~ 80mg/m³ 的 CS_2）的精液质量进行检测，发现多数 CS_2 中毒患者（25 名，占 80%）精子生成障碍，精子数目减少者 18 人，精子活动力低下者 11 人，精子畸形者 25 人，均明显高于对照组。对 7 名两次 CS_2 中毒住院的患者在中毒时及脱离 CS_2 环境后的精液检查进行对比后发现，脱离 CS_2 环境 2 ~ 4 个月后，其精子数目、有活动能力的精子数、正常精子百分数均比中毒时有不同程度的增加，精液量除 1 例外，其余 6 例均比中毒时增加，说明脱离 CS_2 作业环境后，生精细胞的受损情况有所减轻。蔡世雄等对 100 名接触 CS_2（平均浓度为 35mg/m³）、平均工龄为 7.4 年的纺丝男工精液质量进行检测，发现精子数低于 6×10^7 个 /mL 者和精液液化时间超过 60 分钟者比例分别为 37.0% 和 17.0%，均明显高于对照组的 21.7% 和 5.0%；精子形态异常率高于 25% 者和精子活动率低于 60% 者分别为 64.0% 和 48.0%，亦显著高于对照组的 28.3% 和 23.3%。以上研究结果表明，职业性接触 CS_2 会对男性精子质量产生不良影响。动物实验也显示，CS_2 暴露对精子生成产生严重有害影响。如季佳佳等采用静式吸入方法对 Wistar 大鼠进行不同浓度 CS_2（50mg/m³、250mg/m³、1 250mg/m³）染毒，结果显示，各染毒组大鼠的睾丸脏器系数、附睾重量、睾丸横径、附睾尾精子总数及精子活动率均明显降低，而畸形精子率则明显升高。

蔡世雄等将雄性小鼠以呼吸道途径暴露于 10 ~ 100mg/m³ 的 CS_2，5 周后处死动物，检查睾丸发现，初级精母细胞的常染色体畸变率和性染色体异常率均显著升高。Yi 等采用人精子 / 仓鼠卵裂技术对 9 名健康志愿者的 203 条精子染色体进行分析，显示其染色体数目畸变率为 1.0%，结构畸变率为 5.9%，总畸变率为 6.9%。接触 10μmol/L 的 CS_2，染色体数目畸变率、结构畸变率和总畸变率均明显升高。伏晓敏等采用人精子与金黄地鼠卵异种体外受精技术对 CS_2 的诱变性进行检测，发现 10μmol/L 的 CS_2 可使染色体结构畸变率和染色体断裂均数显著升高。郑履康等用生物素标记的 a- 卫星 X 染色体特异 DNA 探针与接触 CS_2 工人精子核 DNA 进行荧光原位杂交，测定 X 染色体非整倍体率，结果显示荧光原位杂交效率平均为 48.06% ± 0.02%。对接触 CS_2 的 11 位工人共计 60 344 条 X 精子进行检测，发现 X 双体精子 98 条，双体率为 0.082% ± 0.002%，比正常人的 0.061% ± 0.031% 明显增高。

（五）对生长发育的影响

陈国元等以不同浓度 CS_2 对雄性大鼠静式吸入染毒 10 周后，与健康雌鼠 1：2 合笼交配。结果发现，雌鼠受孕率和每窝平均活胎数明显降低，出现流产和吸收胎，胎鼠多项生长发育指标（如体重、身长、尾长、腹围、肛殖距等）数值明显降低，胎鼠发生颅骨骨化不全、胸骨缺失、单肾缺失和无尾等多部位畸形，提示 CS_2 具有生殖和发育毒性，推测可能与雄性大鼠精子质量下降有关。在其设计的另一项动物实验中，妊娠期母鼠接触 CS_2，而所生的 F1 代仔鼠不再接触 CS_2，成年后与未染毒雌鼠交配。结果显示，F1 代雌鼠的妊娠期体重和体重净增值均明显降低，所生 F2 代仔鼠先天缺陷的发生率仍升高，且所出现畸形的类型几乎与 F1 代仔鼠完全相同，表明 CS_2 可干扰 2 代以上仔鼠的胚胎发育。汤国梅等对 SD 大鼠采用皮下注射 CS_2 染毒，也发现妊娠期 CS_2 暴露可引起胎鼠毒性，导致死胎和吸收胎，胎鼠成活率、腹围、体重、身长和尾长等均减小。张同超等分别在大鼠受孕第 3 天、第 4 天和第 5 天暴露 CS_2，以胚胎着床率为观察指标，发现受孕第 4 天胚胎着床率最低，是 CS_2 胚胎毒性最敏感的时期。同时，卵巢黄体巨噬细胞在 CS_2 染毒后早期表现为 M1 型巨噬细胞为主导，后期转变为 M2 型巨噬细胞为主导，肿瘤坏死因子 -α 和血管内皮生长因子的 mRNA 表达水平升高；孕鼠卵巢黄体表现为血管扩张、充血和结构改变，表明大鼠胚胎围植入期 CS_2 暴露可导致卵巢黄体巨噬细胞极化平衡与功能改变，引发并加重卵巢黄体结构和功能受损，致胚胎植入障碍。

接触 CS_2 职业人群流行病学调查表明，作业女工及男工妻子的自然流产和先天缺陷等不良妊娠结局的发生率均显著增高，说明 CS_2 可对人类胚胎的生长发育产生有害作用。韩连堂等对 623 名适龄女工进行了为期两年的前瞻性研究，结果显示，随着接触 CS_2 浓度和时间增加，接触组女工妊娠所需时间相应延长，接触水平与女工早早孕丢失率增加之间存在着明显的剂量 - 反应关系。提示女工接触 CS_2 后欲生育时，妊娠率和丢失率发生了改变，且随着接触水平的增加，妊娠率随之降低，早早孕丢失率逐渐增加，且呈现出明显的累积作用。王志萍等的研究还进一步指出，夫妻双方均接触 CS_2 的早早孕丢失率增加更明显。Patei 等对 100 名接触 CS_2 工龄达 10 年的男工进行调查，发现其配偶妊娠流产数与活胎的比值与 CS_2 浓度有关，CS_2 浓度为 5.29mg/m³ 时，妊娠流产率为 5.71%；当 CS_2 浓度增高到 38.31mg/m³ 时，妊娠流产率达 18.91%。陈国元等对接触 CS_2 女工妊娠结局的调查结果显示，男女双方混合暴露 CS_2，其早产率、自然流产率、死胎率和低出生体重率均明显上升，且妊娠合并症（如水肿、高血压和贫血等）发生风险增加。

保毓书等对河北、河南、辽宁和湖北 4 个地区从事黏胶纤维生产而接触 CS_2 的工人进行调查，结果发现，在接触 CS_2 女工的 1 021 名出生活婴中，先天缺陷发生率为 26.44‰，而对照组 1 377 名活婴的先天缺陷发生率为 13.1‰，相对危险度为 2.02。在接触 CS_2 男工的 1 489 名子女中，先天缺陷发生率 20.82‰，对照组男工子女 1 388 人中，先天缺陷发生率 5.76‰，相对危险度为 3.61。在先天缺陷的类型中，无论女工或男工的子女，均以腹腔缺陷（腹股沟疝和脐疝）最为多见，其次为先天性心脏病、先天性眼耳异常（先天性白内障、聋哑）、四肢畸形（先天性髋关节脱白和脚趾畸形），以及中枢神经系统（无脑儿和脊柱裂）、消化系统（肛瘘、胆管堵塞、先天性肠梗阻）和生殖系统的先天缺陷。目前的研究认为，CS_2 进入机体后代谢生成二硫代氨基甲酸酯类化合物，抑制单胺氧化酶活性，使体内 5- 羟色胺聚集，从而破坏内分泌平衡，产生较高水平的雌激素，进而影响胚胎发育导致胚胎畸形。

五、预防要点

1. **改革生产工艺，做好通风排气工作**　为了减少生产过程中 CS_2 的散发，应改进和完善生产工艺，提高原材料质量和黏胶过滤性能。同时做好通风排气工作，定期检测和维护排风机，使它能真正能起到排毒的作用，以达到工作人员不接触或少接触 CS_2 的目的。

2. **卫生保健措施**　对工人和企业管理人员应加强防护宣传教育，定期检测作业场所空气中 CS_2 浓度。对送风式防毒面具、橡皮手套等劳动防护设备要正确使用和管理，注意维修及更新。此外，在车间附近要设置具有新鲜空气的休息室，避免工人在车间休息而持续吸入更多的毒气。

3. **工人定期体检**　制定就业前及工作期间的定期体检制度，患有中枢神经系统器质性疾病、末梢神经系统慢性和再发性疾患、癫痫、明显的神经官能症和肝脏病等，是接触 CS_2 作业的职业禁忌证。

第四节　卤代烃类化合物

一、氯丁二烯

（一）理化性质

氯丁二烯（chloroprene，CBD）属氯代衍生物，分子式 C_4H_5Cl，化学式 $CH_2 = CCl - CH = CH_2$，分子量 88.54，沸点 59.4℃，蒸气压 215.4mmHg（25℃），在常温常压下为有刺鼻气味的易挥发液体。其纯品无色、透明，微溶于水，易溶于乙醇、乙醚、苯、氯仿和汽油等有机溶剂。易燃，与空气混合能发生爆炸。

（二）污染来源

CBD 没有明确的环境和饮食来源，常发生于单体合成、运输和聚合过程中。CBD 除了是生产氯丁橡胶等各种合成橡胶的单体，也是其他聚氯丁二烯产品如氯丁胶乳及氯丁胶沥青等的单体。氯丁橡胶和聚氯丁二烯具有耐油、耐腐蚀、耐老化等优点，以及抗热、抗燃、抗氧化和抗臭氧等特性，在工业上主要用于制造电缆包皮、胶管、织物涂层、黏合剂和大量工业橡胶用品。由于氯丁橡胶及胶乳等制品中常含有 1% ~ 10% 左右的 CBD 单体，故在使用这些产品制造其他橡胶制品、黏合各类橡胶，以及涂抹防水层等操作过程中会接触到 CBD 单体。此外，在定期质量监控采样、反应釜清洗、氯丁橡胶合成、聚合及后处理等环节，敞口操作或设备不严有滴漏，也可能导致较高浓度 CBD 逸出，尤其在 CBD 工段中和干燥塔、精制、贮槽等处进行搅动、清洗，聚合釜进行加料、清釜，以及断链槽、凝聚槽的清洗、抢修操作时，逸出量最多。凝聚后长网成型、水洗、烘干、炼胶等岗位，以及氯丁橡胶加工时的烘胶、素炼、混炼和硫化等过程，均能引起生产车间空气中 CBD 浓度升高，使作业工人接触到 CBD。由于 CBD 挥发性强，因此极易污染操作环境的空气而引起中毒。

（三）体内代谢和蓄积

职业接触是 CBD 主要的暴露途径，可以通过呼吸道吸入和皮肤吸收进入体内。CBD 为卤代烯烃，进入体内后，除少量从呼吸道和尿中直接排出外，一部分 CBD 在体内与血液和组织中的巯基和谷胱甘肽起作用，将氯脱去而生成氯化氢。剩余部分在体内的代谢转化首先是在酶的作用下，特别是在肝脏 CYP450 作用下发生环氧化，产生的环氧化物寿命极短，除一部分直接与体内组织成分起反应外，其余分三条途径继续转化：①非酶重排列形成醛类；②与谷胱甘肽结合形成硫醚氨酸而排出；③经环氧化物水化酶催化而转化成酸类，然后与硫酸或葡糖醛酸结合而排出。CBD 的环氧化物、过氧化物和醛均可对生物大分子产生氧化作用，从而损伤细胞和组织。

（四）生殖和发育毒性

已有的动物实验证实，CBD 可引起雄性动物精液乳酸脱氢酶同工酶谱发生改变，睾丸萎缩、精子数量减少和活动性降低。Lloyed 等报道，低浓度 CBD 可使雄性动物生殖器官发生变性，导致生殖功能障碍，且雄性动物比雌性动物对 CBD 的毒性更敏感。流行病学调查表明，职业接触 CBD 能损害男性生殖功能，使精子数量减少、活动性降低和形态改变，妻子自然流产率增高，其危害程度随着工龄增长和 CBD 浓度升高而加重。工龄 5 年以上的工人，每毫升精液中的精子数量及活动精子的相对数明显降低；工龄 10 年以上者，形态正常的精子相对数明显减少。苏联学者 Sanotsky 早在 1976 年就曾指出，从事 CBD 作业男工妻子的自然流产发生率比对照组高 3 倍。席力强等应用回顾性队列研究方法，对 1 446 名 CBD 作业男工和 1 127 名对照男工进行了调查研究，结果发现，在氯丁橡胶生产车间空气中 CBD 年平均浓度为 $14.21 \sim 584.54 \mathrm{mg/m^3}$ 的环境下，接触 CBD 的男工，其妻子的自然流产率显著增高，表明 CBD 对男性具有生殖毒性。其原因可能是由于 CBD 直接作用于男性睾丸，损伤精子或使精子的生成出现异常，影响受精卵或胚胎的发育而导致胚胎发育异常或胚胎死亡所致。

CBD 也可影响雌性生殖功能。动物实验结果表明，CBD 染毒大鼠卵巢细胞的细胞器和毛细血管内皮细胞膜均遭到破坏，平均着床数和受孕率降低，总胚胎死亡率增加，活胎体重降低，仔鼠死亡率和仔鼠畸形发生率均增加，仔鼠体长和体重降低，提示 CBD 具有生殖和发育毒性。席力强对 375 名 CBD 接触女工和 930 名对照女工进行了回顾性队列研究，发现 CBD 作业女工的自然流产率、低出生体重率均显著高于对照组，且自然流产多发生在怀孕早期。王菁等对接触 CBD 女工的调查发现，接触 CBD 可增加女工月经失调发生率和早产率。

（五）预防要点

1. 控制生产场所空气中 CBD 浓度，减少或避免其健康危害　CBD 生产应密闭操作，严防跑、冒、滴、漏，储区应备有泄漏应急处理设备和合适的收容材料；使用防爆型通风系统和设备，加强通风，使渗漏的 CBD 及时排出车间，以达到工作人员不接触或少接触 CBD 的目的。

2. 卫生防护措施 安全管理部门应加强生产、使用、储存、运输过程的职业卫生管理，严格执行操作规程，建立并落实相应防护设施、应急救援设施和个人使用防护用品维护检修制度，加强卫生防护宣传教育，及时发现问题及时整改。

3. 作业人员健康维护 建立作业人员上岗前、在岗期间的定期健康检查制度，及时发现职业禁忌整和疑似职业病患，并妥善安置。

二、氯乙烯

（一）理化性质

氯乙烯（vinylchloride，VC），又名乙烯基氯，化学式 $H_2C = CHCl$，分子量 62.50。常温常压下为无色有乙醚香味的气体，加压或在 12～14℃时易液化或冷凝为液体。沸点 −13.9℃，蒸气压 403.5kPa（25.7℃），蒸气密度 2.15g/L。微溶于水，易溶于乙醇、乙醚、丙酮、苯等多数有机溶剂。易燃、易爆，与空气混合时爆炸极限为 3.6%～33%（体积），在加压下更易爆炸，贮运时必须注意容器的密闭及氮封，并应添加少量阻聚剂。热解时有光气、氯化氢、一氧化碳等释出。

（二）污染来源

VC 是生产聚氯乙烯的单体，主要用于制造聚氯乙烯塑料、合成纤维、黏合剂等；也能与丙烯腈、醋酸乙烯酯、丙烯酸酯、偏二氯乙烯等共聚制造各种树脂；还可用于合成三氯乙烷及二氯乙烯等。作业工人在使用 VC 制造这些化合物的各个环节都有可能接触到残留或受热时释放出的 VC。在 VC 生产过程中，作业工人清洗或抢修转化器分馏塔贮槽，尤其是聚合时可吸入较高浓度 VC 而中毒。部分微生物对垃圾填埋场中高氯乙烯、三氯乙烯等高氯乙烯类溶剂的降解作用也可产生 VC 气体。由于 VC 的广泛应用及其所具有的挥发性和微溶水性，使之已成为全球最重要的有机污染物之一，广泛存在于大气、土壤和地下水中。我国是 VC 生产和消耗大国，近年来其在化工原料中间体方面的用量呈增长趋势，其工作接触或环境暴露所导致的健康危害已引起人们的高度关注。

（三）体内代谢和蓄积

除职业性接触外，一般人群可通过吸入被 VC 污染的空气，饮用经 PVC 管道输送的饮用水接触 VC，液态 VC 亦可经皮肤吸收。经呼吸道吸入的 VC 主要分布于肝、肾，其次为皮肤、血浆，脂肪中最少。体内的 VC 经代谢后大部分随尿液排出。目前认为，VC 在体内的代谢是通过肝 CYP450 酶作用下进行的。在该酶作用下，VC 被代谢转化形成具有高度活性的中间产物氯乙烯环氧化物，经分子重排形成氯乙醛，氧化氯乙烯、氯乙醛等中间代谢产物在谷胱甘肽硫转移酶催化下与谷胱甘肽结合生成甲酰甲基谷胱甘肽，随后经水解或氧化生成 S 甲基甲酰半胱氨酸和 N- 乙酰 -S-（2- 羟乙基）半胱氨酸，随尿液排出。

（四）生殖和发育毒性

多篇研究以高浓度 VC 对妊娠期大鼠、小鼠和家兔进行染毒，均未发现 VC 具有致畸效应。但也有报道显示，小鼠在妊娠期内，每天吸入 VC（25.6mg/m³）4 小时，胎鼠肝、肾、心、肺脏器系数下降，仔鼠出生后 6 个月，神经系统功能发生改变。妊娠小鼠、大鼠和家兔在胚胎的器官发生期内，每天吸入 VC（130～6 500mg/m³），除 1 300mg/m³ 组观察到小鼠的仔鼠胸骨、颅骨畸形率高于对照组外，其他测试浓度对 3 种动物均无致畸作用。

张秀池等对 VC 的雌性动物生殖毒性和胚胎毒性进行了一系列的研究，发现小鼠连续 2 周暴露于 12.8g/m³ 的 VC 后，其受孕率、胎鼠的平均体重均低于对照组，并有明显的颅骨、胸骨和趾骨等骨化迟缓现象，而且 VC 具有明显的胎盘通透性，胎盘和胎鼠中 VC 含量随着染毒剂量的增高而增加，但未发现明显的致畸效应；连续 2 周暴露于 27.9mg/m³ 的 VC 后，小鼠受孕率也较对照组低，但该浓度持续染毒 4 周或 6 周后，其受孕率与对照组没有显著差异，为此作者推测 VC 对小鼠妊娠能力的影响只是在暴露于毒物后出现的一种暂时性现象，VC 对卵巢、垂体的影响是功能性的。Ungvary 等的研究也得出了与张秀池一致的结果，认为 5.5g/m³、18g/m³ 和 33g/m³ 的 VC 能透过胎盘屏障，并发现不同妊娠期的大鼠对 VC 敏感性不同，孕早期 VC 暴露会引起死胎率增加，显示出一定的胚胎毒性，但孕中期和孕晚期暴露则未发现胚胎毒性。但 Thornton 等以 27.9mg/m³、279mg/m³ 和 3 069mg/m³ 的 VC 对大鼠进行吸入染毒，却未观察到明显的生殖毒性，以及胚胎和胎儿的发育毒性。云淑敏等用 837mg/m³、2 790mg/m³ 和 8 370mg/m³ 的 VC 对小鼠进行染毒后，发现精子畸形率与对照组相比有显著差异，并存在剂量 - 反应关系。但在王爱红等的研究中，只发现了 5mg/kg、10mg/kg 和 20mg/kg 的 VC 能使大鼠每日精子生成量和精子计数减少，以及抑制睾丸组织中碱性磷酸酶和乳酸脱氢酶同工酶的活性，并未发现 VC 对精子畸形率的影响。提示 VC 的胚胎毒性不仅与染毒剂量和染毒方式有关，而且与实验动物的种属也有关。

尽管早在 1976 年 Infane 就报道了 VC 聚合厂附近居民的婴儿出生缺陷率（18.2‰）高于州水平和全国水平（10.1‰），但到目前为止，VC 是否对职业接触人群生殖系统产生损伤仍然存在争议。有人以聚氯乙烯加工工人、橡胶工人的妻子与 VC 暴露工人妻子按年龄作配对研究，观察到 VC 暴露组工人妻子的死胎率明显升高，并推测可能是 VC 对男性生殖细胞造成损伤所致。吕策华等对 202 名接触 VC 作业工人的回顾性调查发现，在 20.5～201.5mg/m³ 暴露条件下，夫妻双方及丈夫接触 VC，不孕、早产、自然流产、低出生体重儿、先天畸形的发生率均显著高于对照组，由此作者认为高浓度的 VC 作业环境会使子代的先天缺陷率升高。张小丹针对职业 VC 暴露的调查结果显示，职业接触 VC 可通过影响作业工人体内部分生殖激素（抑制素 B、睾酮和雌二醇）水平，增加作业工人或其配偶自然流产的发生，影响作业工人的生殖功能，且这些作用有随作业工人职业暴露时间的增加而增强的趋势。夫妻双方均职业接触 VC，女方妊娠后更容易发生自然流产。而 Mur 等就 VC 作业男工妻子的流产率进行调查后未发现 VC 对流产率有影响。Therianly 等对加拿大沙威尼根市 VC 聚合厂所在地区的先天畸形率进行了描述性分析和病例对照研究，发现先天畸形率明显高于另外 3 个对照地区，而且 VC 浓度的变化有季节性波动。Rosenman 等在两个 VC 聚合厂附近居民的病例对照研究中尽管并未发现出生缺陷率的显著升高，但中枢神经系统缺陷率的 *OR* 值与空气中 VC 浓度、缺陷儿父母居住地和工厂的距离相关。

侯光萍等对接触 VC（浓度几何均数为 13.36～47.17mg/m³）3 年以上并具有明显性功能障碍的工人进行调查，发现作业男工的睾酮和雌二醇水平、女工的卵泡刺激素和黄体生成素水平均显著降低。但许连文等对平均接触浓度在 15mg/m³ 以下的 81 名 VC 作业工人进行研究发现，虽然睾酮、卵泡刺激素与对照组相比有降低的趋势，但没有显著差异，并认为需要加大样本量开展进一步研究才能得出明确结论。

综上所述，尽管众多的人群研究结果仍未能对 VC 的生殖毒性得出一致结论，但多数职业流行病学调查和实验研究提示，VC 有一定的胚胎毒性，可能威胁到下一代的健康。

（五）预防要点

1. 改善作业环境条件　加强企业自身的管理和作业场所的管控，在满足工艺要求时，尽量将含 VC 的化学品替换成无毒或低毒的环保化学品，实现"去毒化"。

2. 卫生防护措施　改革生产工艺，采用密闭设备、排风罩等措施，降低和控制作业场所空气中 VC 浓度。定期进行作业场所职业病危害因素的定期检测与评价。加强生产、使用、储存、运输过程的职业卫生管理，建立并落实相应防护设施、应急救援设施和个人使用防护用品维护检修制度。

3. 作业人员防护措施　作业人员必须经过专门培训，严格遵守操作规程，正确佩戴防护用品。建立作业人员上岗前、在岗期间的定期健康检查制度，及时发现职业禁忌证和疑似病例，并妥善安置。

第五节　正己烷

一、理化性质

正己烷（n-hexane）是己烷主要的异构体之一，分子式 $CH_3(CH_2)_4CH_3$，分子量 86.17，常温下为微带异臭的无色易挥发液体。比重 2.97，熔点 –95℃，沸点 68.74℃，自燃点 225℃，其蒸气与空气可形成爆炸性混合物，遇明火、高热极易燃烧爆炸，与氧化剂接触发生强烈反应，甚至引起燃烧。难溶于水，可溶于乙醇、乙醚、氯仿、酮类等有机溶剂。

二、污染来源

正己烷作为一种饱和芳烃类的有机溶剂，在印刷、油漆、电子器件清洗黏胶、制鞋、家具、运动器材及干洗等行业中被广泛使用。燃料汽油内也有一定比例的正己烷，在操作过程中均有机会接触正己烷。此外，国外有嗜吸从黏胶、汽油或其他含正己烷有机溶剂挥

发出的正己烷蒸气成瘾而致生活性中毒的报道，病例多见于西欧、南美和南非等地。

三、体内代谢和蓄积

正己烷主要以蒸气的形式存在于作业环境中，在空气中半减期约为 2 天。生产环境中的正己烷主要以蒸汽形式经呼吸道吸入，也可经消化道进入体内，经皮肤接触吸收较少。进入机体的正己烷主要分布于脂肪含量相对较高的组织器官，如脑、肾、肝、脾、睾丸和卵巢等。体内正己烷主要是在肝 CYP450 酶作用下，经代谢转化生成 2- 己醇，2- 己酮，2，5- 己二醇，5- 羟基 -2- 己酮，2，5- 己二酮等代谢产物，由肾脏经尿液排出体外。现已证实，正己烷代谢产物的毒性与血液中检测到的 2，5- 己二酮水平相关，因而 2，5- 己二酮被认为是正己烷引发机体中毒的终毒物。

四、生殖和发育毒性

（一）对雄性生殖功能的影响

DeMartino 等发现，大鼠吸入 5 000ppm 正己烷 24 小时后即出现睾丸损害：睾丸中首先出现生精上皮损伤、初级精母细胞和成熟晚期精子细胞脱落；染毒至第 7 天，生精上皮损伤加重，附睾出现炎性细胞浸润；染毒持续至第 6 周，睾丸和附睾病变进行性加重，生精小管完全萎缩，这也可能是导致大鼠发生不可逆不育的重要原因。此外，用正己烷对小鼠进行染毒，观察到睾丸生精细胞数量减少且排列混乱、生精小管管腔变大、间质细胞增多等，同时血清中酸性磷酸酶、乳酸脱氢酶和 γ- 谷氨酰转肽酶等与睾丸功能相关的酶类活性明显增高。曹静婷等以吸入染毒的 SD 大鼠为实验模型，也观察到正己烷引起大鼠睾丸生精小管中各级生精细胞排列疏松，部分小管还可见细胞层与基膜脱离，甚至生精细胞严重脱落，支持细胞形态模糊不清，部分生精小管中精子细胞核固缩，精子数量急剧减少，并出现已形成的精子向小管基底部移动的异常现象。以上结果均提示，正己烷染毒可损伤雄性生殖功能。

李宏等探讨了妊娠期正己烷暴露对仔代雄性大鼠生殖和发育的影响。Wister 大鼠孕期第 1 ~ 20 天开始静式吸入不同浓度的正己烷，在雄性仔鼠出生 69 天后观察其生殖功能，发现睾丸与附睾脏器系数显著降低，睾丸组织生精小管排列疏松、精原细胞萎缩、生精小管管壁变薄，血清睾酮浓度下降，且呈现剂量 - 效应关系。

（二）对雌性生殖功能的影响

欧阳江等对雌性 Wistar 大鼠给予不同剂量正己烷腹腔染毒，结果发现，随着染毒剂量的增加，大鼠动情周期延长，卵巢脏器系数增加，子宫内膜腔上皮厚度降低，提示正己烷能引起明显的雌性生殖毒性，卵巢是其毒性作用的重要靶器官之一。庞芬等的研究也发现，正己烷对成年雌性 ICR 小鼠的卵巢具有明显的毒性作用，可导致闭锁卵泡数目增加，卵子死亡率增加，排卵数降低，血清和卵巢切碎组织培养液中雌二醇和孕酮水平降低。曹静婷等以吸入染毒的 SD 大鼠为实验模型，观察到正己烷可引起大鼠卵巢内卵泡细胞和黄体颗粒细胞发生凋亡、变性和坏死，导致卵母细胞发育受阻和卵巢生理功能异常。对小鼠正己烷染毒也发现，正己烷能抑制小鼠卵母细胞生发泡破裂和第一极体挤出，并通过诱导小鼠卵母细胞线粒体膜电位改变，导致卵母细胞凋亡，并同时影响卵母细胞的成熟。正己烷还可通过改变激素分泌直接介导和促进颗粒细胞凋亡，这或许也是正己烷引起卵巢损伤的重要机制之一。

正己烷亦可对机体遗传物质产生影响。齐宝宁等应用单细胞凝胶电泳技术检测发现，正己烷可使大鼠外周血淋巴细胞 DNA 产生链接断裂损伤。胡璐璐等应用流式细胞术检测人外周血淋巴细胞 DNA 双链损伤及同源重组修复因子 γH2AX 含量，发现接触正己烷可使 γH2AX 含量明显升高。表明正己烷能使外周血淋巴细胞 DNA 发生损伤，具有一定的遗传毒性。

正己烷代谢产物 2，5- 己二酮也具有生殖毒性。Sun 等将人卵巢颗粒细胞暴露于不同浓度 2，5- 己二酮，24 小时后卵巢颗粒细胞出现明显凋亡并呈现剂量 - 效应关系。Amos 等通过饮水方式对大鼠进行 2，5- 己二酮染毒，发现染毒组大鼠卵巢和子宫组织 MDA 和 H_2O_2 水平明显增高，同时卵巢组织过氧化氢酶、超氧化物歧化酶、谷胱甘肽过氧化物酶和谷胱甘肽硫转移酶活性显著降低；而子宫过氧化氢酶、谷胱甘肽硫转移酶和谷胱甘肽过氧化物酶活性升高，且促卵泡激素和催乳素水平升高、雌激素水平降低。表明 2，5- 己二酮暴露破坏了性激素稳态，并诱导大鼠卵巢和子宫发生氧化应激。

正己烷在暴露人群中的生殖和发育毒性研究较少，综合仅有的几项研究结果，认为人类生育能力和卵泡发育低下与正己烷暴露存在关联。如 Liliana 等在墨西哥瓜纳华托州莱昂市招募了 66 名 18 ～ 37 岁健康的女性，通过横断面研究发现，皮鞋厂车间内较高浓度的正己烷与 34 名接触女工月经过少、经期延长、怀孕时间延长存在关联；尿 2，5- 己二酮水平与血清卵泡刺激素水平显著相关。许雪春通过分析慢性正己烷中毒临床病例发现，职业接触正己烷女工的月经明显异常。Sallmen 等通过对制鞋厂女工的调查研究表明，正己烷与女性生殖损害和生育率降低存在关联。因此，正己烷可被认为是一种内分泌干扰物。

五、预防要点

1. 在满足工艺要求的前提下，尽量使用不含正己烷的低毒代用品，如乙醇或异丙醇等。

2. 有害与无害作业分开，通过工艺改革减少与正己烷的直接接触和使用量，加强通风排毒，降低和控制作业场所空气中正己烷的浓度，使其符合卫生标准。定期监测工作场所空气中正己烷水平，及时了解其变化情况，以便采取相应的预防措施，避免中毒发生

3. 加强劳动者个人防护，接触人员应穿工作服，佩戴符合国家卫生标准的防毒口罩与手套。注意个人卫生习惯，严禁在车间内吸烟、进食和用正己烷洗手。做好正己烷接触工人的职业健康监护工作，对工人进行职业健康教育与职业健康促进。

（王小燕　王爱国）

参考文献

[1] 邬堂春.职业卫生与职业医学 [M].8 版.北京：人民卫生出版社，2017.

[2] 徐佳，寇振霞，廖萍春，等.有机溶剂暴露对女性生殖健康的影响 [J].工业卫生与职业病，2022，48（4）：330-333.

[3] 杨光涛，香映平，朱晓玲，等.深圳市 39 家电子企业有机溶剂职业病危害现状调查 [J].中国职业医学，2019，46（3）：403-406.

[4] PARTHA D B, CASSIDY-BUSHROW A E, HUANG Y. Global preterm births attributable to BTEX (benzene, toluene, ethylbenzene, and xylene) exposure[J]. Sci Total environ, 2022, 838: 156390.

[5] 林飞良，徐培渝，王前飞，等.孕期苯暴露发育毒性研究进展及展望 [J].毒理学杂志，2018，32（3）：242-245.

[6] 吴艳玲，王志萍.二硫化碳对接触人群生殖毒性研究进展 [J].中国公共卫生，2016，32（8）：1133-1136.

[7] 胡训军，李思惠.氯丁二烯对人体健康损害研究概况 [J].职业卫生与应急救援，2015，33（1）：17-21.

[8] 张桂云，刘楠，张晓星，等.氯乙烯对男性职业人群肝功能和血清性激素水平影响 [J].中国职业医学，2019，46（6）：684-688.

[9] 苏艳霞.正己烷非神经毒性作用研究进展 [J].济宁医学院学报，2021，44（5）：362-366.

|第十章|
金属与优生

在人类生存的地球上，约有数十种金属元素（metal elements），其中对维持人体健康必不可少的金属元素有十多种。人们在利用金属元素的同时，至少通过两种方式影响其健康效应的发挥。首先，人为活动可使金属元素在环境中发生迁移，将其转运至空气、水、土壤和食物中；其次，人为活动可改变金属元素的物理特性或化学状态，导致其健康效应发生改变。随着工农业发展，含金属元素污染物如废水、废气、废渣的排放，是造成环境污染的重要原因。大量研究表明，多种金属元素均可对机体造成不同类型的健康危害。本章主要关注能对环境产生严重污染且对人体健康危害较大的金属元素如铅、汞、镉、铊、砷，以及在日常生活中接触较多的铝，重点阐述其对机体生殖和发育的影响。

第一节　铅

一、理化性质

铅（lead，Pb）是一种银灰色软金属，原子量为 207.19，比重为 11.35，熔点为 327.4℃，沸点为 1 620℃。铅及其化合物在常温下不易氧化，耐腐蚀，在高温（400～500℃）条件下可逸出大量铅蒸气。除乙酸铅、氯酸铅、亚硝酸铅和氯化铅外，其他铅化合物一般都难溶或不溶于水。烷基铅如四乙基铅和四甲基铅是一类对人体健康危害较大的有机铅化合物。四乙基铅分子式为 Pb（C$_2$H$_5$）$_4$，分子量为 323.44，沸点约 200℃，比重为 1.64（18℃），无色透明，带有乙炔样臭味的油状液体，不溶于水，易溶于有机溶剂。四甲基铅分子式为 Pb（CH$_3$）$_4$，分子量为 267.3，沸点为 110℃，比重为 1.99，无色透明，

油状液体，有臭味，不溶于水，易溶于有机溶剂和脂肪。

二、污染来源和环境分布

铅作为环境中最常见重金属污染物，在各种环境介质和所有的生态系统中都普遍存在。在无明显污染地区，大气铅浓度为 $0.000\,1 \sim 0.001\mu g/m^3$。城市空气中的铅主要来自工业和交通运输行业的铅排放，其中以含铅汽油燃烧排放的铅最多。含铅汽油曾是造成全球环境铅污染的主要来源。传统汽油生产工艺中以四乙基铅作为防爆剂，这种含铅汽油燃烧后，其中约 $25\% \sim 75\%$ 的铅以铅尘粒（$< 1\mu m$）、可溶性铅的卤化物、卤氧酸盐和烷基铅的形式排出。从机动车尾气中排出的卤化铅微粒在大气中转变为氧化铅、碳酸铅等无机铅化合物。其中，1/3 的大颗粒铅尘迅速沉降于道路两旁数公里区域内的地面上，其余 2/3 则以气溶胶（aerosol）状态悬浮于大气中，可随呼吸进入人体。我国自 2000 年起在全国范围停止使用含铅汽油，代以无铅汽油，使城市空气中的铅浓度明显降低。冯亚亮等分析了银川市区城市表层土壤一些有害重金属分布规律，发现铅主要来源于交通汽车尾气排放、汽车轮胎磨损产生大量含有重金属的有害气体和粉尘。可见，城市土壤尘埃中的铅仍然是城市环境铅负荷重要来源之一，特别是近年来我国各地汽车保有量的急剧增加，无疑会显著增加环境中铅负荷。同时，铅还被广泛应用于工业、农业、交通和国防等许多领域，这些领域及相关产业都会产生不同程度的铅污染。造成环境铅污染的工业主要有蓄电池制造、金属冶炼、印刷、染料和颜料、油漆、塑料、造船及拆船、机械制造和火力发电等。2012 年胡运清等对 14 家小型私营蓄电池企业铅污染状况和作业工人尿铅水平进行了检测，发现作业场所铅尘浓度总超标率为 28.57%，最高浓度达 $0.557mg/m^3$，超过规定标准的 11.14 倍。作业人员尿铅超标率为 21.21%，主要与作业岗位铅尘浓度和个人防护等因素有关。由此可见，环境中铅的清除尚需时日，其对人群健康（尤其是儿童生长发育）的危害依然存在。

地表水中铅的天然本底值（background level）约为 $0.5ng/L$，而地下水中铅浓度约 $1 \sim 60\mu g/L$，明显受到地质条件的影响，如石灰石和方铅矿地区天然水中铅可高达 $400 \sim 800\mu g/L$。未经处理的含铅工业废水排放，岩石、土壤和大气降尘中的铅也可向水体转移。含铅工业废渣和城市垃圾是地下水、江河水铅污染的重要来源。有报道指出，我国近海表层水中铅浓度为 $0.05 \sim 51.44\mu g/L$，均值为 $1.60\mu g/L$；南海铅污染最严重，均值为 $7.68\mu g/L$，其中珠江口高达 $150\mu g/L$。另有调查显示，渤海湾水域铅浓度为 $0.021 \sim 0.036\mu g/L$，其表层沉积物间隙水中铅浓度比海水本底高 10 倍。辽河流域沈阳断面河水中铅含量均值为 $0.39 \sim 1.96\mu g/L$，而沈阳市主要景观水体铅浓度为 $0.090 \sim 0.101\mu g/L$。浙江丽水市地表水铅浓度为 $5 \sim 32\mu g/L$，均值为 $10\mu g/L$，其中有 10 个断面水样的铅浓度超过 $10\mu g/L$。三峡库区水体中铅含量在 2004 年丰水期时为 $3.45\mu g/L$，2005 年和 2006 年枯水期时其含量分别为 $1.56\mu g/L$ 和 $3.26\mu g/L$。我国《地表水环境质量标准》（GB 3838—2002）规定，Ⅰ、Ⅱ类水中铅浓度 $\leqslant 0.01mg/L$，Ⅲ、Ⅳ类水为 $\leqslant 0.05mg/L$，Ⅴ类水 $\leqslant 0.1mg/L$。我国《生活饮用水卫生标准》（GB 5749—2022）铅限值为 $0.01mg/L$。我国大多数市政供水均能达到饮用水卫生标准要求，但饮用水中铅含量还受诸如水 pH 等一些因素的影响。弱酸性水能缓慢溶出含铅金属水管中的铅，成为饮用水中铅的重要来源。

食物中的铅可来自：①谷物和蔬菜直接从铅污染地区土壤中吸收铅；②空气中含铅颗粒沉降到谷物和蔬菜中造成的污染；③室内铅尘污染食物和含铅釉彩器皿贮存食物造成污染；④砷酸铅被广泛用作水果园杀虫剂，致使水果皮含铅量较高；⑤皮蛋在传统制作过程中需加入氧化铅（氧化铅能促进氢氧化钠渗入蛋中）；⑥铅质焊锡制作的食品罐头对食物的污染等，其中铅污染罐头食品的危害最大。通过测定 14 类 152 份蔬菜样品中砷、汞、铅、镉和铬 5 种重金属元素含量，发现在 56 份蔬菜样品中，铅和铬在某些蔬菜中超标，样品总体合格率分别为 76% 和 94%，铅含量超标主要为莴笋、芹菜、茄子等蔬菜。对辽宁省大连、本溪、辽阳、铁岭 4 市冷冻食品铅含量分析发现，本省生产的 1 016 份冷冻食品（如冰棒、雪糕、冰淇淋等）中，超标率为 18.6%，最高值为 21.1mg/kg，而我国《食品安全国家标准　食品中污染物限量》（GB 2762—2017）规定冷冻食品铅限值为 0.3mg/kg。

室内铅污染主要来自室内装修所用的含铅涂料和油漆在老化、剥脱后被儿童误食或风化后污染室内环境。Manton 等采用放射性同位素技术确定，婴幼儿（小于 4 岁）接触铅主要是由于地板粉灰及其表面中铅的释放沾染手通过口进入体内。在炎热夏季，儿童铅暴露增加与室内铅尘水平升高有关。儿童玩具和学习用具含铅量普遍较高。国外卫生标准规定，玩具和学习用具涂漆层中可溶性铅含量 < 250mg/kg。曾有人对国产玩具油漆层中可溶性铅进行检测，发现 23 种被检玩具中有 7 种含铅量超过此标准，超标率为 30.4%。对 9 类不同类型铅笔进行检测，发现有 6 类油漆层中铅含量超过 250mg/kg，超标率 66.7%，含量最高的超标达 4.12 倍。在其他 12 种学习用品中，有 6 种油漆中含铅量超标。教室课桌椅表面棕黑色油漆层中的含铅量超标达 36.7 倍。教科书彩色封面含铅量也超标 13.6 倍。显然，学习用品和玩具铅污染是导致我国儿童血铅过高的原因之一。

综上所述，汽油无铅化后，铅污染食物和饮水是成人摄入铅的主要途径；铅职业接触人群和吸烟人群主要通过呼吸道暴露；儿童主要经土壤、空气扬尘和玩具涂料暴露。

三、体内代谢和蓄积

（一）铅的吸收

铅主要通过消化道和呼吸道进入体内，烷基铅还可通过皮肤吸收。成人每日经食物摄入的铅约 300 ~ 400μg，通常仅 5% ~ 15% 被吸收，且储存于体内的量小于吸收量的 5%。由于年龄、胃肠道发育不完善等缘故，儿童铅吸收率显著高于成年人。在一般膳食条件下，儿童铅吸收率和储存率可分别高达 41.5% 和 31.8%，而成人铅吸收率仅约为 10%。膳食中铁和钙不足可使铅吸收增加，饮水和其他饮料中的铅较食物中的铅更易吸收。两餐之间摄入的铅比就餐时摄入的铅吸收更多，但摄入食物的次数增加可最大限度地减少铅的吸收。机体对铅的吸收能力与铅化物种类、食物性质和消化功能有关。如供给维生素 D、油脂和人造黄油制品，可使铅的吸收率增加；在碱性环境中，许多可溶性差的铅化物肠道吸收率相对较低。

大气中的铅以固体（铅尘或二氧化铅颗粒物）或蒸气形式存在。除职业暴露外，随着无铅汽油的推广使用，空气铅在每日铅暴露总量中所占比例较小。经呼吸道吸收的铅除受空气铅浓度影响外，还取决于每日呼吸的空气量、铅的状态（颗粒物或蒸气）、含铅颗粒的粒径等。空气中的铅经呼吸道吸入肺内，部分可通过肺泡毛细血管入血，在成人肺中的沉积率为30%~50%。较大的含铅颗粒物主要沉积于上呼吸道，通过纤毛运动与吞咽动作进入胃肠道；较小的颗粒则沉积在下呼吸道，几乎全部被迅速吸收。接触含铅烟气的危害性更大，如居住在交通频繁地段的儿童血铅水平明显高于居住在近郊的儿童。

（二）铅在体内的分布

铅通过消化道和呼吸道吸收入血后，90%以上与红细胞结合，仅小部分存在于血浆中。血液中的铅可迅速交换，为全身铅负荷最大生物活性部分，约占体内总铅量的2%。铅在体内有三个交换室：①快速交换室，即血液与软组织之间的交换，约占体内总铅量的10%，其生物半减期为20~40天；②中间交换室，即皮肤与肌肉之间的铅交换；③较为稳定的储存室，即骨相组织，约占体内铅总量的90%以上。骨小梁中的铅比骨皮质中的铅更易发生交换，其对血铅的贡献率高达50%，因此，蓄积于骨骼中的铅可释放入血，是机体内源性铅暴露的重要来源。铅在骨骼系统中的生物半减期较长，致使骨骼系统对体内铅的蓄积作用最为明显。骨骼铅生物半减期随年龄不同而存在明显差别，1~6岁儿童为1 135天，8岁儿童为2 560天，15~20岁时约为3 424天。随着年龄的增加，骨铅量从儿童期体内铅负荷的70%增加到成年期铅负荷的95%。铅的最大软组织蓄积器官是肝脏和肾脏。动物实验还发现铅易蓄积于中枢神经系统的灰质和某些核团。在肝、肾、脑细胞中，铅主要沉积于线粒体。核内包涵体含铅量也较高，是细胞对铅的特征性反应。铅对带负电荷的巯基具有高亲和力，可抑制相关酶活性，是铅毒性作用的重要机制之一。此外，体内铅蓄积量还呈现性别、年龄差异，女性绝经前较男性易蓄积骨骼铅，绝经后无差别。人体终生铅累积量可多达200mg，而严重职业暴露工人可高于500mg。2017年美国疾病预防控制中心发布的第四次全美人群环境化学物暴露报告显示，2013—2014年间调查的1~5岁儿童血铅浓度几何均数为7.82μg/L，6~11岁为5.67μg/L。2018年龚士洋等报道，无铅和其他职业有害因素暴露者，血铅水平中位数为65.5μg/L，而蓄电池厂工人血铅水平中位数为218.90μg/L。潘尚霞等报道，我国南方某重金属暴露区儿童血和尿中铅浓度几何均数分别为65.89g/L和4.04μg/L。

铅易通过胎盘从母体向胎儿转移。体内铅负荷较高的孕妇可通过胎盘转运方式将体内过多的铅传递给胎儿，导致胎儿先天性母源性铅负荷增高。研究表明，孕妇骨组织中的铅可成为胎儿内源性铅暴露的重要来源。怀孕后，由于内分泌代谢改变，同时也为了满足胎儿发育的需要，孕妇骨骼发生脱矿物质作用，钙、磷等胎儿发育所需的元素大量从骨组织中动员释放入血并提供给胎儿，铅也随之进入胎儿体内。这一过程本身是一种生理过程，但如果由于某些原因，孕妇骨骼中蓄积较多的铅，此种胎盘转移造成的过量铅暴露，可对子代产生严重不良影响。

（三）铅的排泄

铅排泄主要途径是肾脏，约2/3体内铅经肾小球过滤和肾小管重吸收后随尿排出，其次是消化道（包括经胆汁排泄），还可通过乳汁、唾液、汗液的分泌，以及毛发和指甲的脱落等途径排出。成人体内铅排泄率可达 90%，而婴幼儿仅为 70%。在铅经肾脏排泄的过程中，肾近曲小管上皮细胞对铅的重吸收是造成铅致肾毒性的主要原因之一。经胎盘和哺乳将铅转运至发育中的胎儿和婴儿，对母体而言是铅的一种排泄形式，但同时又是胎儿和婴儿铅暴露的重要来源。

四、生殖和发育毒性

研究证实，不同人群铅暴露特征、代谢特点差异较大，铅污染危害的敏感人群（susceptible group）是儿童，特别是幼儿、新生婴儿及胎儿对铅的毒性作用更为敏感。铅对生殖系统的影响主要表现为铅的直接毒作用和环境激素样作用。

（一）对雄性生殖功能的影响

1. 对睾丸生殖细胞和精液质量的影响　铅对男性生殖功能的影响已得到公认，美国国家职业安全与卫生研究所（National Institute for Occupational Safety and Health，NIOSH）已将铅列入男性生殖危害因素名单。铅中毒作业工人性功能障碍发生率明显增加，表现为性欲减退、勃起无力甚至阳痿、射精障碍等。黄振等收集了 746 例某生殖医学中心就诊者的精液，发现 72% 受检者精浆中可检测出铅，铅浓度几何均数为 0.22μg/L，中位数为 0.26μg/L。当血铅浓度 > 400μg/L 时即可引起精子生成障碍，表现为精子数量和精子活动力降低、精子畸形率增加。研究表明，铅可通过血睾屏障对生精细胞产生直接毒性作用，且哺乳动物睾丸和附睾组织对铅的毒性作用特别敏感。雄性动物接触铅可造成睾丸的退行性改变，表现为睾丸、精囊和附睾的重量减轻。铅对精子细胞的发育和成熟有干扰和阻碍作用，而且对精子有直接毒性作用，其主要作用部位是生精小管上皮和间质细胞。铅可使睾丸生精小管上皮细胞稀疏、排列紊乱，间质毛细血管充血、扩张、增生，生精小管基膜增厚等。精液中的果糖是精子能量的主要来源，其含量可直接影响精子的活力，而铅可影响精液中果糖代谢。

2. 对雄性激素水平的影响　有研究发现，铅作业工人精子乳酸脱氢酶同工酶、琥珀酸脱氢酶活性显著降低，前者可影响睾丸的生精功能导致精子数量减少，后者可影响精子的能量生成而使精子活动力降低。王燕等报道，从大鼠妊娠前 10 天开始直至整个妊娠期和哺乳期经饮水给予乙酸铅染毒，发现断乳期雄性子代大鼠睾丸内谷胱甘肽（glutathione，GSH）含量显著下降，且呈现出剂量 - 效应关系。铅还可导致睾丸间质细胞形态异常，数量减少，使睾酮（testosterone，T）分泌减少而影响精子的发生。铅暴露可引起异常精子增多，并通过抑制与类固醇激素生物合成有关的酶活性而影响睾酮的合成和分泌。铅还可影响卵泡刺激素（follicle-stimulating hormone，FSH）与支持细胞上 FSH 受体的结合，而 FSH 对雄性动物的主要作用是促进生精上皮发育和精子形成。方君义等报道，长期低水平铅暴露可使染毒大鼠血液和睾丸组织中铅含量显著升高，致使大鼠睾丸组织中抑制素 Bα 和 Bβ 亚基 mRNA 及蛋白表达下降。

目前认为，铅对雄性的生殖毒性作用，早期为铅对睾丸的直接损伤作用，影响精子生

成和睾酮合成，造成精子质量下降和性功能障碍；而长期接触较高浓度的铅，可造成下丘脑－垂体－睾丸轴损害，使血中 FSH、黄体生成素（luteinizing hormone，LH）、睾酮水平降低。FSH 能促进睾丸生精小管发育和精子发育成熟，LH 主要作用于睾丸间质细胞促进睾酮合成，血中睾酮再反馈性调节垂体前叶促性腺激素的分泌。

（二）对雌性生殖功能的影响

职业性铅暴露对女工生殖功能的危害已得到公认，并被动物实验所证实。职业性铅暴露女工月经不调发病率较高，主要表现为月经周期延长或紊乱、月经量减少和痛经等，严重的职业性铅暴露还可导致女工闭经和不孕。杨世娴等对 3 903 名铅暴露一年以上女工和 8 199 名对照女工的生殖功能及其子女的健康状况进行调查，发现铅暴露女工月经异常、妊娠剧吐明显高于非铅作业女工。刘现芳等报道，铅暴露可使大鼠胎盘组织信号转导因子 Smad4 表达升高，早期铅暴露 Smad4 表达水平明显高于晚期铅暴露组和全程铅暴露组水平，血铅水平升高导致 Smad4 表达异常可能是铅致胎盘损伤的毒性机制之一。动物实验表明，给小鼠饲以含铅饲料，可使其动情周期发生紊乱，黄体萎缩，卵泡囊发育不良。铅还可抑制受精卵着床过程，使动物受精卵的着床率、妊娠率明显降低，平均每窝胎仔数也明显减少。李宁等报道，母鼠妊娠期铅暴露可影响雌二醇（estradiol，E_2）与子宫内膜细胞上其受体结合，导致受精卵着床障碍。铅对着床过程的影响可能是由于子宫对卵巢类固醇激素的反应性降低所致。

（三）对胎儿生长发育的影响

1. **对不良妊娠结局的影响** 多项调查表明，职业性高铅暴露与作业女工的自然流产和早产风险升高有关；发生死产的孕妇 60% 曾有铅暴露史。邵梅等调查发现，铅暴露与女工的自然流产风险升高和新生儿出生体重降低有关，铅暴露人群自然流产率为 7.2%，总异常生育率为 9.9%，而对照人群分别为 2.2% 和 3.5%，两组间均有显著性差异。Bellinger 等对波士顿 4 354 名无职业性铅暴露史孕妇分娩时脐带血铅水平和新生儿出生体重进行了研究，发现胎儿脐带血铅含量均值为 70μg/L，将研究对象按脐血铅水平分为 < 50μg/L、50 ~ 99μg/L、100 ~ 149μg/L 以及 ≥ 150μg/L 四个组，经孕周对出生体重校正后发现，脐带血铅含量 ≥ 150μg/L 时，新生儿平均出生体重比其他三个组低 80 ~ 100g，且随脐带血铅水平的升高，低出生体重儿、宫内生长受限儿的发生率明显增高。据报道，我国蓄电池厂铅作业女工分娩低出生体重儿的发生率为 11.3%，显著高于该地区普通孕妇分娩低出生体重儿的发生率；脐带血铅含量每增加 100μg/L，新生儿体重将减少 300g。汪玲对上海儿童调查发现，血铅每上升 0.483μmol/L，身高降低 1.3cm。戚其平等对 19 个城市 6 502 个儿童调查也发现，血铅水平与儿童身高呈负相关。此外，铅除了通过胎盘影响胎儿发育外，还可通过对精子的损害作用而产生致畸作用。如铅作业男工的子代中，先天畸形发生率的风险明显升高便是铅对精子损害作用的结果。有研究发现，随着血铅水平增高，先天畸形发生率呈上升趋势，其中以神经管畸形最常见，并有明显剂量 - 效应关系。Brender 等对生活饮用水受铅污染地区 225 名产妇和 378 名饮用水铅水平正常的孕产妇进行的研究发现，饮用水受铅污染地区人群后代患神经管缺陷的风险升高。动物实验也发现，在大鼠胚胎器官发生期给予一定剂量铅，除可引起胚胎吸收增加、死胎增

多、活胎仔体重降低、脑出血和脑水肿等胚胎毒性外，还出现小肢、短颈、小眼、腹裂、无尾、骨化不全、眼球发育不全等多种畸形。

2. 对神经发育的影响 由于胎儿血脑屏障尚未成熟，铅可直接随血液循环进入胎儿脑组织，干扰和破坏脑细胞发育和成熟，从而损害神经网络的早期构建和后期改造。动物实验发现，母鼠孕期铅暴露，其仔鼠血液、海马和大脑皮层铅含量显著增加，且随母鼠染毒剂量的增加随之增加，至母鼠分娩时，仔鼠血、海马和大脑皮层的铅含量达到峰值。在仔鼠出生后第 21 天的水迷宫试验结果显示，母鼠染铅剂量越高，仔鼠定位航行试验中逃逸潜伏期越长，空间探索实验中通过平台的次数越少，且这种差异存在剂量 - 效应关系。也有动物实验结果显示，妊娠期铅暴露，随着铅染毒浓度升高及仔鼠铅暴露时间延长，仔鼠脑组织中谷氨酰胺合成酶和胆碱乙酰基转移酶等神经元生长相关蛋白的活性和表达水平显著下降；大鼠血浆和脑脊液中瘦素水平降低，进而减弱海马 CA 区突触上 N- 甲基 -D-天门冬氨酸受体的功能，抑制短时程增强转化为长时程增强，抑制被动回避行为的学习和记忆；干扰神经细胞黏附分子合成和 tau 蛋白磷酸化，破坏神经细胞骨架，进而引起神经元死亡、记忆受损；引起幼年小鼠大脑皮层胰岛素降解酶和胰岛素样生长因子 2 水平下降，β 淀粉样蛋白 40 水平上升，引起神经退行性病变。针对新生儿脐带血铅水平与神经行为评分之间的关系研究发现，脐带血铅含量 > 100μg/L 可使行为能力评分显著降低。脐带血铅水平 > 100μg/L 三月龄婴儿的精神发育指数和心理运动发育指数均显著落后于脐带血铅 ≤ 100μg/L 的婴儿，血铅每上升 100μg/L，儿童 IQ 下降 6 ～ 8 分。戚其平等报道，血铅水平与儿童第一次爬行和第一次叫爸爸的年龄呈正相关，即儿童思维判断和自我表达能力的发育因血铅升高而延缓。德国一项队列研究发现，母亲孕期血铅升高与儿童注意力缺陷和多动障碍（attention deficit and hyperactivity disorder，ADHD）的风险增加有关。Sioen 等报道新生儿脐带血铅浓度与儿童多动风险呈正相关，儿童期铅暴露也会增加 ADHD 风险。

尽管人群流行病学调查和动物实验研究均表明，在生命早期这一神经系统发育完善的关键阶段，铅暴露会影响幼儿出生后的行为和学习记忆等高级神经行为，但铅的神经毒性机制尚未完全阐明。目前较为一致的观点是，铅对海马的损害是其影响学习记忆的重要原因之一。赵奇等发现，铅引起海马区突触囊泡蛋白表达水平降低。也有动物实验结果显示，高水平铅可促进海马组织细胞内质网钙库释放，使海马组织细胞在胞外无钙静息状态下的钙离子浓度升高。也有学者指出，铅的神经毒性与其直接促进细胞凋亡、影响神经递质释放、诱导脂质过氧化等方面也存在关联。

3. 对其他方面的影响 铅是一种较为公认的致畸物，对体细胞和生殖细胞 DNA 和染色体具有损伤作用。铅致畸作用如果发生在胚胎体细胞，则有可能导致多年以后发生肿瘤。另外，成年后高血压也与胚胎期铅暴露有关。

由于儿童吸收铅主要途径是消化道，其吸收率远较成人高，且儿童单位体重食物摄入量显著高于成人，因此儿童通过食物途径摄入的铅量也相对较多。儿童经呼吸道接触铅的吸收率也较成人高，约为成人的 1.6 ～ 2.7 倍。同时，儿童铅排泄率相对较低，存留在体内的铅相对较多，血液、软组织和骨骼中的铅交换量较大，更容易造成敏感组织铅水平升

高，进而引起组织损伤。儿童慢性铅中毒问题已引起人们的高度重视，国际上专门成立了"消除儿童铅中毒联盟"。该机构对全球 40 个国家儿童铅中毒进行了调查，发现全世界 2 岁以下儿童 75% 血铅 > 0.48μmol/L（即 100μg/L），3 ~ 8 岁儿童 40% 血铅 > 0.48μmol/L。血铅水平对于儿童铅负荷的评估具有其他指标不可替代的实用价值。现如今国际上对于儿童铅中毒的诊断标准尚不完全统一，但我国多数学者仍主张沿用 1991 年美国国家疾病控制中心制定的儿童铅中毒分级标准。Ⅰ级：< 100μg/L（相对安全）；Ⅱ-A 级：100 ~ 149μg/L 和 Ⅱ-B 级：150 ~ 199μg/L（Ⅱ-A 级和 Ⅱ-B 级属轻度铅中毒，不需要治疗，应定期进行血铅检查，观察其变化，在专业人员的帮助下，在活动范围内寻找可能的铅污染源；同时给予健康教育和饮食指导，多食用含铁、钙、锌和维生素 B、C 丰富的食物）；Ⅲ级：200 ~ 449μg/L（中度铅中毒，一周内复查血铅，确证后专业人员应到达现场查找铅污染源，应住院进行驱铅试验，驱铅试验阳性者需进行驱铅治疗）；Ⅳ级：450 ~ 699μg/L（重度铅中毒）；Ⅴ级：≥ 700μg/L（极重度铅中毒）。儿童铅中毒可伴有某些非特异性临床症状，如腹隐痛、便秘、贫血、多动、易冲动等；血铅等于或高于 700μg/L 时，可伴有昏迷、惊厥等铅中毒脑病表现。

五、预防要点

1. **保护环境，控制铅的排放**　严格执行铅烟、铅尘和含铅废水的排放标准，使环境介质中的铅含量达到国家规定的卫生标准。目前，我国《环境空气质量标准》（GB 3095—2012）中铅年平均浓度限值为 0.5μg/m³，生活饮用水卫生标准（GB 5749—2022）中铅最高容许浓度为 0.01mg/L。采取新的工艺措施，降低涂料、油漆、颜料等材料中的铅含量。

2. **改善劳动条件，减少职业性铅危害**　我国作业场所空气中有害物质最高容许浓度规定，铅尘为 0.05mg/m³，铅烟为 0.03mg/m³。坚持对铅作业工人执行就业前体检和定期体检制度。

3. **减少经口铅摄入**　避免摄入含铅量过高的食物如含铅的松花皮蛋等，避免含铅彩釉炊具存放食物时间过长，注意养成良好的卫生习惯和饮食习惯。《食品安全国家标准 食品中污染物限量》（GB 2762—2017）规定谷物及其制品中铅的限值为 0.2mg/kg。

4. **加强优生保健措施，确保胎儿和婴儿安全**　铅作业女工一旦怀孕应尽量避免接触铅，禁止在超过国家规定的最高容许浓度的环境下作业。对从事铅作业的怀孕女工，应对整个孕期进行系统的医学观察和保健指导。注意合理营养，均衡膳食，注意补充优质蛋白质、矿物质、维生素等。定期监测血铅水平，确保胎婴儿健康。

第二节　汞

一、理化性质

汞（mercury，Hg）在常温下是银白色的液态金属，俗称水银。原子量200.6，熔点−38.9℃，沸点356.6℃，比重13.5（20℃）。在常温常压下能蒸发，温度越高蒸发越多，汞蒸气密度是空气的7倍。液态汞洒落后立即形成很多小汞珠增加汞蒸发的表面积。金属汞几乎不溶于水，能溶于硝酸、硫酸和王水；可溶解多种金属形成汞齐，汞齐加温时又产生汞蒸气。汞可与烷基、烯基、炔烃基、芳基、有机酸残基结合生成有机汞化合物。有机汞化合物均为脂溶性，也有不同程度的水溶性和挥发性，对热、氧、水都比较稳定，可与酸、碱、卤素、还原剂、金属等发生化学反应。无机汞化合物在自然环境中可通过氧化和甲基化而形成甲基汞或二甲基汞。2017年甲基汞化合物被国际癌症研究机构认定为2B类致癌物。

二、污染来源和环境分布

汞在自然界中主要以硫化汞形式存在于岩石中，通过风化可被还原为金属汞或形成二价汞离子化合物进入环境，或以固体微粒状释放出来，在地表移动，因此土壤、大气、水体中都可能含有汞，构成汞的天然本底。从风化岩石中释放出来的汞，据估计每年达到5 000吨，至少有一半进入了环境，或挥发进入大气层，或进入土壤被植物吸收。

大气中汞主要来源是地壳的天然释放，而人类活动释放汞的数量尚难以评估，一般认为与天然来源大致相当。煤和石油燃烧所释放出来的汞是空气中汞的重要来源。煤和石油含汞量很相近，每燃烧1吨可向大气排放约1g汞。冶炼含汞金属矿石（如铜、铅、锌等）时，都有汞排入大气。一般靠近含汞地区和低海拔地区的空气中汞浓度较高，在已知沉积汞的区域从近地面处测得空气中汞浓度可高达20μg/m³。据报道，日本沿海工业大城市汞浓度为130~420ng/m³。我国吉林市工业区近地面大气中汞的最高含量为5 360ng/m³，平均含量为1 470ng/m³。

由于大气中含有汞蒸气，雨水中也会含有一定量的汞，其浓度为未检出~0.33μg/L。湖泊和河流是环境中汞迁移的主要途径，因此地表水、地下水和海洋中都含有汞。天然水体中汞本底浓度一般不超过1.0μg/L，海水含汞量大多数在0.01~0.30μg/L之间。有资料显示，水体中汞含量低于0.1μg/L者占65%，超过1.0μg/L的仅占15%。意大利河水含汞量为0.01~0.05μg/L，德国萨勒河为0.035~0.145μg/L。我国黄河水含汞量为0.1~0.4μg/L，长江为0.14μg/L，湘江为0.42μg/L，鄱阳湖为0.1μg/L，洞庭湖为0.025g/L，松花江源头白头山天池水为0.03μg/L。含汞工业废水对水体可造成严重污染。水体中的汞可以元素汞、一价汞和二价汞等三种状态存在，主要取决于水环境的氧化还原电位、水的酸碱度，以及能与汞形成稳定复合物的阳离子和其他基团的性质。沉积于污泥或其他底质中的汞，

在无氧条件下可生成硫化汞沉淀，在适当的条件下可以从不溶状态转变为可溶状态。水体中的汞还可被水生植物、动物吸收。底质中的汞离子经厌氧微生物的作用，在甲基维生素 B_{12} 存在时，可以转化为甲基汞和二甲基汞，这种生物转化过程是水生态系统中汞生物富集的关键环节。鱼类吸收甲基汞的效率极高，而清除速度却很慢，其体内甲基汞大部分都蓄积在肌肉组织中，鱼的营养级越高、鱼龄越大，甲基汞在鱼肌肉组织中的含量也越高，海洋哺乳动物的食肉鱼组织中汞含量可高于海水百万倍。经食物途径进入机体的汞，90%为甲基汞。近年来的研究发现，我国部分汞矿区周围居民食用非水产品如大米、玉米等的甲基汞含量明显高于其他地区。由于我国居民膳食结构中大米消耗比例约为 22%～30%，因此由食用大米引发的甲基汞暴露也引起了广泛关注。

汞和汞化合物在医药、农业、工业上应用种类繁多，是环境中汞污染的重要来源。全世界一年生产的汞约 1 万吨，且年产量以 2% 的速率递增。我国是汞使用量最大的国家之一，年使用量达 900 多吨，主要使用汞的工业部门如氯碱、电气和染料三种工业的用汞量约占汞总消耗量的一半。随着经济的发展，汞的使用和排放量都在日益增加。使用汞造成的汞排放和其他类型的汞排放（包括矿物燃料燃烧、生产钢铁、水泥、磷酸盐，以及有色金属冶炼过程中排放汞）合计每年达上万吨，往往造成局部环境的污染。由于汞在环境中具有迁移性，一旦一种环境介质遭受污染时往往也可使其他环境介质受到污染。

汞职业性接触主要有汞矿开采和冶炼；仪器仪表的生产、使用和维修；电气器材制造和修理；有色金属用汞提炼贵重金属；氯碱生产和有机合成用汞作触媒；军工生产作引爆剂；原子能钚反应堆作冷却剂；口腔医生用银汞补牙等。

三、体内代谢和蓄积

在生产环境条件下，金属汞蒸气、气溶胶或粉尘状态的汞化合物主要经呼吸道吸入。汞蒸气为非极性物质，具有高度的弥散性和脂溶性，其在类脂质和空气之间的分配系数为 25：1，其脂 - 水分配系数较高，因此，汞蒸气在肺泡内易于吸收并迅速扩散。金属汞经消化道吸收甚微（约 0.01%），其经消化道的吸收率与其溶解度密切相关。一项以人为志愿者的实验表明，二价汞化合物胃肠道吸收率为 15%，而食物中甲基汞吸收率可高达 90%～95%。皮肤吸收仅见于含汞油膏的药物或汞含量超标的美白化妆品的使用者。汞被吸收入血后经血液循环迅速扩散至全身各组织器官。汞在红细胞、肝细胞等内被氧化成汞离子，二价汞离子能与蛋白质的巯基结合，形成结合型汞；与含巯基的低分子化合物如半胱氨酸、还原型谷胱甘肽、辅酶 A、硫辛酸等及体液中的阴离子结合，形成可扩散型汞。这两种形式的汞随血液循环分布于全身各器官组织，以后逐渐转移至肾脏，15 天后肾内汞贮存量可占体内总汞量的 70%～80%。肾内汞含量以皮质最高，其中又以肾近曲小管细胞内最高，远曲小管、髓襻中较低，而肾小球和集合管内则含量甚微。肝脏合成的金属硫蛋白（metallothionein，MT）对进入体内的汞、镉等重金属具有较强的结合作用，这对于此等重金属元素的毒性作用能起到一定的缓冲作用。金属汞易于透过血脑屏障，元素汞进入脑组织的量可比等量的汞离子高 10 倍。脑组织内汞的分布不均匀，灰质中的含量比白质高，以脑干汞含量最高，其次为小脑、大脑皮质和海马回。有人发现，脑干中存在某些含汞量很高的细胞（可比邻近细胞高16倍）而被称为嗜汞细胞。对汞中毒死亡者的尸检发现，人脑中以小脑贮存汞最多，而大脑白质中汞的含量最低，其临床表现与小脑部位的细胞病变是一致的。

烷基汞则以其原形分布于全身，以肝脏含量最高，其次是肾脏，脑和睾丸。尽管甲基汞在肝脏和肾脏中蓄积量比脑组织高，但对肝肾的毒性效应较低。有机汞在血液中主要存在于红细胞内，甲基汞在红细胞与血浆中的比率为3：1，而无机汞在红细胞与血浆中的分布比率近1：1。

甲基汞主要通过水生食物链等途径进入人体内，首先在胃酸作用下生成氯化甲基汞，在消化道内的吸收率可高达95%以上。甲基汞被吸收入血液后，主要与红细胞血红蛋白上的巯基结合，随血液循环分布至全身。烷基汞易透过血脑屏障进入脑内，且不易排出，长期接触者脑中烷基汞可占全身总量的15%。无论何种类型的汞都能通过血睾屏障，影响性腺和内分泌功能，但是有机汞通过此屏障的速度更快、蓄积更多，可比无机汞高4倍。

体内汞主要经肾脏随尿液排出，也经肝脏随胆汁排入肠道再随粪便排出体外。随肠黏膜上皮细胞的脱落将汞直接排入肠道内也是汞排泄的一种方式。此外，汞还可经汗腺、唾液腺、乳腺、毛发和指甲等途径排出。肾脏排出的汞大部分是与低分子蛋白结合的复合物。当汞吸收量超过排泄量时将在体内蓄积。目前认为，汞在人体的生物半减期约为70天，脑内汞的生物半减期可超过一年。不同的汞化合物，其生物半减期有一定差别，如金属汞的生物半减期约为58天，无机汞盐的生物半减期约为40天。二价汞离子在其他组织中形成后，很快地转运至肾脏蓄积，然后随尿液排出体外。甲基汞的主要排泄途径是经胆道入小肠，大部分甲基汞在肠道内被重新吸收，小部分随粪便排出。甲基汞进入机体后，其代谢和排泄的速率非常缓慢，每日约排出体内总量的1%。其排泄途径80%通过粪便，10%通过尿液（以总汞计）。甲基汞在动物体内的生物半减期为70~74天，在脑中的清除速度十分缓慢，其生物半减期可达240天。动物实验表明，烷基汞的排泄速度比无机汞慢得多，甲基汞的排泄速度比乙基汞慢得多。不同器官组织对汞的清除速率也不相同，以血液的清除速度最快，肝脏次之，脑组织最慢。

四、生殖和发育毒性

金属汞经口摄入时毒性较小，但吸入汞蒸气时毒性则较大，其中以经食物链富集作用而引起的慢性甲基汞中毒最为常见。最著名的是日本熊本县水俣湾附近的居民长期食用受甲基汞污染的鱼贝类而引起的慢性甲基汞中毒（chronic methyl mercury poisoning），即震惊世界的水俣病（Minamata disease）。

（一）无机汞的生殖发育毒性

1. **对雄性生殖功能的影响** 金属汞和无机汞暴露与男性生殖危害的调查发现，职业性接触金属汞和无机汞对男工的性功能有明显影响，主要表现为阳痿、性欲减退、精液量减少、一次射精的精子总数减少、活精子率降低、精子畸形率增高等。职业性接触无机汞的回顾性调查表明，长期无机汞暴露除导致男工阳痿、早泄、性欲减退的发生率升高外，其妻子的自然流产、先兆流产、早产、难产和围产儿死亡等不良妊娠结局的发生率增加。另有研究表明，随着作业工人汞暴露时间的延长，其血清 FSH、LH 和 T 均呈下降趋势，且与汞暴露时间呈负相关，说明汞作业男工的生殖内分泌功能出现了异常。动物实验也发现，汞在睾丸内有明显聚集的现象，睾丸生精小管上皮细胞排列紊乱，细胞脱落，成熟精子明显减少，甚至发生生精小管上皮细胞完全脱落的现象。有人用氯化汞给小鼠连续染毒15 天，发现小鼠早期生精细胞的微核率、减数分裂异常率和精子头畸形率显著升高。还有学者用 0.01 ~ 1mmol/L 氯化汞作用于离体小鼠骨髓细胞和睾丸生殖细胞，可引发 DNA 损伤率增加和 DNA 彗星迁移距离延长，且睾丸生殖细胞 DNA 损伤率显著高于骨髓细胞损伤率，说明汞可导致这两种细胞 DNA 单链断裂，且睾丸对汞的毒性损伤更加敏感。低剂量氯化汞（1mg/kg）连续给大鼠染毒 30 天后发现，大鼠血清 T、LH 和 FSH 水平显著降低。苏晓东发现氯化汞可通过促进雄激素结合蛋白 mRNA 和蛋白的表达，降低抑制素mRNA 和蛋白的表达，从而影响原代培养大鼠支持细胞的分泌功能。因此，美国国家职业安全与卫生研究所已将汞蒸气列入男性生殖危害的名单之中。

2. 对雌性生殖功能的影响　职业流行病学调查发现，汞作业女工出现的生殖健康问题，主要表现为月经周期紊乱、经期改变、月经量异常（增多或减少）、经前紧张和痛经等。另有报道显示，即使在车间汞浓度未超过最高容许浓度（0.01mg/m³）的情况下，接触汞蒸气的女工月经紊乱的发生率仍显著升高。长期接触低浓度汞的女工，不论结婚与否，所出现的月经变化主要是痛经和 / 或月经异常，且随着汞暴露水平的增加，月经异常发生率也升高，呈现出明显剂量 - 反应关系。还有研究发现，汞作业女工的绝经期提前率和性欲减退发生率明显升高。

汞对作业女工的妊娠结局也存在明显不良影响。接触汞的作业女工妊娠中毒症、早产、自然流产、难产、死产的发生率显著高于非职业接触人群。国外调查资料也表明，母体汞暴露对受孕时间、自然流产率均有明显影响。在无机汞化合物熔炼厂，车间空气汞浓度为 80μg/m³ 时，女工自然流产发生率可达 17%，显著高于正常的 5%。对 153 名在日光灯厂接触汞蒸气女工的妊娠结局与不暴露汞的女工进行比较，发现汞暴露女工在汞浓度未超标的情况下已发生月经紊乱、生育率降低和不良妊娠发生率增高的现象。国外资料还发现，经常制备汞齐合金进行牙齿修补的牙科女医生或技术人员，其月经周期紊乱、流产、死产、先天缺陷的发生率均明显升高。流行病学调查资料表明，妊娠期暴露于含汞环境可增加后代患神经管缺陷的发生风险。此外，暴露于含汞环境的男性作业工人，其后代患神经管缺陷的风险增加。也有研究发现，高汞胎盘组织的神经管缺陷发生风险高于低汞胎盘组。赵文丽等对妊娠 7 ~ 15 天的大鼠连续经口灌胃氯化汞溶液，发现低于 1.5mg/kg 氯化汞染毒可诱发胎鼠发育迟缓、短肢、并趾、腭裂等外观畸形；而染毒剂量为 1.5mg/kg 时则可引发胎鼠发生脑膨出、脊柱裂等神经管缺陷。

3. 对子代生长发育的影响　由于汞可通过血脑屏障和胎盘屏障，因此除母体在怀孕期间接触汞使胚胎 / 胎儿的汞负荷增加，影响其正常发育甚至造成不良妊娠结局外，汞及其化合物还可通过乳汁使出生后的子代继续接触汞而产生不良影响。有资料表明，接触汞女工的新生儿平均体重减轻，畸形、胎儿窒息、婴儿期死亡、儿童期死亡的发生率均显著升高。汞暴露女工的子女患有头晕、头痛、失眠、记忆力差等神经系统症状和易怒、兴奋、恐惧、噩梦等精神症状，有些儿童口腔有金属味、牙龈出血、流涎，还有部分儿童出现明显的肌肉震颤，膝、跟踝反射减弱，以及肢体痛觉减弱或消失等周围神经病的表现，说明这些儿童已患有不同程度的汞中毒。

（二）有机汞的生殖发育毒性

1. 生殖毒性　甲基汞可作用于雌性生殖系统，破坏卵巢细胞线粒体结构和功能，使其能量生成受阻、DNA 片段缺失而影响卵巢功能，表现为不孕、流产或死产。甲基汞还可对卵细胞造成遗传损伤从而危害子代健康。如甲基汞能影响雌性动物卵巢细胞周期，使 G1 期细胞增加，出现明显 G1 期阻滞，致使 DNA 合成受抑制，细胞有丝分裂延迟，引起能量代谢障碍，导致卵巢细胞功能改变。此外，甲基汞可透过血睾屏障，在睾丸中蓄积，影响生精过程，从而降低交配率和受孕率。其引起睾丸功能损伤的阈剂量比引起神经毒性的阈剂量更低，即睾丸对甲基汞的毒性更敏感。甲基汞可抑制精细胞形成，使成熟精子数量减少、精子畸形率增高，导致男性生育力下降。甲基汞的危害不仅在于其对亲代的神经系统和运动系统等造成功能性损伤，而且还可通过对雄性和雌性亲代生殖系统的损伤而造成子代体格和精神行为的发育异常。

2. 发育毒性和致畸作用　甲基汞是公认的人类致畸物，且具有很强的神经毒性，易透过胎盘屏障和血脑屏障进入胎儿体内，并侵入胎儿的脑组织，从而对胎儿中枢神经系统造成广泛的损害，影响胎儿听觉视觉功能和神经行为发育，使新生儿罹患先天性水俣病（congenital Minamata disease）。日本水俣地区调查表明，摄入甲基汞孕妇尽管无中毒症状，但畸胎率明显增高；发汞含量高的母亲，其婴儿却患有先天性水俣病，提示妊娠期胎儿对甲基汞的敏感性显著高于母亲。其他地区如伊拉克和新西兰甲基汞暴露人群的研究也发现，母亲发汞水平与孩子智商呈负相关，妊娠期间大量食用海产品造成的汞暴露与其孩子在语言、记忆、视觉和运动功能等区域神经发育异常改变之间也存在相关性，且这些改变可能是不可逆的。动物实验也证实，母体妊娠期间接触一定浓度甲基汞，虽未对母体产生明显毒性效应，但可对胎仔造成毒性危害，影响仔鼠神经系统发育，导致仔鼠学习记忆能力降低。如刘苹等对妊娠 6~9 天的大鼠每天给予一定剂量甲基汞，在未发现母体毒性和致畸作用的情况下，其胎仔体重、尾长显著降低，出生后仔鼠体重增长、生长发育、神经系统发育、学习记忆能力等均受到明显的不利影响。此外，胚胎期汞暴露除发现脑组织内甲基汞含量明显增加外，脑内胆碱类、单胺类、兴奋性氨基酸类神经递质合成、传递和分解也出现异常，同时脑干、边缘系统包括海马和杏仁核神经元出现退行性病变，幼鼠大脑皮层和海马区的神经生长因子水平降低，这些改变可能是孕期汞暴露导致儿童认知障碍的原因之一。甲基汞中毒以经食物链富集作用而引起的慢性中毒最为常见。鱼类受甲基汞污染所引发的一系列生殖危害在一些国家已经引起了人们的警觉。瑞典曾提出限制食用一些鱼类的建议，特别是针对正处于妊娠期的妇女。动物实验也表明甲基汞具有致畸效应，例如对怀孕小鼠进行甲基汞处理，可发生死胎、胚胎吸收、仔鼠畸形（如腭裂）和个体弱小等现象。雄性大鼠染毒甲基汞两个月后与未染毒雌性大鼠交配，胎仔出生后的多项生长

发育指标如张耳、开眼、门牙萌出、睾丸下降、阴门开启等均与对照组有明显差别。此外，甲基汞可使胎仔转体时间延长、前肢悬挂时间缩短，胎仔的平面翻正、断崖回避、空中翻正的正确率也明显降低。

有关甲基汞毒性作用机制，多数研究者认为：①与巯基膜蛋白结合，影响蛋白质功能。进入体内的汞首先被氧化成二价汞离子，与巯基反应生成牢固的 S-Hg 键，使体内一些含巯基的重要酶类如 ATP 酶、细胞色素氧化酶和乳酸脱氢酶等的结构和功能发生改变，甚至失去活性，影响生物大分子合成，抑制 ATP 合成，从而使细胞代谢紊乱甚至死亡，这可能是甲基汞对细胞膜系统、酶活性、蛋白质生物合成及核酸生物合成产生毒作用的生化基础。②增加细胞内 Ca^{2+} 浓度，使细胞内外 Ca^{2+} 浓度失衡。Ca^{2+} 通道是甲基汞发挥毒性作用的靶标，甲基汞对控制细胞内质网钙库的关键酶 Ca^{2+}-ATP 酶具有显著抑制作用，而且细胞接触甲基汞产生的活性氧自由基也会影响该酶的活性，因此甲基汞暴露于神经元细胞后会导致细胞线粒体内的 Ca^{2+} 外流，并抑制线粒体对 Ca^{2+} 的吸收，使细胞内 Ca^{2+} 浓度增加，钙蛋白酶活性增强，导致细胞内钙超载，从而造成甲基汞毒性作用的靶向细胞器线粒体的氧化磷酸化过程发生障碍，致使线粒体膜电位降低，以及胞浆内磷脂酶、蛋白酶等被激活，从而诱导细胞凋亡，促进细胞不可逆损伤。③甲基汞在体内代谢过程中 C-Hg 键的断裂能产生自由基，在蛋白质、核酸等生物大分子的局部引发自由基反应，造成生物大分子的结构破坏，导致 DNA 链断裂、碱基与核糖氧化、碱基缺失，以及蛋白质交联等多种类型的损伤。甲基汞代谢中产生的自由基也可引起脂质过氧化反应，脂质过氧化产物也可对多种生物大分子产生损害作用。

五、预防要点

1. **控制汞对环境的污染**　开展清洁生产和源头预防，在生产过程中采用新的生产工艺，以无毒物质代替汞，尽量减少汞的使用。严格限制含汞废水、废气和废渣的排放；对污染源排放的含汞"三废"，要认真按照《环境保护法》有关规定进行严格治理。我国《污水综合排放标准》（GB 8978—1996）规定总汞的最高允许排放浓度为 0.05mg/L。2013 年 1 月 19 日联合国环境规划署通过了旨在全球范围内控制和减少汞排放的国际公约《水俣公约》，就具体限排范围作出了详细规定。我国于 2013 年 10 月 10 日签署了该公约，极大推进了我国涉汞行业的监督管理。

2. **采取切实措施，预防职业危害**　改善劳动条件，加强劳动保护，严格卫生监督管理，改进生产过程中的密闭、通风和净化的措施，以消除和减少汞污染发生，保证作业场所空气中汞浓度达到国家规定的卫生标准。我国规定的车间空气中汞的最高容许浓度：金属汞 0.01mg/m³，升汞 0.1mg/m³，有机汞化合物为 0.005mg/m³。

3. **确保食品安全**　我国《食品安全国家标准　食品中污染物限量》（GB 2762—2017）规定，甲基汞限量为水产动物及制品 0.5mg/kg，食肉鱼类及制品 1.0mg/kg；总汞限量为稻谷、糙米、大米、玉米、玉米面、小麦、小麦粉 0.02mg/kg，新鲜蔬菜 0.01mg/kg，肉类 0.05mg/kg，鲜蛋 0.05mg/kg，乳及乳制品 0.01mg/kg，婴幼儿罐装辅助食品 0.02mg/kg。

WHO 规定鱼体内汞含量应低于 0.4mg/kg。

4. 保护高危人群 对汞污染地区居民应定期进行健康检查，发现有甲基汞蓄积的居民应定期进行临床医学复查，观察病情动态，防止病情发展。对已经出现甲基汞损害症状的中毒患者，要给予必要的驱汞治疗。对接触汞的作业工人进行定期职业健康监护，是保护汞作业工人健康的有效措施。此外，有明显的口腔炎症、慢性肠道炎症、肝肾疾病、精神神经疾病等患者不宜从事汞作业，妊娠期和哺乳期女工应暂时脱离汞接触职业。

第三节　镉

一、理化性质

镉（cadmium，Cd）是 1817 年由 F. Stromyer 首先在氧化锌中发现的，为银白色金属，略带淡蓝色光泽，比重 8.65，熔点 320.9℃，沸点 767℃，原子量 112.41，在元素周期表中与锌、汞同属ⅡB族。镉能与氧、硫作用形成镉化物，易溶于稀硝酸，难溶于稀硫酸和盐酸。镉蒸气压在 400℃时为 1.4mmHg，500℃时为 16mmHg。镉遇高温很快逸出金属蒸气，并在空气中迅速形成红棕色氧化镉烟尘。

二、污染来源和环境分布

环境中镉一部分来自火山喷发，使地球内部镉进入生物层；另一部分来自工业生产。镉在自然界中主要存在于锌、铅等矿石中，其含量约为 0.1%～0.5%，是提炼锌、铅等的副产物，主要用于电镀、制造合金、塑料、颜料、镍镉电池及半导体元器件等领域。我国镉储量位列世界第一，也是全球最大的镉产量国，全球镍镉电池制造占镉工业总用量的86%，回收再利用量约为产量的 20%～84%。近年来镉排放量大幅增加，1990—2010 年由 474 吨增加到 2 186 吨，其中 77% 来自非铁金属冶炼工业。工业生产中产生的含镉废水、废渣和废气可对环境造成污染，特别是含镉废水灌溉农田和含镉肥料施用，以及含镉工业废渣堆放经日晒雨淋，均可对农田和水体造成严重污染，使土壤含镉量显著增加，且在土壤中生长的植物镉含量也随着土壤中镉含量的增加而增加。

人类镉暴露途径主要包括：①空气污染，主要来自工业生产过程中有色金属的冶炼和煅烧，矿石烧结，含镉废弃物处理等；②水体污染，主要是由于工业废水排放引起的，如锌、铅、铜矿的选矿及电镀、碱性电池等生产工艺的废水排入地表水或渗入地下水；③土壤污染，包括工业废气中的镉扩散沉降累积于土壤，以及使用含镉废水灌溉农田。对一般居民而言，接触镉主要途径是食物，农作物叶、根（包括块茎）和种子蓄积镉最多。有报告指出，多叶蔬菜如生菜、菠菜、土豆和小麦、大豆、葵花籽等含镉较高。2018 年蔡华等检测了上海市水产品中的重金属，发现镉超标率依次为甲壳类（28.1%）、头足类

（20.0%）和双壳类（13.6%），海水甲壳类中海蟹镉污染较严重。同时还指出，大闸蟹不同组织器官对镉富集能力有较大差别，膏黄中的镉显著高于肌肉。甲壳动物以镉结合肽的形式从水中蓄积镉，可能是膳食镉主要来源之一。肉、鱼、水果含镉量为 1 ~ 50μg/kg，谷物含镉 10 ~ 150μg/kg。动物的肝肾组织中镉浓度最高。有些作物如烟草对镉具有较强的富集作用，使烟草中含有较多的镉。因此，对于非职业人群来说，吸烟也是镉暴露的重要来源。一支香烟中约含镉 1.2 ~ 2.5μg，吸烟时约 25% 烟草烟雾进入吸烟者体内，75%释放到环境中。因此，孕期吸烟或被动吸烟均可引起孕妇镉暴露。

无论是镉污染区还是非镉污染区，非职业接触人群长时间低剂量镉暴露所引起的健康危害往往不易发现，因此更应重视农田土壤和农作物中的镉含量。2010 年世界粮农组织 /世界卫生组织食品添加剂联合专家委员会提出，将每月镉耐受摄入量调整为 25μg/kg。欧洲非镉污染区居民每月膳食镉摄入量为 5 ~ 25μg/kg，占每周镉耐受摄入量的 20% ~ 60%。我国营养调查显示，中国非污染区一般人群镉平均摄入量均处于较安全水平，但不同地区人群膳食镉暴露差异较大，如沿海的福建省，除老年人群外，其他人群镉摄入量均已超过每周镉耐受摄入量。

三、体内代谢和蓄积

镉经胃肠道吸收约占 5% ~ 8%，在食物中缺乏钙和铁，以及低蛋白饮食的条件下，镉吸收增加。研究表明，孕期经胃肠道吸收镉显著增加，而尿镉无明显变化，致使体内镉水平较非妊娠状态高。新生儿胃肠道对镉吸收率比成人高，可高达 55%，并在整个婴儿期保持高吸收率，这可能与镉被胃肠道黏膜和乳腺等组织潴留有关。人体内锌、硒、铁等微量元素与机体镉代谢之间存在相互作用。如妊娠期缺铁会诱导机体增强对镉的吸收，血镉和尿镉水平升高，且低能量摄入尤其是低脂肪摄入的孕妇镉水平比高能量、高脂肪摄入的孕妇相对较高。一般来说，女性血镉浓度高于男性，很可能是由于育龄妇女铁储备低而增加了胃肠道镉吸收。有资料表明，血清铁蛋白水平低的妇女对镉的吸收是正常者的两倍。呼吸道对镉吸收大于消化道，可达 15% ~ 30%，且与镉化合物的溶解度无关。烟草烟雾中的镉可被吸收 50%，每日吸一包香烟则可使每天的镉负荷量加倍。

由呼吸道和消化道吸收到血液的镉，主要通过与红细胞和血浆高分子蛋白特别是血清白蛋白结合而转运。一般成人血镉水平小于 10μg/L。新生儿血镉水平与母亲镉水平有关。潘尚霞等报道，我国南方某重金属污染区儿童血和尿中镉水平分别为 1.93μg/L 和 1.43μg/L。2017 年黄丽华等报道，我国中部地区在妇幼保健院出生的 300 例新生儿脐动脉血镉水平的中位数为 0.16μg/L，最小值为 0.02μg/L，最大值为 2.61μg/L。我国台湾地区报道的新生儿血镉水平中位数为 0.33μg/L，湖北省大冶 106 名新生儿的血镉水平中位数为 0.6μg/L，表明我国各地新生儿宫内镉暴露水平差别较大。进入血液的镉能迅速与 MT 结合形成镉 -金属硫蛋白（cadmium-methallothionein，Cd-MT），Cd-MT 约 70% 存在于红细胞中，30%在血浆中。镉随血液循环分布于全身各个组织器官，人体镉最大贮存库是肝和肾，占机体镉负荷的 50% ~ 75%，其中以肾皮质镉含量最高。在肝脏，镉可诱导 MT 合成，而后以

Cd-MT 复合物的形式储存于肝脏或随血液转运至肾脏。肾脏中的镉蓄积于溶酶体，溶酶体中的 Cd-MT 复合物被缓慢地催化为游离的镉。镉接触量增大时，人体内大部分镉存在于肝中。肝内镉含量随时间延长递减，而肾脏镉含量则逐渐增加。众多研究表明，镉在动物肝脏和肾脏中快速地富集，其他组织中镉也逐渐转移至肾脏。肾中镉含量约为体内总镉量的 1/3。能蓄积镉的其他器官有睾丸、肺、胰、脾和其他内分泌器官，而骨、脑、体脂和肌肉的镉含量非常低，其顺序为肾 > 肝 > 胆囊 > 肺脏 > 骨骼。胎盘可合成 MT 并作为对母体镉的屏障，但随着母体镉暴露增加，胎儿可接触到镉。人乳和牛乳镉含量较低（小于 1μg/kg），母乳镉浓度比血镉浓度低得多，可能是镉离子广泛结合于红细胞和淋巴细胞中的 MT 和乳腺中的结合蛋白所致。

新生儿体内镉含量较低，其全身镉负荷通常小于 1mg。在 50 ~ 60 岁以前，镉在软组织特别是在肾脏中的蓄积量随年龄的增长而持续增加，而后则缓慢下降。对于无职业镉接触中年男子，体内含镉量一般为 5 ~ 20mg。长期低剂量接触镉时，体内负荷的 50% ~ 75% 集中于肾脏和肝脏，肾脏中镉的浓度约比肝脏高 10 ~ 15 倍。肾脏内镉的浓度呈梯度分布，外部皮质层镉的含量约为内部髓质的 2 倍，年龄 40 ~ 50 岁的人肾皮质含镉量可达 15 ~ 70μg/g。妇女肾脏镉含量一般较男性高。

慢性镉暴露可导致血脑屏障通透性增加，而作为血脑屏障重要组成部分的脉络丛虽然能屏护并蓄积镉，但随着镉在脉络丛中蓄积量的增加和时间的延长，脉络丛细胞可出现损伤，致使血脑屏障功能受损。发育期动物血脑屏障发育不完善，对镉更为敏感，在相同的暴露剂量和暴露时间下，发育期动物脑镉含量明显高于成年动物。有研究表明，大鼠一次静脉注射氯化镉（$^{109}CdCl_2$）后，脉络丛含镉量显著增加，松果体及其周围脑室旁组织含镉量也较高，其他脑实质含镉量较低。侧脑室内注射 $^{109}CdCl_2$ 后，镉主要集中在脑室系统，大部分脑实质中测不到镉。嗅球注射 $^{109}CdCl_2$ 后 24 小时和 48 小时，镉主要分布于注射部位和同侧嗅觉通路上的梨形皮质和前联合。成年动物慢性暴露镉（皮下、胃肠道、鼻）后，脑内含镉量升高，尤以嗅球内的含镉量增加最为显著。

肾脏和肝脏能持续合成结合镉的 MT，导致镉被聚集于此等组织，因而镉的清除很慢，其生物半减期很长。一般认为，镉的生物半减期为 10 ~ 30 年，为已知的最易在体内蓄积的毒物。镉在肾脏的蓄积量与中毒阈值很接近，安全系数很低。估计每天排出的镉小于体内负荷量的 0.01%，大部分通过尿液排出，但也可通过胆汁、胃肠道、唾液、皮肤和汗液等排出。维生素 B 可结合尿镉，与镉形成复合物，促进镉的排泄。由于仅 6% 的镉在胃肠道吸收，并且经口摄入的镉及其化合物主要经胆汁随粪便排出，因而，粪便中的镉可比较精确地反映膳食中的镉含量。动物实验证明，大鼠摄入的镉，88% 由粪便排出，10% 由肾脏排出，少量由胆汁排出。经呼吸道吸收的镉主要通过肾脏由尿液排出，也可经乳汁排出。尿镉的排出量随年龄增加而缓慢增加。在肾脏功能受损的情况下，机体镉负荷下降，尿镉水平显著增加。另外，毛发、指甲和汗液也可排出少量的镉。

四、生殖和发育毒性

镉是一种生物蓄积性强、不能降解的高毒性重金属，其化学活性较强，且毒性持久。长期摄入镉能不同程度地对心血管、肝脏、肾脏、骨骼、脑、生殖及免疫等多个器官系统造成损害。美国毒物与疾病登记署（Agency for Toxic Substances and Disease Registry, ATSDR）将镉列为第 6 位危及人类健康的有毒物质，被世界粮农组织／世界卫生组织确定为最优先研究的食品污染物之一，仅次于黄曲霉毒素和砷，位列第三位。

（一）对雄性生殖功能的影响

尽管镉对多种组织器官都有毒性作用，但以睾丸和附睾的敏感性最高。当每克湿重睾丸组织镉含量达 0.15μg 时就可发生病理改变，而肝肾等脏器镉含量即使高达睾丸的 50倍，镜下也未见有病理性改变。动物实验发现，皮下或腹腔注射镉盐 6 小时后可见睾丸充血肿胀，部分有出血点；镜下可见睾丸血管扩张、充血，静脉尤为明显，睾丸血管内皮细胞肿胀、血管周围炎性细胞浸润，间质水肿并呈现广泛片状出血。24 ~ 48 小时后，生精上皮细胞广泛变性、坏死，胞核皱缩、溶解，胞浆嗜伊红染色，部分生精上皮细胞脱落。数日后发生生精小管纤维化、微血管和间质细胞团增生，睾丸正常结构消失，睾丸萎缩、体积缩小、重量减轻、质地变硬。电镜检查发现，睾丸和附睾头部的毛细血管内皮细胞和毛细血管周围吞饮细胞的吞饮小泡数量增加，体积增大，以靠近管腔面多见。雄性小鼠经灌胃给予镉后，最初 8 天完全不能使同笼雌鼠受孕，第 9 ~ 13 天致孕能力有所恢复，第 13 ~ 21 天致孕能力恢复到正常水平。目前认为，镉染毒后 1 ~ 7 天是对精子的作用，8 ~ 21 天是对精子细胞的作用，22 ~ 35 天是对精母细胞的作用，35 天以上是对精原细胞的作用。只有大剂量的镉才会对生精上皮精原细胞造成不可逆损害，而中、小剂量的镉则主要作用于精母细胞和精子细胞，其所致损害是可逆的。还有研究发现，雄性动物睾丸在胚胎期对镉暴露的敏感性较高，推测可能是由于镉通过干扰类固醇合成和间质细胞中细胞色素 P450 胆固醇侧链裂解酶的表达，抑制睾酮合成，从而影响雄性胎仔性腺的分化与发育。此外，镉还可通过引发脂质过氧化作用破坏支持细胞的紧密连接，导致血睾屏障损害，造成睾丸组织损伤。

流行病学研究表明，镉暴露可影响男性生殖健康。长期低剂量镉暴露与男性精液中精子总数减少、活动精子百分比降低有关。印度阿萨姆邦南部地区男性居民不育症的发生率较高，其精液中总精子数与当地源水中镉、砷等重金属含量呈负相关。美国纽约人群样本分析显示，患有不育症的男性，其血液和精浆中镉含量显著高于普通对照组，活动精子数量和精子密度与血镉含量呈负相关。对西班牙东南部男性居民的研究也发现，精液中非活动精子百分比与镉含量存在显著正相关。国内也有学者发现，不育症者精液镉水平较高，镉含量与精子畸形率呈正相关，与精子密度、精子存活率和活跃精子密度呈负相关。对746 例到某生殖医学中心就诊者精浆中多种金属元素浓度进行检测发现，100% 受检者精浆中可检测出镉，其几何均数和中位数均为 0.37μg/L，且受检者血清性激素结合蛋白水平与精浆镉浓度呈正相关。此外，还有人发现我国男性镉暴露可使血清睾酮水平受到明显影响。如对镉电池企业 160 名男性工人进行尿镉、血清睾酮、卵泡刺激素和黄体生成素的检测结果显示，镉暴露工人血清睾酮水平较低，且随着作业场所空气中镉浓度的升高，其血清睾酮水平下降趋势明显。此外，镉暴露工人血清卵泡刺激素和黄体生成素水平显著升高，且随着作业场所镉浓度升高，其血清卵泡刺激素和黄体生成素水平呈明显上升趋势。这可能是由于镉暴露引起血清睾酮水平降低，机体提高下丘脑-垂体-睾丸的调控机制促进下丘脑分泌垂体促性腺激素释放激素，从而反馈性地引起血清卵泡刺激素和黄体生成素浓度升高。

（二）对雌性生殖功能的影响

人群流行病学调查显示，镉能在女性子宫中长期蓄积，且脱离镉接触后，子宫内镉也无明显减少。动物实验发现，大鼠血液和子宫组织内镉含量呈剂量依赖性增高，与血液中镉蓄积相比，子宫中镉蓄积趋势更明显。镉也可引起子宫上皮高度明显增加、间质水肿，同时也会抑制子宫内膜细胞的血管生成，导致子宫内膜功能障碍，增加生育问题的风险。有研究认为，镉引起的子宫脂质过氧化可能是镉子宫毒性的作用机制之一。此外，镉暴露可降低发情期小鼠子宫内膜厚度和腺体数量，并可使子宫内膜上皮细胞的凋亡指数增加，增殖指数下降。另有研究指出，雌性大鼠在妊娠期和哺乳期持续暴露镉，会使镉蓄积于雌性后代的子宫和卵巢中，且雌性后代的子宫内膜厚度和子宫重量均增加。可见，长期镉暴露的雌性生殖毒性不仅对母体子宫的结构和功能产生损害，还可对雌性后代的生殖功能产生不利影响。

研究发现，卵巢也是镉生殖毒性的重要靶器官。镉可直接作用于卵巢，引起卵巢积液、出血、萎缩等病理性改变，进而损害卵母细胞，抑制卵泡发育并增加闭锁卵泡的数量。一定剂量 CdCl$_2$ 给大鼠灌胃染毒，发现染毒大鼠卵巢湿重、卵巢指数和原始卵泡数量均明显降低，而闭锁卵泡数上升，提示镉暴露可能影响卵巢的正常发育。还有研究表明，镉暴露可导致雌性小鼠卵母细胞数量减少，成熟卵母细胞所占比例下降，以及成熟卵母细胞染色体、纺锤体和细胞极性异常，同时肌动蛋白帽丢失，降低 ATP 含量，改变线粒体分布，从而影响卵母细胞的减数分裂成熟。可见，吸收入血的镉蓄积于卵巢可直接产生毒性作用，影响卵巢的结构和功能。给家兔皮下注射镉盐后，可抑制排卵并使输卵管内卵子数目减少。在 2.5mg/kg、5.0mg/kg 和 7.5mg/kg 的镉盐组，动物的排卵率分别为 67%、50% 和 42.9%，在排卵雌兔输卵管内发现有卵子的分别为 45%、35.6% 和 16%，输卵管内回收卵子数量减少可能是由于镉抑制了输卵管伞的功能。

研究表明，胎盘对镉具有一定的屏障作用，但镉在胎盘中的蓄积可影响胎盘发育。动物实验表明，孕期母鼠镉暴露可引起胎盘镉蓄积，降低胎盘的重量和体积，造成胎盘结构和功能障碍，导致胎仔生长受限。还有研究发现，镉暴露孕鼠胎盘结构严重损伤，电镜下可见合体滋养细胞微绒毛数量明显减少，线粒体空泡化明显，粗面内质网脱颗粒现象严重，从而干扰胎盘功能，影响胎儿发育并导致宫内营养不良或发育分化障碍。此外，母体孕期镉暴露可诱导胎盘组织产生氧化应激，干扰胎盘糖皮质激素合成，并导致滋养层细胞异常增生或凋亡。

人群调查发现，先天性心脏锥干畸形新生儿胎粪中镉浓度较健康新生儿明显升高，且孕妇高镉（发镉 ≥ 25.85μg/g）暴露明显增加了新生儿先天性心脏锥干畸形发生的风险

（2.81 倍）和先天性心脏畸形的发生风险（1.96 倍）。动物实验表明，镉具有高致畸性。孕期镉暴露可引起胚胎吸收、胎仔死亡和各种畸形。胎仔畸形主要包括脑积水、露脑、小眼、无眼、唇裂、腭裂、无肢、短肢、缺趾、趾异常、肋骨和胸骨畸形，以及骨骼钙化不全等。如给予受孕第 7 ~ 9 天的 Swiss 小鼠每日皮下注射不同剂量 $CdCl_2$ 并于妊娠第 18 天剖杀母鼠，发现高剂量镉引起 21.3% 露脑畸形，5.0% 小颌畸形，5.0% 突眼畸形，10% 脚畸形和 6.4% 多趾畸形；而中低剂量镉也导致露脑和突眼畸形。有资料显示，长期镉暴露会破坏女性体内性激素稳态，导致女性体内抑制素 B 和黄体生成素水平紊乱。此外，当体内镉积累到一定水平时，雌二醇稳态也受影响。Jackson 等的研究发现，孕妇血镉每增加 1μg/L，体内雌二醇水平提高 21%。虞敏等对职业暴露镉电池厂女工调查发现，高尿镉女工在月经期血清卵泡刺激素和雌二醇水平、分泌期血清黄体生成素和雌二醇水平均降低。周树森等对碱性蓄电池厂 150 名接触镉女工和 132 名对照女工的月经情况进行了调查，发现镉接触组月经异常发生率为 27.7%，明显高于对照组的 3.3%。有人给未成年大鼠进行镉染毒，发现动物卵巢组织中雌二醇和孕酮水平明显降低，说明镉可抑制卵巢组织性激素的分泌，从而影响其内分泌功能。

近年来，诸多学者对镉生殖发育毒性的作用机制进行了探讨，简要概括如下：①对胚胎的直接毒性作用。给妊娠母体注射镉盐后，胚胎内能检出少量镉，说明镉能够进入胚胎体内，并主要聚集于胚胎原肠壁。原肠在胚胎发育过程中可形成许多重要器官，因此镉引起的诸多畸形可能与镉蓄积引起的内胚层损害有关。②镉对血管的损害作用。研究发现，人类脐带血中镉浓度显著低于母体血镉浓度，动物胎盘组织镉含量比胚胎组织高 41 ~ 208 倍，说明胎盘具有很强阻留镉的能力，从而影响胎盘的正常功能和对胚胎的血液供应。③镉对胚胎细胞增殖发育的抑制作用。体外试验表明，镉主要通过抑制 DNA 和蛋白质的合成对胚胎发育中各期细胞分裂产生抑制作用，且呈现剂量依赖关系。如给妊娠 12 天的大鼠静脉注射镉盐，发现注射镉盐后 4 ~ 20 小时，^{14}C- 胸腺嘧啶核苷的掺入率明显降低，20 小时后胚胎 DNA 含量显著减少，显然镉阻断了胸腺嘧啶核苷掺入 DNA 中，使 DNA 合成减少，这可能是由于镉抑制了胸腺嘧啶核苷激酶活性所致。④孕期镉暴露可影响人体必需微量元素经胎盘向胎儿转移的过程。研究发现，孕妇血铜水平较低时其胎儿脐带血中镉水平较高，血锌低的孕妇胎盘镉水平明显高于血锌正常的孕妇，血硒低的孕妇胎盘镉较血硒正常的孕妇高。这表明镉暴露可干扰必需微量元素铜、锌、硒等经胎盘向子代转移。⑤对内分泌的干扰作用。研究发现，下丘脑 - 垂体 - 性腺轴是镉的毒作用靶点，镉生殖内分泌效应主要表现为对性激素的干扰作用，长期暴露于镉环境可扰乱体内激素稳态。⑥引发氧化应激。子宫内蓄积镉可明显改变过氧化氢酶活性，使脂质过氧化物丙二醛生成增加。孕期母体暴露镉可诱导胎盘滋养细胞内质网应激和未折叠蛋白反应。ROS 在镉诱导胎盘内质网应激中起关键作用，且内质网肌醇需求酶信号通路在镉损害胎盘滋养层细胞内分泌功能中也发挥重要作用。⑦对表观遗传修饰的影响。母体血液和胎盘中蓄积的镉可通过 DNA 甲基化等表观遗传修饰影响胎儿基因组，引起颗粒细胞异常增殖和卵母细胞的非正常生长，以及影响后代激素水平。

（三）对子代生长发育的影响

人群调查资料显示，母亲孕期血清镉、全血镉或尿镉水平与新生儿出生体重呈负相关；新生儿脐带血镉水平与新生儿身长、头围、体重呈负相关；出生前高镉暴露与 4 岁女童身高生长呈负相关，增加 5 岁儿童智力低下及 7~8 岁儿童情感障碍的发生风险。此外，动物实验发现，母体经镉盐处理后，除出现胎仔畸形外，仔鼠出生体重、出生后体重增长率、出生存活率和哺育存活率均显著降低，开眼时间、向前直行运动完成时间和倾斜板试验等发生延迟。

胚胎期是哺育动物对镉最敏感的阶段，血脑屏障尚未发育完善，母体镉暴露可使皮质、纹状体、海马和小脑等部位出现不同程度的神经元固缩和坏死、间质水肿、毛细血管充血等形态学改变，通过影响神经元的增殖和分化，诱导神经细胞凋亡或死亡，干扰轴突、树突的形成，抑制或激活相关神经递质等影响子代发育。妊娠期镉暴露除增加胎儿大脑发育不全或神经管缺陷的发生风险外，还与儿童智力发育障碍有关，主要表现为长时记忆和短时记忆损害，而对瞬时记忆无明显影响。对记忆力的损害作用可能与镉降低脑内神经递质 5-羟色胺、多巴胺等神经递质含量及脑突触蛋白磷酸化水平有关。

镉被国际癌症研究机构列为人类确认致癌物，长期镉暴露可增加肾癌、乳腺癌、肺癌、肝癌和前列腺癌等患病率。一些流行病学调查表明，职业性镉暴露与肺癌之间有一定关系。大鼠吸入 $CdCl_2$ 引起肺癌发生率增加呈现出明显的剂量-反应关系。镉可使大鼠发生各种各样的肿瘤，包括注射部位的恶性肿瘤和吸入后的肺部肿瘤。给大鼠皮下注射镉化合物后可引起局部肉瘤，而给大鼠肌内注射镉粉末和 $CdCl_2$ 也可引起局部肉瘤的发生。此外，2019 年肖丽丽等研究表明，长期镉暴露与代谢相关疾病如 2 型糖尿病、肥胖、代谢综合征等有较强的关联性，提示环境镉污染是代谢相关疾病的重要危险因素。

五、预防要点

1. **制定镉卫生标准** 我国《生活饮用水卫生标准》（GB 5749—2022）规定镉限值为 0.005mg/L，《地表水环境质量标准》（GB 3838—2002）规定地表水（Ⅱ—Ⅳ类水）中镉限值为 0.005mg/L，《污水综合排放标准》（GB 8978—2002）规定废水中总镉含量不得超过 0.1mg/L。2019 年 7 月 23 日，我国将镉及镉化合物列为第一批有毒有害水污染物名录。我国《食品安全国家标准 食品中污染物限量》（GB 2762—2017）规定食品中镉限量为稻谷、糙米、大米 0.2mg/kg，谷物（稻谷除外）0.1mg/kg，谷物碾磨加工品 0.1mg/kg，叶菜蔬菜 0.2mg/kg。WHO 建议，成人每周摄入镉不应超过 400~500μg。

2. **控制环境污染，加强生物监测** 我国《环境镉污染健康危害区判定标准》（GB/T 17221—1998）中规定，尿镉限值为 15μg/g 肌酐。

3. **保护高危人群** 从事镉作业生产过程中应加强职业防护，从业人员做好就业和定期体检，一旦发现镉中毒应及时调离镉作业。已婚待孕人员及怀孕女工应尽量避免从事镉作业，禁止在空气镉浓度超过国家卫生标准的环境下作业。

第四节　铊

一、理化性质

铊（thallium）是一种略带蓝色的银白色金属，四方晶形，质软。原子量 204.38，比重 11.85（20℃），密度 11.9g/cm³，熔点 303.5℃，沸点 1 457℃，不溶于水及碱溶液，易溶于酸，与空气接触时易氧化形成淡棕黑色的氧化物。由于铊在周期表中位于汞和铅之间，因而具有类似铅的柔软性和可锻性，与卤族元素在常温下能起化学反应。铊主要有一价（Tl^+）和三价（Tl^{3+}）两种氧化价态，一价铊比三价铊更稳定，三价铊是强氧化剂，在自然界极少存在。

二、污染来源和环境分布

铊在地壳中分布广泛，平均含量约 0.3～3mg/kg。自然界中铊常以杂质形式共存于铅、铜和锌等矿石中。燃煤发电厂、水泥厂、金属冶炼厂等排出的废气是空气铊污染最主要来源。在无铊源污染地区，空气中铊浓度低于 1ng/m³，而铊合金厂和铊冶炼厂空气中铊浓度可达 22μg/m³。地表水中铊浓度一般较低，但矿石冶炼废渣中的铊化合物溶于水，污染饮用水源时可引起生活性铊中毒。富铊地区地下水中的铊浓度可高达 2.7mg/L，可造成地方性铊中毒。美国国家环境保护局建议饮用水中铊的最高允许水平为 2μg/L（USEPA，2006），我国《生活饮用水卫生标准》（GB 5749—2022）规定铊的限值为 0.1μg/L。正常食物含铊量甚微，平均铊含量小于 100μg/kg，海产品稍许高些，牛奶铊浓度为 10～30μg/kg，禽铊含量 2.8μg/kg，鲤鱼（淡水鱼）含铊 800～8 600μg/kg，溪红点鲑铊含量高于 3 000μg/kg，瘦猪肉含铊 1.7μg/kg，红肉中铊含量为 50～70μg/kg，软体动物或海中贝类软组织和海鱼铊约 349～2 930μg/kg。用于动物饲料的植物含铊 20～80μg/kg，其他蔬菜和谷物的可食部分含铊 20～300μg/kg，但受硫酸厂废水灌溉农田污染的谷物可食部分铊含量可高达 1.2～104.8mg/kg。成人每天经膳食摄入的铊量约为 2μg/d，主要由蔬菜摄入。土壤中铊浓度一般为 0.1～1.0mg/kg，但在使用黄铁矿的水泥厂附近，土壤铊含量可高达 21mg/kg，碱金属冶炼厂附近土壤中铊也可达 2.1mg/kg。在无铊污染土壤中生长的植物含铊量为 0.01～0.03mg/kg，而那些使用富含铊的黄铁矿水泥厂附近生长的植物中铊含量则高达 100～1 000mg/kg。如我国贵州兴义地区灶矾山麓矿渣中铊化合物含量为 106mg/kg，矿渣被雨水淋溶进入土壤中，使土壤铊含量达 50mg/kg，再被蔬菜吸收富集后，造成蔬菜中铊含量可达 11.4mg/kg，致使当地居民曾出现 200 多例铊中毒患者。在天然高铊的国家如前南斯拉夫和以色列，许多饲养动物由于摄食高铊植物而发生铊中毒，如母牛每天摄入铊 0.75mg/kg，持续 6 周即可出现铊中毒症状。Zhuang 等报道，我国渤海湾流域河流底泥中的铊含量夏季为 0.34～0.76mg/kg，秋季为 0.35～1.08mg/kg；渤海沿岸莱州湾海底沉积物铊含量夏季为 0.36～0.58mg/kg，而秋季为 0.30～0.56mg/kg。铊的重要化合物硫酸铊曾被广泛用作灭鼠剂和杀虫剂，是事故性中毒和投毒事件中较常见的物质。

三、体内代谢和蓄积

铊经呼吸道、消化道和皮肤等途径吸收。动物和人经口摄入铊盐可迅速经胃肠道吸收，吸收入血的铊主要以离子状态存在，不与血清蛋白结合，主要存在于红细胞中。大鼠经口摄入铊后，45～60分钟血铊浓度达到最高水平；而人经口摄入铊后，2小时血铊才达最高峰，24～48小时后血铊浓度明显降低。静脉注射时，由于铊离子可被组织细胞迅速摄取，血铊浓度降低更快，因此血液中的铊浓度并不能准确反映体内铊的摄入量和组织中铊的负荷量水平。吸收入血的铊随血液迅速分布于全身，由于其对组织器官的亲和力不同和组织细胞对铊富集能力的差异，各组织器官内铊浓度具有显著差别。Talas等发现，铊在家兔体内蓄积水平依次为肾＞心＞胰＞小肠＞肺＞甲状腺＞肝＞脾＞肌肉。仓鼠肾脏中铊浓度最高，其浓度高于其他器官数倍至20倍，其次为睾丸、肝、脑等。人发生铊中毒，以肾脏铊含量最高，而肝、脂肪和脑组织中含量则相对较低。铊能通过胎盘屏障进入胎儿体内并在胎儿体内蓄积，其在胎儿体内的分布与母体类似，但含量较低。孕妇在妊娠7～8个月时发生铊中毒，其婴儿尿和粪便中可以检出铊。铊可通过消化道、肾脏、毛发、皮肤、汗腺和乳汁排出体外。铊在结肠内的重吸收可能是机体清除速率较慢的重要原因。大鼠或家兔体内铊排泄途径主要为消化道，其次是肾脏，分别约占总排出量的2/3和1/3。相关资料表明，人体对铊的排泄率远低于实验动物，人体肾脏是铊的主要排泄器官，进入人体的铊在尚未与组织结合时主要经肾脏排泄。在正常情况下，铊经肾脏排泄量约占73%，而经消化道排泄量约占3.7%。当食物钾含量较高时可使肾脏排泄铊量显著增加，利尿剂也有助于肾脏对铊排泄。对离体肠片的研究表明，铊可从肠浆膜侧转运至黏膜侧，且可以逆浓度梯度转运。铊在体内进行的肠－肠内循环，可使一定量的铊从血液转运到肠腔内。铊离子的这一转运过程主要发生在空肠，回肠和结肠则较少见，仅有极少量的铊经胆汁排入肠道内。大鼠体内铊生物半减期约为4天，而人体内生物半减期约为10天。

四、生殖和发育毒性

铊及其化合物具有无色、无味、无臭、剧毒和蓄积性强的特性，且儿童对铊的毒性更敏感。由于职业性铊暴露可引起严重的神经系统损伤，1987年我国将职业性铊中毒列为法定职业病。

（一）生殖毒性

Aoyama等的研究表明，一次给予雄性仓鼠10mg/kg和50mg/kg丙二酸铊，其睾丸组织中铊含量较高，仅次于肾脏，说明睾丸也是铊主要蓄积部位和可能靶器官。小鼠经饮水摄入0.1～0.5mg/L碳酸铊6个月，除表现为慢性蓄积性铊中毒如生长发育受阻、被毛脱落和死亡率增加外，其睾丸也受到严重损害，具体表现为生精小管排列紊乱，管腔大小不等，生精细胞层次明显减少，精子生成障碍，严重时生精小管内仅见精原细胞和精母细

胞，管腔内无精子等。铊中毒大鼠还出现性欲丧失、睾丸萎缩、生精小管上皮细胞在成熟前脱落、生殖细胞间出现大量小泡状空隙、支持细胞内出现胞浆空泡和滑面内质网扩张，以及支持细胞和生精细胞中 β- 葡糖醛酸酶活性明显降低等特征。通过检测 746 例某生殖医学中心就诊者的精液发现，100% 受检者精浆中可检测出铊，铊浓度几何均数和中位数均为 0.22μg/L，且受检者血清卵泡刺激素水平与精浆中铊浓度呈正相关。另有人群调查发现，男性铊中毒患者有睾丸萎缩、性欲和性交能力降低等现象。铊对睾丸的损伤作用比铊中毒的一些典型症状如脱发和周围神经系统紊乱出现时间要早，说明雄性生殖系统对铊的早期作用较为敏感。

（二）发育毒性

在动物整个妊娠期，铊均可透过胎盘屏障进入胚胎和胎儿体内而影响胎儿正常生长发育。Olsen 等用放射自显影技术研究了小鼠妊娠期间铊摄取和滞留情况，发现小鼠妊娠 5 ~ 16 天时，其胚胎、胎盘和胎仔体内均有放射活性。妊娠早期铊主要滞留于内脏卵黄囊，后期还滞留于绒膜尿囊胎盘和羊膜中。由于高度蓄积性，整个妊娠期间小量铊经胎盘转运并在胚胎 / 胎仔体内蓄积并产生危害。有研究表明，小鼠妊娠期间，1mg/kg 铊可使 14% 的胎仔软骨发育不全。大鼠妊娠第 12 天、13 天、14 天给予硫酸铊，可使胎仔发生肾盂积水和椎体缺陷。硫酸铊可快速结合于鸡胚骨组织，使胫骨生长明显减慢，软骨细胞坏死，出现特征性的弯角和短肢畸形。如鸡蛋在孵化第 7 天经卵黄囊给予硫酸铊，可使 95% 雏鸡出现畸形，主要表现为典型的鹦鹉嘴，四肢对称性短小弯曲畸形。骨骼检查胫骨短粗，有的呈弧形弯曲，甚至成 70° ~ 90° 角。此外，还发现骨皮质变薄，软骨细胞间质黏蛋白、酸性黏多糖、硫酸软骨素 A 和 C 含量减少等现象。另有人给出生 24 小时新生子鼠腹腔注射 32mg/kg 醋酸铊，可引起子鼠体重降低及软骨细胞一些不可逆改变，如软骨生长减慢、骨小梁稀疏和死亡。这些均提示铊对骨骼发育具有明显不良影响。据认为，骨骼、神经和内分泌器官是受铊直接危害的主要部位。冯殿等发现，硫酸铊可致鸡胚甲状腺功能明显降低，滤泡内甲状腺球蛋白含量显著减少，甲状腺组织内 T_3 和 T_4 含量显著减少，其机制可能是铊对甲状腺具有明显的细胞毒作用。由于甲状腺素是骨骼系统生长发育不可缺少的激素，铊致甲状腺功能低下必然会影响骨骼的正常生长发育。此外，T_4 也是脑垂体生长激素发挥生物学效应的重要因子，对脑发育成熟极为重要，因此铊致甲状腺功能低下也可使脑细胞发育不全，从而影响中枢神经系统的正常功能。

近年来，已有学者陆续开展了铊暴露与母婴健康关系的研究，并取得了一定成果。在一项 7 173 对母婴大样本出生队列研究中，经调整多种混杂因素后发现，分娩前三天母体尿铊水平 > 0.8μg/g 肌酐组孕妇，其胎儿发生早产的概率是尿铊水平 < 0.36μg/g 肌酐组的 1.55 倍，且此等效应在具有胎膜早破的孕妇中更为明显。Xia 等进行的巢氏病例对照研究发现，母体较高的尿铊水平与低出生体重风险增加有显著关联，对可能混杂因子校正后这种关联性仍存在。分层分析表明，母亲怀孕年龄 < 28 岁或经济收入水平较低（家庭年收入 < 5 万元）的新生儿发生低出生体重情况更易受到铊的影响。戚娟等以 3 236 名孕妇为研究对象，分别对孕早期、孕中期母体外周血和新生儿脐血中铊浓度进行了测定，发现血铊浓度分别为 61.7ng/L、60.3ng/L 和 38.5ng/L。在调整混杂因素后，孕早期母体外周血铊

水平与新生儿出生头围呈负相关，脐血中铊水平与新生儿出生身长呈负相关，但这些现象仅发生在女婴，且随脐血铊水平升高，女婴体重也呈下降趋势。还有学者研究了不同孕期母血和新生儿出生时脐血铊水平对其出生后体格发育的影响，结果显示，孕期铊暴露对婴幼儿体格发育的影响具有明显的性别效应，即随着脐血铊水平升高，2岁内女童身高和体重增长呈下降趋势。至于孕期铊暴露对女童这些影响的确切机制，需要深入探讨。

关于铊毒性作用机制，目前尚未完全阐明。多数研究者认为铊毒性作用的机制可能包括以下几个方面：①干扰机体依赖钾的关键生理过程。由于 Tl^+ 和 K^+ 价态相同且离子半径相似，体内铊可与钾竞争进入钾的转运系统并对依赖钾的酶类如 Na^+/K^+-ATP 酶产生影响。现已发现，铊对脑、神经组织和肌肉中的 Na^+/K^+-ATP 酶、微粒体磷酸酶的亲和力比钾大10倍。②引发氧化应激和细胞凋亡。有研究表明，铊引起脑损害与氧化应激和脂质过氧化增强有关。ROS 生成增加以及与之伴随的线粒体损害而干扰细胞能量生成，可阻滞细胞周期的进程，进而导致细胞凋亡。③对线粒体的影响。铊通过干扰细胞内膜和线粒体膜刺激细胞发生广泛肿胀，同时伴有 Ca^{2+} 或 Na^+ 浓度增加及 K^+ 浓度降低，以及细胞中 ATP 的缺乏。最近还发现，铊可在线粒体内膜呼吸链的 I、II、IV 复合物水平上损害电子传递链，干扰氧化磷酸化，减少 ATP 生成，ATP/ADP 比例减小，线粒体渗透性转换崩溃和细胞色素 C 释出。④影响蛋白巯基化。铊对体内代谢酶及其辅酶的影响是其产生毒性作用的生化基础。铊与含巯基蛋白具有较强亲和力，从而对体内一些代谢酶如丙酮酸激酶、醛脱氢酶及黄素酶辅酶产生抑制作用，干扰正常的代谢过程。现已证实，氯化铊所致肝细胞线粒体肿胀及其内、外膜表面密度增加与线粒体膜上某些酶活性改变有关，例如单胺氧化酶、亚铁螯合酶活性分别升高145%和144%，而氨基酮戊酸合成酶则降低42%。铊中毒的特异体征脱发，就是铊与巯基结合，导致角蛋白合成障碍所致。

五、预防要点

1. **加强含铊废弃物管理，防止环境污染**　铊污染来源主要是含铊矿石的开采和冶炼产生的矿渣堆放。铊在矿石中含量虽微，但长期经风吹日晒雨淋可造成土壤和水源污染。因此，应改进开采和冶炼工艺，加强含铊废渣的回收和管理，以及含铊废物的再利用，尽量减少含铊废弃物的排放。

2. **加强含铊化合物的管理，避免误食误服**　由于多种铊盐均具有很高的毒性和蓄积性，要对其严格管理和监督使用，严禁硫酸铊用作灭鼠药。

3. **加强除尘防毒措施，减少职业危害**　在职业性铊暴露企业，应加强除尘防毒措施，加强车间空气中毒物浓度监测。目前国内尚无铊的卫生标准，美国规定车间空气中可溶性铊化合物阈限值为 $0.1mg/m^3$（以铊计）。

4. **加强环境监测和相关人群监测**　对可能遭受铊污染地区，应对当地的土壤、水源水、农作物如蔬菜和粮食等进行定期监测，所得数据与非污染地区进行对比分析。我国《生活饮用水卫生标准》（GB 5749—2022）规定铊的限值为 0.000 1mg/L。同时，也可监测当地人群尿铊水平，观察其动态变化，结合环境监测结果做出综合判断。

第五节　砷

一、理化性质

砷（arsenic，As）是一种类金属元素，有灰色、黄色和黑色三种同素异形体，其中灰色晶体具有金属性，质脆且硬。原子量74.92，比重5.73（14℃），熔点814℃，615℃发生升华。砷不溶于水，但溶于硝酸和王水，在潮湿空气中易被氧化。无机状态砷主要以三价砷和五价砷形态存在，三价砷比五价砷的毒性大，在有氧条件下五价砷更稳定，是砷的主要存在形式，而在无氧条件下，三价砷是主要存在形式。

二、污染来源和环境分布

砷是地壳的构成元素，在自然界分布极为广泛，主要来源于地壳的风化和火山爆发，多以砷化合物和硫砷化物的形式存在于铅、铜、锌、锑、钨、钴、铁和锡等金属矿石中。目前已知有200多种含砷矿物，主要是砷硫铁矿、雄黄（二硫化二砷）、雌黄（三硫化二砷）和砷石等。含砷化合物广泛应用于工农业生产中，如硫酸、磷肥、农药、玻璃和颜料的生产等，在这些物质的生产和使用过程中，均可导致一定程度的砷污染。室内外空气砷主要来自含砷煤炭的燃烧和矿物的开采冶炼，并多以氧化物的形式向空气中排放。采矿的尾矿渣和矿石冶炼产生的废渣可造成土壤、地表水、地下水和植物的砷污染。淡水中砷本底值 < 0.01mg/L，海水含砷0.006 ~ 0.03mg/L，矿泉水含砷约6 ~ 10mg/L，有些温泉水含砷可高达25mg/L。砷在湖水中的浓度一般低于海水，主要是湖水中铁氧化物对砷的吸附作用所致。地热活动可使水中砷含量增加。冲积平原和三角洲地下水处于还原状态，有利于地下水周围沉积物和岩石中砷的动员，导致水体砷含量相对较高。土壤、水和空气中的砷可被微生物、植物和动物摄取。食物中的砷含有机砷和无机砷两种形态，海产品比陆地食品含有相对较高的砷，主要是由于食物链长期对砷的生物富集作用所致。杨倩琪等分析南京市中心城区大米和鱼类样品，发现不同食品中砷含量存在差异，如东北米0.13mg/kg、苏北米0.11mg/kg、鲫鱼0.24mg/kg、黄鱼6.25mg/kg、带鱼4.01mg/kg。这两种大米无机砷含量均低于《食品安全国家标准　食品中污染物限值》（GB 2762—2017）中规定的0.2mg/kg限值，但32%的鱼肉样品中无机砷含量均超过该标准规定的0.1mg/kg限值。

砷污染已经成为全球性的环境问题，饮用受污染的地下水是砷暴露的主要途径。据统计，全球有超过2亿人的饮水安全面临着高砷的威胁，其中大多数人生活在亚洲。据估计，印度和孟加拉国约有6 000万至1亿人目前仍处在饮水砷污染的风险中，我国某些地区和台湾省，以及越南和尼泊尔等国家也有砷中毒流行。自20世纪80年代初，我国在新疆发现地方性砷中毒以来，又先后在内蒙古、山西、吉林等12个省（自治区）发现地方性砷中毒病区，其中不但有饮水型病区，还有世界上特有的燃煤污染型病区。目前我国饮水型地方性砷中毒病区主要分布在山西、内蒙古、新疆、宁夏、吉林、四川、安徽、青海、黑龙江、河南、山东等省（自治区），其中以山西和内蒙古病情为重，且流行范围广，主要分布在比较贫困的农村地区；燃煤污染型地方性砷中毒病区主要分布在贵州和陕西等省的数个县，病情较为严重。

三、体内代谢和蓄积

环境中的砷多以化合物形式存在，可通过呼吸道、消化道和皮肤等途径进入机体。室内外空气中砷大部分是三价砷，并多以颗粒物为载体被吸入肺部。含砷颗粒物被呼吸道吸入后主要沉积于肺组织，其沉积率与颗粒物空气动力学直径有关。人类砷摄入的主要途径是饮水和食物，从食物中摄入砷约 1mg/d，而从空气中仅吸入约 14μg/d。饮水、粮食和蔬菜中的无机砷进入消化道后，以可溶性砷化物形式被迅速吸收，而有机砷则主要通过肠壁的扩散而吸收。在消化道内，五价砷较三价砷易吸收。砷在胃肠道吸收率较高，一般可达 95% ~ 97% 以上。食物中含有机砷和无机砷，而饮水中则主要含有 As^{3-}、As^{1-}、As^0、As^{1+}、As^{3+} 和 As^{5+} 等多种形式无机砷。砷吸收入血后，95% 的三氧化二砷、砷酸盐、亚砷酸盐与血红蛋白的珠蛋白结合，随血流被运送至肝、肾、肺、脑、皮肤及骨骼中。有机砷大多分布于肝脏，参与机体甲基代谢。砷在肝细胞中的分布以内质网最多，其次是胞液和溶酶体，线粒体和胞核中的分布较少。汤家铭等对妊娠 6 ~ 15 天雌性 SD 大鼠每日灌胃给予不同剂量的雄黄悬浊液 10 天，于妊娠第 20 天处死孕鼠。结果显示，雄黄染毒大鼠全血，以及心、肝、脾、肺、肾、脑、子宫、胎盘和胎仔等组织中砷含量明显升高，并随染毒剂量的增加而增高。这表明雄黄进入体内后，可溶性砷易被动物体吸收，并随血液循环分布于各重要脏器中。砷含量最高为全血，其次为脾、胎盘、肺、心、肾、子宫和肝，脑和胎仔的砷含量最低。推测全血和脾脏砷水平高可能与脾脏主要由 B 淋巴细胞组成，且血液中也含有较多淋巴细胞有关。脑和胎仔的砷含量最低可能与机体的血脑屏障和胎盘屏障有关。五价砷主要以砷酸盐的形式取代骨组织中磷灰石的磷酸盐，从而积聚于骨骼。三价砷易与角质蛋白的巯基结合，故易蓄积于含角质蛋白高的皮肤、指 / 趾甲、毛发中。无机砷进入机体后在红细胞内被砷酸盐还原酶还原，可将五价砷还原为三价砷。三价砷被肝细胞摄取后，在甲基转移酶的催化下生成单甲基砷酸（MMA^{5+}）；单甲基砷酸又在 MMA^{5+} 还原酶的作用下，还原为单甲基亚砷酸（MMA^{3+}）；MMA^{3+} 再次发生甲基化反应，生成二甲基砷酸（DMA^{5+}）。砷进入机体后首先形成砷 - 谷胱甘肽复合物，在此基础上形成以 MMA^{5+} 和 DMA^{5+} 为代表的代谢产物。

砷化物主要排泄器官是肾脏，故尿砷测定可灵敏地反映机体砷的内暴露水平。经消化道摄入的砷经门静脉进入肝脏，通过甲基化或其他代谢反应，随胆汁排入肠道后随粪便排出体外。此外，少量的砷也可通过皮肤、毛发、指 / 趾甲等排出体外。

四、生殖和发育毒性

砷对各种生物均具有急性、慢性毒性作用。早在 20 世纪 80 年代，国际癌症研究机构

便已将砷列为Ⅰ类致癌物。砷暴露导致的毒性大小取决于接触砷的种类、含砷物质的化学形式、接触途径和持续时间。

（一）对雄性生殖功能的影响

有学者用三氧化二砷水溶液给 Wistar 大鼠染毒，于染毒第 1、3、6 个月检查精子畸形情况，发现不同染砷阶段的精子畸形率均明显升高。祝寿芬等的研究表明，三氧化二砷可明显增加小鼠精子畸形率，畸形类型主要是胖头，其次是无定形、无钩和颈扭转。两代繁殖毒性试验也发现，砷可使 F1 代和 F2 代大鼠精子畸形率明显升高，且随染毒剂量增加而增高，畸形类型主要为胖头和香蕉头，占 60% 以上。范兴君等在饮水中加入亚砷酸钠给雄性大鼠染毒 12 周，发现砷暴露可使雄性大鼠精子数量和活精子率下降，精子畸形率升高；在与正常雌鼠交配后，孕鼠受精卵的着床数减少，死胎和吸收胎发生率增高，可能与雄性大鼠精子损伤有关。同时也发现，砷暴露可使胎仔的体重减轻、身长和尾长缩短，提示亚砷酸钠在体内可抑制胚胎的生长发育，具有胚胎发育毒性。

秦海霞等发现，亚慢性砷中毒大鼠睾丸间质细胞血清睾酮水平和睾丸间质细胞 caspase-3 表达水平均明显升高。陈伟等给 SD 大鼠灌胃染毒三氧化二砷，发现染毒大鼠睾丸精子头计数和每日精子生成量均显著降低，生精细胞凋亡指数显著升高，生精细胞 Bcl-2 表达明显降低，Bax 表达明显升高，Fas 和 FasL 表达水平升高，端粒酶和端粒酶反转录酶阳性表达率均明显降低。

砷对男性生殖功能影响的人群调查资料较为有限。郭小娟对内蒙古巴盟地方性砷中毒病区的调查结果显示，病区成年男性中有 51.2% 出现性欲减退，外生殖器检查可见色素沉着和色素脱失症者占 65.3%。砷中毒病区成年男性的精子活动率、A 级精子百分率和顶体完整率均明显降低，精子畸形率升高，而且精液含砷量与精子存活率、A 级精子百分率和顶体完整率呈负相关，与精子畸形率呈正相关，表明砷可能对男性具有生殖毒性。

（二）对雌性生殖功能的影响

有学者用亚砷酸钠处理 G_2 期中国仓鼠卵巢细胞，结果引起染色质凝集和染色体断裂，并可明显阻止有丝分裂细胞重新进入细胞间期。孟紫强等发现亚砷酸钠可诱发中国田鼠卵巢细胞黄嘌呤 - 鸟嘌呤磷酸核糖基转移酶 gpt 基因突变，且其突变频率随砷浓度的增加而升高。还有研究显示，一定浓度三氧化二砷对体内卵母细胞生发泡的破裂没有影响，但可抑制卵母细胞第一极体的释放，显著抑制体外培养卵母细胞的生发泡破裂，影响卵母细胞的存活率并可降低体外受精成功率。一定浓度砷酸钠对秀丽隐杆线虫的产卵率和生殖细胞分裂增殖具有显著抑制作用，且呈现出显著的剂量 - 效应关系。同时，随着砷酸钠暴露水平的增加，线虫生殖细胞的凋亡水平也显著增加。

（三）对胚胎发育的影响

有学者应用体外全胚胎培养（whole embryo culture，WEC）技术研究了亚砷酸钠和砷酸钠对小鼠早期器官发育的毒性作用，当胚胎有 3 ~ 5 个体节时，分别暴露于 1 ~ 40μmol/L 亚砷酸钠和 10 ~ 400μmol/L 砷酸钠。培养 48 小时后发现，3 ~ 4μmol/L 亚砷酸钠具有致畸作用，高于此浓度时则对胚胎有致死作用。砷酸钠虽有类似作用，但所需浓度比亚砷酸钠高 10 倍。此两种砷化物均可致生长障碍和发育缺陷，主要表现为顶臀长、头径和卵巢直径减小，前脑缺损，心包积水，体节异常，肢芽发育障碍等。李勇等应用 WEC 技术发现，三氧化二砷对胚胎的损害作用具有明显的剂量 - 反应关系，其最低致畸水平为 1.0mg/L，致畸发生率为 33% ~ 35%，对胚胎的最小致死水平为 3.0mg/L，提示 ≤ 3.0mg/L 的三氧化二砷对胚胎发育的影响主要是致畸作用。透射电镜结果显示，当砷浓度 ≥ 1.0mg/L 时，脏层卵黄囊内皮细胞表面微绒毛数目减少，空泡增多，线粒体肿胀，部分线粒体嵴变性、断裂，细胞内异染色质增多和聚集，常染色质不丰富。扫描电镜下可见大鼠胚胎脑部表层细胞微绒毛数量减少，胞膜表面出现许多小空洞样病理改变。李勇等还发现三氧化二砷对大鼠胚胎肢芽细胞的增殖和分化均具有抑制作用，且呈现明显的剂量 - 效应关系。砷对肢芽细胞 50% 的增殖抑制浓度（IP_{50}）和分化抑制浓度（ID_{50}）分别为 0.70μg/L 和 0.21μg/L，IP_{50}/ID_{50} 值为 3.3，说明三氧化二砷对大鼠肢芽细胞分化的影响超过对细胞增殖的影响。

（四）对生长发育的影响

张晨等采用两代繁殖毒性试验发现，三氧化二砷可引起胎儿生长受限，降低大鼠胎儿出生体重。Kippler 等人群研究表明，母体砷暴露与胎儿的大小（尤其是胎儿的头部和股骨的长度）呈负相关。丁秀丽等前瞻性队列研究也发现，在重金属污染区，孕中期、孕晚期和分娩时入选孕妇的各组胎儿股骨长度（35.0mm、60.0mm 和 70.0mm）均低于对照区（41.5mm、63mm 和 72mm），提示砷可影响胎儿股骨的生长发育。这可能是由于砷在体内与含巯基蛋白具有较强亲和力，抑制巯基酶活性，使组织细胞呼吸受抑制，造成机体的代谢能力降低，致使生长受限。已有多种动物如鸡胚、仓鼠、大鼠和小鼠等的实验表明，砷能通过胎盘屏障，增加死胎和神经管畸形的发生风险。Song 等的研究不仅表明砷具有胚胎毒性，导致神经管畸形的发生，同时提出，低剂量的胆碱可保护小鼠胚胎免受砷致神经管畸形的危害。Robinson 等对妊娠 8.5 天大鼠腹腔注射亚砷酸钠溶液，发现亚砷酸钠染毒 8 小时可影响相关基因表达与生物过程，诱发大鼠胚胎发生神经管畸形，从基因水平上验证了砷的致畸作用。孕妇因工作暴露于含砷环境时所孕育的后代发生神经管畸形的风险也较高。如采用病例对照研究方法，对 254 个孕育后代患神经管畸形的孕妇和 1 183 个正常孕妇进行研究发现，暴露于砷污染环境的孕妇孕育后代患神经管畸形风险是普通人群的 5.3 倍。卢振明等对高砷区和非高砷区进行对比研究也证实，高砷区神经管畸形的发病率是非高砷区的 3 倍。朱筑霞等观察大鼠胚胎期和生长期连续砷暴露对神经细胞线粒体功能和结构的影响，发现断乳后继续染砷 6 周和 16 周的仔鼠，其神经细胞Ⅲ态呼吸（R3）及 R3/R4 之比的呼吸控制率均明显降低，ATP 合成量也显著减少。砷可致线粒体基质肿胀，部分嵴减少乃至断裂，甚至发生线粒体外膜破裂、线粒体空泡样改变和溶解。作者认为，线粒体损伤引起呼吸和代谢功能障碍可能是砷致脑中枢毒性的始发机制。曾洋等对雌性大鼠怀孕当天起开始亚砷酸钠和氟化钠单独或联合经饮水染毒，结果显示，单独氟、砷暴露和氟、砷联合暴露均可降低子代大鼠海马组织中的谷氨酸和 γ- 氨基丁酸含量，且氟、砷联合暴露较单独暴露更加明显，提示氟、砷单独及联合暴露均可干扰谷氨酸和 γ- 氨基丁酸的正常代谢。Xi 等报道，砷可通过干扰谷氨酸脱羧酶和 γ- 氨基丁酸转移酶的活力引起中枢神经功能紊乱，而 γ- 氨基丁酸介导的信号改变可直接损伤突触可塑性，从而引起学习功能障碍。周尚等在整个孕期和哺乳期给小鼠饮用含三氧化二砷的水，发现仔鼠出生后

第 3 天、10 天、15 天和 21 天，各组仔鼠平均体重和身长均随母鼠饮水砷浓度升高而降低。内蒙古地方性砷中毒病区的调查资料显示，病区女性月经初潮年龄比全区乡村的少女初潮平均年龄推迟 1.73 岁，且易发生月经周期紊乱。砷作业女工月经不调的发生率高于非接触砷作业女工。Tokar 等发现，孕期 / 哺乳期砷暴露可诱导子代小鼠成年期肝和肾等多器官肿瘤发生，提示高砷区居民成年期肿瘤发生可能与生命早期砷暴露有关。

截至目前，多数研究者认为砷对机体多系统的毒性作用机制可能与以下几个方面有关：①与巯基结合使酶变性，增加 ROS 介导的细胞损伤，致使酶的功能和转录调控紊乱。②影响雌激素受体的活化、抑制血管的生成和微管蛋白的聚集、诱导热休克蛋白表达，并引起谷胱甘肽氧化。③诱导细胞凋亡，并引起肝脏炎症、增生和坏死，诱发胆囊炎、肝纤维化和水肿，使细胞形态改变、凋亡小体增加、溶酶体异常及自体吞噬泡数量增加。④扰乱卵巢细胞周期，抑制卵巢腺体的发育，影响精子发生，并造成睾丸结构的改变。⑤直接与糖皮质激素受体作用，选择性抑制其介导的转录。砷可直接与 JAK 激酶作用，抑制 JAK-STATs 通路，抑制 Iκ-B 激酶，使蛋白酪氨酸磷酸酶失活，促进 AP-1 活化，上调 MAPK 水平。还有研究发现，砷在低浓度时可影响 NF-κB 和 AP-1 与 DNA 的结合能力，促进基因转录，刺激细胞分化。而在高浓度时，砷可抑制 NF-κB 活性，抑制细胞分化，诱导细胞凋亡。⑥具有致突变作用，扰乱纺锤体结构，干扰细胞的有丝分裂。砷还可引发碱基缺失、染色体损伤和非整倍体生成，也可引发微核形成、DNA-蛋白质交联和姊妹染色单体交换等异常。⑦干扰 DNA 甲基化作用，砷可通过降低基因甲基化水平、改变组蛋白乙酰化及磷酸化水平而影响组蛋白修饰和上调部分 miRNA 表达水平，从而诱导机体表观遗传突变。

五、预防要点

1. 世界卫生组织规定饮水砷含量限量标准为 10μg/L。我国《生活饮用水卫生标准》（GB 5749—2022）规定饮水砷含量不得超过 0.01mg/L。

2. 避免使用含砷过高的煤炭作为燃料取暖、做饭和烘烤粮食等，不食用受砷污染的食物。我国《食品安全国家标准　食品中污染物限量》（GB 2762—2017）规定砷的限值（以 As 计）：大米中无机砷为 0.2mg/kg，谷物（稻谷除外）总砷为 0.5mg/kg，谷物碾磨加工品（糙米、大米除外）总砷为 0.5mg/kg。水产动物及其制品（鱼类及其制品除外）无机砷为 0.5mg/kg，鱼类及其制品无机砷为 0.1mg/kg，新鲜蔬菜总砷为 0.5mg/kg，肉及肉制品总砷为 0.5mg/kg，乳粉总砷为 0.5mg/kg，生乳及相关乳品总砷为 0.1mg/kg。

3. 食品加工过程中所使用的原料和添加剂中砷含量不得超过国家允许限量标准。

第六节　铝

一、理化性质

铝（aluminum，Al）为银白色轻金属，具有延展性。原子量为 27，相对密度为 2.70，熔点 660℃，沸点 2 467℃。在潮湿空气中，铝能形成一层防止金属腐蚀的氧化膜。铝易溶于稀硫酸、盐酸、硝酸、氢氧化钠和氢氧化钾溶液，不溶于水。

二、污染来源和环境分布

铝占地壳总重量的 7.45%，仅次于氧和硅，居第三位，是地壳中含量最丰富的金属元素之一。在岩石圈里有多种含铝岩石，如刚玉和水铝石等，是制造金属铝的重要来源。土壤中铝含量平均值为 71g/kg，仅次于硅（330g/kg）。天然水中铝主要来自含铝岩石和矿物的自然风化，其平均背景值通常较低。天然水中铝含量与水的酸碱度有关，一般情况下，中性水铝含量为 1 ~ 50μg/L，而酸化水铝含量可高达 500 ~ 1 000μg/L，如严重的酸雨可造成大范围土壤和沉淀物中铝的溶出致使水体铝含量增加。另外，采矿和冶炼行业排放的含铝废矿水经各种途径汇入江河、湖泊和水库中，也可导致水中铝含量升高。在自来水厂水净化处理过程中，使用铝盐（如硫酸铝、聚氯化铝、明矾、聚硫酸铝等）作混凝剂进行净化及消毒处理时，可使饮用水中铝含量超标。我国《生活饮用水卫生标准》（GB 5749—2022）规定，水中铝限值为 0.2mg/L。据调查，我国 40 座城市中，32.5% 的城市饮用水中铝含量超标，而东北地区超标的城市高达 76.9%。樊伟等报道，南方某省 48 家农村水厂出厂水中铝含量范围为 30 ~ 414.9μg/L，中位数为 100μg/L，合格率为 85.42%。

在工业生产上，我国原铝产量占全世界的 22.3%，各种铝合金广泛应用于飞机、汽车、火车和船舶等制造业。铝冶炼工业的飞速发展也使职业接触人群急剧增加。铝矿石开采冶炼和铝制品生产等企业的职业人群，铝暴露主要是通过吸入空气中含铝的烟尘颗粒。铝冶炼厂、铸造厂、焊接场所和重熔厂内的空气中含有较高浓度的氧化铝和氟化铝。木料、煤和石油等燃料中含有铝等多种元素，其燃烧后的剩余物质中也含有铝。此外，土壤和火山喷发物也是铝的来源之一。

铝在日常生活中被广泛使用，各种铝制品已进入千家万户。据报道，中国总人口的 32.5% 经膳食暴露铝，42.6% 的 4 ~ 6 岁儿童铝的膳食暴露量超过世界卫生组织的最大摄入量标准。我国城乡居民摄入铝的食物来源主要是天然食品、油炸食品和含铝添加剂食品。含铝量较多的食物主要是一些面制加工食品，如油条、粉丝、挂面和糕点等，这主要是由于在加工过程中使用了含铝添加剂作为膨松剂的缘故，也是人类膳食铝暴露的重要来源。我国目前使用含铝食品添加剂主要为发酵粉，其成分主要为明矾，发酵粉中铝含量高达 2 400 ~ 17 200mg/kg，使其制作的面制食品中铝含量明显增高。吴英等对面食中铝含量的调查结果显示，蒸的面食铝含量平均为 50mg/kg，符合卫生标准的占 95.2%；油炸面食为 302mg/kg，超标率 42%，其中油条超标率达 80%，最高值为 1 790mg/kg。聂晓玲等 2013—2015 年在陕西省 10 个地市随机采集了 7 大类 1 331 份食品样品，监测结果显示，谷类及其制品铝含量均值最大（26.9mg/kg），其次是薯类及其制品（8.40mg/kg），第三是水产及其制品（6.50mg/kg），最低的是饮用水（0.044mg/kg）。肉类及其制品、蛋及其制品和乳及其制品中铝含量均值差别不大，在 3.58 ~ 5.32mg/kg 之间。一般而言，植物性食品中以干豆类铝含量最高，谷物、蔬菜和水果类较低；动物性食品中，畜禽类稍高，蛋、奶、鱼较低，有的甚至低于检出限。另有研究认为，铝制炊具、容器也是膳食中铝的来源之一。铝质炊具质地轻软，但能与酸、碱等发生化学反应使铝溶出，其溶出量的多少受多种因素的影响，如所烹调食物 pH、烹饪时间、容器类型和使用方法等。用铝制炊具烹调时，从炊具中渗入菜中的铝量一般能占每天摄入量的 20% 左右。用铝锅烧开水，可使水中铝含量大于 216μg/L，最高可达 4 631μg/L，比自来水和铁壶煮水高出 9 ~ 190 倍。成年人一般铝摄入量为 4 ~ 15mg/d，经常饮茶者铝摄入量可达 5.71 ~ 18.42mg/d。

含铝药物是临床治疗胃肠道疾病的常用药，含铝成分主要包括氢氧化铝、磷酸铝、硅酸铝、硫酸铝、硫糖铝、海藻酸铝、铝镁司片和铝酸铋等。据估计，抗酸剂和止痛药的铝摄入量分别为每天 500 ~ 840mg 和 130 ~ 730mg，大大超过了体重 60kg 的成年人每周暂定允许摄入 420mg 的标准。此外，牙科用义齿修复的人工合成材料如碱式碳酸铝钠、铝瓷和多晶氧化铝陶瓷等，以及疫苗中的铝佐剂都含有一定量的铝。日常使用的防晒霜、止汗剂等皮肤护理产品也含有一定量的铝。

三、体内代谢和蓄积

人类接触铝的途径主要有职业性接触、生活性接触和医源性接触。铝粉尘或烟尘通过呼吸道吸入，可直接沉积于肺内。在清洁地区通过呼吸吸入的铝约为 1.4μg/d，但在污染区或吸烟者，经呼吸吸入的铝约为清洁地区的 1 000 倍。通过摄食和饮水，人体可摄入一定量的铝，但其吸收率较低，约为 0.3% ~ 0.5%。铝吸收量与胃肠道 pH、铝盐形式、铝络合剂摄入量、甲状旁腺激素、维生素 D、铁、锌、铜等多种因素有关。酸性环境有利于铝的吸收，因此铝在胃和接近十二指肠部位的酸性环境中较容易被吸收。柠檬酸、调味剂麦芽酚、甲状旁腺激素和膳食维生素 D 具有提高铝生物利用率的作用。Al^{3+} 与 Ca^{2+} 的吸收部位相同，因此一些影响 Ca^{2+} 吸收的因素也对 Al^{3+} 吸收产生影响。铝摄入增加会导致体内铝蓄积量增大，血锌和血硒相对下降，且铝可促进肠道镉的吸收。

被机体吸收入血的铝以 $Al(H_2O)^{3+}$ 的形式与转铁蛋白、白蛋白或枸橼酸离子相结合，随血液分布于脑、肝、肾、骨和肺等全身组织中，但主要蓄积在骨、甲状旁腺和脑皮质。铝经呼吸道进入人体时，肺组织铝含量最高。正常人血清铝浓度低于 30μg/L，肌肉铝含量约 1 ~ 2mg/kg，骨骼铝含量为 7.8 ~ 10.8mg/kg。有人给家兔皮下注射氯化铝，28 天后发现铝含量为骨 > 肾皮质 > 肝 > 睾丸 > 骨骼肌 > 白质 > 海马。脑组织中铝水平较低，说明机体的血脑屏障在发挥作用。正常人肺以外的组织铝含量较恒定，一般约 2mg/kg，而肺中铝含量则随年龄增加而增加。

铝主要通过肾脏排泄。随着铝摄入量增加，尿铝排出量也增加。一般尿铝排出量约为 15 ~ 55μg/d。有学者指出，当摄入量超过肾脏排泄能力时，铝即可潴留于体内。肾功能受损的患者不能完全排出经口摄入而吸收的铝。通过测定职业性铝暴露 15 年的电解铝车间工人的尿铝浓度和工作场所空气铝浓度发现，电解铝车间空气铝浓度约为 $6.36mg/m^3$，电解铝作业工人的尿铝浓度约为 4μg/L。

四、生殖和发育毒性

长期以来，铝被认为是安全无害的物质而被广泛地用于食品添加剂、药物、饮用水处理剂和各种容器炊具。随着铝生物学效应研究的不断深入，人们逐渐认识到铝的毒性作用。

（一）对雄性生殖功能的影响

1. **对睾丸组织结构的影响** 研究发现，铝染毒可致大鼠睾丸组织生精上皮变性、空泡化，生精小管平均直径变小，生殖细胞数量减少，以及间质细胞萎缩等变化。对铝染毒 120 天的大鼠研究发现，其附睾组织细胞线粒体发生肿胀或空泡变性，部分粗面内质网发生融合。给大鼠腹腔注射氯化铝，可引起生精细胞变性，透射电镜检查见支持细胞紧密连接破坏，精原细胞和初级精母细胞部分凋亡或死亡，并观察到发育过程中精子细胞的内部结构出现多种异常，睾丸间质细胞内脂滴蓄积，滑面内质网减少，以及线粒体减少和损伤等。

2. **对睾丸细胞和精子 DNA 的影响** 动物实验结果显示，铝不仅可降低大鼠血清睾酮水平，还可引起睾丸细胞 DNA 碎片增加，Olive 尾矩延长，且 Olive 尾矩的长度随铝染毒浓度的增加而延长。精子核荧光染色也观察到，铝染毒小鼠的未成熟精子比率较高，且呈现出明显的剂量 - 效应关系。以上结果表明，铝不仅可损伤睾丸细胞 DNA，还降低精子核 DNA 的成熟度，从而影响精子的正常发育和成熟。

3. **对雄性动物精子质量和性行为的影响** 对精炼厂和聚烯烃工厂工人精液的研究发现，精子中高浓度铝可降低精子活动力。检测 746 例某生殖医学中心就诊者的精液发现，17% 的受检者精浆中可检测出铝，铝浓度几何均数为 1.98μg/L。对不育男性患者精液进行的分析发现，不育男性精子中存在铝，且部分精子质量较差的患者精液中铝水平明显较高。对 64 名成年健康男性精液样本的研究也发现，精子活动度高低与精子中铝的浓度存在明显关联，精子中铝含量增加可使精子活力降低。以上研究结果均提示，男性铝暴露量与精子质量和数量下降密切相关。此外，动物实验证实，铝暴露可显著降低睾丸重量，以及精子的质量和数量，使不活动精子和畸形精子的比例明显增加。给大鼠喂饲硫酸铝不仅能抑制精原细胞的产生，使精母细胞和精子坏死，而且可产生较多的 ROS，降低睾丸组织中超氧化物歧化酶活性，增加丙二醛的产生，使脂质过氧化作用增强，引起生殖细胞损伤。经饮水途径给予成年雄性大鼠氯化铝 12 周后，发现铝暴露雄性大鼠的领土侵略行为消失，性行为受抑制，射精潜伏期明显延长，交配效率降低，且大鼠体重、绝对或相对睾丸重量，以及精囊重量均下降。雄性小鼠每天染毒氯化铝，一个月后发现试验动物的交配能力降至 20% 左右。Yousef 等发现抗坏血酸可减轻氯化铝致大白兔生殖毒性时，也发现铝能显著降低大白兔的性欲、射精量、精子浓度和精子活力，并揭示铝生殖毒性作用与其引起自由基升高有关。

4. 对性激素的影响　铝可降低血清睾酮、卵泡刺激素及黄体生成素的水平。孙浩等给 5 周龄 Wistar 雄性大鼠经饮水染毒不同剂量的氯化铝 120 天，结果显示，铝暴露可使血清睾酮和黄体生成素水平均显著降低，卵泡刺激素水平也有所降低。睾丸组织雄激素受体、卵泡刺激素受体和黄体生成素受体的 mRNA 和蛋白的表达水平均有不同程度的下降，提示亚慢性铝暴露可降低睾酮和黄体生成素的水平，干扰睾丸雄激素受体、卵泡刺激素受体和黄体生成素受体 mRNA 和蛋白的表达，减弱激素与受体的结合，抑制激素生理作用的发挥，进而阻碍其对睾丸发育，以及精子生成和成熟的调节。

5. 对睾丸组织微量元素的影响　小鼠连续 14 天腹腔注射氯化铝后，血清和睾丸组织中铝含量显著升高，睾丸组织中铜含量升高，锌含量降低。Zhu 等的研究也证实，对大鼠亚慢性染毒氯化铝不仅对睾丸的精子发生和睾丸酶活性有影响，而且可使睾丸组织中铜含量升高，锌含量降低。大量资料显示，锌是机体必需微量元素，是体内多种酶的辅助因子，对于维持睾丸正常的生精功能和精子活力具有重要作用。睾丸锌缺乏可使睾丸萎缩、精子质量下降，导致少精、弱精、死精，严重时还可导致睾丸生精功能停滞。铜也是机体多种酶的辅助因子，在有丝分裂和减数分裂过程中发挥重要作用，是雄配子产生的必需元素。睾丸中铜元素增加和铜代谢紊乱可对精子活力、头部形态、尾部胞膜完整性和活精子数量产生负面影响。铜含量过高可直接杀死精子，并干扰受精卵着床，导致不育。

（二）对雌性生殖功能的影响

研究表明，卵巢是铝作用的靶器官和蓄积组织之一。Alexandra 等将母鼠经饮水途径暴露硫酸铝，发现铝可在卵巢、输卵管和子宫内蓄积，并引起卵巢和子宫重度充血和功能衰退。沈维干等用含硝酸铝的培养液培养小鼠卵母细胞，发现接触过量铝化合物对卵母细胞有一定的损伤作用，主要表现为抑制卵母细胞第一极体释放。Chinoy 等通过对母鼠饲喂氯化铝，发现铝可导致卵巢蛋白下降，引起卵巢内胆固醇水平升高。赵长安等采用腹腔注射氯化铝对大鼠染毒，发现慢性铝染毒可使血液雌激素水平降低。王楠通过饮水加铝方式对 Wistar 大鼠染毒 120 天，卵巢组织病理学观察发现，铝暴露大鼠卵巢颗粒细胞模糊不清，细胞质的基质粘连并呈现纤维化，间质有炎性细胞浸润，黄体组织细胞和间质细胞固缩、碎裂、坏死、溶解，卵泡出现闭锁形态。电镜观察显示，黄体颗粒细胞的染色质边集、浓缩，核膜皱缩，核仁内陷、崩解，胞核可见典型的新月形凋亡特征，胞浆内出现大量脂滴，并出现大量异噬溶酶体，粗面内质网减少，线粒体水肿及空泡变性，线粒体嵴消失。同时还发现铝暴露不仅可使大鼠血清和卵巢中的铝含量均显著升高，而且染铝大鼠血清雌激素、孕酮、黄体生成素和卵泡刺激素水平均显著降低，卵巢组织中卵泡刺激素受体和黄体生成素受体表达水平均显著降低。此外，铝暴露大鼠卵巢组织中碱性磷酸酶、酸性磷酸酶、琥珀酸脱氢酶和 ATP 酶活性均显著降低，锌和铁含量下降，铜含量升高，表明铝在卵巢内蓄积可破坏微量元素间的平衡，进而干扰雌性大鼠的生殖功能。

（三）对胚胎发育的影响

铝可透过胎盘屏障并蓄积在胎儿体内。母体孕期铝暴露可使仔鼠脑内铝含量显著增加，导致其脑神经元数量减少，ATP 酶活性降低，细胞膜完整性破坏等改变，从而造成仔鼠神经发育障碍。有人用铝直接染毒旋转培养的鼠胚胎 48 小时，发现铝可在卵黄囊细胞中蓄积，破坏卵黄囊细胞结构，抑制胚胎的生长发育，并且可直接损伤胚胎细胞，抑制胚胎器官的发育和形成。林邦和等在饲料中添加氯化铝进行染毒，发现怀孕母鼠在摄入过量的铝后，胚胎死亡率升高，活胎仔发育迟缓，并出现体表和骨骼的畸形。

（四）对子代生长发育的影响

葛启迪等在妊娠期和哺乳期给予雌性 SD 大鼠不同浓度氧化铝染毒，发现高铝染毒可使仔鼠出生后 0～12 周体重增长降低；水迷宫实验的潜伏期延长，仔鼠首次到达平台时间延长和穿越平台次数减少；仔鼠尿铝和脑铝水平均显著升高。组织病理学检查显示，铝染毒仔鼠海马神经细胞体积缩小，胞浆红染，细胞核固缩，结构模糊，病变神经元大小不一，形态不规则，排列紊乱变性等，说明铝可通过血脑屏障蓄积在脑组织中，损害了海马正常结构，推测可能由此影响学习记忆功能。该研究还发现，染铝的仔鼠海马组织中 *miR-132* 转录水平较对照组明显升高。研究显示，轻度认知障碍患者血清中 *miR-132* 水平也升高。*miR-132* 是一种特定于神经元的 miRNA，在神经系统的突触发生、突触可塑性和结构重塑，以及支持生存、抗炎和促进记忆功能等方面发挥至关重要的作用，因而推测染铝动物学习记忆功能减退可能与 *miR-132* 转录水平升高有关。有研究发现，铝暴露引起海马组织谷氨酸和天冬氨酸水平降低，γ- 氨基丁酸水平升高，也可能是铝损害仔鼠学习记忆的机制之一。

五、预防要点

1. **铝的卫生标准** 世界卫生组织规定铝每日摄入量为 0～0.6mg/kg，即一个体重为 60kg 的人每日允许摄入量为 36mg。2018 年 12 月 29 日施行的《中华人民共和国食品安全法》并未对面食中铝进行详细规定，但早在 2014 年 5 月原国家卫生计生委等五部门联合发布公告中规定，自 2014 年 7 月 1 日起，禁止将酸性磷酸铝钠、硅铝酸钠和辛烯基琥珀酸铝淀粉用于食品添加剂生产、经营和使用，膨化食品中不得使用含铝食品添加剂，小麦粉及其制品（除油炸面制品、面糊如鱼和禽肉的拖面糊、裹粉、煎炸粉外）生产中不得使用硫酸铝钾和硫酸铝铵。我国《食品添加剂使用标准》（GB 2760—2014）规定食品中铝残留量 ≤ 100mg/kg。

2. **减少经口摄入** 改善饮食结构，如面制品中减少含铝添加剂的使用。少吃炸油条、由铝包装的糖果等食品，少喝易拉罐装的软饮料。避免使用铝制炊具，不用铝壶烧水，以防铝溶出。有的药物是由含铝物质制成的，应减少服用含铝元素的药品。

3. **加强劳动保护** 在涉铝及其制品的工业企业，作业人员应尽量减少含铝烟尘的暴露。

（苏艳伟　王爱国）

参考文献

[1] 杨克敌 . 环境卫生学 [M]. 8 版 . 北京：人民卫生出版社 , 2017.

[2] 杨克敌 , 鲁文清 . 现代环境卫生学 [M]. 3 版 . 北京：人民卫生出版社 , 2019.

[3] 胡运清 , 陈海鸥 , 彭柳明 , 等 . 蓄电池企业铅污染现状调查及尿铅影响因素分析 [J]. 环境卫生学杂志 , 2012, 2(5):204-207.

[4] 冯玉杰 , 王玉峰 , 王国琛 , 等 . 急性和亚急性铅染毒后小鼠体内铅分布特征 [J]. 环境与职业医学 , 2018, 35(9):849-854.

[5] BRENDER J D, SUAREZ L, FELKNER M, et al. Maternal exposure to arsenic, cadmium, lead, and mercury and neural tube defects in offspring[J]. Environ Res, 2006; 101（(1). 132-139.

[6] 刘现芳 , 曲宝明 , 李红 , 等 . Smad4 在孕期不同阶段铅暴露大鼠胎盘中的表达 [J]. 环境与健康杂志 , 2012, 29(5):420-422.

[7] 王新金 , 常秀丽 , 周志俊 . 甲基汞通过 miRNA 对人胚胎神经干细胞细胞周期相关基因表达的调控 [J]. 环境与职业医学 , 2015, 32(5):455-459.

[8] 柏品清 , 邵祥龙 , 罗宝章 , 等 . 上海市 6 区食用菌中铅、镉、总汞、总砷污染状况调查与评估 [J]. 中国卫生检验杂志 , 2018, 28(9):1137-1139,1142.

[9] 樊瑾 , 段春梅 , 牛侨 , 等 . 不同种类的铝化合物对神经母细胞瘤细胞毒性作用的研究 [J]. 毒理学杂志 , 2017, 31(1):6-9,13.

[10] ZUANG W, LIU Y, TANG L, et al. Thallium concentrations, sources and ecological risk in the surface sediments of the Yangtze Estuary and its adjacent east China marginal sea: A baseline study[J]. Mar Pollut Bull, 2019, 138:206-212.

[11] 张福钢 , 丁春光 , 潘亚娟 , 等 . 我国 8 省市一般人群尿中镓、铟、铊水平分布的研究 [J]. 环境卫生学杂志 , 2018, 8(2):86-90,98.

[12] 黄振 , 汪一心 , 鲁文清 . 男性精浆 17 种金属浓度与血清生殖激素水平的关系 [J]. 环境与职业医学 , 2017, 34 (4):297-303.

|第十一章|
物理因素与优生

　　人类赖以生存的环境中存在多种环境因素，按其属性可分为物理性、化学性和生物性三类。其中物理因素主要包括小气候、噪声、振动、电离辐射和非电离辐射等。正常情况下，这些物理因素对人类是无害的，有些甚至还是人类生存所必需的，如适宜的温度、湿度、可见光、声音等。但是当某个或者某些物理因素发生异常，超过人类的承受范围时，就会对健康造成危害。

　　与化学因素和生物因素相比，物理因素具有以下特点：①环境中的物理因素一般有明确的来源，当制造该物理因素的装置处于工作状态时，该物理因素就会出现在环境中；一旦装置停止工作，该物理因素便消失；②环境中物理因素的能量分布一般不均匀，往往靠近制造装置处能量最大，周围依次递减；③部分物理因素对人体的危害程度与其传播形式密切相关；④每种物理因素都有特定的物理参数，如气温的温度；⑤物理因素对人体的危害程度与对应的物理参数之间并非都呈线性关系。很多情况下，物理因素在一定范围内对人体无害，该范围被称为适宜范围；只有高于或者低于该范围，才会对人体造成危害。因此，针对物理因素的预防措施，往往是将其控制在合适的范围内。

第一节　电离辐射

一、概述

　　辐射是由场源发出的一部分能量向远处传播而不再返回的现象。电磁辐射（electromagnetic radiation）是由于电场和磁场交换而产生的一种垂直于自己运动方向，且以电磁波形式向四周辐射的一种射线，具有波的各种特性。电磁辐射存在于现实世界中每个角落，几乎每个人都无法避免电磁辐射的暴露。因此，电磁辐射被认为是当今社会继水污染、空气污染和噪声污染之后的第四大环境污染源。电磁辐射对人体健康的影响，已成为人们关注的焦点。联合国人类环境会议已将电磁辐射纳入必须控制的公害之列。

按辐射作用于物质时所产生的效应不同，电磁辐射可分为电离辐射和非电离辐射。电离辐射（ionizing radiation）是指作用于物质可以使其发生电离现象的辐射，如 α 粒子、β 粒子、X 射线、γ 射线、宇宙射线、中子射线等，是一切能引起物质电离辐射的总称，其种类很多，可分为直接电离辐射和间接电离辐射。直接电离辐射指带电的粒子（如 α 粒子、β 粒子、电子、质子等）与物质作用时直接使物质电离或者激发；间接电离辐射指不带电的粒子（如 X 射线、γ 射线、中子、光子等）与物质作用时不能直接造成物质电离，而是使物质释放电离粒子或引起核反应。

二、污染来源

电离辐射根据来源不同可分为天然电离辐射和人工电离辐射。前者主要来源于太阳、宇宙射线、地壳中存在的放射性核素。实际上，人类每天都受到来自空气、水体、土壤、食物、建筑材料等的电离辐射。例如，氡及其衰减子体是天然电离辐射的一个重要来源，主要存在于岩石、土壤、水体和某些建筑材料中，通常会从地下渗出并堆积在室内工作场所，导致通风不良的地下空间（如地下室、洞穴、矿井等）和室内空气中氡含量较高。联合国原子辐射效应科学委员会（United Nations Scientific Committee on the Effects of Atomic Radiation，UNSCEAR）《电离辐射源与效应》报告指出，全世界人均暴露的天然电离辐射强度估算值为 2.4mSv（表 11-1），其中氡及其子体对人产生的辐射剂量最大。需要注意的是，天然电离辐射的强度是不断变化的，在某些特定地区，其天然辐射强度远远超过平均辐射剂量。

表 11-1　天然辐射源产生的年均辐射剂量

单位：mSv

来源	世界年均剂量	典型范围
外照射		
地壳及人体中的天然放射物质	0.5	0.3 ~ 0.6
宇宙射线	0.4	0.3 ~ 1.0
内照射		
吸入（主要是氡）	1.2	0.2 ~ 1.0
摄入	0.3	0.2 ~ 0.8
合计	2.4	1 ~ 10

摘自：UNSCEAR 第 49 次会议。

除了天然电离辐射，人类还受到各种人工电离辐射的照射。人工电离辐射是指由人工辐射源产生的辐射，以及人为活动引起的水平增强的天然电离辐射。医疗照射是最大的人工电离辐射来源，主要来源于医用 X 射线、CT 等放射诊断检查、放射治疗和介入放射等。UNSCEAR 报告列出了人类暴露于各类电离辐射的构成比（表 11-2），其中医疗照射占比有不断增加的趋势。有报告指出，美国医疗照射导致的全民集体辐射照射剂量甚至超过天然本底辐射照射的水平。发达国家电离辐射的医学应用产生的年均辐射剂量约为天然辐射的 3/10，甚至有些放射治疗中还可能发生一些严重的辐射性伤害。

表 11-2　电离辐射来源构成比

单位：%

来源	构成比
吸入氡	41.55
医疗照射	19.79
外照射	15.83
宇宙射线	12.86
摄入	9.56
其他	
大气核试验	0.16
职业照射	0.16
核电站事故	0.07
核能生产	0.01

摘自：中国辐射防护学会 2020 年学术交流会暨"21 世纪初辐射防护论坛"第十八次会议。

人工电离辐射还可分为职业照射和公众照射。职业照射是指除了国家有关法规和标准所排除的照射，以及根据国家有关法规和标准予以豁免的实践或源所产生的照射以外，工作人员在工作过程中所受的所有照射，主要指某些特定作业的职业暴露，包括矿山、矿物加工、空中飞行、核燃料循环利用、辐射在工业、医学、国防等方面应用。20世纪 60 年代以前，某些国家因地下矿山通风条件不良，作业工人遭受的辐射剂量远高于一般水平。2016 年 UNSCEAR 研究发现，相同装机容量的电厂在建造阶段产生的最高职业暴露剂量来自太阳能电厂，其次是风能电厂，其原因是以上发电技术需要大量的稀土金属，在采矿作业中使采矿工人受到照射。公众照射是指公众所受的辐射源的照射，包括获准的辐射源和实践活动所产生的照射、在干预情况下受到的照射，但不包括职业照射、医疗照射和当地正常天然本底辐射的照射。公众照射的辐射源包括与核能开发相关的核设施，核技术在其他领域的应用，以及使天然放射性水平增加的人为活动。如核医学诊疗区域和周围地区公众受到的照射，经各种途径排入环境的放射性气体、液体、固体废物，淘汰设施残余放

射性物质，核与辐射设施的事故排放等。更有甚者，接受放射性治疗的患者体内残余的放射物质，也可对周围人员造成照射。此外，辐射事故是另一类电离辐射来源。如1986年苏联切尔诺贝利核电站事故是迄今为止影响最为深远的一个辐射事故；2011年日本东部海域发生大地震并引发海啸，致使日本福岛第一核电站发生放射性物质泄漏事故，造成周围地区和环境中核辐射量激增。

三、影响电离辐射生物学效应的因素

美国科学院发布的电离辐射生物学效应报告中指出，电离辐射没有一个安全的限值，即使是低剂量的电离辐射也会对人体产生健康危害。

（一）作用方式

电离辐射作用于机体的方式可分为外照射、内照射、放射性核素体表沾染和复合照射等。外照射是指处于机体外的辐射源对机体造成的辐射照射，其作用效果和辐射源与机体的距离有关。当距离足够远时，可造成对人体较均匀的全身照射；当距离较近时，辐射主要作用于局部。当超过常量的放射性核素进入机体，可造成放射性核素的体内辐射照射。不同组织和器官对放射性核素吸附能力不同。一般将放射性核素沉积的器官称为源器官，受到从源器官发出的辐射照射的器官被称为靶器官。内照射对机体辐射作用时间与机体代谢有关，如果辐射源无法全部排出体外，只有经过10个以上的元素半衰期，该辐射才可忽略不计。放射性核素体表沾染除对沾染部位进行外照射外，如果沾染处破损，还可被吸收造成内照射。复合照射是指放射性核素通过上述两种及以上的方式作用于人体而导致的照射，还包括放射性和非放射性因素共同造成的创伤，如放射复合烧伤。

（二）电离辐射因素

1. 物理特性　主要取决于辐射的穿透性和电离密度。例如X射线和γ射线的穿透性强，电离能力弱，可穿透组织，被临床上用于放射性检测。α粒子、β粒子穿透性较小，电离密度大。在评价辐射诱发DNA损伤模型时发现，不同性质的辐射在介质中传能线密度（linear energy transfer，LET）不同，产生的电离密度不同，造成的生物学效应也不同。低LET辐射时，多损伤发生比例约为30%，随着电离密度的增加，多损伤发生比例大幅度上升。动物实验也发现，用不同种类、不同剂量的辐射照射雌性大鼠所产生的生物学效应具有统计学差异，如2.0兆电子伏（MeV）裂变中子与其他辐射（X线、14.1 MeV快中子和0.025 eV热中子）比较，具有更明显的致癌作用。体外细胞实验发现，不同LET的碳离子可改变细胞存活率和微核率，诱导染色体结构改变。相同剂量时，LET为200keV/μm的碳离子导致的微核率高于700keV/μm碳离子，125keV/μm碳离子引起的体外细胞效应最明显。不同射线对人淋巴细胞损伤的研究发现，$^{56}Fe^{17+}$、$^{12}C^{6+}$离子束和^{60}Coγ射线均能诱导细胞发生染色体畸变和G_2期阻滞，促进细胞凋亡；其中$^{12}C^{6+}$离子束的生物学效应最明显，各射线效应与LET相关。

2. 剂量和剂量率　一般情况下，辐射的照射剂量越大，生物学效应越强；剂量率（单位时间内接受的辐射剂量）越大，造成的生物学效应越明显。多项流行病学调查发现，长期暴露放射线工作人员的眼晶状体浑浊检出率明显高于对照组人群，暴露时间越长，检出率越高。长期小剂量 X 射线照射可引起放射人员各项身体指标改变，其中神经衰弱、手部皮肤和指甲损伤发生率明显增加，伴随多项指标（如白细胞数量、免疫功能、微核率、染色体裂变等）改变。与普通放射诊断人员相比，介入放射诊疗工作人员受到的辐射剂量更大，年平均有效剂量大小与外周血白细胞和血小板数量呈负相关，与淋巴细胞微核率呈正相关；随着工龄的延长，介入放射诊疗工作人员的眼晶状体混浊率、微核细胞率、染色体畸变异常率、肾功能异常率等呈上升趋势。有研究发现，大鼠暴露于 0.2Gy、1Gy、7Gy、14Gy、20Gy 等不同剂量电离辐射后，坐骨神经组织形态和超微结构均可受到不同程度的影响。其中，7Gy 组可观察到轻微坐骨神经损害，14Gy 和 20Gy 组损伤加重，并伴随坐骨神经结构改变。

3. 辐射部位和面积　机体不同部位、受辐射面积的大小也可影响健康损伤的严重程度。一般来说，不同部位对辐射的敏感度不同。在吸收剂量和吸收剂量率相同情况下，腹部照射器官受损后果更严重，其次为盆腔、头颈、胸部及四肢。照射剂量相同时，辐射面积越大，造成损伤效应越明显。当全身受到 5Gy 的 γ 射线照射时可发生重度骨髓型急性放射病，而同样剂量照射人体某些局部部位可能不会出现明显的临床症状。

（三）机体因素

组织对辐射的敏感性通常与其分化程度呈负相关，即分化程度越低对辐射越敏感，越易受到辐射损伤。同时与组织内细胞的增殖分裂活动呈正相关，细胞分裂活动越频繁则越敏感。此外，还与细胞染色体和 DNA 的含量、细胞周期也有一定关系，DNA 合成期对辐射最敏感。故机体细胞发生初期如胎儿发育时期，以及分裂旺盛的细胞如生殖细胞、造血细胞、免疫细胞等对辐射敏感性较高，更容易受到辐射损伤。

四、生殖和发育毒性

（一）对生殖功能的影响

采用 X 射线对成年雄性大鼠全身照射 2 周后发现，睾丸重量降低，且睾丸组织损伤程度随辐射剂量的增加而加重。Baulch 等用 0.1Gy ^{137}Cs γ 射线对雄性大鼠进行持续全身照射，45 天后成熟精子仍可观察到染色体的改变，之后的三代精子质量均受到影响。Kamiguchi 等人分别使用 X 射线、β 射线、γ 射线照射正常人精子的研究结果也显示，电离辐射可引起精子染色体重接和染色体单体畸变，线粒体肿胀，嵴减少、破裂；延长照射时间后，线粒体损伤加重，表现为数量减少、嵴消失。虽然电离辐射引起染色体异常的精子也具有一定的受精能力，但受精后会形成异常胚胎。人群调查发现，单次 X 线照射剂量超过 0.15Gy 可引起男性暂时不育，超过 2.0Gy 可导致男性永久不育。Pilins'ka 等对切尔诺贝利核电站事故中受到辐射男性的子代进行回顾性调查发现，后代中染色体损伤发生率明显升高，提示电离辐射造成的精子损伤具有一定的遗传性。

电离辐射除了影响雄性生殖细胞的结构和功能外，还可影响卵细胞的生长发育和受精卵的质量，导致卵细胞染色体畸变、卵巢功能降低、胚胎发育异常。如用 6Gy^{12}C^{6+}离子

对小鼠体外全身照射后，始基卵泡、初级卵泡和窦前卵泡分别减少 86.6%、72.5% 和 61.8%。

（二）对生长发育的影响

当电离辐射剂量达到一定强度时，实验动物一次性全身照射即可引起死亡。接受不同剂量照射可出现轻重不同的反应。Stolina 等发现，长期低剂量电离辐射可影响成年雌鼠的繁殖指数，分娩的幼鼠数量减少，第一个月幼鼠死亡数量增加，存活率降低。随着医学影像学技术发展和诊疗需求增加，妊娠期妇女进行 X 射线、CT 等辐射性检查的频次也有所增加，致使流产、死胎、胎儿出生缺陷、宫内生长受限等不良妊娠结局的风险也在增加。不良妊娠结局风险发生概率和严重程度取决于辐射剂量和辐射时间。目前认为导致不良妊娠结局的最低辐射剂量通常为 50～200mGy，而常用医学影像学检测的剂量一般低于该范围，尚无证据表明妊娠期单次 X 射线、CT 检测会对胎儿造成危害。因特殊检测、多次检查或者意外暴露，导致累计暴露剂量超过 50mGy 时，需要根据孕周和暴露剂量大小分析不良妊娠结局的风险。Dekaban 通过对中等剂量 X 射线照射与孕妇骨盆健康情况进行分析后提出：①妊娠 2～3 周，人类胚胎受照射，尽管相当数量的胚胎可能不再发育或流产，但不会产生畸形；②妊娠 4～11 周，辐射会导致胎儿多种器官的严重畸形；③妊娠 11～16 周，辐射会引起少数眼、骨骼及生殖器畸形，并经常会导致生长发育障碍，如小头畸形及智力发育不全等；④妊娠 16～20 周照射，可能导致胎儿轻度小头畸形，智力发育不全及生长发育障碍；⑤妊娠 30 周以后，辐射似乎不会引起明显的损伤及畸形，但有可能产生功能性缺陷。

对辐射事故、医疗照射、天然电离辐射强度本底值高地区的流行病学调查研究发现，孕早期接触放射性射线与胎儿出生缺陷有关。1945 年 8 月 6 日约 13 000 吨 TNT 当量的铀原子弹在日本广岛爆炸，同年 8 月 9 日约 22 000 吨 TNT 当量的钚原子弹在长崎爆炸，以上爆炸释放了大量核辐射。1966—1968 年的调查发现，受到原子弹爆炸核辐射孕妇所生的孩子，有 60 例患有小头症，其中 30 例伴有智力迟钝。若孕妇受辐射时胎龄未满 18 周且接受辐射剂量较高（> 1.5Gy），上述症状发生率更高。原子弹爆炸辐射对幼儿的生长发育也有明显影响，如 6 岁以下受爆炸辐射儿童身高和体重增长减慢，末梢血淋巴细胞染色体异常，且异常发生率随辐射剂量增大而升高；受爆炸辐射时年龄在 15 岁以下的儿童，10 年后急性白血病患者显著增加，白血病的发生率和死亡率与辐射剂量呈正相关；当年 10 岁以下的儿童成年后癌症发病率明显增加。

五、预防要点

1. **妊娠期使用放射性影像学检查时，应遵循尽可能低剂量原则** 使用放射性检查时需要考虑孕周、暴露时长、防护措施和暴露距离等。尽量避免孕早期使用放射性检查，在保证诊疗效果的情况下，选择超声等无辐射检查方法，减少不必要的辐射暴露。尽量缩短暴露时间，不仅需要医技人员业务熟练，严格掌握临床适应证，还需要充分客观地告知患者疾病相关信息、放射性检查的诊断意义和潜在的风险、检查中的注意事项，使患者能正确配合。患者应按照医生的指示，做好防护措施，例如当孕妇需要对其他部位检查，可加用铅防护等腹部防护装置。还要注意选择合适的检查体位，减少患者其他部位的暴露，最大限度地减少对胎儿的辐射，避免胎儿全身受到照射。当胎儿辐射暴露剂量高于 50mGy 时，须结合孕周、辐射剂量、临床其他指标，综合分析妊娠风险，严格遵守有关法律法规，充分尊重孕妇和家属意愿，才能决定是否终止妊娠。

2. **加强劳动保护措施，预防职业危害**　我国《电离辐射防护与辐射源安全基本标准》（GB 18871—2002）规定了对电离辐射防护和辐射源安全的基本要求，适用于实践和干预中人员受电离辐射照射的防护和实践中辐射源的安全，明确提出工作人员、实习人员、公众照射的剂量限制。我国职业卫生标准《核医学放射防护要求》（GB Z120—2020）规定了医疗机构中核医学诊断、治疗、研究和放射性药物制备中有关人员以及工作场所的放射防护要求，适用于上述情况下使用放射性物质时的防护。其中，医务人员职业照射防护措施主要包括：①不断进行技术革新，提高诊断和治疗的准确性。针对不同疾病，采用适宜的医疗诊断治疗技术。②针对不同设备，按照要求严格执行卫生防护标准。③建立健全放射防护规章制度，并加强管理。④加强人员电离辐射知识培训，增强防护意识。⑤正确使用防护用品，做好个体防护。⑥严格按照操作规程，减少人体接受辐射时间。⑦建立职业健康档案，做好健康监测。

3. **住宅中氡的防护**　我国《公共场所卫生指标及限值》（GB 37488—2019）、《公共地下建筑及地热水应用中氡放射防护要求》（WS/T 668—2019）均规定室内空气、地下建筑中氡浓度上限值为 400Bq/m³。新建建筑选址时尽量避开放射性物质丰度高的地区；建造时选用符合国家标准的建筑材料；已建的建筑物氡浓度超标时，应加强机械通风，明确氡来源并进行屏蔽和净化除氡。采取措施后再次监测，如果氡浓度仍超标，应进行阻断或者去除放射源改造。

第二节　非电离辐射

一、概述

非电离辐射（non-ionizing radiation，NIR）是一类量子能量小于 12eV，能使组织分子旋转和颤动，不足以导致物质原子或分子产生电离的电磁辐射。按照物理性质，非电离辐射可分为紫外线、可见光、红外线、射频辐射、激光等。在日常生活中，我们所接触到的电子产品或者家用电器，无论是手机、电脑、还是电视机、微波炉、手电筒等，所产生的电磁辐射都属于非电离辐射。

非电离辐射对人体的影响与辐射种类（波长、频率）、辐射强度、波的性质（连续波、脉冲波）、照射情况（部位、面积、时间）、辐射源的距离、个体差异（年龄、健康状况、个体敏感性等）、防护措施等有关。一般来说，波长越小、频率越高、强度越大、照射时

间越长和照射面积越大，对人体作用越大，即微波 > 超短波 > 短波 > 中长波。辐射强度相同情况下，脉冲波比连续波的危害更大。

非电离辐射对机体健康的危害主要源于其对机体产生致热效应和非致热效应。人体受到非电离辐射后，体内的组织分子会发生旋转和颤动等运动，导致组织发热。如果辐射强度较大，时间较长，机体不能及时将热能散发，将引起局部或全身体温升高，导致机体出现比较严重的辐射损伤效应，特别是睾丸、中枢神经系统、眼晶状体等热敏组织。除了温度升高以外，持续加热时间、身体对温度的调节能力是影响机体受损程度的重要因素。值得注意的是，全身发热对免疫力较低人群的影响更加明显，如胎儿、婴儿、服用某些药物的人、老年人等，可以增加心脑疾病患者死亡率、胎儿出生缺陷发生率。

长时间反复接触非电离辐射，但机体体温无明显上升的非致热效应，也可引起机体的健康效应，包括辐射对人体神经系统、内分泌系统和生物膜的作用。非致热效应是电磁辐射在生物医学领域研究的重要内容，也是备受关注的热点之一，它对机体生理、生化活动的影响十分复杂，主要发生在分子和细胞等微观领域。一般来说，居民生活环境的辐射强度通常较小，以非致热效应为主。

二、紫外线

紫外线（ultraviolet light，UV），又称紫外辐射，是波长范围在 100～400nm 电磁波的总称，是非电离辐射中波长最短、能量最高的电磁辐射。根据波长 UV 可分为三类：短波紫外线（波长 100～280nm）、中波紫外线（波长 280～315nm）和长波紫外线（波长 315～400nm）。短波紫外线易被大气平流层中的臭氧层吸收，一般不能到达地球表面。中波紫外线可穿透空气，但无法穿透玻璃，部分可穿透皮肤表皮，但无法渗入皮肤内部。长波紫外线穿透性最强，可通过衣物和人体皮肤表皮，直达真皮层。

（一）污染来源

人类紫外线暴露主要来源于太阳辐射，辐射量受太阳高度角、臭氧、海拔、纬度、云层、大气污染、地面反射等多种因素的影响。太阳高度角越大，臭氧越稀薄，海拔越高，纬度越低，云层越薄，空气污染程度越轻，到达地面的紫外线就越强。除了自然来源的紫外线，人工紫外线也是人类辐射的重要来源，如产生多种气体的电弧（如高压汞弧）、医疗（用于治疗皮肤病、软骨病）、实验室（用于消毒、杀菌）等紫外线的应用，以及职业生产环境中有紫外线辐射的作业，如紫外线照明灯具、电弧焊接、金属冶炼电炉等。

机体对紫外线的暴露，除了受环境紫外线和人工紫外线照射外，还与个体遗传、行为和生活习惯、身体健康状况等因素有关，如皮肤色素沉着情况、日常户外活动或户外作业（与职业密切相关）、穿戴习惯（衣服、帽子、手套）、个人防护（太阳镜、防晒霜）等。

（二）生物学效应

紫外线具有抗佝偻病作用，紫外线人工光源也具有杀菌消毒作用，但世界卫生组织已确定，暴露紫外线辐射可引起多种不良健康结局，如皮肤恶性黑素瘤、皮肤鳞状细胞癌、皮肤基底细胞癌、角膜或结膜鳞状细胞癌、光老化、灼伤、皮质性白内障、翼状胬肉、唇疱疹再激活等。

已有的研究发现，紫外线照射可引起海胆精子结构改变和染色质损伤，约 90% 精子形态发生改变，顶体、质膜和线粒体异常，DNA 链断裂增加，导致受精障碍，受精率降低；两细胞胚胎的分裂频率降低，第一次细胞分裂延迟。紫外线也会影响水蚤蜕皮过程，抑制个体的生长。暴露在紫外线增强光泽下的草虾，其幼虫发育明显延迟，达到性成熟后，繁殖力明显下降。紫外线可增加两栖动物的死亡率和畸形发生率，仅单纯紫外线辐射可造成 35% ~ 68% 的非洲爪蟾死亡率和接近 100% 的畸形，引起水肿、肠道畸形和尾部异常。另外紫外线可使土壤中隐叶寡毛纲动物繁殖减少 80%，伴随约 5% 的基因差异表达和 DNA 修复机制的激活。小鼠胚胎在体外暴露于 $1.35J/m^2$ 或 $4.05J/m^2$ 的紫外线可诱导姊妹染色单体交换。雌鼠在孕 16 ~ 21 天每天暴露一定时长的紫外线，其新生仔鼠的微核红细胞和微核多染红细胞明显增加。由此可见，紫外线辐射水平的增强可对生物圈多种生物的生殖发育产生影响。目前，紫外线辐射对人体生殖发育的影响的证据较为有限。Botyar 等检索了 1985—2017 年间发表且被 Medline、Embase、ProQuest、Global Health、谷歌学术和 Scopus 收录的文献资料，在 430 篇相关论文中仅 5 篇论文是研究紫外线辐射与胎儿生长发育的关系。总体而言，早产率随着年均紫外线指数的增加而增加；怀孕前 3 个月暴露紫外线辐射能改善胎儿生长发育，但却增加孕妇患妊娠期高血压和急性先兆子痫的风险。

（三）预防要点

1. **健康教育**　加强紫外线危害和防护措施的健康教育，减少暴露是预防紫外线危害的根本措施。如关注紫外线指数预报，合理安排夏季户外活动时间，并采取有效防护措施。

2. **正确使用防护用品**　防晒剂可通过吸收、反射或散射等方式减弱紫外线对皮肤的作用；合理使用防晒衣物、佩戴眼镜和帽子，可以减少紫外线的过量照射。

3. **职业防护**　工作场所中严格执行强制性国家职业卫生标准，紫外线职业接触限值在《工作场所有害因素职业接触限值　第 2 部分：物理因素》（GBZ 2.2—2007）中有所规定。职业接触过程中严格执行规章制度，不断提高生产工艺，努力改善劳动条件，合理采取个人防护措施，加强职业健康监护。如电焊作业可适当减少手工操作，有条件地采用自动焊，工人佩戴防护眼镜和防护面罩，适当增设防护屏蔽。

三、射频辐射

射频辐射（radio frequency radiation，RFR）是一种频率在 100kHz ~ 300GHz 的非电离辐射，能量较小，波长范围为 1mm ~ 3 000m，包括高频电磁场和微波。前者是指频率在 100kHz ~ 300MHz、波长范围从 1 ~ 3 000m 的电磁波，按波长可分为长波、中波、短波、超短波。后者是一种频率在 300MHz ~ 300GHz、波长在 1mm ~ 1m 范围内的电磁波，易于集聚成束，具有高度定向性，可直线传播，常用来传输高频信号，又称为"超高频电磁波"。雷达探测、无线电广播、通讯、电视、雷达、高频加热和理疗电子设备等可产生射频辐射，造成不同程度的辐射污染。

（一）污染来源

射频辐射主要来源于高频加热和微波。前者可分为高频感应加热（如高频冶炼、焊接、半导体材料熔炼等）和高频介质加热（如木材和棉纱烘干、塑料制品热合等）。微波主要来源于通讯、探测、雷达导航、微波加热、电视、核物理科学研究等方面。其中医学理疗、移动电话、微波炉等应用与生活密切相关。

（二）生物学效应

经常处于高强度射频电磁场环境，可破坏人体内生物电的自然生理平衡，导致机体生物钟失调，节奏紊乱，降低人体抵抗力，影响身体健康。一般认为射频辐射强度大时，其生物学效应主要是热效应，长期低功率密度的射频辐射主要引起非热效应。

1. 热效应　当机体把吸收的射频能转换为热能，引起生物组织或系统过热产生的损伤，可影响生物体生理功能。当机体组织吸收的能量较少，可借助自身热调节系统将热量散发至全身或体外；当机体组织吸收的能量过多，则引起局部体温升高，进而产生一系列生理反应，如局部血管扩张、血流加速、组织代谢增强等。

2. 非热效应　指除热效应以外的其他效应。在微波电磁场的作用下，机体内的一些分子产生变形和振动，影响细胞膜功能，使细胞膜内外液体的电位发生改变。微波可干扰生物电的节律，影响心脏、脑神经，以及内分泌等多个系统和器官的一系列电活动。长期在非致热强度的射频辐射作用下，可出现以乏力、记忆力减退为主的神经衰弱综合征，伴随心悸、心前区疼痛、胸闷、易激动、脱发、月经紊乱等症状。

（三）生殖和发育毒性

动物实验发现，射频辐射具有一定的生殖毒性和胚胎毒性，可引起雄性大鼠睾丸组织形态改变，精子活动度降低，畸形率增加，以及大鼠活动减少，反应迟缓，皮毛枯黄且无光泽，体温升高等异常。微波局部照射小鼠睾丸也可引起各级生精细胞病理学改变，精子畸形增加。微波照射妊娠期大鼠后，可观察到吸收胎和死胎，子代行为功能受到影响。也有研究发现雌性大鼠暴露微波后，胎仔体重降低，胸骨骨化迟缓。Shibkova 等发现，成年CBA 小鼠在交配前和怀孕期间重复短期暴露于射频电磁场可对雌性小鼠的妊娠过程、产仔数和后代的形态产生不良影响。但 Shirai 等将 SD 孕鼠和 F1 代子鼠全身暴露于不同射频电磁场，却并未发现母鼠的生长和妊娠状况，F1 代存活率、生长发育、生殖功能，以及 F2 代胚胎毒性和致畸性受到影响。

流行病学研究结果也不完全一致。有研究发现电磁辐射可使男性睾丸受损，雄性激素分泌减少。对节育男性职工进行微波照射的研究发现，微波照射组血清睾酮（testosterone，T）含量明显下降，黄体生成素（luteinizing hormone，LH）显著升高，照射时间越长激素变化越明显。针对雷达人员、飞行员、海员等职业暴露人群的研究发现，微波辐射可增加男性精液中畸形精子比例，降低精子密度和精子活力。调查还发现男性雷达工作人员血清T 水平明显低于非雷达工作人员。但是也有研究发现，雷达通讯兵的卵泡刺激素（follicle-stimulating hormone，FSH）、LH、T、精液常规与非雷达士兵无明显差异。

此外，多项流行病学调查发现，手机使用对男性精液有潜在的不利影响。每日手机通话时长与精子密度降低、总精子数减少、精液量减少有关，手机上网也与总精子数减少、精子密度降低相关；充电时使用手机通话是精子密度减少的危险因素。但也有研究发现，手机使用对男性精液参数无不良影响。

为了探讨微波对睾丸的损害机制，有学者将两组大鼠分别用微波辐射和红外线照射，使体温从 24℃ 恢复到 37℃。微波辐射组大鼠睾丸血管肿胀，间质充血水肿，血管间质有浆液渗出；1 周后生精小管直径小于对照组；精母细胞数目减少，精细胞少见，不规则的精子聚集在生精小管腔内。而红外线组未见上述现象。推断微波辐射对睾丸的作用，除了热效应还存在非热效应。但也有研究发现，用不同频率、功率密度的微波辐射大鼠、家兔和狗的睾丸，观察到睾丸出现水肿、萎缩和纤维化，生精小管内有坏死区。用其他物理办法，只要使睾丸温度上升都可得到同样的结果。Sepehrimanesh 等为了分析射频电磁场对大鼠睾丸蛋白表达的影响，将 SD 大鼠连续暴露于 900MHz 的射频辐射，发现 ATP 合成酶 β 亚单位和缺氧上调蛋白 1 前体显著上调。由于这些蛋白可影响大鼠睾丸和精子发生信号通路，并在内质网蛋白质折叠和分泌中起关键作用，提示暴露于射频辐射会导致睾丸蛋白质增加，增加生殖损伤和致癌风险。

（四）预防要点

1. 关于确定射频辐射的最大容许强度，国际上争论颇大，各国都不断地进行修订。环境各频段射频辐射的环境容许强度一般为职业接触容许强度的 1/10 ~ 1/2。

2. 工作场所中防护措施有合理布局、屏蔽辐射源、加大与辐射源的距离、加强个人防护和健康监测等，严格执行射频辐射职业接触限值。

3. 尽量远离辐射源，包括各种发射基站；多途径屏蔽开放性天线等装置；加强环境监测等。

4. 做好手机微波防护，措施包括：①加强技术研究和革新，开发辐射更小更安全的手机；②适当减少手机使用次数和时间，尽量使用免提设备，减少头部辐射；③多食新鲜蔬菜和水果，增强个体对辐射的抵抗力。

第三节　噪声

一、概述

声音在自然界中广泛存在，是人类生存环境中必不可少的物理因素。物体振动过程中，能量在弹性介质中以机械波的形式向远处传播；当传到耳朵使人体感觉到的声响，称为声音，这种振动波称为声波，能够产生声波的物体被称为声源。声音可以在各种环境介质如空气、水、土壤等中传播。在 15℃ 时，声音在空气中的传播速度为 340m/s。

声波在单位时间内振动的次数称为频率，单位是赫兹（Hz）。不同物种对声音频率的感受范围不同，其中人耳能感受的频率范围为 20 ~ 20 000Hz。高于 20 000Hz 的声波为超声波，低于 20Hz 的声波为次声波。

从物理角度看，噪声（noise）是物体做无规则振动时发出的声音。从生理学角度看，凡是干扰人们正常休息、学习和工作的声音即为噪声，包括各种不需要的声音，如机器轰鸣声、交通工具的鸣笛声、各种突发的声响等。随着经济发展、城市扩建、交通拥堵、人口密集，再加上各种电子设施（音响、电视机等）的频繁使用，环境噪声越发严重，经常使人产生厌烦等不良情绪，甚至危害人体健康，同时也对周围环境造成不良影响。噪声污染已成为污染人类社会环境的一大公害，被人们称为"致人死命的慢性毒药"。

噪声级（noise level）是用来度量和描述噪声大小的指标。环境噪声评价时，测量噪声大小须采用具有一定特性的仪器，如声级计。通过曲线测量得到的声压级称声级，单位为分贝（dB），是最常用的一种噪声级，也是噪声的基本评价量。

二、分类

按照不同标准，噪声可以有不同的分类方法。

1. 按照噪声来源，可分为：

（1）交通噪声：是指各种交通工具运行时发出的噪声，约占城市噪声的75%。这类噪声源具有：①流动性，影响范围大；②不稳定性，其强度与机动车的类型、数量、运行状况、速度、路面情况、城市绿化等因素有关。

（2）生产性噪声：主要来源于生产过程、市政施工等，如工业生产劳动中各种机器、高速运转设备产生的撞击、摩擦、喷射以及振动等过程。纺织车间、锻压车间、粉碎车间、钢厂、水泥厂、气泵房、水泵房噪声都比较严重。生产性噪声是职业性耳聋最主要的原因，不仅危害作业工人的健康，还对附近的居民造成严重影响，特别是市区内的一些工厂，与居民区临近，噪声和振动难以完全隔绝。在城市建设过程中，道路建设、基础设施建设、城市建筑开发、旧城区改造等工业和民用建筑施工现场，各种动力机械进行挖掘、打洞、搅拌、运输，产生了大量的建筑噪声，一般在90dB以上，最高达到130dB，使附近居民深受其害。

（3）生活噪声：主要指人们在各种生活设施和人群活动中产生的噪声，如商业交易、体育竞赛、娱乐活动中的喧闹声，电视机等家用电器的嘈杂声，一般在80dB以下。其中电视机、收录机、空调的噪声为60～80dB，洗衣机、缝纫机噪声50～80dB，电风扇30～65dB，电冰箱34～50dB。据统计，生活噪声约占城市噪声的14%，一般不会对人产生直接生理危害，但会干扰人们谈话、学习、工作和休息，使人烦躁。

2. 按照噪声频率分布，可分为：

（1）低频噪声（主频率低于300Hz）、中频噪声（主频率300～800Hz）、高频噪声（主频率高于800Hz）。

（2）宽频带噪声（从低频到高频较为均匀的噪声）、窄频带噪声（主要成分集中分布在狭窄的频率范围内的噪声）、有调噪声（既有连续噪声，又有离散频率成分存在的噪声）。

为贯彻《中华人民共和国环境噪声污染防治法》，防治噪声污染，保障城乡居民正常生活、工作和学习的声环境质量，我国 2008 年发布《声环境质量标准》（GB 3096—2008），规定了五类声环境功能区的环境噪声限值（表 11-3），并规定各类功能区夜间突发噪声最大声级，不得高于环境噪声限值 15dB（A）。

表 11-3　环境噪声限值

单位:dB（A）

类别	昼间	夜间	适用区域
0 类	50	40	康复疗养区等特别需要安静的区域
1 类	55	45	以居民住宅、医疗卫生、文化教育、科研设计、行政办公为主要功能，需要保持安静的区域
2 类	60	50	以商业金融、集市贸易为主要功能，或者居住、商业、工业混杂，需要维护住宅安静的区域
3 类	65	55	以工业生产、仓储物流为主要功能，需要防止工业噪声对周围环境产生严重影响的区域
4 类			交通干线两侧一定距离之内，需要防止交通噪声对周围环境产生严重影响的区域
4a 类	70	55	高速公路、一级公路、二级公路、城市快速路、城市主干路、城市次干路、城市轨道交通(地面段)、内河航道两侧区域
4b 类	70	60	铁路干线两侧区域

摘自:《声环境质量标准》（GB 3096—2008）。

我国著名声学家马大猷教授曾总结和研究了国内外现有各类噪声的危害和标准，提出了三条建议：①为了保护人们的听力和身体健康，噪声的允许值在 75～90dB；②保障交谈和通讯联络，环境噪声的允许值在 45～60dB；③对于睡眠时间，环境噪声建议在 35～50dB。比较安静的正常环境噪声级为 30～40dB。超过 50dB 会影响睡眠和休息，如休息不足，不能有效地消除疲劳，可在一定程度上影响正常生理功能。超过 70dB 可干扰谈话，使人精神不集中，降低工作效率，甚至引发事故。长期处于 90dB 以上的噪声环境，听力会严重受损，并伴随其他疾病的发生。突然暴露在 150dB 的噪声中，轻者鼓膜破裂出血、完全失去听力，重者导致死亡。

三、对机体健康的影响

噪声对人体健康可产生全身性影响，即可引起听觉系统和非听觉系统的变化。这些影响在早期主要表现为生理学改变，长期接触强度较大的噪声可造成病理性损伤。工作场所中噪声还可以干扰语言沟通，降低工作效率，严重情况下可能引起意外事故。

（一）对听觉系统的影响

听觉系统是人体接收声音的系统，是噪声的直接作用对象。听觉系统是否出现损害及损伤严重程度，是噪声危害评价、噪声标准制定的主要依据。噪声对听觉系统的影响，是从轻微的生理性改变到逐渐严重的病理性损伤的过程，与噪声的强度和接触时间密切相关。长期接触高强度噪声对人体听觉器官的危害是从暂时性听阈位移发展为永久性听阈位移。

1. 暂时性听阈位移　指机体接触噪声后引起的暂时性听阈改变，脱离噪声环境一段时间后，听力可恢复。根据严重程度，可分为听觉适应和听觉疲劳。

2. 永久性听阈位移　指噪声或其他有害因素导致机体听阈升高，不能恢复到原有水平，此时听觉器官已发生器质性的变化。根据损伤的程度，永久性听阈位移又可分为听力损失、噪声性耳聋和爆震性声损伤。

世界卫生组织采用 500Hz、1 000Hz、2 000Hz 三个频率点听力损失的平均值作为划分听力下降等级的依据。根据严重程度依次可分为：正常听力（听力损失小于等于 25dB）、轻度听力损失（26～40dB）、中度听力损失（41～55dB）、中重度听力损失（56～70dB）、重度听力损失（71～90dB）和极重度听力损失（大于 90dB）。此外，世界卫生组织还提出了适用于儿童听力损失程度的分类方法，根据 500Hz、1 000Hz、2 000Hz 和 4 000Hz 四个频率点平均听力损失将听力损失程度分为：轻度（损失 26～40dB）、中度（41～60dB）、重度（61～80dB）和极重度（大于 80dB）。

（二）对生殖和发育的影响

1. 对男性生殖功能的影响　流行病学调查发现，男性长期生活在 70～80dB 噪声环境中，性功能趋于减弱；生活在 90dB 以上高噪声环境中，性功能可发生紊乱。拥挤、嘈杂的环境可引起睾丸退行性改变、精液量和精子数减少，以及精子活力降低。长期处于噪声环境中，精子存活率、精子活力、正常精子比率均有显著降低，精子畸形率显著增高。

2. 对女性生殖功能的影响　噪声可引起女性生殖功能紊乱，月经失调，常表现为月经周期不规律，经期延长，血量异常（血量增多发生率高于血量减少），痛经等。当 LH 分泌相对不足时，可使黄体发育不健全，进而引起月经周期缩短；当 LH 持续分泌时，可导致黄体萎缩，造成月经周期延长。在噪声环境中，卵泡期 FSH 分泌相对不足，导致卵泡发育迟缓，也可造成月经周期延长。

3. 对胎儿和儿童发育的影响　研究表明，噪声可引起母体紧张反应，引起子宫血管收缩，改变盆腔器官的血液循环，造成胎盘供血不足、胎儿缺氧，从而导致胎儿发育障碍。流行病学调查发现，噪声可导致流产、早产、畸胎、低出生体重等发生概率增加。飞机起降造成的强烈噪声，可导致机场周围居住的孕妇发生流产和早产。当接触高强度噪声，特别是 100dB 以上时，妊娠高血压并发症发病率明显升高。Vincens 等收集 1970—2021 年间发表的有关妊娠期噪声暴露与先天性异常和围产期死亡率之间关系的研究发现，噪声与死产、先天性心脏病、多指和子代听力障碍存在关联。

研究发现，孕妇和新生儿处于噪声环境中，新生儿听力障碍的发生率明显增加。胎儿的听觉器官在孕早期已开始发育，并不断地发育完善，婴儿出生 30 天后耳蜗仍未完全发育成熟。噪声可损伤发育中胎儿和儿童的听觉器官,使听力减退或丧失。家庭噪声是造成儿童聋哑的主要原因之一。研究发现,生活在 85dB 以上家庭的儿童,耳聋者比例可达 5%。此外,噪声还会影响儿童的智力发育。调查显示,在 75dB 环境中生活的 3 岁前儿童,其心血管系统和神经系统发育可受到不同程度的损害,智力发育水平要比安静环境下的儿童低 20%。

四、预防要点

预防噪声危害主要从控制噪声源、阻断噪声传播、加强个人防护等方面执行。

1. **控制噪声源**　主要措施包括:①科学规划,合理布局,可有效降低城市噪声。对不同功能区域(住宅区、商业区、工业区、混合区)进行隔离分区设计,其中工矿企业应当远离生活区。②降低声源噪声。选用低噪声的生产设备,改进生产工艺,改进运输工具与机械设备的结构和性能。

2. **采取噪声传播控制技术阻断噪声传播**　主要途径有:①吸声。利用吸声材料降低噪声强度。②消声。使用消声器降低空气动力噪声。③隔声。采用墙壁、门窗等屏蔽物,降低或者阻挡噪声传播。城市在建设道路时,适当采取隔离带、隔离墙等措施降低噪声对周围居民可能产生的影响。另外,通过建设绿化带降低环境噪声污染是公认的控制城市环境噪声最经济的方法。④阻尼与隔振。主要用于降低机械噪声。

3. **加强个人防护措施**　人体主要噪声防护措施是合理使用听力保护器。常使用的有耳塞、耳罩、耳栓、头盔等,可单独使用,也可联合使用。

4. **预防职业性噪声危害**　主要措施有:①积极开展接触噪声工人的健康监护。对职业人群开展就业前体检,患有相关禁忌证的人员,禁止从事强噪声工作。定期开展健康体检,特别是听力监测,做到早发现、早干预,及时采取有效防护措施。一旦发现听力明显下降人员应及早调离噪声作业。当体检发现高频段听力下降大于等于 30dB 时,应列为重点观察保护对象。②合理作息。90dB 以上的噪声环境中工作的人员应有短时间休息和工间操,每工作 2～3 小时休息 10～15 分钟,可以有效防止听觉疲劳,预防噪声聋。③合理膳食。噪声环境中的工作人员,机体内维生素 B_1、维生素 B_2、维生素 B_6 消耗较多,应适当增加糙米、鸡蛋、牛奶、花生、蘑菇、豆类等富含维生素 B 族的食物。

第四节　热环境

一、概述

热环境(hot environment)是指由热辐射、环境气温、相对湿度与风速等物理因素综合作用于人体,使机体热负荷增加,生理功能和工作能力产生不良反应的环境。全球热环

境的分布主要由自然地理环境决定，人类活动也有一定的影响。热环境可分为自然热环境和人工热环境。自然热环境的热源为太阳，多为太阳辐射强、气温高的地区，受环境中热辐射、温度、相对湿度、气流等因素的综合影响。为了缓和自然环境中剧烈温度变化，人类创造了更适于生存的人工热环境，其热源多为火焰、各种高温物体，如火炉、空调等。

热辐射（thermal radiation）是物体由于分子或粒子热运动产生的电磁辐射。任何具有温度的物体都能以电磁波的形式向外辐射能量，主要为红外线和一部分可见光。环境气温主要取决于大气温度，也受到太阳辐射、附近热源、周围人群散热等影响。

高温作业是指在生产劳动过程中，工作地点平均湿球黑球温度指数 ≥ 25℃的作业。可分为高温强热辐射作业（如炼焦、炼铁、铸造、炉窑等车间）、高温高湿作业（如纺织印染）、夏天露天作业（如环卫保洁，建筑工地等）。高强度体力劳动时机体会产生大量热量，高温高湿环境不利于机体散热，长时间在以上环境中工作会导致机体热调节失衡。

二、对机体健康的影响

（一）对生理功能的影响

高温可引起人体体温调节、水盐代谢改变，伴随着心血管、消化、呼吸、神经内分泌、泌尿等多个系统的变化。人体暴露于热环境中，机体与环境之间存在着动态热量平衡，热量总是从温度高的物体传向温度低的物体。当环境温度低于皮肤温度，机体血液温度较高时，皮肤血管扩张，热量通过血液从内脏流向体表，通过辐射、对流和蒸发散热。当环境温度高于皮肤温度，热量由环境传到体表，包括周围高温物体热辐射、热空气对流等，机体仅能通过蒸发散热。机体动态热量平衡受中枢神经系统和内分泌系统的综合调控，心血管系统和呼吸系统等多组织器官参与协调。气象条件、劳动强度、劳动时间、人体健康状况等因素，均对体温调节造成影响。此外，环境温度越高，劳动强度越大，排汗越多，机体损失大量水分和电解质，可导致水盐代谢障碍，如不及时补充，可导致机体严重脱水，循环衰竭。高温作业时，心血管系统处于高度紧张状态，既要将大量血液运输到皮肤用于散热，又要向各处运动器官输送足量的营养和氧气，可导致血压、心率发生变化。高温作业时交感肾上腺系统兴奋，消化系统受到抑制，血流分配减少，分泌功能减弱，可引起食欲减退，消化不良，胃肠道疾病患病率随工龄的增加而增加。高温条件下，机体呼吸频率明显增高，肺通气量增加；体温调节中枢持续兴奋，其他中枢抑制加强，注意力不集中，工作能力降低，易发生工伤事故。由于大量水分和电解质经汗腺排出，血容量下降，如不及时补充，可出现肾功能不全和蛋白尿等。

（二）对生殖和发育的影响

1. 对雄性生殖功能的影响　研究发现，高温对男性生殖危害十分明显，常见于职业因素和一些生活习惯，如烧锅炉、炼钢、电焊、烹饪，以及频繁热水浴、穿紧身裤等。精子发生过程对温度非常敏感，须在 34～35℃条件下才能正常发育。睾丸局部温度升高，如隐睾症等就可导致生精细胞的大量凋亡。持续高温环境可改变睾丸内微循环，造成氧代谢和酶活性异常，诱导生殖细胞损害，引起精子畸形率比例增高、活力降低、密度减少等，进而引起男性不育。阴囊温度过高已被认为是导致成年男性精子数量减少和不育症的重要原因。各种热源作用于睾丸或影响局部散热，均可引起睾丸温度升高，引起精子生成障碍。另有研究发现，每周 3～4 次超过 40℃热水浴会导致头部畸形精子和不成熟精子数量明显增多。实验也发现，小鼠阴囊暴露在 42℃环境中 30 分钟后，睾丸及附睾中精子 DNA 的完整性受到损伤，受精能力降低。

2. **对雌性生殖功能的影响**　研究发现，高温可影响女性生理周期，使月经异常发生率明显增加，表现为痛经、月经量减少、经期缩短或经期延长。长时间使用电热毯的女性，月经周期易发生异常。高温（超过 40℃泡澡或桑拿浴）暴露 20 分钟以上，可造成 1 周内卵巢分泌功能和宫颈黏液质量下降。动物实验也发现，长期高温可导致雌性大鼠动情周期紊乱，动情周期平均持续时间延长；母牛发情期缩短、发情程度减弱，不发情比例增加，同时影响卵母细胞发育、受精过程、早期胚胎形成和发育，影响卵泡活性，改变子宫内环境，降低妊娠率。

3. **对胎儿和儿童发育的影响**　动物研究表明，孕早期高热可引起胎仔畸形率显著增加。孕 10 日大鼠体温达 42℃持续 5 分钟即能导致 87% 的仔鼠出现脊柱和肋骨畸形；当体温在 41℃时，仅 9.2% 仔鼠有上述畸形。多项流行病学研究发现，人类孕早期持续高热或接触外界高温过久，可引起流产、早产、低出生体重或胎儿畸形。经常使用电热毯的孕妇，对所孕育胎儿的大脑、神经、骨骼、心脏等重要组织器官更易产生不良影响。孕妇怀孕开始 3 个月，从事高温高湿作业或洗桑拿浴者，易导致胎儿畸形。透气性差的一次性尿布对婴儿睾丸造成局部的高温，可破坏正常的睾丸降温机制。在发育相关的窗口期，多个高温指标与先天性白内障具有正相关和一致性。

三、预防要点

1. **技术措施**　合理设计工艺流程，采用先进技术，改革工艺过程，实行机械化和自动化生产，从根本上改善劳动条件，避免工人在高温或强热辐射条件下劳动，减轻劳动强度。采取隔热、合理布置和疏散热源等措施，并加强通风降温。

2. **管理措施**　高温季节应根据生产特点和具体条件，适当调整劳动休息时间，增加工间休息次数，缩短劳动持续时间。高温车间附近应建立休息室，以供工间休息之用。卫生工作人员要深入高温车间开展宣传教育，普及防暑降温知识，教育工人遵守高温作业的安全规程和保健制度。生产单位的负责人应严格执行防暑降温的政策法令和国家卫生标准。

3. **日常生活中的防暑降温措施**　避免烈日暴晒，夏日要备好防晒用具，出门前做好必要的防护工作，准备充足的水和饮料。老年人、孕妇、有慢性疾病的人，特别是有心血管疾病的人，在高温季节要尽量减少外出活动。合理补充水盐。大量出汗时提倡少量多次饮水，可供应淡盐水、含盐饮料、茶、绿豆汤、酸梅汤等。同时补充营养，供给高维生素、高蛋白和高热量的膳食，并保证充足睡眠。

4. **高温作业的人体防护**　合理供给清凉饮料，及时补充水分、盐分和营养，详见《高

温作业人员膳食指导》（WS/T 577—2017）。加强个人防护，穿着适宜的工作服，适当佩戴防热面罩、防护眼镜、工作帽、手套、护腿等防护用品。特殊的高温环境，须用特制的隔热服、冷风衣、冰背心、隔热面罩等。适当进行耐热锻炼，增强抗热能力，并保证充足睡眠。建议妇女孕期应暂时调离高温作业环境。妇女孕期应避免各种原因导致的体温升高，如避免感冒和感染，限制进行热水盆浴和蒸汽浴等。

5. 健康监护 认真做好就业前和定期（主要在入暑前）体格检查。具体参考高温防控相关标准，如《工作场所职业病危害作业分级 第3部分 高温》（GBZ/T 229.3—2010）、《工作场所有害因素职业接触限值 第2部分：物理因素》（GBZ 2.2—2007）、《工业企业设计卫生标准》（GBZ 1—2010）以及《热环境 根据 WGBT 指数（湿球黑球温度）对工作人员热负荷的评价》（GB/T 17244—1998）等中的有关规定。

（黄文婷）

参考文献

[1] 邬堂春. 职业卫生与职业医学 [M]. 8版. 北京：人民卫生出版社，2017.

[2] 杨克敌，鲁文清. 现代环境卫生学 [M]. 3版. 北京：人民卫生出版社，2019.

[3] UNSCEAR. Sources, effects and risks of ionizing radiation. United Nations Scientific Committee on the Effects of Atomic Radiation (UNSCEAR) 2016 Report: Report to the general assembly, with scientific annexes[R]. New York: United Nations, 2017.

[4] 王月娇，袁素娥. 电离辐射对医务人员生殖系统的影响及防护的研究进展 [J]. 护理研究，2017，31(11)：1291-1295.

[5] 中国医师协会妇产科医师分会母胎医师专业委员会，中华医学会妇产科学分会产科学组，中华医学会围产医学分会，等. 妊娠期应用辐射性影像学检查的专家建议 [J]. 中华围产医学杂志，2020，23(3)：145-149.

[6] 周三元，池翠萍，魏锦萍，等. 电离辐射与人体健康研究 [J]. 中国高新科技，2021，3：126-129.

[7] NEGI P, SINGH R. Association between reproductive health and nonionizing radiation exposure[J]. Electromagn Biol Med, 2021, 40(1): 92-102.

[8] BOTYAR M, KHORAMROUDI R. Ultraviolet radiation and its effects on pregnancy: A review study[J]. J Family Med Prim Care, 2018, 7(3): 511-514.

[9] SHIRAI T, WANG J, KAWABE M, et al. No adverse effects detected for simultaneous whole-body exposure to multiple-frequency radiofrequency electromagnetic fields for rats in the intrauterine and pre- and post-weaning periods[J]. J Radiat Res, 2017, 58(1): 48-58.

[10] 王俊璇，朱文赫，吕士杰. 微波辐射对生殖健康影响的研究进展 [J]. 吉林医药学院学报，2020，41(2)：129-131.

[11] ADAMS J A, GALLOWAY T S, MONDAL D, et al. Effect of mobile telephones on sperm quality: A systematic review and meta-analysis[J]. Environ Int, 2014, 70: 106-112.

[12] 兰容，张婉，任秀琼. 某制药厂接触噪声对女工生殖健康的影响 [J]. 工业卫生与职业病，2020，

46(4)：327-329.

[13] VINCENS N, WAYE K P. Occupational and environmental noise exposure during pregnancy and rare health outcomes of offspring: a scoping review focusing on congenital anomalies and perinatal mortality[J]. Rev Environ Health, 2022, doi: 10.1515/reveh-2021-0166.

[14] ZHANG Y, YU C, WANG L. Temperature exposure during pregnancy and birth outcomes: An updated systematic review of epidemiological evidence[J]. Environ Pollut, 2017, 225: 700-712.

[15] SHIBKOVA D Z, SHILKOVA T V, OVCHINNIKOVA A V. Early and delayed effects of radio frequency electromagnetic fields on the reproductive function and functional status of the offspring of experimental animals[J]. Radiats Biol Radioecol, 2015, 55(5): 514-519.

[16] LAI Y F, WANG H Y, PENG R Y. Establishment of injury models in studies of biological effects induced by microwave radiation[J]. Mil Med Res, 2021, 8(1): 12.

[17] SEPEHRMANESH M, KAZEMIPOUR N, SAEB M, et al. Proteomic analysis of continuous 900-MHz radiofrequency electromagnetic field exposure in testicular tissue: a rat model of human cell phone exposure[J]. Environ Sci Pollut Res Int, 2017, 24(15): 13666-13673.

|第十二章|
孕期感染与优生

　　孕妇在妊娠期间受到病原微生物感染而引起的胎儿宫内感染，可导致流产、死胎、先天畸形、宫内生长受限、智力低下、新生儿死亡等不良妊娠结局，其程度与病原微生物的种类、感染发生的时间和感染时母体状况等因素有关。目前的研究结果显示，在孕期的不同阶段受到病原微生物感染，往往会导致孕妇产生不同的不良妊娠结局。如感染发生在孕早期，多造成流产、先天性畸形；感染发生在孕晚期，多导致早产、胎膜早破、新生儿感染等不良后果。母体免疫力低下也是造成孕期感染的重要因素，此时体内的一些潜在感染被激活，成为活动性感染，如人巨细胞病毒感染多以此种方式出现。

　　引发先天性感染的病原微生物主要有以下几类：①细菌：如淋球菌；②螺旋体：如梅毒螺旋体；③病毒：如人巨细胞病毒、风疹病毒、单纯疱疹病毒、流感病毒、柯萨奇病毒、人乳头瘤病毒、微小病毒 B19、人类免疫缺陷病毒等；④原虫：如弓形虫；⑤衣原体：如沙眼衣原体；⑥支原体：如解脲支原体。通常将这些病原微生物简称为 TORCH，即 T（toxoplasma，弓形虫），O（others，如乙肝病毒、柯萨奇病毒等），R（rubella virus，风疹病毒），C（cytomegalo virus，巨细胞病毒），H（herpes simplex virus，单纯疱疹病毒）。目前，国家卫生健康委员会发布的《全国出生缺陷综合防治方案（2018）》《孕前和孕期保健指南（2018）》《母婴安全行动提升计划（2021—2025 年）》《健康儿童行动提升计划（2021—2025 年）》等文件，着重强调构建和完善出生缺陷防治网络，其中把 TORCH 检测作为推荐的女性孕前和孕早期备查项目。检测方法快速迭代，多种高灵敏度病毒学和分子生物学的检测工具，包括基于聚合酶链反应（polymerase chain reaction，PCR）的核酸鉴定技术等，可用于识别几乎所有致病病毒。新技术的运用可以促进已有病原体的快速准确诊断和新病原体的鉴别发现，进而有助开展有效筛查，减少不良妊娠结局的发生。

　　孕期感染的途径主要有三种：①胎盘垂直传播：即孕妇感染后，病原微生物，如人巨细胞病毒、寨卡病毒、细小病毒 B19、水痘 - 带状疱疹病毒等，可经血液循环通过胎盘屏障感染胎儿。胎盘垂直传播是引起宫内感染的主要途径，多造成流产、先天性畸形等。②生殖道感染的上行扩散：多种病原微生物可通过上行扩散进行传播感染，其中最常见的是沙眼衣原体和解脲支原体引起的生殖道感染。③围产期感染：围产期感染人巨细胞病毒、水痘 - 带状疱疹病毒、肠道病毒、淋球菌等病原微生物，分娩时新生儿可通过软产道或哺乳受到感染。孕期病原微生物可经单一途径感染，也可经多种途径感染，多种病原微生物在孕期不同阶段感染均可危害胎儿和婴儿健康。

第一节　弓形虫感染

先天性弓形虫感染是指孕妇因感染弓形虫（toxoplasma，TOX）而发生的虫血症。孕期感染 TOX 可通过胎盘垂直传播给胎儿，引起胎儿宫内感染，造成流产、早产、死产，及胎儿畸形（最常见者为脑积水）或新生儿 TOX 病（重者致死），也可导致儿童智力障碍。婴儿出生后感染 TOX 导致的疾病则称为获得性弓形体病，与吃了生的或不熟的含有 TOX 包囊的肉类食品，或饲养宠物（主要是猫）食入了 TOX 卵囊或包囊有关。

一、病原学特征

1908 年法国学者 Nicolle 等在北非的一种啮齿类动物刚地梳趾鼠的肝、脾单核细胞中，发现了一种类似利什曼原虫的寄生虫，因其滋养体期形态呈弓形，故命名为刚地弓形虫（toxoplasma gondii）。TOX 是一种具有寄生虫的双宿主周期、双相发育特性的球虫，在猫科动物体内可完成无性生殖和有性生殖过程，而在人和其他动物体内只能完成无性生殖过程，因而猫科动物是其终宿主，人和其他动物是中间宿主。在适宜温度（24℃）和湿度环境中，TOX 约经 2 ~ 4 天发育成熟，抵抗力强，可存活 1 年以上，如被中间宿主吞入，进入小肠后子孢子穿过肠壁，随血液或淋巴循环播散全身各组织细胞内以纵二分裂的方式进行增殖。在细胞内 TOX 可形成多个虫体的集合体，称假包囊，囊内的个体即滋养体或速殖子，为急性期病例的常见形态。宿主细胞破裂后，滋养体散出再侵犯其他组织细胞，如此反复增殖，可致宿主死亡，但更多见的情况是宿主产生免疫力，使原虫繁殖减慢，形成外有包囊的缓殖子。包囊缓殖子在中间宿主体内可存在数月至数年，甚至终身。TOX 的全部生活史包括滋养体期、包囊期、裂殖体期、配子体期和卵囊期等 5 期，前三期是无性繁殖期，后两期是有性繁殖期。TOX 在不同的发育期，其形态结构完全不同。对于临床诊断，重要的依据是急性期感染时 TOX 呈 Ⅰ 期滋养体的形态。滋养体分细胞内型和游离型二种，在光学显微镜下看到的游离滋养体典型形态呈新月形或弓形，宽 2 ~ 4μm，长 4 ~ 7μm。在慢性感染时，滋养体在脑、肌肉等组织内繁殖成球状体，称之为包囊。包囊可长期存在于组织内，其大小约 21 ~ 40μm。

二、流行病学特征

TOX 病是一种人畜共患寄生虫病，广泛流行于全球各地。据估计，全球约 1/3 的人口呈 TOX 血清抗体阳性。世界各地区的感染率相差较大，约在 0.6%～94.0% 之间，其中欧美人群 TOX 抗体阳性率为 25%～50%。TOX 感染在我国流行的范围也很广，各省（自治区、直辖市）都有 TOX 感染的报道，人群平均感染率在 4%～9% 之间。我国在全国范围内进行过两次较大规模的血清流行病学调查。1983—1986 年采用间接血凝试验（indirect hemagglutination assay，IHA）调查了 19 个省（自治区、直辖市）141 个县的 81 968 名居民，结果显示 TOX 抗体阳性率为 0.33%～11.79%（平均 5.16%）；2001—2004 年在 15 个省（自治区、直辖市）检测 47 444 人，抗体阳性率为 0.79%～16.80%（平均 7.88%）。另有分析显示，我国普通人群 TOX 抗体阳性率为 8.20%，孕妇为 8.60%。

TOX 主要经消化道传播，当孕妇受到 TOX 感染时，约有 40%～50% 的孕妇可将感染传播给胎儿，造成先天性 TOX 感染。猫、兔、猪和狗等几乎所有哺乳类动物均有 TOX 的自然感染，其中以猫感染率最高。由于猫粪便中含有大量 TOX 卵囊，并可在外界环境中存活较长时间，故易造成人和动物的感染。

三、致病机制

TOX 可侵犯人体任何细胞。孕妇遭受急性感染后，TOX 在入侵处的细胞内进行第一次增殖，而后直接进入淋巴循环和血液循环而播散至全身各器官，并进行第二次增殖。妇女若在妊娠前有 TOX 隐性感染，怀孕后 TOX 病灶可以活化，体内 TOX 包囊破裂，引起短期 TOX 血症，除通过胎盘进入胎儿血液循环感染胎儿外，还可经羊水进入胎儿胃肠道感染胎儿。TOX 在宿主细胞内增殖后，可使宿主细胞变性肿胀以致破裂，所释放出来的 TOX 再侵入其他细胞，尤其是当机体免疫功能下降或受损时，滋养体无性繁殖可造成组织器官的严重损害。其病变由滋养体引起，而包囊一般不引起炎症反应。病变好发部位包括脑、眼、淋巴结、心、肺、肝、脾和肌肉等。患病胎儿脑组织可见大片坏死、钙化灶、皮质变薄，脑室阻塞可致脑积水、脑室扩大；胎儿视网膜受损时表现为脉络膜视网膜炎，影响胎儿视力；心脏受损时主要表现为心肌细胞空泡变性、局灶性心肌炎病变等。其他器官的损害，较多见的是间质性肺炎，肝、脾、肾上腺炎症及局部坏死等。

此外，研究发现，部分流产组织，甚至是母体血清 IgG 抗体阳性的胎盘病理组织也难以分离出 TOX，甚至 TOX DNA 检测也呈阴性，提示某些 TOX 感染相关的不良妊娠可能并非虫体直接入侵引起的，而与 TOX 感染诱导的母胎界面的免疫耐受失衡有关。例如，TOX GRA15 蛋白可体外诱导绒毛膜细胞发生内质网应激介导的细胞凋亡。

四、临床表现与诊断

（一）临床表现

TOX 感染的潜伏期为 5～18 天。大多数（> 90%）感染 TOX 的孕妇没有明显的体征和症状，疾病呈自限性；仅小部分可出现临床症状，通常表现为流感样症状（低热、不适、淋巴结肿大），或仅出现轻微不适、疲乏无力、低热、肌肉痛、头痛等。少数急性感染者可有脑、眼等多器官受累的情况。

在免疫功能低下的孕妇中，TOX 可通过急性感染或潜伏感染再激活，并以母婴垂直传播方式影响胎儿发育。TOX 感染对胎儿的影响还与母体的感染时间、感染虫株的毒力等因素有关。妊娠早期感染 TOX，主要引起流产和先天性畸形。常出现的先天性畸形包括无脑儿、脑积水、小头畸形、唇腭裂、脊柱裂、小眼畸形、心脏畸形、食管闭锁、肛门闭锁、生殖道畸形及多囊肾等，其中以脑部和眼部病变最为多见。妊娠中期感染可造成早产、死胎及胎儿脑积水等不良结局。妊娠晚期感染可导致死胎或胎儿畸形，以及新生儿急性 TOX 病。

1. 全身表现 全身感染多见于新生儿，是由于 TOX 在各脏器迅速繁殖，直接破坏被寄生的细胞所致。常见有发热、贫血、呕吐、发绀、水肿、斑丘疹、体腔积液、肝脾肿大、黄疸、心肌炎、淋巴结肿大等表现，可导致患儿迅速死亡。新生儿 TOX 综合征主要表现为贫血、黄疸、肝脾肿大等。

2. 中枢神经系统表现 以脑积水、脑钙化和各种脑畸形为主要表现。妊娠晚期宫内感染 TOX，胎儿出生时即可患脑炎或脑膜炎，常见抽搐、肢体强直、脑神经瘫痪、运动和意识障碍等临床症状。患儿脑脊液呈黄色，淋巴细胞和蛋白含量增加。感染晚期在病灶中心可发生脑组织钙化。个别病例脑部坏死组织的碎屑脱落进入侧脑室，随脑脊液循环导致大脑导水管阻塞，或使大脑导水管壁发生病变，产生阻塞性脑积水。如病变局限可引起癫痫，患儿可在发病几天或几周内死亡，即使病情好转，常遗留有抽搐、智力低下、脉络膜视网膜炎等后遗症。另有流行病学研究发现，TOX 感染可能与某些精神疾病发生有关，如精神分裂症。TOX 抗体阳性的精神分裂症患者在阳性与阴性症状量表（positive and negative syndrome scale，PANSS）等精神病理量表总评分上与一般精神分裂症患者无显著差异，但在兴奋、夸大、敌对性、刻板思维、紧张、装相和作态、不寻常的思维内容、注意障碍、意志障碍、冲动行为控制缺乏等条目上的得分高于一般精神分裂症患者。

3. 眼部病变 以双侧眼球病变者较为多见，病变首先发生在视网膜，偶有侵犯整个眼球，导致眼球变小、畸形甚至失明。

4. 其他 患儿可出现肺炎、心肌炎、肾炎、贫血、消化系统损害的症状和体征。

隐匿型先天性 TOX 病亦较常见，出生时可无症状，但在神经系统或脉络膜视网膜有 TOX 包囊寄生，至数月、数年或至成年后才出现神经系统或脉络膜视网膜炎的症状。

（二）诊断

根据患儿的临床特征而怀疑其患有本病时，可进行病原学检查和血清学检查等多项实验室检查。病原学检查主要通过对患儿病变组织、体液或用病变组织接种培养出的生物样本进行镜检，以观察到 TOX 作为诊断依据，此类检查简单方便，具有确诊意义，但阳性率不高，易漏检。还可做活体组织病理切片或动物接种试验，通过分子生物学方法检测核酸等。此外，还可采用血清学方法检查 TOX 特异性抗体。血清学诊断方法是临床实验室诊断 TOX 病的首选和最常用的诊断方法，操作简便，且敏感性和特异性较高。在临床中，对于妊娠期孕妇 TOX 病的检测，血清学检查也具有重要意义，是目前最常用的实验室检查方法。为了规范诊疗标准，国家卫生和计划生育委员会于 2015 年发布了首个弓形虫病的诊断标准（WS/T 486—2015），为 TOX 病诊断提供了技术规范。

1. 间接血凝试验　将抗原（或抗体）包被在红细胞的表面，使其成为致敏的载体，之后与相应的抗体（或抗原）结合，从而使红细胞聚集在一起，出现可见的凝集反应。该法有较好的特异性和敏感性，操作简便，只需采集血液并离心得到血清样本，然后在低温条件下使用一定的稀释度对样本进行滴度检测即可。

2. 亚甲蓝染色试验　在 TOX 感染早期（10～14 天）即出现阳性反应，第 3～5 周抗体效价达高峰且可维持数月至数年。抗体效价低提示慢性感染或过去曾受感染。从母体获得的抗体，在婴儿出生后 3～6 个月内消失。因此婴儿满 4 个月后，可重复测定抗体，如效价仍维持高滴度，可证明存在 TOX 感染。

3. 间接免疫荧光试验（indirect immuno-fluorescent test，IFT）　所测抗体为抗 TOX IgG，其出现反应及持续的时间与亚甲蓝染色试验相仿。IgG 抗体阴性转为阳性，或 2 周后复查抗体效价有 4 倍以上升高，提示存在近期感染。

4. IgM 免疫荧光试验　本法是改良的 IFT，感染 TOX 5～6 天后即可出现阳性结果，并可持续 3～6 个月，适用于早期诊断。IgM 是原发免疫应答早期产生的一类抗体，是原发急性感染的指征。由于 IgM 分子量大，母亲 IgM 抗体一般不能通过胎盘传给胎儿。如新生儿血清中含有抗 TOX IgM 抗体，则可考虑诊断为先天性 TOX 病。

5. 酶联免疫吸附测定法（enzyme linked immunosorbent assay，ELISA）　可用在检测宿主的多种特异性抗体如 IgG、IgM 和 IgA 等，现已有多种改良法，广泛用于先天性和早期急性感染 TOX 病的诊断。适用于大规模群体普查，敏感性和特异性均较高。

6. 分子诊断技术　分子诊断技术是能有效避免对子宫内胎儿产生侵入性的检测方法。近十年来已开发出多种分子检测方法，包括传统 PCR、巢式 PCR、实时 PCR 以及循环介导等温扩增技术等，用来检测孕妇血、脐带血、羊水、绒毛等生物样本中的 TOX 核酸。

五、治疗与预防

（一）治疗

TOX 的新药物研发多年未获得突破性进展，目前临床上使用的药物仍以传统药物为主。治疗 TOX 感染的药物有螺旋霉素、磺胺嘧啶和乙胺嘧啶。此外，克林霉素、阿托伐醌、克拉霉素和阿奇霉素等也具有抗 TOX 作用，但疗效不及乙胺嘧啶 - 磺胺嘧啶联合疗法，可作为对磺胺类药物过敏患者的替代治疗。

（二）预防

预防先天性 TOX 感染，主要措施是做好人畜粪便的管理，防止食物被卵囊污染，不吃未煮熟的肉、蛋、乳类等食物，饭前便后洗手。妊娠早期用血清学方法检查抗体进行排查。如胎儿已受到感染可考虑终止妊娠。

在当前缺乏理想治疗药物的情况下，TOX 病疫苗的研发尤为迫切。对家猫的预防接种能减少卵囊排出；对家禽动物的预防接种能提高牲畜肉、蛋、奶等产量，也能减少肉制品中包囊数量，从而降低人类感染的风险。遗憾的是，目前 DNA 疫苗、重组蛋白疫苗及减毒活疫苗仍处于研发阶段，仅有一款商业兽用减毒活疫苗用于预防绵羊和山羊感染，相关疫苗的研发仍然任重道远。

第二节　风疹病毒感染

风疹（rubella）是由风疹病毒（rubella virus，RV）引起的急性呼吸道传染病。由于其临床症状轻微，预后良好，很少有并发症，以致在过去一段时间不被人们所重视。1941年澳大利亚眼科医生 Gregg 观察到，患有先天性白内障的婴儿，其母亲在怀孕初期几乎均有感染 RV 的病史，且流行病学调查结果显示，先天性白内障与孕妇在妊娠早期患风疹有关。后续研究也证实，孕妇在妊娠早期若患风疹，RV 可通过胎盘感染胎儿，引起流产、死产或先天性风疹综合征（congenital rubella syndrome，CRS）。CRS 是包括先天性心脏畸形、白内障、耳聋等多器官严重损害以及发育障碍的综合征。1964 年美国风疹大流行，产生了 2 万余名 CRS 患儿，至此 RV 致出生缺陷的问题才受到人们的高度重视。风疹疫苗的研发和上市，促使美国和其他发达国家的 CRS 发病率快速下降，但是非洲、东南亚等发展中国家 CRS 的发病率仍然较高。

一、病原学特征

1962 年 Weller 与 Parkman 分别用组织培养的方法分离出 RV。RV 是单链 RNA 病毒，披膜病毒科 RV 属的唯一成员，外观呈球形，直径 60～70nm，外层为一松散囊膜，表面有 5～6nm 的小刺突。RV 基因组编码 3 种结构蛋白，衣壳蛋白 C 和 2 种包膜糖蛋白 E1、E2，其分子量分别为 33、58、42～47kD，是 RV 的主要蛋白抗原。由于抗原表位主要存在于 EI 膜蛋白上，各国研究人员将 EI 蛋白基因作为 RV 某一病毒株的代表基因。至今已确定 13 个基因型，包括 12 个正式基因型（1B、1C、1D、1E、1F、1G、1H、1J、2A、2B、2C）和 1 个临时基因型（1a）。在风疹患者的尿液和粪便中均可分离到 RV，在咽部分泌物中病毒出现最早，持续时间最长，滴度也最高。临床出疹后 1～2 天开始出现抗体，此后不易成功分离病毒。

二、流行病学特征

风疹是一种世界性的病毒性传染病，主要通过呼吸道飞沫传播，人群对 RV 普遍敏感，且人是其唯一宿主。患者在出疹前 1 周及出疹后 3～5 天都有传染性，CRS 患儿排出病毒的时间更长，对周围易感者威胁较大。风疹流行具有季节性，一般在晚冬和春季流行，高峰在 3～5 月份，夏秋季相对减少，以散发为主。

美国疫情资料显示，风疹每 6～9 年流行 1 次，高峰在春末的 4 月，隐性感染者约占一半，病例年龄分布以学龄前儿童为主，高峰年龄为 4 岁。美国 1964 年风疹流行，发生 CRS 患者 28 410 例，发病率约为 100/ 万孕妇。英国 CRS 发病率在疫苗使用前约为 4.6/‰ 活产儿。但自从风疹疫苗使用以后，上述地区的风疹及 CRS 的发病人数已减少 99%。

我国 31 个省（自治区、直辖市）均有风疹病例报告，以散发和局部暴发为主。2009 年之前，西部和北部地区年发病率高于中东部地区，如辽宁省 2007 年发病率为 48.864/10 万，而福建省 2009 年发病率为 8.54/10 万。自 2008 年我国将风疹纳入扩大免疫规划后，风疹发病得到了较好的控制，发病率明显下降，辽宁省 2016 年发病率仅为 0.97/10 万。虽然全国范围内风疹发病率呈现下降的趋势，但局部暴发仍存在。2005—2016 年，重庆市发生 172 例、云南省发生 142 例、甘肃省发生 103 例风疹。育龄期妇女风疹感染率在不同省市之间也有一定差异，但由于疫苗的广泛接种，总体呈现下降趋势。

三、致病机制

RV 通过呼吸道飞沫传播，一旦口腔或鼻咽被感染，病毒可在上呼吸道和鼻咽淋巴组织复制，然后继续上行到达淋巴结和血管，并随着血液向远处的组织器官传播。RV 可引起绒毛膜上皮炎、毛细血管内皮受损，从而破坏胎盘屏障，导致病毒进入胎儿体内。RV 能引起细胞染色体断裂，影响细胞 DNA 的复制，抑制或减缓细胞有丝分裂，阻碍组织器官的正常生长分化，从而导致胎儿畸形。先天性 RV 感染还可使细胞免疫功能受损，导致病毒长期存留于体内，不易被免疫系统清除，引起婴幼儿远期健康危害。故有些婴儿在出生后并未立即表现 CRS 的临床症状和体征，而是于出生后数周、数月，甚至数年后才逐渐显现出来。此外，RV 感染还可诱导促炎因子分泌，提示炎性损伤可能是 RV 所致损伤的另一种原因。目前，RV 感染导致畸胎的机制尚未完全明确。

四、临床表现与诊断

（一）临床表现

孕妇感染 RV 后，临床表现以发热为主，一般为低热或中度发热；全身皮肤在起病 1～2 天内出现淡红色充血性斑丘疹；耳后、枕后、颈部淋巴结肿大或结膜炎伴有关节痛等。在妊娠早期 RV 感染还可引起胎儿流产、死产等严重不良妊娠结局，或导致婴儿出生后低体重、先天性心脏病、白内障 / 青光眼、视网膜病、神经性耳聋、血小板减少性紫癜、溶血性贫血、再生障碍性贫血、脾肿大、黄疸、精神发育迟缓、小头畸形、脑膜脑炎、X 线骨质异常等。

（二）诊断

根据《风疹诊断标准》（WS 297—2008），诊断先天性 RV 感染的最有效最直接的方法是分离培养病毒。鼻咽部最易分离，其次为结膜、脑脊液或尿液。血清学诊断，包括酶免疫法检测 RV 特异性 IgG、IgM 抗体也是较好的诊断手段。

孕妇感染的诊断：①流行病学史，既往未患过风疹，在发病前 14～21 天内与确诊的风疹患者有明确接触史；②临床表现；③实验室检查，咽拭子或尿液标本分离到 RV，或检测到 RV 核酸；血清风疹 IgM 抗体阳性（1 个月内未接种过风疹减毒活疫苗）；恢复期血清风疹 IgG 抗体或风疹血凝抑制抗体滴度较急性期升高 ≥ 4 倍；急性期抗体阴性而恢复期抗体阳转。仅满足临床表现，可诊断为疑似病例，如再有明确的接触史或任何一项实验室检查结果阳性即可确诊。

CRS 诊断：①患儿母亲在妊娠早期有 RV 感染史；②临床表现，低出生体重、先天性心脏病、白内障/青光眼、视网膜病、神经性耳聋、血小板减少性紫癜、溶血性贫血、再生障碍性贫血、脾肿大、黄疸、精神发育迟缓、小头畸形、脑膜脑炎、X 线骨质异常等；③实验室检查，婴儿咽拭子、鼻咽吸出物、血/淋巴细胞、尿液、脑脊液或脏器活检标本分离到 RV 或检测到 RV RNA。母亲诊断为疑似病例，合并有患儿的一种或多种临床表现或者任何一项实验室检查结果阳性即可确诊为 CRS。

宫内感染的产前诊断：目前主要依赖实验室检查，包括：①病毒分离和核酸检测，通过采集羊水、绒毛或脐血，分离获得 RV 或直接提取 RNA 采用 PCR 法检测 RV；② RV 特异性抗体检测，采集胎儿血检测 RV 相关 IgM 抗体；③B 超法，检测胎儿是否患有畸形。

五、治疗与预防

（一）治疗

对风疹患者无特殊治疗方法，主要为对症处理。孕早期诊断有 RV 感染的孕妇，可考虑人工流产。孕晚期明确诊断者可给予大剂量的免疫球蛋白进行治疗。先天性 RV 感染患儿排毒可达 1 年，应在出生后予以隔离。

（二）预防

控制风疹的原则是预防胎儿感染。保护育龄期妇女，防止 CRS 的患儿出生，是公认的预防风疹的主要目标。为了更广泛地控制风疹，大多采用从基础免疫开始，用麻疹、风疹、腮腺炎三联疫苗（MMR）对所有孩子于 12～18 月龄给予基础免疫，然后于 12 岁左右再注射 1 针的方案（简称 MMR 基础免疫二针法），对降低 CRS 的发生率具有积极的预防作用。对于孕妇不宜接种风疹疫苗，育龄妇女接种后应避孕 3 个月后再怀孕。

同时还应加强健康教育，普及风疹相关知识，提高风疹预防意识，采取有效的措施预防和控制风疹和 CRS 的发生。最近有研究表明，多食富含叶酸的食物可以预防 CRS。

第三节　人巨细胞病毒感染

巨细胞病毒（cytomegalovirus，CMV）亦称细胞包涵体病毒，是由于感染该病毒的细胞肿大，并具有巨大核内包涵体而得名，是一种广泛传播的种属特异性病毒，人类、猴、猪等都有其特异性的CMV。人巨细胞病毒（human cytomegalo virus，HCMV）于1904年首次报道，后发现在人群中感染很普遍，在免疫能力强的婴儿、儿童和成人中，通常多无明显症状，但在免疫缺陷者和先天性感染患儿中可引起严重疾病。孕妇感染后，病毒可通过胎盘传给胎儿，引起胚胎发育异常，以致造成流产、早产、宫内生长受限、出生缺陷，以及出生后持续感染等一系列严重后果。

一、病原学特征

HCMV属于疱疹病毒科，β疱疹病毒亚科，人疱疹病毒5型，为双链DNA病毒，直径约180~250nm。病毒壳体为20面对称体，含有162个壳粒。周围有单层或双层的类脂蛋白囊膜包裹，具有典型的疱疹病毒形态。HCMV的DNA结构与单纯疱疹病毒相似，有超过200个基因编码蛋白，还有少数基因表达非编码RNA。HCMV对宿主和组织有明显的种属特异性，HCMV只能在活细胞中生长，一般用人的成纤维细胞进行培养，复制周期为36~48小时。被HCMV感染的细胞在光学显微镜下可见细胞和细胞核变大，有包涵体形成。核内包涵体周围与核膜间有一轮"晕"，因而称为"猫头鹰眼细胞"，这种细胞具有形态学诊断意义。该病毒在pH值小于5的环境中仅能存活1小时，不耐酸也不耐热，56℃30分钟或紫外线照射5分钟均可使其灭活。

HCMV含有3种感染细胞的特异性多肽：①超早期蛋白质：于感染后2小时内转录合成；②早期蛋白质：于感染2~4小时开始合成；③晚期蛋白质：在病毒DNA复制开始后合成，一般于感染24小时后合成，可以从感染细胞溶解物中直接检测到。这3种多肽具有不同免疫原性，在HCMV感染的诊断上有一定意义，可帮助确定感染的性质，如患者血清中查到与早期抗原反应的抗体可能系急性期感染。

二、流行病学特征

HCMV感染呈世界性分布，一般以血中HCMV的IgG抗体水平来反映人群的感染率。HCMV感染率随地区、社会经济状况、生活条件和卫生习惯不同而有所差异。近期有研究报道，血清抗HCMV阳性率在南美洲、亚洲和非洲人群中最高（70%~90%），西欧和美国最低（36.9%~68.3%）。我国一般人群血清抗HCMV阳性率为86%~96%。人体感染HCMV后可通过唾液、泪液、尿液、乳汁、血液、精液和宫颈分泌物等排放病毒。初次感染后，病毒常为潜伏感染，可持续从各种体液中排毒达数年。因此，HCMV感染十分广泛，患者和无症状的隐性感染者为传染源，他们可长期或间歇地通过上述途径排出病毒。

先天性 HCMV 感染主要受孕妇病毒活动性感染的影响。血清中 HCMV IgM 抗体水平是确定病毒活动性感染的指标。在世界范围内，58% 的育龄期女性 HCMV 血清学呈阳性，1%～4% 未曾感染 HCMV 的孕妇在怀孕期间会发生血清学的转变，即血清学呈阳性，这可能与孕期母体抵抗力降低有关。全球孕妇妊娠期原发感染率为 1%～4%，其胎儿、新生儿原发感染率约为 24%～75%；孕期继发感染率约为 10%，其胎儿、新生儿继发感染率约为 10%。对于妊娠期原发感染者，母婴垂直传播率随孕期延长逐渐升高，妊娠早、中、晚期垂直传播率分别为 31.1%、38.2% 和 72.2%。中国孕妇原发性感染发生率为 4.3%～7%，其中宫内传播率为 30%～80%。

三、致病机制

HCMV 感染会导致受感染细胞出现直接损伤，同时由于病毒引起的机体免疫病理性损伤也可导致感染宿主的多器官损伤，发病机制涉及病毒蛋白、母体免疫反应和胎盘功能等复杂的相互作用。HCMV 感染的致病机制尚未完全阐明，目前认为其可能的致病机制有：①破坏正常细胞周期，抑制细胞凋亡。HCMV 通过抑制细胞凋亡信号通路，延缓复制周期，导致其在宿主内的持续感染。② HCMV 可通过改变子宫内膜微血管内皮细胞的通透性和极性，使其病毒颗粒经内皮细胞膜感染邻近的细胞滋养层，继而引起成纤维细胞和胎儿毛细血管内皮细胞的感染。③影响细胞正常生长及分化。受感染细胞呈巨细胞样变、崩解、局部坏死和炎症，可继发肉芽肿和钙化。HCMV 感染 S 期的人成纤维细胞，可造成 1 号染色体两处特异性断裂点 lq42 和 lq21，而位于断裂点附近的 DFNA7 基因与非症候群型听力障碍、进展型听力障碍有关。④胎盘 HCMV 感染可通过诱导促炎因子表达而导致胎儿炎性损伤。在 HCMV 感染初期，HCMV 对杀伤性 T 淋巴细胞（cytotoxic T cell，CTL）有激活作用，活化的 CTL 能识别和清除受感染细胞，进而破坏胎盘屏障，使母体免疫细胞进入胎儿体内，对胎儿发生排斥反应而导致流产。CTL 对感染的胎儿器官细胞的杀伤作用也可能是其引发先天发育异常的原因之一。⑤ HCMV 可通过影响胎盘功能致畸。HCMV 宫内感染可对绒毛间质、合体滋养细胞和蜕膜细胞造成损伤，然后扩散至滋养细胞处进行复制、增殖，使其出现明显的分化、缺陷，导致胎盘发育障碍，继而进入胎儿体内。与此同时，游离绒毛面积减少，导致固定绒毛对子宫壁的附着及间质、血管的侵入作用减弱，影响胎儿生长发育。

四、临床表现与诊断

（一）临床表现

大多数先天性 HCMV 感染的婴儿并无明显症状，但一旦出现症状，往往可累及多个器官，主要表现为网状内皮系统、神经系统及听力的损害。临床特征包括黄疸、肝脾肿大、嗜睡、呼吸窘迫、癫痫和瘀斑皮疹。患儿通常是早产儿和小于胎龄儿，还可观察到广泛的疾病，包括溶血、骨髓抑制、肝炎、肺炎、肠炎、肾炎等。特别值得关注的是先天性

HCMV 感染所导致的中枢神经系统损伤，包括脑膜脑炎、颅内钙化、小头畸形、神经元迁移障碍、生发基质囊肿、脑室肿大和小脑发育不全。临床特征通常具有以下至少一种体征或症状：嗜睡、小头畸形、颅内钙化、低张力、癫痫、听力缺陷或眼部的异常，如脉络膜视网膜炎或视神经萎缩。在出生时有临床症状的儿童，50%～90% 会出现长期神经发育障碍，主要表现为感音神经性聋。感音神经性聋呈现动态变化，可能在出生时出现，也可能在儿童后期出现。无症状先天 HCMV 感染婴儿的智力发育可以是正常的，但在有临床或亚临床症状的先天性感染婴儿中，可有长期后遗症的发生，包括小头畸形、听力丧失、运动障碍、脑瘫、智力下降、癫痫、眼部异常（脉络膜视网膜炎，视神经萎缩）和学习障碍等。

（二）诊断

仅靠临床表现不能对 HCMV 感染做出诊断，必须依靠实验室检查，只有从临床标本中分离出 HCMV 或检测出其特异性抗体才能确诊 HCMV 感染。实验室诊断包括病原学检测、血清学检测、影像学检查等。

1. **血清学检测**　临床上广泛应用，最常用的有补体结合试验（complement fixation test，CFT）、IFT、免疫酶试验（enzyme immunoassay，EIA）、IHA 和放射免疫试验（radioimmunoassay，RIA）等方法。当 HCMV 感染人体后，会出现一些诸如 HCMV IgM、HCMV IgG 等特异性抗体。当孕妇血清中检测到 HCMV IgM 抗体时，可证实其感染了 HCMV，但要判断胎儿感染的风险需要进一步证实孕妇是否为原发感染。研究表明 HCMV IgM 的阳性率较低，要在感染 2～4 周之后才能检测到，而新生儿和免疫力低下的人还有可能出现假阴性的结果。但也有研究表明，HCMV IgM 水平与 HCMV 的复制程度无相关性，而 HCMV IgG 在评估免疫功能低下人群时，其 HCMV 活动性感染上也并不准确。目前临床上普遍采用 ELISA 法来检测孕妇血清中特性抗体 IgM 是否为阳性来初步判断 HCMV 感染。

2. **抗原检测**　直接检测外周血多核细胞的 HCMV 抗原被证实是一种能快速早期诊断感染的重要检测方法。血中抗原阳性细胞是病毒在细胞内活动性复制的感染细胞，对检测活动期的感染尤为适用。目前常检测的是 HCMV 的 pp65 抗原。pp65 是在病毒复制早期出现的抗原，在抗原阳性的多核细胞中含量丰富。如果结果为阳性，提示病毒活动性感染。HCMV 抗原检测还可采用免疫酶染色法或免疫荧光检测法（immunofluorescence assay，IFA），与抗体检测相比，有更好的敏感性和特异性。此外，还可使用 PCR 法检测 HCMV 的核酸，具有敏感性高、特异性强的特点。应用 RT-PCR 检测胎儿组织、羊水或脐血中 HCMV 的 mRNA，不仅可判断胎儿是否存在活动性感染，还能进行感染的动态监测，具有重复性好、能早期检测的优点。

3. **影像学检查**　产前超声检查可为胎儿 HCMV 感染提供线索。超声如发现小头畸形、脑室扩大、脑室周围钙化、羊水过多、胸腔积液、心包积液、肝脾肿大等体征，提示可能存在 HCMV 宫内感染。还可采用头颅电子计算机断层扫描（computed tomography，CT）、脑磁共振成像（magnetic resonance imaging，MRI）等方法检测与先天性 HCMV 感染相关的脑损伤。目前对胎儿大脑的影像学检查是诊断胎儿中枢神经系统是否受累的首选方法。

五、治疗与预防

（一）治疗

HCMV 感染至今尚无特效疗法，对于有临床症状的患者或者是先天性感染者可用抗病毒药物治疗，如阿糖腺苷、干扰素、更昔洛韦等。更昔洛韦已被证明可透过胎盘屏障，因此理论上可以用于治疗子宫内 HCMV 感染。一项针对 21 名胎儿的观察性研究发现，胎盘可转运更昔洛韦，在羊水中也可监测到一定的药物浓度，随后胎儿血液中的病毒载量减少，显示口服更昔洛韦可用于治疗先天性 HCMV 感染。利用高滴度抗体的捐献者血清制造的高效价免疫球蛋白也具有一定的疗效，可改善胎儿脑和胎盘的异常。此外，在抗病毒治疗的同时也应给予对症治疗。

（二）预防

HCMV 感染引起的出生缺陷关键在于预防。鼓励女性在孕前进行抗体筛查，特别是对易感女性（如经济条件较低、从事特定职业等），应确定其血清中病毒抗体情况，以了解感染的具体状况，从而指导其选择最佳的怀孕时期。对怀孕妇女及新生儿进行常规的感染筛查，为早期干预做好准备。若发现新生儿有先天性 HCMV 感染，应及时终止妊娠，避免畸形儿出生。如不能终止妊娠，除了必要的药物治疗，长期跟踪随访对预防中枢神经后遗症的发生也有重要意义。

针对 HCMV 感染的预防措施主要有：①进行有意识的身体素质锻炼，提高机体免疫功能，特别是育龄期妇女，以减少 HCMV 对胎儿的严重危害；②对于孕妇或有慢性消耗性疾病、免疫力低下的患者，要注意自身保护，远离传染源；③注意环境卫生和饮食卫生；④乳汁中 HCMV 阳性者，不应哺乳；⑤研制有效疫苗，实现先天性 HCMV 感染的控制。目前并没有 HCMV 疫苗获得许可，然而，由于其感染的巨大经济影响，美国国立卫生研究院已确定 HCMV 疫苗是美国新疫苗开发（不包括艾滋病毒疫苗）的最高优先事项。一种基于 HCMV 主要包膜糖蛋白的疫苗在临床试验中显示出对 HCMV 感染的适度疗效。其他临床试验正在进行中，包括对减毒 HCMV 疫苗的评估，以及针对参与 HCMV 感染的体液和细胞免疫反应的其他关键蛋白亚基的疫苗研制。现有的研究显示，HCMV 疫苗是有效可行的，候选疫苗已经在高危人群、育龄妇女和青少年群体预防感染方面取得了不错的成绩。

第四节　单纯疱疹病毒感染

目前已知的 8 种疱疹病毒，根据病毒生物学、发病机制和临床表现可分为三类，分别是 α 疱疹病毒，包括单纯疱疹病毒（herpes simple virus，HSV）和水痘 - 带状疱疹病毒；β疱疹病毒，包括 HCMV 和玫瑰花病毒 HHV-6 和 HHV-7；γ 疱疹病毒，包括爱泼斯坦 - 巴尔病毒和卡波西病毒。HSV 具有 1、2 两个血清型，1 型多引起腰部以上的皮肤、眼、口唇疱疹，由口腔呼吸道途径传播；2 型多引起腰部以下和外生殖器皮肤及女性子宫颈黏膜

疱疹，传播途径以性接触为主。

孕妇感染 HSV 可引起胎儿的宫内感染，造成流产、死产及新生儿的围产期感染等问题。预防或减少育龄妇女的 HSV 感染是保护母婴健康的一项重要措施。

一、病原学特征

HSV 是具有囊膜的双链线性 DNA 病毒，基因组约为 152kb。疱疹病毒平均直径约为 185nm，核心为双链 DNA，其外由 162 个衣壳蛋白组成的衣壳包裹，间质位于衣壳与囊膜之间（包含至少 18 种病毒蛋白），最外层为至少 13 种病毒糖蛋白组成的双层脂质囊膜结构。在分子水平和临床表现上，HSV-1 和 HSV-2 表现出高度的相似性，其遗传相关性程度约为 45%，病毒的基因组结构和形态几乎相同。HSV-1 和 HSV-2 都主要通过黏膜表面接触获得感染，需要密切接触才能传播。

二、流行病学特征

HSV 感染是人类最常见的皮肤黏膜病毒感染性疾病。在多数妇女的一生中，可以反复遭受感染。多国调查表明，HSV 感染非常普遍，感染率达 80% ~ 90%，一旦感染便终身携带。大多数时候，感染者仅在急性发作时出现口唇疱疹和生殖器等部位的疱疹。育龄期妇女感染 HSV 可导致生殖系统结构损伤及功能紊乱，特别是孕妇感染 HSV 后可导致流产、早产、胎儿先天性发育异常和新生儿 HSV 脑炎等。除此以外，进入中枢神经系统的 HSV 会损害神经系统，不仅可引起单纯疱疹病毒性脑炎（herpes simplex virus encephalitis，HSE）、原发性三叉神经痛，还与某些精神疾病和阿尔茨海默病（Alzheimer disease，AD）的发生密切相关。

三、致病机制

HSV 首次进入人体后，刺激机体产生免疫力，机体能将大部分病毒清除掉，但未能完全清除的病毒则可以进行两种不同形式的感染：增殖感染和潜伏性感染。HSV 接触宿主后，首先在外周黏膜组织的上皮细胞中进行增殖感染，该过程中病毒基因表达具有严格的时序性以及级联调控的特征。在增殖感染过程中，病毒颗粒感染外周组织后，一部分病毒接触到外周神经元（主要为感觉神经元）的轴突，沿轴突逆行至胞体，并进行潜伏感染，病毒能在宿主体内持续存在，但宿主本身不表现任何临床症状。病毒由潜伏状态被再激活并伴随具感染力的病毒颗粒产生，病毒不表达相关抗原，但宿主体内可检测到病毒基因的存在。HSV-1 和 HSV-2 分别主要潜伏于三叉神经节和骶神经节，在神经细胞内建立潜伏感染，利用神经细胞具有低活跃度的代谢特点，HSV 的抗原不易呈递给免疫细胞，从而逃逸免疫识别。在受到包括紫外线辐射、应激和免疫抑制在内的许多因素触发之后，潜伏病毒在神经元中重新激活，并启动一系列病毒转录，导致传染性病毒的产生，这种病毒可以通过轴突传播到皮肤表面或眼表，进而产生病变。

四、临床表现与诊断

（一）临床表现

1. **孕妇原发性 HSV 感染** 孕妇由于孕期激素增加，抑制细胞免疫，导致在妊娠期内感染 HSV，并且既往感染者发生复发疱疹的机会大大增加。母亲患原发疱疹时有 4.0%～60% 的新生儿会被传染，而复发疱疹则少于 8%，这是由于患复发疱疹母亲的 HSV 抗体能传给胎儿，防止或减少了胎儿的宫内感染。妊娠期的 HSV 感染有局部感染和全身感染两种。局部感染多发生在面部、手足、唇周、生殖器、眼睛等部位，其中最主要的表现是生殖器疱疹。生殖器疱疹的特征是生殖器区域、臀部或两者都有水疱、溃疡，还有生殖器瘙痒、灼热或刺痛等临床症状。全身感染症状较为严重，可有头痛、发热和淋巴结肿大，更严重的则会导致重症肝炎，播散性血管内凝血，中枢神经系统感染并可伴随生殖器疱疹的暴发。妊娠合并 HSV 感染可造成胎儿宫内感染，导致小头畸形、智力发育迟缓、小眼球、脉络膜视网膜炎及颅内钙化，甚至胎儿早产、死胎流产等严重不良妊娠结局。

2. **新生儿 HSV 感染** 胎儿经过受感染的产道娩出可感染，其感染率约为 40%～60%。新生儿 HSV 感染一般有以下几种类型：

（1）全身播散型感染：全身播散型感染最初可能只有皮肤病变，但会逐渐使多个脏器受到损害，可发生肝炎并出现肝功能异常、肝脾肿大、黄疸，发生肺炎且出现呼吸困难、发热，多数可出现弥散性血管内凝血、血尿、血小板减少性紫癜、全身中毒。新生儿出现吸乳差、呕吐、腹泻、精神萎靡、惊厥、昏迷，还可发生心包炎、脑炎而致循环衰竭。该型感染预后不佳，死亡率可高达 80%。

（2）局限性感染：约占新生儿 HSV 感染的 20%～40%，疱疹出现在口腔、咽部、眼、皮肤等部位。损害可因分娩胎位不同出现在头、臀，或在产前引起的损伤部位。损害可限于局部，也可使皮肤广泛受累。有些病儿可继续发展成全身播散型感染或中枢神经系统感染。

（3）中枢神经系统感染：约占新生儿 HSV 感染的 30%～50%。多为 HSV-2 所致，以中枢神经系统损害为主要表现，多无典型的皮肤黏膜疱疹。患儿可有进食不良、嗜睡和发热，可能伴随着易怒或癫痫发作等症状。还可发生脑膜炎，出现颅内压增高、抽搐、病理反射、昏迷、视神经乳头水肿，脑脊液中白细胞增多，蛋白含量增加。如不及时治疗，病死率达 40%～50%；存活者多数有小头畸形、脑积水、神经运动障碍等后遗症。

（二）诊断

实验室诊断包括病原学检测、血清学检测、分子生物学检测、影像学检查等。

1. **病原学检测** 采集病人唾液、脑脊液及咽喉、宫颈、阴道等部位分泌液，或脓疱、溃疡性皮肤病变。在这些部位中，皮肤和结膜标本的检出率最高。将采集的唾液等接种于人胚肾、兔肾和地鼠肾细胞中培养 1～2 天，当出现细胞肿胀、变圆、相互融合等病变，即可做出初步诊断。然后用 IFA、ELISA 进行鉴定，可确定 HSV 感染，必要时进行

分型。

2. **血清学检测** 血清学检查包括抗原抗体检测：①抗原检测：标本同病原学检测，用 IFA、ELISA 等方法直接检测细胞内或分泌液中的抗原，快速诊断 HSV 感染；②抗体检测：用补体结合试验、ELISA 检测病人血清中的抗体。特异性血清学检测可有效评估母体 HSV 感染情况，但在婴儿感染的诊断中准确性有限。HSV 感染早期可以检测到 HSV 特异性 IgM 抗体，IgM 持续 8 周，但在潜伏感染及无症状感染者中检测不到 IgM，且 IgM 抗体出现不规则，故血清 IgM 抗体不是复发或无症状再激活的可靠判断指标，但常提示为原发感染，如新生儿病毒分离阳性或血清抗 IgM 阳性可诊断为原发感染。

3. **分子生物学检测** 采取脑脊液、血液、破损处皮肤等标本通过 PCR 分析 HSV 核酸是否为阳性来判断感染情况。但需要注意的是，对脑脊液 PCR 阴性结果的解释应谨慎，许多新生儿 HSV 疾病不会累及中枢神经系统，因此仅靠脑脊液 PCR 阴性结果不能排除新生儿感染 HSV。

4. **影像学检查** 有中枢神经系统感染的婴儿应通过 CT 或 MRI 进行神经放射成像。在疾病早期，影像学可显示非特异性缺乏灰质 - 白质连接分化和脑炎的迹象。后期 CT 则表现包括扩张的脑室、实质回声、囊性变性和颅内钙化等。新生儿 HSV-2 脑炎可观察到多灶性病变或仅限于颞叶、脑干或小脑的病变。如果累及深部灰质结构，在超过一半的患者中可观察到出血。在 40% 的患者中，除了特定的直接疱疹坏死区域外，还观察到广泛分布的血供减少情况。此外，所有中枢神经系统受累或有全身性疾病的婴儿也应考虑脑电图检查，以评估他们是否有癫痫发作。有研究发现，大约 80% 此类患儿的脑电图结果是异常的。

五、治疗与预防

（一）治疗

一般母体轻型单纯疱疹属自限性疾病，无需特殊治疗。

对于新生儿 HSV 感染，美国儿科学会传染病委员会目前的建议是静脉注射阿昔洛韦治疗，局部感染的婴儿治疗 14 天，全身播散性或中枢神经系统感染的婴儿治疗 21 天。持续 PCR 阳性结果的婴儿，则在治疗结束 21 天后再额外接受阿昔洛韦治疗 7 天。局部感染如疱疹性角膜结膜炎、生殖器单纯疱疹等还应接受局部抗病毒治疗，使用 5% 阿昔洛韦软膏涂擦。除了抗病毒治疗外，适当的支持性护理是必不可少的，并针对新生儿 HSV 疾病的并发症，如癫痫发作、肺炎和肝功能不全等进行治疗。

（二）预防

孕妇应注意性生活卫生，加强锻炼，提高健康水平。母亲感染时，要积极预防胎儿和新生儿的感染。注意防治妊娠晚期生殖系统感染，选择适当分娩方式至关重要。在分娩过程中，许多高危因素无法预测或识别，如大部分 HSV-2 血清阳性妇女是无症状的，但可能在分娩时发生病毒脱落，因此早期妊娠孕妇患有原发性生殖器疱疹时，胎儿有被感染的可能，但不是终止妊娠的绝对指征。当确定诊断孕妇感染 HSV 后，可根据孕妇的意见做出是否终止妊娠的决定。参照美国传染病学会建议，可采用的分娩方式包括：①分娩时如确认无活动性生殖器损害，无须剖宫产；②妊娠末3个月，症状性复发是短暂的，只要分娩时无活动性损害，可以经阴道分娩，但要避免使用头皮电极和阴道助产；③临产时有活动性感染者，可遵循如下原则处理：羊膜未破，孕妇不发热，胎儿尚未成熟，应延缓分娩；如足月妊娠，羊水已破，胎儿已成熟，应该进行剖宫产。已知或高度怀疑感染的婴儿应采取隔离接触等措施。最后，任何有活动性疱疹或其他皮肤病变的医疗服务提供者都不应参与新生儿护理。

目前，多个HSV疫苗临床试验正在进行中。有一款针对HSV-2糖蛋白D亚单位的疫苗，对HSV-1和HSV-2血清阴性的妇女有效，但对HSV-1和HCMV-2血清阳性的妇女无效。

第五节 乙型肝炎病毒感染

引起肝炎的病毒共有6种，其中乙型肝炎病毒（hepatitis B virus，HBV）可通过母婴垂直传播的方式影响母婴健康。HBV可通过母婴传播传染给子代，新生儿感染HBV后，超过80%将成为慢性HBV感染者。虽然经积极预防和治疗，母婴垂直传播率近年来有所下降，但仍是我国人群慢性乙型肝炎病毒感染的主要原因之一。因此，降低和阻断HBV母婴垂直传播将是我们持续面临的严重挑战。

一、病原学特征

HBV属嗜肝DNA病毒科，由囊膜和核衣壳组成，外面的囊膜厚7nm，无表面突起，内部核衣壳呈二十面体对称，直径27~35nm。基因组长约3.2kb，基因组编码乙肝表面抗原HBsAg、乙肝核心抗原HBcAg、乙肝E抗原HBeAg、病毒聚合酶和HBx蛋白。HBV通过肝细胞膜上的钠离子-牛磺胆酸-协同转运蛋白作为受体进入肝细胞。侵入肝细胞后，在细胞核内以负链DNA为模板，延长正链以修补正链中的裂隙区，形成共价闭合环状DNA（covalently closed circular DNA，cccDNA）。因cccDNA生物半减期较长，难以从体内彻底清除，导致HBV整合入宿主基因。HBV以cccDNA为模板，转录几种不同长度的mRNA。其中，3.5kb大小的前基因组RNA可释放入外周血，血清HBV RNA水平可反映肝组织内cccDNA的活性，并可能与患者病毒应答和预后有关。HBV至少有9种基因型（A型~I型）和1种未定基因型（J型）。我国以B和C基因型为主，其感染者母婴传播发生率高于其他基因型。HBeAg阳性患者对干扰素治疗的应答率，B型高于C型，A型高于D型。HBV的抵抗力较强，但在65℃中10小时、煮沸10分钟或高压蒸汽条件下均可灭活。环氧乙烷、戊二醛、过氧乙酸和碘伏等对HBV也有较好的灭活效果。

二、流行病学特征

HBV 感染呈世界性流行，但不同地区 HBV 感染的流行程度差异较大。据世界卫生组织报道，全球约 20 亿人曾感染过 HBV，其中约有 2.57 亿人为慢性 HBV 感染者，每年约有 88.7 万人死于 HBV 感染相关疾病，肝硬化和原发性肝细胞癌患者中由 HBV 所致者分别为 30% 和 45%。我国肝硬化和原发性肝细胞癌患者中，由 HBV 所致者分别为 77% 和 84%。东南亚和西太平洋地区人群 HBsAg 流行率分别为 2%（3 900 万例）和 6.2%（1.15 亿例）。我国是乙型肝炎的中高流行区，2014 年中国疾病预防控制中心对全国 1~29 岁人群乙型肝炎血清流行病学调查结果显示，1~4 岁、5~14 岁和 15~29 岁人群 HBsAg 流行率分别为 0.32%、0.94% 和 4.38%，与 1992 年比较，分别下降了 96.7%、91.2% 和 55.1%。据估计，目前我国一般人群 HBsAg 流行率为 5%~6%，孕产妇中 HBsAg 流行率约为 6.3%，慢性 HBV 感染者约 7 000 万例，其中慢性乙型肝炎患者约 2 000 万~3 000 万例。

三、致病机制

HBV 进入人体血液循环后可迅速到达肝脏组织。正常情况下，肝脏网状内皮细胞可清除 HBV，但如果病毒量超过机体的清除能力，或机体处于免疫抑制状态时，HBV 可在肝组织及肝外组织中定植、复制。病毒的侵入可激活机体免疫功能，特别是细胞免疫应答。大量研究证据表明，细胞免疫应答在 HBV 感染所致损伤中发挥重要的作用，HBV 的 HBsAg 及 HBcAg 是产生细胞免疫应答的主要抗原。最早可检测到的特异性 T 细胞免疫应答的靶抗原为 HBV 前 SI 抗原，可在肝细胞损伤前 1 个月出现，与血清中 HBV DNA 几乎同时出现。我国学者发现，HBV 感染患者 HBsAg 特异性细胞免疫检出率与病情存在相关性。若感染的肝细胞数量较少，免疫应答水平正常，则表现为急性乙型肝炎（acute hepatitis B，AHB）；当感染的肝细胞多，免疫应答水平较高时，大量的肝细胞被破坏，常表现为暴发性乙型肝炎；机体的免疫应答水平低下，HBV 的感染及免疫损伤持续在肝细胞中进行，表现为慢性乙型肝炎（chronic hepatitis B，CHB）；而当机体对 HBV 无免疫应答，即处于一种免疫耐受状态时，HBV 不会被清除，也不会导致肝细胞损伤，表现为 HBV 携带状态。HBsAg 对肝细胞无明显的毒性作用，但 HBsAg 和 HBcAg 的过度表达和聚集则可导致明显的细胞损伤，也与 HBV 感染的慢性化、重症化等相关。慢性感染时，HBV 还可导致细胞因子释放减少和细胞增殖能力降低，这种对正常肝脏功能的损伤也是导致 HBV 持续感染的机制之一。

现已发现多个 HBV 母婴传播机制：①胎盘感染机制：指 HBV 逐层感染胎盘各层细胞，进而感染胎儿，使胎儿发生宫内感染。HBV 感染滋养层细胞，削弱固有免疫功能，滋养层细胞的免疫功能在防御 HBV 胎盘传递中起着关键作用，TLR7 和 TLR8 分子参与该过程。②胎盘渗漏机制：指胎盘屏障受损或胎盘通透性增加，使携带 HBV 的母血通过胎盘进入胎儿血液循环，使胎儿感染 HBV。经胎盘渗漏 HBeAg 阳性母血是宫内感染的潜在来源，在母亲的急性或持续性病毒血症期间，病毒本身或病毒抗原可能很少穿过胎盘并引起宫内感染，更常见的感染发生在分娩期间。③生殖细胞感染机制：HBV 可随精子进入卵细胞，将病毒基因带到胚胎，进而使子代感染 HBV。④外周血单核细胞感染机制：HBV 感染孕妇外周血单核细胞，通过胎盘逐渐感染胎儿外周血进而造成新生儿感染。⑤孕妇感染 HBV 基因分型及基因变异学说：HBV 基因位点变异造成了抗原与抗体结合力的改变。

四、临床表现与诊断

（一）临床表现

乙型肝炎根据病程分为 AHB 和 CHB，其中 AHB 完整病程包括潜伏期、黄疸前期、黄疸期和恢复期，总病程持续 2～4 个月。潜伏期为 45～160 天，平均 90 天，潜伏期长短与病毒载量等因素有关。在黄疸前期出现低热、关节酸痛，同时有不适、疲乏、食欲减退、恶心呕吐等症状。在黄疸期，最初常见尿黄，继而巩膜和皮肤黄染，粪便颜色变浅；黄疸 1～2 周内达高峰，此时大多热退、胃肠道症状明显好转，但肝脏轻度肿大、质软、有触痛和叩击痛。进入恢复期，则黄疸渐渐消退，临床症状也逐渐好转，血清谷丙转氨酶逐渐降低，肝功能逐渐恢复正常。AHB 病程超过 6 个月可转为 CHB，常见症状为乏力、全身不适、食欲减退、肝区不适或疼痛、腹胀、低热，体征表现为面色晦暗、巩膜黄染、可有蜘蛛痣或肝掌、肝大，有叩击痛，严重者可有黄疸加深、腹腔积液、下肢水肿及肝性脑病。HBV 携带者一般能够正常妊娠分娩，但母体 AHB 伴有肝功能异常或 HBV 感染时间较长并伴有严重肝脏损害，则会加重母体肝脏负担，导致孕妇临床症状加重，甚至因肝脏不能承受而选择终止妊娠。此外，HBV 感染可增加妊娠期高血压并发症的发生风险，引起流产、早产、新生儿窒息等不良妊娠结局。

婴儿感染 HBV 后，由于肝功能受损，引起黄疸型肝炎，导致皮肤颜色偏黄，小便呈现深黄色，还存在腹泻、大便不成形等表现。部分婴儿还会出现腹部疼痛，持续哭闹、精神不振等表现。此外，HBV 感染引起的肝功能损伤会导致婴儿生长缓慢，表现为体长增长缓慢，体重增加不及正常婴儿，甚至体重下降等。

（二）诊断

对孕妇 HBV 感染的诊断还应综合临床指征和实验室检查指标来判断。

HBsAg 阳性的孕妇需检测 HBeAg、HBeAb、HBV DNA、肝功能生化指标和上腹部超声，以判断其是否出现肝炎活动及纤维化分期，需特别关注是否存在肝硬化。

1. **病史与体检**　诊断肝炎的基础是病史与体检史，患者和家属要在就医之前详细梳理自身的基本情况如职业、年龄、献血输血史、手术史、烟草和药物滥用情况、酒精依赖情况、性行为等。同时还需要确定病症的发病时间，用以筛查是否处在乙型肝炎的暴发期，帮助明确诊断。

2. **影像学检查**　腹部 B 超是最为常见的腹腔检查。通过超声影像能够判断肝脏和脾脏的形态大小，尤其是肝内最重要的门静脉是否有异常，肝内组织是否出现异位等现象。在乙肝的检查中，腹部超声检查能明确判断肝脏出现梗阻、脂肪肝等病变，对乙肝造成的

肝脏弥漫性损害有较好的诊断价值。

3. 病原学检查 HBV 感染之后在血清等体液之中会出现 HBV 的免疫性标记，一共有 HBsAg、HBsAb、HBeAg、HBeAb 和 HBcAb 等五项，即俗称乙肝五项或者乙肝两对半，其最终的检查意义在于确认是否感染 HBV，以及确定传染情况。要确认病毒感染的严重程度，还需要更为详细的肝功能检查。HBV DNA 检测能够定量检测出 HBV 的具体数量，从而判断病毒传染性的强弱。肝功能检查是肝脏病变所必需的重要检查，通过一系列的重要蛋白质指标，如谷丙转氨酶、谷草转氨酶等，综合判断当前肝脏损伤的程度、肝脏功能的完整度、肝脏病情的阶段性等，是拟定乙型肝炎治疗方案的重要依据。血常规检查是确定病情严重程度的辅助指征，当乙肝进入到肝硬化阶段之后，肝脏的弥漫性损伤会影响血象，包括红细胞、白细胞、血小板等血象的改变能够起到警示病情进展的作用。早期肝硬化血小板降低，中晚期脾功能亢进造成血液整体减少，如果血色素降低，则意味着可能有消化道静脉出血的现象。

感染 HBV 的婴儿在出生时多不表现出临床症状，在没有免疫预防的情况下，则会发展为慢性 HBV 感染。在 2～6 个月大时，肝功能相关酶水平通常会持续升高，部分患儿在临床上表现为黄疸、发热、肝肿大和厌食症，极少数可导致暴发性肝炎。实验室检查对婴儿 HBV 感染的诊断至关重要。通常在发现肝病之前可在婴儿血清中检测到持续存在的 HBsAg。HBeAg 和 HBeAb 检测可用于评估传染性。PCR 和其他核酸检测技术在确定诊断、评估病毒载量和监测治疗反应方面具有重要意义。

五、治疗与预防

（一）治疗

HBV 感染的治疗原则是最大限度地抑制 HBV 复制，减轻肝细胞炎症坏死及肝脏纤维组织增生，延缓和减少肝功能衰竭、肝硬化失代偿和其他并发症的发生，改善患者生命质量，并阻断母婴传播。

临床常用药物有恩替卡韦、富马酸替诺福韦酯和替比夫定。替比夫定在阻断母婴传播中具有良好的效果和安全性。此外，我国还批准干扰素用于乙型肝炎的治疗。

对高 HBV 载量的孕妇在妊娠晚期进行抗病毒治疗，结合新生儿乙肝疫苗和乙肝免疫球蛋白的接种，能够降低 HBV 母婴传播发生率。因此，妊娠期抗病毒治疗阻断 HBV 母婴传播已被广泛接受并应用于临床实践中，对消除 HBV 母婴传播起到了积极作用。对肝功能正常的未服用抗病毒药物的孕妇，在妊娠中期（12～24 周）需检测 HBV DNA 水平，根据 HBV DNA 水平，决定是否需要进行抗病毒治疗阻断 HBV 母婴传播：①若孕妇 HBV DNA ≥ 2×10^5IU/mL，经知情同意后，可于妊娠 28 周给予富马酸替诺福韦酯进行抗病毒治疗。如果孕妇存在骨质疏松、肾损伤或导致肾损伤的高危因素，或消化道症状严重，可以选择替比夫定。分娩前应复查 HBV DNA，以了解抗病毒治疗效果及 HBV 母婴传播的风险。②若孕妇 HBV DNA < 2×10^5IU/mL，发生 HBV 母婴传播的风险低，一般对其新生儿接种乙肝疫苗 + 乙肝免疫球蛋白即可预防，不需要抗病毒干预。③妊娠超过 28 周首

次就诊的孕妇，若 HBV DNA ≥ 2×10^5IU/mL，仍建议尽早给予抗病毒干预。

（二）预防

多项研究结果表明，分娩方式与 HBV 母婴传播风险没有明确关系。剖宫产并未降低 HBV 母婴传播的发生率，故不建议根据 HBV DNA 水平或 HBeAg 状态选择分娩方式，应根据产科指征决定。新生儿出生后立即移至复苏台，离开母血污染的环境；彻底清除体表的血液、黏液和羊水；处理脐带前，需再次清理、擦净脐带表面血液等污染物，按操作规程安全断脐。母乳喂养并未增加婴儿的 HBV 感染率，感染 HBV 母亲分娩后可以哺乳，没有必要检测乳汁中的 HBsAg 和 HBV DNA。详细信息可参见《慢性乙型肝炎防治指南（2019 年版）》。

HBsAg 阳性母亲的婴儿在完成乙肝全程免疫接种 1 ~ 2 个月后，抽静脉血检测 HBV 血清学标志物，至少包括 HBsAg 和 HBsAb。如 HBsAg 阳性，还需进一步检测 HBV DNA 水平和肝功能生化学指标，以后每 6 个月随访 1 次，复查肝功能生化学指标和 HBV DNA 水平。

第六节　人类免疫缺陷病毒感染

艾滋病是获得性免疫缺陷综合征（acquired immunodeficiency syndrome，AIDS）的简称，系由人类免疫缺陷病毒（human immunodeficiency virus，HIV）破坏机体免疫系统而引起的以感染或肿瘤为特征的慢性传染病。因具有传播迅速、发病缓慢、病死率高的特点，世界卫生组织公布的 2019 年全球 10 大健康威胁中，艾滋病位列其中，其已成为严重威胁公众健康的重要公共卫生问题。

一、病原学特征

HIV 属于病毒科慢病毒属中的人类慢病毒，直径 100 ~ 120nm 的球形颗粒，由核心和包膜两部分组成。核心由衣壳蛋白（CA，p24）构成，衣壳内包括两条 RNA，是核壳蛋白和病毒复制所必需的。基因组全长约 9.7kb，含有 gag、pol 和 env3 个结构基因、2 个调节基因和 4 个辅助基因。HIV 由于是单链 RNA 病毒，具有较强的变异特性，其中 env 基因变异率最高。HIV 发生变异的主要原因包括反转录酶无校正功能导致的随机变异；宿主免疫选择压力；病毒在体内高频率复制；病毒 DNA 与宿主 DNA 之间的基因重组以及药物选择等。其中不规范的药物使用是导致其耐药性的重要原因。HIV 包括 HIV-1 和 HIV-2 型，我国以 HIV-1 型为主要流行株，该型流行株已发现有 A、B、B'、C、D、E、F、G 等 8 个亚型，还有不同流行重组型，目前流行的 HIV-1 主要亚型是 AE 重组型。自 1999 年起在我国部分地区发现有少量 HIV-2 型感染者。

HIV 在外界环境中的生存能力较弱，对物理因素和化学因素的抵抗力也较低。一般的消毒剂，如 75% 乙醇、碘酊、过氧乙酸、戊二醛、次氯酸钠等，对 HIV 都有良好的灭活

作用，但紫外线不能完全使其灭活。HIV 对热很敏感，56℃处理 30 分钟可使 HIV 在体外对人的 T 淋巴细胞失去感染性，但此法不能完全灭活血清中的 HIV，需 100℃处理 20 分钟才能将其完全灭活。

二、流行病学特征

艾滋病主要通过性接触、血液和母婴三种途径传播。感染 HIV 的妇女可通过妊娠、分娩和哺乳等方式将 HIV 传递给胎儿或婴儿。目前认为，HIV 阳性孕妇约有 15% ~ 50% 的概率发生母婴传播，对于 15 岁以下儿童艾滋病感染，母婴传播是主要途径。不同国家母婴传播率存在差别，美国为 20% ~ 30%，欧洲约为 15%，非洲约为 50%。即使是无症状的携带 HIV 的妇女，在未采取预防措施的情况下，也有大约 1/3 的胎儿、婴儿受到感染。一般在妊娠 4 个月时胚胎即可受到感染，经胎盘传播者占 75% ~ 80%，出生后出现临床症状的时间，比因输血而感染的患儿要短得多。胎儿宫内 HIV 感染可引起早产、胎儿生长受限等不良妊娠结局。如感染发生在妊娠早期，则可导致胎儿颅骨缺损、小头、前额突、鼻梁塌而短、眼裂小而倾斜、蓝巩膜等。婴儿受到感染后其抵抗能力大大减弱，在 1 岁左右即可出现生长缓慢等症状。

《2020 全球艾滋病防治进展报告》显示，全球有 3 800 万人感染，2 540 万人正在接受治疗。2019 年新发感染 170 万人，69 万人因艾滋病死亡。新发感染 HIV 有 62% 发生于性工作者、注射毒品者、羁押人员、男同性恋者等。

三、致病机制

HIV 在人体细胞内的感染过程包括：①吸附、膜融合及穿入：HIV 感染人体后选择性地吸附于靶细胞 CD4 受体上，在 CCR5 和 CXCR4 等辅助受体的帮助下进入宿主细胞。②反转录、入核及整合：胞质中病毒 RNA 在反转录酶作用下形成互补 DNA，在 DNA 聚合酶作用下病毒双链 DNA 在胞质完成合成并进入细胞核内，在整合酶的作用下整合到宿主细胞的染色体 DNA 中。③转录及翻译：细胞进行正常转录时，病毒 DNA 也转录形成 RNA，并最终翻译合成病毒蛋白，经拼接而成为病毒。④装配成熟及出芽：通过芽生从细胞膜上获得病毒体的包膜，形成独立的病毒蛋白质颗粒，病毒蛋白质与子代基因组 RNA 再进一步组合，最后形成具有传染性的成熟病毒颗粒。

HIV 主要侵犯人体的免疫系统，包括 CD4$^+$ T 淋巴细胞、单核巨噬细胞和树突状细胞等。主要表现为 CD4$^+$ T 淋巴细胞数量不断减少，最终导致人体细胞免疫功能缺陷，引起各种机会性感染和肿瘤的发生。

HIV 进入人体后，24 ~ 48 小时到达局部淋巴结，5 天左右在外周血中可检测到病毒成分，继而产生病毒血症，导致急性感染。以 CD4$^+$ T 淋巴细胞数量短期内一过性迅速减少为特点，大多数感染者未经特殊治疗，CD4$^+$ T 淋巴细胞数可自行恢复至正常水平或接近正常水平。由于机体免疫系统不能完全清除 HIV，致使形成慢性感染，包括无症状感染期和有症状感染期。母婴传播是 HIV 的重要传播途径，包括妊娠期传染、分娩经产道传播、经母乳传播。

1. 妊娠期传染　当前研究发现多种 HIV 母婴传播机制：①经滋养层细胞感染：滋养层细胞作为胎盘屏障的主要组成部分，可表达 HIV 辅助受体 CCR5 和 CXCR4，HIV 通过与其结合进入细胞内。②通过滋养层缺口感染：在胎盘的滋养层上常有一些缺口或缝隙致使基底膜暴露，从而使母体感染的血液接触到胎儿血液。此外，胎盘炎症如绒毛膜羊膜炎可使胎盘破损从而导致感染的母体细胞或游离病毒进入胎儿血液循环。③经胎盘 Hofbauer 细胞（一种胎盘巨噬细胞）感染：最近研究发现，绒毛膜中的 Hofbauer 细胞和胎盘的蜕膜巨噬细胞均能表达 CD209 分子。胎盘组织中的 CD209 能够富集胎盘中的 HIV，然后将病毒转运到局部的淋巴细胞，从而造成胎儿感染。

2. 经产道传播　HIV 血清阳性的妇女，血液和生殖道分泌物中病毒载量都较高。分娩时新生儿在产道内可因直接接触被感染的母体血液、羊水、宫颈阴道分泌物而感染。此外由于子宫收缩使胎盘剥离，绒毛血管破裂，母体血混入胎儿体内也是造成分娩时感染的原因。目前认为分娩期垂直传播危险性最大。

3. 经母乳传播　感染的产妇母乳中病毒载量较高，一直到产后 3 个月仍能在母乳中检测到病毒核酸，因此产后前 4 个月母乳喂养，胎儿被感染的概率较大。新生儿获得感染的机制可能是由于母乳中的病毒通过口腔和胃肠道黏膜进入机体。研究发现，新生儿上消化道的内皮细胞可以表达 HIV-1 的辅助受体半乳糖神经酰胺和 CCR5，从而更有利于病毒进入人体并高效复制。

四、临床表现与诊断

（一）临床表现

从初始感染 HIV 到终末期是一个较为漫长复杂的过程，在这一过程的不同阶段，与 HIV 感染相关的临床表现也是多种多样，而且病毒、宿主免疫和遗传背景等因素均可影响 HIV 感染的临床转归，因此不同人群的临床表现也不尽相同。根据感染后临床表现，HIV 感染的全过程可分为急性期、无症状期和艾滋病期。

1. 急性期　通常发生在初次感染 HIV 后 2~4 周。部分感染者出现 HIV 病毒血症和免疫系统急性损伤所产生的临床表现。大多数患者临床症状轻微，在持续 1~3 周后缓解。临床表现以发热最为常见，可伴有咽痛、呕吐、腹泻、盗汗、恶心、关节疼痛、皮疹、淋巴结肿大以及神经系统症状等。

2. 无症状期　可从急性期进入此期或无明显的急性期症状而直接进入此期，此期一般持续时间为 6~8 年。感染病毒的数量和类型、感染途径、机体免疫状况、营养条件及生活习惯等因素均可影响该期的持续时间。

3. 艾滋病期　为感染 HIV 后的终末阶段。患者 CD4$^+$T 淋巴细胞计数多小于 200 个 /μL，血浆病毒载量明显升高。此期主要临床表现为 HIV 相关症状体征及各种机会性感染和肿瘤。主要表现为持续 1 个月以上的发热、腹泻、盗汗、体重减轻 10% 以上等，部分

患者表现为神经精神损害症状,如记忆力减退、性格改变、精神淡漠、头痛、癫痫及痴呆等。另外,还可出现持续性全身淋巴结肿大,以及 HIV 感染导致的免疫力低下诱发的其他疾病,如非霍奇金淋巴瘤和卡波西肉瘤等。

感染 HIV 的孕妇不仅可表现出以上症状,还可因继发机会性感染 HBV、HCMV、真菌等其他可发生母婴传播的病原体,从而显著增加早产、死胎、流产等不良妊娠结局风险。

婴儿 HIV 患者多发生低出生体重和生长发育障碍,且在出生后出现发育迟缓;淋巴结、肝、脾等肿大;智力发育差,痴呆及其他神经精神症状,以及增加卡氏肺囊虫肺炎、细菌性肺炎、复发性或持续性腹泻、白色念珠菌感染等机会性感染。在机会性感染中,婴儿患者细菌性感染十分多见,而卡波西肉瘤较成人少见。

(二)诊断

艾滋病的诊断需结合流行病史,包括不安全性生活史、静脉注射毒品史、输入未经抗 HIV 抗体检测的血液或血液制品、HIV 抗体阳性者所生子女或医护人员职业暴露史等,并将临床表现和实验室检查等进行综合分析,慎重做出诊断。

实验室检查包括抗原抗体检测和核酸检测。

1. 抗原抗体检测 收集血清、血浆、全血、干血斑、口腔黏膜渗出液和尿液,进行抗原抗体检测:① ELISA 可检测血液中 HIV-1 p24 抗原和 HIV-1/2 抗体;②化学发光或 IFA 采用发光或荧光底物,对血清或血浆样本进行检测;③快速检测及其他试验。这类试验可使用血液、尿液、口腔黏膜渗出液等类型样本,操作简便快速,适用于应急检测、门诊急诊检测、自愿咨询检测等,获得资质的自我检测快速试剂适用于个体自助检测。一般可在 10~30 分钟内得出结果。

2. HIV-1 核酸检测 HIV-1 核酸定性检测包括 RNA 检测和 DNA 检测。RNA 检测主要是检测血浆或血清中的 RNA,DNA 检测主要是检测全血、干血斑或组织细胞中的前病毒或总核酸。二者相比,HIV-1 DNA 检测的稳定性更好。目前,HIV 核酸定性检测主要有实时荧光定量 PCR 方法、荧光探针 PCR 法及以焦磷酸化激活聚合酶反应为基础的核酸扩增 PCR 方法。

结合流行学病史、临床症状以及实验室检查,根据《中国艾滋病诊疗指南(2021 年版)》,成人或青少年及 18 个月龄以上儿童符合下列一项者即可诊断 HIV 感染:① HIV 抗体筛查试验阳性和 HIV 补充试验阳性(抗体补充试验阳性或核酸定性检测阳性或核酸定量大于 5 000 拷贝/mL);②有流行病学史或艾滋病相关临床表现,两次 HIV 核酸检测均为阳性;③ HIV 分离试验阳性。18 月龄及以下儿童,符合下列一项者即可诊断 HIV 感染:①为 HIV 感染母亲所生和两次 HIV 核酸检测均为阳性(第二次检测需在出生 4 周后采样进行);②有医源性暴露史,HIV 分离试验结果阳性或两次 HIV 核酸检测均为阳性;③为 HIV 感染母亲所生和 HIV 分离试验阳性。

五、治疗与预防

（一）治疗

目前治疗 HIV 感染有 6 大类 30 多种药物，分别为：①核苷类逆转录酶抑制剂。该类药物是一种核苷类药物，可通过抑制逆转录酶阻断病毒 RNA 基因的逆转录，如齐多夫定；②非核苷类逆转录酶抑制剂。该类药物是能抑制病毒复制的非核苷类抗逆转录病毒药物，可在孕晚期和分娩前使用，如奈韦拉平；③蛋白酶抑制剂。该药物可选择性结合 HIV-1 特异性天冬酰蛋白酶，并抑制产生感染性病毒颗粒所必需的蛋白质的裂解，进而阻止病毒复制，如洛匹那韦；④整合酶抑制剂。该药物可通过阻断催化病毒 DNA 与宿主染色体 DNA 的整合，抑制病毒复制，如多替拉韦等；⑤融合抑制剂。该药物可抑制 HIV-1 包膜与宿主细胞膜融合过程，阻止病毒进入宿主细胞内，如艾博韦泰；⑥ CCR5 抑制剂。HIV 在细胞融合时需要 CCR5 作为辅助受体介导该过程，该类药物可抑制融合过程，阻止病毒进入细胞，如马拉韦罗。现阶段多采用高效联合抗反转录病毒治疗方法，俗称鸡尾酒疗法，详细方案见《中国艾滋病诊疗指南（2021 年版）》。如患者合并有艾滋病相关疾病以及其他微生物感染，则需合并治疗。

（二）预防

由于艾滋病病人的细胞免疫功能极其低下，合并感染后的病情均很严重。因此，无论是对胎儿、婴儿的健康，还是对孕妇的安危来讲，原则上已感染 HIV 的妇女不宜怀孕。为预防艾滋病母婴传播，应遵循以下 3 个原则：①降低 HIV 母婴传播率；②提高婴儿健康水平和婴儿存活率；③关注母亲及所生儿童的健康。预防艾滋病母婴传播的有效措施为尽早服用抗反转录病毒药物干预＋安全助产＋产后喂养指导。所有感染 HIV 的孕妇不论临床分期如何均应接受鸡尾酒疗法。对于已确定 HIV 感染的孕妇，主动提供预防艾滋病母婴传播咨询与评估，由孕产妇及其家人在知情同意的基础上做出终止妊娠或继续妊娠的决定。母乳喂养具有传播 HIV 的风险，感染 HIV 的母亲应尽可能避免母乳喂养，如坚持要母乳喂养，则整个哺乳期都应持续治疗。

疫苗是预防疾病的有效手段，但是现在暂无有效的艾滋病疫苗。HIV 作为一种 RNA 病毒，其基因组具有较高的突变率，因而使得艾滋病的预防疫苗和治疗药物的开发变得十分困难。研究人员开展了大量的基础研究和临床试验，但尚未有重大突破。近年来，mRNA 疫苗技术发展迅速，已在预防新冠病毒方面展现出了较好的效果，但是针对 HIV 的 mRNA 疫苗正在研发当中，据研究报道，HIV mRNA 疫苗可保护猕猴免于感染猴免疫缺陷病毒（simian immunodeficiency virus，SIV），此类疫苗展现出较好的预防 HIV 的前景。

第七节　其他微生物感染

一、寨卡病毒感染

寨卡病毒（zika virus）是一种新出现的黄病毒科单链 RNA 病毒，基因组约为 10kb，可编码多种蛋白，随后被切割成衣壳、前体膜、包膜和非结构性蛋白。包膜蛋白构成了病毒表面的大部分，并参与病毒复制的多个过程，包括与受感染细胞表面受体结合和膜融合。寨卡病毒主要通过埃及伊蚊和白纹伊蚊叮咬传播给人类。目前已在人体的血液、尿液、精液、唾液以及脑脊液中发现寨卡病毒。寨卡病毒可通过胎盘途径传播给发育中的胎儿，在羊水中已鉴定出寨卡病毒 RNA，在胎儿脑组织和胎盘 / 绒毛中发现了病毒抗原，通过电子显微镜在胎儿大脑中发现了该病毒颗粒。

寨卡病毒感染于 1954 年在非洲首次被发现，开始仅认为它与人类发热综合征有关。在随后的几十年里，寨卡病毒通过尚未完全明确的路径从非洲向亚洲、密克罗尼西亚和太平洋岛屿传播，并先后在雅普岛以及复活节岛暴发。2013 — 2014 年在法属波利尼西亚暴发，最初并未关注其对胎儿生长发育的影响，但再次通过回顾性调查却发现了 19 例先天性脑畸形，包括间隔和胼胝体破裂、脑室扩大、神经元迁移缺陷、小脑发育不全、枕叶假性囊肿和脑钙化等。2015 年寨卡病毒感染在巴西暴发，据估算，在 44 万～130 万寨卡病毒感染病例中，约有 5 000 个疑似小头畸形病例，其中大多数在该国东北部地区，有 76 人死亡。2016 年，南美洲几乎所有国家均发现了寨卡病毒的活跃传播，大约 50 个国家被列入寨卡病毒旅行警告名单。2017 年初，美国各州和地区已报告 5 000 多例有记录的寨卡病毒感染病例，其中 1 500 多例是孕妇。我国于 2016 年 2 月 2 日发现首例寨卡病毒感染病例，该患者为委内瑞拉输入性病例。尽管在过去 60 年里，非洲和亚洲都有关于寨卡病毒传播的记录，但只有在法属波利尼西亚和巴西暴发疫情后，人们才意识到寨卡病毒可导致胎儿畸形的严重后果，世界卫生组织也因此发出了全球性警报，呼吁国际社会关注该公共卫生事件。

寨卡病毒诱导脑损伤的机制尚未阐明。现有研究发现可能与胎儿大脑神经祖细胞的受损有关。这些细胞来源于多功能干细胞，经病毒感染增殖后，可释放传染性子代病毒。病毒感染直接诱导了细胞死亡和细胞周期停滞在 S 期，导致脑发育减缓和损伤，还可引起炎症反应导致间接性脑损伤。此外还发现，寨卡病毒还可干扰胎儿神经元干细胞的正常分化过程，导致神经元和胶质细胞产生减少，进而导致小头畸形。

寨卡病毒感染多无明显症状，只有 20% 感染者在原发感染的情况下才有症状。急性寨卡病毒感染的个体会产生头痛、发热、关节痛、肌痛、非脓性结膜炎、红斑（并经常瘙痒）、皮疹、下腰痛等。先天性感染的胎儿主要表现为脑发育损伤，最典型的是小头畸形。小头畸形的产生在很大程度上取决于妊娠期前 3 个月的感染情况，发病率为 0.88% ～13.2%。其他中枢神经系统异常包括脑室肿大、无脑畸形等。此外眼部异常也较为常见，如色素性和出血性视网膜病变、脉络膜视网膜萎缩、血管发育异常、视神经异常、小眼症和白内障等，以上病变可发生于无小头畸形的患儿。还有患儿可出现先天性听力损失。

寨卡病毒感染主要通过流行病史和实验室诊断。实验室诊断依赖于血清和尿液寨卡病毒核酸检测。对于可疑病例，应在症状出现后 7 天内取样。注意要与高度相关的登革热病毒和西尼罗河病毒进行鉴别诊断。

目前还没有针对寨卡病毒感染的有效治疗方法，通常是支持治疗，包括休息、输液、使用止痛药和解热药等。因此，寨卡病毒的防治主要通过积极预防的手段来阻止其传播感染。避免前往高风险地区是最佳的预防策略，如果旅行是不可避免的，世界卫生组织建议使用美国食品药品监督管理局批准的驱蚊剂，包括避蚊胺、皮卡里丁、柠檬桉树油等进行预防。同时建议在从寨卡病毒流行地区返回后，个人应实行 8 周禁欲或安全性行为预防措施。疫源地预防措施中，昆虫病媒控制是关键，可增加使用杀虫剂和有意向环境释放转基因蚊子使其交配后不能产生后代。此外，还需检测血液和血液制品防止与输血有关的寨卡病毒感染。目前，在感染寨卡病毒妇女出生的婴儿中，还没有关于其通过母乳喂养传播的报道，因此不禁止母乳喂养。

二、梅毒螺旋体感染

梅毒（syphilis）是一种在世界范围内流行的危害较严重的性传播疾病，由梅毒螺旋体（treponema pallidum）感染引起。梅毒螺旋体具有很强的感染性，主要通过性接触传播，少数可通过输血、哺乳等密切接触而感染，从而造成机体多脏器损伤。梅毒从感染到发病的潜伏期为 2～4 周。梅毒螺旋体只感染人类，人是梅毒的唯一传染源。孕妇患梅毒后，梅毒螺旋体可通过胎盘进入胎儿的血液循环。中华人民共和国成立以来，我国曾一度消灭了此病，但近年该病又死灰复燃，发病率有逐渐增加的趋势，国家卫生健康委员会统计数据显示，2021 年全国累计报告梅毒病例 480 020 人，高于 2020 年的 464 435 人。2011 年报告先天性梅毒 13 294 例，发病率达到 79.12/10 万活产数，而到 2018 年发病率下降至 35.7/10 万活产数。梅毒螺旋体在人体内可长期存活，但在体外不易生存。在干燥的环境中可迅速死亡，在潮湿的毛巾上可存活几小时，在 48℃ 条件下半小时失去传染性。肥皂水及一般的消毒剂如新洁尔灭、医用酒精均可在短时间将其杀死。

梅毒感染按时间划分为三期。Ⅰ期梅毒，又称早期梅毒，发生在梅毒螺旋体感染后的 3 周左右。这个时候最为典型的症状就是硬下疳，也可在外生殖器和躯干部位发生皮疹。Ⅰ期梅毒是最好的治疗时期，效果较好，不过该时期梅毒传染性较强，可通过性生活传给性伴侣。该期也有少数人可能由于机体免疫功能较强，或曾不正规使用一些抗菌药物，使得体内的梅毒螺旋体受到一定的抑制而没有任何临床表现，但梅毒血清学检查为阳性，所以也称之为潜伏期梅毒。潜伏期梅毒具有更大的隐蔽性和危害性，因病人本身无自觉症状，与正常人一样照常工作和生活，得不到及时治疗和休息以致延误病情。梅毒患者若未经治疗，硬下疳出现 4～6 周后会逐渐消失，9 周后会发展到Ⅱ期梅毒，除了出现形态多样的梅毒疹，并在发疹之前会出现发热、头痛、乏力等症状外，还有淋巴结肿大、关节痛、肝病等病变。Ⅲ期梅毒又称梅毒晚期，约有 1/3 的Ⅱ期梅毒患者会发展成Ⅲ期梅毒。

该期梅毒螺旋体侵犯心血管系统和中枢神经系统等重要器官,引起主动脉炎、主动脉瓣闭锁不全、主动脉瘤、麻痹性痴呆,甚至死亡。Ⅲ期梅毒虽然传染性较小,但是治疗难度较大,预后差。

梅毒螺旋体感染母体后,可通过破坏滋养层细胞及胎盘屏障感染胎儿,致使梅毒螺旋体在胎儿内脏及各种组织中大量增殖,使胎儿的重要器官发生损伤,造成流产、死胎、早产、胎儿畸形、低体重儿及先天性梅毒儿等不良妊娠结局。皮肤黏膜受损是早期先天性梅毒(congenital syphilis)最常见的表现,包括皮疹、皮肤大疱、口腔黏膜受损、鼻炎及鼻塞;其次,肝脾及淋巴结肿大、腹胀、水肿也是先天性梅毒比较常见的早期临床表现。晚期先天性梅毒多发生在 2 岁以后,主要是由于梅毒螺旋体对骨骼、神经等系统造成损伤引起,表现为楔状齿、马鞍鼻、间质性角膜炎、骨膜炎、神经性耳聋、神经系统异常等,其病死率及致残率均明显高于正常新生儿。

梅毒主要靠血清学诊断。根据检测所用抗原不同,梅毒血清学试验分为两大类:一类为非梅毒螺旋体抗原血清试验,包括性病研究实验室试验、血清不加热反应素试验、快速血浆反应素环状卡片试验、甲苯胺红试验,这些试验主要应用于梅毒筛查和疗效观察;另一类为梅毒螺旋体抗原血清试验,包括梅毒螺旋体血凝试验、梅毒螺旋体颗粒凝集试验和荧光螺旋体抗体吸收实验等,这些试验敏感性和特异性均高,一般用作证实性试验。

梅毒是一种可以治愈的疾病,尤其是早期梅毒,诊治越早效果越好。推荐对发现感染者即刻开始按照梅毒分期注射长效青霉素治疗,治疗后要定期进行血清学检查。母体梅毒感染的各个时期,均可在妊娠期间传给胎儿,但以患Ⅰ期和Ⅱ期梅毒母亲的传播更多见,因此对患梅毒妇女必须坚持 2~3 年的随访,检查结果正常,完全治愈后才能怀孕,以杜绝对后代的危害。需要注意的是,梅毒患者不会终身免疫,虽然治愈仍会再受感染,再次感染后必须立即进行治疗。妊娠合并梅毒不改变分娩方式选择,经过药物充分治疗后,胎儿的预后良好,但可能遗留下感染的痕迹。梅毒感染孕妇所分娩婴儿自出生开始需定期进行梅毒血清学检测,直到排除或诊断为先天性梅毒,进行规范治疗。治疗过晚,病情严重的患儿可发生死亡。

三、淋球菌感染

淋病(gonorrhea)是常见的性传播疾病之一,系由淋病奈瑟球菌(neisseria gonorrhoeae)感染引起。淋病奈瑟球菌简称淋球菌(gonococcus),主要感染柱状上皮细胞,包括子宫颈内膜、子宫内膜、输卵管内膜及新生儿结膜上皮细胞等。近年来,每年全球超过 100 万人感染淋球菌。性接触为淋病的主要传播方式,也可经污染的衣裤、被褥、浴盆、马桶圈、床上用品等间接感染,但间接感染者极少。淋球菌对外界环境抵抗力弱,不耐干燥和冷热,离开人体后不易生长。在干燥环境中 1~2 小时死亡,加热至 55℃ 5 分钟即灭活,室温 1~2 天内死亡。对一般化学消毒剂和抗生素均敏感。男性患淋病后症状较重,可出现尿急、尿频、尿痛、尿道口红肿,有脓性分泌物,阴囊下坠感,前列腺炎等症状,甚至有全身反应。女性患者以年轻妇女或生育期妇女为多,感染后多数无明显症状，直到出现严重病变或新生儿患淋病时才被发现。

男性感染淋球菌后，淋球菌通过菌毛吸附于精子上，通过性生活，淋球菌随精子上行引起女性感染，造成子宫内膜炎、绒毛膜羊膜炎，引起流产。孕妇宫颈感染淋球菌后，可使胎膜的脆性增加，容易发生胎膜早破、羊膜腔感染、胎儿生长受限、早产，甚至直接威胁胎儿生命。严重的宫内感染可引起胎儿宫内死亡，即使成活的新生儿，也可发生新生儿肺炎、败血症等。分娩过程中胎儿通过母亲的产道，尤其是宫颈感染淋球菌后，易引起新生儿淋球菌性眼结膜炎，可导致角膜溃疡、白斑或穿孔，甚至发生虹膜睫状体炎，病变严重及瘢痕形成者可致失明。产后母婴密切接触，可使婴儿发生淋球菌性外阴炎、阴道炎、尿道炎等。患淋病的孕妇行人工流产，术后极易发生子宫内膜炎、输卵管炎、盆腔炎，严重时可导致不孕。由于孕妇感染淋病多数无明显症状，为预防和治疗淋病，应在妊娠期间对母亲进行常规产前筛查，如子宫颈拭子进行淋球菌培养或淋球菌核酸检测诊断等。

淋球菌对头孢菌素敏感，常用药物有头孢曲松、头孢克肟，以及大观霉素和阿奇霉素等。按照治疗原则，患者性伴侣即使没有检测到淋病，也需要按单纯性淋病注射头孢曲松治疗。由于青霉素耐药问题越来越严重，现推荐药物联合治疗。人类对淋球菌无先天免疫性，痊愈后可发生再感染。

淋病重在预防。加强健康教育，必须认清性病的严重危害性，自觉拒绝和抵制性乱行为，提倡安全性行为。大多数性病都可通过性交时的直接接触传染，所以，安全、正确使用避孕套，避免了两性生殖器的直接接触，可起到预防感染性病的作用，从而减少性病的传播发生。注意隔离消毒，防止交叉感染。在公共场所如澡堂、饭店、宾馆等处活动或住宿时，坚持淋浴，不裸身就寝。

四、人乳头瘤病毒感染

尖锐湿疣（condyloma acuminatum）是由人乳头瘤病毒（human papilloma virus，HPV）感染引起的生殖器性疣，在我国性传播疾病中排名第二位。HPV 是自然界广泛存在的一类 DNA 病毒。人类感染 HPV 也十分普遍，在自然人群中，HPV 感染率为 1%～50%，在性活跃人群中为 20%～80%。HPV 感染可发生于各年龄段，0～80 岁均有 HPV 感染的报道。在一般情况下，HPV 感染是单一亚型感染，但临床上也发现有多种 HPV 亚型感染即多重感染。HPV 可通过性传播和母婴垂直传播。HPV 通过孕妇血液经胎盘、羊水感染胎儿，或在分娩时吞咽含 HPV 的羊水、血、分泌物以及经产道、母乳喂养等方式而使婴儿感染 HPV。因其毒力低，感染婴幼儿的机会少，因此，孕妇患尖锐湿疣并不是终止妊娠的指征。妊娠期尖锐湿疣患者的分娩方式，主要依据个人情况而定，只有巨大型的疣阻塞阴道，使产道梗阻时，才有剖宫产的指征。有研究证明，经阴道分娩新生儿与剖宫产出生的新生儿在感染 HPV 的风险上并无较大差异，剖宫产也不能完全阻断 HPV 母婴传播达到保护子代的目的。HPV 母婴传播会引起囊胚形成时间延长，降低绒毛膜细胞与子宫内膜细胞之间的黏附着床能力，影响胚胎发育。此外，HPV 还能在人胎盘滋养层细

胞中生长繁殖，导致胎盘滋养层细胞死亡，引起胎盘损伤，进而导致胎儿发育异常、自然流产和早产。妊娠期更易感染 HPV，且病毒拷贝数较高，推测与该时期性激素水平升高、机体免疫耐受及局部生理学功能改变等因素有关。

HPV 主要引起皮肤、黏膜的感染，引起母体皮肤和黏膜的多种良性乳头状瘤及癌变等。新生儿、婴幼儿的 HPV 感染可表现为肛门及生殖器部位的先天性尖锐湿疣、皮肤疣、口腔乳头状瘤、结膜乳头状瘤和喉乳头状瘤。新生儿喉乳头状瘤病死率较高，咽部可见有散在粟粒至绿豆大小的息肉状或菜花状物，具有多发、极易复发、难根治的特点。

无症状和无病灶的 HPV 感染不需治疗。妊娠期间尖锐湿疣虽然可自行消失，但仍应积极治疗。HPV 疫苗可有效预防病毒感染，目前有二价疫苗、四价疫苗、九价疫苗等3 种 HPV 疫苗，可有效预防宫颈癌、外阴癌、肛门癌及阴道癌等癌症，也可预防生殖器疣等疾病，还可有效预防母婴传播。但是 HPV 疫苗的预防效果仍然有限，并不能完全预防 HPV 的感染。

五、人类细小病毒 B19 感染

人类细小病毒 B19（human parvovirus B19，HPV-B19）是一种单链线状 DNA 病毒，感染多在冬春季流行，以人群感染较为常见，其感染率约为40%。在美国，大约50% ~ 80% 成年人 HPV-B19 的血清学检查呈阳性。HPV-B19 常见的传播方式是通过呼吸道传播，也可通过母婴垂直传播。妇女孕期感染 HPV-B19 相当常见，25% ~ 50% 的孕妇感染 HPV-B19 后可通过胎盘感染胎儿，胎儿发生宫内感染的概率在33% 左右，由此造成的胎儿死亡率约为9%，但绝大多数母婴健康在妊娠过程不受影响。研究证实，HPV-B19 感染是导致非免疫性流产的一个重要原因，流产胎儿表现为全身高度水肿，常有脑积水、心包及胸腹腔积液、重度贫血、肝脾肿大等。孕早期和孕中期 HPV-B19 感染有明显的致畸作用，可引起胚胎流产、胎儿水肿、死亡或畸形等。

HPV-B19 致病机制至今尚未阐明。现有研究发现，细胞表面 P 抗原是 HPV-B19 主要细胞受体，P 抗原可在红细胞、心肌细胞、胎盘滋养层细胞等中表达，HPV-B19 感染后与 P 抗原结合进入细胞引起细胞损伤，可导致轻微的全身症状，如发热和不适，一般持续1 ~ 3 天，1 ~ 2 周后出现特征性的皮肤红疹。一旦皮疹出现，个体就不再具有传染性。HPV-B19 在子宫内的感染会导致胎盘细胞周期阻滞，从而引起胎儿营养供给不足，生长减缓。胎儿特别容易受到红细胞感染所引起不良后果的影响，HPV-B19 感染通过诱导被感染红细胞的凋亡而导致细胞毒性和贫血，有时还会导致进行性充血性心力衰竭。除了红细胞和心肌细胞外，胎儿神经系统也会受到 HPV-B19 感染的影响，病理表现包括血管周围钙化，且主要发生在脑白质。此外，母体介导的胎盘免疫反应也参与先天性感染的发病过程。

鉴于目前对 HPV-B19 严重危害的认识，我国已将 HPV-B19 列为采输血前必须检测的病毒。孕妇预防 HPV-B19 感染对优生优育尤为重要，由于目前暂无有效的疫苗，因此怀孕期间尽量避免接触患者，少到公共场所以防止感染，坚持适量运动，安排均衡饮食，以增强机体免疫，防止隐性感染转变为活动性感染。

六、丙型肝炎病毒感染

丙型肝炎病毒（hepatitis C virus，HCV）是黄病毒科单股正链 RNA 病毒，可通过血源性传播、性传播、母婴传播等方式进行传播。全球约有 1.7 亿～2.0 亿 HCV 感染者，中国人群 HCV 感染率约 3.2%。全球约 1%～8% 的孕妇感染 HCV，其中 3%～10% 的孕妇会通过母婴垂直传播将 HCV 传染给新生儿。大多数孕妇感染 HCV 后无症状，或者伴随非特异性症状（如疲劳、厌食等），感染不易被发现。少数孕妇感染 HCV 后，病毒在孕妇肝脏持续复制，造成肝细胞损伤，而胎儿生长发育所需的营养物质很多需要在肝脏合成，因此会导致胎儿早产和增加低出生体重发生的风险。孕妇 HCV 高载量更易导致母婴传播的发生，围产期胎盘早破、膜穿刺、会阴撕裂均会增加新生儿感染 HCV 的风险。在大多数婴儿中，原发性感染是无症状的，25% 的受感染婴儿在 6 岁前自发地清除病毒，没有完成病毒清除的将发展为慢性肝炎，远期有肝硬化和肝细胞癌的风险。

丙型肝炎的治疗，早期只有干扰素和利巴韦林被美国食品药品监督管理局批准用于治疗慢性 HCV 感染的成人和儿童。近年来，新型高效抗病毒药物的应用，包括利迪帕斯韦、索福斯韦、达克拉塔韦、埃尔巴斯韦、贝克拉布韦，彻底改变了成人 HCV 感染者的治疗情况，丙型肝炎治愈率超过 90%，但是这些药物多未获得儿科使用许可。在诊疗过程中，还应注意 HCV 与 HIV 共感染情况，若发生共感染，则需同时进行抗病毒治疗。

七、支原体感染

支原体（mycoplasma）是导致人体感染的重要病原体。目前从人体分离出的 20 多种支原体，至少有 7 种与人体疾病有关，即解脲支原体（ureaplasma urealyticum，UU）、人型支原体、肺炎支原体、生殖支原体、发酵支原体、穿通支原体、梨支原体，其中 UU 感染最为普遍，且可通过母婴垂直传播，导致不良妊娠结局的发生。有研究报道，孕妇尤其是妊娠晚期妇女生殖道 UU 感染率可高达 72.6%，未婚妇女为 38.1%，已婚非孕妇女为 52.5%，15%～33% 的新生儿出生时可携带 UU。虽然 UU 感染检出阳性率较高，但 70% 为无症状感染。UU 可经宫颈感染胎膜，导致炎性反应，并感染羊水造成绒毛膜羊膜炎，引起胎膜水肿变性，致使胎膜早破的风险增加 3 倍以上。UU 引起的宫颈感染，可导致羊水过少、胎儿缺氧、绒毛膜羊膜炎及绒毛水肿，影响子宫胎盘循环，故易致胎儿窘迫，以及婴儿早产、死胎、流产等严重不良妊娠结局。宫内感染还会加速红细胞破坏，使肝细胞受损，诱发胆红素代谢异常，叠加早产儿及低出生体重儿肝脏酶系统发育不完善，极易导致新生儿黄疸的发生。此外有研究发现，感染的新生儿，发生肺炎、窒息等呼吸系统疾病频率较高，可能是影响了呼吸系统发育所致。此外，围产期感染可导致子宫内膜炎和胎盘粘连的发生，延长孕妇产后恢复时间，甚至导致泌尿生殖系统长期慢性损伤。

目前，治疗支原体感染的药物主要是四环素类、大环内酯类、喹诺酮类抗生素。在长

期广泛使用抗生素的情况下，支原体易产生耐药性，但其耐药情况有较大的地区差异和抗生素种类差异，在治疗过程中需警惕这种耐药性差异，制定合适的治疗方案。

（叶　昉）

参考文献

[1] SCHLEISS R M, MARSH J K. Avery's diseases of the newborn[M]. 10th ed. Amsterdam: Elsevier, 2018.

[2] 沈继龙，余莉. 我国弓形虫病流行概况及防治基础研究进展 [J]. 中国血吸虫病防治杂志，2019，31(1):71-76.

[3] 刘文彩，黄鹏. 人弓形虫病诊断方法的研究进展 [J]. 南昌大学学报（医学版），2020, 60(6):99-103.

[4] 中华人民共和国卫生行业标准. 风疹诊断标准 WS 297—2008[S]. 北京：中华人民共和国国家卫生部，2008.

[5] 张雨，曾慧慧. 人巨细胞病毒感染及母婴传播阻断临床研究进展 [J]. 中华实验和临床感染病杂志（电子版），2017, 11(6):526-532.

[6] 孙博强，王琼艳，潘冬立. 单纯疱疹病毒潜伏和激活机制研究进展 [J]. 浙江大学学报（医学版），2019,48(1):89-101.

[7] 张改霞，万苗，李丽，等. 乙型肝炎的母婴传播影响因素及阻断方法的研究进展 [J]. 临床医学进展，2021, 11(1):425-430.

[8] 贾继东，侯金林，魏来，等.《慢性乙型肝炎防治指南（2019 年版）》新亮点 [J]. 中华肝脏病杂志，2020,28(1):21-23.

[9] 刘志华.《阻断乙型肝炎病毒母婴传播临床管理流程（2021 年）》发布 [J]. 中华医学信息导报，2021，36(7):1.

[10] 中华医学会感染病学分会艾滋病丙型肝炎学组，中国疾病预防控制中心. 中国艾滋病诊疗指南（2021 年版）[J]. 中国艾滋病性病，2021, 27(11):1182-1201.

[11] 李海仙，曾耀英. HIV 母婴传播机制研究进展 [J]. 国外医学（妇幼保健分册），2004, 15(5):276-279.

|第十三章|
营养因素和食品污染与优生

怀孕期间母体增加的营养需求，除了用来维持母体的高代谢水平和组织增生，同时还支持胎儿的生长和发育。尽管均衡和多样化的饮食可以基本满足孕期营养需求，但并不易实现，甚至可能出现一些营养素缺乏的情况。饮食摄入不足或关键宏量营养素和/或微量营养素缺乏均可对妊娠结局和新生儿健康产生重大影响。越来越多的证据表明，胎儿期间营养状况所产生的影响会持续到成年，孕期不良营养可增加子代成年后罹患肥胖、高血压等慢性疾病的风险。此外，食品在生产、加工、贮存和销售过程中受到生物性、化学性及放射性等污染，也可能导致不良的妊娠结局，应加以警惕。

第一节　营养因素与相关联的妊娠结局类型

胎儿在母体内通过血液和组织营养传递等方式获取营养，同时将代谢产物从母体排出，因此母体的身体状态和营养状况将直接影响胎儿的生长发育。孕期母亲由于营养失衡（缺乏或过量）或消化道吸收障碍引起的营养不良，不仅影响自身和胎儿对营养的需求，而且也可能会导致胎儿生长受限（fetal growth restriction，FGR）、低出生体重（low birth weight）、胎儿畸形（fetus malformation），甚至可增加新生儿的患病率和病死率，因此，营养失衡是造成胎儿生长受限及出生缺陷（birth defect）的主要原因之一。

根据胎儿缺乏或过量的营养素类型不同，可出现累及包括神经系统、消化系统、骨骼系统等多系统的生长发育障碍（growing development disorder）或出生缺陷，主要包括营养因素所致发育不良和营养因素所致出生缺陷。

一、营养因素所致发育不良

（一）智力低下和脑功能异常

新生儿智力低下和脑功能异常与微量元素锌、铜、锰、碘、硒及维生素 A 供给异常密切相关。孕妇体内上述营养素异常将直接影响胎儿脑细胞的数量和形态，进而导致胎儿脑部发育异常。研究表明，营养不良的新生儿，约 30% 可出现神经和智力方面的缺陷。

母体怀孕期间营养不良可使孕早期胎儿脑细胞分裂减慢，延缓孕中、晚期脑细胞分化和成熟，导致脑细胞数量减少和细胞平均体积减小，且这种脑细胞数量减少是无法纠正和逆转的。如孕期母体缺锌会造成胎儿神经细胞数量减少，导致胎儿发育畸形，出现无脑儿或软骨发育不全的侏儒。胎儿出生后，有可能成为智力低下儿童，表现为异食癖、记忆力和行为异常，常无意识咬食手指，性格孤僻、固执，对身边事物感到厌倦。孕期母体维生素 A 缺乏可导致胎儿发生小眼球、小角膜和白内障等异常。

（二）胎儿骨骼和牙齿发育异常

新生儿体内钙全部从母体获得，总量约为 30g，主要在妊娠最后 3 个月积存于胎儿体内，用于胎儿骨骼和牙齿的发育。如果孕期母体缺钙，新生儿不仅会产生颅骨及牙齿畸形，还易导致先天性佝偻病，严重缺乏则会引起骨质软化。

维生素 D 能促进食物中钙的吸收，并通过胎盘参与胎儿钙的代谢。孕期母体如缺乏维生素 D，可导致胎儿的骨骼不能正常钙化，易造成低钙血症和牙齿发育缺陷，导致骨骼变软、易弯曲；同时也会影响神经、肌肉、造血和免疫等器官组织的功能。

孕期缺锰也可影响胎儿的骨骼发育，导致胎儿多种畸形的发生，如骨骼畸形，且引起胎儿死亡率升高。

（三）低体重儿和小于胎龄儿

导致低体重儿和小于胎龄儿的营养因素主要是孕期能量和蛋白质摄入不足。能量和蛋白质的摄入量与胎儿生长关系十分密切，孕期母体能量和蛋白质摄取严重不足极易导致胎儿营养不良，使胎儿多个系统、器官发育迟缓，体重和身长增长缓慢，最终导致新生儿早产和低出生体重。胎儿出生后，母体蛋白质和能量摄入不足也会导致乳汁分泌减少，婴儿得不到充足的母乳喂养，容易体弱多病。低体重儿出生后也会因免疫力弱而易患感染性疾病，出生后第 1 年的死亡率增高，同时还会引起神经发育障碍，出现智力低下等症状。

二、营养因素所致出生缺陷

（一）先天性心脏病

先天性心脏病与孕妇锌、铜、硒等必需微量元素及叶酸缺乏有一定关联。营养因素缺乏所致的常见先天性心脏病包括室间隔缺损、房间隔缺损、动脉导管未闭等几种类型。

（二）骨骼和肌肉系统畸形

无机盐、微量元素及维生素等营养因素缺乏可导致骨骼和肌肉系统畸形。出生缺陷可以发生在任何一块骨骼和肌肉，但常发生于颅骨、颜面、脊柱、髋关节和下肢等部位。

1. **四肢发育异常**　与钙、铜及维生素 D 等营养因素缺乏有关，主要表现为畸形足、足内翻或足外翻、手畸形、多指 / 趾等。

2. **面部畸形**　与铁、维生素 B_{12} 及维生素 A 等营养因素摄入过量有关。最常见的颅骨和面部畸形是唇裂和上腭裂。

（三）神经管畸形

与维生素 B_2、维生素 B_6、维生素 B_{12}、维生素 C、锌、钙、硒、不饱和脂肪酸和叶酸等营养素缺乏有关。其中开放性神经管缺陷在出生缺陷中占很大比例，主要包括脑畸形和脊柱裂。

（1）脑畸形：无脑畸形（anencephaly）是指婴儿的脑大部分由于未发育而缺失；脑膜脑膨出（meningoencephalocele）指患儿的脑组织和脑膜通过颅骨缺损处膨出颅外；脑穿通畸形（porencephaly）指大脑半球存在囊肿或空洞的先天畸形；小头畸形（microcephaly）指新生儿头围很小，小头畸形儿能够存活，但常常伴有精神发育迟滞和肌肉共济失调，部分小头畸形儿有癫痫发作。脑畸形可使脑脊液生成或吸收过程发生障碍，导致脑脊液量过多，引起脑积水，扩大了正常脑脊液所占有的空间，从而继发颅压升高、脑室扩大。

（2）脊柱裂：脊柱裂（spina bifida）是指一个或多个脊椎发育不全导致脊髓的一部分暴露体外的先天畸形。根据椎管内有无内容物疝出分为隐性脊柱裂和显性脊柱裂。饮食中缺乏叶酸会增加脊柱裂的发病风险，尤其孕早期饮食中长期缺乏叶酸的后果更为严重。

第二节　营养因素对妊娠结局的影响

孕妇对各类营养素的需求在妊娠的各个时期存在差别，随着孕期的延长，孕妇和胎儿对各种营养素的需求量日益增加。母体自身的生理及营养状态对胎儿的生长发育起到至关重要的作用，孕期营养素失衡（缺乏或过量）可对胚胎 / 胎儿产生不良影响。例如孕期叶酸缺乏可增加胎儿脊柱裂和其他神经管畸形的发病风险，但如果孕期合理进行均衡膳食补充，在一定程度上可以有效预防出生缺陷的发生。

一、能量

人体一切生命活动都需要消耗能量，如机体内的合成代谢、日常体力活动和保持体温等，这些能量的主要来源是食物。食物中三大营养素，即普遍存在于各类食物中的碳水化合物、脂肪和蛋白质，在机体可以氧化并释放能量。这些在体内代谢过程中可以产生能量的营养素被称为"产能营养素"或能源物质，这些能源物质经过生物氧化生成三磷酸腺苷（adenosine triphosphate，ATP）给机体供能。

碳水化合物是机体最重要的能量来源，也是胎儿唯一的能量来源。我国居民膳食习惯中，碳水化合物供能占比较大，约占 50% ~ 65%。食物中的碳水化合物经消化吸收生成葡萄糖等形式供机体利用，也可以糖原形式储存于体内，在需要供能时使用。

在饥饿或碳水化合物摄入不足的情况下，机体会动用脂肪供能。体内脂肪快速分解为甘油和脂肪酸，并释放入血供其他组织氧化。每克脂肪氧化分解释放的能量约为每克葡萄糖释放能量的 2 倍。脂肪酸在肝分解氧化时还会产生特有的中间代谢物如乙酰乙酸、β-羟丁酸、丙酮等酮体。孕早期孕妇出现妊娠呕吐时，由于碳水化合物摄入减少，会出现机体酮体水平升高的现象。

孕期摄入足够的能量可以有效地保证胎儿的生长发育，保障新生儿的正常体重及身长，降低出生缺陷的风险，减少围产期的死亡率。但随着生活条件的改善，孕期摄入的能量往往大于需要量而导致能量过剩，引起孕期母体体重增加过多，进而增加妊娠并发症和不良妊娠结局的风险。因此，孕期摄入适宜能量极为重要。

（一）孕期能量需要量

与非孕期相比，孕期的能量消耗除母体的生理需要、母体生殖器官的发育、胎儿生长发育外，还包括母体分娩后用于哺乳所需的能量储备。随着母体体重的增加，能量消耗也会相应增加。此外，孕妇的能量需求还与孕前体重、体力活动和不同妊娠时期等因素密切相关。孕早期，胎儿生长发育缓慢，体重增加较少，对能量的需求增加可以忽略，但在孕中期和孕晚期，组织储存和体重增加的能量消耗不断升高，每日能量需求也不断升高。《中国居民膳食营养素参考摄入量（2013）》推荐的孕期能量推荐增加量见表 13-1。

表 13-1　孕期能量摄入增加量估算和推荐能量附加量

单位：kcal/d

孕期	能量增加量	推荐能量附加量
孕早期	65	0
孕中期	310	300
孕晚期	475	450

注：孕早期考虑到 65kcal/d，可以忽略，孕早期推荐能量附加量为 0。

（二）孕期能量与妊娠结局

能量摄入是妊娠体重增加的决定因素。孕期适当的能量摄入对于控制孕期体重合理增加和防止不良妊娠结局发挥重要作用。能量摄入过剩导致孕期肥胖和超重会影响胎儿的宫内生长，并与分娩期的一些并发症有关。研究表明，孕期肥胖与流产、引产和早产风险增加有关。孕期身体质量指数（body mass index，BMI）越高，剖宫术的概率越大。另外，母亲在怀孕期间因能量摄入过多导致超重，也可改变母乳成分和婴儿肠道菌群，增加子代超重和肥胖的风险。虽然对孕期超重者限制能量摄入可以降低分娩巨大儿、产科并发症和分娩创伤的发生风险，但一项荟萃分析发现，对超重或妊娠期体重增加过多的孕妇进行限制能量摄入干预，虽然可减少产妇体重增加，但引起了新生儿出生体重下降。表明能量限制可能对新生儿出生体重有不利影响，因此必须权衡限制能量的益处和可能影响胎儿生长发育的危害。由于缺乏足够的证据，目前不建议在怀孕期间限制能量摄入，孕期的能量摄入应基于孕前 BMI 个体化设定，以实现孕期体重合理增加的目标。

二、碳水化合物

机体超过一半的能量是由碳水化合物在机体内分解为葡萄糖提供，葡萄糖也是胎儿能量的唯一来源。为了满足胎儿对能量的需求，母体也常通过降低胰岛素水平来保证整个孕期的血糖持续供应。孕早期因妊娠反应可能导致能量摄入不足，会影响胎儿包括神经系统在内的正常生长发育。早孕反应严重的母体，由于不能从食物中摄入足够的碳水化合物，会动员机体的脂肪供能，大量的脂肪在肝脏代谢过程中会产生酮体，当酮体不能完全在体内氧化分解时，血液内的酮体水平就会显著升高，致使酮体通过胎盘进入胎儿体内，损伤大脑神经细胞，进而影响神经系统的发育。为了避免血酮水平过高损伤胎儿神经系统，母体必须每日摄入足量的碳水化合物，尤其是因严重早孕反应导致进食量严重下降的孕妇，每日必须保证摄入不低于 130g 的碳水化合物。如果碳水化合物摄入持续不足，导致血酮或尿酮水平持续升高，应及时通过肠外营养途径补充碳水化合物。也有证据表明，怀孕期间摄入过量的碳水化合物可能会导致妊娠体重增加和增加包括妊娠期糖尿病、先兆子痫和早产在内的妊娠并发症的发病风险。此外，越来越多的动物和人群研究证据表明，母亲在孕期摄入过多的碳水化合物可能会影响新生儿和儿童的新陈代谢和味觉感知，并增加其肥胖风险。在孕前长期采用低碳水化合物、高蛋白质和高脂肪饮食模式的女性，发生妊娠期糖尿病的风险也显著增加。

另外，不同碳水化合物因升糖指数和血糖负荷不同，会对血糖产生不同的影响。研究发现，长期进食低升糖指数饮食的孕妇，分娩巨大儿的风险降低。碳水化合物中的膳食纤维也和妊娠结局有一定的关联，备孕期间补充膳食纤维既可以降低孕期高脂血症的风险，还有助于预防妊娠期糖尿病。

三、蛋白质

整个孕期，母体和胎儿需要额外增加约 925g 蛋白质，这些蛋白质主要用于合成母体和胎儿的组织，包括胎盘、羊水、增加的血容量、子宫和乳房等。孕早期母体和胎儿对于蛋白质的需求增加较少，因此不必过多摄入蛋白质类食物；而孕中期和孕晚期每日蛋白质额外需要量分别增加 1.9g 和 7.4g，按照蛋白质人体 47% 的利用率计算，孕中期和孕晚期每日需增加蛋白质摄入量约 10.3g 和 31.8g。因此，《中国居民膳食营养素参考摄入量（2013）》推荐孕早期不必额外增加进食富含优质蛋白的食物，而孕中期和孕晚期每日应分别增加 15g 和 30g。膳食调查发现，近年来我国孕妇的蛋白质摄入量超过参考推荐值，而日常膳食中摄入过多的蛋白质往往也被消耗供能，并不能带来益处。研究发现，在控制能量摄入、BMI 和生活方式等混杂因素后，增加 1g 蛋白质仅带来 7～13g 的体重增加，且孕期长期高蛋白饮食（蛋白质供能比大于 25%）还会增加分娩巨大儿的风险。日本的一项研究发现，蛋白质摄入量和胎儿生长发育呈现倒 U 型关系，这可能与过多蛋白质摄入容易增加饱腹感，进而限制能量摄入有关。总体上，蛋白质供能比在 10%～25% 被认为是安全的。

四、脂肪

孕妇体内脂肪代谢会发生明显改变。在孕早期，母体会增加脂肪的存储，而孕晚期母体会增加脂肪的动员利用，甚至大多数母体的血脂水平会提高三倍，与动脉粥样硬化人群相当。此时，血脂水平与膳食摄入脂肪无关，主要是母体在孕期的适应性变化。母体在整个孕期除需要存储 3~4kg 脂肪用来泌乳外，脂肪中的磷脂和长链多不饱和脂肪酸对于胎儿的神经系统和视网膜发育具有极其重要的作用。二十二碳六烯酸（docosahexaenioc acid，DHA）是大脑锥体细胞、神经传导细胞细胞膜的主要构成成分，摄取 DHA 可以促进胎儿脑部发育。DHA 在视网膜中占到了 50% 的比重，对视网膜光感细胞的成熟有重要作用。研究还提示，DHA 可降低产后抑郁发生的风险、预防早产和降低儿童自闭症发生率。DHA 是 n-3 系多不饱和脂肪酸的重要代表，不能在人体内合成，必须从膳食中获取。尽管有人认为 n-3 系多不饱和脂肪酸可以降低妊娠期高血压和低出生体重的发生率，但研究结论并不一致。研究显示，孕期每日摄入 0.5~3g 二十碳五烯酸（eicosapentaenoic acid，EPA）+ DHA 是安全的。《中国居民膳食营养素参考摄入量（2013）》推荐 EPA + DHA 的摄入应该达到 0.25g/d，其中 DHA 至少 0.2g/d。

综上所述，孕期应关注三大营养素的合理摄入，保持较为合理的供能比和整体能量摄入有助于维持孕期适宜增重。为满足孕期这一特殊时期机体生理变化的营养需求和胎儿的正常生长发育，孕妇必须均衡摄入生理变化需要量的蛋白质、脂肪和碳水化合物，遵循均衡的膳食模式。孕期蛋白质 - 能量营养不良会直接影响胎儿的体格和神经系统发育，导致早产、胎儿生长受限和低出生体重。孕前应调整体重至适宜体重范围，低体重（BMI < 18.5kg/m²）的备孕妇女，可通过适当增加食物量和规律运动来增加体重，每天可有 1~2 次的加餐。肥胖（BMI > 28.0kg/m²）的备孕妇女，应改变不良饮食习惯、增加运动量来控制体重。孕晚期注意增加奶、鱼、禽、蛋和瘦肉等优质蛋白质食物的摄入，孕期适宜增重有利于获得良好的妊娠结局，对保证胎儿正常生长发育、保护母体的健康均有重要意义。

五、维生素

维生素（vitamin）是维持人体正常生命活动所必需的一类低分子量有机化合物，虽在人体内含量极低，但其在机体的代谢、生长发育等过程中发挥重要作用。维生素种类繁多、性质各异，大体上可分为脂溶性维生素（A、D、E、K）和水溶性维生素（C 及 B 族）两大类。已知的维生素大多在体内不能合成，必须由食物供给。因此，食物摄入量不足，或食物中维生素含量不足，或食物的储存和烹调不当致维生素损失，都会导致机体维生素缺乏。对于孕妇而言，体内某种维生素缺乏或过量，均可导致胎儿发育不良或出生缺陷。

（一）维生素 A

维生素 A 在体内吸收速度慢，但可在体内可大量储存。维生素 A 是构成视觉细胞内感光物质的成分，对上皮细胞的细胞膜起到稳定作用，另外还有调节生殖器官和胚胎发育的作用。虽然孕期母体对维生素 A 的生理需要量明显增加，但正常情况下可通过食物摄取而不需额外补充。如确有可能缺乏的妊娠妇女，也不可一次大剂量补充，或者长期高剂量服用，只能遵循医嘱给予适量补充。人类母体维生素 A 通过简单扩散的方式经胎盘转运至胎儿，孕妇摄入过多的维生素 A 可引发胎儿畸形，而维生素 A 摄入不足则可导致胎儿生长受限。

1. 孕妇每日维生素 A 需要量 《中国居民膳食营养素参考摄入量（2013）》推荐的孕妇及乳母维生素 A 推荐摄入量见表 13-2。

表 13-2　不同孕期维生素 A 推荐摄入量

单位：μg RAE/d

人群	维生素 A 参考摄入量	
	RNI	UL
孕早期	700	3 000
孕中期	770	3 000
孕晚期	770	3 000
乳母	1 300	3 000

注：RAE = 膳食或补充剂来源全反式视黄醇（μg）+ 1/2 补充剂纯品全反式 β- 胡萝卜素（μg）+ 1/12 膳食全反式 β- 胡萝卜素（μg）+ 1/24 其他膳食维生素 A 原类胡萝卜素（μg）；RNI（recommended nutrient intake）：推荐摄入量；UL（tolerable upper intake level）：可耐受最高摄入量。

2. 维生素 A 及其同系物与出生缺陷

（1）维生素 A 过量：正常情况下，孕妇补充维生素 A 的剂量不应超过 3 000μg RAE/d。绝大部分维生素 A 致畸的摄入量都在 7 800μg 以上，其中备孕期间摄入大剂量维生素 A 发生出生缺陷的风险最高。孕期摄入大剂量维生素 A（20 000 ~ 50 000IU）可致出生缺陷，而相应的类胡萝卜素则没有毒性。摄入过量维生素 A 引起出生缺陷的剂量差别较大，动物实验提示，妊娠期服用数万单位的维生素 A 后，才会诱发子代的各种出生缺陷。

（2）维生素 A 同系物过量：13- 顺式维生素 A 酸（商品名 accutane）是一种人工合成的维生素 A 同系物，也是维生素 A 在血液和组织中的一种代谢产物。该药对治疗重症顽固性囊性痤疮的疗效非常显著，但可引起实验动物畸形。母亲在孕早期摄入过量 13- 顺式维生素 A 酸所致的先天畸形儿估计超过 1 300 例，主要表现为中枢神经系统畸形（小头畸形、脑积水）、心血管系统畸形（心脏缺陷、主动脉弓畸形）以及颅面部畸形（小耳、无耳、无耳道或耳道狭窄、耳廓缺失）。阿维 A 酯（依曲替酯，etretinate）也是维生素 A 的同系物，长期服用阿维 A 酯，停药约 2 年后药物才会从体内完全排出，其诱发的畸形主要表现为脊髓（脊）膜突（膨）出、脊柱裂、脑膜脑膨出、脑组织结构异常、颅面畸形和骨骼畸形等，少数患儿有低（位）耳等外耳畸形。

3. 维生素 A 缺乏　母体维生素 A 缺乏与早产、宫内生长受限及低出生体重有关。报道显示，印度一名孕妇因严重维生素 A 缺乏，所产婴儿发生无眼及小头畸形，进一步的跟踪观察发现，维生素 A 缺乏的婴儿智力发育差、智商低。

（二）维生素 D

维生素 D 主要以 1, 25-（OH）$_2$D 形式在小肠、骨、肾等靶器官发挥生物学效应。维生素 D 除调节细胞内外钙离子浓度、钙磷代谢外，还具有免疫调节功能。维生素 D 既可由膳食提供，又可借助阳光中的紫外线合成内源性维生素 D$_3$，但其合成量往往受到多方面影响，如纬度、暴露面积、阳光照射时间、紫外线强度和皮肤颜色等。妊娠期间，维生素 D 可通过简单扩散方式经胎盘进入胎儿体内，使胎儿与孕妇体内维生素 D 浓度达到平衡。

1. 孕妇每日维生素 D 需要量　《中国居民膳食营养素参考摄入量（2013）》推荐的孕妇维生素 D 参考摄入量与非孕妇女相同，即 RNI 为 10μg/d，平均需要量（estimated average requirement，EAR）为 8μg/d，UL 为 50μg/d。

2. 维生素 D 缺乏　孕期缺乏维生素 D 可导致母体和子代钙代谢紊乱，主要影响胎儿骨骼及牙齿的发育，致使新生儿骨骼及牙釉质发育不良，易患龋齿，严重缺乏者，其子代新生儿出现低钙血症，可引发先天性佝偻病。动物实验发现，怀孕大鼠缺乏维生素 D 可导致仔鼠脑部发育异常，提示孕期缺乏维生素 D 会影响大脑发育。为预防维生素 D 缺乏对胎儿发育所造成的不良影响，营养学家建议，在多晒太阳的基础上，补充一些富含维生素 D 的食物，如动物肝脏、禽蛋、鱼肝油等，或适当剂量的维生素 D 制剂。

3. 维生素 D 过量　维生素 D 在体内吸收速度慢，但可在体内大量储存。通过膳食摄入和皮肤在光照情况下合成的维生素 D，一般不会造成维生素 D 过量，但若摄入过量的强化维生素 D 食品和维生素 D 补充剂，则可引发维生素 D 过量和中毒，导致胎儿高钙血症，主要表现为低体重儿、心脏发育障碍，严重者伴智力发育不全和骨硬化等，甚至导致部分病儿在新生儿期死亡。

（三）维生素 E

维生素 E 可通过胎盘由母体传递给胎儿，对细胞膜尤其是红细胞膜的稳态维持有一定的保护作用。妊娠期间，孕妇血浆中维生素 E 水解产物生育酚含量升高，与总脂肪含量增加成正比。

1. 孕妇每日维生素 E 需要量　《中国居民膳食营养素参考摄入量（2013）》推荐孕期维生素 E 的适宜摄入量（adequate intake，AI）为 14mg/d。孕期对维生素 E 的需要量相应增加，以满足胎儿生长发育的需要。孕期血清维生素 E 水平升高，到孕晚期可达非孕期的 2 倍。哺乳期妇女维生素 E 需要量应该在成年女性需要量的基础上加上乳汁中维生素 E 的分泌量。调查资料显示，我国哺乳期妇女因乳汁丢失的维生素 E 量为 2.5 ~ 3.4mg α-TE/d。因此建议哺乳期妇女维生素 E 的 AI 在同龄人的基础上增加 3mg α-TE/d，由 14mg α-TE/d 增加到 17mg α-TE/d。

2. 维生素 E 缺乏　有研究表明，维生素 E 作为机体重要的抗氧化剂，能够保护组织结构的完整性，对维持正常的生殖功能发挥重要作用。动物实验观察到，大鼠缺乏维生素

E，虽可交配或受孕，但最终仍不能生育。大鼠孕早期缺乏维生素 E 可导致子代先天畸形，如露脑、无脑、脊柱侧突、脐疝、足趾畸形及唇裂等，并可使胎仔出生时体重低、发生先天性白内障。若大鼠孕早期缺乏维生素 E，即使在孕晚期补充，仍会有先天畸形发生。由于维生素 E 具有维持红细胞的完整性、调节体内 DNA 的生物合成及发挥抗氧化作用，缺乏维生素 E 则可致新生儿发生溶血性贫血，孕期补充维生素 E 可预防新生儿溶血。

3. 维生素 E 过量 目前尚无证据表明，膳食中摄入维生素 E 会带来不利影响，但当摄入维生素 E 强化食品或补充剂时，则可导致过量的风险。维生素 E 过量摄入的主要危害是破坏机体凝血机制，导致出血倾向。我国推荐孕妇和乳母维生素 E 的 UL 为 700mg α-TE/d。

（四）维生素 B_1

维生素 B_1 又称硫胺素，在体内吸收速度快，是构成 α- 酮酸脱氢酶和转酮醇酶的辅酶，参与能量代谢。

1. 孕妇每日维生素 B_1 需要量 根据孕早期、中期和晚期能量需要增加量为 0、300kcal/d、450kcal/d 推算，对应各期维生素 B_1 的 RNI 分别增加 0、0.2mg/d 和 0.3mg/d（表 13-3）。

表 13-3　不同孕期维生素 B_1 推荐摄入量

单位：mg/d

人群	EAR	RNI
孕早期	1.0	1.2
孕中期	1.1	1.4
孕晚期	1.2	1.5
乳母	1.2	1.5

注：EAR（estimated average requirement）：平均需要量。

2. 维生素 B_1 缺乏 维生素 B_1 有调节神经生理活动的作用，与心脏活动、食欲维持、胃肠道正常蠕动及消化液分泌有关。由于精制稻米缺乏维生素 B_1，在以稻米为主食的中国南部地区，易出现维生素 B_1 缺乏。孕期如果缺乏维生素 B_1 会导致新生儿先天性维生素 B_1 缺乏症（脚气病）和低出生体重，或表现出一些神经系统症状如精神涣散、昏迷和惊厥等，还可能发生先天吸吮无力、嗜睡、心力衰竭、强直性痉挛等症状，甚至会出现新生儿死亡。动物实验发现，大鼠孕期维生素 B_1 缺乏，仔鼠的出生体重低，死亡率可高达 21%。若孕前和孕期均缺乏，母鼠死亡率可高达 53%，胚胎吸收率甚至可达 100%，若有未被吸收的胚胎，其出生后的死亡率为 21%～56%。母猪缺乏维生素 B_1 时胎仔死亡率也较高，活胎仔羸弱易死亡。为保证足量的维生素 B_1，孕妇每日可多食用含维生素 B_1 丰富的食物，如蛋类、动物内脏、瘦猪肉、豆类、酵母及坚果等，以满足每日维生素 B_1 的需要量。

（五）维生素 B_2

维生素 B_2 又称核黄素，参与体内生物氧化与能量代谢，在促进机体正常的生长发育、维护皮肤和黏膜的完整性等方面发挥重要作用。

1. 孕妇每日维生素 B_2 需要量 研究表明，孕晚期维生素 B_2 平均需要量为 1.4mg/d，按照能量需要量外推，《中国居民膳食营养素参考摄入量（2013）》推荐孕早期、中期和晚期维生素 B_2 的 EAR 分别增加 0、0.1mg/d、0.2mg/d，RNI 分别增加 0、0.2mg/d、0.3mg/d（表 13-4）。

表 13-4 不同孕期维生素 B_2 推荐摄入量

单位:mg/d

人群	EAR	RNI
孕早期	1.0	1.2
孕中期	1.1	1.4
孕晚期	1.2	1.5
乳母	1.2	1.5

2. 维生素 B_2 缺乏 孕妇在妊娠期随着身体新陈代谢的变化，对维生素 B_2 的需要量也增加。维生素 B_2 缺乏最常见的原因为膳食摄入不足、食物供应限制、储存和加工不当导致维生素 B_2 的破坏和丢失。维生素 B_2 缺乏时可引起胎儿的生长发育障碍，严重缺乏时则可引起胎儿畸形。动物实验发现大鼠、小鼠及猪妊娠期如缺乏维生素 B_2，可导致子代骨骼、软组织、神经系统、颜面部结构、联体等先天畸形。人群方面的研究资料较为有限，Wacker 报道，在调整了产次、孕妇年龄、体重及孕龄等因素后，维生素 B_2 缺乏的孕妇血液中黄素腺嘌呤二核苷酸浓度显著低于营养正常的孕妇，其先兆子痫的发生率明显增高。

（六）维生素 B_6

维生素 B_6 参与体内糖和蛋白质的代谢过程，对生长、认知发育、免疫系统和激素调节等都产生影响。维生素 B_6 也被用于临床治疗孕吐等早孕反应。

1. 孕妇每日维生素 B_6 需要量 《中国居民膳食营养素参考摄入量（2013）》推荐孕期维生素 B_6 的 RNI 额外增加 0.8mg/d，达到 2.2mg/d（表 13-5）。

表 13-5 孕期维生素 B_6 推荐摄入量

单位:mg/d

人群	EAR	RNI	UL
孕期	1.9	2.2	60
乳母	1.4	1.7	60

2. **维生素 B_6 缺乏** 利用维生素 B_6 拮抗剂建立孕鼠维生素 B_6 缺乏模型，发现胚胎吸收数和胎仔死亡数明显增加，胎仔出生体重降低，并有畸形发生。另有研究发现，维生素 B_6 对致畸物具有一定的拮抗作用，可明显降低腭裂的发生数量和严重程度。孕妇为缓解妊娠反应长时期服用维生素 B_6，会使胎儿产生依赖性，造成出生后婴儿缺乏维生素 B_6，导致体内中枢神经抑制性物质含量降低，致使婴儿出现易兴奋、哭闹、受惊、眼球震颤等症状，甚至出现 1 ~ 6 个月体重不增和智力低下等现象。孕妇妊娠期维生素 B_6 水平不断降低，分娩时降至最低水平，仅为非孕期的 25%。孕期缺乏维生素 B_6 将影响子代的神经细胞发育。

（七）叶酸

叶酸（folic acid）属于 B 族维生素，曾被称为维生素 M，作为机体辅酶家族的重要成员，几乎参与了所有生命的生化代谢过程。体内叶酸缺乏会导致核酸合成和氨基酸代谢受阻，从而影响细胞增殖、组织增长和机体发育。由于叶酸缺乏与神经管闭合缺陷密切相关，其在优生优育中的重要作用受到了广泛的关注。

1. **孕妇每日叶酸需要量** 叶酸广泛存在于各种动、植物食品中。动物肝、肾、鸡蛋、豆类、酵母、绿叶蔬菜、水果及坚果类的叶酸含量都比较丰富。《中国居民膳食营养素参考摄入量（2013）》建议孕期妇女应多摄入富含叶酸的食物，或补充叶酸（表 13-6）。孕妇叶酸 RNI 为成年妇女叶酸 RNI 增加 200μg DFE/d[DFE（μg）= 天然食物来源叶酸 μg +（1.7× 合成叶酸 μg）]。

表 13-6　孕期叶酸推荐摄入量

单位:mg/d

人群	EAR	RNI	UL
孕期	520	600	1 000
乳母	450	550	1 000

注：DFE（dietary folate equivalent）：膳食叶酸当量，DFE（μg）= 天然食物来源叶酸 μg +（1.7× 合成叶酸 μg）；UL 指合成叶酸摄入量上限，不包括天然食物来源的叶酸量。

2. **叶酸缺乏** 神经管缺陷（neural tube defect，NTD）是胚胎发育过程中神经管闭合不全所引起的一组先天性出生缺陷，包括无脑畸形、脑膜脑膨出、脊柱裂、脊髓膨出等。我国神经管缺陷发生率北方为 5.57‰，南方为 0.88‰，是造成新生儿死亡或残疾的主要原因之一。早在 1944 年，Callender 就提出叶酸缺乏与早产发生率增加之间可能存在关联。20 世纪 60 年代，Richard Smithells 和 Elizabeth Hibbard 发现分娩患有神经管缺陷子代的母体，其体内胺亚甲基谷氨酸水平明显升高，推测营养不良或叶酸摄入不足可能是神经管缺陷发病的重要因素。为了验证这一假设，Smithells 和他的团队进行了一项干预试验，实验组在孕前期补充含有多种维生素的饮食，每日叶酸补充量达到 0.36mg，对照组则不补充。结果发现，实验组神经管缺陷发生率减少了 83% ~ 91%。这些早期研究结果证实，孕前期补充复合维生素或叶酸在预防妊娠期神经管缺陷发生中发挥了重要作用。1991 年英国医学研究会和 1992 年 Czeizel 等的研究再次证实了孕早期体内叶酸缺乏是神经管畸形发生的主要原因。妇女在孕前和孕早期及时增补叶酸，可有效预防约 50%～70% 神经管畸形的发生。目前认为，叶酸对正常胚胎细胞的分裂和生长发育具有十分重要的作用。人类妊娠前 3 个月使用叶酸拮抗剂可引起流产、死胎，妊娠中期使用叶酸拮抗剂仍可引发畸胎、脑发育异常等。叶酸缺乏还可导致婴儿低出生体重、行为心理发育异常等。有报道指出，即使是营养良好的妇女，孕期血清和红细胞中叶酸含量也会随妊娠的进程而逐渐降低。因此，美国已经强制规定某些食物强化叶酸来预防或治疗发育缺陷，我国也开始在社区育龄妇女中推广叶酸补充剂，以预防神经管缺陷。实践证明，我国孕妇每天补充 400μg 的叶酸，神经管畸形率下降 80%。

目前叶酸预防出生缺陷的机制还不明确。一般认为，叶酸和维生素 B_{12} 参与体内同型半胱氨酸甲基化形成蛋氨酸的过程，叶酸代谢障碍引起的高同型半胱氨酸血症是心血管疾病和出生缺陷发生的重要原因之一。高同型半胱氨酸血症是一种能损害心血管发育的危险因素，而叶酸能有效地拮抗同型半胱氨酸的这种发育毒性。也有研究发现，高同型半胱氨酸血症可干扰胚胎细胞周期，甚至诱导其凋亡，也会导致甲基供体水平降低或使甲基转移酶抑制剂增加以干扰 DNA 甲基化过程，影响神经元增殖分化，进而影响胚胎发育。还有研究指出，神经管缺陷的发生与叶酸相关代谢基因多态性有关。

叶酸缺乏还与唇和 / 或腭裂的发病风险呈正相关关系。有研究认为，叶酸代谢产物四氢叶酸是细胞合成 DNA 过程中重要的辅酶，当叶酸缺乏时，DNA 合成速度减慢，导致细胞成熟分裂发生停滞。一些增殖迅速的组织，如幼红细胞、消化道黏膜及其他部位上皮细胞的增殖将会受到较大的影响，如果发生在唇、腭部，则可导致唇裂和腭裂的发生。

当母体的叶酸处于低水平时，胎儿体内叶酸贮备更少，出生后的快速生长使叶酸快速耗尽，不仅可以影响到婴儿的生长和智力发育，而且较一般婴儿更易出现巨幼红细胞贫血。叶酸缺乏时，骨髓中幼红细胞增殖速度减慢，大的、不成熟的红细胞增多；同时引起血红蛋白合成减少，形成巨幼红细胞贫血，临床上主要表现为头晕、乏力、精神萎靡、面色苍白，并可出现舌炎、食欲降低及腹泻等消化系统症状。

基于叶酸在预防神经管畸形和高同型半胱氨酸血症、促进红细胞成熟和血红蛋白合成等方面具有极为重要作用，对叶酸缺乏的妊娠妇女，应通过食物或叶酸补剂适量补充叶酸。建议从怀孕前 3 个月开始补充叶酸，孕期每日除常吃富含叶酸的食物外，还应补充叶酸 400μg DFE/d。

虽然美国、加拿大、智利、澳大利亚、欧洲和亚洲的多个国家队列研究和实验研究都报道了补充叶酸的积极临床意义，但补充叶酸并不是对所有的个体都有利。对于叶酸补充的适宜剂量和潜在的副作用一直被学术界所关注，并存在一定的争议，今后尚需更多的研究为临床实践提供依据。

六、常量元素和微量元素

受地质、气候以及人为活动等因素的影响，不同地区土壤、水体和植物中化学元素的种类和含量会存在差异。根据其在人体内含量多少，分为常量元素和微量元素两类。

（一）钙和磷

钙是组成骨骼和牙齿的重要成分，充足的钙摄入是保证骨骼正常发育和骨骼健康的重要因素，同时钙在机体内还起到维持多种正常生理功能的作用，如参与调节神经肌肉的兴奋性和生物膜的通透性，以及参与多种激素和递质的释放及信号传递等。钙的摄入对于胎儿发育极为重要，胎儿骨骼和牙齿的钙化是从母体内开始的，出生时全身的骨骼和 20 颗乳牙已经形成，第 1 对恒牙也已钙化。早期胚胎中的钙含量较低，妊娠后期胎儿体内的钙含量将显著增加，如 2 月龄的胚胎含钙仅 32mg，3 月龄为 0.25g，7 月龄为 11.6g，8 月龄可达 20.4g。新生儿体内约含有 25～30g 的钙，大部分都是在孕晚期由母体转移到胎儿体内，胎儿每日约储存 240～300mg 钙。随着妊娠期的延长，孕妇钙的吸收效率明显提高，其中孕中期最为明显。母体短时间缺钙或轻度钙供给不足，对胎儿发育无明显影响，骨骼钙化及体格发育均可正常，这主要是由于母体骨骼中的钙被动员出来转移至胎儿。但若母体严重缺钙或长时间钙供给不足，胎儿的正常发育和骨骼钙化就会受到明显影响。尽管钙摄入对胎儿有利，但也有研究发现，孕妇钙摄入量在超过非孕期钙推荐摄入量后并不能改善婴儿和母体的骨质，对母乳含钙量也无明显影响。出于保护胎儿和乳母骨健康的角度，中国营养学会建议孕妇每天钙参考摄入量为孕早期 800mg，孕中期、孕晚期和哺乳期各为 1 000mg。

磷除构成机体的牙齿和骨骼外，还参与机体核酸和蛋白质等大分子的组成。同时磷也是细胞膜的重要构成成分，在体内能量代谢和糖脂代谢过程中发挥极其重要的作用。由于许多食物含磷量丰富，故一般不会引起机体磷缺乏，只有长期全肠外营养支持的情况下才会出现磷缺乏。妊娠时机体对于磷的吸收效率明显提高，因此孕妇和哺乳妇女没有必要额外补充磷，其参考摄入量为 720mg/d。

（二）钾和钠

钾主要生理功能是参与糖和蛋白质的代谢，维持细胞正常的渗透压和酸碱平衡，并可激活钠钾 ATP 酶而产生能量，维持细胞内外钾离子的浓度差，产生膜电位进而维持肌肉的应激性。钾离子还与心肌的自律性、传导性和兴奋性密切相关。母鼠孕期缺钾，其血钾水平可降低至正常水平的 50%，肌肉中的钾含量可降低 30%，胎仔总钾和胎盘钾约降低 10%。目前研究发现，孕期钾的需求量并未增加，因此无需特别补充钾，而哺乳期由于哺乳致使钾流失，需求量稍微增加。中国营养学会建议孕妇、乳母每天膳食钾适宜摄入量为 2 000mg 和 2 400mg。

细胞外液阳离子中钠离子约占 90%，钠离子在调节细胞外液的容量和渗透压等方面发挥重要作用。如果体内钠离子含量过高，渗透压就会增加，进而就会大量吸收水分，导致血压升高，因此钠离子对血压产生较大影响。同时钠离子在体内还起到维持酸碱平衡的作用，并参与能量代谢过程。有研究结果显示，母羊缺乏钠时可使胎仔受累，表现为胎仔羊

水中钠含量降低、胎仔的血钠降低。母鼠妊娠期间摄入低钠饲料，可明显影响动物的摄食量，导致其体重增长显著减少，仅为正常钠摄入孕鼠的 50%。低钠供给对每窝动物的胎仔数、活胎仔数及死产数都有明显影响，以致在断乳时严重低钠组胎仔无一存活，轻度低钠组胎仔的脑干重、脑胆固醇、脑蛋白质和 RNA 含量都显著低于孕期和授乳期钠供给充足的母鼠胎仔。

钠摄入量与妊娠期高血压发病风险之间呈正相关。如用高盐饮食喂养醛固酮基因敲除小鼠，可减少产仔数。但妊娠早期的钠摄入量对生理性细胞外容量扩张至关重要，细胞外容量扩张可调节母体血压和子宫胎盘循环。因此目前是否需要在孕期限制钠的摄入尚存争议，由于尚缺乏孕妇和哺乳期的需求量研究证据，因此孕期、哺乳期和非孕期预防非传染性慢性病的建议摄入量相同，均为 2 000mg/d。

（三）镁

机体内镁必须通过膳食摄入。镁参与机体许多生化代谢过程，如激活体内多种酶的活性、抑制钾离子和钙离子通道、调节激素作用等。此外，镁也是维持正常妊娠所必需的常量元素。动物实验已证实，食物中严重缺镁将导致不能正常妊娠，如整个孕期都缺镁的动物，其胚胎全部吸收；在妊娠第 5～15 天缺镁，胚胎吸收率仍可高达 97%，存活的胎仔大多有畸形；在妊娠第 6～12 天缺镁，胚胎的出生体重显著低于对照组。镁缺乏可引发多种畸形，如脑水肿、唇裂、短舌、小颌或无颌、足畸形、多趾、并趾、短尾、小肺叶或缺肺叶、膈疝、肾积水等。饲料中镁供给不足也可显著增加死产率，分娩时存活的胎仔于出生后 1 周内死亡率可高达 90%。镁供给不足还可影响胎仔的造血功能，表现为红细胞的大小和形状异常、脆性增加而易发生溶血性贫血。孕期镁缺乏往往出现在低收入国家弱势群体。部分研究提示，妊娠期间使用镁补充剂可改善上述不良妊娠结局，并增加出生体重。但鉴于当前证据有限，可能需要进行进一步的随机对照试验，以确定怀孕期间镁的补充是否可以改善孕产妇和新生儿/婴儿的健康状况。中国营养学会推荐孕妇镁的 EAR 增加约为 30mg/d，达到 310mg/d；RNI 额外增加 40mg/d，达到 370mg/d。

（四）锌

锌是体内 1 000 多种蛋白质的重要组成部分，其中包括抗氧化酶、金属酶、锌结合因子和锌转运蛋白等，这些蛋白在机体新陈代谢过程中起到不可或缺的作用，包括碳水化合物和蛋白质代谢、DNA 和 RNA 合成、细胞复制和分化，以及激素调节等。饮食是决定体内锌水平的主要因素。饮食以植物为主的发展中国家，部分人群孕期未摄入足量锌。谷物和豆类含有大量的植酸，植酸可结合锌并限制其在小肠的吸收而导致缺锌。

1. 孕妇每日锌需要量　《中国居民膳食营养素参考摄入量（2013）》建议孕妇膳食锌的推荐摄入量 EAR 为 7.9mg/d，RNI 为 9.5mg/d，UI 为 40mg/d。美国和澳大利亚建议孕妇每天额外摄入 2～4mg 的锌。

2. 锌缺乏　根据锌的生物利用度、生理需求和吸收效率估计，锌缺乏症的患病率从 4%（英国、瑞典、德国和法国在内的欧洲国家）到 73%（如孟加拉国、印度和尼泊尔等）不等。最近一项评估也预测东南亚和非洲人口中超过 25% 的人锌摄入量不足。锌缺乏可导致骨骼和中枢神经系统的畸形，与胎儿生长受限、神经系统发育缓慢、先天畸形、免疫功能低下等密切关系。

（1）中枢神经系统畸形：锌营养状况与中枢神经系统先天畸形发生有关。锌具有维持脑内环境稳态的功能，缺锌能延滞脑组织的髓鞘形成，使神经递质的反应全面降低，导致胚胎神经器官发育缺陷。大量研究表明，孕期严重缺锌将导致子代大脑的先天性畸形，如无脑畸形、露脑、脑积水以及脊柱裂、脊膜突出等神经管畸形。

（2）低出生体重：缺锌可使低出生体重的风险增加 2 倍。研究发现，孕期母体血锌浓度每升高 10μg/L，胎儿出生体重将增加约 5.8 ~ 8.6g，孕晚期血浆锌浓度低于 600g/L 时，其娩出低体重儿的危险性比正常血锌孕妇高 50% 以上。孕期适当补充锌可降低早产风险。

（3）胎儿生长受限：锌对胚胎的发育有直接影响，母体缺锌可导致胎儿核酸和蛋白质代谢障碍，造成生长发育不良，引起胎儿生长受限。动物实验发现，母体严重缺锌可导致胚胎植入率降低、胎盘生长受损、胎儿生长受限、胎儿存活率下降和畸形率增加等。孕妇缺锌会引起胚胎发育异常，致使出现多种先天性畸形，如唇裂、腭裂、小眼或无眼、小腭或无腭、脊柱裂、畸形腿、并趾、背疝、膈疝、心脏异位、肺叶缺失或无脑儿等。

3. 锌缺乏的致畸作用机制　锌缺乏致畸的作用机制目前尚无定论，可能与下列因素有关：①锌缺乏使孕妇免疫力降低，从而增加了胎儿对致畸原的敏感性；②锌缺乏时锌依赖酶的活性降低，胚胎细胞分裂、生长和再生受到抑制，导致胎儿发育异常；③在哺乳动物的脑组织中，锌参与神经突触传递过程，与神经递质的代谢密切相关，孕期锌缺乏可影响胎儿脑部组织的正常发育。

孕期是否使用锌补充剂也尚存争议。系统综述提示，与安慰剂相比，锌补充剂可减少 14% 早产发生率，但这主要是在低收入妇女的研究中发现的。总的来说，截至目前还没有足够的证据表明，孕期常规补充锌会导致其他不良妊娠结局。

（五）铜

铜参与体内细胞色素 a 和 a3 的电子传递及超氧化物歧化酶的构成，可保护机体免受超氧阴离子的过氧化作用，对哺乳动物胚胎的正常发育十分重要。

1. 孕妇每日铜需要量　正常情况下人体未见严重的铜缺乏。世界卫生组织建议女性适宜摄入量为 1.2mg/d，妊娠妇女摄入量安全范围上限为 10mg/d。《中国居民膳食营养素参考摄入量（2013）》将孕妇铜 EAR 推荐为 0.7mg/d，RNI 推荐为 0.9mg/d，UL 为 8mg/d。

2. 铜缺乏　铜对维持正常的胚胎发育尤为重要。铜缺乏影响含铜酶的活性，阻碍胶原及弹力纤维成熟，导致组织中弹性蛋白减少，致使胎儿骨骼畸形和羊膜变薄早破，引起早产、胎儿生长受限等。另外，铜对胎儿亦有重要营养价值，胎儿期缺铜易使多系统受损，与营养性小细胞贫血有关。孕妇体内铜含量高，有利于胎盘功能的稳定和胎儿的生长发育。

（1）对胚胎及胎儿的影响：孕妇体内铜含量不足时，会影响胚胎正常分化和胎儿正常发育，也可引起神经系统脱髓鞘及空化现象、脑内多部位液化、脑干及脊髓可有神经元坏死，导致胎儿畸形、胎儿先天性发育不良症等，并可造成新生儿体质赢弱、智力低下。动物如妊娠母羊铜缺乏，可引起仔代先天畸形，主要表现为共济失调，特征为后腿麻痹，严重不协调；羊、猪、狗、马、鸡因饲料中缺铜使结缔组织发生异常，导致心肌退行性病变及纤维化，以及骨骼发生畸形。动物胚胎期铜缺乏可致心血管病变，主要有主动脉或其他大血管破裂、主动脉瘤以及其他血管病变，可能与依赖铜的赖氨酰氧化酶活性降低而影响弹性蛋白的形成，造成结缔组织发育不良有关。妊娠期缺乏铜还可导致小脑发育不全、大脑皮质萎缩，脑重量较正常羊羔小，以及病羔出生后很快死亡。

（2）新生儿贫血及骨骼发育不良：母亲在妊娠期间血铜含量过低，引起胎儿缺铜，造成机体新陈代谢提供能量来源的 ATP 缺乏，因而不能满足生命的最低能量需求，导致新生儿贫血、水肿、皮下出血、骨骼发育不良、毛发生长障碍等。

（3）妊娠期糖尿病：目前的研究表明，孕期血清铜水平升高与妊娠期糖尿病风险增加呈正相关，其机制可能与铜参与氧化应激反应有关。

（六）铁

铁是人体内含量最多的一种必需微量元素，机体中铁含量为每千克体重约 30 ~ 40mg，其中约 2/3 是"功能性铁"，其余以"贮存铁"的形式存在。机体中的铁主要以含铁化学基团构成的功能蛋白发挥相应的生理功能，包括参与体内氧的运送和呼吸过程、维持造血功能、参与含铁大分子的组成等。

1. **孕妇每日铁需要量** 妊娠期妇女对铁的需求量大大增加，除满足孕期母体血容量增加及胎儿和胎盘迅速增长的需要外，体内的贮存铁被动用以满足孕后期将铁贮存于胎儿肝脏的需求。营养状况良好的孕妇所产的足月儿在妊娠的最后 2 个月储备的铁可够产后 6 ~ 8 个月的生理需要，早产儿由于胎儿时期储备不足，婴儿期铁缺乏的风险增加。妊娠期总铁需要量约为 1 000mg，大大超过大部分妇女的储存铁量，因此，孕妇须进行铁补充。孕妇膳食铁推荐摄入量见表 13-7。

表 13-7 孕妇铁需要量和膳食推荐摄入量

单位:mg/d

孕期	基本铁丢失	胎儿成长及胎盘铁储备	血红蛋白铁蓄积量	总铁需要量	EAR	RNI
孕早期	0.82	0.27	0	1.09	11	14
孕中期	0.82	1.10	2.7	4.62	19	24
孕晚期	0.82	2.00	2.7	5.50	22	29

2. **铁缺乏** 铁缺乏较为普遍，也是怀孕期间孕妇贫血最常见的原因。当孕妇出现铁缺乏时，红细胞中血红蛋白合成受阻，红细胞脆性增大、溶血，红细胞寿命缩短，从而导致缺铁性贫血。孕妇出现缺铁性贫血可减少母亲与胎儿间的氧气交换，从而影响正常妊娠过程，增加出生缺陷发生的风险。同时孕妇缺铁性贫血不仅影响子代智力发育、语言能力、动作和注意力的发展，还与孕期体重增长不足、产后抑郁等有关。

（1）早产及低出生体重：严重缺铁性贫血母亲生低体重儿的发生率升高。孕期缺铁性贫血母亲所生的新生儿，其早产发生率升高 2.6 倍以上，低出生体重发生率升高 3.1 倍以上，死胎率也显著升高。

（2）缺铁性贫血：母亲缺铁其胎儿易患贫血，严重者死亡率增高。

（3）对胚胎及胎儿的影响：妊娠期母亲严重贫血可导致胎儿生长受限，甚至死亡。

研究估计，全球孕妇贫血患病率为 38%，发展中国家近 50%。由于疾病负担持续增高，世界卫生组织长期以来一直建议中低收入国家孕妇产前使用铁补充剂。目前很多国家已经开始推行孕妇产前补铁的项目，尽管孕妇产前补铁的临床试验显示，血红蛋白浓度有所改善，但能否改善分娩结局尚不确定。也有循证研究提示，产前补铁并没有降低低出生体重和早产的风险。此外，目前尚未见对孕妇产前补铁剂量和血红蛋白浓度与不良妊娠结局的暴露 - 反应关系进行系统评估。

也有专家认为，每天摄入 15mg 的膳食铁，加上 30mg 的补充铁剂，可以满足孕期、哺乳期（产后 100 天内）对铁的需要，也有助于提高婴儿的铁储备，降低 6 个月内婴儿的贫血风险，因此建议从孕 12 周起每日补充铁 30mg。铁剂补充的最佳时间应在两餐之间，最好避免与咖啡和茶同时服用。

（七）锰

锰在体内是多种金属酶的组成成分，具有酶激活功能。锰缺乏可引起机体多种生物化学过程的异常和组织结构的损伤。

1. 孕妇每日锰需要量　《中国居民膳食营养素参考摄入量（2013）》将成年人锰的适宜摄入量定为 4.9mg/d，UL 定为 11mg/d。

2. 锰缺乏　动物实验表明，锰缺乏可导致动物生长停滞、骨骼畸形、生殖功能紊乱、抽搐和新生儿运动失调等症状。人体锰缺乏时，除发生上述类似现象外，还出现低胆固醇血症、体重减轻、头发和指甲生长缓慢等临床表现。

（1）对胚胎及胎儿的影响　锰缺乏可导致中枢神经系统发育不良。锰缺乏大鼠无论是否发生共济失调，都表现出惊厥性发作增加，脑电异常。妊娠期间母体缺锰，新生儿可发生因脑功能不正常致癫痫性紊乱或高惊厥性紊乱，还可导致明显的智力低下。锰缺乏还会导致内耳发育不全而产生平衡异常，出现先天性共济失调。研究发现，围产期缺锰可使胎儿的耳囊骨化不良和发育延迟，耳骨钙化障碍，骨迷路和半规管发育异常。

（2）先天畸形：妊娠期间母体缺锰，能使后代产生多种畸形，尤其对骨骼的影响最为显著，常出现一种"骨短粗病"，具体表现为长骨短小、头骨窄小、骨骼弯曲等，且死亡率较高。出生后长期缺锰可造成膝关节异常和脊柱弯曲，其原因可能与锰缺乏引发的骨骼及软骨质形成障碍有关。

（八）碘

碘是体内重要的必需微量元素之一，是合成甲状腺激素（thyroid hormone，TH）不可或缺的重要成分。甲状腺激素可调节体内能量代谢及水盐代谢，促进蛋白质的合成和分解，以及维生素的吸收和利用，进而影响人体正常的生长发育，特别是对胎儿、婴幼儿神经系统发育、智力发育及组织的分化和生长具有重要作用。

1. 孕妇每日碘需要量 《中国居民膳食营养素参考摄入量（2013）》推荐孕妇碘的 RNI 为 230μg/d，EAR 为 160μg/d，UL 为 1 000μg/d（表 13-8）。胎儿碘来自母亲的碘摄入，碘能通过胎盘屏障，母亲补充碘过量时，脐血内的促甲状腺素（thyroid stimulating hormone，TSH）会一过性升高，致使新生儿出现甲状腺功能异常及甲状腺肿。

表 13-8 孕期碘参考摄入量

单位：μg/d

人群	EAR	RNI	UL
孕期	160	230	600
乳母	170	240	600

2. 碘缺乏 孕期缺碘对胚胎发育及胎儿生长乃至出生后的影响，要比其他任何时期缺碘更为严重。妊娠期间由于甲状腺激素分泌增加，肾脏碘损失增加，加之胎儿碘需求量增加，如果饮食碘摄入量不足，就会导致孕妇碘缺乏，造成甲状腺激素合成分泌不足，从而导致胎儿生长受限、智力低下，严重者发生克汀病（呆小症、侏儒）。流行病学调查表明，碘缺乏病区发生早产、流产、死产及先天畸形的比例比非病区高 20%，围产期和婴儿期的死亡率也升高，胎儿患地方性克汀病的概率大大增加。

3. 发生机制 缺碘对人体的损害程度与缺碘的发生时期有密切关系。碘可通过调节氧化应激、酶功能、信号转导和转录活性来影响妊娠结局，特别是在怀孕、着床和早期妊娠时期。碘主要通过甲状腺轴影响妊娠结局。当孕妇碘缺乏时，由于不能满足胎儿的碘需求，会造成胎儿甲状腺功能低下，致使大脑、骨骼、肌肉等发育受到严重影响。另外，碘缺乏所导致的神经细胞体积变小、树突分支少而短、神经细胞异位，以及神经细胞超微结构改变如细胞核异常、粗面内质网及游离核糖体减少等可能也是碘缺乏引起智力发育障碍的重要机制。

（九）硒

硒是动物和人类健康所必需的微量元素，在体内主要以硒蛋白如谷胱甘肽过氧化物酶、硫氧还蛋白还原酶等参与调节细胞氧化应激、内质网应激、抗氧化防御、免疫应答和炎症反应等生物学过程，包括如抗氧化、抗炎症、抗细胞凋亡、抑制转录因子活性、促进精子成熟、参与细胞氧化还原和甲状腺激素代谢等。缺硒可造成硒蛋白含量和活性降低，导致细胞正常生理功能紊乱。

1. 孕妇每日硒需要 《中国居民膳食营养素参考摄入量（2013）》推荐孕妇硒的 RNI 为 65μg/d，UL 定为 400μg/d（表 13-9）。

表 13-9　孕期硒参考摄入量（2013 版）

单位: μg/d

人群	EAR	RNI	UL
孕期	54	65	400
乳母	65	78	400

2. 硒缺乏　硒不但是人类胚胎发育过程中所必需的微量元素，而且在动物和人类生长、发育过程中也起到重要作用。研究发现，富硒和贫硒地区血清硒的含量差异较大，贫硒地区孕妇血清硒含量较低，且体内谷胱甘肽过氧化物酶含量也较低。孕期缺硒和流产、子痫前期和宫内生长受限有关。英国的研究表明，流产孕妇血清硒含量较健康人群低。一项纳入 6 456 570 名出生婴儿的研究发现，血清硒含量和子痫前期发生率呈负相关。流产、子痫前期和宫内生长受限的机制可能都与缺硒导致的抗氧化能力降低有关。

第三节　食品污染对妊娠结局的影响

食品在生产、加工、贮存、运输和销售等过程中如果处置不当或不规范将可能受到多方面的污染，就其污染物性质不同可分为生物性、化学性和物理性三大类。其中食品受到化学性污染的范围最为广泛，如工业三废不合理排放造成砷、汞、镉等金属毒物污染食品。长期食用被甲基汞污染的鱼贝类可引起以神经系统损害为主要临床表现的慢性甲基汞中毒，甲基汞可通过胎盘进入胎儿体内导致先天性水俣病，临床表现为严重精神迟钝、协调障碍、共济失调、生长发育不良等。孕妇发生甲基汞中毒后胎儿死亡率为 12.5% ~ 13.7%。摄入铅污染食品会导致胎儿生长受限、低出生体重和先天畸形等。农药使用不当可能残留于食品中被人体摄取，譬如有机磷农药对快速生长发育的胎儿和婴幼儿危害巨大，其胚胎毒性将严重影响胎儿生长发育，甚至导致自然流产、早产、死胎或死产。此外，不符合食品包装要求的劣质包装容器中的有害物质也可能进入食品，进而引起不良妊娠结局。受生物性、化学性和物理性有害因素污染的食品对人体可产生慢性、长期、潜在性危害，包括致癌、致突变和先天性畸形等。本节重点关注真菌毒素和亚硝基类化合物污染食品对妊娠结局的影响。

一、真菌毒素

真菌毒素（mycotoxin）主要通过两种途径影响人类健康，一是直接污染人类食物；二是污染畜禽饲料，将毒素转移到家禽、家畜的乳、蛋和肉中。目前已证明，黄曲霉毒素、镰刀菌毒素、棕曲霉毒素等具有潜在的生殖和发育毒性，在已知的真菌毒素中，以黄曲霉毒素的致畸作用最强，也是人类的确认致癌物。

（一）理化特性

黄曲霉毒素（aflatoxin，AF）是黄曲霉和寄生曲霉的产毒菌株所产生的一类代谢产物，为二氢呋喃氧杂萘邻酮的衍生物，其化学结构是双呋喃环和氧杂萘邻酮。常见的黄曲霉毒素有 AFB_1、AFB_2、AFG_1、AFG_2、AFM_1、AFM_2、AFB_{2a}、AFG_{2a}、$AFBM_{2a}$、$AFGM_{2a}$ 等，其中 AFB_1 是最主要的毒素，通常所说的黄曲霉毒素就是指 AFB_1。黄曲霉毒素较稳定，易溶于油和部分有机溶剂，耐热性强，280℃时才发生裂解，一般的烹调加工不能使其破坏。不同种类黄曲霉毒素毒性相差较大，其中以 AFB_1 毒性最大，致癌性亦最强，也是迄今发现的最强的肝癌致癌物。黄曲霉毒素是毒性极强的剧毒物，对家畜、家禽及动物有强烈的毒性，按毒性级别分类属于剧毒类，其毒性比氰化钾大 10 倍，比砒霜大 68 倍。

（二）污染来源

黄曲霉主要污染粮、油及其制品，其中受污染最严重的是花生、玉米及其制品，其次是稻米、小麦、大麦、高粱、芝麻等，大豆是污染最轻的农作物之一。有人曾对从市场上购买的坚果、调味品、草药以及谷物等进行 AFB_1 污染情况的检测，发现无壳花生检出率高达 100%（含量 24μg/kg）、调味品检出率为 40%（含量 25μg/kg）、草药检出率 29%（含量 49μg/kg）、谷物为 21%（含量 36μg/kg）。有研究发现，被黄曲霉污染的粮食加工成豆油、酱油等也含有黄曲霉毒素。动物饲料也容易受到黄曲霉毒素的污染，用受污染的饲料喂饲动物、家禽，不仅会使动物生长缓慢、死亡率升高，而且动物或家禽的肉、牛奶、禽蛋也会含有黄曲霉毒素。因此，粮食、家禽的饲料以及粮食的加工产品都需要检测黄曲霉毒素的含量，确保在合格标准内出售和食用。

（三）体内代谢和蓄积

黄曲霉毒素被摄取后，经肠道吸收，主要分布于肝脏，在肝细胞微粒体混合功能氧化酶的催化下，发生羟化、脱甲基和环氧化反应。AFM_1 是黄曲霉毒素在肝微粒体酶催化下的羟化产物。黄曲霉毒素的代谢产物除 AFM_1 大部分从奶中排出外，其余可经尿、粪及呼出气排泄。一次摄入黄曲霉毒素后，大部分约经一周的时间即可经呼气、尿液、粪便等途径排出。黄曲霉毒素如不连续摄入，一般不在体内蓄积。动物摄入黄曲霉毒素后肝脏中含量最多，是其他组织器官的 5~15 倍。

（四）生殖和发育毒性

黄曲霉毒素既具有很强的急性毒性，也具有明显的慢性毒性。人类进食黄曲霉毒素污染严重的食品可引发中毒性肝炎，甚至造成死亡。AFB_1 具有较强的致癌、致畸和致突变作用。动物实验表明，AFB_1 可引起染色体和 DNA 损伤，造成细胞增殖和分化障碍。黄曲霉毒素能引起胎鼠死亡并诱发多种畸形，包括无脑和小脑畸形、神经管颅端畸形、心异位、兔唇和脐疝等。研究提示，黄曲霉毒素可通过三种主要途径影响胎儿的妊娠结局：①促炎细胞因子的上调和/或抗炎细胞因子的下调；②诱导以肠道炎症和胎盘与胎儿发育受损为特征的肠病；③对胎儿器官的毒性作用导致炎症和胎儿发育受损。黄曲霉毒素引起新生儿肝脏毒性和胎儿血红蛋白溶血，是胎儿因暴露黄曲霉毒素产生新生儿黄疸的原因之一。另外，其他真菌毒素还会明显增强黄曲霉毒素的毒性。

（五）预防要点

为了防止真菌和真菌毒素的侵害，主要应采取以下几个方面的措施进行预防。

1. 预防真菌的繁殖　具体措施包括：①应对粮食进行密封包装，防止真菌污染；②应严格控制谷物等食品原料的水分。对谷物等原料的防霉措施必须从谷物在田间收获时启动，关键在于收获后使其迅速干燥，使谷物含水量在短时间内降到安全要求范围内。一般谷物含水量在 13% 以下、玉米在 12.5% 以下、花生仁在 8% 以下时，真菌不易繁殖；③低温贮藏。理想的贮存条件是将粮谷贮存于干燥低温的环境。温度在 12℃以下，能有效地控制真菌繁殖和产毒。水分较高的粮食和成品食物应贮藏在较低的温度下，如大米的水分在 12% 以下时，可在 35℃下贮藏，而水分达 14% 时，应贮藏在 20℃以内才安全；④采用脱氧包装、粮袋内充入二氧化碳气体后封口等手段防止真菌滋生。大多数真菌是需氧的，在无氧条件下便不能生长繁殖。因此谷物在充有二氧化碳气体的密闭容器内，可保持数月不发生霉变；⑤在食品中加入防霉剂。食品加工过程中，在原料中添加一定比例的防霉剂，可抑制微生物的生长繁殖。

2. 真菌污染后的补救措施　具体包括：①挑选原粒法。将霉坏、破损、皱皮、变色及虫蛀等粮粒除去，降低真菌毒素含量；②碾压加工法。适用于受污染的大米，碾压后，大部分真菌随米糠去掉；③吸附法。含有真菌毒素的植物油，可加入活性白陶土或活性炭等吸附剂，然后搅拌、静置，毒素可被吸附从而去毒；④辐照法。紫外线或 γ- 射线可有效地杀死真菌并破坏真菌毒素的化学结构，达到去毒的目的。

3. 加强食品中真菌毒素的监测　以《食品安全国家标准 食品中真菌毒素限量》（GB 2761—2017）制定食品中真菌毒素限量值，以减少食品中真菌毒素含量。

二、亚硝基类化合物

（一）理化特性

N- 亚硝基化合物（N-nitroso compound）是强致癌物，包括亚硝胺和亚硝酰胺两大类。亚硝胺在中性和碱性环境中稳定，酸性和紫外光照射下可缓慢分解。同时，亚硝胺是一种间接致癌物，进入机体后必须经肝微粒体细胞色素 P450 的代谢活化，生成烷基偶氮羟基化物才有致突变和致癌作用。而亚硝酰胺类化学性质活泼，在酸碱环境下均不稳定，能直接降解成重氮化合物，与 DNA 结合进而直接致癌。

（二）污染来源

1. 自然界　食品中 N- 亚硝基化合物天然含量极微，但 N- 亚硝基化合物的前体包括胺类、亚硝酸盐和硝酸盐却广泛存在。这些前体物质在适宜条件下经亚硝基化反应可生成亚硝胺和亚硝酰胺。在日常生活中，腌制的动物性食品和蔬菜、发酵食品、有机肥料和无机肥料中的氮等，均是 N- 亚硝基化合物的来源。

2. 体内合成　人体内可以合成亚硝胺，且可能是人类体内亚硝胺的主要来源。胃是人体合成亚硝胺的主要场所，唾液中也含有相当多的亚硝酸盐。胃酸分泌过少或有硫酸钡盐等催化剂存在时，可促进亚硝基化合物的形成。细菌感染的肠道、膀胱内也可有亚硝基化合物的形成。维生素 C、维生素 E、谷胱甘肽和氨基酸等能阻断亚硝基化合物在体内的合成。

（三）生殖和发育毒性

1. 致癌性　N-亚硝基化合物可通过呼吸道、消化道和皮肤接触诱发动物肿瘤。反复多次或一次大剂量染毒都能诱发肿瘤，且呈剂量-效应关系。迄今为止，已发现的亚硝胺类化合物约有 300 多种，其中约 90% 可以诱发动物不同器官的肿瘤，而且其还能通过胎盘、乳汁导致子代发生肿瘤。亚硝胺类化合物是引起人类癌症的主要致癌物。

2. 致畸、致突变作用　妊娠动物摄入一定量亚硝酰胺后，可通过胎盘使子代动物发生畸形，如脑、眼、肋骨、脊柱和四肢等部位畸形，并呈剂量-效应关系。一般情况下，妊娠初期染毒亚硝胺化合物可使胚胎/胎儿死亡；妊娠中期染毒可使胎仔发生畸形；妊娠后期染毒，胎仔出生时虽无畸形发生，但以后发生肿瘤的风险增加。亚硝酰胺是一类直接致突变物，能引起细菌、真菌、果蝇和哺乳类动物细胞发生突变。

（四）预防要点

1. 防止食物霉变和微生物的污染　由于很多微生物形成的低分子氮化合物为 N-亚硝基化合物的前体物，在一定条件下可使硝酸盐还原成亚硝酸盐化合物。因此，保证各类食物的新鲜，降低各种食品微生物污染程度，防止霉变和微生物污染应作为预防 N-亚硝基化合物污染食品的重要措施。

2. 利用食物成分阻断亚硝胺的形成　多摄入富含维生素 C 和维生素 E 的食物如新鲜蔬菜水果等，通过与胺竞争和亚硝酸盐的作用，阻止亚硝胺的产生。大蒜和大蒜素也可抑制胃内亚硝酸盐还原菌，使胃内亚硝酸盐含量明显降低。富含茶多酚的茶叶在体内发挥抗氧化作用，也对亚硝胺的生成有阻断作用。

3. 采用正确合理的加工和烹调操作方法　合理的加工、烹调操作可明显减低蔬菜中可食部分硝酸盐的含量。对于硝酸盐含量高的蔬菜通过盐渍、洗涤和烹调后亚硝酸盐的含量可以明显减少。另外，食用前用沸水浸泡也能减少亚硝酸盐的含量。

4. 提倡食用茄果类和瓜类等硝酸盐低富集型蔬菜　易积累硝酸盐的叶菜类和根菜类大多不宜生食，最好通过清水浸泡或烧熟后食用。

5. 制定海产品、肉制品等食品中 N-亚硝基化合物限量卫生标准　食品加工过程中，尽量使用亚硝酸盐和硝酸盐的替代品以减少食品中硝酸盐、亚硝酸盐的含量。

（金　鑫）

参考文献

[1] 中国营养学会.中国居民膳食营养素参考摄入量（2013）[M].北京：科学出版社，2013.

[2] 中国营养学会.中国居民膳食指南（2022）[M].北京：人民卫生出版社，2022.

[3] 孙长颢.营养与食品卫生学[M].8 版.北京：人民卫生出版社，2017.

[4] 中国营养学会.中国妇幼人群膳食指南（2016）[M].北京：人民卫生出版社，2016.

[5] MOUSA A, NAQASH A, LIM S. Macronutrient and micronutrient intake during pregnancy: An overview

of recent evidence[J]. Nutrients . 2019, 11(2):443.

[6]   MOST J, DERVIS S, HAMAN F, et al. Energy intake requirements in pregnancy[J]. Nutrients. 2019, 11(8):1812.

[7]   KYEI N N A, BOAKYE D, GABRYSCH S. Maternal mycotoxin exposure and adverse pregnancy outcomes: a systematic review[J]. Mycotoxin Res. 2020, 36(2):243-255.

[8]   VISWANATHAN M, TREIMAN K A, KISH-DOTO J, et al. Folic acid supplementation for the prevention of neural tube defects: An updated evidence report and systematic review for the US preventive services task force[J]. JAMA. 2017, 317(2):190-203.

[9]   LIAN S Y, ZHANG T T, YU Y C, et al. Relationship of circulating copper level with gestational diabetes mellitus: a meta-analysis and systemic review[J]. Biol Trace Elem Res. 2021, 199(12):4396-4409.

| 第十四章 |
不良行为生活方式与优生

生活方式是指人们长期受一定社会文化、经济、风俗、家庭影响而形成的一系列的生活习惯、生活制度和生活意识。一个人的生活方式总是客观存在的，可以是传统的，也可以是现代的。在一定的历史时期与社会条件下，如果生活方式违背了常理、伦理与价值观、道德观、审美观，甚至与相关法律法规相左即为不良行为生活方式。科学研究表明，决定当代人类健康的主要因素，生活方式与行为占60%，遗传因素占15%，社会因素占10%，医疗条件占8%，气象因素占7%。因此，不健康的生活方式与行为是影响人群健康的首要因素。世界卫生组织估计，提倡健康的生活方式，可以使人类死亡率至少降低一半，即每年可拯救数百万人的生命。

大量流行病学研究和动物实验研究结果已证实，不良行为生活方式，诸如不适当的饮食结构、吸烟、酗酒、吸毒、不良性行为等与不良妊娠结局密切相关。通过改变不良行为生活方式，不仅能促进个人的身心健康，而且可以避免部分不良妊娠结局的发生。因此，加强人们对不良行为生活方式与优生优育关系的认识，进而采取相应措施预防不良妊娠结局的发生显得尤为重要。不良行为生活方式包括很多方面，在此重点介绍吸烟、酗酒、吸毒等与优生的关系。

第一节　吸烟与优生

2018年全球吸烟总人数约为13.4亿，妇女吸烟率在发达国家平均为33.3%，发展中国家平均为12.5%。我国是世界上最大的烟草消费大国，约有3.08亿烟民，其中成人男性吸烟率为43%，成人女性吸烟率为17%。妊娠前后戒烟的妇女并不多，在我国仅只20%。动物实验和流行病学研究均证实，烟草是一种致畸物，可导致孕妇流产，以及新生儿低出生体重、发育障碍、智力异常，还能引起多系统、多器官畸形等不良妊娠结局的发生。

一、烟草烟雾中主要化学物质及其与优生的关系

烟草燃烧时所产生的烟雾中含 92% 的气体和 8% 的焦油。烟草烟雾（tobacco smoke）气体中主要含一氧化碳、氮氧化物、二甲基亚硝胺、氰化氢、氨、自由基等物质；焦油中主要含尼古丁、多环芳烃、吲哚、苄唑、吡啶、砷、萘胺、重金属和一些放射性物质等成分。烟草烟雾中大约含有 7 000 多种化学物质，多数可对人体健康产生危害。吸烟不仅会损伤遗传物质，而且对内分泌系统、心血管系统、免疫功能、输卵管功能、胎盘功能、胎儿组织器官发育等均可造成不良影响。大量研究结果表明，女性吸烟可以降低受孕率，导致前置胎盘、胎盘早剥、胎儿生长受限、婴儿出生体重降低，以及婴儿猝死综合征。此外，还有研究结果显示，吸烟可导致勃起功能障碍、异位妊娠和自然流产。吸烟支数越多、烟龄越长，吸入有毒有害物质就越多，对人体健康危害也越大。

（一）尼古丁

1. 理化性质　尼古丁（nicotine）又称烟碱，是一种生物碱，属吡啶类衍生物，含有吡啶环和嘧啶环结构，分子式为 $C_{10}H_{14}N_2$。尼古丁是一种无色透明的油状挥发性液体，强碱性，在 60℃ 以下可与水以任意比例互溶，极易溶于醇、醚和氯仿等有机溶剂。尼古丁具有可燃性，在空气中氧化后呈棕褐色，可散发出烟草所特有的烟臭气味。每支香烟中尼古丁含量随烟叶质量和加工工艺不同而存在差异，一般每支含 1.5～3mg 尼古丁。吸烟时，约 25% 尼古丁被燃烧破坏，5% 残留烟头内，50% 扩散到空气中，最终被人体吸收的尼古丁约 20%。

2. 尼古丁代谢及其毒性作用

（1）吸收及分布：尼古丁随烟草烟雾进入人体，首先黏附在呼吸道、食管和胃的黏膜上，并溶于呼吸道黏液、唾液和胃液中，再进入血液，7～10 秒到达脑部，也可经正常皮肤渗透进入人体。尼古丁的生物半减期为 30～60 分钟。被吸收的尼古丁 80%～90% 经肝脏代谢，其主要代谢产物为可替宁，其生物半减期为 19～40 分钟。尼古丁还能蓄积于胎盘，直接对胎儿产生毒性作用。长期吸烟的孕妇，可替宁在胎儿脐血中的浓度可超过其母体血液中的浓度。吸烟妇女乳汁中也含有一定量的尼古丁，可影响乳儿的生长发育。

（2）毒性作用：少量尼古丁可使中枢神经系统兴奋，引起儿茶酚胺释放，致使血管收缩，血压增高，心率和心排出量增加，加重心脏负荷。大量尼古丁对中枢神经系统呈现抑制作用，能使心脏麻痹或发生脑卒中，甚至引起死亡。尼古丁对人的致死剂量为 40～60mg。尼古丁可单独作用于胚胎脑组织中的烟碱样乙酰胆碱受体，影响胚胎脑细胞的增殖和分化，致使脑细胞数量减少并伴有脑细胞损伤，严重者可引起神经管畸形。尼古丁对大脑关键发育阶段的影响，是吸烟者子女出现认知、情绪和行为异常的重要原因。尼古丁还可导致子宫及胎盘血液灌流量显著减少，致使胎儿心率改变，造成胎儿发育不良。尼古丁抑制前列腺素引起凝血因子和血小板聚集，可致血液呈高凝状态。Calzada 等报道，尼古丁可作用于精子浆膜上的类胆碱能尼古丁受体，导致大鼠睾丸萎缩及生精功能损伤。此

外，包括肺部在内的其他器官发育也可受到尼古丁的不利影响。

（3）作用机制：烟碱样乙酰胆碱受体主要分布于人体的大脑、心脏、血管等部位，尼古丁是烟碱样乙酰胆碱受体的高亲和力激动剂，能代替乙酰胆碱直接与膜组分相互作用。低浓度时，尼古丁增加烟碱样乙酰胆碱受体的活性，高浓度时则表现为对烟碱样乙酰胆碱受体的抑制作用。

（4）成瘾性：尼古丁可作用于脑部特殊区域的某些受体，使人体对其产生依赖而导致成瘾。有研究发现，在出生前和出生后的发育期间暴露在烟草烟雾中，会增加青春期或成年期发生成瘾行为（包括吸烟）的概率。

（二）一氧化碳

烟草燃烧产生的不完全燃烧产物一氧化碳（carbon monoxide，CO）约占烟雾气体总量的 1%～5%，每支香烟燃烧可产生 20～30mg CO。CO 经呼吸道吸收进入血液后，90% 以上与血红蛋白（haemoglobin，Hb）结合形成难解离的碳氧血红蛋白（carboxyhaemoglobin，HbCO），约 7% 与肌红蛋白结合形成碳氧肌红蛋白，少量与细胞色素酶结合。CO 在体内不蓄积，停止接触 24 小时可完全排出，其中 98.5% 以原形经肺排出，仅 1% 在体内氧化成二氧化碳。CO 与 Hb 的亲和力比氧与 Hb 的亲和力高 200～300 倍，可将血液中氧合血红蛋白（oxyhemoglobin，HbO_2）中的氧排挤出来形成 HbCO，而 HbCO 的解离速度仅为 HbO_2 的 1/3 600，故 HbCO 较 HbO_2 更为稳定，更易蓄积在人体内。此外，HbCO 还可影响 HbO_2 的解离，阻碍氧的释放，使血液携带氧的能力降低，造成低氧血症，导致组织缺氧。人体血中 HbCO 生理值为 0.4%，吸 1 支烟后，血中 HbCO 值约为 2.5%。长期吸烟者血中 HbCO 值可高达 10%～15%，是不吸烟者的 25～37.5 倍。有研究指出，孕妇及其胎儿或新生儿是 CO 暴露的高危人群，母亲 CO 中毒后，存活的婴儿可出现神经系统后遗症，死亡的婴儿经解剖可见脑损害。孕妇吸烟可使母体和胎儿血液中 HbCO 含量升高，其中胎儿的 HbCO 生物半减期比母亲长，其体内浓度为母体的 10～15 倍，并且胎儿对 CO 的敏感性高，因而能造成胎儿宫内缺氧，直接影响中枢神经系统和心血管系统的发育。

孕妇 CO 中毒可致胎儿畸形。有研究报道，在发生 CO 中毒的 60 例孕妇中，12 人在妊娠前 13 周接触过 CO，其中 6 人生下了畸形婴儿；其余 48 名孕妇是在妊娠后期接触 CO，仅有 1 名婴儿发生畸形。畸形的种类包括面部、肢体、耳、口腔、脚及髋部的异常。另外，巴西一项针对 6 147 名新生儿的回顾性队列研究结果显示，母亲孕中期接触高浓度 CO 与新生儿出生体重下降和早产存在关联。

（三）氰化氢

烟草烟雾中的氰化氢（hydrogen cyanide，HCN）浓度为 400～500μg/L，是烟草烟雾中毒性最强的物质之一。HCN 随烟草烟雾进入体内，与细胞色素氧化酶中的 Fe^{2+} 结合，使 Fe^{2+} 失去传递电子的能力，进而抑制细胞色素氧化酶的活性，使细胞呼吸链中断，造成孕妇体内胎盘组织细胞内缺氧，影响胎儿的细胞呼吸，干扰胎儿细胞内的氧利用，从而影响宫内胎儿正常发育。HCN 的代谢产物硫氰酸盐的解毒过程需要维生素 B_{12} 参与，同时还消耗如蛋氨酸等含硫氨基酸物质，从而延缓胎儿的生长发育。妊娠期吸烟可使分娩时母血和脐血中硫氰酸盐含量升高，因此血清硫氰酸盐含量常用于鉴别吸烟水平，但近年来也有人提出采用唾液中硫氰酸盐的含量用于评价吸烟水平。HCN 可能有致畸作用，对妊娠 6～9 天的地鼠每天给予 0.126～0.129μmol/g 的 HCN，其胎仔神经管、心脏、肢体均出现畸形，但目前尚未见对人类有致畸作用的报道。

（四）亚硝胺类

现已发现约 35 种亚硝胺类物质存在于烟草烟雾中，是烟草烟雾中重要的致癌物。挥发性 N- 亚硝胺、非挥发性 N- 亚硝胺、烟草特有的亚硝胺（tobacco specific nitrosamines，TSNA）和带亚硝基的氨基酸是其主要的存在形式，其中以 TSNA 最受人关注。目前已经鉴定出的 TSNA 有 8 种，其中对 N- 亚硝基去甲基烟碱（nitrosononicotine，NNN）、4-（N- 甲 基 亚 硝 胺）-1-（3- 吡 啶 基）-1- 丁 酮 [4-（methylnitrosamino）-1-（3-pyridyl）-1-butanone，NNK] 的研究较为深入。NNN 和 NNK 具有强烈的致癌性，它们在体内经代谢活化和细胞色素 P450 还原酶作用后，与 DNA 碱基反应形成 DNA 加合物，使 DNA 遗传密码排列顺序错位产生突变，导致遗传物质改变而诱发肿瘤。亚硝胺类物质也能直接通过胎盘进入胎儿体内，引发胎儿肿瘤。

（五）烟草烟雾中的其他物质

1. 重金属　烟草及其烟雾中含有多种重金属。烟草植株对镉具有较强的富集作用，每支成品烟含镉约 1～2μg，其中 5% 可被人体吸收。若每天吸 20 支烟，人体镉负荷量则提高 1.4～2.8μg/d，吸烟者血清中镉含量是不吸烟者的 45 倍。镉在体内的排出速度缓慢，生物半减期为 10～30 年，可蓄积于卵母细胞中。血镉的浓度越高，其卵母细胞中的镉含量也越高，从而影响卵母细胞的质量和存活率。镉亦能进入胎盘组织并进行蓄积，改变胎盘中多种代谢酶的功能，从而使胚胎死亡、畸形、宫内生长受限和胚胎功能不全的发生率上升。镉能抑制体内 DNA、蛋白质的合成，抑制胚胎发育中各期细胞分裂，对胚胎细胞具有致突变作用，从而导致潜在的遗传危害。此外，烟草烟雾中也含有一定量的铅。铅具有生殖与胚胎毒性，当血铅浓度为 250～400μg/L 时，可引起精子畸形，影响胚胎生长发育，从而产生畸形儿。同时，铅也是一种具有血液毒性和神经毒性的重金属，能透过胎盘屏障进入胎儿体内，对胎儿的多个系统及器官的发育造成危害。此外，铅也可通过乳汁分泌影响新生儿的生长发育。

镉、铅可与微量元素锌在人体内发生相互作用，影响锌的吸收、代谢和蓄积。当血镉、血铅浓度增高时，血锌浓度则明显降低。锌缺乏可对精子形成及胎儿生长发育产生有害作用。

2. 氮氧化物　烟草烟雾中的氮氧化物（nitrogen oxide，NO_x）进入机体后能与水反应生成亚硝酸。亚硝酸是一种强氧化剂，在血液中可将 Hb 中的 Fe^{2+} 氧化成 Fe^{3+}，生成高铁血红蛋白，损害 Hb 运输氧和释放氧的功能，对缺氧敏感的中枢神经及周围血管产生麻痹作用。

此外，烟草烟雾中还含有一些放射性物质如钋 -210、铅 -216、镭 -226 等，这些物质进入人体的血液循环后可对子宫产生辐射作用。每天吸 30 支烟所产生的放射性剂量，相当于肺部 1 年接受 300 次 X 线胸透的剂量。研究表明，母亲子宫接受 0.01～0.02Gy 照射后，所产子代在儿童期的恶性肿瘤发生率将增加 1.3～2 倍。

　　除上述物质外，烟草烟雾中还含有大量的其他有毒物质。因检测技术及实验设备的限制，烟草烟雾中多种有毒物质的组分及其对人体的健康危害并未完全了解，仍需要进一步研究。

二、孕妇主动或被动吸烟对妊娠结局的影响

　　10%的烟草烟雾通过香烟滤嘴过滤被吸烟者吸入肺部，称之为主流烟雾（main stream，MS），此时的吸烟者为主动吸烟者（active smoker）。烟草点燃后自行熏燃直接排入环境中的烟雾称为侧流烟雾（side stream，SS）。香烟产生的烟雾90%扩散至吸烟者周围的空气中，与吸烟者吸烟后吐出的气体一起，可被非吸烟人群吸入，此等人群称为被动吸烟者（passive smoker）。据报道，很多有害物质在SS中的浓度高于MS，如烟碱浓度高2.6~3.3倍，镉高3.6倍，苯并[a]芘高2.5~3.5倍，二氧化碳高8~11倍，一氧化碳高2.5~4.7倍，甲醛高15倍。这可能与MS是吸烟者用力吸烟时烟叶燃烧温度高、有机物分解较充分，以及烟草燃烧产物通过烟体和烟嘴滤的过滤吸附有关；而SS是在烟叶自行熏燃时产生的，燃烧温度偏低、燃烧不完全产物较多并直接排入环境，因而SS对人体健康的危害可能比MS更大。

　　近年来，有关被动吸烟对妇女特别是对胎儿健康的危害已受到政府、学术界的广泛关注，但主动吸烟与被动吸烟对不良妊娠结局的影响尚有待开展全面系统的研究。据报道，我国人群中遭受被动吸烟危害的人数高达6.4亿，其中女性被动吸烟者占57%，而年龄在20~49岁的育龄妇女在工作场所被动吸烟者高达70%。有资料显示，女性被动吸烟可导致新生儿体重减轻和婴儿猝死综合征，且被动吸烟与早产和儿童癌症之间具有一定的关联。

　　研究表明，妇女孕期主动或被动吸烟，不仅危害自身健康，也易导致早产、流产和出生缺陷等不良妊娠结局，在排除各种干扰因素后，其与不良妊娠结局之间仍呈现剂量 - 反应关系。孕期吸烟对胎儿的成长有直接不良影响，可导致胎儿和儿童的诸多危害。孕妇在烟草烟雾中待1小时，对胎儿的危害等于母体吸4支烟。研究表明，孕妇处在被动吸烟的环境中，对胎儿造成的危害与母亲主动吸烟是完全一样的，甚至还高于母亲主动吸烟。

　　1. **引起胎儿早产、流产及死胎**　孕期主动或被动吸烟是不良妊娠结局的危险因素。每日被动吸烟的时间超过3小时，自然流产概率增加65%，宫外孕概率增加30%。孕妇被动吸烟，其胎儿死亡风险会增加74倍。孕妇主动吸烟若每天达20支以上，胎儿和新生儿病死率高达35%，流产和早产的发生概率是非吸烟者的2~3倍。母亲吸烟引起胎盘早剥发生风险增加90%。一项我国台湾省人群的研究发现，母亲吸烟可使前置胎盘发生风险增加3.3倍。

　　2. **影响胎儿的生长发育**　1957年Simpson首次指出，孕妇吸烟能降低胎儿体重，随着吸烟量的增加，早产儿的发生率也明显增加。据统计，每天吸5支烟的孕妇，其子代比正常孩子体重低250g，头围和胸围小，身长短；孕妇每天吸烟10~20支，新生儿体重平均降低约300g，且出生时的体重多低于2 500g。一项关于被动吸烟对妊娠结局影响的报

告显示，被动吸烟与新生儿体重降低（降低 37~40g）有关，同时使低出生体重风险增加
20%。此外，吸烟能导致胎儿心血管、骨骼肌、胃肠道和中枢神经系统等器官发育障碍。
因妊娠期间孕妇主动或被动吸烟而导致胎儿在宫内出现无其他原因的生长迟缓，出生时体
重低下，出生后的幼儿存在智力和生活力低下等一系列异常表现，称为胎儿烟草综合征
（fetal tobacco syndrome，FTS），其诊断标准包括：①妊娠过程中，孕妇每日吸烟量在 5
支以上；②孕妇未出现妊娠高血压综合征；③胎儿足月分娩但出生时体重低于 2 500g；
④新生儿出现与母亲的身高、体重、年龄或妇产科疾病等无其他明确原因有关的宫内生长
受限。

3. 影响婴幼儿和儿童体格、智力的发育 妇女孕期吸烟所产的婴儿，在婴幼儿期和
儿童期出现体格发育缓慢，儿童的阅读能力、理解能力及计算能力低下等情况。大量流行
病学研究表明，发育期烟草烟雾暴露与儿童不良神经行为活动有关，包括行为异常、注意
缺陷障碍、多动症、学习障碍和成年后吸烟风险增加等。Rochester 大学儿科医生研究了
2 256 例 4~11 岁的儿童，发现母亲在妊娠期或分娩后吸烟愈多，其子女发生行为异常的
风险愈大。吸烟妇女的子女表现出反社会行为、焦虑、压抑、多动、远离社会等现象，有
极端行为问题而需要精神治疗的发生率为不吸烟母亲子女的 2 倍。在美国，有 14% 的吸
烟孕妇分娩低体重儿，且出现身体和智力发育迟缓。

4. 导致出生缺陷的发生 新生儿出生缺陷的发生与吸烟数量存在剂量 - 反应关系。孕
妇吸烟导致新生儿发生无脑畸形、腭裂、唇裂、痴呆和体格发育障碍等出生缺陷的概率是
不吸烟孕妇的 2.5 倍。研究显示，每天吸烟不足 10 支的孕妇，其胎儿发生畸形的风险比
不吸烟者增加 10%；每天吸烟超过 30 支的孕妇，其胎儿发生畸形的风险增加 90%。在孕
妇吸烟引起的胎儿出生缺陷中，先天性心脏病患者的比例约占 7.3%。Himmelberger 等对
排除多项混杂因素的存活婴儿畸形类型进行分析发现，孕期吸烟妇女所生的患有心血管、
骨骼肌、胃肠道或中枢神经系统等先天畸形的新生儿数量是非吸烟者的 2.3 倍。Kelsey 等
调查显示，吸烟孕妇所产婴儿的中枢神经系统、消化系统和心脏畸形的发生率与非吸烟孕
妇相比显著增加。Zhang 等报道，怀孕期间吸烟孕妇所产婴儿患唇裂和腭裂等先天性面部
缺陷的风险增加 70%，且吸烟数量越多，这些畸形发生的概率越高。Sullivan 等利用美国
华盛顿州 1989—2011 年的出生证明数据，并结合国际疾病分类（第 9 版）的出院代码识
别单胎非综合征冠心病，评估其与孕妇产前吸烟的关系。结果显示，怀孕前 3 个月吸烟母
亲的后代，其冠心病风险增加 16%，肺动脉瓣异常风险增加 48%，单发性房间隔缺损风险
增加 22%，母亲吸烟与后代冠心病之间的关联随着每天吸烟数量的增加而增强。

5. 促进儿童肿瘤、糖尿病、肥胖和哮喘的发生 烟草烟雾中的致癌物能通过胎盘屏
障进入胎儿体内，导致胎儿基因突变，出生后在遗传和环境因素的综合作用下发展为肿
瘤。母亲吸烟，可使其子女在成年后发生癌症的风险升高，发生 2 型糖尿病的风险增加 4
倍。在一项针对瑞典 140 万名新生儿的前瞻性研究中，发现母亲吸烟增加了其子女患良性
和恶性脑瘤的风险。调查发现，孕期吸烟与儿童超重和肥胖之间也有一定的关系，如美国
一项前瞻性研究显示，吸烟者的孩子出生时体重低于不吸烟者的孩子，但在较短时间内就
等于或超过了不吸烟者孩子的体重。此外，一项纳入 93 项合格研究的荟萃分析结果表

明，新生儿围产期暴露于二手烟，其哮喘、喘鸣和哮喘样综合征发生风险分别增加 24%、27% 和 34%，且亚组分析显示，年龄较小的儿童更容易患哮喘，而年龄较大的儿童和青少年更容易患喘鸣，可能与持续的环境污染和青少年主动吸烟增加青少年患哮鸣的风险有关。

三、男性吸烟对配偶妊娠结局的影响

丈夫吸烟除引起自身生育能力异常及怀孕妻子被动吸烟外，还可导致妻子不良妊娠结局的发生。岳凤珍等对每天吸烟 20 支以上的丈夫与夫妻无吸烟史各 3 650 例的家庭进行研究发现，丈夫吸烟，其妻子早产、流产发生率为不吸烟夫妇的 9.33 倍，死胎发生率为其 6 倍，新生儿窒息（Apgar 评分 < 7）发生率为其 13 倍，低体重儿发生率为其 8.2 倍，新生儿畸形发生率为其 2.59 倍。德国的一项研究显示，夫妇中妻子不吸烟，其子代的出生缺陷率随丈夫每日吸烟量的增加而升高。在法国进行的一项以全国人口为基数的病例对照研究结果显示，父亲在儿童出生前一年吸烟与儿童中枢神经系统肿瘤发生存在关联，特别是星形细胞瘤的患病风险增加 3 倍。2020 年《英国妇产科杂志》发表了复旦大学李笑天教授一项纳入 566 439 对夫妇的前瞻性队列研究，发现孕前父亲吸烟可使子代的先天性心脏病、肢体异常、消化道畸形和神经管缺陷发生率分别增加 2.51 倍、20.64 倍、3.67 倍和 4.87 倍，改变吸烟行为可降低他们的发病风险。

四、吸烟致不良妊娠结局的发生机制

流行病学调查资料显示，烟草烟雾具有生殖发育毒性，可从多方面影响人类的生殖功能及胎儿和儿童的生长发育。目前吸烟引起新生儿不良妊娠结局的发生机制尚未完全阐明，综述近年来的文献报道，大致可归纳如下。

（一）对生殖功能的危害

1. 对雄性生殖功能的影响

（1）对精子数量和质量的影响：长期大量吸烟，烟草烟雾中有害物质如尼古丁、镉、铅等能在体内蓄积，达到一定浓度后可干扰睾丸的微循环及其与环境物质的交换，导致睾丸淤血、水肿及变性坏死，影响生精细胞的增殖、发育和成熟。同时，这些有害物质可引起生精小管管腔内精子遗传物质发生突变，导致染色体异常，造成精子头、体、尾的畸形，从而使形态正常的精子数量显著减少，不良精子的发生率大大增加。如 Viczian 报道，吸烟可减少精子数量，降低精子活动力，并增加畸形精子的比例，每天吸烟超过 30 支的男子，其精子畸形率可超过 20%。精子在质和量上发生的变化，将影响精子的活力，以及精子与卵子结合的能力，从而使受精卵出现异常，影响胚胎和胎儿的正常生长发育。此外，吸烟还能增强精子对致突变物如亚硝酸盐的敏感性，导致精子 DNA 链断裂，从而出现大量畸形精子，且吸烟量越大，烟龄越长，这种有害作用越严重。

（2）对体内激素水平的影响：研究发现，吸烟男性血清 17β- 雌二醇水平显著升高，血清黄体生成素（luteinizing hormone，LH）、卵泡刺激素（follicle stimulating hormone，FSH）和催乳素（prolactin，PRL）的水平明显下降。男性吸烟引起的性激素水平改变会降低其生殖能力，而较低水平的 PRL 还能使精子活动能力降低。

2. 对雌性生殖功能的影响

（1）对卵巢功能及卵母细胞质量和数量的影响：吸烟可引起卵巢功能低下，使卵母细胞的质量下降和数量减少，促卵母细胞成熟的周期延长，导致受孕概率降低，这可能与烟草烟雾中多环芳烃类物质的损害作用有关。

（2）对体内激素水平的影响：Nemr 等报道，吸烟能导致妇女卵巢中卵子储备量减少和卵巢对促性腺激素刺激反应降低。吸烟妇女与不吸烟者相比，血清 FSH 水平显著上升，而雌二醇（estradiol，E_2）水平则显著降低，烟龄越长，上述效应越明显。血清 FSH 水平升高，使卵巢功能下降，雌激素分泌减少或缺乏。吸烟抗雌激素作用的潜在机制可能是：①吸烟可使颗粒细胞和外周组织中的芳香化酶和脱糖酶活性降低，导致类固醇产生减少；②吸烟引起雌二醇羟基化，导致 2- 羟基雌激素不可逆代谢，雌激素活性降低，从而迅速被清除；③香烟冷凝物可以与雌激素受体结合并取代雌二醇，该现象存在明显的剂量 - 反应关系，且该机制已在大鼠动物实验中得到证实。

（二）对胚胎细胞遗传物质的损伤

1. 胚胎细胞遗传物质损伤的途径　烟草烟雾可通过多种途径对胚胎细胞的遗传物质造成损害，其中主要包括：①形成 DNA 加合物。烟草烟雾中的致畸物进入体内，经生物化学作用与 DNA 链上的特异位点结合；②产生活性氧和活性氮，间接作用于 DNA 而对其造成损伤；③激活核酸内切酶。烟草烟雾中的一些毒性物质，通过激活核酸内切酶降解 DNA 单链，致使 DNA 链断裂；④烟草烟雾中存在的遗传毒物，可导致胚胎细胞染色体畸变率和姐妹染色单体交换率升高。

2. 胚胎细胞遗传物质的损伤效应　长期吸烟者可导致体内遗传基因突变，严重影响胎儿的生长发育及健康。一支香烟的烟雾可引发人体内每个细胞发生 10 万次 DNA 单链断裂。在绝大多数个体，这种 DNA 单链断裂可以得到有效修复，但仍有一部分不能被修复，这些未被修复的 DNA 断裂单链在体内长期蓄积可引起严重后果。如日本学者平山雄的研究发现，吸烟者细胞染色体发生姐妹染色单体互换达 20 个之多，烟龄越长，吸烟量越大，这种互换率就越高。染色体异常是导致新生儿出生缺陷的一个重要因素，吸烟者与不吸烟者染色体异常的细胞比例为 7∶3。Jalili 等研究表明，暴露于烟草烟雾的大鼠胚胎，其细胞基因丢失频率明显高于未暴露的大鼠胚胎细胞，提示烟草烟雾中的有害成分可通过胎盘作用于胚胎细胞。Mary 等指出，烟草烟雾中的尼古丁和一些其他有害物质能通过胎盘，以多种方式影响胎儿大脑的发生和发育，增加子代吸烟的概率。

（三）对胎盘血流量和胎儿供氧的影响

1. 降低子宫胎盘血流量　镉作用于胎盘血管，通过降低子宫胎盘血流量引起胚胎和胎儿发育障碍。尼古丁可引起孕妇血管收缩和血管硬化，血液呈高凝状态，血流量降低，致使子宫血流量显著减少，最高可减少 40%。

2. 导致胎儿供氧不足　长期吸烟的孕妇不仅自身血液中 CO 和 HbCO 含量增加，胎

儿血液中 CO 和 HbCO 浓度也显著增加，形成更多的 HbCO，致使胎儿血液含氧量明显降低。同时，由于胎儿血液中 HbCO 的生物半减期较长，以致胎儿长期处于缺氧状态，从而影响胎儿生长发育。另外，尼古丁对血管的收缩作用也可引起胎盘血管收缩，导致胎盘供氧减少。为适应胎儿生长发育的需要，胎盘会发生代偿性肥大，从而使缺氧状况更严重。烟草烟雾中的 HCN 能抑制细胞色素酶活性，影响细胞内呼吸链电子传递过程，使胎儿细胞缺氧。

（四）对胎儿营养状况的影响

1. 高镉、低锌对胎儿的影响 孕妇吸烟可使血镉含量增加 64%，胎盘镉含量增加 45%，而婴儿脐血中红细胞含锌量却减少 9%，这种"高镉、低锌"状态可对胎儿生长发育造成明显的不良影响。镉具有多种毒性作用，可对胚胎和胎儿组织造成损伤，而锌是机体必不可少的微量元素，锌供应不足势必会影响胎儿的新陈代谢、生长发育和组织修复等。胎儿体内锌缺乏，可导致参与细胞基因转录和复制、蛋白质合成、激素与受体特异性结合，以及信号转导等过程中含锌酶的失活或缺乏，从而抑制蛋白质的生物合成，引起胚胎和胎儿组织细胞分裂增殖和分化发育功能的异常，延缓胎儿发育。此外，低锌也可改变脑组织各种生化代谢功能，从而影响胎儿大脑发育，导致中枢神经系统缺陷的发生。

2. 蛋白质合成减少及维生素缺乏对胎儿的影响 烟草烟雾中 HCN 除影响细胞呼吸链电子传递造成细胞缺氧外，其在体内经代谢形成的硫氰酸盐能抑制蛋白质的合成，且其解毒过程需要消耗大量的维生素 B_{12}，从而导致体内维生素 B_{12} 水平降低。吸烟也可损耗人体血清中的维生素 C，用于与吸入体内的 CO、亚硝胺、尼古丁等物质结合。据统计，每吸一支香烟，约消耗掉体内储存维生素 C 25mg。以上这些物质的减少均能引起胎儿神经实质性缺陷，造成胎儿生长发育障碍。

（五）对胎盘造成的损害

研究显示，孕鼠暴露于烟草烟雾环境中，其胎盘可出现多种病理性改变，包括胎盘绒毛上皮细胞水肿变性；滋养层细胞微绒毛变短、变粗、变形并发生坏死脱落；血管内、组织间纤维素沉积和血栓形成；胎盘周缘出现不同程度的苍白带等。提示烟草烟雾中的有害物质可通过损伤胎盘功能，使胎盘对胎儿的营养供应减少，在机体不能完全代偿的情况下导致不良妊娠结局的发生。

（六）其他

烟草烟雾中有毒物质种类繁多，各种有害物质单独或联合作用于机体，均可导致不良妊娠结局的发生。如长期吸入烟雾中的各种有害物质，可损害母体免疫系统，使母体抵御外来微生物感染的能力降低，致使母体易遭受病原性微生物的感染。病原性微生物如风疹病毒、巨细胞病毒、单纯疱疹病毒、淋球菌、梅毒螺旋体、弓形虫等及其在体内产生的有毒代谢产物，均可通过胎盘对胎儿的生长发育产生危害，引起不良妊娠结局的发生。

第二节　酗酒与优生

酒精使用和酒精相关的危害是导致包括智力低下在内的不良妊娠结局的重要危险因素之一。全球 15 岁以上人口的人均酒精消费量从 2005 年的 5.5L 增加到 2016 年的 6.4L，包括中国在内的东南亚国家酒精消费量目前仍在持续增长。2016 年全球饮酒致死人数约 300 万例，占全球死亡总数的 5.3%，生命损失约占全部疾病负担的 5%，且近年来酒精对女性造成的相关健康损失越来越接近男性。英国政府报道，1/5 的妇女饮酒超过推荐量，13% 的妇女每周有 5 天或更多的时间饮酒，而且年龄在 16～24 岁间的女性较其他年龄段的女性更易酗酒。据调查，近 11% 的孕妇存在酒精滥用，每年因酗酒造成的酒精中毒超过 4 万例。在美国，每年约有 5 万个畸形儿是因母亲在怀孕期间饮酒造成的。美国国家药物滥用研究所统计资料显示，美国政府每年花费近 19 亿美元用于治疗胎儿酒精综合征患者（包括儿童及成人）。在我国 14 亿人口中，饮酒人口在 4.5 亿左右，其中 1.23 亿人存在过量饮酒行为。2017 年我国饮酒致死人数为 67.03 万，其中男性占 97%。饮酒行为对于身心健康及死亡的影响已成为全球重大公共卫生问题之一

一、酗酒、酒精中毒及酒精成瘾

经常酗酒者，易发生酒精中毒和酒精成瘾，一般同时发生，偶尔以其中的一种表现为主。酒精中毒及酒精成瘾是全球性的公共卫生问题，慢性酒精成瘾的母亲，其子女出现先天畸形的概率为 30%，新生儿死亡率可高达 17%。

（一）酗酒

目前国际上尚无统一的安全饮酒标准。世界卫生组织国际协作研究建议，为预防酒精成瘾的发生，男性安全饮酒量为每天不超过 20g 纯酒精，女性每天不超过 10g 纯酒精。2016 年英国降低饮酒风险指南推荐成人每周酒精摄入量不超过 112g，且最好分散在 3 天或更长的时间内饮用，未成年人、孕妇或备孕妇女不建议饮酒。《中国居民膳食指南（2022）》推荐儿童、少年、孕妇、乳母均不应饮酒，任何程度的饮酒对于孕妇都是不安全的。成人如饮酒，男性每日摄入酒精量不超过 25g，女性不超过 15g。酗酒（alcohol abuse）是指饮酒量超出安全标准或一般社交性饮酒标准，饮酒者无节制地喝酒或酒后失去自制力的行为，常常引起酒精中毒或成瘾，导致人体健康的各种损害。

（二）酒精中毒

酒精中毒（alcoholism）可分为急性酒精中毒和慢性酒精中毒两种类型。急性酒精中毒又称急性乙醇中毒，俗称醉酒，是指一次性饮入过量酒精或酒类饮料，超过人体乙醇代谢速度，致使乙醇在体内蓄积而出现的中枢神经系统功能紊乱状态。急性酒精中毒根据酒精摄入量不同，症状有所差异。通常可分为 3 个阶段：①兴奋期：出现头昏，欣快感，颜面潮红，眼部充血，言语增多，自控力减弱；②共济失调期：身体失衡，步态不稳，动作不协调，还会出现眼球震颤、视力模糊和复视；③昏迷期：昏睡，颜面苍白，口唇微紫，皮肤湿冷，沉睡不醒，严重者出现呼吸和循环麻痹而危及生命，甚至死亡。

慢性酒精中毒是指长期过量饮酒引起的中枢神经系统的损害，其特征表现为对饮酒的强烈渴望、耐受性增加、依赖性增强和不加以控制，是一种进行性的、潜在的可以致人死亡的疾病。慢性酒精中毒起病隐袭，症状和体征随病情的轻重各异，常表现为多系统的损害，主要表现为：①中枢神经系统损害，包括酒精中毒性脑病、精神障碍、卒中、周围神经病变及酒相关性癫痫发作等。②心脑血管疾病发生的风险增加。③酒精性肝硬化等。慢性酒精中毒患者戒酒后常感心中难受、坐立不安或出现肢体震颤、恶心、呕吐、出汗，严重者甚至出现癫痫、幻觉等戒断症状，恢复饮酒则这些症状可迅速消失。

（三）酒精成瘾

我国酒精滥用和成瘾协会认为，酒精成瘾（alcohol addiction）是一种包括以下 4 种主要症状的慢性疾病：①强烈而难以自制的饮酒欲望；②缺乏自控饮酒量的能力；③一旦停止饮酒就会有出汗、身体摇晃、恶心等症状出现；④在大量饮酒后出现满足感。酒精成瘾患者对酒精的渴望如同对食物和水的需求一样强烈，且通常持续终身。

二、体内代谢和蓄积

酒精主要化学成分是乙醇，乙醇分子中既有疏水性的烃基，又含亲水性的羟基，兼有脂溶性和水溶性。酒精通过胃和小肠的毛细血管迅速吸收，酒精浓度越高吸收速度越快。吸收后的酒精随血液循环分布全身，但其在各组织器官中的分布存在差异，如以血液中酒精浓度为 100% 计算，则脑组织、脑脊髓和肝组织中酒精浓度分别为 175%、150% 和 148%，并且血液中酒精浓度与脏器组织中的含量呈正相关。机体内 90%～95% 的酒精首先被乙醇脱氢酶（alcohol dehydrogenase，ADH）氧化为乙醛，后者在乙醛脱氢酶（aldehyde dehydrogenase，ALDH）作用下迅速转化为乙酸，约 80% 乙酸被分解成二氧化碳和水从体内清除。机体内 5%～10% 的酒精以原形从尿液、汗液、唾液、呼气中排出。此外，酒精也可通过诱导肝脏微粒体乙醇氧化系统依赖的细胞色素 P450 还原酶和辅酶进行代谢。

体内酒精代谢的速率存在较大的个体差异，主要取决于体内 ADH 含量，与一次饮酒量关系不大。酒精从血液中清除的速度约为 3.3mmol/h，因不同的个体、饮酒习惯和饮酒量而变化。一次饮酒后，血中酒精浓度在 30～90 分钟达到高峰，4 小时内，血中酒精浓度基本上呈线性下降。

三、生殖和发育毒性

夫妻同时酗酒，或丈夫在妻子受孕前酗酒，或母亲在妊娠期间酗酒，均可对胎儿及儿童的生长发育造成多方面危害。

（一）对雄性生殖功能的影响

乙醇及其代谢产物乙醛，对睾丸具有直接毒性作用。流行病学资料表明，男性酗酒者发生睾丸萎缩、不育、性欲低下和阳痿者占 70%～80%。男性酗酒者在出现肝脏疾病之前就可能出现性功能障碍。酒精性肝硬化的男子常见有睾丸萎缩，精子生成严重障碍。酗酒能诱导肝脏 5α- 睾酮还原酶活性，使睾酮降解速率增加，造成体内睾酮含量减少。血浆睾酮的缺乏将严重影响生精细胞的正常发育和成熟，导致精子生成数量减少、精子质量降低。在长期酗酒者的精液中，精子失活率可达 80%，形态发生改变的精子比例可高达83%。正常成年男性每天饮酒 220g，第 5 天血浆睾酮水平便开始下降；酒精中毒性肝硬化患者，饮酒后 10 ~ 16 小时，血浆睾酮水平下降 25% 左右。

（二）对雌性生殖功能的影响

酒精可直接使卵巢组织发生脂肪变性、坏死，导致卵巢重量减轻，排卵减少或排出未成熟卵子。实验动物饲以酒精后可见卵巢、子宫和输卵管萎缩。酒精的代谢产物乙醛对下丘脑 - 垂体 - 性腺轴有明显的损伤作用，使孕激素水平降低，催乳素释放增加，雌激素生成下降，导致卵子发育不良，其排出和活力都受到影响，造成卵子与精子结合的能力下降，受精概率降低。另外，女性生殖激素紊乱可导致受精卵的畸变。

（三）对生长发育的影响

乙醇及其代谢产物乙醛可损伤生殖细胞，使受精卵发育不全而导致流产。妊娠中期是酒精导致流产的敏感期，孕妇酒精摄入量与流产率呈正相关。孕妇每日饮酒量超过30ml，就可引起自发性流产、早产和低体重儿等不良妊娠结局。英国学者对 31 604 例孕妇进行的前瞻性调查结果显示，在受精前后每周摄入酒精达 100g 以上的妇女，生产发育迟缓儿的风险是每周摄入 50g 酒精妇女的 2 倍，孕晚期即使减少酒精摄入量也不能降低酒精所致婴儿发育迟缓的危险性，母亲饮酒与胎儿生长受限呈明显的剂量 - 反应关系。与不饮酒者相比，孕妇每日饮酒低于 28g 者，其婴儿平均出生体重减少 14g，每日饮酒 84 ~ 140g 者，婴儿平均出生体重减少 165g。怀孕前 3 个月是胎儿发育的关键期，在此期间接受高浓度酒精可改变胎儿激素合成类型；怀孕后 3 个月酗酒者，其子代可出现生长受限和智力低下。有些孕期酗酒者，其胎儿及新生儿的生长发育未见明显异常，但脑电图和其他电生理检查仍可发现一些异常改变，并且随着年龄的增长，患儿可出现认知功能、智力发育等方面的缺陷。此外，酒精所致围生期婴儿死亡率极高，酗酒女性的婴儿死亡率可高达17%。澳大利亚一项研究显示，孩子母亲在怀孕期间或在生育后一年内被诊断出酗酒成疾时，孩子死于婴儿猝死综合征的概率是父母不饮酒婴儿的 3 倍。此外，妊娠期饮酒也常发生妊娠并发症如胎盘早剥、胎儿窘迫症、羊水感染等。

作为一种小分子物质，酒精是一种较强的染色体致畸物，不仅易于进入胎盘，而且能够穿透细胞膜，使胚胎细胞染色体受损。采用微核试验观察酗酒者外周血淋巴细胞微核的发生情况时发现，酒精的剂量与胚胎细胞 DNA 损伤呈明显相关，这种改变能造成胎儿细胞损害，引起胎儿发育不良。动物研究表明，在母鼠妊娠敏感期给予酒精，除血浆中乙醇浓度较高外，还能影响胚胎细胞增殖状态和分化发育，且胚胎畸形发生率随乙醇浓度升高而增加，存在着明显的剂量 - 效应关系。德国一项大型病例对照研究结果显示，孕期有饮酒习惯的母亲，其子代出现先天性膈疝的风险增加 64%。2021 年 7 月《美国医学会杂志·儿科学》发表了复旦大学李笑天教授的前瞻性队列研究成果，在纳入的 529 090 对 6 个月内计划妊娠的夫妇中，有出生缺陷的宝宝，其父亲饮酒率为 40.4%；无出生缺陷的宝宝，

父亲饮酒率为 31.5%。调整母亲年龄、病史、服用叶酸的时间、有害物质接触、母亲饮酒和父亲吸烟等混杂因素后，发现父亲饮酒导致新生儿发生出生缺陷的风险增高 35%，其中唇腭裂风险增加 55%。

虽然酒精是从粮食里提炼出来的，但它本身并不属于营养素的范畴。长期饮酒不仅不能提供其他人体必需的营养素，而且酒精体内代谢过程中还会消耗多种营养成分，如叶酸、维生素 B_{12}、维生素 B_1、锌、蛋白质等营养物质，这些营养物质的缺乏，可使精子的生成数量减少和精液的质量降低，母体向胎儿输送的营养物质减少可影响胎儿的正常生长发育。

长期过量饮酒可直接影响孕妇机体的免疫系统，导致其自身免疫成分如补体成分、补体效价、免疫功能等产生明显改变，而其产生的内源性抗体可导致胚胎组织损伤，诱发胎儿酒精综合征甚至引起癌症。

四、胎儿酒精综合征

胎儿酒精综合征（fetal alcohol syndrome，FAS），是指母亲长期大量饮酒，或者在受孕前亲代一方大量饮酒，致使酒精经过胎盘转运给胎儿，导致胎儿生长受限，甚至智力障碍和多种畸形。在全球普通人群中，FAS 的发病率平均为 7.7‰，欧洲地区的发病率最高（19.8‰），地中海区域最低（0.1‰）。在全球 187 个国家中，南非的 FAS 发病率最高（111.1‰），其次为克罗地亚（53.3‰）和爱尔兰（47.5‰）。我国新生儿 FAS 的发病率为 1/1 500 ~ 1/600，在智力障碍性疾病中位居第 3 位。

（一）流行病学资料

西方国家在早前就有"星期天婴儿病"和"星期天胎儿"之称，是由于夫妇在星期天或节假日大量饮酒后受孕而出现的先天畸形儿。Waner 等总结英国 1720—1750 年间的资料后，指出胎儿的畸形是由亲代饮酒所致。美国议院的一份报告指出嗜酒母亲的后代具有"饥饿的、萎缩的、不完全的外貌"。Lemione 等对 127 例的婴儿调查显示，酗酒母亲的婴儿出现特殊畸形特征。1973 年 Smith 和 Johnes 首次报告了 8 例大量饮酒母亲所生（怀孕 38 周）新生儿的身长、体重仅相当于 32 ~ 34 周的正常胎儿，并提出了"胎儿酒精综合征"一词。20 世纪 60 年代至 70 年代初，美国及法国的临床研究表明，孕期宫内酒精暴露可引起胎儿多种畸形。2010—2016 年间美国的一项社区抽样调查结果显示，一年级学生（平均年龄 6.7 岁）中 FAS 的患病率为 1.1% ~ 5.0%。2014—2017 年，加拿大一项针对 2 555 名 7 ~ 9 岁学生的调查估计结果显示，加拿大安大略省以总人口为基础的 FAS 流行率在 2% ~ 3% 之间。

（二）影响因素

美国国家药物滥用研究所的统计表明，FAS 高发人群为吸烟、未婚、学生、具有大学文化程度、年收入超过 5 万美元的饮酒人群。综合流行病学调查资料，发现影响酒精消费量的一些主要因素，也是影响 FAS 发生的因素。

1. 人种和社会经济水平 社会经济水平低的地区，FAS 发病率高，且不同种族之间

FAS 的发病率也存在明显差异。如国际酒精滥用和酗酒组织报道，美国 FAS 的发病率，印第安人地区为 29.9/ 万，黑人区为 6/ 万，白人区为 1/ 万。

2. **母亲怀孕年龄和社会地位**　年龄超过 30 岁的母亲生育 FAS 胎儿的概率是年轻母亲的 2 ~ 5 倍。美国统计数据显示，25 岁以下和 30 岁左右的女性在怀孕期间更可能饮酒，故其所育新生儿更易出现 FAS。Sidhu 等报道，与其他孕妇相比，无职业者和未婚者孕期酒精滥用和酗酒或频繁饮酒的可能性更大，这些孕妇社会地位更低，其娩出胎儿更易患 FAS，这可能与营养不良、心理应激等因素有关。

3. **饮酒年限、饮酒量与孕期阶段**　在长期酗酒者的后代中，有 40% ~ 50% 的孩子发生 FAS。对于长期饮酒母亲来说，年龄越大，其子代患 FAS 的可能性越大。Harson 等统计表明，每日饮酒量在 30 ~ 60ml 时，FAS 患儿的发生率为 10%；大于 60ml，FAS 的发生率达 19%。还有报道显示，孕妇每天饮用纯酒精量大于 85g，有 30% ~ 45% 的孕妇娩出 FAS 患儿。愈是在妊娠早期，且饮酒量越大，发生 FAS 的程度也愈严重。孕 1 ~ 3 个月时，酒精主要作用于增殖迅速的胚胎组织细胞，可改变细胞膜结构和组织酶活性；孕 4 ~ 6 个月是胎儿神经细胞迅速增长的主要时期，此期大量饮酒会对胎儿中枢神经产生严重损害；孕 8 ~ 10 个月是胎儿大脑生长发育最快时期，也是整个重要的神经生理功能形成期，此时高浓度的酒精能损害中枢神经系统发育及其以后的智力和行为发育。酒精暴露所致孕期胎儿损害的严重程度以孕 1 ~ 3 个月最严重，孕 4 ~ 6 个月次之，孕 8 ~ 10 个月较轻，而且这些损害大多是不可逆的。

4. **遗传易感性**　由于乙醇代谢相关酶的基因具有多态性，致使不同个体摄入酒精后代谢率也存在差异。

5. **其他因素**　空气污染尤其是铅污染，以及吸烟、药物如大麻等均能减少胎盘血流量导致缺氧，增加自由基产生，从而减少营养物质的吸收。

（三）主要特征

1. **生长发育迟缓**　胎儿生长受限及新生儿生长发育不良是 FAS 的典型表现之一。除与孕妇酗酒有关的早产、死胎、自然流产外，新生儿出生体重常明显低于相同胎龄者，Apgar 评分较低，身长与头部双顶径及头围小于相同胎龄者的两个标准差，不成比例地缩减脂肪组织。部分 FAS 患儿可出现神经管发育异常，如脑积水、无脑儿、脊柱裂、海豹肢畸形等。

2. **颅面畸形**　颅面畸形是 FAS 新生儿最明显的外貌特征，包括：①小头畸形，约占 FAS 患者的 80%；②上颌骨发育不全，表现为面中部扁平，低鼻梁，鼻唇沟发育不良，鼻孔上翻，上唇薄长或上嘴唇狭窄，唇色浅；③下颌骨发育不良，表现为新生儿期缩颌，成人期小颌或相对突颌；④其他：如偏侧腭嵴，短眼裂，牙小，牙釉质发育不全，唇裂，上睑下垂，斜视等。

3. **中枢神经系统功能失调**　FAS 患儿可出现大脑、小脑、海马、胼胝体等多部位多形式的损害，引发脑发育严重障碍，除脑电图出现异常波形外，还伴有协调运动障碍，甚至抽搐等神经症状，是 FAS 中的最严重临床表现。FAS 新生儿存在精神和智力发育迟缓，平均智商约 70，明显低于正常，且这种智力障碍不因年龄增长而改善。据调查，美国

FAS 患儿占所有智力迟钝者中的比例为 20%，已成为威胁美国儿童智力的第一位疾病。

4. 其他畸形 FAS 患者还可发生一些其他畸形，如房室隔缺损、动脉导管未闭等心血管系统畸形；尿道下裂、睾丸未降等泌尿生殖系统缺陷；多毛症、血管瘤等皮肤先天性异常；以及指甲发育不良、关节畸形等等。

（四）诊断标准

美国国家酒精滥用和酒精中毒研究所制定的 FAS 诊断标准是母亲妊娠酗酒后，新生儿有如下变化：

1. 生长发育障碍 出生前和出生后生长发育迟滞，即体重、身高和 / 或头径低于正常同龄儿 10%。

2. 中枢神经系统受损 神经系统出现病理学改变、发育延迟或智力受损。

3. 面部畸形 至少有以下两个方面：①小头（在正常值第三个百分位点以下）；②小眼和 / 或短睑裂；③人中发育不良，薄上唇和 / 或上颌扁平。

尽管这一诊断标准并未将其他脏器如心脏、脊柱及四肢的畸形改变列入其中，但目前对 FAS 的诊断仍采用这一标准。

值得注意的是，尽管早期干预可以有效减少 FAS 的危害，但不幸的是，FAS 的早期诊断常常无法实现，尤其是在 B 超无法显示胎儿某些部位发育特征的情况下。美国科学家 Peterson 发现，测量新生婴儿第一次肠道运动过程中的脂肪酸乙酯水平是准确诊断 FAS 的一种有效方法，这将使 FAS 早发现早治疗成为可能。

（五）预防措施

FAS 是可以通过妊娠前后完全戒酒或不饮酒而避免的。

1. 加强健康教育、节制或戒除饮酒 大力宣传酗酒对子代的危害，对于将要怀孕的夫妇应劝告其孕前戒酒，妇女怀孕期、哺乳期均应戒酒，以免对下一代造成无法挽回的严重伤害。

2. 加强产前胎儿发育监护 尽量避免酒后受孕，若已怀孕应定期对胎儿的发育状况进行检查。若 B 超检测发现胎儿有明显畸形，应劝告孕妇终止妊娠。

3. 孕前和孕中戒酒 在受孕前一个月就要戒酒，孕妇在孕期应完全戒酒，饮酒的妇女应采取有效的避孕措施或者节制饮酒。戒酒方法包括厌恶治疗、家庭治疗、集体疗法、药物疗法等，应该在医生指导下进行，并在整个孕期进行监督。

第三节　吸毒与优生

毒品在世界范围的蔓延泛滥，是直接威胁人类社会的大"毒瘤"，不仅造成肝炎、性病、艾滋病等疾病的感染和传播，也给后代带来严重危害，对国民经济、人口素质和社会安定的影响是无法估量的。《2019 世界毒品报告》显示，全球每年约有 2.7 亿人吸毒，近 3 500 万人成瘾，近 60 万人直接死于毒品滥用。截至 2019 年底，中国现有显性吸毒人员 214.8 万名。女性吸毒人数近年呈上升趋势，其中 20 ~ 30 岁的育龄女性吸毒者占女性吸毒者的 74%，未婚者多达 72%，女性初次吸毒年龄在 17～25 岁的占 47%，她们多为即将进入育龄期的妇女。妊娠期妇女吸毒带来的直接后果是导致早产、流产、低出生体重、出生缺陷和新生儿毒瘾戒断综合征，如"海洛因婴儿"等。

一、毒品与吸毒

（一）基本概念

1. 毒品　毒品（narcotics）通常是指能使人成瘾的药物，或称精神活性物质、致依赖药物、成瘾物质。无论是从医学、法学还是社会学角度上讲，毒品都是一个相对的概念，毒品与药品之间没有严格界线。使用适当，毒品就是药品；失控滥用，药品也可能成为毒品。《中华人民共和国刑法》第 357 条规定，毒品是指鸦片、海洛因、甲基苯丙胺（冰毒）、吗啡、大麻、可卡因，以及国家规定管制的其他能够使人形成瘾癖的麻醉药品和精神药品。因此，毒品的种类很多，各国因其流行的种类不同而对其设定不同的范围。国际禁毒公约将具有依赖特性的药物分为麻醉药品和精神药品两大类进行国际管制。麻醉药品（narcotic drug）是指由国际禁毒公约和我国法律法规规定管制的、连续使用易产生身体和精神依赖性、能形成瘾癖的药品。属于我国麻醉药品管制范围的药类包括阿片类、可卡因类、可待因类、大麻类和合成麻醉，以及国家药品监督管理局指定的其他易成瘾癖的药品、药用原植物及其制剂等，共 7 类 118 种。精神药品（psychotropic substance）是指由国际禁毒公约和我国法律法规规定管制的直接作用于人的中枢神经系统、使人兴奋或抑制、连续使用能产生依赖性的药品。属于我国精神药品管制范围的包括兴奋剂、抑制剂和致幻剂等，共 119 种。

毒品具有以下主要特点：

（1）成瘾性：世界卫生组织专家委员会认为，药物成瘾性是由于反复使用某种药物所引起的一种周期性或慢性中毒状态，其特征包括：①具有不可抗拒的力量，使人产生极强烈的欲望驱使人们设法获得和使用该药品；②有加大剂量的趋势；③对该药的效应产生依赖性，对个人和社会都会产生严重危害。

（2）依赖性：其特点为：①一组认知、行为和生理症状群；②个体尽管明白使用成瘾物质会带来明显的问题，但还在继续使用；③自我用药结果导致了耐受性的增加；④戒断症状和冲动性觅药行为。

（3）耐受性：吸毒患者多次吸毒后，毒品给其带来的欣快感会逐渐降低，需提高吸毒频率或改变给药途径以增加药物使用量来维持欣快感。提高吸毒频率或改变给药途径是毒品耐受性的表现，耐受性是可逆的。

（4）戒断综合征：停用或减少药物使用量，或使用拮抗剂占据受体后，出现的特殊心理生理的一系列症状。

2. 吸毒　吸毒即吸食毒品，在医学上多称药物滥用（drug abuse）和药物依赖（drug dependence），是指采取各种方式、反复大量使用与医疗目的无关的具有依赖性潜力的药物。毒品能影响人类心境、情绪、行为，并且可改变意识状态，使用它的目的在于取得或

保持某些特殊的心理和生理状态。吸毒的方式有很多种，包括口服、鼻吸、肌内注射、静脉注射等，其中静脉注射最为直接，造成的危害也最大。目前，我国已列管431种毒品和整类芬太尼类物质，我国吸毒者吸食的毒品约40多种，其中海洛因的吸食量占第一位，冰毒为第二位，氯胺酮（俗称K粉）为第三位。吸毒可直接或间接地造成全身多器官多系统的损害，且这些损害效应可呈现连锁反应。如孕妇吸毒，不仅能引起胎儿生长受限，从而导致胎儿的多种不良妊娠结局，而且还能造成胎儿在脱离母体的吸毒环境后产生"新生儿毒瘾戒断综合征"。

（二）成瘾药物或毒品的分类

毒品可根据药理学、使用环境、自然属性、毒物效能、毒品形态、毒性强度等不同方式进行分类（表14-1）。

表14-1　毒品分类

分类依据	类型		毒品
自然属性	麻醉药品	鸦片类	鸦片、吗啡、海洛因、盐酸哌替啶（度冷丁）、美沙酮、芬太尼等
		古柯类	可卡因等
		大麻类	印度大麻、北美大麻、四氢大麻酚等
	精神药品	第一类	安钠咖、六氢大麻酚、吗啡因等39种
		第二类	巴比妥、氨酚待因等65种
原料来源	天然毒品		鸦片、大麻等
	合成毒品		美沙酮,芬太尼、海洛因（半合成毒品）
效能	止痛剂		鸦片、吗啡、盐酸哌替啶（度冷丁）等
	抑制剂		巴比妥、安眠酮、苯二氮䓬
	催眠剂		巴比妥、安眠酮等
	兴奋剂		安非他明、可卡因等
形状	膏状		鸦片膏
	粉状		海洛因、可卡因

续表

分类依据	类型	毒品
形状	丸状	摇头丸等
毒性强度	硬性毒品(烈性麻醉品)	鸦片、吗啡、海洛因、可卡因等
	软性毒品(温和麻醉品)	大麻

摘自：沙丽君，叶浩，戴志鑫.海洛因依赖的临床表现与处理.昆明：云南大学出版社，2000.

1. 按药理学分类

（1）中枢神经抑制剂：如巴比妥类、酒精、阿片类。

（2）中枢神经兴奋剂：如咖啡因、可卡因、烟草等。

（3）致幻剂：如仙人球毒碱（麦斯卡林），大麻（最古老的著名致幻剂）。

（4）挥发性溶剂：如丙酮、四氯化碳等。

2. 按使用环境分类

（1）社交性成瘾物质：香烟、酒类。

（2）处方用药。

（3）非法成瘾物质（毒品）。

二、吸毒对妊娠结局的影响

孕妇吸毒通常是在怀孕之前就开始吸食，怀孕后也不能戒除，孕期仍继续吸毒。经胎盘进入胎儿体内的毒品，可在胎儿组织细胞分化的早期发挥作用，导致胎儿宫内生长发育受阻。妻子受孕前丈夫吸毒，也可因毒品对男性生殖功能造成的危害，影响精子的质量和数量而导致胎儿生长发育异常。

（一）低体重儿

吸毒成瘾的孕妇，怀孕 4 ~ 6 个月时即可发现胎儿生长受限，致使遭受毒品危害的胎儿一般容易早产，体重较轻，出生后需要 3 个月时间才能达到正常婴儿的体重。吸毒母亲分娩的婴儿约 50% 为低体重儿，其在围生期的患病率和死亡率均较高，80% 的新生儿可出现新生儿窒息、低呼吸反射、颅内出血、低糖血症和低钙血症等合并症。

（二）胎儿畸形

孕妇吸毒可诱发遗传物质突变，致使胎儿出现大脑、心脏、神经等发育缺陷，出现胎儿心、脑、神经管等畸形。据报道，加拿大安大略省阿片依赖妇女所生婴儿出生缺陷患病率为 75.84/1 000 活产，主要表现为无脑儿、小头畸形、新生儿肢体缺陷等畸形。

（三）低智能儿

吸毒孕妇会使血中游离型药物增多，由于胎儿血脑屏障发育不全，加上肝肾解毒和排毒能力尚未健全，致使毒品易进入胎儿中枢神经系统，严重影响胎儿脑发育。美国调查数

据显示，母亲吸毒导致的低智能儿占全国初生婴儿总数的 11%。

（四）母婴传播性疾病

吸毒妇女在妊娠期间通过母婴垂直传播使胎儿遭受致病性微生物感染，在分娩过程中可通过破损的皮肤黏膜使胎儿感染母体携带的致病性微生物，分娩后授乳也可使婴儿受到感染。

1. 艾滋病 吸毒是艾滋病的主要传播途径之一，几乎所有感染了艾滋病病毒即人类免疫缺陷病毒（human immunodeficiency virus，HIV）的母亲都能通过母婴传播途径使婴儿感染 HIV，其发展成为艾滋病和相关疾病的病程比成人更短，预后更差。出生后 48 小时从新生儿外周血培养出 HIV 者，被认为是妊娠感染（宫内感染）。新生儿黏膜接触母体血液或体液中所含病毒而引起的感染为分娩期感染。HIV 阳性的母亲用母乳喂养婴儿，婴儿 HIV 感染率比人工喂养高 2 倍。此外，由于儿童期大脑正处于发育时期，HIV 的侵入可损害智力发育和运动神经功能，引起脑功能障碍，这些影响可能是永久性的。

2. 肝炎 吸毒人群中乙型肝炎病毒、丙型肝炎病毒以及乙型、丙型肝炎病毒的混合感染率和发病率都较高。对新生儿传播乙型和丙型肝炎病毒的主要途径是宫内感染和分娩时感染。

3. 性病 吸毒的女性，通常因购买毒品需要大量钱财而去卖淫，从而导致各种性病蔓延，成为性病的高发人群。在全球，儿童性病发病率在迅速上升。美国疾病预防控制中心报道，全美感染梅毒的新生儿数量从 2013 年的 362 例升至 2017 年的 918 例。国家妇女儿童健康中心公布的数据显示，中国 2011—2017 年，先天性梅毒病例数量从 13 294 例下降到 3 846 例。

（五）新生儿毒瘾戒断综合征

吸毒孕妇中断吸食毒品，可引起胎儿在子宫内的毒瘾戒断发作。美国疾病预防控制中心最新数据显示，2016 年的 13 365 例阿片类药物致死病例中，56% 发生在生育年龄的妇女，新生儿阿片类戒断综合征发病率也从 2000 年的 1.20‰ 上升到 2016 年的 20‰。海洛因成瘾的孕妇，其胎儿可通过胎盘间接接触到海洛因，成为被动成瘾者。母亲在怀孕期间使用阿片类毒品，分娩的新生儿 50%～90% 会出现不同程度的戒断症状，美沙酮成瘾妇女分娩的婴儿出现戒断症状的比例高达 94%。

（六）其他

吸毒孕妇体内的毒品可对胎儿的免疫系统产生直接毒性作用，造成新生儿免疫功能异常。如孕妇在怀孕期间吸食大麻，其所产婴儿患罕见的幼儿白血病的风险是普通婴儿的 10 倍，患癌症的风险是其他婴儿的 2～5 倍。此外，吸毒孕妇孕期由于缺乏良好的环境和营养，导致其新生儿死亡率极高。

三、新生儿毒瘾戒断综合征

毒品能使人体产生适应性改变，形成在药物作用下新的平衡状态，一旦停药或减量，或使用阻断成瘾物质的药物后，就会造成生理功能紊乱，出现一系列严重反应，称为毒瘾戒断反应（abstinence reaction），也称毒瘾戒断综合征。孕妇吸食毒品后，药物可快速地进入胎盘并在此处蓄积，对胎儿产生影响，从而使胎儿对药物产生依赖。即使孕妇在妊娠晚期停药，残留在孕妇体内的药物仍可穿透胎盘进入胎儿体内组织，使胎儿对药物的依赖性仍持续存在。当胎儿出生离开母体时，就中断了母体对其毒品的供给，从而产生"新生儿毒瘾戒断综合征"。这是孕妇吸毒造成对新生儿影响较为严重的后果，典型的如"快克婴儿""海洛因婴儿"等。

新生儿毒瘾戒断综合征的出现和病程有时限性，而且与母亲滥用药物的种类、剂量、时间（特别是分娩前最后一次用药剂量与时间）和用药方式有关。如果孕妇滥用药物的量大或时间长、采用注射方式用药等，其新生儿的戒断综合征就较为严重。新生儿毒瘾戒断综合征的发生，以母亲在妊娠期间吸食海洛因和苯丙胺类毒品所娩出的新生儿中最为常见。孕妇滥用海洛因分娩的婴儿中，大约有 60%～90% 会出现戒断症状，且多在出生后 1～2 天逐渐出现。由于新生儿的代谢药物能力较弱，有的新生儿要在出生后 6～8 周才出现戒断症状，并可持续 3～4 个月。孕妇分娩前已停药 1 个月以上者，新生儿可无戒断症状。

（一）临床表现

由于新生儿毒瘾戒断综合征的发生时间、症状轻重存在个体差异，致使其临床症状和体征复杂多样，主要包括：

1. **中枢神经系统症状**　主要表现为易怒、过度紧张、反射过强、异常吸吮拳头和拇指等，1/3 的新生儿可出现惊厥发作。

2. **自主神经系统症状**　尖声哭闹、打哈欠、打喷嚏、发热、多汗、心动过速、睡眠障碍、多动、焦虑不安、易激惹等。

3. **呼吸系统症状**　呼吸急促、呼吸暂停、间断发绀和呼吸性碱中毒等。肺部 X 线有斑状阴影。

4. **胃肠道症状**　胃肠功能紊乱，食欲减退。因呕吐和腹泻可导致脱水和电解质紊乱等。

5. **四肢症状**　出生时常有轻度高速细微震颤，以后逐渐加重，表现为肌肉张力增高，反射亢进，还可出现粗大震颤或扑翼样的震颤，偶有痉挛发作。

（二）治疗

新生儿出现戒断综合征的临床症状时，应怀疑是药物成瘾或毒品成瘾的可能，需进一步详细了解母亲的服药情况和是否有吸毒史。一旦确诊，应将新生儿置于安静、光线暗淡处。有吐泻、出汗、呼吸加快和活动过多的症状时，应注意保证水分、能量和电解质供应的对症处理，纠正电解质紊乱等。对于已产生药物成瘾的新生儿，可用替代疗法。目前常用的替代药物有复方樟脑酊、美沙酮和丁丙诺啡等，应注意替代药物的剂量要适当，待病情稳定后再逐步减量，直至完全停用。若有烦躁不安的症状，可用安定、苯巴比妥类药物起镇静作用，以达到逐步解除药瘾的目的。若患儿戒断反应比较强烈，应有专人 24 小时护理，予以心理疏导及帮助。

（三）预后

轻微的新生儿毒瘾戒断综合征，一般不需药物治疗即可自行缓解。若戒断症状持续不缓解或较严重，必须给予药物治疗。多数患儿接受规范药物治疗后，预后较好，可明显改善症状，但也有少数可发生戒断性谵妄、昏迷和急性器官衰竭等严重并发症，造成婴儿猝死。

（四）预防措施

1. **加强宣传** 开展卫生宣传教育，远离毒品，特别应避免在妊娠期间吸毒。

2. **加强婚检** 吸毒者应避免妊娠，且要求吸毒者应在戒毒 1 年后才能怀孕。对吸毒孕妇应提供足够的心理支持和专业咨询，使其尽可能按时进行产检。

3. **吸毒者怀孕后在妊娠晚期不能停药** 如停用鸦片则可能引起子宫兴奋导致早产，而药物成瘾者的婴儿则会出现戒断综合征。

4. **吸毒的产妇不能母乳喂养新生儿** 以避免药物通过乳汁进入新生儿体内，从而继续对新生儿造成危害。

四、不同种类毒品对孕妇及胎儿的影响

由于吸毒者吸食的毒品种类较多，这里仅对吸食人群较广的几种毒品对孕妇和胎儿的危害进行概述。

（一）海洛因

1. **理化性质** 海洛因（heroine），俗称"白粉"，是吗啡的衍生物，化学名为 3, 6-二乙酰吗啡，分子式为 $C_{21}H_{23}O_5N$。其纯品为白色粉末状物质或白色结晶粉末，微溶于水，易溶于有机溶剂。进入人体后水解为单乙酰吗啡，再进一步水解成吗啡而起作用。

2. **不良妊娠结局**

（1）死胎和畸形：长期大量吸食海洛因，可导致孕妇 DNA 损伤及 DNA 修复异常，使淋巴细胞染色体畸变率明显升高，从而导致胎儿遗传物质发生改变而出现畸形儿。此外，妊娠期孕妇滥用海洛因还能引起低氧血症及代谢性酸中毒，从而导致胎儿宫内缺氧，对胎儿神经系统造成病理性损害，严重者则引起死胎和畸形。吸食海洛因的孕妇娩出的新生儿畸形包括：小头、多指/趾、脑瘫、气管食管瘘、肛门闭锁、胆道闭锁、尿道下裂、腹股沟及脐疝、小肠扭转、颌面畸形、内脏外翻异位、水囊肿等。海洛因成瘾的孕妇，其新生儿先天畸形率约为 2.7% ~ 3.2%。

（2）胎儿生长受限：妊娠期间吸食海洛因可使胎儿生长受限，出现早产儿和低体重儿等不良妊娠结局。进入胎儿体内的海洛因大部分会进入神经系统，贮存在脑组织中，进而导致新生儿智力低下。海洛因依赖孕妇的胎儿生长受限发生率为 7.7% ~ 50%，其可能机制包括：①孕妇体内海洛因经胎盘进入胎儿体内，致使胎儿生长激素或生长因子合成和分泌异常，从而影响胚胎发育和胎儿生长发育；②海洛因依赖孕妇由于其对海洛因的渴求被迫卖淫、性乱，孕期不洁的频繁性交，不但刺激子宫收缩使子宫胎盘血流量减少，而且还使其成为诸如艾滋病和梅毒等性病的携带者，引起胎儿宫内感染，造成胎儿受海洛因和病原微生物的双重危害而影响生长发育；③海洛因戒断症状出现后的焦虑、缺氧等可导致孕妇体内儿茶酚胺分泌增加，使子宫胎盘血流量下降，致使胎儿得不到充足的氧气和营养物质；④海洛因依赖孕妇常有厌食、营养不良及贫血等，从而影响胎儿营养供给。

（3）海洛因婴儿：海洛因婴儿首先是由美国人提出的名词，指母体滥用海洛因成瘾后，再受孕、妊娠、分娩而得到的婴儿。海洛因成瘾的母亲孕育的胎儿也会出现成瘾现象，就像成年人一样，婴儿也会对毒品上瘾。如果母亲在怀孕期间吸食海洛因，海洛因将通过脐带对未出生的胎儿产生作用，从而使胎儿产生躯体依赖性。胎儿出生后，海洛因将不再存在于婴儿体内，致使婴儿可能会出现戒断综合征即"海洛因婴儿"（图14-1）。海洛因婴儿出生后就有毒瘾，出现浑身颤抖、多汗、发出刺耳的尖叫等。母亲在怀孕期间吸食海洛因所产的婴儿，出生后需要在医院住 5 ~ 7 天，这样就可以监测到婴儿是否会出现新生儿毒瘾戒断综合征。

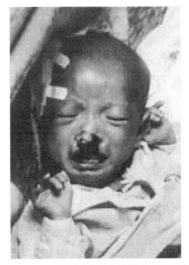

图 14-1　吸毒者的后代"海洛因婴儿"

（4）对乳儿的影响：海洛因成瘾的哺乳期妇女乳汁中含有海洛因，长期吸吮该母体乳汁的婴儿可被动成瘾。一旦停止母乳喂养，乳儿就会出现戒断症状而哭闹不已，再吸食母乳其症状可消失，从而对婴儿身心造成严重损害。

（二）可卡因

可卡因（cocaine），又称古柯碱，化学名称为苯甲基芽子碱，多呈白色晶体状，无臭，味苦而麻，不溶于水，易溶于氯仿、乙醚、乙醇等有机溶剂。可卡因是确认的人类致畸物，既是一种强烈的天然中枢神经兴奋剂，也是一种强效局部麻醉药品，使用后极易成瘾，被国际禁毒组织称之为"百毒之王"。据估计，仅美国，每年至少有460万女性可卡因吸食者，导致75万孕妇和分娩的婴儿受其影响。

动物实验证实，可卡因可损害各个年龄段动物生殖器官的生长和功能。妊娠期女性使用可卡因后，除了对孕妇本身的损伤外，可使流产、早产、胎盘早剥、胎儿生长受限和胎儿死产率等不良妊娠结局的发生率增加。妊娠早期使用可卡因可引起特定的脑、心脏、泌尿道、生殖道等部位的出生缺陷，其中以对中枢神经系统的损伤最为严重。可卡因成瘾母

亲分娩的婴儿可有低出生体重、身体矮小和小头畸形等多种异常表现。

（三）氯胺酮

氯胺酮，俗称 K 粉，其外观为纯白色细结晶体，属于静脉全麻药品，能兴奋心血管，吸食过量可致死，具有一定的精神依赖性。K 粉常被混入摇头丸中，成瘾后，吸食者会疯狂摇头，很容易摇断颈椎；同时，疯狂的摇摆还会造成心力衰竭和呼吸衰竭。K 粉吸食过量或长期吸食，对心、肺、神经都可造成致命损伤，对中枢神经的毒性强于冰毒。氯胺酮还可能导致新生儿反射性降低、呼吸抑制等损害。

尽管氯胺酮已被广泛用于孕妇的麻醉诱导，但截至目前，妊娠期氯胺酮暴露引起的毒性作用主要出现在实验动物中，尚未见人类在怀孕期间使用氯胺酮风险的报道。服用氯胺酮进行全身麻醉的孕妇与滥用氯胺酮的孕妇，其主要区别在于后者会在整个孕早期多次接触氯胺酮。非洲爪蟾胚胎在 8 ～ 21 天（原肠胚期至神经管完全闭合前）给予氯胺酮染毒，出现心脏体积大小异常、心室射血分数下降等心脏功能紊乱。孕 14 天的大鼠通过静脉注射给予镇静剂量的氯胺酮，其 30 天的子代幼鼠大脑多部位出现细胞凋亡和神经元死亡，前额叶皮层突触前和突触后蛋白表达降低，突触传递发生延迟，表明孕期氯胺酮暴露可导致胎儿神经元发育受损。

（四）苯丙胺类兴奋剂

1. 苯丙胺　又称安非他明，纯品为无色至淡黄色油状碱性液体，其盐酸盐或硫酸盐为微带苦味之白色结晶体粉末。苯丙胺的结构和主要药理作用与儿茶酚胺相似，是一种中枢兴奋药及抗抑郁症药。苯丙胺对动物有致畸作用。人群调查也发现，苯丙胺除引起月经和排卵异常外，也可导致胎儿先天性心脏缺损、胆道闭锁、神经管缺损和胎儿低出生体重、死胎和早产。从苯丙胺衍生而来的兴奋剂有 10 多种，其中最主要的为冰毒和摇头丸。苯丙胺类兴奋剂客观上适应了当代的快节奏，因此有人推断其将可能取代海洛因、大麻、可卡因等传统毒品而成为 21 世纪滥用最广、危害最严重的毒品。

2. 冰毒　主要成分为甲基苯丙胺，又称去氧麻黄碱，是滥用最广泛的兴奋剂之一。作为强效中枢神经系统刺激剂，冰毒进入人体后，作用时间可达 10 小时以上，在血液中的生物半减期为 11 ～ 30 小时，比海洛因的生物半减期还长。冰毒可影响性激素的分泌，使生殖功能下降，男性可导致精子质量降低，女性可导致绝经。冰毒易通过血脑屏障和胎盘屏障进入胎儿体内，使得胎儿对冰毒具有潜在依赖性，对脑发育产生严重影响，导致脑瘫和出生后的新生儿戒断症状。

3. 摇头丸　作为新型人工合成毒品，摇头丸主要成分为亚二氧基甲基苯丙胺，俗称"迷魂药"，是中国规定管制的精神药品。亚二氧基甲基苯丙胺通过调节 5- 羟色胺、多巴胺和去甲肾上腺素在中枢神经系统的含量而发挥毒性作用，同时抑制其在神经元内的合成而导致脑内 5- 羟色胺耗竭。胎儿期接触亚二氧基甲基苯丙胺，会导致胎儿脑发育异常，使婴儿出现记忆缺陷和其他损伤。

（五）咖啡因

咖啡因（coffeine）是从茶叶、咖啡果中提炼出来的一种黄嘌呤生物碱化合物，属中枢神经兴奋类毒品。大剂量或长期使用也会对人体造成损害，特别是它也具有成瘾性，一且停用会出现精神萎靡、浑身困乏疲软等各种戒断症状。虽然咖啡因成瘾性较弱，戒断症状也不十分严重，但由于药物的耐受性而导致其用量不断增加时，不仅作用于大脑皮层，还能直接兴奋延髓，引起阵发性惊厥和骨骼震颤，损害肝、胃、肾等重要内脏器官，诱发呼吸道炎症、乳腺瘤等疾病，甚至导致吸食者下一代智力低下，肢体畸形。因此，咖啡因也被列入受国家管制的精神药品范围。

动物实验发现，鼠类怀孕期间给予咖啡因，可引起胎儿发生多种畸形，如腭裂、趾畸形、露脑、脊柱裂、无下颌、无眼、矮小、骨骼发育不全等。人群调查也显示，妇女孕期饮用咖啡有增加流产、低出生体重和儿童患白血病的风险。如 Claire 通过调查孕妇摄入咖啡因与其妊娠结局关系时发现，妊娠期摄入咖啡因者，其胎儿流产的风险明显高于妊娠前摄入者。妊娠期每天摄入 163 ~ 321mg 咖啡因，胎儿流产的风险约增加 1 倍。另有报道也指出，孕妇饮用 3 杯或 3 杯以上的咖啡与娩出低体重儿有关，且体重多小于 2 000g。澳大利亚麦考里大学一项生物学实验研究意外发现，咖啡因可在某种程度上直接影响妇女怀孕，常使用咖啡类饮料的孕妇，如其本身或配偶经常吸烟或酗酒，则出现不良妊娠结局的概率更高。

咖啡因虽然不是一种致畸物，但会增强一些药物或放射线致基因突变的效应。咖啡因也能引起母体和胎儿的血管收缩，影响母体生殖器官以及胎儿营养物质和氧的供给，前者直接影响生殖细胞的质量，造成胎儿生长发育障碍。目前对咖啡因单独作用是否引发人类胎儿畸形存在质疑。有研究显示，只有在血清中咖啡因浓度很高（相当于每天喝 2 500ml 以上的咖啡）时，对胎儿才有致畸作用的可能。哈佛大学医学院对 2 700 名妇女孕期第 1 个月平均摄入 72.4mg、第 7 个月平均摄入 54mg 咖啡因进行跟踪调查，但在这些孕妇中并没有发现咖啡因损害胎儿发育的证据。

第四节　其他不良行为生活方式与优生

一、焦虑和抑郁与优生

（一）焦虑和抑郁

焦虑是对外部事件或内在想法、感受的不愉快体验，包括程度不等、性质相同、互为过度的一系列情绪，由轻到重依次为不安与担心、害怕和惊慌、极端恐惧，表现为主观上紧张不安、行为上运动不安和自主神经紊乱症状。抑郁是以情绪低落为主的负性情绪波动，是人体反复反应对却无效、备受挫折的结果。个体相对持久而稳定的兴奋感缺失，可伴睡眠觉醒节律紊乱、性欲减退、体重下降、脏器功能下降等生理反应和强迫、焦虑、疑病等精神症状。在过去几十年里，产后抑郁一直是研究的热点。然而，产前焦虑和抑郁未受重视，部分原因是误认为妇女在怀孕期间受到"激素保护"，不会出现心理障碍，但近年来研究发现，焦虑和抑郁都是心理应激状态下的情绪反应，交感 - 肾上腺髓质系统、下丘

脑 - 垂体 - 靶腺系统、孕妇 - 胎盘 - 胎儿神经内分泌系统、血清素系统等均参与了产前焦虑和抑郁的发病过程。母亲发生焦虑和精神压力增大期间皮质醇的分泌增加，可通过胎盘进入胎儿环境，从而导致胎儿过度暴露于糖皮质激素。在发育中的胎儿中，血清素扮演着生长因子的角色调节神经递质。血清素系统能够影响下丘脑 - 垂体 - 肾上腺轴激素调节，尤其能显著影响促肾上腺皮质激素释放。因此，产前压力、焦虑和情绪低落能够通过血清素系统影响胎儿发育、分娩结局和婴幼儿的发育。

（二）引起焦虑和抑郁的因素

1. 生物因素 包括异常妊娠史（流产、胎儿畸形等）、未定期孕期保健、异常分娩史等，初产妇更敏感。孕期不良经历，包括人工辅助生殖技术受孕、先兆流产保胎等。孕产妇个人因素，例如年龄过小或过大、学历水平、家庭关怀等。特殊病史和不良家族史，包括心脏病、哮喘、甲状腺功能亢进、子宫肌瘤等病史，抑郁倾向或精神障碍病史，出生缺陷、精神障碍等家族史。

2. 心理因素 性格稳定情绪自我调节和控制能力强、自信自尊乐观者心理稳定性良好，不易出现心理障碍。反之，性格稳定性差、情绪自我调节和控制能力弱，敏感、多疑、压抑悲观者心理稳定性差，较易出现心理障碍。意外妊娠妇女容易发生心理冲突，心理适应能力较差；计划妊娠妇女较易出现积极的心理体验，心理适应能力较强。

3. 社会因素 经济水平与健康水平呈正相关。文化程度高、办公室从业人员可能心理更细腻、对自身及环境变化更敏感，孕期焦虑、抑郁发生率可能更高。青少年妊娠、高龄妊娠等较易发病；婚姻不稳定、再婚、单身者等较易发病；工作紧张、压力较大者较易发病。社会支持，包括政府、社区、家人、朋友等在妊娠期给予的支持度越大，心理障碍发生率越低。另外，负性生活事件较易诱发心理障碍。

（三）焦虑和抑郁对子代的不良影响

1. 流产和难产 焦虑和抑郁可导致交感神经兴奋性增高，容易出现子宫收缩而引起流产和难产。焦虑和抑郁带来的心理压力会导致神经心理系统的稳态失衡，增加去甲肾上腺素和多巴胺的分泌，使下丘脑促性腺激素释放激素受到影响，进而影响妊娠结局，最终导致流产和难产。还有研究显示，焦虑和抑郁等负性心理可减少子宫内膜的血液供应，降低子宫内膜容受性，导致流产等现象出现。

2. 早产与胎儿生长受限 焦虑和抑郁与分娩孕龄呈负相关，焦虑、抑郁者胎儿生长受限发生率较高。大多数患有子宫肌瘤的女性，通常情绪不稳定，压力大。怀孕期间如经常出现情绪激动、压抑等，也会导致气滞血瘀、子宫收缩，影响胎盘血液供应，致使胎儿发育受限和生长缓慢。据世界卫生组织报道，孕妇孕期焦虑、抑郁发病率为 8% ~ 10%，同时有 60% 孕期抑郁孕妇往往伴发其他心理问题，其中焦虑占 80%。越来越多的研究表明，孕期抑郁或焦虑的母亲，剖宫产分娩风险更高，其子代更可能发生不良妊娠结局，主要包括低出生体重和早产。此外，孕 7 ~ 10 周是胚胎腭等器官发育关键时期，孕妇如果此时经常处于非常烦躁的情绪中，容易引起胎儿唇裂、腭裂、心脏缺陷等发育异常。

3. 神经发育异常 妊娠期不良情绪反应，将引起胎儿脑血管收缩，脑组织血流灌注减少，导致脑发育异常，甚至产生大脑畸形和神经嵴畸形。此外，孕期情绪不良还可能导致胎儿对外界刺激反应下降、出生后婴儿性格缺陷等。妊娠中期严重的焦虑可明显降低 8 个月婴儿的智力和运动发育得分。孕妇产前焦虑也能对 27 个月幼儿的注意力调节能力和行为产生明显影响。最近一项研究显示，在怀孕前 3 个月，亲属死亡引发的严重压力可能会增加后代患精神分裂症的风险。Lebel 等通过分析 52 名孕妇围产期抑郁量表评分与学龄前儿童大脑磁共振成像，发现孕中期抑郁量表评分与儿童右侧额叶下区和颞中区皮质厚度呈负相关，产后抑郁量表评分与儿童右侧额叶上区皮质厚度和来自该区域的白质扩散率也呈负相关。皮质变薄和扩散率下降是大脑成熟的标志，表明母亲抑郁可能导致儿童大脑早熟，使一些没有被充分利用的神经连接被过早地剪断，从而对儿童的认知和行为发育产生终生的负面影响。一项前瞻性研究显示，无论是产前抑郁还是产后抑郁都会引起儿童语言能力和智商的下降。另一项纳入 1 390 对母子的法国出生队列研究显示，与母亲未出现过抑郁情况的孩子相比，母亲在产前产后出现持续高水平抑郁，其孩子全量表智商、言语智商、操作智商的评分均降低，学习能力也降低。

4. 死亡 动物实验发现，心理应激可使胎儿动脉血氧分压下降、子宫血流灌注减少，最终引起胎儿呼吸窘迫甚至死亡。郭橄榄等发现，抑郁可增加胎儿窘迫发生率。一项加纳农村地区的队列研究结果显示，孕期抑郁可导致窒息、窘迫等严重的新生儿疾病，增加新生儿死亡风险。

5. 婴儿性格缺陷 据报道，产前焦虑与产后婴儿性格缺陷显著相关，妊娠末期情绪障碍者，其后代反应强度较高、适应度较低、情绪较消极。儿童性格分为困难型、慢热型和容易型三类。出现困难型性格儿童约占总儿童的 10%，其特点是儿童对外界刺激的反应强烈，很容易激动，经常吵闹和具有破坏性，适应能力差，不擅长与陌生人交流，易出现消极态度和情绪等。慢热型性格特点为儿童的活动水平较低，他们对新情况的反应会犹豫或倾向于退缩，适应速度极慢，经常有消极的情绪。在一群儿童当中，性情温和的儿童通常都是站在一边，不参加活动，他们往往害羞、安静，很少发表意见，占儿童的 15%。一项来自上海的出生队列研究表明，孕晚期抑郁可增加 2 岁儿童发生情感反应、退缩行为、攻击行为、内化困难和外化困难的风险。Prenoveau 等采用潜状态 - 特质模型精准评估母亲产后持续性抑郁对儿童情绪和行为结果的潜在负面影响，发现母亲产后持续性抑郁会降低儿童的情绪调节能力，使儿童无法及时从痛苦、兴奋或一般刺激中恢复；如果正在进行的任务被打断，产后抑郁母亲的子代更容易产生负面情绪。

二、运动与优生

目前我国用于指导孕妇进行适宜体力活动的要求是每天不少于 30 分钟低强度的体育运动，最好是 1 ~ 2 小时的户外活动，如散步、做体操等。然而，孕期运动是否可能对发育中的胎儿产生有益的影响，抑或是给孕妇以及胎儿带来健康风险，目前的研究结论并不一致。但越来越多的证据表明，怀孕期间适宜的运动对母亲的生理和心理健康有益，而且通常不会对胎儿的心血管系统和神经系统产生危害。

（一）孕期运动对胎儿发育的影响

1. 正常人群　人群流行病学调查发现，怀孕期间从事体力要求高的工作（如长时间站立、重体力消耗、职业疲劳等）会增加早产的风险。由于担心增加体力活动会增加儿茶酚胺释放，刺激子宫肌层导致早产，因此过去在孕期不鼓励运动。但近期有研究显示，孕期增强运动是可以通过减少氧化应激或改善胎盘血液循环来降低早产风险。同时，孕期低强度运动也可增加脐血流量，从而改善胎盘血液循环以及胎儿心脏对环境的适应性。孕8周左右开始有规律、中等强度的运动，可加快胎盘的生长速度；长期运动有利于孕中、晚期自主神经系统的发育，降低胎儿静息胎心率。2017年开展的一项以300名超重或肥胖且13周内单胎无并发症的孕妇为研究对象的随机对照试验发现，在早期妊娠期间，每天进行至少30分钟骑车运动，每周3次，直到妊娠37周，可明显减少妊娠期糖尿病发生率，并能显著降低孕妇妊娠25周内的体重增加，以及降低出生婴儿的体重。同时本调查结果还显示，孕妇运动还可降低早产、妊娠期高血压、剖宫产和巨大胎儿的发生率。一项包括9项随机对照试验，涉及2 059例正常体重且无并发症的单胎孕妇进行的荟萃分析结果显示，怀孕期间的运动对大多数体重正常的孕妇来说并不增加早产风险，并且怀孕期间进行每周3~4次、35~90min/次的有氧运动能显著增加阴道分娩率，相应降低剖宫产发生率。2017年开展的另一项系统回顾和荟萃分析也显示，与久坐的孕妇相比，每周进行2~7次、30~60min/次有氧运动的孕妇，不会增加早产的风险，也不会缩短孕期，且其妊娠期高血压和剖宫产的风险显著降低，产后恢复时间缩短，并可明显预防产妇产后抑郁症。此外，在怀孕期间，身体运动和心肺功能训练也能显著减少身体疼痛、腰痛和坐骨神经痛。

2. 特殊人群　大多数关于胎儿对母亲运动反应的研究都集中在胎儿心率变化和出生体重上。研究表明，在运动中或运动后，胎儿心率比基线水平至少增加10~30次/min。与对照组相比，怀孕期间运动的妇女，其子代出生体重差异较小，在妊娠晚期继续进行剧烈运动的孕妇所生婴儿的体重相比不运动的孕妇轻200~400g。Achorort评估了妊娠中期剧烈运动前后的脐动脉血流、胎儿心率和生物物理特征，发现孕妇和胎儿对30分钟内剧烈运动的耐受性良好。对于那些可能超出公认的"剧烈"定义的运动员，我们需要更多的数据，可能存在一个绝对强度水平或持续时间，如果超过这个水平，可能会使胎儿处于危险之中。为确保怀孕运动员的运动强度或时间不超过这个可能会对胎儿产生健康损害的阈值，需要对怀孕运动员进行个体化的运动处方。此外，有研究认为，运动干预可降低妊娠期糖尿病孕妇的血糖浓度，但发生低血糖的风险极低。

虽然许多孕妇能够享受适当水平的身体活动，但在怀孕期间进行有氧运动有相对和绝对的禁忌证。重度吸烟者和病态肥胖患者可能需要谨慎，而妊娠26周后有前置胎盘和先兆子痫或妊娠期高血压等疾病的孕妇应避免高强度的有氧运动。

（二）孕期运动建议

2017年，美国妇产科医师协会建议孕妇在怀孕期间每周至少完成150分钟中等强度的有氧运动。总的来说，低、中强度的孕期运动都没有观察到对胎儿发育的负面影响，部分高强度运动，对胎儿发育至少有短暂的不利影响。

怀孕期间体育活动和锻炼与最小的妊娠风险相关，并已被证明对大多数孕妇有益。在没有产科或医学并发症或禁忌证的情况下，怀孕期间进行适当体育活动是安全和可取的，应鼓励孕妇继续或开始进行安全的体育活动。产科医生和妇科医生应仔细评估患有医疗或产科并发症的妇女，然后再就怀孕期间的体育活动提出建议。尽管目前证据有限，但运动对妊娠结局是有益的，而且在没有禁忌证的情况下，没有证据表明运动对妊娠结局存在危害。怀孕期间适宜的体育活动和锻炼可以促进身体健康，并能防止妊娠期过度体重增加，还可降低妊娠期糖尿病、子痫前期和剖宫产的风险。总之，目前还需要更多的研究来阐明运动对怀孕特定情况和结果的影响，并进一步寻找有效的行为方法和最佳的运动类型、频率和强度，以建立一个关于运动对母体胎儿健康影响更完善的基础证据。

（吴晓旻）

参考文献

[1] MAY P A, CHAMBERS C D, KALBERG W O, et al. Prevalence of fetal alcohol spectrum disorders in 4 US communities[J]. JAMA, 2018, 319(5):474-482.

[2] ZHOU Q J, SONG L T, CHEN J Q, et al. Association of preconception paternal alcohol consumption with increased fetal birth defect risk[J]. JAMA Pediatr, 2021, 175(7):742-743.

[3] SILVA A M C, MOI G P, MATTOS, I E, et al. Low birth weight at term and the presence of fine particulate matter and carbon monoxide in the Brazilian Amazon: a population-based retrospective cohort study[J]. BMC Pregnancy Childbirth, 2014, 14:309.

[4] HE Z L, WU H L, ZHANG S Y, et al. The association between secondhand smoke and childhood asthma: A systematic review and meta-analysis[J]. Pediatr Pulmonol, 2020, 55(10):2518-2531.

[5] OBLADEN M. Ignored papers, invented quotations: a history of fetal alcohol syndrome[J]. Neonatology. 2021;118(6):647-653.

[6] AVSAR T S, MCLEOD H, JACKSON L. Health outcomes of smoking during pregnancy and the postpartum period: an umbrella review[J]. BMC Pregnancy Childbirth, 2021, 21(1):254.

[7] TOBON A L, HABECKER E, FORRAY A. Opioid use in pregnancy[J]. Curr Psychiatry Rep, 2019, 21(12):118.

[8] ROGERS J M. Tobacco and pregnancy[J]. Reprod Toxicol, 2009, 28(2):152-160.

[9] MASCIO D D, MAGRO-MALOSSO E R, SACCONE G, et al. Exercise during pregnancy in normal-weight women and risk of preterm birth: a systematic review and meta-analysis of randomized controlled trials[J]. Am J Obstet Gynecol, 2016, 215(5):561-571.

[10] National Center for Chronic Disease Prevention and Health Promotion (US) Office on Smoking and Health. The Health Consequences of Smoking-50 Years of Progress: A Report of the Surgeon General[M]. Atlanta (GA): Centers for Disease Control and Prevention (US): 2014.

|第十五章|
妊娠并发症和合并症及孕期用药与优生

妊娠并发症是指妊娠本身所引起的疾病，母体出现各种妊娠特有的脏器损害。而妊娠合并症是指在未孕之前或妊娠期间发生的非妊娠直接引起的内科和外科合并的疾病。例如妊娠期糖尿病，由于妊娠期孕妇对葡萄糖的需求量增加，妊娠中晚期孕妇体内拮抗胰岛素的物质增多，胰岛素抵抗增加、胰岛素分泌相对不足导致糖尿病发生，属于妊娠并发症。如果在怀孕前已患有糖尿病，妊娠后则称为糖尿病合并妊娠。无论是妊娠合并症还是妊娠并发症，对于母体健康以及胎儿发育都可能产生较大的影响，如果处理不当，将对母儿造成严重危害。

我们曾经认为胎盘是胎儿的天然屏障，任何药物都不能通过胎盘进入胎儿体内，直到1959年，一位德国妇产科医生发现并报告了孕期服用沙利度胺（thalidomide，反应停）产出海豹肢畸形儿的病例，引起了医学界的高度重视，也改变了人们对孕期用药的认识。

第一节　妊娠并发症和合并症与优生

常见对母儿健康影响严重的妊娠并发症有妊娠期高血压疾病、妊娠期肝内胆汁淤积症；妊娠合并症包括心脏病、贫血、糖尿病、甲状腺疾病等。

一、妊娠期高血压疾病

妊娠期高血压疾病（hypertensive disorders of pregnancy，HDP）是高血压与妊娠同时存在，妊娠期间常见的特有疾病，严重影响母婴健康，发生率约 5%~12%。妊娠期高血压疾病多数会在妊娠结束后自愈，是产科常见的并发症，也是孕产妇死亡的重要原因之一，尤其子痫前期 - 子痫是导致孕产妇及围生儿病死率升高的主要原因之一。

（一）病因及发病机制

妊娠期高血压疾病的孕妇发病背景复杂，尤其是子痫前期 - 子痫存在多因素、多机制、多通路发病综合征性质。妊娠期高血压疾病的病理生理改变包括慢性子宫胎盘缺血、免疫不耐受、脂蛋白毒性、遗传印记、滋养细胞凋亡和坏死增多及孕妇过度耐受滋养细胞炎性反应等。

1. **免疫机制** 妊娠被认为是成功的自然同种异体移植，在妊娠期内胎儿不受排斥是因胎盘的免疫屏障功能，胎膜细胞可抑制 NK 细胞对胎儿损伤、母体内免疫抑制细胞及免疫抑制物作用，其中以胎盘免疫屏障作用最为重要。

2. **子宫螺旋小动脉重铸不足** 由于子宫螺旋小动脉重铸不足，血管管径扩大，子宫胎盘低阻力，在满足胎儿生长发育需求的情况下，妊娠期高血压疾病患者的滋养细胞则浸润过浅，最终只有蜕膜层血管重铸，出现"胎盘浅着床"的情况。

3. **血管内皮细胞受损** 细胞毒性物质和炎性介质如氧自由基、过氧化脂质、肿瘤坏死因子、白细胞介素 -6、极低密度脂蛋白等可引发血管内皮损伤，使血压升高，导致一系列病理变化。

4. **遗传因素** 妊娠期高血压疾病的家族多发性提示该病可能存在遗传因素。

5. **营养缺乏** 已发现多种营养如以白蛋白减少为主的低蛋白血症，以及钙、镁、锌、硒等元素缺乏与妊娠期高血压疾病的发生有关。

6. **胰岛素抵抗** 近年来研究发现妊娠期高血压疾病患者存在胰岛素抵抗，高胰岛素血症可导致 NO 合成下降及脂质代谢紊乱，增加外周血管的阻力，致使血压升高。

（二）分类

妊娠期高血压疾病分为 4 类，包括妊娠期高血压（gestational hypertension）、子痫前期 - 子痫（preeclampsia eclampsia）、妊娠合并慢性高血压（chronic hypertension complicating pregnancy）、慢性高血压伴发子痫前期（chronic hypertension with superimposed preeclampsia）。

1. **妊娠期高血压** 指妊娠 20 周后首次出现的高血压，收缩压 ≥ 140mmHg 和 / 或舒张压 ≥ 90mmHg；尿蛋白检测阴性。收缩压 ≥ 160mmHg 和 / 或舒张压 ≥ 110mmHg 为重度妊娠期高血压。妊娠期高血压由怀孕引发，患者怀孕前无高血压表现，妊娠结束后血压也会逐渐恢复正常。

2. **子痫前期 - 子痫** 子痫前期指妊娠 20 周后孕妇出现收缩压 ≥ 140mmHg 和 / 或舒张压 ≥ 90mmHg，且伴有下列任意一项：尿蛋白定量 ≥ 0.3g/24h，或尿蛋白 / 肌酐比值 ≥ 0.3，或随机尿蛋白（＋）（无条件进行蛋白定量时的检查方法）；无蛋白尿但伴有以下任何一种器官或系统受累：心、肺、肝、肾等重要器官，或血液系统、消化系统、神经系统的异常改变，胎盘 - 胎儿受到累及等。子痫前期也可发生在产后。血压和 / 或尿蛋白水平持续升高，或孕妇器官功能受累或出现胎盘 - 胎儿并发症，是子痫前期病情进展的表现。子痫前期孕妇出现下述任一表现则为重度子痫前期（severe preeclampsia）：①收缩压 ≥ 160mmHg，和 / 或舒张压 ≥ 110mmHg；②尿蛋白定量 > 2g/24h 或随机尿蛋白 ＋＋＋以上；③有持续的头疼或者视觉障碍，头晕、目眩或者是视物模糊；④持续右上腹疼痛，肝功能异常；⑤肾功能异常，少尿（24 小时尿量 < 400ml）；⑥肺水肿；⑦血小板减少（< $100 \times 10^9/L$）。

子痫是在子痫前期基础上发生的不能用其他原因解释的强直性抽搐，可以发生在产前、产时或产后，也可以发生在无临床子痫前期表现时。

3. 妊娠合并慢性高血压　孕妇既往存在高血压或在妊娠 20 周前发现收缩压 ≥ 140mmHg 和 / 或舒张压 ≥ 90mmHg，妊娠期无明显加重或表现为急性严重高血压；或妊娠 20 周后首次发现高血压但持续到产后 12 周以后。妊娠期慢性高血压的发病率为 0.9% ~ 1.5%。妊娠期慢性高血压可导致孕产妇、胎儿和新生儿发病率和死亡率显著升高。

4. 慢性高血压伴发子痫前期　慢性高血压孕妇妊娠 20 周前无蛋白尿，妊娠 20 周后出现尿蛋白定量 ≥ 0.3g/24h 或随机尿蛋白（＋），检测清洁中段尿并排除尿少、尿比重增高时的混浊；或妊娠 20 周前有蛋白尿，妊娠 20 周后尿蛋白量明显增加；或出现血压进一步升高等上述重度子痫前期的任何一项表现。

（三）诊断

1. 病史　询问孕妇妊娠前有无高血压、肾脏疾病、糖尿病及自身免疫性疾病等病史或表现；有无妊娠期高血压疾病史及家族史或遗传史；了解孕妇的既往病理妊娠史；了解此次妊娠后孕妇的高血压、蛋白尿等症状出现的时间和严重程度；了解产前检查状况；了解孕妇的一般情况，包括体重、此次妊娠情况和饮食、生活环境等。

2. 高血压　同一手臂至少 2 次测量的收缩压 ≥ 140mmHg 和 / 或舒张压 ≥ 90mmHg。对首次发现血压升高者，应间隔 4 小时或以上复测血压，如 2 次测量均为收缩压 ≥ 140mmHg 和 / 或舒张压 ≥ 90mmHg，则诊断为高血压。

3. 尿蛋白　尿常规检查应选用清洁中段尿。可疑子痫前期孕妇应检测 24 小时尿蛋白定量，尿蛋白 ≥ 0.3g/24h 或尿蛋白 / 肌酐比值 ≥ 0.3，或随机尿蛋白（＋）定义为蛋白尿。

4. 辅助检查　妊娠期出现高血压时应进行以下常规检查和必要时的复查：①血常规；②尿常规；③肝功能、血脂；④肾功能；⑤凝血功能；⑥心电图；⑦产科超声检查。尤其是对于妊娠 20 周后才开始进行产前检查的孕妇，应注意了解和排除孕妇的基础疾病和慢性高血压，注意血脂、血糖水平，甲状腺功能、凝血功能等的检查或复查，注意动态血压监测，注意眼底改变或超声心动图检查。

（四）对母儿的影响

妊娠期高血压疾病基本的病理生理变化是全身小动脉痉挛和水钠潴留，全身各系统各脏器血流灌注减少，血容量减少，导致胎盘供血供氧和灌注不足，细胞浸润能力减弱，影响胎儿在宫腔内的生长，最终导致胎儿生长受限、羊水减少或胎儿出现宫内窘迫等不良妊娠结局的发生，对母儿造成危害，甚至导致母儿死亡。

1. 对孕产妇的影响　脑部血管痉挛，脑组织缺氧、水肿，严重时出血，出现头昏、头痛、恶心、呕吐，重者抽搐、昏迷，脑疝形成而致死亡。心脏血管痉挛，心肌缺血、间质水肿、点状出血及坏死，加之血液黏稠度增加，外周阻力增加，心脏负担加重，可导致左心衰竭，继而发生肺水肿。母体因妊娠期高血压疾病造成的长期慢性缺氧性酸中毒，可导致肺动脉痉挛的发生和加重，进一步增加持续性肺动脉高压的发生。肾脏血管痉挛，肾血流量减少，组织缺氧，血管壁通透性增加，血浆从肾小球漏出，出现蛋白尿及管型。肾小球毛细血管痉挛，肾小球内皮细胞肿胀，发生血管内凝血，纤维蛋白沉着，肾小球滤过率减少，出现尿少，严重者出现肾功能衰竭。肝脏由于缺血，肝细胞线粒体内所含的谷丙转氨酶释放，可致血清谷丙转氨酶升高，出现黄疸表明病情严重。肝脏主要病变为门静脉周围有局限性出血，继而纤维素性血栓形成，严重者可导致肝实质缺血性坏死、肝包膜下出血。眼底小动脉痉挛、缺血、水肿，严重时渗出、出血，甚至视网膜脱离，出现眼花、视物模糊，甚至失明。

水钠潴留可能由于肾小球滤过率减少，肾小管对钠的重吸收增加，钠离子潴留细胞外而引起水肿。肾上腺皮质激素、抗利尿激素分泌增加，也可能是水钠潴留的另一个原因。由于水钠潴留，组织水肿，体重异常增加。

2. 对胎儿及新生儿的影响 妊娠期高血压疾病对胎儿的影响，主要是胎盘早期着床不良，即浅着床，影响胎盘供血、供氧。同时子宫血管痉挛会导致胎盘血流量减少，导致胎盘功能不良，血液重新分布，胎尿减少。胎尿是羊水晚期的主要来源，羊水量减少，一方面可导致胎儿肢体粘连、骨骼发育畸形、胎肺发育障碍，限制胎儿宫内生长发育，严重阶段会导致胎儿宫内窘迫，甚至胎死宫内；另一方面，羊水量减少也可以引起脐带受压，导致胎儿缺氧，进而出现胎儿宫内窘迫、胎儿生长受限、死胎、死产或新生儿死亡。胎盘功能减退，也会引起胎儿脑损伤，致使新生儿缺血缺氧性脑病发生风险增高。妊娠期高血压疾病容易引起底蜕膜的血管破裂，导致胎盘早剥，引起胎儿急性缺血、缺氧，致使胎儿发生窘迫，甚至导致死胎。

妊娠期高血压疾病产妇的胎盘功能显著降低，子宫、胎盘及胎儿三者循环易出现紊乱，致使胎儿出现缺血、缺氧症状，引发胎儿机体发生代偿反应，导致胎儿心功能受损，甚至造成胎儿心衰发生。胎儿在缺血缺氧状态下，脑部血管对正常的血流灌注维持不足，使得血液供应器官的血流减少，主要表现为低氧环境下无氧代谢增加，酸性代谢物累积，使得细胞受损、破坏及细胞膜通透性改变。产妇妊娠期高血压疾病病情越严重，则胎儿心脏功能异常问题越明显。

妊娠期高血压疾病产妇的新生儿易发生低血糖，主要原因可能与胰岛反应能力减弱、胰岛素分泌减少及胰岛素受体器官对胰岛素反应的敏感性下降有关。妊娠期高血压疾病的产妇，其新生儿甲状腺激素（thyroid hormone，TH）紊乱的发生率显著高于正常新生儿。TH 对胎儿及新生儿的神经系统发育极为重要，TH 水平的降低会导致新生儿极易出现黏液性水肿、生理性黄疸消退延迟及心率缓慢等并发症状。

3. 对母儿的远期影响 有子痫前期病史的妇女随后几年心血管疾病的风险会升高。如高血压、心肌梗死、充血性心力衰竭、外周动脉疾病和晚年心血管死亡率的风险增加。突发性心血管疾病发病率大约会增加到 2 倍，高血压的发病率会增加到 5 倍。妊娠期高血压疾病患者后期患糖尿病的风险也会增加。

（五）临床处理及预防措施

妊娠期高血压疾病治疗目的是预防重度子痫前期和子痫的发生，降低母儿围产期并发症发生率和死亡率，改善围产期结局。及时终止妊娠是治疗子痫前期 - 子痫的重要手段。

治疗基本原则概括为正确评估整体母儿情况；孕妇休息镇静，积极降压，预防抽搐及抽搐复发；有指征地利尿和纠正低蛋白血症；密切监测母儿情况以预防和及时治疗严重并发症，适时终止妊娠；治疗基础疾病，做好产后处置和管理。妊娠期高血压疾病产妇的新生儿发生低血糖的概率比正常孕妇新生儿高，应定期进行血糖监测预防，避免出现低血糖致新生儿脑损伤的发生。

子痫前期的预测对于早期预防和早期治疗，降低母婴死亡率有重要意义。首次产检应联合多项指标进行综合预测和风险评估。高危因素包括：子痫前期史、多胎妊娠、肾病、自身免疫性疾病、1 型或 2 型糖尿病和慢性高血压。中度危险因素包括：首次妊娠、孕妇年龄 35 岁以上、身体质量指数超过 $30kg/m^2$、有子痫前期家族史和个人病史。

针对高危人群的预防措施：①适度锻炼、合理休息能够有效地保证妊娠期母儿的健康；②合理健康饮食能够有效减低妊娠期高血压疾病的发生，但不建议限制盐及热量的摄入；③对于低钙摄入人群（< 600mg/d），推荐口服钙补充量为 1.5 ~ 2.0g/d，以预防子痫前期；④孕前、孕后服用阿司匹林抗凝治疗。

产后 6 周孕妇的血压仍未恢复正常时，应于产后 12 周再次复查血压，以排除慢性高血压，必要时建议至内科诊治。

二、妊娠期肝内胆汁淤积症

妊娠期肝内胆汁淤积症（intrahepatic cholestasis of pregnancy，ICP）主要发生在妊娠中晚期，以皮肤瘙痒、血清胆汁酸和 / 或转氨酶升高为主要特征，是一种重要的妊娠期并发症。ICP 主要危及胎儿，包括早产、胎儿窘迫、死胎、死产等。ICP 患者的早产率为19% ~ 60%，死胎发生率为 0.4% ~ 4.1%。

（一）病因及发病机制

ICP 病因及发病机制目前尚不明确，生殖激素、环境因素以及遗传因素都有可能参与其发病，其发病机制可能与高胆汁酸盐淤积于胎盘绒毛间隙、高胆汁酸血症和高胆汁酸羊水有关。

1. **激素影响**　孕期胎盘产生大量雌激素且肝脏对雌激素的敏感性增强，可使钠钾ATP 酶活性下降，能量提供减少，导致胆酸代谢障碍。雌激素引起肝内胆汁淤积的机制目前有以下几种解释：微胆管通透性增加；肝细胞膜、胆管膜的脂质成分变化，使膜液态流动性降低；肝脏蛋白质合成异常以及雌激素在肝细胞内代谢所产生的氧自由基对肝细胞损害；雌激素可使肝细胞膜中胆固醇与磷脂比例上升，流动性降低，影响对胆酸的通透性，胆汁流出受阻；雌激素作用于肝细胞表面的雌激素受体，改变肝细胞蛋白质合成，导致胆汁回流增加。

除雌激素外，孕酮在 ICP 的病因学中也具有重要意义。孕酮代谢物可通过降低胆汁酸受体的功能而破坏肝内胆汁酸的稳态。一方面，孕酮代谢物可竞争性抑制钠离子牛磺胆酸共转运蛋白功能影响肝细胞对胆汁酸的摄取，从而减少钠离子牛磺胆酸共转运蛋白介导的胆盐分泌；另一方面还可作用于胆汁酸信号通路，进而对胆汁淤积表型产生影响。

2. **环境因素**　ICP 发病率与季节、地域及机体应激有关。冬季高于夏季，南美洲较为常见，表明其发病与环境因素有关。机体内广泛存在的强抗氧化剂谷胱甘肽过氧化物酶（glutathione peroxidase，GSH-Px）的活性主要依赖体内硒含量。低硒水平导致 GSH-Px 活性下降，使其抗氧化防御能力降低，加之雌激素负荷升高，从而导致体内自由基的形成增多，破坏了肝细胞膜并降低胆汁的排泄，妊娠期用药如氯丙嗪、地西泮、硫脲嘧啶、磺胺类、吲哚美辛（消炎痛）等亦可诱发 ICP。

3. **遗传因素**　ICP 发病常有家族聚集性，家族阳性发生率可达 36%～50%。其遗传方式为常染色体显性遗传，家族中的男性不发病，但可能为携带者，易将此易感性传给女婴。据报道，与 ICP 相关的基因位于人 2 号染色体的 p23 区。在 ICP 孕妇中，发现肝磷脂转运蛋白 MDR3 的编码基因 *ABCB4*、磷脂酰丝氨酸翻转酶 FIC1 的编码基因 *ATP8B1* 以及胆盐输出泵的编码基因 *ABCB11* 都发生了突变。

（二）诊断

ICP 诊断根据典型的临床症状和实验室检查，注意排除其他导致肝功能异常或瘙痒的疾病。

1. **临床表现**

（1）皮肤瘙痒：为主要的首发症状，初起为手掌、脚掌或脐周瘙痒，可逐渐加剧而延及四肢、躯干、颜面部。瘙痒程度不一，夜间加重，严重者甚至引起失眠。70% 以上发生在妊娠晚期，平均发病孕周为 30 周，也有少数在孕中期出现瘙痒的病例。瘙痒大多在分娩后 24～48 小时缓解，少数在 48 小时以上。

（2）黄疸：出现瘙痒后 2～4 周内部分患者可出现黄疸，黄疸发生率较低，多数仅出现轻度黄疸，并于分娩后 1～2 周内消退。

（3）皮肤抓痕：ICP 不存在原发皮损，但因瘙痒抓挠皮肤可出现条状抓痕，皮肤活组织检查无异常发现。

（4）其他表现：少数孕妇可有恶心、呕吐、食欲缺乏、腹痛、腹泻、轻微脂肪痢等非特异性症状，极少数孕妇出现体质量下降及维生素 K 相关凝血因子缺乏，而后者有可能增加产后出血的风险。

2. **实验室检查**

（1）血清胆汁酸测定：在 ICP 诊断及监测中以血清总胆汁酸水平作为检测指标。血清总胆汁酸水平升高是 ICP 最主要的实验室证据，血清总胆汁酸 ≥ 10μmol/L，伴皮肤瘙痒是诊断 ICP 的主要依据。当血清总胆汁酸 > 40μmol/L 时，胎儿和新生儿不良结局的风险显著增加。

（2）肝功能测定：门冬氨酸转氨酶、丙氨酸转氨酶、谷胱甘肽转移酶在 ICP 患者中表现为轻度至中度升高。少数 ICP 患者还可能出现高胆红素血症，以直接胆红素为主。

（3）病毒学检查：诊断单纯性 ICP 应排除肝炎病毒、EB 病毒、巨细胞病毒感染等。

（4）肝胆超声检查：虽然 ICP 患者肝脏无特征性改变，但建议常规查肝胆超声以排除孕妇有无肝胆系统基础疾病。

3. **ICP 分度**　对 ICP 的严重程度进行分度有助于临床管理，常用指标包括血清总胆汁酸、肝酶水平、瘙痒程度以及是否合并其他异常等。

（1）轻度：血清总胆汁酸 10 ~ 40μmol/L，临床症状以皮肤瘙痒为主。

（2）重度：满足以下任何一条即为重度 ICP。血清总胆汁酸 ≥ 40μmol/L；临床症状为瘙痒严重，且伴有如多胎妊娠、妊娠期高血压疾病、复发性 ICP、既往有因 ICP 致围产儿死亡史等情况。

4. 妊娠期筛查　ICP 高发地区产前检查应常规询问有无皮肤瘙痒，有瘙痒者即测定并动态监测血清总胆汁酸水平变化。有 ICP 高危因素者，孕 28 ~ 30 周时测定血清总胆汁酸水平和肝酶水平，测定结果正常者于 3 ~ 4 周后复查。血清总胆汁酸水平正常，但存在无法解释的肝功能异常也应密切随访，每 1 ~ 2 周复查一次。无瘙痒症状者及非 ICP 高危孕妇，孕 32 ~ 34 周常规测定血清总胆汁酸水平和肝酶水平。

非 ICP 高发区孕妇如出现皮肤瘙痒、黄疸、肝酶和胆红素水平升高，应测定血清总胆汁酸水平。

（三）对母儿的影响

1. 对孕妇的影响　ICP 患者皮肤瘙痒主要由胆汁酸、溶血磷脂酸及自分泌运动因子、类固醇物质介导，胆汁酸可作用于外周神经的感觉神经末梢，引起皮肤瘙痒。ICP 可导致孕妇转氨酶升高、肝功能损害，如伴脂肪泻时，可减少脂溶性维生素 K1 的吸收，这些均可引起凝血功能异常，导致孕妇产后出血。

2. 对胎儿及新生儿的影响　ICP 孕妇胎儿窘迫发生率在 22% 以上，胎死宫内发生率在 0.14% 以上，危害性极大。胆汁酸可以通过胎盘，孕妇体内胆汁酸增高，致使进入胎儿体内的胆汁酸增多，羊水、脐血、胎粪中胆汁酸水平升高，可发生胎膜早破、胎儿宫内窘迫、自发性早产或孕期羊水胎粪污染以及胎儿生长受限、妊娠晚期不可预测的胎儿突然死亡、新生儿颅内出血、新生儿神经系统后遗症等。ICP 患者血液、脐血、羊水及胎粪中胆汁酸水平明显升高，且增高的胆汁酸水平与患者的临床症状、血液生化指标及围产儿结局密切相关。

胎盘在调节胎儿体内胆汁酸水平中发挥着重要作用。生理状态下，胎儿体内的胆汁酸能经胎盘有效地转运至母体进行代谢；而 ICP 时，胎儿胆汁酸经胎盘转运至母体发生障碍，并出现逆生理方向（母体到胎儿）的胆汁酸转运，导致胎儿体内胆汁酸蓄积，从而对血管内皮细胞产生毒性作用，进而导致：①绒毛合体结节增多、血管合体膜增厚、绒毛水肿致使绒毛间腔狭窄；②刺激胎盘绒毛表面血管及脐血管痉挛，血管阻力增加，从而导致胎儿循环血流量及氧交换下降；③淤积的胆汁酸和胆红素通过对细胞的毒性作用破坏细胞膜，从而损害胎儿脏器。以上病理变化发生越早，胆汁淤积越严重，胎儿长时间受胆汁酸和胆红素的毒性作用，可致不良围产期结局的发生率明显增加。

（四）治疗与预防措施

临床上一旦确诊，需综合治疗。目前 ICP 的药物治疗目标是缓解瘙痒症状，降低血总胆汁酸浓度，改善肝功能，延长孕周，从而降低因高胆酸血症所导致的胎儿窘迫、死胎及预防产后出血的发生。

孕妇注意合理饮食，给予低脂肪、充足蛋白质、粗纤维食物，多吃新鲜蔬菜、水果，补充各种维生素及微量元素，禁食辛辣刺激性食物及蛋白含量高的食物。

ICP 是一种严重威胁胎儿健康的疾病，应开展 ICP 的早期筛查、诊断及规范化治疗，明确终止妊娠的指征及方式，降低围产儿的发病率，保障母婴安全。

三、妊娠期心脏病

妊娠期心脏病的发病率为 0.5% ~ 3.0%，是导致孕产妇死亡的前 3 位死因之一。妊娠时血液总量增加约 30% ~ 40%，心率加快，每分钟心搏出量增加，至妊娠 32 ~ 43 周达最高峰，此时心脏负担亦最重，以后逐渐减轻，产后 4 ~ 6 周恢复正常。此外，水、钠的潴留，氧耗量的增加，子宫血管区含血量的增加，胎盘循环的形成以及因横膈上升使心脏位置改变等，均使心脏的负担随妊娠期的延长而逐渐加重。在正常情况下，心脏通过代偿可以承受，但若心脏功能因孕妇已患有心脏病而有所减退时，额外负担可能造成心脏功能的进一步减退，甚至引起心衰，威胁母婴生命。

（一）分类

临床上常将妊娠期心脏病分为结构异常性心脏病和功能异常性心脏病两类，妊娠期高血压疾病性心脏病和围产期心肌病属妊娠期特有的心脏病。

1. 结构异常性心脏病 妊娠合并结构异常性心脏病包括先天性心脏病、瓣膜性心脏病、心肌病、心包病和心脏肿瘤等。

2. 功能异常性心脏病 妊娠合并功能异常性心脏病主要包括各种无心血管结构异常的心律失常，包括快速型心律失常（如房性和室性早搏、室上性心动过速、房扑和房颤）和缓慢型心律失常（如窦性缓慢型心律失常、房室交界性心率、心室自主心律、传导阻滞等）。

3. 妊娠期特有的心脏病 指孕前无心脏病病史，在妊娠基础上新发生的心脏病，主要有妊娠期高血压疾病性心脏病和围产期心肌病。妊娠期高血压疾病性心脏病是指孕前无心脏病病史，在妊娠期高血压疾病基础上出现，属于妊娠期高血压疾病发展至严重阶段的并发症。围产期心肌病是指既往无心脏病病史，于妊娠晚期至产后 6 个月之间首次发生的、以累及心肌为主的扩张型心肌病，以心功能下降、心脏扩大为主要特征，常伴有心律失常和附壁血栓形成。

（二）诊断

1. 病史 主要包括：①孕前已确诊心脏病：妊娠后保持原有的心脏病诊断，并应注意补充心功能分级和心脏并发症等次要诊断；②孕前无心脏病病史：多为漏诊的先天性心脏病（如房间隔缺损、室间隔缺损等）和各种心律失常以及孕期新发生的心脏病，如妊娠期高血压疾病性心脏病或围产期心肌病。部分患者没有症状，经规范的产科检查而明确诊断；部分患者因心悸、气短、劳力性呼吸困难、晕厥、活动受限等症状，进一步检查而明确诊断；③家族心脏病病史：关注家族性心脏病病史和猝死史。

2. 症状和体征 病情轻者可无症状，重者有易疲劳、食欲缺乏、体重不增、活动后乏力、心悸、胸闷、呼吸困难、咳嗽、胸痛、咯血、水肿等表现。不同种类的妊娠期心脏

病患者有其不同的临床表现。

3. 辅助检查 主要包括：①心电图和 24 小时动态心电图：常规 12 导联心电图能帮助诊断心率（律）异常、心肌缺血、心肌梗死及梗死的部位、心脏扩大和心肌肥厚，有助于判断心脏起搏状况和药物或电解质对心脏的影响。24 小时动态心电图可连续记录 24 小时静息和活动状态下心电活动的全过程，协助阵发性或间歇性心律失常和隐匿性心肌缺血的诊断；②超声心动图：显示心脏扩大、瓣膜运动异常、心内结构畸形。超声心动图是获得心脏和大血管结构改变、血流速度和类型等信息的无创性、可重复的检查方法，能较为准确地定量评价心脏和大血管结构改变的程度、心脏收缩和舒张功能；③X 线：可显示心脏扩大、心胸比例变化、大血管口径的变化及肺部改变；④血生化检测：心肌酶学和肌钙蛋白水平升高是心肌损伤的标志。

（三）对母儿的影响

1. 对孕妇的影响

（1）心力衰竭：一旦发生急性心衰，需要多学科合作抢救，根据孕周、疾病严重程度及母儿情况综合考虑终止妊娠的时机和方法。慢性心衰有疾病逐渐加重的过程，更重要的是应密切关注疾病的发展、保护心功能、促胎肺成熟、把握好终止妊娠的时机。

（2）肺动脉高压：心脏病合并肺动脉高压的妇女，妊娠后可加重原有的心脏病和肺动脉高压，可发生右心衰，孕妇死亡率为 17%～56%，艾森曼格综合征孕妇的死亡率高达 36%。因此，肺动脉高压患者要严格掌握妊娠指征，继续妊娠者需要有产科和心脏科医师的联合管理。

（3）恶性心律失常：是指心律失常发作时导致患者的血流动力学改变，出现血压下降甚至休克，心、脑、肾等重要器官供血不足，是孕妇猝死和心源性休克的主要原因。

（4）感染性心内膜炎：是指由细菌、真菌和其他微生物（如病毒、衣原体、螺旋体等）直接感染而产生的心瓣膜或心壁内膜炎症。瓣膜为最常受累的部位，但感染也可发生在室间隔缺损部位、腱索和心壁内膜。

2. 对胎儿及新生儿的影响 与病情严重程度及心脏功能代偿状态等有关。常见的并发症有流产、早产、胎儿生长受限、低出生体重、胎儿颅内出血、新生儿窒息和新生儿死亡等。病情较轻、代偿功能良好者，对胎儿影响不大；如发生心衰，可因子宫淤血及缺氧而引起流产、早产或死产，围产儿死亡率是正常妊娠的 2～3 倍。先天性心脏病患者的后代发生先天性心脏病的风险为 5%～8%，发现胎儿严重复杂心脏畸形可以尽早终止妊娠。

（四）心脏病妇女的孕前和孕期综合评估

目前临床上孕妇心功能的判断以纽约心脏病协会的分级为标准，依据心脏病患者对一般体力活动的耐受情况，将心功能分为 4 级。Ⅰ级：一般体力活动不受限制；Ⅱ级：一般体力活动略受限制，活动后心悸、轻度气短，休息时无症状；Ⅲ级：一般体力活动明显受限，休息时无不适，轻微日常工作即感不适、心悸、呼吸困难，或既往有心力衰竭史；Ⅳ级：一般体力活动严重受限，不能进行任何体力劳动，休息时心悸、呼吸困难等心力衰竭表现。

1. 孕前的综合评估 提倡心脏病患者孕前经产科医师和心脏科医师联合咨询和评

估，最好在孕前进行心脏病手术或药物治疗，治疗后再重新评估是否可以妊娠。对严重心脏病患者要明确告知不宜妊娠，对可以妊娠的心脏病患者也要充分告知妊娠风险。

2. 孕早期的综合评估 应告知妊娠风险和可能会发生的严重并发症，指导到对应级别的医院进行规范孕期保健，定期监测心功能。心脏病妊娠风险分级为Ⅳ～Ⅴ级者，要求其终止妊娠。

3. 孕中、晚期的综合评估 是否继续妊娠，应根据妊娠风险分级、心功能状态、医院的医疗技术水平和条件、患者及家属的意愿和对疾病风险的了解及承受程度等综合判断和分层管理。妊娠期新发生或者新诊断的心脏病患者，均应行心脏相关的辅助检查以明确妊娠风险分级，按心脏病严重程度进行分层管理。

（五）预防措施

对所有确诊或疑似先天性或获得性心脏病的妇女，尽可能在孕前进行风险咨询和评估；所有合并心脏病的孕妇均应接受妊娠风险评估；对孕后新发心脏病的患者，应行心脏相关的辅助检查；对心脏病患者孕期应加强母儿监护，对合并有遗传关联明显的先天性心脏病或心肌病的患者，有条件时应提供遗传咨询，并关注胎儿心脏的发育状况；对心脏病患者要根据心脏病种类和心功能分级选择合适的终止妊娠的时机和方法；围分娩期要重点保护心功能并预防感染。

四、妊娠期糖尿病

妊娠期糖尿病有两种情况，一种为孕前糖尿病（pregestational diabetes mellitus，PGDM）基础上合并妊娠，又称糖尿病合并妊娠；另一种为妊娠前糖代谢正常，妊娠期才出现的糖尿病，称为妊娠期糖尿病（gestational diabetes mellitus，GDM）。妊娠期糖尿病患者中主要为妊娠期糖尿病，其余为孕前已发生 1 型或 2 型糖尿病的糖尿病合并妊娠。妊娠期糖尿病会不同程度增加孕妇和胎儿相关疾病的发生风险，如自发性流产、胎儿畸形、子痫前期、死胎、肩难产、产道损伤、新生儿脑病、巨大儿（出生体重大于 4kg）、新生儿低血糖、新生儿高胆红素血症等；同时还会增加新生儿远期肥胖及 2 型糖尿病的发生风险。

（一）妊娠期糖代谢特点

妊娠期间胰腺分泌胰岛素增多，胎盘产生的胰岛素酶、激素等拮抗胰岛素，导致胰岛素相对不足。孕妇空腹血糖略低，餐后血糖和胰岛素高，有利于对胎儿葡萄糖的供给。正是这些特点和变化可以导致妊娠期糖尿病的发生。在妊娠早中期，随着孕周的增加，胎儿对营养物质需求量增加，通过胎盘从母体获取葡萄糖是胎儿能量的主要来源。孕妇葡萄糖水平，随着妊娠的进展而降低，空腹血糖大约降低 10%，所致原因包括：①胎儿从母体获取葡萄糖增加；②妊娠期间通过肾脏的血流量增加，肾小球滤过率增加，但肾小管再吸收葡萄糖的能力却不能相应地增加，导致部分孕妇自尿中排糖量增加；③雌激素和孕激素增加母体对葡萄糖的利用。空腹时孕妇清除葡萄糖的能力较非妊娠期增强，所以孕妇长时间空腹容易导致低血糖。妊娠中晚期，孕妇体内拮抗胰岛素的物质增加，比如肿瘤坏死因

子、胎盘催乳素、雌激素、孕酮、皮质醇和胎盘胰岛素酶等，使孕妇对胰岛素的敏感性随着孕周的增加而下降，为维持正常糖代谢水平，胰岛素的需要量必须相应地增加。对胰岛素分泌受限的孕妇，妊娠期不能代偿这一生理变化而使血糖升高，使原有糖尿病加重，或者是出现妊娠期糖尿病。

（二）妊娠对糖尿病的影响

妊娠会加重孕前糖尿病的病情，血糖控制不佳的孕前糖尿病会导致孕妇和胎儿的不良妊娠结局，甚至危及生命。孕前咨询应充分强调血糖控制的重要性，糖化血红蛋白（HbA1c）应低于 6.5%。

对于糖尿病合并妊娠患者，血糖的控制通常需要饮食疗法结合胰岛素注射治疗。推荐糖尿病合并妊娠患者在进行血糖自我监测时，同时监测餐前血糖的变化，餐后血糖监测有助于降低子痫前期的发生率。妊娠期血糖控制比非妊娠期要求更严格，因此，糖尿病孕妇应摄入与胰岛素剂量相符的碳水化合物总量，以避免发生高血糖或低血糖。咨询专业的营养师根据不同孕妇实际情况制定个体化的配餐，更加有助于血糖的控制。

（三）诊断

1. **孕前糖尿病的诊断**　符合以下 2 项中任意一项者，即可确诊为孕前糖尿病：①妊娠前已确诊为糖尿病的患者；②妊娠前未进行过血糖检查，尤其有糖尿病高危因素者，首次产前检查时进行血糖检查，达到以下任何一项标准应诊断为孕前糖尿病：①空腹血糖 ≥ 7.0mmol/L；② 75g 口服葡萄糖耐量试验，服糖后 2 小时血糖 ≥ 11.1mmol/L，孕早期不常规推荐进行该项检查；③伴有典型的高血糖症状或高血糖危象，同时随机血糖 ≥ 11.1mmol/L；④糖化血红蛋白 ≥ 6.5%，但目前不推荐常规使用糖化血红蛋白筛查 / 诊断糖尿病。

2. **妊娠期糖尿病的诊断**　包括：①所有原未被诊断为糖尿病的孕妇，在妊娠 24～28 周及 28 周以后首次就诊时进行 75g 葡萄糖耐量试验，空腹及服葡萄糖后 1 小时、2 小时血糖值分别为 5.1mmol/L、10.0mmol/L、8.5mmol/L，任意时间点血糖值达到或超过上述标准即诊断妊娠期糖尿病；②孕妇具有妊娠期糖尿病高危因素或者医疗资源缺乏地区，建议妊娠 24～28 周首先检查空腹血糖。空腹血糖 ≥ 5.1mmol/L，可以直接诊断为妊娠期糖尿病，不必行 75g 葡萄糖耐量试验。

（四）对母儿的影响

妊娠期糖尿病对妊娠的影响，取决于血糖的控制水平。妊娠期糖尿病的孕产妇易发生妊娠高血压综合征、羊水过多、胎膜早破、感染、早产等并发症。高血糖可以使胎儿生长为巨大儿，分娩时难产的机会增加，出生后易发生新生儿呼吸窘迫综合征和低血糖等并发症。

妊娠期糖尿病将增加子代先天畸形风险，如无脑儿、小头畸形、先天性心脏病和尾骨退化异常等，这些风险与妊娠前 10 周糖化血红蛋白水平成正相关。在无低血糖风险时，若糖化血红蛋白持续稳定低于 6.5%，子代先天畸形发生风险将降至最低。

1. **对孕妇的影响**　主要体现在：①糖尿病孕妇易发生妊娠期高血压疾病，合并高血压的发病率是正常孕妇的 4 倍；同时发生妊娠子痫的概率也会增加；②高血糖会使血液中白细胞功能下降，抵抗力下降易导致呼吸道感染、泌尿生殖系统感染，如霉菌性阴道炎、乳腺炎、产后感染等；③妊娠期糖尿病患者容易出现酮症，对此病若不及时纠正会使其发展为糖尿病酮症酸中毒；④妊娠期糖尿病患者出现羊水过多的概率为 10%～30%，比非糖尿病孕妇高 10 倍。其原因可能是胎儿血糖水平增高，导致其出现渗透性利尿，从而引起孕妇的羊水过多。在临床上，羊水骤增可导致孕妇的心肺功能异常；⑤因为巨大胎儿的发生率明显增高，孕妇发生难产、产道损伤、手术产的概率增高，产程延长易发生产后出血；⑥远期来看，妊娠期糖尿病母亲日后患糖尿病的概率也会明显增高。

2. 对胎儿的影响　主要包括：①胎儿生长受限：发生率为 21%，妊娠早期高血糖有抑制胚胎发育的作用，导致妊娠早期胚胎发育落后，糖尿病合并微血管病变者，胎盘血管常出现异常，影响胎儿发育；②流产和早产：妊娠早期高血糖可使胚胎发育异常，最终导致胚胎死亡而流产，合并羊水过多易发生早产，其发生率为 10%～25%。并发妊娠期高血压疾病、胎儿宫内窘迫等并发症时，常需提前终止妊娠；③巨大胎儿：妊娠期糖尿病孕妇巨大胎儿的发生率高达 25%～42%，比非糖尿病孕妇高 3～4 倍。原因是胎儿长期处于母体高血糖所致的高胰岛素血症环境中，促进蛋白、脂肪合成和抑制脂解作用，刺激其生长，从而形成巨大胎儿；④胎儿窘迫和胎死宫内：可由妊娠中晚期发生的糖尿病酮症酸中毒所致；⑤胎儿畸形：与正常母亲相比，糖尿病母亲胎儿出生缺陷率要高出 5 倍。妊娠期糖尿病患者所孕育的胎儿容易出现神经系统和心血管系统的畸形，如脊柱裂、脑积水、先天性心脏病、肛门闭锁等。母体糖尿病可增加胎儿发生神经管畸形的风险，当暴露于高糖环境时，胚胎细胞可通过葡萄糖转运体摄取更多葡萄糖，通过线粒体应激和氧化应激导致神经管畸形；另一方面，母体糖尿病患者影响表观遗传的修饰水平，进而调节下游基因的表达导致神经管畸形的发生。

3. 对新生儿的影响　主要包括：①新生儿呼吸窘迫综合征：当母亲患有糖尿病时，可致新生儿缺乏肺表面活性物质，出现肺泡萎陷，进行性呼吸困难，表现为生后 2～6 小时出现呼吸窘迫，气促、发绀、鼻扇、呼吸节律不齐、呼吸减弱、心率快或减慢，最后出现呼吸衰竭、心脏衰竭而死亡；②新生儿低血糖：当母亲有糖尿病时，由于含有过高血糖的血液不断刺激胎儿的胰腺生长并刺激其分泌胰岛素。胎儿出生后虽然脱离了母体高血糖的环境，自身胰岛素的分泌仍然较多，因此，极易引起新生儿出现低血糖。若不能及时进行监测血糖并发现，可影响孩子的智力发育，严重的也可以导致生命危险；③远期影响：青春期或者青年期患肥胖、糖耐量异常和糖尿病的风险增加。

（五）预防措施

1. 妊娠期糖尿病血糖控制标准　对于妊娠期糖尿病和孕前糖尿病孕妇均应自我监测空腹和餐后血糖以达到最佳血糖水平。孕期血糖控制目标建议为空腹血糖 < 5.3mmol/L、餐后 1 小时血糖 < 7.8mmol/L、餐后 2 小时血糖 < 6.7mmol/L，夜间血糖不低于 3.3mmol/L。

正常妊娠状态，糖化血红蛋白水平略低于正常未孕状态，如果没有明显的低血糖风险，糖化血红蛋白控制在低于 6% 水平最佳，但如果有低血糖倾向，糖化血红蛋白控制水平可放宽至 7% 以内。早孕期糖化血红蛋白控制在 6%～6.5% 之间，胎儿不良事件发生率最低。在妊娠中晚期，糖化血红蛋白控制在 6% 以内，妊娠不良事件如大于胎龄儿、早产、子痫前期发生率最低。结合妊娠早期糖化血红蛋白的控制目标综合考虑，如无低血糖风险，美国糖尿病协会推荐整个孕期糖化血红蛋白均控制在 6% 以内。糖化血红蛋白能反应一段时间内血糖控制的平均水平，但它仍不能确切反映餐后高血糖水平，因此，糖化血红蛋白仅推荐作为血糖控制的次要参考，孕妇应更加注重血糖的自我监测，应尽可能将孕前糖化血红蛋白水平控制在 6.5% 以下再怀孕，以降低先天畸形、子痫前期、巨大胎儿和其他并发症的发生风险。

2. 妊娠期糖尿病健康管理　常见途径有：①改变生活方式即可满足多数妊娠期糖尿病患者的血糖控制需求，积极运动、调整饮食对血糖控制起着十分重要的作用；②必要时可增加药物干预。妊娠期糖尿病患者的血糖控制采用药物干预时，首选胰岛素；二甲双胍与格列本脲缺乏充足的安全证据，仅作为次选方案；③当二甲双胍用于治疗多囊卵巢综合征及诱发排卵时，一旦确认妊娠，应立即终止二甲双胍的使用。

五、妊娠期贫血

贫血（anemia）是妊娠期常见的合并症，妊娠期血容量的增加与血浆及红细胞的增加不成比例是妊娠期贫血多发的重要原因。其中，营养性贫血（nutritional anemia）尤其以缺铁性贫血（iron deficiency anemia, IDA）最为常见。由于遗传缺陷引起的地中海贫血严重威胁着母儿的健康，故其预防、早期识别和相应的治疗措施对母儿的安全具有重要意义。

（一）诊断标准及分类

由于妊娠期血液系统的生理变化，妊娠期贫血的诊断标准不同于非妊娠妇女。WHO的标准是孕妇外周血血红蛋白（hemoglobin, Hb）< 110g/L 及血细胞比容 < 0.33 为妊娠期贫血。按 Hb 水平将贫血分为：轻度贫血（Hb100 ~ 109g/L）；中度贫血（Hb70 ~ 99g/L）；重度贫血（Hb < 70g/L）；极重度贫血（Hb < 40g/L）。

妊娠期贫血的分类方法很多，包括 IDA、巨幼红细胞性贫血（megaloblastic anemia, MA）、急性失血致贫血、地中海贫血（thalassemia）及再生障碍性贫血等。

1. 缺铁性贫血　正常情况下，铁的吸收和排泄保持着动态平衡，人体一般不会发生铁缺乏，只有在铁摄入不足、吸收障碍或丢失过度的情况下，铁的负平衡才会发生，进而发生 IDA。据报道，我国孕妇 IDA 患病率为 19.1%，妊娠早、中、晚期 IDA 患病率分别为 9.6%、19.8% 和 33.8%。妊娠期孕妇发生 IDA 的原因主要有：①妊娠期早孕反应如恶心、呕吐或择食、厌食等，影响铁的摄入。妊娠期胃肠蠕动减弱，胃酸缺乏进而影响铁吸收；②妊娠期血容量的增加与血浆及红细胞的增加不成比例，其中血浆平均增加了 40% ~ 45%，红细胞生成增加 18% ~ 25%，血液相对稀释而出现生理性贫血；③正常年轻妇女体内储存铁约 300mg，而整个妊娠期总需求约 1 000mg，其中 500mg 用于妊娠期血液的增加，300mg 主动向胎儿和胎盘运输，200mg 通过正常的途径丢失。所以，若不增加孕期铁摄入量，即使铁储备正常的孕妇也可能发生 IDA；④孕妇对胎儿的供铁是逆浓度梯度的主动运输，所以即使出现 IDA 也并不会停止对胎儿供应铁。

IDA 表现为小细胞低色素性贫血，即 Hb < 110g/L，红细胞平均体积 < 80fL，平均红细胞 Hb 量 < 27pg，红细胞平均 Hb 浓度 < 32%，白细胞和血小板计数均正常。铁缺乏目前尚无统一诊断标准，根据中国《妊娠期铁缺乏和缺铁性贫血诊治指南》，血清铁蛋白浓度 < 20μg/L 诊断为铁缺乏。按储存铁水平，将妊娠期缺铁和 IDA 分 3 期。第 1 期即铁减少期：体内储存铁下降，血清铁蛋白 < 20μg/L，Hb 及转铁蛋白饱和度正常；第 2 期即缺铁性红细胞生成期：红细胞摄入铁降低，血清铁蛋白 < 20μg/L，转铁蛋白饱和度 < 15%，Hb 正常；第 3 期即 IDA 期：红细胞内 Hb 明显减少，血清铁蛋白 < 20μg/L，转铁蛋白饱和度 < 15%，Hb < 110g/L。

2. 巨幼红细胞贫血　MA 是仅次于 IDA 的营养缺乏性贫血，是由于叶酸及维生素 B_{12} 缺乏引起 DNA 合成障碍而发生的一组贫血。叶酸和维生素 B_{12} 均为 DNA 合成过程中的重要辅酶，缺乏可导致 DNA 合成障碍，全身多种组织和细胞均可受累，以造血组织最为明显，特别是红细胞系统，形成巨幼细胞，因巨幼细胞寿命短从而导致贫血。MA 在各国的发病率相差很大，发达国家已经很少见，在我国高发于山西、陕西、河南等省。

3. 地中海贫血　地中海贫血是一组遗传性溶血性贫血疾病。由于遗传基因缺陷致 Hb 中一种或一种以上珠蛋白肽链合成减少或不能合成，造成 Hb 分子结构异常所导致的贫血。按珠蛋白肽链缺陷不同，地中海贫血可分为 α、β、δ、δβ 和 γδβ 等不同类型，其中 α 和 β 地中海贫血是最常见类型。本病在地中海地区发病率较高，我国的两广地区、长江流域以及东南亚等地为高发地区。

（二）临床表现与治疗

妊娠期贫血的临床症状与贫血程度相关。疲劳是最常见的症状，贫血严重者有脸色苍白、乏力、心悸、头晕、食欲缺乏、恶心、共济失调、呼吸困难和烦躁等表现。Hb 下降之前储存铁即可耗尽，故尚未发生贫血时也可出现疲劳、易怒、注意力下降及脱发等铁缺乏的症状。

一旦被诊断为 IDA，应及时治疗，口服铁剂治疗常作为轻中度妊娠期 IDA 首选治疗方法。患者不能耐受口服铁剂治疗或口服铁剂治疗无效时才考虑注射铁剂治疗。在注射铁剂治疗无效或病情极为危重时，作为治疗妊娠期 IDA 的最后对策，才考虑输浓缩红细胞进行治疗，待 Hb 达到 70g/L、症状改善后，可改为口服铁剂或注射铁剂治疗。治疗至 Hb 恢复正常后，应继续口服铁剂 3~6 个月或至产后 3 个月。

轻型、中间型 β 地中海贫血患者一般不需治疗，但重型 β 地中海贫血患者在出生后贫血进行性加重，有黄疸、肝脾肿大，需要输血治疗。重型者因贫血严重，红细胞形态异常改变显著，绝大多数患者于儿童期死亡。若夫妻双方均为同类型地中海贫血，需采取产前诊断方法对胎儿进行地中海贫血基因诊断，阻止该病重症高危儿的出生。

（三）对母儿的影响

妊娠合并贫血对母体、胎儿和新生儿均可造成近期和远期的危害。

1. 对孕妇的影响　主要包括：①孕妇贫血对分娩、手术和麻醉的耐受能力差，易发生产后出血导致失血性休克；②贫血降低产妇抵抗力，导致产褥期感染发病风险增加；③贫血可使妊娠期高血压 - 子痫前期、胎膜早破、产后抑郁的发病风险增加；④贫血导致

孕妇免疫能力降低，容易生病，影响胎儿健康。

2. 对胎儿的影响　妊娠期贫血可增加胎儿生长受限、胎儿缺氧、羊水减少、死胎、死产、早产、新生儿窒息的发病风险。胎儿肝脏贮存铁量不足，使胎儿易发生贫血，可影响胎儿正常生长发育和健康。此外，妊娠期贫血也会增加新生儿缺血缺氧性脑病的发病风险。如 2017 年 12 月美国围产学杂志上一篇论文的研究结果显示，新生儿海马体积和血清脑源性神经营养因子随着母体贫血严重程度的增加而逐渐下降，表明母体贫血对胎儿神经系统发育可产生不良的影响。

（四）预防措施

增强营养，注意营养均衡，多食含铁丰富的食物。加强围产期保健，对所有孕妇在首次产检（最好在孕 12 周以内）筛查血常规，以后每 8 ~ 12 周重复筛查。血常规测定是确定贫血的初筛试验，有条件者可检测血清铁蛋白、血清铁及转铁蛋白饱和度等，有助于明确诊断。

95% 的 MA 是由叶酸缺乏引起。正常非妊娠妇女每天叶酸需要量为 50 ~ 100μg/d，妊娠期叶酸推荐量为 400 ~ 800μg/d。在叶酸需求量显著增加的情况下，如多胎妊娠或溶血性贫血、镰刀形红细胞疾病，则需增加叶酸的补充。维生素 B_{12} 缺乏引起的 MA 主要是由于消化系统疾病（如慢性萎缩性胃炎，胃肠道手术后等）以及素食主义，恶性贫血较少。进食富含维生素 B_{12} 的饮食习惯是最佳的预防方法，如维生素 B_{12} 缺失严重，可根据情况每日 1 次肌内注射 100 ~ 2 000μg 维生素 B_{12}。

六、妊娠期甲状腺疾病

妊娠期甲状腺会发生生理性改变，总甲状腺激素或结合甲状腺激素水平随血清甲状腺结合球蛋白浓度的升高而升高，促甲状腺激素（thyroid stimulating hormone，TSH）水平在妊娠早期下降，在妊娠中期恢复到基线水平，在妊娠期后 3 个月逐渐增加。

胎儿甲状腺在妊娠大约 12 周时开始浓缩碘并合成 TH。在整个怀孕期间，母体游离四碘甲状腺原氨酸（free thyroxine，FT_4）对胎儿大脑的正常发育非常重要，特别是在胎儿甲状腺未产生功能之前。

妊娠期甲状腺疾病是我国育龄妇女和妊娠前半期妇女常见病之一。按照甲状腺功能代谢的相关情况可分为甲状腺功能亢进症和甲状腺功能减退症两大类。甲状腺功能代谢异常和母婴健康之间具有非常密切的关系，会在很大程度上影响母婴预后，出现包括胎儿宫内生长受限、胎儿畸形、早产、妊娠期糖尿病、妊娠期高血压疾病等在内的不良妊娠结局。

妊娠期甲状腺功能异常会增加妊娠期糖尿病、高血压的患病风险，其中甲状腺功能减退症、亚临床甲状腺功能减退症患者发生风险尤其高。甲状腺功能不足，FT_4 水平降低，会影响肾功能。肾小球结构发生改变，其过滤功能下降，且肾血流量变少，因此肾小球的过滤膜通透性提升，使尿蛋白丢失，血压升高。甲状腺功能减退症及亚临床甲状腺功能减退症患者 TSH 水平升高，会引发内皮细胞功能障碍，血管舒张性受损，血压增高。TH 和心血管功能之间关系密切，一旦甲状腺功能异常，TSH、FT_4 升高或降低会减弱对心血管的调节作用，血管阻力变大，血压明显升高。TSH、FT_4分泌量异常改变会损耗大量肾血管扩张因子，使其数目变少，进而增加高血压患病风险。

甲状腺功能发生改变，TSH、FT_4升高或降低，会使胰岛素的降解速度变慢，机体对于胰岛素的敏感性提升，肠道葡萄糖的吸收速度变慢，使糖耐量曲线发生改变，且TH水平异常可改变胰岛β细胞功能，刺激胰岛素分泌。在上述作用下，机体糖代谢发生紊乱，妊娠期糖尿病患病风险增加。目前认为TSH ≥ 2.5mIU/L时与胰岛素抵抗关系最为明显，因此妊娠期甲状腺功能减退症、亚临床甲状腺功能减退症与血糖关系最为密切，引发妊娠期糖尿病的风险更高。

（一）妊娠期甲状腺功能减退

甲状腺功能减退症是由于TH合成和分泌减少或组织作用减弱导致全身代谢减低的内分泌疾病，可分为临床甲状腺功能减退症和亚临床甲状腺功能减退症。

1. 诊断　甲状腺功能减退症的临床表现与常见妊娠体征或症状难以区分，如乏力、便秘、肌肉痉挛和体重增加等，其他临床表现包括水肿、皮肤干燥、脱发和深部肌腱反射松弛时间延长。甲状腺肿可能存在，也可能不存在。

临床甲状腺功能减退症的诊断基于实验室检查结果，TSH高于正常上限，FT_4低于正常下限。妊娠期间甲状腺功能的参考范围应建立在没有甲状腺疾病孕妇的人群水平上。亚临床甲状腺功能减退症FT_4水平正常、TSH水平升高。

2. 对母儿的影响　妊娠合并甲状腺功能减退症对胎儿会造成近期和远期不良影响，主要表现为低体重儿、先天畸形、婴儿神经系统发育异常、智力异常等。TH是维持胎儿正常生长发育的必需激素，尤其是在脑和骨骼发育过程中具有重要的作用。孕妇合并甲状腺功能减退症，TH水平降低，通过胎盘进入胎儿体内的TH水平也显著降低，妊娠期胎儿缺乏TH，导致神经细胞发育异常，呆小症发生风险显著增加，骨骼发育迟缓。孕妇甲状腺功能减退症是胎儿生长受限的重要影响因素之一，也是导致新生儿神经系统发育异常和呼吸窘迫的危险因素。

3. 临床处理　对于孕妇或计划妊娠的妇女，确诊临床甲状腺功能减退症应接受足够的TH替代治疗，以最大限度地降低不良妊娠结局的风险。对于妊娠期甲状腺功能减退症的治疗，推荐使用左旋甲状腺素替代疗法，开始使用左旋甲状腺素，剂量为每天 $1 \sim 2\mu g$/kg或每天约100μg。妊娠期亚临床甲状腺功能减退症伴甲状腺过氧化物酶抗体阳性者建议左旋甲状腺素治疗。在甲状腺切除或放射性碘治疗后没有甲状腺功能的孕妇，左旋甲状腺素较非妊娠需要量会增加约25% ~ 30%。妊娠期间应避免使用含三碘甲状腺原氨酸（triiodothyronine，T_3）的甲状腺激素制剂（如干燥甲状腺提取物或合成T_3），因为这些制剂中与FT_4相比FT_3的水平较高，导致母亲FT_3的超生理水平和FT_4的低水平。

与甲状腺功能亢进症孕妇不同，甲状腺功能减退症孕妇的治疗评估是通过测量TSH水平而不是FT_4水平来指导的。接受甲状腺功能减退治疗的孕妇应监测TSH水平，并相应调整左旋甲状腺素的剂量，使目标TSH水平在参考范围下限和2.5mU/L之间。建议孕早期TSH水平控制在0.1 ~ 2.5mU/L，孕中期0.2 ~ 3.0mU/L，孕晚期0.3 ~ 3.0mU/L。TSH通常每4 ~ 6周评估一次，同时调整药物。对于单纯低FT_4血症不建议治疗。

（二）甲状腺功能亢进症

临床甲状腺功能亢进症在妊娠女性中的发病率为 0.2% ~ 0.7%，Graves 病占这些病例的 95%，其特点为 TSH 水平降低，FT_4 水平升高。

1. **诊断**　甲状腺功能亢进症的体征和症状包括紧张、震颤、心动过速、大便频繁、出汗过多、热不耐受、体重减轻、甲状腺肿、失眠、心悸和高血压。Graves 病的显著特征是眼病（体征包括眼睑滞后和眼睑退缩）和皮肤病（体征包括局限性或胫前黏液水肿）。

2. **对母儿的影响**　妊娠期甲状腺功能亢进症如未得到有效治疗，会增加妊娠妇女重度子痫、心脏衰竭等疾病的发生风险；同时会显著提高胎儿早产、低出生体重、流产、死产等不良妊娠结局的风险。其次，过高的母体 TH 可通过胎盘进入胎儿体内，导致胎儿甲状腺功能亢进症、新生儿一过性中枢性甲状腺功能减退症。由于母源抗体持续存在，有 Graves 病史的孕妇存在发生胎儿甲状腺毒症的可能性。胎儿甲状腺毒症通常表现为胎儿心动过速和胎儿发育不良。

临床甲状腺功能亢进症的诊断基于实验室检查结果，TSH 低于正常下限，FT_4 高于正常上限。亚临床甲状腺功能亢进症 FT_4 水平正常，血清 TSH 水平降低。

3. **临床处理**　不推荐对亚临床甲状腺功能亢进症孕妇进行治疗，治疗对母亲或胎儿没有明显的益处。而且，由于抗甲状腺药物穿过胎盘，可能对胎儿甲状腺功能产生不利影响。显性甲状腺功能亢进症的孕妇应服用抗甲状腺药物，丙基硫氧嘧啶通常用来控制妊娠早期甲状腺功能亢进症，甲巯咪唑在妊娠前 3 个月应避免使用，存在致畸风险，妊娠中晚期可以服用。接受甲状腺功能亢进症治疗的孕妇应监测 FT_4 水平，并相应调整抗甲状腺药物的剂量，使 FT_4 达到正常妊娠范围的上限。

第二节　孕期用药与优生

药物是可能引起胚胎或胎儿损害的环境化学因素之一，在出生缺陷儿中，由药物引起的占 1% ~ 2%。药源性胎儿畸形主要是指药物或其代谢产物在胎儿器官形成期对敏感器官产生的不可逆损害作用。1956 年，德国生产的非处方药沙利度胺因其具有中枢神经镇静作用而被用于治疗妊娠呕吐。1959 年，德国妇产科医生发现并报告了孕期服用沙利度胺致海豹肢畸形儿的病例，致使 1961 年该药撤离市场。据统计，该药已在全世界引起海豹肢畸形儿约 1.5 ~ 2.0 万例。

孕期用药，药物既可能对胎儿产生有利的治疗作用，也可能产生有害的致畸作用、脏器功能损害甚至致死等，主要与药物本身的性质、剂量、疗程、胎儿遗传素质及妊娠时间等因素有关。

一、药物致出生缺陷的一般原理

（一）畸形形成的基本原理

1. 胚胎对致畸因子（teratogenic agent）或致畸物（teratogen）的敏感性取决于胚胎的基因型以及基因与环境因素相互作用的方式。

2. 胚胎在不同胚胎期对致畸因子的敏感性不同。

3. 致畸因子以某种特定的方式，即通过某种特定的机制作用于发育中的细胞和组织，从而导致异常胚胎的形成。

4. 不论哪种有害物质，引起的异常发育最终在临床上表现为畸形、胎儿生长受限、功能障碍和死亡。

5. 有害的环境因素暴露影响胎儿的发育取决于致畸因子的理化性质和剂量。

6. 随着致畸因子剂量的增加，异常发育的临床表现从无效应水平逐渐过渡至致死性水平。

（二）药物对胚胎和胎儿的损伤机制

药物的影响包括生殖毒性和发育毒性两个方面。生殖毒性是指药物对生殖功能或能力的损害和对后代的有害影响。生殖毒性既可发生于妊娠期，也可发生于备孕期和哺乳期。如抗肿瘤药物可阻滞原始卵母细胞，影响其进一步的成熟和排卵。体外研究提示，在胎儿发育至关重要的妊娠早期 3 个月内，布洛芬会使女性胎儿的卵泡数量显著减少，造成生殖细胞储备显著降低，表明女性胎儿长期接触布洛芬会对她们未来的生育能力产生长期影响。妊娠期间服用己烯雌酚，严重影响子代生殖系统的发育，女性后代发生阴道腺癌风险增高。

发育毒性是指母体妊娠期用药引起的胎儿生长受限，功能缺陷和结构异常，甚至死亡。药物通过对胎儿的直接作用，引起胎儿组织器官的损害，导致发育异常或死亡。如一些细胞毒药物能阻碍胚胎细胞分化，甚至杀死迅速增殖的细胞，或者干扰相关器官发育的基因表达而导致先天畸形，如链霉素损害第 8 对脑神经。药物也可以通过改变胎盘的功能，引起胎盘血管收缩，使母亲和胎儿之间的氧和营养物质交换减少，胎儿供血量不足，造成胎儿生长发育所需的营养物质和氧供应不足而对胎儿产生间接损害。如大剂量降压药引起胎盘血液循环障碍而影响胎儿正常发育甚至死亡，泻药刺激肠蠕动可增强子宫收缩而引起胎儿早产。

机体内环境稳定性的变化和遗传因素的作用可能会影响胎儿对药物的敏感性，诱发或加重病变。如遗传性葡糖 -6- 磷酸脱氢酶缺乏症患者，应用阿司匹林、非那西丁、奎宁和呋喃类药物时易诱发溶血性贫血。此外，由于胎儿和新生儿药物代谢酶活性较低，肾脏排泄功能较差，血浆蛋白结合率也较低，加之血脑屏障功能不完善，处于生长发育过程中的组织器官尤其中枢神经系统对药物敏感性较高，更容易受到药物的损害。

药源性畸形发生的一般机制包括：

1. **基因突变和染色体畸变**　药物作用于生殖细胞，可诱发基因突变和染色体畸变而导致 DNA 的结构和功能受损，造成胚胎正常发育障碍而出现畸形，这种畸形具有遗传性。但致基因突变和染色体畸变的药物作用于体细胞时引发的畸形是不遗传的。

2. 干扰基因表达及细胞有丝分裂过程　由于化学致畸物对细胞 DNA 复制、转录和翻译或细胞分裂等过程的干扰作用，可影响细胞的增殖，即表现出细胞毒性作用，可引起某些组织细胞死亡，从而导致畸形发生。研究发现反应停导致的畸形与体内转录因子 *SALL4* 密切相关。反应停可促进一系列转录因子的降解，其中包括 *SALL4*。*SALL4* 的降解干扰了胎儿肢体发育和生长，导致了婴儿四肢畸形等缺陷发生。如果胚胎接触致畸物的剂量较低，也可引起细胞死亡，但由于细胞死亡的数量少、速度慢，因此出生时未能形成畸形。若致畸物剂量较高，在短期内造成大量细胞死亡，出现胚胎无法代偿的严重损伤，则表现出胚胎致死作用。只有接触超过致畸阈剂量一定范围的胚胎，细胞增殖速度降低，受损组织不能进行补偿，但也不会危及生命时，在出生时才有畸形出现。

3. 干扰细胞 - 细胞交互作用　器官形成的迅速变化需要细胞增殖、细胞移动、细胞与细胞交互作用和形态发生的组织改造。胚胎发育的各个阶段都有不同的细胞通讯方式存在，细胞通讯受到破坏就可以影响正常的细胞生物学过程，引起畸形或其他发育毒性。

4. 对母体及胎盘稳态的干扰作用　有些化学物只有出现母体毒性时才引起发育毒性，或在出现母体毒性时，发育毒性明显增加。如苯妥英钠在实验动物中能影响母体的叶酸代谢，当叶酸缺乏时，子代可能发生唇裂、腭裂及心血管畸形等出生缺陷。孕妇缺乏代谢前体或基质（如维生素 A、碘）也可能是致畸机制之一。羟基脲可减少子宫的血流是引起致畸的一种机制。化学致畸物质还可通过胎盘毒性（坏死，减少血流）和抑制对营养物质的传送导致发育毒性。

二、妊娠期药物代谢动力学特点

（一）孕妇药物代谢动力学特点

妊娠期母体发生一系列生理变化，会影响药物在体内的动力学过程。如孕妇血容量增加使药物分布容积随之增加；肾血流量及肾小球滤过率增加，加快了药物的清除；肝血流量增加，加快药物的代谢；胃肠蠕动减弱，影响药物的吸收等等。

1. 药物吸收和生物利用度　妊娠早期胃分泌活动减弱相应地导致胃液 pH 值上升。随着孕激素水平的逐渐增加，对全身的平滑肌产生松弛作用，胃肠道也与子宫、输卵管及血管一样受到影响而致张力下降，导致胃排空延迟、肠动力减弱。药物吸收速率下降，达到血药浓度峰值的时间推迟。胃排空时间延长，使得在酸性胃液环境中不稳定药物的生物利用度降低。由于大多数药物从小肠吸收，若胃排空时间延长，推迟药物进入小肠，可降低小肠吸收速率。但是与肠黏膜的接触时间增加可能使药物吸收增加，提高其生物利用度。心输出量增加和局部血管扩张增加血流量，对肠道、肺和肌肉的药物吸收也有一定影响。

2. 药物分布　药物分布是指药物进出某一部位的可逆转运过程。最重要的转运分布发生在血液循环和组织之间，体重、组织成分、器官血流量、组织和血浆结合率、组织通透性常数等生理性变化对于药物分布都有不同程度影响。临床药理学以表观分布容量（apparent volume of distribution，Vd）作为药物在体内的分布参数。Vd 也可影响药物从体内的清除和生物半减期。孕期循环血容量自妊娠 6 ~ 8 周起持续增加，至妊娠 32 ~ 34 周时达到高峰并维持至分娩结束，产后 6 ~ 8 周恢复到妊娠前水平。此外，循环外液体以及全身水分总量在妊娠期随体重的增加也显著增加。妊娠期孕妇血容量约增加 35% ~ 50%，血浆增加多于红细胞增加，血液稀释，心排出量增加，体液总量平均增加 8 000ml。在妊娠期，体液的增加使得亲水性药物的 Vd 增加；而体内脂肪分布和比例的增加使得亲脂性药物的 Vd 增加。增加的 Vd 可使负荷剂量的起始浓度和多剂量给药后的血浆浓度峰值降低。因此，理论上某些药物需要增加给药剂量才能达到治疗效应的血浆药物浓度。如果同时药物的清除率不变或者降低，则增加的 Vd 会使药物的生物半减期延长，相应地延长药效的持续时间；如果药物的清除率增加，生物半减期的延长或缩短则取决于两者中变化更大的。

药物分布的重要一环是药物进入循环后首先与血浆蛋白结合成为结合型药物，未被结合的药物呈游离状态存在，分布到组织、细胞间液和细胞中。只有游离型药物才能通过生物膜扩散与受体结合而发挥药理作用。血浆蛋白结合率高的药物受妊娠影响最大，妊娠时血浆蛋白浓度降低 15% ~ 30%，使得血浆游离型药物浓度相应增加，因而到达组织和通过胎盘的药物就增多，药物效率增高。体外实验证实，妊娠期药物游离部分增加的常用药物有地西泮、苯巴比妥、苯妥英钠、利多卡因、哌替啶、地塞米松、普萘洛尔、水杨酸、磺胺异噁唑等。

3. **药物代谢** 药物代谢是药物在酶的作用下发生的生物转化过程，大致分两步进行，第一步为氧化、还原或水解，第二步为结合。影响体内药物代谢的主要因素是肝脏功能、血流量、药物代谢酶活性、激素调节和血浆蛋白结合率等。受这些因素影响的药物代谢动力学参数有消除率常数、血浆浓度 - 时间曲线斜率、Michaelis-Menton 参数（Vmax 和 Km）、表观血浆清除率与生物半减期等。肝脏血流量（每分钟清除药物的血容量）和药物提取比例（进入和流出肝脏血液中药物浓度差）是影响药物从肝脏消除的两项重要指标。妊娠时肝血流量改变不大。激素水平可以影响药物的肝代谢。孕激素使肝代谢酶活性增强，提高对某些药物的肝清除，而雌激素则可使肝微粒体酶活性降低。如孕激素使肝脏微粒体羟化酶活性增加，致使苯妥英钠、苯巴比妥、扑米酮、乙琥胺、卡马西平等药物在妊娠期需增加其治疗剂量。妊娠能够增强 CYP3A4、CYP2D6、UGT1A4 等酶的活性，降低 CYP1A2 和 CYP2C19 等酶的活性。如近 90% 咖啡因代谢需要同工酶 CYP1A2 的催化，与产后和非孕期妇女相比，妊娠期妇女咖啡因的生物半减期显著延长，并在产后一个月恢复至非孕水平。

4. **药物排泄** 药物及其极性代谢产物主要经肾脏从尿液排泄，一部分药物分泌到胆汁中，从粪便排出。药物排泄和代谢都是药物从体内的消除过程，其动力学参数与代谢参数基本相同。妊娠期间肾血流量和肾小球滤过率增加 60%，妊娠初期 15 周内增加最快，后 4 周逐渐降低。妊娠期肾小球滤过率的增加引起内生肌酐清除率的相应增加，并对需要经肾排泄的药物的清除率产生显著的影响，如抗癫痫药物拉莫三嗪在妊娠前 3 个月若剂量不变，血药浓度可下降 50% ~ 75%。由于肾血流量和肾小球滤过率增加，如果肾小管重吸收功能不变，极性较强的药物或其代谢产物经肾排出会有明显增加，以至其血浓度下降，如地高辛和一些抗生素。

（二）胎儿药物代谢动力学特点

1. 胎盘药物转运与代谢 胎盘和胎儿是妊娠期药物代谢中一个特殊的场所。胎盘绒毛与母体直接接触的面积约 $10 \sim 15m^2$，并通过如此大的面积进行物质交换和药物转运。除了大分子质量药物如肝素、胰岛素以外，多数药物都能穿透胎盘屏障到达胎儿循环，也能从胎儿再转运至母体。胎盘具有生物膜的一般特征，通过单纯扩散、易化扩散、主动运输和特殊转运等四种方式，将药物输送至胎儿。药物本身的特性和母胎循环中药物浓度差是影响药物转运速度和程度的主要因素。如单纯扩散是分子量 < 1 000Da 药物转运的主要方式，且浓度差别越大扩散速度越快。分子量 < 500Da、脂溶性强、与血浆蛋白结合力低、非离子化程度高的药物容易透过胎盘屏障。同时，胎盘本身也具有一定的药物代谢作用，有些药物经过其代谢后活性降低并限制通过胎盘屏障，如泼尼松通过胎盘转化为失活的 11- 酮衍生物；有些药物经其代谢后则活性增加甚至产生胎儿毒性，如葡萄糖经胎盘异构化为果糖进入胎儿循环。

影响胎盘对药物转运的因素包括：①药物脂溶性：高脂溶药物容易透过胎盘屏障扩散到胎儿血液循环，非脂溶性药物不易透过胎盘屏障，通过胎盘速度较慢；②药物离子化程度：离子化程度低的药物通过生物膜转运较快，高离子化药物，经胎盘转运速度非常慢。弱酸性药物母体中血药浓度会高于胎儿，而弱碱性药物则胎儿血药浓度会高于母体；③药物分子大小：较小分子量药物比大分子量药物扩散速度快。分子量为 $250 \sim 500Da$ 的药物大多数易通过胎盘，分子量为 $700 \sim 1\,000Da$ 的如多肽及蛋白质穿过胎盘较慢，大于 1 000Da 者很少能通过胎盘；④与蛋白结合能力：药物蛋白结合力高，其游离浓度就低，通过胎盘量少，反之蛋白结合力低的，其游离药物浓度高，易通过胎盘；⑤胎盘血流量：随妊娠进展胎盘血流量增加，药物转运逐渐加快。分娩时，血流量减少，药物转运减慢。合并先兆子痫、糖尿病等全身性疾患的孕妇，胎盘可能发生病理组织变化，能破坏胎盘屏障，可使正常不能通过胎盘屏障的药物变得可以通过。

2. 胎儿药物吸收 胎盘转运是胎儿药物的主要吸收方式，药物由脐静脉→肝→胎儿全身。药物经胎盘转运到胎儿体内后，经羊膜转运进入羊水中。由于羊水中蛋白含量仅为母体 1/10 ～ 1/20，游离型药物比例增大，可经皮肤吸收或胎儿吞饮吸收（妊娠第 12 周后），后者形成药物的羊水肠道循环。

3. 胎儿药物分布 血循环量对胎儿体内药物分布影响大，肝、脑等器官血流量较大，约有 60% ～ 80% 脐静脉血流经肝脏，故肝脏药物分布较多，同时也形成胎儿的肝脏首过效应。另一部分脐静脉血经静脉导管绕过肝脏直接进入右心房，药物经肝脏代谢减少，活性药物直接到达心脏和中枢神经系统。胎儿血脑屏障发育不完全时药物易进入中枢神经系统。胎儿的血浆蛋白含量低于母体，故胎儿药物血浆蛋白结合率低于母体，胎儿体内游离型药物比例较高，易于进入胎儿组织，使胎儿对药物的敏感性增加。

4. 胎儿药物代谢 胎儿药物代谢主要在肝脏进行，胎盘和肾上腺也承担某些药物的代谢任务。自妊娠 3 个月起，胎儿肝脏开始具有代谢药物的能力并逐渐成熟。胎儿药物代谢能力为成人肝脏药物代谢水平的 30% ～ 50%，因而某些药物浓度高于母体。多数药物代谢后其活性下降，但有些药物的代谢产物具有毒性，如苯妥英钠代谢生成对羟基苯妥英钠，后者干扰叶酸代谢，存在致畸作用。

5. **胎儿药物排泄**　妊娠 11～14 周开始胎儿肾已有排泄作用，但肾小球滤过率低，药物及其代谢产物排泄慢，经肾排泄的药物或代谢物转入羊水又被胎儿吞咽再吸收。胎儿药物及其代谢产物通过胎盘屏障向母体转运是最终排泄途径。代谢后极性和水溶性均增大的药物，较难通过胎盘屏障向母体转运，如反应停致畸就是因为其水溶性代谢产物在胎儿体内蓄积所致。

三、影响药物致畸作用的因素

（一）用药时胚胎或胎儿发育阶段

在胚胎不同发育阶段，药物产生的不良后果会存在明显差别。在胚前期（受精后 15 天以内），细胞具有潜在的多向性，胎儿胎盘循环尚未建立，此期用药对胚胎的影响呈"全"或"无"的效应。"全"就是药物损害全部或部分胚胎细胞，致使胚胎早期死亡。"无"是指药物对胚胎不损害或损害少量细胞，因细胞有潜在多向性，可以补偿或修复受损害的细胞，胚胎仍可继续发育，一般不会产生畸形。

胎儿畸形主要发生在妊娠 3～8 周的器官形成期。受精后 15～56 天为器官分化期，此时胎儿胎盘循环已建立，胚胎细胞开始定向发育。此期胚胎对致畸因素的影响特别敏感，一旦受到有害药物等致畸因素的作用，极易发生畸形。由于机体各种器官的分化时间不完全同步，分析药源性畸形时，可以从畸形特征大致推测药物暴露的可能时期。

胎儿期多数器官分化已完成，功能逐渐完善，药物不太可能引起明显的先天畸形。此时如受有害药物影响，可以影响胎儿以后的生长发育和器官、组织正常功能的形成，主要导致功能缺陷及生长受限。

（二）药物进入胎儿体内的剂量

胎儿体内药物量与母亲用药剂量、母体内分布容量和清除率以及药物分子量有关。脂溶性物质很容易通过胎盘，水溶性物质则随着分子量的增加，通过胎盘的量越来越少。在动物实验中已检测出许多致畸药物产生胚胎畸形和死亡的阈值，并确定了其剂量 - 效应关系。致畸物剂量增加或暴露时间延长，都可能增加致畸胎的发生率和严重性。但药物产生胚胎毒性的阈值在不同动物有所差别。许多药物加大剂量不仅对胎儿有害，对母亲也有毒性作用，而反应停较少剂量便可能产生胎儿畸形，对母亲却没有明显毒性作用。反应停致畸胎剂量加大数倍才引起胎儿死亡，而放线菌素 D 的致畸剂量便对胎儿产生致死作用。

（三）药物暴露的时间

孕妇用药时间越长，胚胎或胎儿受累的机会就越大。若在胚胎器官形成期和生长发育的胎儿期用药，可产生形态结构与生理功能两方面的危害。

（四）母亲与胎儿的基因型

药物是否产生有害反应存在明显的种族差异和个体差异。对同一种药物的反应，孕妇人群也存在个体差异，并非每个人都能产生同等效应。胚胎及母体对药物致畸作用的易感

性还取决于其基因型。出生缺陷的表现类型和发生频率，受母体、胚胎或发育个体基因的调控，并与基因和致畸物之间的相互作用方式有关。

现有的研究结果证实，同一剂量致畸药物在实验动物与人类之间，不同实验动物种属、品系之间，同种动物不同胎次之间，其致畸作用强弱也存在差异。例如，镇静剂反应停可引起人类和灵长类胎儿畸形，而小白鼠、大白鼠和家兔等多种动物对反应停的致畸作用不敏感，需要给予较大剂量才能诱发出典型的胎儿畸形。这表明遗传因素在决定人或动物对化学物质致畸作用的敏感性以及自发畸形的概率上起重要作用。因此，虽然动物致畸实验结果具有重要的参考价值，但不能仅仅根据动物实验的致畸资料来预测致畸药物对人类的安全性或危险性。

四、妊娠药物危险性等级

妊娠期用药危险性分级系统是评估药物在妊娠期使用危险性的重要工具。一些国家为加强药品管理，指导临床合理用药，避免药物对胎儿造成损害，根据临床研究和动物生殖发育毒理试验资料，按孕妇用药后可能发生胎儿危害的程度将药品分为几种类型。全球现有美国食品药品监督管理局（U.S. Food and Drug Administration，FDA）、澳大利亚药品评估委员会（Australian Drug Evaluation Committee，ADEC）和瑞典基本药物目录（Swedish Catalogue of Approved Drugs，FASS）3 个分级系统，其中以 FDA 药品分级系统在全球应用较广泛。

（一）FDA 妊娠期用药风险分类

1979 年美国 FDA 根据动物实验和临床用药对胎儿致畸的相关研究成果，建立了五级风险分类法，将药物分为 A、B、C、D、X 五类，这就是所谓的五字母系统（five-letter system），协助医生为孕妇提供安全的药物处方。

A 类：动物实验证实无危险。经设计周密并有相当数量的孕妇对照试验未证实对胎儿有危害者，可用于孕妇。例如多种维生素。

B 类：无人类危险证据。动物研究未发现对动物胎仔有风险，但人类研究尚不充分；或已在动物生殖研究显示有不良影响，但在很好的人类对照研究中未被证实有不良反应。孕妇慎用。如青霉素类、头孢菌素类等。

C 类：不能排除对人的危害。动物研究显示对胎仔有不良影响（致畸或胚胎死亡），但在人类妊娠期缺乏临床对照研究；或者尚无动物及人类妊娠期使用药物的研究结果。当对胎儿潜在的益处大于潜在的风险时，应权衡利弊，必要时可用于孕妇。

D 类：有确切的证据表明对人类胎儿有致畸风险。在孕妇有生命危险或是病情严重无安全替代的药物可用时可考虑使用该类药物。例如氨基糖苷类、四环素、苯妥英钠等。

X 级：动物和人类的研究均证实可引起胎儿异常，或者有肯定的人类致畸胎证据，其潜在致畸胎风险明显大于其治疗益处。该类药物禁用于孕妇或可能已经怀孕的妇女。

ABCDX 五级风险分类法，看似非常简单易行，但由于该分类系统过于简单，并不能反映出有效的可用信息，不能有效地传递妊娠期妇女的用药风险，常常给临床医生在指导妊娠期妇女用药时带来一定的困扰，甚至会导致错误的用药处方。如苯海拉明在妊娠分级中为 B 级药物，妊娠早期虽然可安全使用，但在妊娠后期，大量的苯海拉明有类缩宫素作用，引起子宫收缩，引起早产儿视网膜病变，应慎用，但仅凭分级根本无法获知。此外，其参考数据主要来源于动物实验数据，由于动物和人体之间的种属差异性，动物实验数据不能完全真实地反映该药物在人体内的实际代谢过程。FDA 分级往往将新上市的药物直接定义为 B 级药物，如果没有动物及人类研究，那么它将一直是 B 级药物，直到有确切的证据说明该药物有胎儿毒性，因此仅凭该五级风险分类法尚无法判断妊娠期药物使用的危险性。

分级判断妊娠期用药危险性更新慢。Adam 等评价了 10 年间（2000—2010 年）FDA 批准的 172 个药物，其中 168 个（97.7%）生殖毒性不能确定。1980 年到 2000 年，20 年间 468 个药物中仅有 23 个更改过分级，一个药物在妊娠期的安全性从不确定到稍确定的时间为 27 年。

（二）新的妊娠 / 哺乳期用药规则

2014 年 12 月 3 日，美国 FDA 发布最新妊娠及哺乳标签规则拟取代妊娠期用药危险性分级。2015 年 7 月新规则正式生效，同时对处方药及生物制品的药品说明书进行了调整。新的说明书删除了妊娠期用药五字母分级系统，针对孕妇、胎儿及哺乳期婴儿提供更多的有效信息，包括药物是否泌入乳汁、是否影响婴儿等。同时，新说明书还加入备孕的男性与女性条目，就药物对妊娠测试、避孕及生育的影响注明了相关信息。

新的妊娠期标签规则包括 4 部分。新的标签有助于临床医务人员更加及时、有效地获取最新的药品信息，详细了解有关妊娠期妇女用药的风险 / 获益信息，更好地指导妊娠期妇女合理用药。除此之外，新说明书还包括孕期药物暴露、药物疗效信息收集与上报登记系统，鼓励正在服用药物或生物制品的孕妇将相关信息上报以便进一步开展深入研究。

1. 妊娠用药登记信息　提供药物妊娠用药登记的招募信息，如联系电话号码、网站等，用于提醒医生药物正在开展妊娠用药登记，保证登记按照 FDA 的指南开展。

2. 妊娠期风险概述　主要包括：①一般人群出生缺陷和流产的发生率，出生缺陷发生率的数据来自调查研究，一般在 2%～4%；流产发生率基于发表的文献，一般在 15%～20%，如果拟依据不同的数据，需说明原因。②妊娠期用药安全性的数据分析。基于人类研究资料来自临床试验，在一些情况下，也可使用设计良好的病例系列研究，例如在一般人群中很难发生的结构畸形，但在暴露人群中发生率相对地升高。当没有人类研究资料，或者现有的人类研究资料不能得出药物是否有害时，在风险概述中必须声明。③基于动物研究资料的风险概述，包括动物数量和种类，暴露时期，动物暴露剂量与人使用剂量的换算关系和妊娠动物及后代结局。药物妊娠期暴露可能在一种动物发生一种不良结局，但在人类发生另一种完全不同的不良结局，因此，不能从动物研究资料直接推导至人类的结果，但在不同种类的动物中发生同样的不良发育结局时，应该慎重考虑。④基于药理学研究，如药物有明确的导致不良发育结果的药理作用机制，应介绍这一机制并说明相应的危害。另一些药物，可能基于生物学机制和人类使用经验，例如药物干扰 DNA 复制，导致细胞凋亡，或改变神经递质的释放。

3. **临床评估**　是为处方信息和利弊咨询提供信息。包括以下 5 个部分：①描述任何疾病相关的、已知的，或潜在的母亲或胚胎 / 胎儿危险性。包括疾病未治疗引起的严重后果，使医生和患者能够对治疗进行选择；②妊娠期及产后剂量调整，提供妊娠及产后剂量调整的药动学资料；③母亲的副作用；④胎儿 / 新生儿副作用；⑤分娩或生产时药物剂量。

4. **资料信息**　包括人类、动物和药理学研究资料的详细描述。

五、妊娠期用药的一般原则

对孕妇进行药物治疗的目的是维护母亲健康和保障胎儿正常发育。在母亲因病需采取药物治疗时既要考虑母亲的治疗需要，也要考虑药物治疗可能对胎儿产生的不良影响，权衡利弊之后采取适当的药物治疗方法，尽可能在保障母亲治疗需要的前提下，减少药物对胎儿的危害。当母亲与胎儿不能两全时，首先应当考虑母亲的治疗需要。患病不治或拖延治疗不仅对母体有害，也可对胎儿造成不良影响。药物可能对胎儿产生的有害作用受多种因素的影响，需要全面考虑治疗需要与产生有害反应的可能性，参照文献报道与医疗经验作出决策。一般情况下，孕前和妊娠期间的药物治疗应遵循以下原则。

1. **孕前用药要保证生殖细胞质量，避免造成生殖细胞的遗传损伤**　男性生殖细胞成熟为有功能的精原细胞需要约 64 天，因此，在受孕前 2 个月内暴露药物有可能导致基因突变。慢性疾病需要长期使用药物的，如癫痫、精神病、糖尿病、甲状腺疾病等，应会同专科医师确定治疗方案。如果病情允许停药，应当停药至少 3 个月或 3 个月经周期后怀孕。如果不能停药，应将药量维持到最低水平。孕前用药应考虑药物生物半减期，一般约经过 5～7 个生物半减期，血浆中药物几乎被全部清除。有些药物如利巴韦林的生物半减期为 24 小时，但其进入机体内后可以进入红细胞，服药两月后在血中仍可以检测到该药，因此建议夫妻双方使用该药后 6 个月内不能怀孕。

2. **根据孕妇病情需要，选择疗效确切又对胎儿比较安全的药物**　尤其是孕妇在胎儿器官形成期必须采用药物治疗时，应选用安全可靠的药物，采用最低有效剂量并严格控制疗程。能用已证实的安全有效的药物就不用尚难明确对胎儿是否会造成不良影响的药物，能单独用药就避免联合用药。早期妊娠用药应多考虑药物的致畸影响，中晚期妊娠用药应多考虑其毒副作用。例如，妊娠晚期应用解热镇痛药可能会导致胎儿动脉导管过早关闭，从而引起系列不良反应，如持久性肺动脉高压、右心肥大等。

3. **掌握妊娠期间药物在体内的代谢动力学特点**　充分考虑给药时间与胚胎发育时相的关系，认真审议给药方案，尽可能减少药物治疗的不良反应。恰当掌握用药剂量、用药时间和给药途径。用量不宜太大，以最小有效剂量为原则。疗程不宜太长，病情控制即停药。根据需要选择用药途径，如用于治疗胎儿的，可考虑宫腔给药，如羊膜腔注射地塞米松促胎儿肺成熟。

4. **妊娠晚期、分娩期用药要考虑到药物对新生儿的影响**　新生儿血浆蛋白中白蛋白比例较低，与药物的结合力显著低于成人，致使游离型药物浓度较高。游离型药物具有药理活性，导致新生儿受到较强的药理作用。由于新生儿器官发育尚不健全，生物转化与排泄功能均未成熟，分解清除药物的能力相对低下，因此，妊娠末期孕妇用药时应考虑此等特点。如 4 小时内可能分娩者，不宜注射吗啡，避免新生儿呼吸抑制。妊娠晚期服用大剂量的阿司匹林可以引起孕妇和新生儿出血。孕晚期尤其是临近预产期用磺胺类药物，较易发生新生儿黄疸和高胆红素血症，偶可发生核黄疸。头孢唑啉、头孢哌酮、头孢西丁、头孢地嗪、头孢曲松等具有高血浆蛋白结合率的头孢菌素类药物，可将胆红素从血清白蛋白上置换下来，在新生儿胆红素浓度低时，这类药物就有可能增加新生儿核黄疸的风险，患有高胆红素血症的新生儿（尤其是早产儿）可能发展成胆红素脑病。因此，妊娠晚期尽可能避免使用这类药物。

对已用过对胎儿有不良影响药物的孕妇，应根据药物的性质、用量、给药途径、用药时间长短及用药时胚胎或胎儿所处发育时期综合判断，慎重决定是否需要终止妊娠。孕早期用过明确具有致畸作用的药物，应考虑终止妊娠。如需继续妊娠，应作产前诊断。

5. 哺乳期不宜随便用药　哺乳母亲用药后，药物可经乳汁被婴儿摄取。分子量 < 200Da、脂溶性高、弱碱性、非离子化程度高的药物容易存在于乳汁中。乳汁中的药物浓度通常与母体血浆相同甚至更高，但一般不大于母亲用药量的 1%～2%，对婴儿影响不大。药物对乳儿的影响主要取决于药物本身的性质。因治疗需要用药者，一般不需中断哺乳，可在哺乳后服药并尽可能推迟下次哺乳时间，延长服药至哺乳的间隔时间，可减少乳汁中的药物浓度。

6. 孕妇或是怀疑已怀孕的妇女应避免使用活的病毒疫苗　如风疹病毒疫苗可通过胎盘引起胎盘及胎儿的感染，从而引起胎儿流产、死产或婴儿出生后患先天性心脏畸形、白内障、耳聋、发育障碍等多器官严重损害的先天性风疹综合征。孕期有传染病风险者，可以使用霍乱、甲型肝炎、乙型肝炎、流行性感冒、鼠疫、脊髓灰质炎、狂犬病、破伤风、伤寒、水痘和黄热病的疫苗。

（宋婕萍）

参考文献

[1]　谢幸，孔北华，段涛 . 妇产科学 [M]. 9 版 . 北京：人民卫生出版社，2018.

[2]　The American College of Obstetricians and Gynecologists. ACOG Practice bulletin No. 202: gestational hypertension and preeclampsia[J]. Obstet Gynecol, 2019, 133(1):e1-e25.

[3]　Committee on Practice Bulletins-Obstetrics. ACOG Practice Bulletin No. 190: gestational diabetes mellitus[J]. Obstet Gynecol, 2018, 131(2):e49-e64.

[4]　The American College of Obstetricians and Gynecologists. ACOG Practice Bulletin No.212: pregnancy and heart disease[J]. Obstet Gynecol, 2019，133（5）：e320-e356.

[5]　中华医学会内分泌学分会，中华医学会围产医学分会 . 妊娠和产后甲状腺疾病诊治指南（第 2 版）[J]. 中华内分泌代谢杂志，2019, 35(8):636-655.

[6]　孙祖越，周莉 . 药物生殖与发育毒理学发展史 [M]. 上海：上海科学技术出版社，2018.

[7] 郭艳杰，尚丽新. 妊娠期合理用药 [J]. 人民军医，2016, 59(4):414-416.

[8] REISINGER T L，NEWMAN M，LORING D W，et al. Antiepileptic drug clearance and seizure frequency during pregnancy in women with epilepsy[J]. Epilepsy Behav, 2013, 29(1):13-18.

[9] Adamm M P, Polifka J E, Friedman J M. Evolving knowledge of the teratogenicity of medications in human pregnancy[J]. Am J Med Genet C-Semin Med Genet, 2011, 157c(3):175-182

[10] 张川，张伶俐，王晓东，等 . 全球妊娠期用药危险性分级系统的比较分析 [J]. 中国药学杂志 , 2016, 51(3):234-238.

|第十六章|
优生咨询与出生缺陷监测

1883 年英国人类遗传学家弗朗西斯·高尔顿首次提出"优生"一词,其原意是"健康的遗传"。优生(healthy birth)既关系每个家庭健康,又关乎整个国家的人口素质。出生缺陷(birth defects)是指由遗传和 / 或环境有害因素引起的出生时就存在的各种身体结构畸形和功能障碍的总称。我国是一个人口大国,也是出生缺陷高发国家。开展优生咨询与检查和出生缺陷监测工作,对预防出生缺陷、提高出生人口素质具有重要意义。

第一节 优生咨询

优生咨询(healthy birth consulting service)是优生工作的重要组成部分,它是由医务人员、医学遗传学者或优生工作人员对咨询者提出的有关优生各种问题给予科学的解答,宣传优生知识,进行婚姻和生育指导。优生咨询的内容很广泛,一方面对广大健康的咨询对象科普优生知识并动员他们积极参与到优生优育工作中来,以达到提高出生人口素质的目的;另一方面对遗传病或先天畸形患者和其亲属提出的有关疾病问题,由医生或遗传学专业人员就该病的发病原因、遗传方式、诊断、治疗、预后和患者同胞、子女再患此病的风险等进行解答,并对患者及其亲属的婚配与生育等问题提出建议与指导,从而控制不良因素,预防出生缺陷,以达到优生优育的目的。

一、优生咨询的对象

优生咨询服务不仅适合有遗传病史或具有某些有害因素接触史的育龄夫妇,而且也适用于广大适龄婚育夫妇。通过优生咨询,既可能发现和解决一些暴露于不利因素者的生育问题，又可以提高广大育龄群众的优生意识和自我保健能力，使每一对育龄夫妇都了解优生保健必备的知识，达到优生的目的。

一般具有下列情况之一者都应该进行优生咨询：①夫妇双方或家系成员患有某些遗传病或先天畸形者；②曾生育过遗传病患儿的夫妇；③不明原因智力低下或先天畸形儿的父母；④不明原因的反复流产或有死胎、死产等情况的夫妇；⑤婚后多年不育的夫妇；⑥35岁以上的高龄孕妇；⑦长期接触不良环境因素的婚龄、育龄的青年男女；⑧孕期特别是孕早期接触不良环境因素、服药、发热以及患有慢性病者；⑨孕前、孕期常规检查或常见遗传病筛查发现异常者；⑩近亲婚配者。

二、优生咨询的内容

（一）婚前咨询与检查

为了保证健康的婚配，防止各种疾病，特别是遗传病的传递蔓延，开展婚姻咨询与婚前检查是十分必要的，是优生监督的第一关，是提高出生人口素质的有效举措。通过咨询，了解即将结婚的男女双方有无遗传性疾病和先天性疾病的家族史，并进行全身健康检查和生殖器检查，了解双方健康状况，判断是否适合婚育，并进行婚育指导。如男女双方是近亲应禁止结婚，有些严重的遗传病、重度的智力低下等患者应劝阻结婚，有些疾病患者暂时不宜结婚，有些疾病患者应动员婚前绝育等。

1. **婚前医学检查**　是对准备结婚的男女双方可能患影响结婚和生育的疾病进行的医学检查。目前我国婚前检查采取自愿方式实行免费婚检，主要项目包括：①询问病史、家族史；②体格检查：一般检查包括测量身高、体重、血压，检查全身及神经系统发育情况。主要脏器如心、肝、肾、肺的检查。第二性征的检查，如毛发分布、脂肪分布、喉结及乳房的发育；生殖系统的检查，包括内外生殖器的发育情况，有无先天畸形和其他情况；③实验室检查：包括血尿常规、肝肾功能等检查。必要时行遗传学检查。

2. **婚前卫生指导**　是对准备结婚的男女双方进行的以生殖健康为核心，与结婚和生育有关保健知识的宣传教育，包括生殖器卫生指导、性知识指导和避孕知识指导等。

3. **婚前卫生咨询**　婚检医师针对医学检查结果发现的异常情况和服务对象提出的具体问题进行解答、交换意见、提供信息，帮助受检对象在知情的基础上做出适宜的决定。发现指定传染病在传染期内、有关精神病在发病期内、或其他医学上认为应暂缓结婚的重要脏器疾病时，建议暂缓结婚。对于婚检发现的可能会终身传染的传染病患者或病原体携带者，在出具婚前检查医学意见时，应向受检者说明情况，提出预防、治疗及采取其他医学措施的意见。

男女双方血缘关系越近，携带相同基因的可能性越大，隐性遗传病的发病率也就大大超过随机婚配。因此，直系血亲和三代以内的旁系血亲禁止结婚。直系血亲是指有直接血缘关系的亲属，即生育自己和自己所生育的上下各代亲属，如兄弟姐妹、父母与子女、祖父母与孙子女、外祖父母与外孙子女等。旁系血亲是指非直系血亲而在血缘上和自己同出一源的亲属，三代以内旁系血亲是指由自己向上数至祖父母、外祖父母一代，或向下数至孙子女、外孙子女一代的旁系血亲，如堂兄弟姐妹、表兄弟姐妹、舅、姑、姨、伯、叔等。

（二）孕前咨询与检查

如果结婚后不准备避孕的夫妇，应在婚姻保健中给予孕前保健及指导；如果婚后打算避孕一段时间再受孕，应在停止避孕前，接受孕前保健及指导。做好孕前保健指导将会避免许多不适宜的妊娠，保障母儿健康。

在怀孕前，首先需要知道选择最佳的生育年龄，如女性小于 18 岁或大于 35 岁是妊娠的危险因素。过早生育，孕产妇的难产率及妊娠并发症的发生率均相应增加。但过晚生育对母儿也不利，会导致出生缺陷发生率明显增加。这是因为高龄妇女的卵细胞受各种因素的影响逐渐老化，在进行减数分裂的过程中，易发生染色体不分离导致卵细胞染色体数目异常，受精后可发育成染色体病胎儿，如唐氏综合征（又称 21- 三体综合征）等。最后是要选择最佳的受孕时期。比较理想的妊娠时期应当选择男女双方，尤其是女方的身体、精神、心理和社会环境等方面均处于最佳状态。如果患有某些慢性疾病、长期接触对胎儿有毒性的物质、有病毒感染史、女方患某些肿瘤或存在近期接种活疫苗等不良因素者，不适宜受孕，均需要进行孕前咨询，以采取必要的措施。若孕前不做处理，对优生优育极为不利。

孕前咨询的中心内容：

1. **育龄夫妇掌握孕前、孕早期的优生保健方法**　如孕前 3 个月应补充叶酸预防胎儿神经管畸形的发生；育龄女性在孕前，特别是孕早期避免病毒感染和防止接触有毒、有害物质（如射线、化学药物、烟酒、环境污染物等），对预防出生缺陷具有重要意义。

2. **指导、检查、核实需要控制生育的对象落实优生措施的情况**　指导育龄夫妇选择适宜的受孕年龄，脱离不良环境，计划受孕。同时进行有关实验室检查，如与出生缺陷有关的病原微生物的检测、男女双方的健康检查等。男女双方患病均需考虑是否适宜妊娠，尤其女方患有心脏病、高血压、肾脏疾病等，均应考虑能否承受分娩过程，任何一方在患有急性传染性疾病期间均不宜妊娠，应在医生指导下决定妊娠时间。

3. **对生育过遗传病患儿或严重缺陷儿的夫妇，应做好优生咨询和生育指导工作**　如拟再次妊娠，夫妇双方应接受孕前优生健康检查，主要检查项目包括：①询问病史：包括疾病史、用药史、孕育史、家族史、饮食营养、生活习惯、毒害物接触史、社会心理因素等；②体格检查；③实验室检查：包括白带检查，血液分析，尿液常规检查，血型、血糖、肝肾功能检测，病毒筛查等；④妇科超声检查。

此外，随着遗传学检测技术的迅速发展，孕前夫妻双方可以选择进行常见单基因隐性遗传病的携带者筛查，以降低生育单基因隐性遗传病患儿的风险。

孕前优生检查主要内容及方法：

1. **优生健康教育**　主要包括：①与怀孕生育有关的心理、生理基本知识；②实行计划妊娠的重要性和基本方法，以及孕前准备的主要内容；③慢性疾病、感染性疾病、先天性疾病、遗传性疾病对孕育的影响；④不良生活习惯、营养不均衡、肥胖、药物及环境有害因素等对孕育的影响；⑤预防出生缺陷等不良妊娠结局的主要措施。

2. **病史询问** 识别影响怀孕生育的风险因素。

3. **体格检查** 重点完成甲状腺触诊、心肺听诊、肝脾触诊、四肢脊柱检查、男女生殖系统专科检查。

4. **实验室检查** 包括血常规、尿常规、阴道分泌物、血型（含 ABO、Rh）、血糖、肝功能、肾功能、甲状腺功能、TORCH、乙型肝炎病毒、梅毒螺旋体等检查。

5. **妇科超声常规检查**

（三）孕期咨询及检查

孕期咨询要从早孕开始。确定怀孕后，孕妇即应到当地孕产保健部门进行登记、建卡，并按要求接受孕期的系统保健指导。孕产保健中心应定期对孕妇进行健康检查并做好保健监护，同时对孕妇提供卫生、营养、心理等方面的咨询和指导。如孕妇要加强营养、注意孕期卫生、生活中避免接触环境有害因素、孕期保持心情舒畅、开展胎教指导、定期产前检查等，以便及时发现问题及时处理。有适应证者如高龄孕妇、有不良孕产史等要在孕早期或孕中期进行产前诊断，若发现胎儿异常可及时终止妊娠，从而预防严重妊娠并发症或胎儿发育异常，有利母儿健康。

孕期咨询中最常见的内容：

1. **孕期心理咨询** 孕早期由于早孕反应导致身体不适，容易使孕妇产生焦虑、不安、懊悔、埋怨等不良情绪；妊娠晚期，由于身子日渐笨重、对分娩的恐惧及担心孩子生下来是否健康等问题，孕妇容易出现焦虑、恐惧等不良情绪。医学研究发现，孕妇在情绪好的时候，体内可分泌一些有益健康的激素，有利于胎儿的正常生长发育。如果孕妇处于恐惧、愤怒、烦躁、哀愁等消极精神状态中，身体的各部分机能均会发生明显变化，从而导致血液成分改变，影响胎儿身体和大脑的发育。因此，孕妇应加强自我修养，学会自我心理调节，善于控制和缓解不良情绪，多往积极的方面去想，在孕期保持稳定、乐观、良好的心境，以保证胎儿身心健康发展。

2. **孕期营养咨询** 孕期合理营养、均衡膳食是保障母儿健康的基础。在孕期不同阶段有不同的营养需求。孕早期（孕 13 周内），由于胎儿生长较慢，所需营养较为有限，不必强求补充大量的营养，但应注意营养要全面，少食多餐，烹调时以清淡少油腻为主，避免刺激性强的食物。如有呕吐不可禁食，吐后仍可吃一些易消化的食物。在此阶段，不用有意过分增加或减少食物的摄入量，各种营养的需要实际上与孕前基本相同，多吃新鲜蔬菜和水果，适当吃些豆制品和肉类等。孕中期（孕 14 ~ 27 周）胎儿生长发育迅速，各种营养物质的需要量均要增加。膳食要荤素兼备，粗细搭配，应摄取足够的谷类食物。孕中期每餐摄食量可因孕妇食欲增加而有所增加，切忌盲目过量进食或大量甜食，避免造成巨大儿、肥胖或血糖过高导致妊娠期糖尿病的发生。孕晚期（孕 28 ~ 40 周）是胎儿生长最迅速、体内储存营养素最多、孕妇代谢和组织增长最高峰的时期。由于大多数孕妇活动量减少，体重增加快速，故膳食增加量不宜过多。食盐用量应适当控制，有水肿的孕妇食盐量限制在每日 5g 以下。孕晚期随着胎儿的不断增大，子宫压迫胃部增加，孕妇往往吃较少的食物就有饱腹感，故应以少食多餐为原则，每日餐次可增至 5 ~ 6 次，体重增加仍应控制在 0.5kg/ 周，以免胎儿过大，造成分娩困难。一般情况下，孕妇体重比孕前增加

20%～25%比较适宜，到足月妊娠时，体重增加总量以12.5kg为宜，如果孕前身体质量指数偏低或偏高，孕期体重增加量可以适当增加或减少。如果发现体重增加过快，应及时调整饮食结构，少吃甜食及脂肪类食品并适当增加活动量，尽量把体重控制在合理的范围。

3. 不良环境因素致畸风险的咨询　一些在工农业生产及日常生活中接触到的化学物质，如铝、铅、汞、尼古丁、酒精、咖啡因等均可造成胎儿神经系统缺陷。孕妇应尽量减少使用含铝药物及铝制炊具。长期与铅接触的女工，在妊娠前后一段时间，应脱离含铅环境。烟草中的尼古丁、CO和多环芳烃对胎儿均可产生毒性作用。吸烟孕妇的胎儿体重较正常儿低，且可伴生长受限、智力低下等，其影响程度与吸烟数量及吸烟年限有关。酒精是人类致畸物质，能引起多种胎儿畸形，胎儿畸形的发生率与妊娠期饮酒量成正比，包括丈夫有嗜酒史，也能引起胎儿畸形。因此，孕妇应戒烟戒酒。

最严重且常见的物理致畸物是X射线，如孕妇一次大剂量或多次小剂量接受X射线诊断或治疗可引起胎儿畸形。胎儿发育有3个重要的时期：①植入前期：此期放射线可导致"全"或"无"的效应，或者是导致受精卵死亡，或者没有明显的影响。②器官形成时期：此期是从受精后第3周到第8周，超过50mGy的剂量就可能会导致内脏或躯体受损。③胎儿发育期：剂量大于50mGy能导致严重的脑发育延缓和小头畸形。临床医师对就诊的育龄妇女、孕妇必须优先考虑选用非X线的检查方法。妊娠早期，非急需不得实施腹部尤其是骨盆部位的X线检查，如确实需要也应限制在妊娠末3个月内进行。对于孕早期曾接受较大剂量X线的孕妇，为了解胎儿是否受到X线的作用而发生畸形，可到医院去进行产前诊断，以决定是否需要终止妊娠。

4. 药物致畸风险的咨询　大多数孕妇知道孕期用药可能会导致胎儿畸形，大部分咨询者是在不知道已怀孕的情况下用了药物，担心会产生胎儿畸形或缺陷而来医院咨询。咨询医师需要解答的问题是孕妇服药后对胎儿致畸风险有多大，是否需要终止妊娠，或进行必要的产前诊断。药物的致畸作用取决于药物的种类、剂量、给药途径和用药时期等。妊娠早期被认为是药物致畸作用的敏感期。受精卵3～8周为胚胎期，从第4周起，胚胎的器官开始发育，并迅速发育至第3个月。此期是器官发育最活跃的时期，也是药物最易干扰胚胎组织细胞正常分化的时期，可导致胎儿流产、畸形或器官功能缺陷，此期应尽可能不用药。但是，妊娠期的合并症和并发症并不少见，不能讳疾忌医，应向专业的医生或药师咨询，全面考虑母体与胎儿双方面的需要后慎重选择，合理使用药物。咨询医师在分析药物对胎儿发育可能造成的影响时，不要过分夸大其致畸风险，以免导致不必要的终止妊娠。要让咨询对象明白，在医师的指导下慎重用药是安全的，如果在需要药物治疗时拒绝用药，反而会影响胎儿的正常发育。

5. 对有异常孕产史者的咨询，特别是对有习惯性流产史、死胎史和胎儿畸形分娩史孕妇的咨询　根据临床资料统计，人群自然流产发生率为15%～20%，其中孕早期流产胚胎约50%是由于染色体异常所致，胚胎染色体异常的原因大部分是环境致畸因素导致的新发变异。通过询问病史及有关实验室检查，确定异常妊娠史的病因，针对不同病因建议孕妇采取相应措施，有适应证者可进行产前诊断，避免异常胎儿的出生。

产前检查时间及主要内容：

根据妊娠各阶段不同的变化特点，将孕期全过程分为孕早期（13周内）、孕中期（孕14～27周）和孕晚期（孕28～40周）3个阶段。不同时期产前检查内容有所不同。

1. 孕早期　首次产检记录既往病史、药敏史、家族史、月经史、妊娠史等；了解有无影响妊娠的疾病或异常情况。全身检查包括血压、体重、身高、心、肺、肝、脾、甲状腺、乳房等，了解孕妇发育及营养状态。妇科检查包括子宫位置、大小，确定与妊娠月份是否相当，并注意有无生殖器炎症、畸形和肿瘤。进行血常规、尿常规、乙肝表面抗原、肝功能、肾功能、梅毒、心电图等检查。

2. 孕中期　每四周进行一次产前检查（即孕16周、20周、24周、28周）。每次体格检查测量血压、体重、宫高、腹围、胎心率，并注意有无下肢浮肿。复查血常规及时发现妊娠合并贫血，复查尿常规及时筛查妊娠高血压病。孕15～20周建议做唐氏综合征和神经管缺陷的血清学筛查或孕妇外周血胎儿游离DNA产前筛查；孕20～24周建议做超声筛查胎儿结构畸形；孕24～28周建议做糖尿病筛查。

3. 孕晚期　孕28～36周，两周检查一次；孕36周以后每周检查一次。每次体格检查，注意检查胎位，如发现异常及时纠正；记数胎动并记录；建议定期做胎心监护；适时复查超声，观察胎儿生长发育情况、胎盘位置及成熟度、羊水情况等。

（四）新生儿期保健

根据《中华人民共和国母婴保健法实施办法》和《新生儿疾病筛查管理办法》，在新生儿期对严重危害新生儿健康的先天性、遗传性疾病施行检查，以达到早期诊断、早期治疗的目的。新生儿遗传代谢病是影响儿童智力和体格发育的严重疾病，若及早诊断和治疗，患儿的身心发育大多可达到正常同龄儿童的水平。新生儿疾病筛查是指在新生儿出生后三天采足跟血，用快速、敏感的实验室方法对新生儿的遗传代谢病、先天性内分泌异常和某些危害严重的遗传性疾病进行筛查，其目的是对那些患病的新生儿在临床症状尚未表现之前或表现轻微时通过筛查，得以早期诊断、早期治疗，防止机体组织器官发生不可逆的损伤，避免患儿发生智力低下、严重的疾病或死亡，对预防出生缺陷、提高出生人口素质有着重大意义。此外，新生儿还需进行听力筛查、先天性心脏病筛查等出生缺陷筛查。

（五）遗传咨询与检查

遗传因素是引起出生缺陷的重要原因，因此遗传咨询是优生咨询的重要内容之一。近几十年来，由于医疗技术的进步和发展，一些严重危害人类健康的传染病、流行病已基本得到控制，发病率已逐渐降低，而遗传病和先天畸形的发生率相对升高，遗传病对人类健康的威胁已日益严重。此外，遗传病本身具有遗传性、先天性、终生性的特点。因此，开展遗传咨询工作，及时发现遗传病患者及致病基因携带者，并进行有效的、可行的婚姻指导和生育指导，对于减少或防止遗传病患儿的出生和发病具有重要意义，也是提高出生人口素质的有效途径和切实可行的优生措施。

遗传咨询（genetic counselling）是指对遗传病患者及其家属所提出的有关疾病的问题，由医生或遗传学专业人员就该病的发病原因、遗传方式、诊断、治疗、预后以及患者同胞、子女再患此病的风险等提供咨询意见和建议的过程。遗传咨询通过医生与咨询者会谈的方式及相关实验室检查，充分了解有关情况，明确告知咨询者是否患某种遗传病，其家庭成员有无发病风险和后代发生该遗传病的概率，以及这种遗传病的主要症状、预后、预防和改善症状的方法，使咨询者充分理解、采纳相应的对策，以减少这种遗传病在其家系的再发和防止遗传病患儿的出生。

遗传咨询一般按以下几个步骤进行：

1. 明确诊断

（1）询问病史：包括区别与遗传病有类似临床表现的非遗传性疾病，如妊娠期病毒感染所致的畸形，分娩损伤造成的某些后遗症；注意患者的发病情况，某些遗传性疾病在出生时并不发病，而是在较晚的时候表现出症状；注意患者血缘亲属与非血缘亲属的发病情况，做家系调查与分析。

（2）临床检查：如多基因遗传病主要依靠临床检查进行确认。

（3）实验检查：如先天性代谢病和血红蛋白病的实验室检查。染色体核型分析、染色体微阵列分析、高通量测序技术等遗传学检测技术对确诊相关遗传性疾病具有重要价值。

在以上各种检查的基础上进行综合分析，最后做出正确诊断。

2. 确定遗传方式　遗传性疾病的遗传方式一般可分为以下几种情况：

（1）染色体病（chromosomal disease）：是指由于染色体数目和结构异常所引起的疾病。染色体是遗传物质的载体，正常人类精子或卵子的全部染色体数目是 23 条，其中含有 22 条常染色体和一条性染色体。正常人体细胞为二倍体，有 46 条（23 对）染色体，每对染色体中一条来自父亲一条来自母亲，女性染色体为 46，XX，男性染色体为 46，XY。

染色体病是先天畸形、智力低下、生长受限、胎儿自然流产的重要原因，在新生活婴中染色体病发生率约为 0.7%。临床上将由于 1 ~ 22 号染色体数目异常或结构畸变所引起的疾病称为常染色体综合征，其临床表现主要有智力低下，生长受限，常伴有五官、四肢、内脏等方面的畸形。例如唐氏综合征，又称先天愚型或 21- 三体综合征，是人类最常见的一种染色体病，也是常见的出生缺陷之一，患儿表现为严重的智力低下，且目前尚无有效的治疗措施。因此，避免患儿出生是关键的优生措施。目前临床上已开展唐氏综合征等染色体病的产前筛查和产前诊断工作。在遗传咨询过程中，应建议孕期进行相关检查。

性染色体（X 或 Y）数目异常或结构畸变所引起的疾病称为性染色体综合征。性染色体综合征的共同临床特征为性腺发育不全或两性畸形，表现为生殖力下降、继发性闭经、智力稍差、行为异常等。正常女性体细胞有两条 X 染色体，患者由于缺少或增加一条 X 染色体，或 X 染色体结构异常，就会导致女性性腺发育不全，表现为原发闭经、子宫小、外生殖器发育不良、不育等，对性腺发育不全患者应加强婚育指导。

（2）基因组病（genomic disorders）：基因组病的概念最早是由 Lupski 在 1998 年提出，是人类基因组 DNA 的异常重组而引起临床表型的一类疾病。基因组病包括一系列常规染色体检查无法识别的、基因组结构重排导致的染色体（微）缺失（微）重复综合征，主要为亚显微水平的染色体微缺失 / 微重复，一般长度为 1kb ~ 5Mb。其发病率 1/14 000 ~ 1/50 000，85% ~ 95% 为新发变异，多为环境因素导致。常见临床表现有生长发育异常、智力发育迟缓、内脏器官畸形、特殊面容、内分泌异常、精神行为改变和肿瘤等。

（3）单基因遗传病（monogenic disease）：指疾病的发生受一对等位基因控制，遗传方式符合孟德尔分离定律。根据突变基因所在的染色体和基因的显性、隐性性质的不同，其遗传方式分为常染色体显性或隐性遗传、X连锁显性或隐性遗传、Y连锁遗传。

一种遗传性状或遗传病有关的基因位于常染色体上，且性质是显性的，杂合状态即可发挥功能，这种遗传方式称为常染色体显性遗传（autosomal dominant inheritance，AD），如亨廷顿舞蹈病、软骨发育不全、成骨发育不良、成人多囊肾、家族性高胆固醇血症、家族性结肠息肉等。其遗传特点包括：①男女发病机会均等；②患者父母往往有一方为患者，若父母正常，子女一般不发病；③患者常为杂合型，若与正常人婚配，其子女患病概率为1/2；④家族中常常连续几代都有患者。

如果控制遗传性状或遗传病的基因位于常染色体上，且性质是隐性的，在杂合状态时不表现相应症状，只有当隐性基因为纯合突变或复合杂合变异时才表现出相应症状，这种遗传方式称为常染色体隐性遗传（autosomal recessive inheritance，AR）。常见的AR遗传病有苯丙酮尿症、白化病、脊髓性肌肉萎缩症、地中海贫血、耳聋等。其遗传特点包括：①患者是致病基因的纯合子或复合杂合子，父母正常，但都是致病基因的携带者（杂合子）；②患者的兄弟姐妹中，约有1/4的人患病，男女发病的机会均等；③家族中一般不会连续几代都有患者；④近亲结婚时，子代的发病率明显升高。

致病基因位于X染色体上，且性质是显性的，有一个致病基因即可表现出病状，这种遗传方式称为X连锁显性遗传（X-linked dominant inheritance，XD），其遗传特点是女性患者的子女各有50%发病率，男性患者的致病基因只传给女儿，不传儿子。常见的XD遗传病有抗维生素D佝偻病。如果致病基因在X染色体上，且性质是隐性的，这种遗传方式称为X连锁隐性遗传（X-linked recessive inheritance，XR），其遗传特点是女性纯合子才发病，杂合子表型正常，但可把致病基因传给后代。男性只有一个X染色体，若带有致病基因即可能患病，并可将致病基因传给女儿，不传给儿子。临床上常见的XR遗传病有血友病、红绿色盲、进行性肌营养不良、X连锁鱼鳞病等。

致病基因位于Y染色体上，只要Y染色体上有这个基因，即可表现出相应症状，这种遗传方式称为Y连锁遗传（Y-linked inheritance，YL）。因为只有男性才有Y染色体，所以Y连锁遗传病的特点是男性传递给儿子，女性不发病。因Y染色体上基因比较少，Y连锁遗传病极少见，并且多数与睾丸形成、性别分化有关。

（4）多基因遗传病（polygenic inherited disease）：人类许多生理特征如身高、体重、血压和肤色深浅等，是受多对基因决定的，这些基因是共显性基因，无显性和隐性之分，由于每对基因作用微小，所以称为微效基因。多基因遗传病的发生不是由一对等位基因决定，而是由两对以上的等位基因决定，同时还受到环境因素的影响，因此与单基因遗传病相比，多基因遗传病不是只由遗传因素决定，而是遗传因素与环境因素共同起作用的结果，故也称多因子遗传。在多基因遗传病中，由遗传因素决定一个个体患病的风险，称为易感性（susceptibility）；遗传因素与环境因素共同作用决定一个个体患病可能性的大小，称为易患性（liability）。与环境因素相比，遗传因素所起的作用大小称遗传度

（heritability），一般以百分数来表示。如唇腭裂是一种多基因遗传病，其遗传度为 76%，提示唇腭裂的发生遗传因素起了较大的作用，而环境因素所起的作用则相对较小。环境因素影响作用越大，遗传度则越低。多基因遗传病一般有家族性倾向，如精神分裂症患者的近亲中发病率比普通人群高出数倍，与患者血缘关系越近，患病率越高。唇裂、腭裂、高血压、糖尿病、精神分裂症、强直性脊柱炎及先天性心脏病等，均属于多基因遗传，表 16-1 显示的是一些常见多基因遗传病的发病率和遗传度。

表 16-1　一些常见多基因遗传病的发病率和遗传度

单位:%

疾病名称	群体发病率	患者一级亲属发病率	遗传度
无脑儿	0.5	4	60
脊柱裂	0.3	4	60
唇裂 ± 腭裂	0.17	4	76
先天性心脏病(各型)	0.6 ~ 1.2	~ 4	35
先天性巨结肠	0.02	4	80
先天性髋关节脱位	0.15	4	70
精神分裂症	0.5 ~ 1.0	10 ~ 15	80
原发性高血压	4 ~ 10	15 ~ 30	62
糖尿病(青少年型)	0.2	2 ~ 5	75
支气管哮喘	1 ~ 2	12	80
强直性脊柱炎	0.2	7 男性先症者	70
		2 女性先症者	
消化性溃疡	4	8	37

（5）线粒体遗传病（mitochondrial inherited disease）：线粒体是细胞质内重要的细胞器，是细胞内储存和供给能量的场所。线粒体 DNA（mitochondrial DNA，mtDNA）是人类细胞核外唯一存在的 DNA，每个线粒体含有多个环状双链结构的 DNA 分子以及合成蛋白所需的 rRNA 和 tRNA。mtDNA 含有 16 569 个碱基对，编码 3 个 rRNA 基因、14 个 tRNA 基因、核糖体蛋白基因、细胞色素 C 氧化酶、NADH 脱氢酶、ATP 酶复合体基因。线粒体疾病通常是由氧化磷酸化系统的功能障碍引起，导致细胞能量缺乏。线粒体病可以影响很多器官，特别是那些对能量需求高的器官，包括神经系统、骨骼肌、心肌、肾脏、肝脏和内分泌系统等。这组疾病具有遗传异质性，因为一些线粒体蛋白质由 mtDNA 编码，而其余的则是由细胞核 DNA（nuclear DNA，nDNA）转录的 mRNA 所翻译。根据突变基因为 mtDNA 或 nDNA 的不同，遗传方式也有差异。若因 mtDNA 突变，则为母系遗

传，若为 nDNA 突变，则遵循孟德尔遗传，包括常染色体显性遗传和 X-连锁遗传。常见因 mtDNA 突变而导致的线粒体遗传病有 Leber 遗传性视神经病、肌阵挛性癫痫伴碎红纤维病、线粒体脑肌病伴乳酸中毒及中风样发作综合征、早发型致命性心肌病、迟发性脑白质营养不良、帕金森病、非胰岛素依赖型糖尿病、迟发性脑白质营养不良、氨基糖苷类药物诱发的耳聋等。

3. 推算遗传病再发危险率 单基因遗传疾病的再发率通过孟德尔定律计算。如果一对表型正常的夫妇生育了一个常染色体隐性遗传病的患儿，这对夫妇可能均为致病基因的携带者，所以根据孟德尔的分离律和自由组合律再生孩子仍有 1/4 可能还是患者，男女机会相等。对于常染色体显性遗传病，表型正常的个体其子女不发病，患者的同胞有 1/2 可能发病，男女机会相等；杂合子患者的子女中有 1/2 可能发病。如果母亲是 X 连锁隐性遗传病致病基因携带者，生男孩有 1/2 可能患病，生女孩则不发病，但有 1/2 可能为致病基因携带者；如果男性为 X 连锁隐性遗传病患者，与正常女性婚配后，生育男孩均正常，女孩则都是致病基因携带者。X 连锁显性遗传的病种较少，女性患者多于男性。女性患者的子女中都有 1/2 的可能发病，男性患者生女孩都将发病，生男孩都正常。

在推算单基因遗传病的发病风险时，如果不考虑患者家系中实际遗传情况，仅按孟德尔的分离律和自由组合律进行计算，所获得的发病或再发风险概率是不够准确的。利用 Bayes 法能较准确计算单基因遗传病的发病风险，因为它不仅考虑该病的遗传规律和基因型，而且还考虑该患者家系中的具体发病情况。目前国际上在遗传咨询中已普遍应用了这一计算方法。

其他遗传疾病则无法以孟德尔定律来估计再发率，此时只有由实际上统计的患者亲属中再发率所得到的资料来估计再发率。染色体病患者的弟妹再发风险与其父母的染色体核型是否正常有关。如果父母的核型均正常，生育了染色体数目或结构异常的患儿，患儿同胞再发风险并不高或稍高于一般群体的发病率。如统计资料显示，一对夫妻生下一唐氏综合征患儿后，再生下染色体异常孩子的机会提高 0.75%。如果父母之一为平衡易位携带者，则其子女再发风险率明显增加。如母亲为 14 号染色体与 21 号染色体的罗氏易位携带者，其子女约 10% 发病，而父亲为易位携带者，其子女发病率约为 2.5%。然而有些先天性畸形并不是由遗传疾病所造成的，例如风疹病毒所引起的畸形，这类疾病患者的父母并没有异常的基因，其遗传再发的机会为零。

多基因遗传病有一定的遗传基础，且往往有家族性的倾向，其遗传形式不仅取决于一对基因，而是几对基因或其与环境因素共同作用的结果，因而在某些遗传特征中往往出现累积作用，同一家族中与一般的群体相比有较高的再发率。在估计多基因病的发病风险时，家系中已有的患者人数、患者病情的严重程度、性别差异均为必须要考虑的因素。

多基因遗传受环境因素和遗传因素共同影响，如果遗传度小，则表示遗传因素作用小，主要是环境因素在起作用。当遗传度为零时，则提示遗传因素不起作用。反之，如果遗传度大，则表示主要是遗传因素在起作用。当遗传度大于 60% 时，则一般认为该病的遗传作用大，否则认为小。大多数多基因遗传病中，其群体发病率为 0.1%～1%，遗传度为 70%～80%，这时患者一级亲属的发病率即近于群体发病率的平方根。如果在一个家庭中，患同一种多基因遗传病的人数越多，说明该家系成员具有的易患基因越多，再发风险就越高。患者病情越严重说明患者体内的致病基因越多，再发风险越高。例如，一侧唇裂的患者，其同胞再发风险为 2.46%；一侧唇裂并发腭裂的患者，其同胞再发风险为 4.21%；双侧唇裂并发腭裂的患者，其同胞再发风险为 5.74%。表 16-2 显示的是围产期中常见的多基因遗传病的发病率。

表 16-2　围产期中常见的多基因遗传畸形和疾病的发病率

单位:%

病名	群体发病率	患者一级亲属发病率	患者二级亲属发病率
唇裂＋腭裂	0.17	4.0	0.7
腭裂	0.04	2.0	0.7
先天性髋关节脱位	0.15	4.0	0.6
畸形足	0.1	3.0	0.5
脊柱裂	0.3	4.0	0.5
无脑儿	0.5	4.0	0.5
先天性幽门狭窄	男 0.5 女 0.1	男 5.5、女 19.0	2.5
先天性巨结肠	0.02	男 2.0、女 8.0	—
先天性心脏病(各型)	0.5	2.8	—

4. **交谈**　确定诊断及遗传病再发率后，医师需以患者或其家属所能了解的方式告诉他们相关结果。交谈的内容应包括疾病的名称、疾病所造成的异常、有没有办法治疗、有哪些治疗的方法、治疗所需的花费、患者可能存活的时间、再发率的高低、有无办法做产前诊断以防止再发等。这些都是患者或其家属决定生育与否所必须知道的。

5. **扩大的家庭遗传咨询**　一旦在某家庭中确诊遗传病患者，咨询医师要对其家系成员进行广泛的遗传咨询，这样才能更有效地预防遗传病的发生。如果检出有携带者，就需要针对其婚姻、生育等具体问题进行必要的优生指导。

三、优生咨询的注意事项

由于咨询者的实际情况、要求和心理状态是各种各样的，工作人员应对每个询问者持亲切、负责、严肃认真、保守秘密的态度，以获得咨询者的信任和配合，从而得到可靠的资料，以便进行准确的研究和分析。对咨询者提出的问题，不要轻易作出判断和回答，一定要在细致的思想工作、周密的调查和各种必要的实验室检查的基础上，经过认真分析，再作出正确判断，给予科学的回答。

进行优生咨询时，除了解答咨询者所提问题外，更重要的任务是向他们宣传优生常识和应采取的优生措施。因此，咨询医生必须具有较丰富的知识，特别是医学遗传学、细胞生物学、环境卫生学、优生学和临床医学等多学科的知识，才能解释充分，以使咨询者真正理解所谈的内容。只有这样才能使他们能够正确合理地决定其婚育。同时优生咨询也具有很强的政策性。因此，担任优生咨询任务的人员除应具有专业的医学知识外，还要具备一定的政策水平和高度的责任感。

第二节　出生缺陷监测

随着生育水平下降和逐步过渡到零增长，人口素质、分布和结构方面的问题逐渐突显，提高人口素质特别是出生人口素质已经成为一个十分紧迫和重要的人口问题。2018年国家卫生健康委员会发布了《全国出生缺陷综合防治方案》，明确了近 5 年出生缺陷防治的工作目标、主要任务和保障措施，进一步加大经费投入、加强服务网络、人才队伍和科研信息支撑，以落实国家"十三五"规划纲要和《"健康中国 2030"规划纲要》。

一、出生缺陷监测的定义与发展历程

（一）出生缺陷的定义及发生原因

出生缺陷（birth defect）是指婴儿出生前发生的身体结构、功能或代谢异常。通常包括先天畸形、染色体病、遗传代谢性疾病，以及先天性功能异常如盲、聋和智力障碍等。

出生缺陷的发生原因可分为生物遗传、环境、行为生活方式和保健服务四大类。通过对大量人群出生缺陷病因的综合性分析后显示，出生缺陷可由染色体畸变、基因变异等遗传因素或环境因素引起，也可由这两种因素交互作用或其他不明原因所致。

（二）出生缺陷监测的定义及发展历程

出生缺陷监测（birth defect monitoring）是指系统地、连续地对人群中所发生的出生缺陷的有关资料进行收集、整理、分析和利用的过程。通过收集、分析资料，确定出生缺陷的种类、分布特征及影响因素等，以便了解出生缺陷的发病特点和流行趋势，从而为采取有效措施提供依据，进一步降低出生缺陷发生率。出生缺陷监测就是流行病学在环境优生学中最好的应用体现。

由于反应停事件的发生，英国、以色列、芬兰等国家自 1964 年起开始出生缺陷的监测工作。我国出生缺陷监测起步于 20 世纪 80 年代初。1982—1985 年，肖坤则教授在四川省开展了以医院为基础的出生缺陷监测，并于 1987 年成立了中国出生缺陷监测中心，首次获得了反映我国出生人口素质的资料，初步摸清了我国围产儿素质的基本状况，查明了围产儿出生缺陷的种类、顺位、发病率及其三间分布，建立了全国范围内以医院为基础的出生缺陷监测网，填补了我国在出生缺陷监测领域的空白，标志着我国出生缺陷监测工作已全面开展。

我国于 1986 年建立了以医院为基础的出生缺陷监测系统，并于 1996 年实现了"三网合一"三级监测网络，监测期为孕满 28 周至出生后 42 天，重点监测围产儿中 23 类常见的结构畸形、染色体异常及部分遗传代谢性疾病。该系统获得的围产期出生缺陷发生率主要反映了出生时临床明显可辨认的出生缺陷的发生水平，但在一定程度上受到诊断水平、监测期等因素的影响。

出生缺陷监测是婚育保健的重要环节。卫生部发布的《中国出生缺陷防治报告（2012）》显示，我国每年新增出生缺陷数约 90 万例，其中有很大一部分是能够通过实施正确、科学的产前检查发现或预防的。

我国在出生缺陷预防和干预方面已做了大量工作，主要体现在：①开展了婚前检查和优生及遗传咨询工作；②实施了孕产妇系统管理，进行围产期保健工作；③开展了病残儿鉴定工作；④引进和推广了一些适宜的干预技术，开展出生缺陷的产前筛查和新生儿筛查；⑤加强了优生优育的健康教育，提高了人民群众的优生保健知识和意识；⑥其他的公共卫生活动如加强卫生监督、控制职业危害、治理环境污染、性病控制管理等也对预防出生缺陷的发生起到一定的积极作用。

（三）我国出生缺陷监测报告

2012 年 9 月，卫生部发布了《中国出生缺陷防治报告（2012）》，旨在全面反映我国出生缺陷防治工作状况，引导社会各界和国际社会更加关注妇女儿童健康，营造有利于出生缺陷防治的良好氛围和支持环境。报告指出，我国出生缺陷发生率在 5.6% 左右，每年新增出生缺陷数约 90 万例，其中出生时临床明显可见的出生缺陷约有 25 万例。2009—2011 年，中央财政共投入 3.2 亿元，为农村孕前和孕早期妇女免费增补叶酸预防胎儿神经管缺陷，取得明显成效，围产儿神经管缺陷发生率持续降低，从 1996 年的 13.6/万下降到 2011 年的 4.5/万。2012 年新增了西部农村地区新生儿疾病筛查补助项目和地中海贫血防控试点项目。

通过开展出生缺陷综合防治，减少和避免了大量出生缺陷导致的不良后果，减少了补偿性生育，增加了人力资源的健康存量，提高了人口素质，基本完成《中国儿童发展纲要（2011—2020 年）》中提出的"严重多发致残的出生缺陷发生率逐步下降，减少出生缺陷所致残疾"目标任务。

2000—2018 年期间主要出生缺陷发生率的变化趋势，总体上先天性心脏病、多指/趾、马蹄内翻的发生率呈上升趋势；总唇裂、神经管缺陷、先天性脑积水及唐氏综合征的发生率呈下降趋势。尿道下裂发生率在近些年来有所上升。2000—2010 年间神经管缺陷位列前 5 位高发畸形，到 2018 年其发生率降至历史最低（1.45/万），跌出前 10 位高发畸形。总唇裂发生率由 2000 年的 14.07/万（第一顺位）下降至 2018 年的 5.63/万；先天性脑积水也由 2000 年的发生率（7.10/万）第五顺位下降至 2018 年的 3.86/万，均不再位列出生缺陷的前五位。唐氏综合征从 2003 年（2.86/万）始呈下降趋势，2018 年降至 1.37/万。部分严重先天性心脏病（如完全性大血管错位）发生率也呈下降趋势。

2018 年围产儿前 5 位高发出生缺陷依次为先天性心脏病、多指/趾、并指/趾、马蹄内翻和尿道下裂。先天性心脏病自 2005 年起一直是我国围产儿首位高发出生缺陷，其总

发生率的上升与轻度先天性心脏病的检出率增加有关。2000—2018年，总唇裂发生率持续下降，但并指/趾、马蹄内翻和尿道下裂的发生率较2017年有所增加（表16-3）。

近年来，围产儿神经管缺陷、先天性脑积水等致死或严重致残的出生缺陷发生率持续下降，与一、二级干预措施的有效落实有关；而出生后先天性心脏病、遗传代谢病、听力障碍的检出率增加和新生儿疾病筛查工作的广泛开展相关。国家先后实施了免费孕前优生健康检查、增补叶酸预防神经管缺陷、地中海贫血防控、贫困地区新生儿疾病筛查等项目，以及把儿童先天性心脏病等结构畸形纳入大病保障范畴。

表 16-3 2000—2018 年全国主要出生缺陷发生率顺位

单位:1/万

顺位	2000 年	2005 年	2010 年	2015 年	2016 年	2017 年	2018 年
第一	总唇裂 (14.07)	先天性 心脏病 (23.96)	先天性 心脏病 (32.74)	先天性 心脏病 (66.51)	先天性 心脏病 (62.10)	先天性 心脏病 (71.53)	先天性 心脏病 (91.18)
第二	多指/趾 (12.45)	多指/趾 (14.66)	多指/趾 (16.39)	多指/趾 (18.07)	多指/趾 (18.53)	多指/趾 (18.74)	多指/趾 (21.40)
第三	神经管缺陷 (11.96)	总唇裂 (13.73)	总唇裂 (12.78)	总唇裂 (7.41)	总唇裂 (6.97)	马蹄内翻 (6.64)	并指/趾 (7.62)
第四	先天性 心脏病 (11.40)	神经管缺陷 (8.84)	脑积水 (6.02)	马蹄内翻 (6.20)	并指/趾 (6.07)	并指/趾 (6.21)	马蹄内翻 (6.77)
第五	脑积水 (7.10)	脑积水 (7.52)	神经管缺陷 (5.74)	脑积水 (5.30)	马蹄内翻 (6.00)	总唇裂 (6.01)	尿道下裂 (5.78)

摘自：全国妇幼卫生监测及年报通讯，2020 年第 1 期。

2018 年，围产儿神经管缺陷、脑积水、总唇裂、腹裂等出生缺陷的发生率农村高于城市；而先天性心脏病、腭裂、小耳、直肠肛门闭锁或狭窄、尿道下裂、多指/趾、并指/趾等出生缺陷的发生率则是城市高于农村。腭裂、无脑的发生率女性高于男性；脑积水、总唇裂、小耳、直肠肛门闭锁或狭窄、尿道下裂、多指/趾、并指/趾、肢体短缩的发生率男性高于女性（见表16-4）。

表 16-4 2018 年围产儿主要出生缺陷的城乡及性别发生率

单位:1/万

畸形	城市	农村	男性	女性	合计
神经管缺陷	1.10	1.94	1.34	1.52	1.45
无脑畸形	0.17	0.37	0.16	0.35	0.26

畸形	城市	农村	男性	女性	合计
脊柱裂	0.82	1.34	1.00	1.04	1.04
脑膨出	0.10	0.22	0.18	0.13	0.15
脑积水	3.63	4.19	4.26	3.40	3.86
腭裂	3.25	2.55	2.19	3.80	2.96
总唇裂	4.91	6.64	6.55	4.55	5.63
唇裂	2.49	2.87	3.12	2.09	2.64
唇腭裂	2.42	3.78	3.43	2.46	2.98
小耳	3.29	2.55	3.46	2.45	2.99
食管闭锁或狭窄	1.06	0.94	0.91	1.11	1.01
直肠肛门闭锁或狭窄	2.91	2.42	3.21	2.06	2.71
尿道下裂	6.91	4.18	10.83	0.13	5.78
膀胱外翻	0.04	0.06	0.05	0.04	0.05
马蹄内翻	6.64	6.95	6.81	6.71	6.77
多指／趾	22.96	19.19	25.57	16.78	21.40
并指／趾	8.76	6.00	8.28	6.88	7.62
肢体短缩	2.64	2.68	2.94	2.27	2.65
膈疝	1.08	1.22	1.18	1.09	1.14
脐膨出	0.99	0.85	0.97	0.83	0.93
腹裂	0.25	0.59	0.36	0.39	0.39
联体双胎	0.02	0.00	0.00	0.01	0.01
唐氏综合征	1.44	1.27	1.33	1.40	1.37
先天性心脏病	103.60	73.61	91.52	90.68	91.18

摘自：2018年全国妇幼卫生三网监测主要结果分析报告.全国妇幼卫生监测及年报通讯，2020年第1期。

二、出生缺陷监测的内容及方法

在某一地区（或全国）选择有代表性的医院或人群，对其中发生的出生缺陷进行长期、持续的动态观察，将监测期的出生缺陷发生率与事先设置的标准（基线率）进行比较、评估，其目的在于及时获得出生缺陷的动态变化信息，分析其消长原因，从而获得准确、可靠并能反映全国水平的出生缺陷资料。动态观察出生缺陷发生的消长情况，及时发现影响出生缺陷的可疑因素，为病因学研究提供线索。因此，出生缺陷监测的根本任务是通过实验、临床、流行病学、发育药理学与发育毒理学、分子遗传学及细胞遗传学等方面的研究，在积极探索病因的同时，采取综合预防措施，预防出生缺陷的发生。出生缺陷监测是开展综合防治出生缺陷的基础，其监测数据将为制定出生缺陷的预防措施以及评价干预效果提供科学依据，为政府部门制定妇幼卫生决策奠定基础。

（一）监测点的选择

在全国妇幼卫生监测点中，按以下原则选取部分区县：①城市以区为单位，农村以县为单位，原则上每省（自治区、直辖市）城市和农村各选 1 个，监测区县总人口一般应在 40 万 ~ 50 万之间；②监测区县政府及卫生行政部门重视和支持监测工作，有配套经费及组织和人员保障。卫生行政部门、医疗保健机构和其他部门、机构积极性高，具有良好的协作关系和协作机制；③监测区县妇幼保健网络完善、运作正常，儿童及孕产妇系统管理率、住院分娩率达 80% 以上；④监测区县已经或准备开展孕前保健、孕期保健、孕期产前筛查、新生儿筛查、听力筛查等工作；⑤监测区县各级数据报告单位应有数码照相机等器材。

在征求各省（自治区、直辖市）意见的基础上，确定以人群为基础的出生缺陷监测区县。

（二）监测对象和监测人员

1. **监测对象**　出生缺陷医院监测的对象为监测医院内出生的妊娠满 28 周至出生后 7 天内的围产儿（包括活产儿、死胎、死产儿），以及在监测医院出生或引产出生的缺陷儿（无论孕周大小）。出生缺陷人群监测的对象为居住在监测地区的产妇（包括本地户籍以及非本地户籍在监测地区居住一年以上的产妇）所分娩的胎婴儿。监测期限为妊娠满 28 周（如孕周不清楚，可参考出生体重达 1 000g 及其以上）至生后 42 天，在此期间首次确诊的主要出生缺陷均需报告。

2. **监测人员**　出生缺陷监测的监测人员为全国各级妇幼卫生行政管理部门和妇幼保健机构负责出生缺陷监测的专业人员。由经过培训的妇产科及儿科医师按 23 类出生缺陷诊断标准，对出生新生儿进行全面体检。对在监测时间内住院分娩的围产儿填写出生登记表，以 23 类出生缺陷的畸形为指标，对指标内出生缺陷儿填写出生缺陷儿登记卡，指标以外的畸形填入其他表。

（三）监测内容和方法

由于出生缺陷种类繁多，不可能将所有出生缺陷全部纳入监测范围，监测结果往往受监测对象、种类、监测范围、监测时间、监测手段、监测质量等因素的影响。因此，对各种出生缺陷发生率进行分析、比较时，一定要结合上述因素进行综合考虑。我国出生缺陷监测是以医院为基础的，目前主要监测 23 类出生缺陷，分别为无脑畸形、脊柱裂、先天性脑积水、脑膨出、腭裂、唇裂、唇裂合并腭裂、先天性耳廓畸形（包括小耳、外耳其他畸形）、食管闭锁或狭窄、直肠肛门闭锁或狭窄（包括无肛）、尿道下裂、膀胱外翻、先天性马蹄内翻足、多指 / 趾、并指 / 趾、肢体短缩、先天性膈疝、脐膨出、腹裂、联体双胎、唐氏综合征、先天性心脏病和其他先天畸形。其他先天畸形包括独眼、无眼畸形、面横裂、先天性小肠闭锁、多囊肾、致死性侏儒、成骨不全、羊膜粘连带综合征、无心综合征、血红蛋白病、巴氏胎儿水肿综合征等。

1. 监测内容

（1）出生缺陷医院监测内容：①监测医院内出生的妊娠满 28 周至出生后 7 天围产儿的有关资料；②主要出生缺陷的时间、地区和人群分布以及临床资料；③出生缺陷的可疑危险因素。

（2）出生缺陷人群监测内容：①主要出生缺陷发生的时间、地区和人群分布及临床资料；②出生人群的相关资料。

2. 监测指标

①主要出生缺陷的发生率；②主要出生缺陷性别、母龄和城乡发生率。年度指标统计时限：上一年度 10 月 1 日至本年度 9 月 30 日。

3. 监测方法

目前常用的监测方法主要有以下两大类。

（1）以人群为范围（population-based）的监测：是指对居住在某个国家或地区范围内的妇女所生全部围产儿进行监测。人群监测（通常是该地区家庭分娩率很低）几乎包括了该地区的所有产院。人群监测容易追踪同一位妇女所生的几个小孩，并且对该地区出生的婴儿易于随访。地区越大，从该地区迁出而失访的人数越多。如果在全国范围内进行有效的监测，可减少失访问题，但不能完全避免。

（2）以医院为基础（hospital-based）的监测：是指从某个国家或某个地区抽取一定数量的医院，对在这些医院分娩的全部围产儿进行监测。一般说来，以医院为基础的监测能节省经费，适合于经济不发达、保健网络不够健全的国家和地区。因此世界上许多国家和地区，特别是发展中国家多采用这种方法。以医院为基础的全国出生缺陷监测系统目前仍是我国主要的监测方法。在全国各个省（自治区、直辖市）的监测点范围内选择县及县级以上医院、妇幼保健院作为国家级监测医院；各省在国家级监测医院的基础上扩大监测点，进一步建立本省的出生缺陷监测点，以获取可反映本省情况的代表性数据，从而形成覆盖全国的以医院为基础的出生缺陷监测系统。所有新生儿至少在出生时、生后 1 周内及生后 6 周时由接生者或儿科医生分别进行 1 次体检，任何有出生缺陷或怀疑有出生缺陷的婴儿均以出生缺陷病例上报。报送资料包括当地的出生资料（出生总数、性别分布、出生结局等），出生缺陷病例报表，包括：姓名、性别、出生日期、出生顺序、个人识别码（新生儿名、性别、出生日期、出生顺序）、畸形诊断、畸形编码、畸形解剖学描述（如畸形的位置、大小、形状等）及出生缺陷病例体表彩色照片。为避免死胎、死产中的出生缺陷被遗漏，所有的死胎、死产均要求拍摄照片。

上述两种监测方法各有利弊。以医院为基础的出生缺陷监测，诊断水平高，实施相对容易，可节省人力、物力和财力，结果可大致反映监测地区出生缺陷的发生水平，但是各地住院分娩率不一，并且孕妇对医院有一定的选择偏倚，不能较好地反映全国人口的出生缺陷发生情况；而以人群为基础的出生缺陷监测，可克服以医院为基础监测的不足，能较全面地了解某地区出生缺陷发生的实际状况，但各方面的花费较大，需要社会经济、医疗等多方面的支持。目前国际出生缺陷中心多数成员国如美国、加拿大、匈牙利等均采用以人群为基础的出生缺陷监测。我国目前以人群为基础的监测还未在全国大范围开展，有待进一步加强。

三、出生缺陷监测的工作流程

（一）出生缺陷诊断

1. 国家、省、地市及监测区县各级单位应分别成立出生缺陷人群监测专家组，负责全国或辖区内出生缺陷病例的确认及技术支持。

2. 出生缺陷病例应由区县及以上医疗机构诊断，并经专家组确认。部分体表畸形如多指、脐疝等可由街道（乡镇）卫生院诊断。

3. 产前诊断的出生缺陷必须在出生后进行确认，但由具有产前诊断资质的医疗机构在产前确诊的致死性、重大出生缺陷和染色体异常应计为确诊病例。

（二）监测资料收集

理想的监测资料应能对所有出生缺陷进行精确描述。同时还应包括遗传学家或临床医师的诊断，人口学数据，孕产史及其他一些与出生有关的数据，实验室检查，病因学信息等。监测资料还包括生命记录、新生儿或其他出院总结、医院记录、遗传学实验室记录。在此基础上对每一例出生缺陷病例作医学体表照像，可为诊断和分类提供客观依据。

监测系统对收集的核心数据条目有详细规定，大致包含以下四个方面的内容：①婴儿方面：如胎儿期和分娩情况、出生缺陷诊断及描述；②母亲方面：如社会经济情况、孕期情况、遗传学信息；③父亲方面：如社会经济情况、遗传学信息；④人口学数据：包括总出生数、不同性别出生数、不同分娩结局发生数等。

（三）监测资料分析

1. **出生缺陷发生率统计** 主要包括：①出生人数：各监测点、各地区及全国按月、季和年出生人数，分性别出生人数，活产、死产、死胎数；②出生缺陷发生率的监测统计：对各监测点、各地区及全国监测的出生缺陷全部和分类发生率的统计；③绘制各种出生缺陷发生率曲线。

2. **出生缺陷发生率分析** 主要包括：①不同地区、不同监测点出生缺陷发生率分布特点；②不同年份、不同月份出生缺陷发生率变动规律；③不同人群中出生缺陷发生率的分布特点。通过这些分析，了解在什么地区、什么时间、什么人群中出生缺陷的发生率较高。

3. **监测出生缺陷发生率"异常升高"** 通常各地区、各人群、各监测点的出生缺陷发生率在一定范围内随机上下波动。如果监测到的出生缺陷发生率超出该波动范围，出现"异常升高"，提示可能存在新的致畸因素。

4. **监测结果交流和反馈** 对监测资料的分析结果应及时进行交流和反馈，以指导各地出生缺陷控制和预防工作。各监测点要及时对监测资料进行分析，反馈给监测单位，使基层监测人员及时了解自己的工作状况及存在问题，以利改进和提高。监测资料还应迅速送交上级卫生和计划生育部门，供行政管理人员制定工作计划和指导具体工作时参考。

（四）出生缺陷病例报告制度

妊娠满 28 周（或体重达 1 000g）至生后 42 天内确诊的出生缺陷儿，无论在家中或在医院分娩，各监测医院均应填写《围产儿数季报表》和《出生缺陷儿登记卡》，并及时上报。监测地区农村行政村、城市街道 / 居委会 / 社区经医疗机构确诊的出生缺陷儿均要填写《居委会（村）出生缺陷儿登记表》，按监测方案规定向主管单位上报。

（五）出生情况报告和婴儿随访

城市监测点由社区卫生服务中心（站）或街道卫生院妇幼保健人员负责本辖区内所有孕满 28 周分娩胎婴儿相关信息的收集，填报《出生情况及婴儿随访登记表》，利用产后访视对婴儿进行随访至生后 42 天，并将随访结果记录到《出生情况及婴儿随访登记表》。农村监测点由村医或村保健员负责本村所有孕满 28 周分娩胎婴儿相关信息的收集，填报《出生情况及婴儿随访登记表》，利用产后访视对婴儿进行随访至生后 42 天，并将随访结果记录到《出生情况及婴儿随访登记表》。

（六）监测资料分析、反馈、上报及发布

全国监测资料的分析总结，由全国妇幼卫生监测办公室承担，卫生健康委员会负责主要监测指标的对外发布。各级妇幼保健机构分别负责本辖区监测数据的分析总结和反馈，各级卫生行政部门负责本辖区主要监测指标的对外发布。

（七）质量管理

1. 质量要求 严重出生缺陷漏报率 < 1%，出生数漏报率 < 5%，报表完整率 > 99%，错漏项率 < 1%，计算机录入错误 < 1%。

2. 质量保证及质量控制方法 重点防止出生数、出生缺陷数的漏报和错报，保证个案信息的真实、准确、完整。具体方法是：①各级监测单位在数据上报前要进行自查并接受上级单位的监督检查；②省、地市、区县各级单位每年进行一次质量控制；③区县级单位录入数据时要严格控制录入错误；④各级单位建立配套制度，如医疗保健机构出生缺陷首次报告制度、漏报调查制度等；⑤严格控制出生缺陷的重报和漏报，区县级妇幼保健机构负责核实辖区内重复报表，通过省、地市、区县各级质量控制减少漏报。

近年来，我国的出生缺陷监测虽取得了诸多成就，同时在我国的医疗体制改革及政府决策中发挥了重要作用。但是，作为一个人口大国，各地区发展不平衡，出生缺陷监测在实施过程中面临许多困难。随着社会经济的发展，流动人口的增加、人户分离等都给出生缺陷监测带来新的挑战。目前，我国除了继续加强已经比较成熟的医院监测模式，尚需寻找适合不同区域、不同人群、不同地理环境的人群监测的方法，探索新形势下适合我国基本国情的出生缺陷监测方案。

四、出生缺陷的预防策略及措施

我国是出生缺陷高发国家之一，健全出生缺陷防治网络，落实三级预防措施，关系到我国人口素质和社会经济发展。为了减少出生缺陷患儿的发生，世界卫生组织提出了出生缺陷三级预防体系。一级预防是在孕前以及孕早期阶段的综合干预，通过健康教育，选择最佳的生育年龄、遗传咨询、定期保健、合理的营养、避免接触放射性或有毒有害物质、预防感染、谨慎用药、戒烟戒酒等，减少出生缺陷的发生；二级预防是指通过孕期筛查和产前诊断识别胎儿的严重先天缺陷，早期发现、早期诊断，减少缺陷患儿的出生；三级预

防是指对出生缺陷患儿的治疗，包括新生儿疾病筛查及对出生缺陷患儿的治疗和康复。

（一）一级预防

一级预防是针对出生缺陷的发生原因进行预防，是从源头上降低出生缺陷的有效途径。孕前和孕期保健是降低孕产妇死亡和出生缺陷的重要措施。一级预防主要措施包括健康教育指导（主要涉及计划妊娠、合理且有针对性地补充营养、合理用药、心理和生活行为方式辅导等）、常规保健（评估高危因素和常规身体检查）和辅助检查。

提高孕产妇预防出生缺陷意识并能够自觉行动，是一级预防的关键。如采取干预技术，孕前和孕早期补充叶酸预防神经管畸形的发生；孕前通过对风疹病毒免疫力的筛查以及免疫接种以预防先天性风疹综合征的发生；孕前和孕早期通过筛查梅毒以及配套的治疗方案以预防先天梅毒儿的发生等等。

（二）二级预防

二级预防指早发现、早诊断和早采取措施，通过孕期筛查和产前诊断，识别胎儿的严重先天缺陷，早期发现从而早期干预，减少出生缺陷患儿的出生。可通过以下措施进一步完善二级预防体系：①建立和完善产前诊断服务机构，提高高危孕产妇产前诊断服务能力建设；②建立健全基层产前筛查网络，及时对有转诊需要的高危孕妇进行转诊；③规范并提高产前超声检查技术，使孕妇能够在孕期接受规范的产前超声检查。同时还应重点配备基层医疗保健机构的检查诊断设备，并提升相关诊断技术，如超声及开展相关检查技术培训，让孕妇能够接受高质量的产前超声检查；④对有指征的孕妇建议羊水穿刺或脐血检查等，如唐氏综合征和神经管缺陷的血清学筛查、孕妇外周血胎儿游离 DNA 高通量测序筛查胎儿染色体病、TORCH 等。对于上述筛查结果高风险者，进一步行产前诊断。对确诊胎儿异常者，应及早采取措施终止妊娠。

（三）三级预防

三级预防主要针对产后阶段，包括新生儿早期诊断和早期治疗。在新生儿期，对新生儿通过特殊血生化检查，可以早期发现出生缺陷儿。对已经发生的出生缺陷，提前干预，避免或减少伤残，提高出生缺陷儿的生活质量。目前已广泛开展的苯丙酮尿症、先天性甲状腺功能减退新生儿筛查，一旦查出即可进行早期、有效的治疗。对于新生儿的先天性甲状腺功能减低症筛查、听力筛查、先天性心脏病筛查等均是有效的出生缺陷预防补救方式。针对不同的出生缺陷病，在不同时期和阶段，所采取的筛查方法不同。如开展新生儿的听力筛查，及早地进行干预、康复，通过人工耳蜗的植入、语言的训练康复，解决了孩子听力障碍的问题，同时也可以正常地融入社会。

第三节　保护婴幼儿健康的对策

1989 年联合国通过了联合国儿童权利公约，公约主要体现了儿童的 4 项基本权利：生存权、受保护权、发展权和参与权。妇幼卫生指标不仅仅是最基础的医疗卫生和人群健康指标，更重要的是被作为衡量社会发展和人类发展的综合性指标。保护和增进婴幼儿健康是人口发展和优生优育工作中的一项重要任务，也是衡量国家社会发展和进步的一个重要标志。为促进儿童全面发展和健康成长，国务院于 2001 年 5 月发布了《中国儿童发展纲要（2001—2010 年）》，2011 年 8 月发布了《中国儿童发展纲要（2011—2020 年）》，2021 年 9 月发布了《中国儿童发展纲要（2021—2030 年）》，将保障儿童健康权益上升为国家意志，各级政府和社会更加支持儿童健康工作，儿童生长水平不断提高，影响儿童生长的常见病得以有效控制。我国婴幼儿健康从以治疗为中心向以健康为中心的医疗服务理念转变，加大了对儿童保健的重视程度，更加大了儿童疾病的预防力度，将有效助力儿童健康事业发展，实现"健康中国"发展战略。

生殖保健服务是保证人口素质、保证婴幼儿健康和提高生活质量的重要手段。我国已把提高出生人口素质和开展生殖保健服务纳入国民经济和社会发展规划，纳入政府重要工作议事日程。妇女和儿童健康是可持续发展目标的核心，政府、社会各界都要提高对出生人口素质的社会责任感和自我保护意识，大力普及优生优育知识。积极有效全面开展计划生育优质服务，拓宽计划生育服务领域，有针对性地为育龄人口提供包括避孕节育、优生优育、不孕不育、母婴保健、性健康、性安全等服务，形成各个年龄段的育龄人群都能获得相应的生殖保健服务的工作机制。

一、保障婴幼儿健康的策略与措施

我国成为儿童权利公约的签约国后，"儿童优先、生存、保护以及发展"策略便成为了我国政府对儿童的承诺，同时也成为儿童保健工作的目标及策略。我国在儿童保健工作基本策略主要包括两个，其一为控制儿童高死亡率为主的策略，其二为实施保护及促进儿童发展为主的策略。

（一）保障婴幼儿健康的策略

1. 各级政府要加强对儿童发展工作的领导和支持　认真贯彻《中华人民共和国母婴保健法》等法律法规，加强执法监督。

2. 强调多部门协调和配合，特别要加强卫生、教育、社保等部门之间的合作　政府部门重视支持生殖保健服务工作，社会各界了解参与，各方配合、齐抓共管。卫生部门要牵头负责制定出生人口素质规划、工作制度和技术标准，协调计划实施，组织科学研究，推广先进技术和组织检查评估。计划生育部门牵头制定生殖保健规划和规范，负责生殖健康知识的宣传和教育，积极开展有关生殖健康、节育的相关科研工作，落实育龄人群的节育措施及社区生殖保健咨询等服务。劳动部门要负责落实女职工孕产期的各项保健措施，为孕产妇提供良好的工作环境。科技主管部门要继续支持相关的科技研究，积极引进吸收国内外有关人类遗传学、生殖医学、环境医学和围产医疗等领域的先进技术，组织有关科研机构和科技人员集中力量协同攻关，提出科学的对策和干预措施。同时，要着力加强专业机构和队伍建设，重视科研成果的转化、推广和应用，使广大群众真正受益。

3. 动员全社会参与，加强宣传和健康教育，提高广大群众对儿童健康和发展的认识　广泛开展宣传教育和科学知识普及工作，提高妇女儿童自我保健和利用卫生服务的能力。

4. 加强儿童卫生保健的理论研究与技术推广　加强科学研究，发展和推广适宜技术。儿童保健的方向是要努力消除疾病和致病因素对儿童的危害，并保障和促进儿童获得生理、心理和社会能力的全面发展，为儿童的健康和发展创造良好的环境和条件，让每个儿童都能拥有健康和快乐的童年。

5. 加强出生缺陷综合防治体系建设　完善出生缺陷综合防治体系，加强孕前优生健康检查、产前筛查、产前诊断、新生儿遗传代谢性疾病和听力障碍筛查，以及诊断和治疗康复等机构的建设，健全出生缺陷综合防治服务网络。

（二）儿童保健工作的具体策略和措施

1. 重视儿童早期发展，为儿童的生存与发展创造良好的开端。儿童早期发展影响其一生的生活质量，推广 0 ~ 3 岁儿童全方位发展的支持，改善健康和全生命周期的质量。

2. 重视喂养和营养的问题，改进临床营养状况评估的方法。合理健康的营养是经济有效促进儿童早期发展的手段。

3. 关注儿童体格、心理状况以及社会能力的发展。对儿童的生长发育情况进行监测，发育行为异常的早期发现与筛查。

4. 重视宫内环境，关注孕期营养 / 宫内环境对胎儿和儿童发育的影响。

5. 建立健全高危儿监测与随访体系。

6. 重视环境因素对婴幼儿健康的影响，包括自然环境及社会环境。

二、母婴保健技术服务主要内容

母婴保健技术服务是提高出生人口素质，保障母亲和婴儿健康的重要手段。我国根据宪法制定了《中华人民共和国母婴保健法》，并于 1995 年 6 月 1 日起正式施行。《中华人民共和国母婴保健法》是保障下一代健康的重要立法，是强化妇幼保健工作的重要法律依据，是维护妇女儿童权益的重要保证。为贯彻实施《中华人民共和国母婴保健法》，2001年 6 月 20 日国务院颁布了《中华人民共和国母婴保健法实施办法》，并于 2022 年 3 月 29日对该实施办法的部分条款做出修改，对母婴保健技术服务的主要内容作了具体规定。

（一）提供婚前医学检查

婚前保健服务包括下列内容：

1. 婚前卫生指导　开展有关性卫生知识、生育知识和遗传病知识的教育。

2. 婚前卫生咨询　对有关婚配、生育保健等问题提供医学意见。

3. 婚前医学检查　对准备结婚的男女双方可能患影响结婚和生育的疾病进行医学检查，例如严重的遗传性疾病、特定传染病、有关精神病等。对患特定传染病在传染期内或有关精神病在发病期内的，医师应当提出医学意见，准备结婚的男女双方应当暂缓结婚。对诊断患医学上认为不宜生育的严重遗传性疾病的，医师应当向男女双方说明情况。

（二）孕产期保健

孕产期保健服务是指从怀孕开始至产后 42 天内为孕产妇及胎儿、婴儿提供的医疗保健服务，具体包括下列内容：

1. **母婴保健指导** 为孕育健康后代提供医学指导与咨询，为孕妇提供营养及孕期自我保健指导。

2. **为孕妇建立孕产妇保健手册（卡），定期为孕妇进行产前检查** 对产前检查异常者，进行必要的产前诊断。针对高危孕妇做好保健管理工作，采取适宜技术对孕产妇及胎儿进行监护，降低孕产妇及围产儿的发病率、死亡率。

3. **提倡住院分娩，做好消毒接生和新生儿复苏工作** 采用适宜技术对孕产妇及胎儿进行监护，预防产伤及产后出血，降低孕产妇及围产儿的发病率、死亡率。

4. **定期进行产后访视** 检查新生儿生长发育状况，指导产妇科学哺乳，对产妇和家属开展健康教育和科学育儿知识教育。

5. **新生儿保健** 新生儿出生后应进行新生儿疾病筛查，包括苯丙酮尿症、先天性甲状腺功能减低症、葡糖-6-磷酸脱氢酶缺乏症等遗传代谢性疾病，及新生儿听力筛查等。

（三）产前诊断和遗传病诊断

产前诊断又称宫内诊断，是指对胎儿出生前采用各种方法预测其是否患有先天性疾病（包括畸形和遗传性疾病），为决定孕妇能否继续妊娠提供科学依据。产前诊断是围产医学的重要组成部分，对提高出生人口素质，实行优生优育具有重要意义。卫生部于2002年12月13日发布了《产前诊断技术管理办法》，自2003年5月1日起施行，加强了对产前诊断技术的规范管理。

1. **产前诊断的对象** 主要包括：①羊水过多或者过少者；②胎儿发育异常或者胎儿有可疑畸形者；③孕妇孕早期接触过可能导致胎儿先天缺陷的物质者。如怀孕早期曾服用具有致畸副作用的药物或有与致畸理化因子有密切接触、致畸微生物感染史者；④有遗传病家族史或者曾经分娩过先天性严重缺陷婴儿者；⑤年龄超过35周岁的孕妇。

2. **产前诊断方法** 产前诊断技术具体类别包括遗传咨询、医学影像、生化免疫、细胞遗传和分子遗传等项目。

（1）第一类：采用特殊仪器检查胎儿体表是否有畸形，如超声、磁共振检查胎儿结构畸形；或采用胎儿镜下直接观察。

（2）第二类：采集孕妇血、尿等生物样本进行生化指标或DNA检查，产前筛查胎儿先天性疾病。孕期少量胎儿血细胞、可扩散的代谢产物、蛋白质及酶等，可通过胎盘进入母血循环，这是母血、尿可作为某些疾病产前诊断的理论基础。如测定母血甲胎蛋白诊断胎儿神经管畸形；测定母血人绒毛膜促性腺激素等生化指标筛查胎儿染色体疾病等。

（3）第三类：直接获取胎血、羊水或胎儿组织来诊断胎儿疾病。常用技术如羊膜腔穿刺术、绒毛活检术、脐血管穿刺术等。

以上三类检查方法，可以从形态学、酶学、代谢产物、染色体和基因5个水平进行产前诊断。

（四）婴幼儿保健

1. 医疗保健机构应实行婴幼儿保健系统管理，建立新生儿保健卡，定期对新生儿进行访视，对婴幼儿进行健康检查，按照规定的程序和项目对婴儿进行预防接种。

2. 医疗保健机构为产妇提供科学育儿、合理营养的指导，积极推行母乳喂养。医疗保健人员进行新生儿访视和婴儿健康检查时，应当提供有关母乳喂养、合理膳食、健康心理行为等科学育儿知识。

3. 医疗保健机构应提供有关预防疾病、合理膳食、促进智力发育等科学知识，做好婴儿多发病、常见病防治等医疗保健服务。并提供眼、耳、口腔保健及促进婴儿神经、精神发育的有关服务。对高危、体弱者应当重点监护。

4. 医疗保健机构应当开展新生儿先天性甲状腺功能减低症和苯丙酮尿症等疾病的筛查，并提出治疗意见。

三、《中国儿童发展纲要（2011—2020 年）》统计监测报告

国家统计局根据相关部门统计数据和资料，对《中国儿童发展纲要（2011—2020 年）》（以下简称《纲要》）在健康、教育、福利、环境和法律保护等五个领域 2019 年的实施情况进行了综合分析，结果表明，《纲要》实施总体进展顺利，绝大多数指标已提前实现，但少量指标尚有差距，相关领域儿童权益保障工作仍需加强。

1. **儿童健康水平显著提升** 2010 年以来，我国覆盖城乡的儿童健康服务体系进一步完善，儿童医疗保健服务能力不断加强，儿童健康水平显著提升，儿童死亡率持续下降。2010 — 2019 年全国围产儿死亡率总体呈快速下降趋势，2010 年为 7.0‰，2019 年为 4.0‰，下降幅度达 42.7%。2019 年，婴儿死亡率和 5 岁以下儿童死亡率分别为 5.6‰、7.8‰，分别比上年下降 0.5 和 0.6 个千分点，明显低于 10‰ 和 13‰ 的《纲要》目标。

2. **儿童发育状况不断改善** 2019 年，全国儿童低出生体重发生率为 3.24%，在 "4%以下"的《纲要》目标之内。5 岁以下儿童贫血患病率和低体重率分别为 5.38% 和 1.37%，均比上年下降 0.06 个百分点；5 岁以下儿童生长迟缓率为 1.12%，比上年略高 0.01 个百分点；5 岁以下儿童贫血患病率、低体重率和生长迟缓率均远优于 "12% 以下" "7% 以下"和 "5% 以下"的《纲要》目标。

3. **儿童疾病防治效果显著** 我国逐步建立了覆盖国家、省、市、县四级免疫规划监测管理体系，以及县、乡、村三级预防接种服务网络，实现了适龄儿童免疫规划的信息系统和疫苗电子追溯的协同平台对接。2019 年，适龄儿童各种纳入国家免疫规划的疫苗接种率均超过 97%。全国 3 岁以下儿童系统管理率为 91.9%，7 岁以下儿童健康管理率为 93.6%，分别比上年提高 0.7 和 0.9 个百分点。

4. **儿童生活环境日益改善** 随着我国生态文明建设持续推进，生态环境治理效能进一步提升，为儿童健康成长提供了良好的环境保障。

5. **儿童社会环境持续优化** 近年来，社区环境对于儿童生存发展和保护的重要性更加凸显。儿童文化产品和活动场所更加丰富。

（宋婕萍）

参考文献

[1] 中华医学会妇产科学分会产科学组 . 孕前和孕期保健指南（2018）[J]. 中华妇产科杂志 , 2018, 53(1):7-13.

[2] 左伋 . 医学遗传学 [M]. 7 版 . 北京：人民卫生出版社，2018.

[3] 詹思延 . 流行病学 [M]. 8 版 . 北京 : 人民卫生出版社，2017.

[4] 贺林 . 今日遗传咨询 [M]. 北京：人民卫生出版社，2019.

[5] VISCOMI C, ZEVIANI M. MtDNA-maintenance defects: syndromes and genes[J]. J Inherit Metab Dis, 2017, 40(4):587-599.

[6] 李芬、王和 . 优生学 [M]. 北京：人民卫生出版社，2020.

[7] 朱军 . 国际出生缺陷监测情报交换所概述 [J]. 中国优生与遗传杂志，1997, 5(4):4-5,24.

[8] 党少农，颜虹，王红丽 . 出生缺陷的流行态势和影响因素及人群研究的若干问题 [J]. 西安交通大学学报 (医学版), 2017, 38(3):317-325.

[9] 李文静，杜忠东 . 出生缺陷监测系统现状 [J]. 中国妇幼卫生杂志，2016, 7(5):63-66.

[10] 王巧梅 . 妇幼健康促进与出生缺陷防治策略 [J]. 中国妇幼健康研究，2020, 31(9):1129-1131.

附 录

附录 1　环境空气质量标准（GB 3095—2012）（摘录）

环境空气功能区分为二类：一类区为自然保护区、风景名胜区和其他需要特殊保护的区域；二类区为居住区、商业交通居民混合区、文化区、工业区和农村地区。

环境空气功能区质量要求：一类区适用一级浓度限值，二类区适用二级浓度限值。一、二类环境空气功能区质量要求见附表 1 和附表 2。

附表 1　环境空气污染物基本项目浓度限值

序号	污染物项目	平均时间	浓度限值（μg/m³）	
			一级	二级
1	二氧化硫（SO_2）	年平均	20	60
		24 小时平均	50	150
		1 小时平均	150	500
2	二氧化氮（NO_2）	年平均	40	40
		24 小时平均	80	80
		1 小时平均	200	200
3	一氧化碳（CO）	24 小时平均	4 000	4 000
		1 小时平均	10 000	10 000
4	臭氧（O_3）	日最大 8 小时平均	100	160
		1 小时平均	160	200
5	颗粒物（粒径小于等于 10μm）	年平均	40	70
		24 小时平均	50	150
6	颗粒物（粒径小于等于 2.5μm）	年平均	15	35
		24 小时平均	35	75

附表2　环境空气污染物其他项目浓度限值

序号	污染物项目	平均时间	浓度限值（μg/m³）	
			一级	二级
1	总悬浮颗粒物（TSP）	年平均	80	200
		24 小时平均	120	300
2	氮氧化物（NOₓ）（以 NO₂ 计）	年平均	50	50
		24 小时平均	100	100
		1 小时平均	250	250
3	铅（Pb）	年平均	0.5	0.5
		季平均	1	1
4	苯并 [a] 芘（B[a]P）	年平均	0.001	0.001
		24 小时平均	0.002 5	0.002 5

附录 2　生活饮用水卫生标准（GB 5749—2022）（摘录）

附表 3　生活饮用水水质常规指标及限值

指标	限值
1. 微生物指标	
总大肠菌群 /（MPN/100mL 或 CFU/100mL）ᵃ	不应检出
大肠埃希氏菌 /（MPN/100mL 或 CFU/100mL）ᵃ	不应检出
菌落总数 /（MPN/mL 或 CFU/mL）ᵇ	100
2. 毒理指标	
砷 /（mg/L）	0.01
镉 /（mg/L）	0.005
铬（六价）/（mg/L）	0.05
铅 /（mg/L）	0.01
汞 /（mg/L）	0.001
氰化物 /（mg/L）	0.05

指标	限值
氟化物 /(mg/L)[b]	1.0
硝酸盐(以 N 计)/(mg/L)[b]	10
三溴甲烷 /(mg/L)[f]	0.05
一氯二溴甲烷 /(mg/L)[f]	0.1
二氯一溴甲烷 /(mg/L)[f]	0.06
三溴甲烷 /(mg/L)[f]	0.1
三卤甲烷(三氯甲烷、一氯二溴甲烷、二氯一溴甲烷、三溴甲烷的总和)[f]	该类化合物中各种化合物的实测浓度与其各自限值的比值之和不超过 1
二氯乙酸 /(mg/L)[f]	0.05
三氯乙酸 /(mg/L)[f]	0.1
溴酸盐 /(mg/L)[f]	0.01
亚氯酸盐 /(mg/L)[f]	0.7
氯酸盐 /(mg/L)[f]	0.7
3. 感官性状和一般化学指标[d]	
色度(铂钴色度单位)/ 度	15
浑浊度(NTU－散射浊度单位)/NTU[b]	1
臭和味	无异臭、异味
肉眼可见物	无
pH	不小于 6.5 且不大于 8.5
铝 /(mg/L)	0.2
铁 /(mg/L)	0.3
锰 /(mg/L)	0.1
铜 /(mg/L)	1.0
锌 /(mg/L)	1.0
氯化物 /(mg/L)	250
硫酸盐 /(mg/L)	250

指标	限值
溶解性总固体 /(mg/L)	1 000
总硬度(以 CaCO₃ 计)/(mg/L)	450
高锰酸盐指数(以 O₂ 计)/(mg/L)	3
氨(以 N 记)/(mg/L)	0.5
4. 放射性指标 [e]	
总 α 放射性 /(Bq/L)	0.5(指导值)
总 β 放射性 /(Bq/L)	1(指导值)

注：[a] MPN 表示最可能数；CFU 表示菌落形成单位。当水样检出总大肠菌群时，应进一步检验大肠埃希氏菌；水样未检出总大肠菌群，不必检验大肠埃希氏菌。

[b] 小型集中式供水和分散式供水因水源与净水技术受限时，菌落总数指标限值按 500MPNmL 或 500CFU/mL 执行，氟化物指标限值按 1.2mg/L 执行，硝酸盐（以 N 计）指标限值按 20mg/L 执行，浑浊度指标限值按 3 NTU 执行。

[c] 水处理工艺流程中预氧化或消毒方式：

——采用液氯、次氯酸钙及氯胺时，应测定三氯甲烷、一氯二溴甲烷、二氯一溴甲烷、三溴甲烷、三卤甲烷、二氯乙酸、三氯乙酸；

——采用次氯酸钠时，应测定三氯甲烷、一氯二溴甲烷、二氯一溴甲烷、三溴甲烷、三卤甲烷、二氯乙酸、三氯乙酸、氯酸盐；

——采用臭氧时，应测定溴酸盐；

——采用二氧化氯时，应测定亚氯酸盐；

——采用二氧化氯与氯混合消毒剂发生器时，应测定亚氯酸盐、氯酸盐、三氯甲烷、一氯二溴甲烷、二氯一溴甲烷、三溴甲烷、三卤甲烷、二氯乙酸、三氯乙酸；

——当原水中含有上述污染物，可能导致出厂水和末梢水的超标风险时，无论采用何种预氧化或消毒方式，都应对其进行测定。

[d] 当发生影响水质的突发公共事件时，经风险评估，感官性状和一般化学指标可暂时适当放宽。

[e] 放射性指标超过指导值（总 β 放射性扣除 ⁴⁰K 后仍然大于 1Bq/L），应进行核素分析和评价，判定能否饮用。

附录3 中国居民膳食营养素参考摄入量（DRI）（2013年）（摘录）

附表4 中国居民膳食能量摄入需要量

年龄（岁）/生理阶段	能量（MJ/d）						能量（kcal/d）					
	轻体力活动		中体力活动		重体力活动		轻体力活动		中体力活动		重体力活动	
	男	女	男	女	男	女	男	女	男	女	男	女
0 ~	—	—	0.38/kg	0.38/kg	—	—	—	—	90/kg	90/kg	—	—
0.5 ~	—	—	0.33/kg	0.33/kg	—	—	—	—	80/kg	80/kg	—	—
1 ~	—	—	3.77	3.35			—	—	900	800	—	—
2 ~	—	—	4.60	4.18			—	—	1 100	1 000	—	—
3 ~	—	—	5.23	5.02			—	—	1 250	1 200	—	—
4 ~	—	—	5.44	5.23			—	—	1 300	1 250	—	—
5 ~	—	—	5.86	5.44	—	—	—	—	1 400	1 300	—	—
6 ~	5.86	5.23	6.69	6.07	7.53	6.90	1 400	1 250	1 600	1 450	1 800	1 650
7 ~	6.28	5.65	7.11	6.49	7.95	7.32	1 500	1 350	1 700	1 550	1 900	1 750
8 ~	6.90	6.07	7.74	7.11	8.79	7.95	1 650	1 450	1 850	1 700	2 100	1 900
9 ~	7.32	6.49	8.37	7.53	9.41	8.37	1 750	1 550	2 000	1 800	2 250	2 000
10 ~	7.53	6.90	8.58	7.95	9.62	9.00	1 800	1 650	2 050	1 900	2 300	2 150
11 ~	8.58	7.53	9.83	8.58	10.88	9.62	2 050	1 800	2 350	2 050	2 600	2 300
14 ~	10.64	8.37	11.92	9.62	13.39	10.67	2 500	2 000	2 850	2 300	3 200	2 550
18 ~	9.41	7.53	10.88	8.79	12.55	10.04	2 250	1 800	2 600	2 100	3 000	2 400
50 ~	8.79	7.32	10.25	8.58	11.72	9.83	2 100	1 750	2 450	2 050	2 800	2 350
65 ~	8.58	7.11	9.83	8.16	—	—	2 050	1 700	2 350	1 950	—	—
80 ~	7.95	6.28	9.20	7.32	—	—	1 900	1 500	2 200	1 750	—	—
孕早期	—	+ 0.00	—	+ 0.00	—	+ 0.00	—	+ 0	—	+ 0	—	+ 0
孕中期	—	+ 1.25	—	+ 1.25	—	+ 1.25	—	+ 300	—	+ 300	—	+ 300
孕晚期	—	+ 1.90	—	+ 1.90	—	+ 1.90	—	+ 450	—	+ 450	—	+ 450
乳母	—	+ 2.10	—	+ 2.10	—	+ 2.10	—	+ 500	—	+ 500	—	+ 500

注：未制定参考值者用"—"表示；1kcal = 4.184kJ。

附表5 中国居民膳食蛋白质、碳水化合物、脂肪和脂肪酸参考摄入量

年龄(岁)/ 生理阶段	蛋白质				总碳水 化合物 (AI)/ (g/d)	亚油酸 (%E) (AI)	α-亚 麻酸 (%E) (AI)	EPA + DHA/ (mg)
	EAR(RNI)/(g/d)		EAR(AI)/(g/d)					
	男	女	男	女				
0 ~	—	—	9	9	—	7.3(150mgª)	0.87	100ᵇ
0.5 ~	15	15	20	20	—	6.0	0.66	100ᵇ
1 ~	20	20	25	25	120	4.0	0.60	100ᵇ
4 ~	25	25	30	30	120	4.0	0.60	—
7 ~	30	30	40	40	120	4.0	0.66	—
11 ~	50	45	60	55	150	4.0	0.60	—
14 ~	60	50	75	60	150	4.0	0.60	—
18 ~	60	50	65	55	120	4.0	0.66	—
50 ~	60	50	65	55	120	4.0	0.60	—
65 ~	60	50	65	55	120	4.0	0.60	—
80 ~	60	50	65	55	120	4.0	0.66	—
孕早期	—	+ 0	—	+ 0	130	4.0	0.60	250(200ᵇ)
孕中期	—	+ 10	—	+ 15	130	4.0	0.66	250(200ᵇ)
孕晚期	—	+ 25	—	+ 30	130	4.0	0.60	250(200ᵇ)
乳母	—	+ 20	—	+ 25	160	4.0	0.60	250(200ᵇ)

注：a 为花生四烯酸；b 为DHA。未制定参考值者用"—"表示。E%：占能量的百分比；AI：适宜摄入量；RNI：推荐摄入量。

附表 6　中国居民膳食维生素推荐摄入量

年龄(岁)/生理阶段	VA μg/d (男/女)	VD μg/d	VE (AI) mg/d	VK (AI) μg/d	VB₁ mg/d (男/女)	VB₂ mg/d (男/女)	VB₆ mg/d	VB₁₂ mg/d	泛酸 (AI) mg/d	叶酸 μg/d	烟酸 mg/d (男/女)	胆碱 mg/d (男/女)	生物素 (AI) mg/d	VC mg/d
0 ~	300(AI)	10(AI)	3	2	0.1(AI)	0.4(AI)	0.2(AI)	0.3(AI)	1.7	65(AI)	2(AI)	120	5	40(AI)
0.5 ~	350(AI)	10(AI)	4	10	0.3(AI)	0.5(AI)	0.4(AI)	0.6(AI)	1.9	100(AI)	3(AI)	150	9	40(AI)
1 ~	310	10	6	30	0.6	0.6	0.6	1.0	2.1	160	6	200	17	40
4 ~	360	10	7	40	0.8	0.7	0.7	1.2	2.5	190	8	250	20	50
7 ~	500	10	9	50	1.0	1.0	1.0	1.6	3.5	250	11/10	300	25	65
11 ~	670/630	10	13	70	1.3/1.1	1.3/1.1	1.3	2.1	4.5	350	14/12	400	35	90
14 ~	820/620	10	14	75	1.6/1.3	1.5/1.2	1.4	2.4	5.0	400	16/13	500/400	40	100
18 ~	800/700	10	14	80	1.4/1.2	1.4/1.2	1.4	2.4	5.0	400	15/12	500/400	40	100
50 ~	800/700	10	14	80	1.4/1.2	1.4/1.2	1.6	2.4	5.0	400	14/12	500/400	40	100
65 ~	800/700	15	14	80	1.4/1.2	1.4/1.2	1.6	2.4	5.0	400	14/11	500/400	40	100
80 ~	800/700	15	14	80	1.4/1.2	1.4/1.2	1.6	2.4	5.0	400	13/10	500/400	40	100
孕早期	+ 0	+ 0	+ 0	+ 0	+ 0.0	+ 0.0	+ 0.8	+ 0.5	+ 1.0	+ 200	+ 0	+ 20	+ 0	+ 0
孕中期	+ 70	+ 0	+ 0	+ 0	+ 0.2	+ 0.2	+ 0.8	+ 0.5	+ 1.0	+ 200	+ 0	+ 20	+ 0	+ 15
孕晚期	+ 70	+ 0	+ 0	+ 0	+ 0.3	+ 0.3	+ 0.8	+ 0.5	+ 1.0	+ 200	+ 0	+ 20	+ 0	+ 15
乳母	+ 600	+ 0	+ 3	+ 5	+ 0.3	+ 0.3	+ 0.3	+ 0.8	+ 2.0	+ 150	+ 3	+ 120	+ 10	+ 50

注：AI：适宜摄入量。

附表 7　中国居民膳食矿物质推荐摄入量

年龄(岁)/生理阶段	钙 mg/d	磷 mg/d	钾(AI) mg/d	镁 mg/d	钠(AI) mg/d	氯(AI) mg/d	铁 mg/d (男/女)	锌 mg/d (男/女)	碘 μg/d	硒 μg/d	铜 mg/d	钼 μg/d	氟(AI) mg/d	锰(AI) mg/d	铬(AI) μg/d
0 ~	200(AI)	100(AI)	350	20(AI)	170	260	0.3(AI)	2.0(AI)	85(AI)	15(AI)	0.3(AI)	2(AI)	0.01	0.01	0.2
0.5 ~	250(AI)	180(AI)	550	65(AI)	350	550	10.0	3.5	115(AI)	20(AI)	0.3(AI)	3(AI)	0.23	0.70	4.0
1 ~	600	300	900	140	700	1 100	9.0	4.0	90	25	0.3	40	0.60	1.50	15.0
4 ~	800	350	1 200	160	900	1 400	10.0	5.5	90	30	0.4	50	0.70	2.00	20.0
7 ~	1 000	470	1 500	220	1 200	1 900	13.0	7.0	90	40	0.5	65	1.00	3.00	25.0
11 ~	1 200	640	1 900	300	1 400	2 200	15.0/18.0	10.0/9.0	110	55	0.7	90	1.30	4.00	30.0
14 ~	1 000	710	2 200	320	1 600	2 500	16.0/18.0	12.0/8.5	120	60	0.8	100	1.50	4.50	35.0
18 ~	800	720	2 000	330	1 500	2 300	12.0/20.0	12.5/7.5	120	60	0.8	100	1.50	4.50	30.0
50 ~	1 000	720	2 000	330	1 400	2 200	12.0	12.5/7.5	120	60	0.8	100	1.50	4.50	30.0
65 ~	1 000	700	2 000	320	1 400	2 200	12.0	12.5/7.5	120	60	0.8	100	1.50	4.50	30.0
80 ~	1 000	670	2 000	310	1 300	2 000	12.0	12.5/7.5	120	60	0.8	100	1.50	4.50	30.0
孕早期	+ 0	+ 0	+ 0	+ 40	+ 0	+ 0	+ 0.0	+ 2.0	+ 110	+ 5	+ 0.1	+ 10	+ 0.00	+ 0.40	+ 1.0
孕中期	+ 200	+ 0	+ 0	+ 40	+ 0	+ 0	+ 4.0	+ 2.0	+ 110	+ 5	+ 0.1	+ 10	+ 0.00	+ 0.40	+ 4.0
孕晚期	+ 200	+ 0	+ 0	+ 40	+ 0	+ 0	+ 9.0	+ 2.0	+ 110	+ 5	+ 0.1	+ 10	+ 0.00	+ 0.40	+ 6.0
乳母	+ 200	+ 0	+ 400	+ 0	+ 0	+ 0	+ 4.0	+ 4.5	+ 120	+ 18	+ 0.6	+ 3	+ 0.00	+ 0.30	+ 7.0

AI：适宜摄入量。

附录4　食品安全国家标准　食品中污染物限量（GB 2762—2017）（摘录）

附表8　食品中铅限量指标

食品类别(名称)	限量(以 Pb 计)/(mg/kg)(mg/L)
谷物及其制品 [麦片、面筋、八宝粥罐头、带馅(料)面米制品除外]	0.20
麦片、面筋、八宝粥罐头、带馅(料)面米制品	0.50
新鲜蔬菜(芸薹类蔬菜、叶菜蔬菜、豆类蔬菜、薯类除外)	0.10
蔬菜制品	1.00
新鲜水果(浆果和其他小粒水果除外)	0.10
水果制品	1.00
食用菌及其制品	1.00
豆类	0.20
藻类及其制品(螺旋藻及其制品除外)	10.00(干重计)
坚果及籽类(咖啡豆除外)	0.20
肉类(畜禽内脏除外)	0.20
肉制品	0.50
鲜、冻水产动物(鱼类、甲壳类、双壳类除外)	10.00(去除内脏)
鱼类、甲壳类	1.50
水产制品	2.00
乳及乳制品(生乳、巴氏杀菌乳、灭菌乳、发酵乳、调制乳、乳粉、非脱盐乳清粉除外)	0.30
蛋及蛋制品(皮蛋、皮蛋肠除外)	0.20
油脂及其制品	0.10
食用盐	2.00
食糖及淀粉糖	0.50
食用淀粉	0.20

食品类别(名称)	限量(以 Pb 计)/(mg/kg)(mg/L)
烘烤食品	0.50
包装饮用水	0.01
酒类(蒸馏酒、黄酒除外)	0.20
冷冻饮品	0.30

附表 9　食品中镉限量指标

食品类别(名称)	限量(以 Cd 计)/(mg/kg)(mg/L)
水产动物及其制品(肉食性鱼类及其制品除外)	0.100
肉食性鱼类及其制品	0.100
稻谷、糙米、大米	0.200
麦片、面筋、八宝粥罐头、带馅(料)面米制品	0.500
新鲜蔬菜(叶菜蔬菜、豆类蔬菜、块根和块茎蔬菜、茎类蔬菜、黄花菜除外)	0.050
叶菜蔬菜	0.200
豆类蔬菜、块根和块茎蔬菜、茎类蔬菜(芹菜除外)	0.100
新鲜水果	0.050
新鲜食用菌(香菇和姬松茸除外)	0.200
食用菌制品(姬松茸制品除外)	0.500
豆类	0.200
花生	0.500
肉类(畜禽内脏除外)	0.100
肉制品(肝脏制品、肾脏制品除外)	0.150
鱼类	0.100
甲壳类	0.500
蛋及蛋制品	0.050
食用盐	0.500
包装饮用水(矿泉水除外)	0.005

附表 10　食品中汞限量指标

食品类别（名称）	限量(以 Hg 计)/(mg/kg)(mg/L)	
	总汞	甲基汞
谷物（稻谷除外）	—	0.500
谷物碾磨加工品（糙米、大米除外）	—	1.000
稻谷、糙米、大米、玉米、玉米面（渣、片）、小麦、小麦粉	0.020	—
新鲜蔬菜	0.010	—
食用菌及其制品	0.100	—
肉类	0.050	—
乳及乳制品	0.010	—
鲜蛋	0.050	—
食用盐	0.100	—
矿泉水	0.001	—
婴幼儿罐装辅助食品	0.020	—

附表 11　食品中亚硝酸盐、硝酸盐限量指标

食品类别（名称）	限量 /(mg/kg)(mg/L)	
	亚硝酸盐	硝酸盐
腌渍蔬菜	20.000	—
生乳	0.400	—
乳粉	2.000	—
包装饮用水（矿泉水除外）	0.005	—
矿泉水	0.100	45.000
婴儿配方食品	2.000（粉状产品计）	100.000（粉状产品计）
婴幼儿谷类辅助食品	2.000（粉状产品计）	100.000（粉状产品计）
婴幼儿罐装辅助食品	4.000（粉状产品计）	200.000（粉状产品计）

附表 12　食品中苯并 [a] 芘、N－二甲基亚硝胺、多氯联苯限量指标

食品类别（名称）	限量 /（μg/kg）		
	苯并 [a] 芘	N－二甲基亚硝胺	多氯联苯
谷物及其制品	5.0	—	—
肉及肉制品	5.0	3.0	—
水产动物及其制品	5.0	4.0	500.0
油脂及其制品	10.0	—	—

注：多氯联苯以 PCB28、PCB52、PCB101、PCB118、PCB138、PCB153 和 PCB180 总和计。

附录 5　食品安全国家标准　食品中真菌毒素限量（GB 2761—2017）（摘录）

附表 13　食品中黄曲霉毒素 B_1、M_1 限量指标

食品类别（名称）	限量 /（μg/kg）	
	黄曲霉毒素 B_1	黄曲霉毒素 M_1
玉米、玉米面（渣、片）及玉米制品	20.0	—
稻谷、糙米、大米	10.0	—
小麦、大麦、其他谷物	5.0	—
小麦粉、麦片、其他去壳谷物	5.0	—
发酵豆制品	5.0	—
花生及其制品	20.0	—
植物油脂（花生油、玉米油除外）	10.0	—
花生油、玉米油	20.0	—
酱油、醋、酿造酱	5.0	—
婴幼儿配方食品、辅助食品、运动营养食品、孕妇及乳母营养补充食品	0.5	0.5
乳及乳制品	—	0.5

附录6　声环境质量标准（GB 3096—2008）（摘录）

附表14　环境噪声限值

单位:dB（A）

声环境功能区类别		时段	
昼间		夜间	
0类		50	40
1类		55	45
2类		60	50
3类		65	55
4类	4a类	70	55
	4b类	70	60

注：0类声环境功能区：指康复疗养区等特别需要安静的区域。

1类声环境功能区：指以居民住宅、医疗卫生、文化教育、科研设计、行政办公为主要功能，需要保持安静的区域。

2类声环境功能区：指以商业金融、集市贸易为主要功能，或者居住、商业、工业混杂，需要维护住宅安静的区域。

3类声环境功能区：指以工业生产、仓储物流为主要功能，需要防止工业噪声对周围环境产生严重影响的区域。

4类声环境功能区：指交通干线两侧一定距离之内，需要防止交通噪声对周围环境产生严重影响的区域，包括4a类和4b类两种类型。4a类为高速公路、一级公路、二级公路、城市快速路、城市主干路、城市次干路、城市轨道交通（地面段）、内河航道两侧区域；4b类为铁路干线两侧区域。

附录7　女职工劳动保护特别规定（2012年）（摘录）

第四条　用人单位应当遵守女职工禁忌从事的劳动范围的规定。用人单位应当将本单位属于女职工禁忌从事的劳动范围的岗位书面告知女职工。

女职工禁忌从事的劳动范围由本规定附录列示。国务院安全生产监督管理部门会同国务院人力资源社会保障行政部门、国务院卫生行政部门根据经济社会发展情况，对女职工禁忌从事的劳动范围进行调整。

第五条　用人单位不得因女职工怀孕、生育、哺乳而降低其工资、予以辞退、与其解除劳动或者聘用合同。

第六条　女职工在孕期不能适应原劳动的，用人单位应根据医疗机构的证明，予以减轻劳动量或者安排其他能够适应的劳动。

对怀孕 7 个月以上的女职工，用人单位不得延长劳动时间或者安排夜班劳动，并应当在劳动时间内安排一定的休息时间。

怀孕女职工在劳动时间内进行产前检查，所需时间计入劳动时间。

第七条 女职工生育享受 98 天产假，其中产前可以休假 15 天；难产的，应增加产假 15 天；生育多胞胎的，每多生育 1 个婴儿，可增加产假 15 天。

女职工怀孕未满 4 个月流产的，享受 15 天产假；怀孕满 4 个月流产的，享受 42 天产假。

第八条 女职工产假期间的生育津贴，对已经参加生育保险的，按照用人单位上年度职工月平均工资的标准由生育保险基金支付；对未参加生育保险的，按照女职工产假前工资的标准由用人单位支付。

女职工生育或者流产的医疗费用，按照生育保险规定的项目和标准，对已经参加生育保险的，由生育保险基金支付；对未参加生育保险的，由用人单位支付。

第九条 对哺乳未满 1 周岁婴儿的女职工，用人单位不得延长劳动时间或者安排夜班劳动。

用人单位应当在每天的劳动时间内为哺乳期女职工安排 1 小时哺乳时间；女职工生育多胞胎的，每多哺乳 1 个婴儿每天增加 1 小时哺乳时间。

第十条 女职工比较多的用人单位应当根据女职工的需要，建立女职工卫生室、孕妇休息室、哺乳室等设施，妥善解决女职工在生理卫生、哺乳方面的困难。

女职工禁忌从事的劳动范围

一、女职工禁忌从事的劳动范围：

（一）矿山井下作业；

（二）体力劳动强度分级标准中规定的第四级体力劳动强度的作业；

（三）每小时负重 6 次以上、每次负重超过 20 公斤的作业，或者间断负重、每次负重超过 25 公斤的作业。

二、女职工在经期禁忌从事的劳动范围：

（一）冷水作业分级标准中规定的第二级、第三级、第四级冷水作业；

（二）低温作业分级标准中规定的第二级、第三级、第四级低温作业；

（三）体力劳动强度分级标准中规定的第三级、第四级体力劳动强度的作业；

（四）高处作业分级标准中规定的第三级、第四级高处作业。

三、女职工在孕期禁忌从事的劳动范围：

（一）作业场所空气中铅及其化合物、汞及其化合物、苯、镉、铍、砷、氰化物、氮氧化物、一氧化碳、二硫化碳、氯、己内酰胺、氯丁二烯、氯乙烯、环氧乙烷、苯胺、甲醛等有毒物质浓度超过国家职业卫生标准的作业；

（二）从事抗癌药物、己烯雌酚生产，接触麻醉剂气体等的作业；

（三）非密封源放射性物质的操作，核事故与放射事故的应急处置；

（四）高处作业分级标准中规定的高处作业；

（五）冷水作业分级标准中规定的冷水作业；

（六）低温作业分级标准中规定的低温作业；

（七）高温作业分级标准中规定的第三级、第四级的作业；

（八）噪声作业分级标准中规定的第三级、第四级的作业；

（九）体力劳动强度分级标准中规定的第三级、第四级体力劳动强度的作业；

（十）在密闭空间、高压室作业或者潜水作业，伴有强烈振动的作业，或者需要频繁弯腰、攀高、下蹲的作业。

四、女职工在哺乳期禁忌从事的劳动范围：

（一）孕期禁忌从事的劳动范围的第一项、第三项、第九项；

（二）作业场所空气中锰、氟、溴、甲醇、有机磷化合物、有机氯化合物等有毒物质浓度超过国家职业卫生标准的作业。

附录 8 中华人民共和国母婴保健法（2017 年修订版）（摘录）

第三章 孕产期保健

第十四条 医疗保健机构应当为育龄妇女和孕产妇提供孕产期保健服务。

孕产期保健服务包括下列内容：

（一）母婴保健指导：对孕育健康后代以及严重遗传性疾病和碘缺乏病等地方病的发病原因、治疗和预防方法提供医学意见；

（二）孕妇、产妇保健：为孕妇、产妇提供卫生、营养、心理等方面的咨询和指导以及产前定期检查等医疗保健服务；

（三）胎儿保健：为胎儿生长发育进行监护，提供咨询和医学指导；

（四）新生儿保健：为新生儿生长发育、哺乳和护理提供医疗保健服务。

第十五条 对患严重疾病或者接触致畸物质，妊娠可能危及孕妇生命安全或者可能严重影响孕妇健康和胎儿正常发育的，医疗保健机构应当予以医学指导。

第十六条 医师发现或者怀疑患严重遗传性疾病的育龄夫妻，应当提出医学意见。育龄夫妻应当根据医师的医学意见采取相应的措施。

第十七条 经产前检查，医师发现或者怀疑胎儿异常的，应当对孕妇进行产前诊断。

第十八条 经产前诊断，有下列情形之一的，医师应当向夫妻双方说明情况，并提出终止妊娠的医学意见：

（一）胎儿患严重遗传性疾病的；

（二）胎儿有严重缺陷的；

（三）因患严重疾病，继续妊娠可能危及孕妇生命安全或者严重危害孕妇健康的。

第十九条 依照本法规定施行终止妊娠或者结扎手术，应当经本人同意，并签署意见。本人无行为能力的，应当经其监护人同意，并签署意见。依照本法规定施行终止妊娠或者结扎手术的，接受免费服务。

第二十条 生育过严重缺陷患儿的妇女再次妊娠前，夫妻双方应当到县级以上医疗保健机构接受医学检查。

第二十一条 医师和助产人员应当严格遵守有关操作规程，提高助产技术和服务质量，预防和减少产伤。

第二十二条 不能住院分娩的孕妇应当由经过培训、具备相应接生能力的接生人员实行消毒接生。

第二十三条 医疗保健机构和从事家庭接生的人员按照国务院卫生行政部门的规定，出具统一制发的新生儿出生医学证明；有产妇和婴儿死亡以及新生儿出生缺陷情况的，应当向卫生行政部门报告。

第二十四条 医疗保健机构为产妇提供科学育儿、合理营养和母乳喂养的指导。医疗保健机构对婴儿进行体格检查和预防接种，逐步开展新生儿疾病筛查、婴儿多发病和常见病防治等医疗保健服务。

附录 9 中国妇女发展纲要（2021—2030 年）（摘录）

妇女与健康

主要目标：

1. 妇女全生命周期享有良好的卫生健康服务，妇女人均预期寿命延长，人均健康预期寿命提高。

2. 孕产妇死亡率下降到 12/10 万以下，城乡、区域差距缩小。

3. 妇女的宫颈癌和乳腺癌防治意识明显提高。宫颈癌和乳腺癌综合防治能力不断增强。适龄妇女宫颈癌人群筛查率达到 70% 以上，乳腺癌人群筛查率逐步提高。

4. 生殖健康和优生优育知识全面普及，促进健康孕育，减少非意愿妊娠。

5. 减少艾滋病、梅毒和乙肝母婴传播，艾滋病母婴传播率下降到 2% 以下。

6. 妇女心理健康素养水平不断提升。妇女焦虑障碍、抑郁症患病率上升趋势减缓。

7. 普及健康知识，提高妇女健康素养水平。

8. 改善妇女营养状况。预防和减少孕产妇贫血。

9. 提高妇女经常参加体育锻炼的人数比例，提高妇女体质测定标准合格比例。

10. 健全妇幼健康服务体系，提升妇幼健康服务能力，妇女健康水平不断提高。

策略措施：

1. 完善保障妇女健康的制度机制。全面推进健康中国建设，把保障人民健康放在优先发展的战略位置，坚持预防为主，深入实施"健康中国行动"和"健康中国母亲行动"，健全政府主导、部门协同、社会参与、行业监管、科技支撑的妇女健康保障工作机制。深入推进医疗、医保、医药联动改革，统筹改革监管体制，保障妇女获得高质量、有效率、可负担的医疗和保健服务。多渠道支持妇女健康事业发展。完善公共卫生应急管理体系，关注妇女的特殊需求。

2. 加强妇幼健康服务体系建设。健全以妇幼保健机构为核心、以基层医疗卫生机构为基础、以大中型医院和教学科研机构为支撑的妇幼健康服务网络，提升妇幼健康服务供给能力和水平。省、市、县级充分利用现有资源，加强政府举办、标准化的妇幼保健机构建设，全面开展妇幼保健机构绩效考核，强化考核结果应用，保障妇女儿童享有高质量的医疗保健服务。省、市、县级依托现有医疗机构，全面加强危重孕产妇救治中心建设，强化危重孕产妇救治保障。强化县、乡、村三级妇幼卫生服务网络建设，完善基层网底和转诊网络。加强复合型妇幼健康人才和产科、助产等岗位急需紧缺人才的培养使用。

3. 建立完善妇女全生命周期健康管理模式。针对青春期、育龄期、孕产期、更年期和老年期妇女的健康需求，提供全方位健康管理服务。坚持保健与临床结合，预防为主、关口前移，发挥多学科协作优势，积极发挥中医药在妇幼保健和疾病防治中的作用。为妇女提供宣传教育、咨询指导、筛查评估、综合干预和应急救治等全方位卫生健康服务，提高妇女健康水平和人均健康预期寿命。加强监管，促进妇幼健康新业态规范发展。

4. 保障孕产妇安全分娩。提倡科学备孕和适龄怀孕，保持适宜生育间隔，合理控制剖宫产率。完善医疗机构产科质量规范化管理体系。提供生育全程基本医疗保健服务，将孕产妇健康管理纳入基本公共卫生服务范围，孕产妇系统管理率达到90%以上。加强对流动孕产妇的管理服务。为低收入孕产妇住院分娩和危重孕产妇救治提供必要救助。持续推进高龄孕产妇等重点人群的分类管理和服务。全面落实妊娠风险筛查与评估、高危孕产妇专案管理、危急重症救治、孕产妇死亡个案报告和约谈通报制度。有效运行危重孕产妇救治网络，提高危急重症救治能力。

5. 完善宫颈癌和乳腺癌综合防治体系和救助政策。提高妇女的宫颈癌和乳腺癌防治意识和能力，宫颈癌和乳腺癌防治知识知晓率达到90%以上。推进适龄妇女人乳头瘤病毒疫苗接种试点工作。落实基本公共卫生服务中农村妇女宫颈癌和乳腺癌检查项目，促进70%的妇女在35~45岁接受高效宫颈癌筛查，督促用人单位落实女职工保健工作规定，定期进行女职工宫颈癌和乳腺癌筛查，提高人群筛查率。加强宫颈癌和乳腺癌筛查和诊断技术创新应用，提高筛查和服务能力，加强监测评估。强化筛查和后续诊治服务的衔接，促进早诊早治，宫颈癌患者治疗率达到90%以上。加强对困难患者的救助。

6. 提高妇女生殖健康水平。普及生殖道感染、性传播疾病等疾病防控知识。在学校教育不同阶段以多种形式开展科学、实用的健康教育，促进学生掌握生殖健康知识，提高自我保护能力。增强男女两性性道德、性健康、性安全意识，倡导共担避孕责任。将生殖健康服务融入妇女健康管理全过程，保障妇女享有避孕节育知情自主选择权。落实基本避孕服务项目，加强产后和流产后避孕节育服务，提高服务可及性，预防非意愿妊娠。推进婚前医学检查、孕前优生健康检查、增补叶酸等婚前孕前保健服务更加公平可及。减少非医学需要的人工流产。加强对女性健康安全用品产品的质量保障。规范不孕不育症诊疗服务。规范人类辅助生殖技术应用。

7. 加强艾滋病梅毒乙肝母婴传播防治。全面落实预防艾滋病、梅毒和乙肝母婴传播综合干预措施，提高孕早期检测率，孕产妇艾滋病、梅毒和乙肝检测率达到98%以上，艾滋病、梅毒孕产妇感染者治疗率达到95%以上。加大艾滋病防控力度，加强艾滋病防治知识和相关政策宣传教育，提高妇女的防范意识和能力。加强对妇女感染者特别是流动和欠发达地区妇女感染者的医疗服务，提高随访率。为孕产妇感染者及其家庭提供多种形式的健康咨询、心理和社会支持等服务。

8. 促进妇女心理健康。加强心理健康相关知识宣传，根据妇女需要开展心理咨询、评估和指导，促进妇女掌握基本的心理调适方法，预防抑郁、焦虑等心理问题。在心理健康和精神卫生服务体系建设中，重点关注青春期、孕产期、更年期和老年期妇女的心理健康。强化心理咨询和治疗技术在妇女保健和疾病防治中的应用。加大应用型心理健康和社会工作人员培养力度，促进医疗机构、心理健康和社会工作服务机构提供规范服务。鼓励社区为有需要的妇女提供心理健康服务支持。

9. 提升妇女健康素养。实施健康知识普及行动，加大妇女健康知识普及力度，建立完善健康科普专家库和资源库，持续深入开展健康科普宣传教育，规范发布妇女健康信息，引导妇女树立科学的健康理念，学习健康知识，掌握身心健康、预防疾病、科学就医、合理用药等知识技能。提高妇女参与传染病防控、应急避险的意识和能力。面向妇女开展控制烟草危害、拒绝酗酒、远离毒品宣传教育。引导妇女积极投身爱国卫生运动，养成文明健康生活方式。

10. 提高妇女营养水平。持续开展营养健康科普宣传教育，因地制宜开展营养和膳食指导，提高妇女对营养标签的知晓率，促进妇女学习掌握营养知识，均衡饮食、吃动平衡，预防控制营养不良和肥胖。面向不同年龄阶段妇女群体开发营养健康宣传信息和产品，提供有针对性的服务。开展孕产妇营养监测和定期评估，预防和减少孕产妇缺铁性贫血。预防控制老年妇女低体重和贫血。

11. 引导妇女积极参与全民健身行动。完善全民健身公共服务体系。引导妇女有效利用全民健身场地设施，积极参与全民健身赛事活动，加入各类健身组织。提倡机关、企事业单位开展工间操。鼓励支持工会组织、社区开展妇女健身活动，不断提高妇女的体育活动意识，培养运动习惯。

12. 强化妇女健康服务科技支撑。推进"互联网＋妇幼健康"，促进大数据、云计算、人工智能、计算机仿真技术等在妇女健康领域的创新应用。实施妇女人群健康管理和健康风险预警。促进信息技术在妇女健康领域专科医联体建设中的应用，加强医疗机构间的协作，促进分级诊疗和上下联动。促进妇女身心健康领域的科学研究和成果转化。发挥妇产疾病领域国家临床医学研究中心的作用。

附录 10 中国儿童发展纲要（2021—2030 年）（摘录）

儿童与健康

主要目标：

1. 覆盖城乡的儿童健康服务体系更加完善，儿童医疗保健服务能力明显增强，儿童健康水平不断提高。

2. 普及儿童健康生活方式，提高儿童及其照护人健康素养。

3. 新生儿、婴儿和 5 岁以下儿童死亡率分别降至 3.0‰、5.0‰ 和 6.0‰ 以下，地区和城乡差距逐步缩小。

4. 构建完善覆盖婚前、孕前、孕期、新生儿和儿童各阶段的出生缺陷防治体系，预防和控制出生缺陷。

5. 儿童常见疾病和恶性肿瘤等严重危害儿童健康的疾病得到有效防治。

6. 适龄儿童免疫规划疫苗接种率以乡（镇、街道）为单位保持在 90% 以上。

7. 促进城乡儿童早期发展服务供给，普及儿童早期发展的知识、方法和技能。

8. 5 岁以下儿童贫血率和生长迟缓率分别控制在 10% 和 5% 以下，儿童超重、肥胖上升趋势得到有效控制。

9. 儿童新发近视率明显下降，小学生近视率降至 38% 以下，初中生近视率降至 60% 以下，高中阶段学生近视率降至 70% 以下。0～6 岁儿童眼保健和视力检查覆盖率达到 90% 以上。

10. 增强儿童体质，中小学生国家学生体质健康标准达标优良率达到 60% 以上。

11. 增强儿童心理健康服务能力，提升儿童心理健康水平。

12. 适龄儿童普遍接受性教育，儿童性健康服务可及性明显提高。

策略措施：

1. 优先保障儿童健康。将儿童健康理念融入经济社会发展政策，儿童健康主要指标纳入政府目标和责任考核。完善涵盖儿童的基本医疗卫生制度，加强儿童医疗保障政策与公共卫生政策衔接。加大对儿童医疗卫生与健康事业的投入力度，支持革命老区、民族地区、边疆地区和欠发达地区的儿童健康事业发展，逐步实现基本妇幼健康服务均等化。建设统一的妇幼健康信息平台，推动妇幼健康信息平台与电子健康档案的互联互通和信息共享，完善妇幼健康统计调查制度，推行"互联网＋妇幼健康"服务模式，完善妇幼健康大数据，加强信息互联共享，实现儿童健康全周期全过程管理和服务的信息化、智能化。开展"儿童健康综合发展示范县"创建活动。

2. 完善儿童健康服务体系。构建国家、区域、省、市、县级儿童医疗保健服务网络，以妇幼保健机构、儿童医院和综合医院儿科为重点，统筹规划和配置区域内儿童健康服务资源。省、市、县级均各设置 1 所政府举办、标准化的妇幼保健机构，每千名儿童拥有儿科执业（助理）医生达到 1.12 名、床位增至 3.17 张。建立完善以区县妇幼保健机构为龙头，乡镇卫生院、社区卫生服务中心为枢纽，村卫生室为基础的基层儿童保健服务网络，每所乡镇卫生院、社区卫生服务中心至少配备 1 名提供规范儿童基本医疗服务的全科医生，至少配备 2 名专业从事儿童保健的医生。完善儿童急救体系。加快儿童医学人才培养，提高全科医生的儿科和儿童保健专业技能，提高儿科医务人员薪酬待遇。

3. 加大儿童健康知识宣传普及力度。强化父母或其他监护人是儿童健康第一责任人的理念，依托家庭、社区、学校、幼儿园、托育机构，加大科学育儿、预防疾病、及时就医、合理用药、合理膳食、应急避险、心理健康等知识和技能宣传普及力度，促进儿童养成健康行为习惯。构建全媒体健康知识传播机制。发挥健康科普专家库和资源库作用。推进医疗机构规范设置"孕妇学校"和家长课堂，鼓励医疗机构、医务人员、相关社会组织等开展健康科普活动。预防和制止儿童吸烟（含电子烟）、酗酒，保护儿童远离毒品。

4. 保障新生儿安全与健康。深入实施危重新生儿筛查与评估、高危新生儿专案管理、危急重症救治、新生儿死亡评审等制度。加强新生儿规范化访视工作，新生儿访视率保持在 90% 以上。完善医疗机构产科、新生儿科质量规范化管理体系，加强新生儿保健专科建设。依托现有机构加强危重新生儿救治中心建设，强化危重新生儿救治保障。

5. 加强出生缺陷综合防治。建立多部门联动防治出生缺陷的工作机制，落实出生缺陷三级防治措施，加强知识普及和出生缺陷防控咨询，推广婚姻登记、婚育健康宣传教育、生育指导"一站式"服务。强化婚前孕前保健，提升产前筛查和诊断能力，推动围孕期、产前产后一体化和多学科诊疗协作，规范服务与质量监管。扩大新生儿疾病筛查病种范围，建立筛查、阳性病例召回、诊断、治疗和随访一体化服务模式，促进早筛早诊早治。加强地中海贫血防治。健全出生缺陷防治网络，加强出生缺陷监测，促进出生缺陷防治领域科技创新和成果转化。

6. 加强儿童保健服务和管理。加强儿童保健门诊标准化、规范化建设，提升儿童保健服务质量。扎实开展 0～6 岁儿童健康管理工作，3 岁以下儿童系统管理率和 7 岁以下儿童健康管理率保持在 90% 以上。推进以视力、听力、肢体、智力及孤独症等五类残疾为重点的 0～6 岁儿童残疾筛查，完善筛查、诊断、康复、救助相衔接的工作机制。提高儿童康复服务能力和水平。增强学校、幼儿园、托育机构的常见病预防保健能力，按标准配备校医、幼儿园及托育机构卫生保健人员和必要保健设备。加强对孤儿、流动儿童、留守儿童和困境儿童等重点人群的健康管理。

7. 强化儿童疾病防治。以早产、低出生体重、贫血、肥胖、心理行为异常、视力不良、龋齿等儿童健康问题为重点，推广儿童疾病防治适宜技术，建立早期筛查、诊断和干预服务机制。加强儿童口腔保健，12 岁儿童龋患率控制在 25% 以内。加强儿童重大传染性疾病、新发传染病管理以及艾滋病、梅毒、乙肝母婴阻断工作。完善儿童血液病、恶性肿瘤等重病诊疗体系、药品供应制度、综合保障制度，开发治疗恶性肿瘤等疾病的特效药。科学合理制定罕见病目录，加强罕见病管理。推广应用中医儿科适宜技术。

8. 加强儿童免疫规划疫苗管理和预防接种。扩大国家免疫规划，维持较高水平的国家免疫规划疫苗接种率。支持多联多价等新型疫苗研制。加强疫苗研制、生产、流通和预防接种管理。完善预防接种异常反应补偿相关政策。

9. 加强儿童早期发展服务。建立健全多部门协作的儿童早期发展工作机制，开展涵盖良好健康、充足营养、回应性照护、早期学习、安全保障等多维度的儿童早期发展综合

服务。加强对家庭和托育机构的婴幼儿早期发展指导服务。促进儿童早期发展服务进农村、进社区、进家庭，探索推广入户家访指导等适合农村边远地区儿童、困境儿童的早期发展服务模式。

10. 改善儿童营养状况。关注儿童生命早期1 000天营养，开展孕前、孕产期营养与膳食评价指导。实施母乳喂养促进行动，强化爱婴医院管理，加强公共场所和工作场所母婴设施建设，6个月内婴儿纯母乳喂养率达到50%以上。普及为6月龄以上儿童合理添加辅食的知识技能。开展儿童生长发育监测和评价，加强个性化营养指导，保障儿童营养充足。加强食育教育，引导科学均衡饮食、吃动平衡，预防控制儿童超重和肥胖。加强学校、幼儿园、托育机构的营养健康教育和膳食指导。加大碘缺乏病防治知识宣传普及力度。完善食品标签体系。

11. 有效控制儿童近视。加强0~6岁儿童眼保健和视力检查工作，推动建立儿童视力电子档案。减轻学生学业负担，指导监督学生做好眼保健操，纠正不良读写姿势。保障学校、幼儿园、托育机构室内采光、照明和课桌椅、黑板等达到规定标准。指导家长掌握科学用眼护眼知识并引导儿童科学用眼护眼。教育儿童按需科学规范合理使用电子产品。确保儿童每天接触户外自然光不少于1小时。

12. 增强儿童身体素质。推进阳光体育运动，开足开齐体育与健康课。保障儿童每天至少1小时中等及以上强度的运动，培养儿童良好运动习惯。全面实施《国家学生体质健康标准》，完善学生健康体检和体质监测制度。鼓励公共体育场馆设施免费或优惠向周边学校和儿童开放，落实学校体育场馆设施在课余和节假日向学生开放政策，支持学校向体育类社会组织购买课后体育服务。进一步加大户外运动、健身休闲等配套公共基础设施建设力度。合理安排儿童作息，保证每天睡眠时间小学生达到10小时、初中生达到9小时、高中生达到8小时。

13. 加强儿童心理健康服务。构建儿童心理健康教育、咨询服务、评估治疗、危机干预和心理援助公共服务网络。中小学校配备心理健康教育教师。积极开展生命教育和挫折教育，培养儿童珍爱生命意识和自我情绪调适能力。关注和满足孤儿、事实无人抚养儿童、留守儿童和困境儿童心理发展需要。提高教师、家长预防和识别儿童心理行为异常的能力，加强儿童医院、精神专科医院和妇幼保健机构儿童心理咨询及专科门诊建设。大力培养儿童心理健康服务人才。

14. 为儿童提供性教育和性健康服务。引导儿童树立正确的性别观念和道德观念，正确认识两性关系。将性教育纳入基础教育体系和质量监测体系，增强教育效果。引导父母或其他监护人根据儿童年龄阶段和发展特点开展性教育，加强防范性侵害教育，提高儿童自我保护意识和能力。促进学校与医疗机构密切协作，提供适宜儿童的性健康服务，保护就诊儿童隐私。设立儿童性健康保护热线。

15. 加强儿童健康领域科研创新。围绕儿童重大疾病的预防、诊断、治疗、康复和健康管理开展基础研究和应用研究。加强儿科科技创新基地、平台建设，发挥儿科医学领域国家临床医学研究中心重要作用。鼓励儿童用药研发生产，加快儿童用药申报审批工作。完善儿童临床用药规范，药品说明书明确表述儿童用药信息。扩大国家基本药物目录中儿科用药品种和剂型范围，探索制定国家儿童基本药物目录，及时更新儿童禁用药品目录。推动儿童健康科技国际交流合作。

附录 11　中国居民膳食指南（2022）（摘录）

一、备孕和孕期妇女膳食指南

为保证孕育质量，夫妻双方都应做好充分的孕前准备，使健康和营养状况尽可能达到最佳后再怀孕。孕前应将体重调整至正常范围，即 BMI 为 18.5 ~ 23.9kg/m^2，并确保身体健康和营养状况良好，特别关注叶酸、碘、铁等重要营养素的储备。备孕妇女至少应从计划怀孕前 3 个月开始每天补充叶酸 400μg，坚持食用碘盐，每天吃鱼、禽畜瘦肉和蛋类共计 150g，每周至少摄入 1 次动物血和肝脏替代瘦肉。

早孕反应不明显的孕早期妇女可继续维持孕前平衡膳食。早孕反应严重影响进食者，不必强调平衡膳食和规律进餐，应保证每天摄入至少含 130g 碳水化合物的食物。孕中期开始，应适当增加食物的摄入量，特别是富含优质蛋白质、钙、铁、碘等营养素的食物。孕中、晚期每天饮奶量应增至 500g；孕中期鱼、禽畜及蛋类合计摄入量每日增至 150 ~ 200g，孕晚期增至每日 175 ~ 225g；建议每周食用 1 ~ 2 次动物血或肝脏、2 ~ 3 次海产鱼类。

定期测量体重，合理安排膳食和身体活动，有助于维持孕前体重正常和孕期体重适宜增长，获得良好妊娠结局。健康孕妇每天应进行不少于 30 分钟的中等强度身体活动，保持健康生活方式。母乳喂养对孩子和母亲都是最好的选择，夫妻双方应尽早了解母乳喂养的益处，学习正确哺乳方法，为产后尽早开奶和成功母乳喂养做好各项准备。

核心推荐
1. 调整孕前体重至正常范围，保证孕期体重适宜增长。
2. 常吃含铁丰富的食物，选用碘盐，合理补充叶酸和维生素 D。
3. 孕吐严重者，可少量多餐，保证摄入含必需量碳水化合物的食物。
4. 孕中晚期适量增加奶、鱼、禽、蛋、瘦肉的摄入。
5. 经常户外活动，禁烟酒，保持健康生活方式。
6. 愉快孕育新生命，积极准备母乳喂养。

二、哺乳期妇女膳食指南

乳母的营养是泌乳的基础，尤其是那些母体储备量较低、容易受膳食影响的营养素。动物性食物可提供丰富的优质蛋白质和一些重要的矿物质及维生素，建议乳母每天摄入 200g 鱼、禽、蛋和瘦肉（其中包括蛋类 50g）。为满足蛋白质、能量和钙的需要，还要摄

入 25g 大豆（或相当量的大豆制品）、10g 坚果、300g 牛奶。为保证乳汁中碘和维生素 A 的含量，乳母应选用碘盐烹调食物，适当摄入海带、紫菜、鱼、贝类等海产品和动物肝脏、蛋黄等动物性食物。

乳母的心理及精神状态是影响乳汁分泌的重要因素、哺乳期间保持愉悦心情可以提高母乳喂养的成功率。坚持哺乳、适量的身体活动，有利于身体复原和体重恢复正常。吸烟、饮酒会影响乳汁分泌，其含有的尼古丁和酒精也可通过乳汁进入婴儿体内，影响婴儿睡眠及精神运动发育，哺乳期间应忌烟酒。茶和咖啡中的咖啡因可以造成婴儿兴奋，乳母应限制饮用浓茶和大量咖啡

核心推荐

1. 产褥期食物多样不过量，坚持整个哺乳期营养均衡。

2. 适量增加富含优质蛋白质及维生素 A 的动物性食物和海产品，选用碘盐，合理补充维生素 D。

3. 家庭支持，愉悦心情，充足睡眠，坚持母乳喂养。

4. 增加身体活动，促进产后恢复健康体重。

5. 多喝汤和水，限制浓茶和咖啡，忌烟酒。

三、0～6月龄婴儿母乳喂养指南

6 月龄内是人一生中生长发育的第一个高峰期，对能量和营养素的需要相对高于其他任何时期，但婴儿的胃肠道和肝肾功能发育尚未成熟，功能不健全，对事物的消化吸收能力及代谢废物的排泄能力仍较低。母乳既可提供优质、全面、充足和结构适宜的营养素，满足婴儿生长发育的需要，又能完美地适应其尚未成熟的消化能力，促进其器官发育和功能成熟，且不增加其肾脏的负担。6 月龄婴儿需要完成从宫内依赖母体营养到宫外依赖食物营养的过渡，来自母体的乳汁是完成这一过渡最好的食物，用任何其他食物喂养都不能与母乳喂养相媲美。母乳中丰富的营养和活性物质是一个复杂系统，为婴儿提供全方位呵护和支持，助其在离开母体保护后，仍能顺利地适应自然环境，健康成长。

6 月龄内婴儿处于生命早期 1 000 天健康机遇窗口期的第二阶段，营养作为最主要的环境因素对其生长发育和后续健康持续产生至关重要的影响。母乳中适宜的营养既能为婴儿提供充足而适量的能量，又能避免过度喂养，促使婴儿获得最佳的、健康的生长速率，为一生的健康奠定基础。一般情况下，母乳喂养能够完全满足 6 月龄内婴儿的能量、营养素和水的需要，6 月龄内的婴儿应给予纯母乳喂养。

针对我国 6 月龄内婴儿的喂养需求和可能出现的问题，基于目前已有的充分证据，同时参考 WHO、UNICEF 和其他国际组织的相关建议，提出 6 月龄内婴儿母乳喂养指南，包括如下 6 条准则：

1. 母乳是婴儿最理想的食物，坚持 6 月龄内纯母乳喂养。

2. 生后 1 小时内开奶，重视尽早吸吮。

3. 回应式喂养，建立良好的生活规律。

4. 适当补充维生素 D，母乳喂养无需补钙。

5. 一旦有任何动摇母乳喂养的想法和举动，都必须咨询医生或其他专业人员，并由他们帮助做出决定。

6. 定期检测婴儿体格指标，保持健康生长。

四、7～24 月龄婴幼儿喂养指南

对于 7～24 月龄婴幼儿，母乳仍然是重要的营养来源，但单一的母乳喂养已经不能完全满足其对能量级营养素的需求，必须引入其他营养丰富的食物。

7～24 月龄婴幼儿消化系统、免疫系统的发育，感知觉及认知行为能力的发展，均需要通过接触、感受和尝试，来体验各种食物，逐步适应并耐受多样的食物，从被动接受喂养转变到自主进食。这一过程从婴儿 7 月龄开始，到 24 月龄时完成。父母及喂养者的喂养行为对 7～24 月龄婴幼儿的营养和饮食行为也有显著的影响。回应婴幼儿摄食需求，有助于健康饮食行为的形成，并具有长期而深远的影响。

7～24 月龄婴幼儿处于生命早期 1 000 天健康机遇窗口期的第三阶段，适宜的营养和喂养不仅关系到婴幼儿近期的生长发育，也关系到长期的健康。针对我国 7～24 月龄婴幼儿营养和喂养的需求以及现有的主要营养问题，基于目前已有的证据，同时参考 WHO、UNICEF 和其他国际组织的相关建议，提出 7～24 月龄婴幼儿的喂养指南，制定如下六条膳食指导准则：

1. 继续母乳喂养，满 6 月龄起必须添加辅食，从富含铁的泥糊状食物开始。

2. 及时引入多样化食物，重视动物性食物的添加。

3. 尽量少加糖盐，油脂适当，保持食物原味。

4. 提倡回应式喂养，鼓励但不强迫进食。

5. 注重饮食卫生和进食安全。

6. 定期监测体格指标，追求健康生长。

附录 12 医疗机构出生缺陷儿登记卡

_____ 省（自治区、直辖市） 市（县） 医院（保健院、所）医院编码□□□□□□□□□

产妇情况	住院号_____ 姓名_____ 民族_____ 出生日期___年___月___日 或实足年龄___岁 通讯地址及邮编_____ 联系电话_____ 孕次_____ 产次_____ 常住地□ 1. 城镇 2. 乡村 家庭年人均收入(元) □ 1. < 1 000 2. 1 000～ 3. 2 000～ 4. 4 000～ 5. 8 000～ 文化程度 □ 1. 文盲 2. 小学 3. 初中 4. 高中、中专 5. 大专及以上

缺陷儿情况	出生日期 ___年 ___月 ___日 胎龄 ___周 体重 ___克 胎数 1. 单胎 2. 双胎 3. 三胎及以上 □ 若双胎或三胎及以上,请圈 1. 同卵 2. 异卵 □	性别 □ 1. 男 2. 女 3. 不明 结局 □ 1. 存活 2. 死胎死产 3. 七天内死亡 诊断为出生缺陷后治疗性引产 □ 1. 是 2. 否 诊断依据 1. 临床 2. 超声 3. 尸解 4. 生化检查(AFP、HCG、其他___) 5. 染色体 6. 其他___ □ 畸形确诊时间 1. 产前(孕__周) 2. 产后七天内 □

出生缺陷诊断

01 无脑畸形(Q00) ·············· □	16 并指(Q70)右 ·············· □
02 脊柱裂(Q05) ·············· □	并趾(Q70)左 右 ·········· □
03 脑膨出(Q01) ·············· □	17 肢体短缩 [包括缺指(趾)、裂手(足)]
04 先天性脑积水(Q03) ·········· □	上肢(Q71)左 右 ·········· □
05 腭裂(Q35)左 右 ·········· □	下肢(Q72)左 右 ·········· □
06 唇裂(Q36)左 右 ·········· □	18 先天性膈疝(Q79.0) ········ □
07 唇裂合并腭裂(Q37)左 右 ···· □	19 脐膨出(Q79.2) ············ □
08 小耳(包括无耳)(Q17.2,Q16.0)左 右 ··· □	20 腹裂(Q79.3) ············ □
09 外耳其他畸形小耳、无耳除外(Q17)左 右 ·· □	21 联体双胎(Q89.4) ·········· □
10 食管闭锁或狭窄(Q39) ········ □	22 唐氏综合征(21 – 三体综合征)(Q90) □
11 直肠肛门闭锁或狭窄(包括无肛)(Q42)····· □	23 先天性心脏病(Q20-26) ······ □
12 尿道下裂(Q54) ············ □	写明类型:
13 膀胱外翻(Q64.1) ·········· □	24 其他(写明病名并详细描述) ······ □
14 马蹄内翻足(Q66.0)左 右 ···· □	
15 多指(Q69)左 右 ·········· □	
多趾(Q69)左 右 ·········· □	

孕早期情况

患病	服药	接触其他有害因素
发热(> 38℃) 病毒感染(类型:) 糖尿病 其他:	磺胺类(名称:) 抗生素(名称:) 避孕药(名称:) 镇静药(名称:) 其他:	饮酒(剂量:) 农药(名称:) 射线(类型:) 化学制剂(名称:) 其他:

家庭史

产妇异常生育史:1. 死胎____例 2. 自然流产____例
3. 缺陷儿____例(缺陷名:_____、_____、_____)
家庭遗传史:缺陷名_____ 与缺陷儿亲缘关系_____
缺陷名_____ 与缺陷儿亲缘关系_____
缺陷名_____ 与缺陷儿亲缘关系_____
近亲婚配史:1. 不是 2. 是(关系_____)

填 表 人: 职称: 填表日期: 年 月 日
医院审表人: 职称: 审表日期: 年 月 日
省级审表人: 职称: 审表日期: 年 月 日

摘自:国家卫生计生委妇幼健康司,全国妇幼卫生监测办公室.中国妇幼卫生监测工作手册(2013 版).
2013.8。

附录 13　围产儿数季报表

（＿＿＿＿年＿＿＿＿季度）

＿＿＿＿省（自治区、直辖市）　　　　市（县）　　　　医院（保健院、所）医院编码□□□□□□□□□

月份	产妇年龄（岁）	城镇（例）			乡村（例）			合计	围产儿情况		城镇（例）	乡村（例）
		男	女	性别不明	男	女	性别不明		出生缺陷			
	＜ 20								围产儿死亡	死胎死产		
	20 ～											
	25 ～									7 天内死亡		
	30 ～											
	35 ～									合计		
	合计								胎数	双胎	三胎及以上	
										（胞）	（胞）	

月份	产妇年龄（岁）	城镇（例）			乡村（例）			合计	围产儿情况		城镇（例）	乡村（例）
		男	女	性别不明	男	女	性别不明		出生缺陷			
	＜ 20								围产儿死亡	死胎死产		
	20 ～											
	25 ～									7 天内死亡		
	30 ～											
	35 ～									合计		
	合计								胎数	双胎	三胎及以上	
										（胞）	（胞）	

月份	产妇年龄（岁）	城镇（例）			乡村（例）			合计	围产儿情况	城镇（例）	乡村（例）
		男	女	性别不明	男	女	性别不明		出生缺陷		

续表

					围产儿死亡	死胎死产		
< 20								
20 ~								
25 ~						7天内死亡		
30 ~						合计		
35 ~					胎数	双胎	三胎及以上	
合计						（胞）	（胞）	

填　表　人：　　　职称：　　　填表日期：　　　年　　月　　日
医院审表人：　　　职称：　　　审表日期：　　　年　　月　　日
省级审表人：　　　职称：　　　审表日期：　　　年　　月　　日

摘自：国家卫生计生委妇幼健康司，全国妇幼卫生监测办公室.中国妇幼卫生监测工作手册（2013版）. 2013.8。

附录 14　居委会（村）出生缺陷儿登记表

省（自治区、直辖市）　　　　区县　　　　街道（乡镇）　　　　居委会（村）胎婴儿编号□□

1. 患儿家庭情况
父亲姓名　　　　　年龄　　　　（岁）民族　　　　身份证号码
母亲姓名　　　　　年龄　　　　（岁）民族　　　　身份证号码
孕次 ____ 产次 _____　户籍:1. 本地　　2. 非本地居住 1 年以下　　3. 非本地居住 1 年及以上
现住址　　　　　　邮编　　　　联系电话

2. 患儿基本情况
姓名　　　　　出生日期　　　年　　　　月　　　　日 性别 1. 男　2. 女　3. 不明
出生孕周　　　（周）出生体重　　　（克）
胎数 1. 单胎　2. 双胎　3. 三胎及以上
结局 1. 存活　2. 死胎死产　3. 7 天内死亡　4. 7 ~ 27 天死亡　5. 28 ~ 42 天死亡
产前诊断为出生缺陷后治疗性引产　1. 是(缺陷名称　　　　)2. 否
出生地点 1. 医院　　　　2. 卫生院　　　　3. 家中　4. 其他(写明)

3. 出生缺陷诊断情况
名称(1)
特征描述:部位及大小
形状及颜色
其他
诊断时间 1. 产前(孕　　　周) 2. 生后(　　　月　　　天)
诊断依据 1. 临床　2. 超声　3. 尸解　4. 生化检查(AFP、HCG、其他　　　) 5. 染色体　　6. 其他

名称(2)

特征描述:部位及大小

形状及颜色

其他

诊断时间 1. 产前(孕 周) 2. 生后(月 天)

诊断依据 1. 临床 2. 超声 3. 尸解 4. 生化检查(AFP、HCG、其他) 5. 染色体 6. 其他

名称(3)

特征描述:部位及大小

形状及颜色

其他

诊断时间 1. 产前(孕 周) 2. 生后(月 天)

诊断依据 1. 临床 2. 超声 3. 尸解 4. 生化检查(AFP、HCG、其他) 5. 染色体 6. 其他

名称(4)

特征描述:部位及大小

形状及颜色

其他

诊断时间 1. 产前(孕 周) 2. 生后(月 天)

诊断依据 1. 临床 2. 超声 3. 尸解 4. 生化检查(AFP、HCG、其他) 5. 染色体 6. 其他

---

4. 辅助诊断材料

附上患儿照片 1. 有(张数) 2. 无 其他诊断材料 1. 有(张数) 2. 无

---

5. 诊断级别

1. 省级医院 2. 地市级医院 3. 区县级医院 4. 街道(乡镇)卫生院 5. 其他

填表人 职称 单位 填表日期 年 月 日

摘自:国家卫生计生委妇幼健康司,全国妇幼卫生监测办公室.中国妇幼卫生监测工作手册(2013
版).2013.8。

附录15 出生情况及婴儿随访登记表

省（自治区、直辖市）　　　　　区（县）　　　　街道（乡镇）　　　居委会（村）

胎婴儿编号	家庭情况									婴儿情况								监测期结局									备注
	父亲情况		母亲情况							户籍	出生日期	性别	出生孕周(周)	出生体重(克)	胎数	出生地点	妊娠结局	出生7天内			生后7~27天内			生后28~42天			
	姓名	身份证号	姓名	身份证号	民族	年龄	孕次	产次										存活	死亡	出生缺陷	存活	死亡	出生缺陷	存活	死亡	出生缺陷	

摘自：国家卫生计生委妇幼健康司，全国妇幼卫生监测办公室．中国妇幼卫生监测工作手册（2013版）．2013.8。

中英文对照名词索引

32检